U0221109

“十四五”时期国家重点出版物出版专项规划项目

21世纪理论物理及其交叉学科前沿丛书

宇宙学的物理基础

Physical Foundations of Cosmology

〔德〕维亚切斯拉夫·穆哈诺夫 著
(Viatcheslav Mukhanov)

皮 石 译

科 学 出 版 社

北 京

图字：01-2019-0976 号

内 容 简 介

暴胀宇宙学在过去 20 年发展历程中已经解决了宇宙的标准热大爆炸模型中存在的许多严重问题. 利用其原创的方法，本书解释了现代宇宙学的基础，并且阐明了理论结果的来源. 本书分为两个部分：第一部分处理均匀及各向同性的宇宙模型，而第二部分讨论初始不均匀性如何解释我们观测到的宇宙结构. 本书为一些传统上高度依赖于数值计算的论题,例如原初核合成、复合、宇宙微波背景辐射各向异性等，提供了解析处理方法. 暴胀以及量子宇宙学扰动理论讲述得尤为详尽. 通过讨论更具推测性质的想法，本书将读者引领到目前宇宙学研究的前沿.

对物理和天体物理专业的高年级学生以及对理论宇宙学有特殊兴趣的读者而言，这是一本理想的教科书. 书中几乎每一个公式都可以从本科课程讲过的基本物理原理中推导出来. 每一章都包含了所有必要的背景材料,不需要读者先学习广义相对论和量子场论的知识.

图书在版编目(CIP)数据

宇宙学的物理基础/(德)维亚切斯拉夫・穆哈诺夫著; 皮石译. —北京：科学出版社, 2023.9

书名原文: Physical Foundations of Cosmology

ISBN 978-7-03-076273-3

Ⅰ. ①宇… Ⅱ. ①维…②皮… Ⅲ. ①宇宙学②物理学 Ⅳ. ①P159②O4

中国国家版本馆 CIP 数据核字(2023)第 167210 号

责任编辑: 钱 俊 孔晓慧 / 责任校对: 彭珍珍
责任印制: 吴兆东 / 封面设计: 无极书装

科学出版社 出版
北京东黄城根北街 16 号
邮政编码：100717
http://www.sciencep.com
北京中科印刷有限公司 印刷
科学出版社发行 各地新华书店经销
*
2023 年 9 月第 一 版 开本: 720 × 1000 B5
2023 年10月第二次印刷 印张: 27
字数：548 000

定价: 138.00 元

(如有印装质量问题，我社负责调换)

中文版序

我的书要出中文翻译版了，我感到特别高兴. 本书专注于宇宙学的理论基础，因此我试图避免包含现代实验的结果. 2002 年到 2005 年当我写这本书时，这些结果才刚刚开始出现. 现在证明我的选择是正确的. 本书出版之后进行的那些杰出的实验的最新结果并没有给本书带来太多需要修正的地方，而且完全证实了本书中所讲授的那些主要理论思想，特别是关于星系和星系团的量子起源的部分. 所以，读者可以把本书看成是朗道和栗弗席兹的理论物理学系列教程在理论宇宙学领域的扩充，其思想已经完全为实验所证实了. 宇宙学是一门需要用到理论物理几乎所有主要领域的知识的科学，从基本的广义相对论到原子物理和核物理，还包括对统计物理和基本粒子物理的理解. 虽然我假设读者已经对这些理论的基本要素很熟悉了，但我仍然在本书中给出了这些相关物理领域的大部分必要的基础知识，以及必要的公式的推导细节. 在这个意义上，本书是自给自足的. 换句话说，从原则上讲，读者可以自行重复出本书中的所有基本公式的计算，而不需要借助额外的参考文献. 所有这些计算的步骤都详尽列出了.

我很感谢皮石教授. 他发起并承担了翻译本书的任务，而且花了很多精力以清除本书原版中的排版问题，并改正了本书原版中的一些错误.

斯拉瓦 · 穆哈诺夫[①]

2022 年 5 月 9 日

① 斯拉瓦 (Slava) 是维亚切斯拉夫 (Viatcheslav) 的昵称——译者注

Preface to the Chinese Translation

It gives me special pleasure to publish my book in Chinese translation. The book is devoted to the theoretical foundations of cosmology, so I tried to avoid including the results of modern experiments, which were just beginning to appear at the time of writing this book in the period from 2002 to 2005. As a result, this idea paid off. The book did not require much revision due to new results of brilliant experiments conducted after the publication of the book, which fully confirmed the main theoretical ideas presented in this book. In particular, it concerns the quantum origin of galaxies and their clusters. Therefore, the reader may consider this book as a kind of addition to Landau and Lifshitz series of books in the field of theoretical cosmology with ideas fully confirmed experimentally. Cosmology is a science that requires knowledge of virtually all major areas of theoretical physics, from the basics of general relativity to atomic and nuclear physics, as well as an understanding of statistical physics and elementary particle physics. Assuming that the reader is familiar with the basic elements of these theories, I have, nevertheless, included in the book the most necessary fundamentals of the relevant areas of physics with detailed derivation of the necessary formulas. In this sense, the book is self-sufficient. In other words, the reader can, in principle, reproduce all the calculations of the basic formulas without referring to additional literature. All the steps of these calculations are presented in details.

I am grateful to Professor Shi Pi, who initiated and carried out the translation of my book and spent much effort in eliminating typos and correcting several errors in the original version of the book.

Slava Mukhanov

May 9th, 2022

安德烈 · 林德 (Andrei Linde) 序

自 20 世纪 70 年代以来, 我们见证了宇宙学令人称奇的飞速发展. 它肇始于人类理解早期宇宙的物理过程中的理论突破, 并随着一系列观测上的发现而达到顶峰. 用严格而易懂的方法写一本能反映新的宇宙学进展的教科书的时机已经成熟.

理论宇宙学的新时代的开始是和弱相互作用、电磁相互作用以及强相互作用的规范理论的发现相联系的. 在那个时代, 我们对密度远大于原子核密度 (10^{14}g/cm^3) 的物质的性质一无所知, 而每个人都以为早期宇宙唯一需要知道的东西就是超致密物质的物态方程. 在 20 世纪 70 年代刚开始的时候, 我们认识到不仅是我们宇宙的大小和温度与我们现在所看到的不一样, 而且连早期宇宙的基本粒子的性质也大不相同. 根据宇宙学相变理论, 在大爆炸之后最初的 10^{-10}s 之内, 电磁和弱相互作用之间没什么区别. 渐近自由的发现让我们第一次能探索更接近大爆炸的物质的性质, 其密度比原子核密度大 80 个量级左右. 大统一理论的发展显示重子数可以不守恒, 这扫清了通往描述宇宙中物质形成的理论之路的障碍, 并进一步打开了通向暴胀宇宙学的大门, 因为只有当我们观测到的正反物质不对称在暴胀之后出现时, 它才能描述我们的宇宙.

暴胀理论让我们能够理解为何我们的宇宙如此巨大而又如此平坦, 为何它是均匀和各向同性的, 为何它的不同部分同时开始膨胀. 根据这个理论, 宇宙在其演化的极早期处于一个缓慢变化的类真空态中并迅速膨胀 (暴胀), 这个状态常常通过一个能量密度很大的标量场来描述. 在暴胀理论的最简单版本即 "混沌暴胀"(chaotic inflation) 中, 整个宇宙都是从一块大小为普朗克尺度 (10^{-33}cm), 总质量小于 1mg 的微小区域中产生出来的. 我们周围所有的基本粒子都是这个类真空态在暴胀结束时衰变产生的. 星系起源于密度扰动的增长, 而后者又是量子涨落在暴胀期间产生和放大的产物. 在某些情况下, 这些量子扰动是如此之大, 以至于从中不但可以产生星系, 甚至可以产生新的指数膨胀的宇宙, 其中低能物理定律可以与我们不同. 这样, 不同于球对称的均匀宇宙, 我们的宇宙变成了多宇宙 (multiverse), 它是个永恒增长的分形结构, 由不同的指数增长的大片区域组成, 这些区域只有在局域上看是均匀的.

可用以检验这些不同版本暴胀模型预言的最有用的工具之一就是研究从所有方向传播到我们这里的宇宙微波背景 (cosmic microwave background, CMB) 辐射上的各向异性. 通过研究这个辐射, 我们可以把整个天空当作放大了的暴胀量子涨落印在上面成像的一张大照片. 这种研究的结果结合对超新星和宇宙大尺度结构的研究已经确认了新宇宙学理论的许多预言.

从这个 30 年来的宇宙图像的演化史可以看出, 编写一本能够引导人们进入这个广阔而迅速发展的物理学领域的教科书是一项多么巨大的挑战. 这也是我为能够向读者介绍维亚切斯拉夫 • 穆哈诺夫的这本著作《宇宙学的物理基础》而感到异常荣幸的原因.

在本书的第一部分, 作者考虑了一个均匀宇宙. 读者在这部分不仅能找到对基本宇宙学模型的描述, 也能看到对早期宇宙物理过程的精彩介绍, 包括核合成、宇宙学相变、重子生成及大爆炸宇宙学. 所有广义相对论和粒子物理中必要的概念都以一种精确而直观的方式引入和解释. 单单是这部分就足以成为一本不错的现代宇宙学教科书; 它可以用作这个领域的专题讲座的基础课程.

但是如果你准备要进入现代宇宙学的前沿研究, 你会特别欣赏本书的第二部分, 在那里作者讨论了宇宙大尺度结构的产生和演化. 为了理解这个过程, 读者必须要学习暴胀时期度规扰动产生的理论.

1981 年, 穆哈诺夫和奇比索夫发现, 在斯塔洛宾斯基 (Starobinsky) 模型中, 加速膨胀能把度规的初始量子扰动放大, 放大后的扰动足以用来解释宇宙中大尺度结构的形成. 1982 年, 剑桥的纳菲尔德学术研讨会的许多参会者一起工作, 在新暴胀范式中推出了类似结果. 几年后, 穆哈诺夫发展出了度规的暴胀扰动的一般理论, 它对一大类暴胀模型都有效, 也包括混沌暴胀. 自那时开始, 他的方法就成了研究暴胀微扰论的标准方法.

对这种方法的详细描述是本书的重要特征之一. 暴胀微扰论相当复杂. 这不仅仅是因为它需要广义相对论和量子场论的相关知识, 也因为我们需要学会如何把计算结果用不依赖于坐标选取的变量表示出来. 由一位大师来引导你研究这个困难的问题非常重要, 而穆哈诺夫出色地完成了这个任务. 他从膨胀宇宙中的密度扰动理论的简单牛顿近似入手, 然后将他的探讨扩展至广义相对论, 并以度规的暴胀扰动的产生及之后的演化的量子理论作结.

本书最后一章提供了这套理论和 CMB 各向异性的观测的必要联系. 研究过这个问题的人都知道那幅著名的 CMB 各向异性的功率谱的图像, 其中有一些暴胀宇宙学所预言的峰. 谱的形状依赖于各种宇宙学参数, 比如宇宙中的总物质密度、哈勃常数等. 通过测量谱, 我们可以从实验上确定这些参数. 标准的方法基于 CMBFAST 代码给出的数值分析. 穆哈诺夫更进一步推出了 CMB 谱的解析表达式, 可以用来帮助读者更好地理解那些峰的起源, 以及其位置和高度作为宇宙学参数的函数关系.

就像一幅高水平的油画一样, 本书由许多层次组成. 它可以用作新生代研究人员的宇宙学导论, 也包括了许多即使对本领域的顶级专家也十分有用的信息.

我们生活在一个非同寻常的年代. 根据观测数据, 宇宙的年龄大概是 140 亿年. 一百年前我们甚至都不知道它是膨胀的, 几十年后我们将会绘制出宇宙的可观测部分的一幅详尽的地图, 而它在未来的 100 亿年里都不会有大的改变. 我们生活在伟大的宇宙学大发现的年代, 而我希望这本书能帮助我们探索它的奥秘.

自　序

这本教科书是同时为物理和天体物理专业的优秀学生和那些对学习理论宇宙学有特殊兴趣的读者而撰写的. 现在已经有了很多回顾当前观测并描述理论结果的教科书了. 我的目标是填补已有文献的空白, 并展示那些理论结果都是从哪里来的. 宇宙学用到了理论物理领域几乎所有的方法, 包括广义相对论、热力学和统计物理、核物理、原子物理、动理学、粒子物理和场论. 我想要让本书对本科生有用, 因此我决定不假设在任何专业化的方向上有预备知识. 除开少数例外, 本书中的每个公式的推导都是从本科课程中的基础的物理原则开始的. 举例而言, 我试图把像共形图这样的几何专题讲得让那些对广义相对论只有一知半解的人也能理解. 从原则上讲, 我们对重整化群方程、有效势、费米子数的不守恒以及量子宇宙学扰动的推导都不需要预设读者有量子场论的知识. 宇宙学应用中所需的粒子物理标准模型的所有要素都是从电磁场的规范不变性的基本概念中推导出来的. 当然, 知道广义相对论和粒子物理的一些知识还是有用的, 但这并不是理解本书的必要条件. 我希望一位学习本书之前还没上过相应课程的学生也能跟得上所有的推导.

本书不打算成为目前的观测数据的百科全书或速查手册. 实际上, 我总是避免数据的出现, 毕竟所有的这些数据都变化得很快, 而且能很容易从大量易得的专著或互联网中找到①. 同时, 我打算把本书中的讨论限制在已有可靠基础的结果上. 我相信, 对于一本讲宇宙学基础的书来说, 讨论有争议的论题的数学细节还为时尚早. 因此, 这样的论题只在非常基本的水平上提及.

我认为暴胀理论和原初宇宙学扰动的产生已经是可靠的结果了, 因此对其大量细节进行了讨论. 这里, 我试图小心地描绘暴胀的稳健的特征要素. 它们不依赖于具体的暴胀图像. 本书的另一大特征是对一些传统上非常依赖于数值处理的问题做了解析计算, 例如原初核合成、复合以及宇宙微波背景辐射各向异性等.

关于我选择把习题插入本书正文的各处而不是放到最后, 我有几句话要说. 我想把推导弄得尽可能浅显易懂, 这样读者就能够从一个方程前进到下一个而不在中途做过多计算. 在某些情况下, 这种策略不能奏效, 我就会插入习题. 它们其实是本书正文的组成部分. 所以, 欲求速成的读者即使不打算求解习题, 至少也应该阅读习题.

---

① 在翻译过程中, 译者对一些比较重要的物理量给出了最新的观测结果. 例如希格斯玻色子的质量, 哈勃参数, 原初扰动的张量-标量比, 等等.

致　谢

在准备和编著这本书的过程中，我从与我的同事和朋友的多次讨论中获益良多. 2002 年我在普林斯顿大学学术休假期间与 Paul Steinhardt 的频繁交流极大地改进了前两章的内容. 对我所获得的盛情款待，我很荣幸地在此表达我对 Steinhardt 及普林斯顿的物理系同仁和学生们的诚挚谢意.

我从与 Andrei Linde 和 Lev Kofman 的讨论中受益匪浅，谨陈谢意.

感谢 Gerhard Buchalla, Mikhail Shaposhinikov, Andreas Ringwald 和 Georg Raffelt 深化了我对标准模型、早期宇宙的相变、鞍点子 (sphaleron)、瞬子 (instanton) 和轴子 (axion) 的理解.

与 Uros Seljak, Sergei Bashinsky, Dick Bond, Steven Weinberg 和 Lyman Page 的讨论对我写 CMB 涨落那章极有帮助. 我要特别感谢 Alexey Markarov 帮我做转移函数 T_o 的数值计算，还有 Carlo Contaldi 帮我画图 9-3 和图 9-7.

我很高兴能进一步感谢 Andre Bauvinsky, Wilfried Buchmuller, Lars Bergstrom, Ivo Sachs, Sergei Shandrin, Alex Vilenkin 和 Hector Rubinstein. 他们分别阅读了本书的一些草稿并做出了有益的评论.

我深深感谢我在慕尼黑的研究小组成员：Mattew Parry, Serge Winitzki, Dorothea Deeg, Alex Vikman 和 Sebastian Pichler. 他们宝贵的建议使我能改进许多问题上的论述方式. 他们还在准备插图和索引方面提供了技术帮助.

最后，但同样重要的是，我想要感谢 Vanessa Manhire 和 Matthew Parry，因为他们艰苦卓绝的工作成功地 (希望如此) 将我的 “俄式英语” 改写为英语.

单位制和符号约定

普朗克 (自然) 单位 引力, 量子理论, 以及热力学在宇宙学中扮演着重要角色. 因此, 毫不意外地, 所有的基本物理学常数, 例如引力常量 G, 普朗克常量 $\hbar$, 光速 c, 以及玻尔兹曼常量 k_B 等都能进入描述宇宙的主要公式中. 如果我们利用 (普朗克) 自然单位, 即 $G=\hbar=c=k_B=1$, 则这些公式看上去更加漂亮. 在这种情况下, 所有的常数都从公式中消失了. 而且在计算结束之后如果需要, 我们可以很容易地在最终的结果中恢复这些常数. 因为这个原因, 本书中几乎所有的计算都是采用自然单位进行的. 在有些公式中, 为了强调引力和量子物理与相应物理现象的关联, 我们也会保留引力常量和普朗克常量.

在相关的物理量的公式在普朗克单位中推导出来之后, 我们可以立即算出它在通常单位下的数值. 这是通过如下的基本普朗克单位进行的:

$$l_{\mathrm{Pl}}=\left(\frac{G\hbar}{c^3}\right)^{1/2}=1.616\times10^{-33}\ \mathrm{cm},$$

$$t_{\mathrm{Pl}}=\frac{l_{\mathrm{Pl}}}{c}=5.391\times10^{-44}\ \mathrm{s},$$

$$m_{\mathrm{Pl}}=\left(\frac{\hbar c}{G}\right)^{1/2}=2.177\times10^{-5}\ \mathrm{g},$$

$$T_{\mathrm{Pl}}=\frac{m_{\mathrm{Pl}}c^2}{k_B}=1.416\times10^{32}\ \mathrm{K}=1.221\times10^{19}\ \mathrm{GeV}.$$

其他量纲的普朗克单位可以很容易地通过这些量构建出来. 例如, 普朗克密度和普朗克面积分别是 $\varepsilon_{\mathrm{Pl}}=m_{\mathrm{Pl}}/l_{\mathrm{Pl}}^3=5.157\times10^{93}\ \mathrm{g\cdot cm^{-3}}$ 以及 $S_{\mathrm{Pl}}=l_{\mathrm{Pl}}^2=2.611\times10^{-66}\ \mathrm{cm}^2$.

下面两个例题将告诉我们如何利用普朗克单位做计算.

例题 1 计算今天的背景辐射光子的数密度. 在通常的单位下, 背景辐射的温度是 $T\simeq2.73$ K. 用无量纲的普朗克单位, 这个温度等于

$$T\simeq\frac{2.73\ \mathrm{K}}{1.416\times10^{32}\ \mathrm{K}}\simeq1.93\times10^{-32}.$$

自然单位制下的光子的数密度是

$$n_\gamma = \frac{3\zeta(3)}{2\pi^2}T^3 \simeq \frac{3\times 1.202}{2\pi^2}\left(1.93\times 10^{-32}\right)^3 \simeq 1.31\times 10^{-96}.$$

为了确定每立方厘米的光子的数密度, 我们必须乘以无量纲的密度, 它是量纲为 cm^{-3} 的普朗克量, 即 l_{Pl}^{-3}:

$$n_\gamma \simeq 1.31\times 10^{-96}\times\left(1.616\times 10^{-33}\mathrm{cm}\right)^{-3}\simeq 310\ \mathrm{cm}^{-3}.$$

例题 2 *确定宇宙在大爆炸之后 1 s 的能量密度, 并估算此时的温度.* 早期宇宙是极端相对论性的物质主导的, 在自然单位制中, 能量密度 ε 和时间 t 的关系是

$$\varepsilon = \frac{3}{32\pi t^2}.$$

1 s 用无量纲的单位表示出来是

$$t \simeq \frac{1\ \mathrm{s}}{5.391\times 10^{-44}\ \mathrm{s}} \simeq 1.86\times 10^{43};$$

因此, 这时刻的能量密度用普朗克单位表示出来等于

$$\varepsilon = \frac{3}{32\pi\left(1.86\times 10^{43}\right)^2} \simeq 8.63\times 10^{-89}.$$

为了把能量密度表示成通常的单位, 我们必须将这个数字乘以普朗克密度, $\varepsilon_{\mathrm{Pl}} = 5.157\times 10^{93}\ \mathrm{g\cdot cm^{-3}}$. 因此我们得到

$$\varepsilon \simeq \left(8.63\times 10^{-89}\right)\varepsilon_{\mathrm{Pl}} \simeq 4.45\times 10^5\ \mathrm{g\cdot cm^{-3}}.$$

为了估算这个时刻的温度, 我们注意到在自然单位制中 $\varepsilon \sim T^4$, 因此 $T\sim\varepsilon^{1/4}\simeq \left(10^{-88}\right)^{1/4} = 10^{-22}$ 个普朗克单位. 用通常的单位表示, 它是

$$T \sim 10^{-22}T_{\mathrm{Pl}} \simeq 10^{10}\ \mathrm{K} \simeq 1\ \mathrm{MeV}.$$

通过这个, 我们可以得到早期宇宙的温度 (用 MeV 表示) 和时间 (用 s 表示) 的关系[①]: $T_{\mathrm{MeV}} \sim \mathscr{O}(1)t_{\mathrm{sec}}^{-1/2}$. 这个关系非常有用.

天文学的单位 在天文学中, 距离通常是用秒差距 (parsec, pc) 和百万秒差距 (megaparsec, Mpc) 而不是厘米来进行表示的. 这些长度单位和厘米的关系是

$$1\ \mathrm{pc} = 3.26\text{光年} = 3.086\times 10^{18}\ \mathrm{cm},\qquad 1\ \mathrm{Mpc} = 10^6\ \mathrm{pc}.$$

① $\mathscr{O}(1)$, 原文作 $O(1)$, 是量级记号. 为了避免与数字 0、转动群符号、振荡函数符号等混淆, 译本中一律改为花体的 $\mathscr{O}$.

星系的质量和星系团的质量是用太阳质量表示出来的,

$$M_\odot \simeq 1.989 \times 10^{33}\ \mathrm{g}.$$

电荷单位 我们采用 Heaviside-Lorentz 单位制对基本电荷 e 进行归一化. 大多数粒子物理的书采用这个单位制. 在这个单位中, 两个距离为 r 的电子之间的库仑力为

$$F = \frac{e^2}{4\pi r^2}.$$

无量纲的精细结构常数为 $\alpha \equiv e^2/4\pi \simeq 1/137$.

号差 在本书中, 我们都对度规使用 $(+,-,-,-)$ 的号差①, 因此闵可夫斯基度规取如下形式: $ds^2 = dt^2 - dx^2 - dy^2 - dz^2$.

① 这种号差也称为 Landau-Lifshitz 约定或 (美国) 西海岸约定. 主要由粒子物理学家使用. 另一种 $(-,+,+,+)$ 的号差称为 Pauli 约定或者 (美国) 东海岸约定, 主要由引力学家、天体物理学家、宇宙学家等使用.

翻译说明

1. 翻译本书时所用版本为剑桥大学出版社 2005 年初版 2008 年重印本, ISBN: 978-0-521-56398-7.
2. 书中提及的观测结果都是 2005 年之前的. 译者酌情添加了一些最新的宇宙学观测结果.
3. 一般学术名词除另行说明者外, 均取自全国科学技术名词审定委员会事务中心之 "术语在线" 网站 (www.termonline.cn). 有些专有名词, 如 spheleron 之类, 暂时没有统一译名的, 则根据译者自己的理解翻译.
4. 专有名词以及专业术语在某章中第一次作为主要论题出现时以括号加注英语原文, 以后不再加注. 其中名词或为单数, 或为复数, 都按照原文写. 动词则一律改为原形.
5. 粒子物理及宇宙学中有一些约定俗成的首字母缩写, 如 QCD(量子色动力学), CMB(宇宙微波背景), SM(标准模型), WIMP(弱相互作用大质量粒子) 等. 为了方便读者阅读, 一律按照原词译为中文.
6. 西方人名在某章中第一次出现时以括号加注英文, 以后不再加注. 只出现在论文作者里的英文名则不翻译, 以方便读者检索.
7. 原书以斜体拉丁字表示强调或节内分段标题. 翻译时改斜体拉丁字为楷体汉字.
8. 本书出版后, 作者发现一处严重错误, 因此将 6.4.1 节 "托尔曼解" 全部改写, 并放在个人主页上 (www.theorie.physik.uni-muenchen.de/cosmology/publications/tolmancorrected.pdf). 本书此节即由网页版译出.
9. 本书出版后, 作者陆续发现若干笔误, 并在其个人主页上贴出勘误表 (www.theorie.physik.uni-muenchen.de/cosmology/publications/books/mukhanov_2005.html). 此表已经全部吸收进译本, 引用时简称为 "勘误表". 此外, 在翻译过程中译者还发现一些其他笔误以及符号不统一之处, 翻译时根据自己的理解进行了一些修改, 并在脚注中简要说明修改的依据或理由.
10. 译者在阅读本书过程中积累了一些读书笔记. 根据作者和编辑的建议, 以脚注的形式把这些笔记吸收到译本中. 此举已征得作者同意, 但笔记未经作者审阅. 如出现问题, 均由译者负责.

目　录

第一部分　均匀各向同性的宇宙

第二部分 不均匀的宇宙

第一部分

均匀各向同性的宇宙

第 1 章　膨胀宇宙的运动学和动力学

我们的宇宙最重要的特征就是它在大尺度上的均匀 (homogeneous) 和各向同性 (isotropic). 这个特征能保证在我们这一个优先点 (vantage point) 做的观测对宇宙整体来说是有代表性的, 因此可合理地用来检验宇宙学模型.

20 世纪的绝大多数时间里, 宇宙的均匀且各向同性都只能作为假设, 称为 "宇宙学原理"(Cosmological Principle). 物理学家经常用 "原理"(principle) 这个词来表示在当时是基于直觉的大胆猜想. 与之相反的是 "定律"(law), 它用来表示那些在实验上已经建立起来的事实.

在 20 世纪末牢固的实验数据确认了大尺度上的均匀且各向同性之前, 宇宙学原理都还只是个机智的猜想. 均匀性的本质当然是令人好奇的. 我们观测到的这片宇宙的大小大约是 3000 Mpc 的量级 ($1\ \mathrm{Mpc} \simeq 3.26\times 10^6$ 光年 $\simeq 3.08\times 10^{24}\ \mathrm{cm}$). 红移巡天显示, 宇宙只有在 100 Mpc 的尺度做粗粒化 (coarse grain) 的时候才是均匀且各向同性的; 在更小的尺度上会存在大的不均匀性, 比如星系、星系团、超星系团. 因此, 宇宙学原理只有在一定的尺度范围内才成立, 其尺度范围横跨好几个量级.

更进一步, 理论表明, 这可能还不是事实的全部. 根据暴胀理论, 宇宙在大于 3000 Mpc 的距离上也是均匀且各向同性的, 但是从比可观测宇宙大得多的尺度上去观测, 它是高度非均匀的. 从某种意义上来说, 这摧毁了我们理解整个宇宙的希望. 我们想要回答这样的问题: 整个宇宙的哪些部分是像我们这块宇宙的? 哪部分宇宙的物质要超过反物质? 或者是空间平坦的? 或者是加速的还是减速的? 这些问题不但很难回答, 而且也很难用数学上严格的方式表述出来. 而且, 即使我们能找到一个数学上可行的定义, 也很难想象我们要如何从经验上验证任何涉及远大于可观测宇宙的尺度的理论预言. 这个问题是如此诱人, 以至于人们很难不去思考它. 然而我们将试图专注于可观测宇宙在经验上可检验的本质特征.

根据观测上已经建立起来的可靠事实, 我们知道我们的宇宙:

- *在大于 100 Mpc 的尺度以上是均匀且各向同性的, 且在更小的尺度有高度发展的非均匀结构;*
- *按照哈勃定律膨胀.*

考虑到宇宙的物质组分, 我们知道宇宙:

- *充满了温度为 $T \simeq 2.73\ \mathrm{K}$ 的热微波背景辐射.*

- 存在重子 (*baryons*) 物质, 且光子数和重子数之比为 10^9, 但没有大量存在的反重子物质.
- 重子物质的化学组分是: 75% 的氢, 25% 的氦, 以及少量的其他重元素.
- 重子物质的贡献只占总能量密度的百分之几; 其他部分是一种暗组分, 它由占 25% 的暗物质 (其压强可忽略) 和占 70% 的暗能量 (其压强为负) 组成.

对宇宙微波背景辐射上的涨落的观测结果给出:

- 宇宙尺度为现在的千分之一时, 能量密度分布上存在大小仅为 10^{-5} 量级的小涨落.

如果想更深入地了解上述观测证据, 我鼓励读者去阅读最新的相关论文和综述文献. 在本书里我们仅关注如何从理论上理解这些观测事实.

任何值得考虑的宇宙学模型必须和已确认的观测相一致. 标准的大爆炸模型当然和大多数已知事实都相合, 然而我们也需要以预言能力来评价一个物理理论. 从这个意义上而言, 目前还没有其他理论能和自然吸收了标准大爆炸宇宙学所有成果的暴胀理论一争高下. 因此, 我们将从建立标准大爆炸模型开始, 然后讨论当代的暴胀理论.

1.1　哈勃定律

简而言之, 标准大爆炸模型认为宇宙由 150 亿年前一个处于超高温度和超高密度的均匀且各向同性的物质分布开始, 经历了膨胀和冷却的过程演化至今. 我们从牛顿 (Newton) 引力理论开始讲起, 因为这样能抓住宇宙演化动力学的许多核心要素并帮助我们直观地理解这个过程. 在我们穷尽牛顿理论可适用的极限之后, 再转到合适的相对论式的处理.

在一个膨胀的均匀且各向同性的宇宙中, 观测者的相对速度满足**哈勃定律** (*Hubble law*): 观测者 B 相对于 A 的速度是

$$\mathbf{v}_{B(A)} = H(t)\mathbf{r}_{BA}, \tag{1.1}$$

其中哈勃参数 $H(t)$ 只依赖于时间, 而 $\mathbf{r}_{BA}$ 是从 A 指向 B 的矢量. 有的文献将 H 称为哈勃 “常数”. 这是为了强调它不随空间坐标改变的性质, 但千万要记住 H 一般来说是随时间变化的.

在一个均匀且各向同性的宇宙中, 不存在任何**特殊的**优先点, 因而膨胀对于所有观测者都是相同的, 不论他们位于什么位置. 哈勃定律完全符合这个事实. 让我们考虑两个观测者 A 和 B 是如何观测第三个观测者 C 的 (参见图 1-1). 哈勃定律给出了其他两个观测者相对于 A 的速度:

$$\mathbf{v}_{B(A)} = H(t)\mathbf{r}_{BA}, \quad \mathbf{v}_{C(A)} = H(t)\mathbf{r}_{CA}, \tag{1.2}$$

从这两个关系里我们可以推出观测者 C 相对于观测者 B 的速度:

$$\mathbf{v}_{C(B)} = \mathbf{v}_{C(A)} - \mathbf{v}_{B(A)} = H(t)(\mathbf{r}_{CA} - \mathbf{r}_{BA}) = H\mathbf{r}_{CB}. \tag{1.3}$$

结论就是观测者 B 所看到的膨胀律和观测者 A 所看到的一样. 实际上, 哈勃定律是唯一与均匀且各向同性相容的膨胀律.

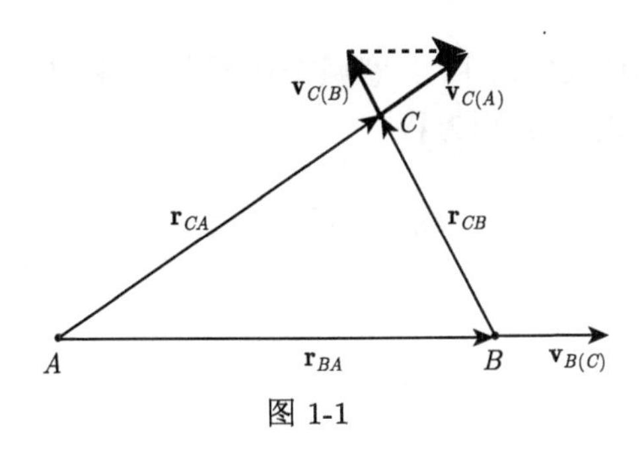

图 1-1

习题 1.1 为了让广义的膨胀律 $\mathbf{v} = \mathbf{f}(\mathbf{r}, t)$ 对所有的观测者都相同, 函数 $\mathbf{f}$ 必须满足如下条件:

$$\mathbf{f}(\mathbf{r}_{CA} - \mathbf{r}_{BA}, t) = \mathbf{f}(\mathbf{r}_{CA}, t) - \mathbf{f}(\mathbf{r}_{BA}, t). \tag{1.4}$$

证明上式的唯一各向同性解就是(1.1)[①].

为了形象化地理解哈勃膨胀, 我们可以考虑一个膨胀的二维球面 (见图 1-2). 随着球的半径 $a(t)$ 的增长, 球面上任意两点 A 和 B 之间的角度 θ_{AB} 保持不变. 因此, 在球面上测得的这两点之间的距离按照下式变化:

$$r_{AB}(t) = a(t)\theta_{AB}. \tag{1.5}$$

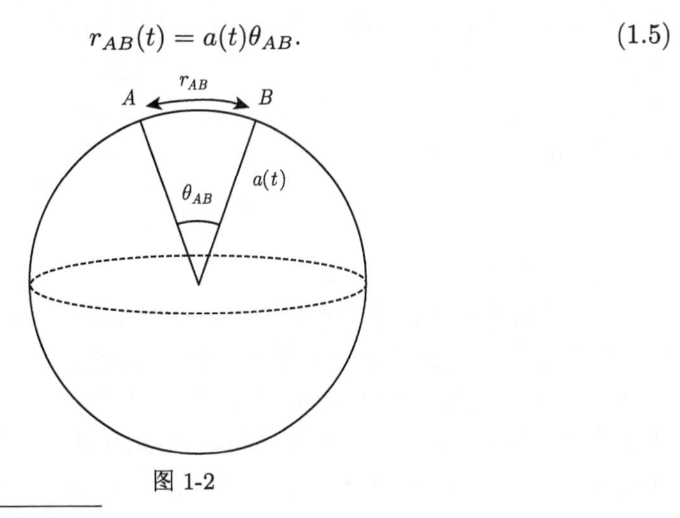

图 1-2

① 原文无“各向同性”. 根据勘误表改.

这意味着相对速度是

$$v_{AB} = \dot{r}_{AB} = \dot{a}(t)\theta_{AB} = \frac{\dot{a}}{a} r_{AB}, \tag{1.6}$$

其中一点表示对时间 t 的导数. 这样, 哈勃定律就自然地以 $H(t) \equiv \dot{a}/a$ 的形式出现.

在均匀且各向同性的宇宙中, 任意两个观测者 A 和 B 之间的距离也可以按照与(1.5)式相似的形式写出. 对方程

$$\dot{\mathbf{r}}_{BA} = H(t)\mathbf{r}_{BA} \tag{1.7}$$

做积分, 我们可以得到

$$\mathbf{r}_{BA}(t) = a(t)\chi_{BA}, \tag{1.8}$$

其中

$$a(t) = \exp\left(\int H(t)dt\right) \tag{1.9}$$

称为标度因子, 它类似于二维球面的半径. 积分常数 χ_{BA} 类似于 θ_{BA}, 它可以解释为在某特殊时刻的 A 和 B 之间的距离. 假设有一个原点位于 A 点的坐标系, 则我们称 χ_{BA} 为 B 点的拉格朗日 (Lagrange) 坐标或者*共动* (*comoving*) 坐标.

在二维球面的例子里, $a(t)$ 有明确的几何解释, 它就是球面的半径. 而且相应地其大小也由此而确定. 然而在牛顿理论里, 标度因子 $a(t)$ 的值没有几何意义, 其归一化也可以任意选取. 一旦归一化确定下来, 则标度因子 $a(t)$ 就描述了作为时间函数的观测者之间的距离. 例如, 当标度因子增长到原来的 3 倍时, 任意两个观测者之间的距离也增长到 3 倍. 所以, 当我们谈到宇宙的大小是现在的 1/1000 时, 意思是任意两个观测者之间的距离是现在的 1/1000.——这样的说法对即使是无限大的宇宙也成立. 哈勃参数

$$H(t) = \frac{\dot{a}}{a} \tag{1.10}$$

描述的是膨胀率.

在这种描述方式中, 我们假设宇宙是完美地均匀且各向同性的, 其中所有的观测者都共动, 也就是说其坐标 χ 保持不变. 在真实的宇宙中, 在物质发生聚合的地方, 附近物体的运动是由引力场的不均匀性主导的. 这会产生位力 (virial) 轨道运动之类, 而不是哈勃膨胀. 相似地, 物体本身是靠其他更强的力聚合在一起的, 能抵抗哈勃膨胀. 这类物体相对于共动观测者 (comoving observers) 的速度被称为“本动”(peculiar) 速度. 因此, 哈勃定律仅在均匀性成立的尺度上是有效的.

习题 1.2 星系的典型本动速度大概是几百公里每秒. 大星系之间的平均距离大约是 1 Mpc. 为了使一个星系的本动速度小于其共动速度 (哈勃速度), 需要它离我们多远? 假设哈勃参数为 75 $\text{km} \cdot \text{s}^{-1} \cdot \text{Mpc}^{-1}$.

哈勃参数在目前时刻的值 H_0 可以通过测量那些本动速度远小于共动速度的遥远天体的退行速度与距离之比来得到. 退行速度会产生光谱的多普勒红移, 因此它可以测量得很精确. 具有挑战性的任务是找到测量距离的可信方法. 人们通常使用的两种方法分别基于 "标准烛光"(standard candles) 和 "标准尺子"(standard rulers) [①] . 如果一组天体的光度差不多相同, 就可以当做标准烛光. 通常它们都具有一些特征, 使得我们可以在很遥远的距离上认出它们来. 例如, 造父变星 (Cepheid variable stars) 按照一定的周期光变, 而 IA 型超新星 (Type IA supernovae) 是明亮的正在爆炸的恒星, 具有特殊的光谱型. 这些天体中的临近者的距离要么可以直接测量 (例如通过三角视差法), 要么可以通过另一组已经校准过的标准烛光确定. 当测量出一类标准烛光中的部分天体的距离之后, 这类天体中的更遥远者也可以确定: 平方反比律把那些遥远天体的视光度同临近天体的视光度联系起来, 而后者的距离是已经确定的. 标准尺子的方法和标准烛光类似, 不过它依赖于辨认出一组尺度相同而非光度相同的天体. 很明显, 只有同一类天体的光度或尺度的变化很小的情况下, 它们对测量哈勃参数才是有帮助的. 造父变星已经被人们研究了一个世纪, 而且被证明是一种很好的标准烛光. IA 型超新星是一种有前途的标准烛光的候选者, 而且其重要性在于它们能从比造父变星遥远得多的距离上观测到. 因为系统误差的不确定性的影响, 目前所知道的哈勃常数的值的精确度不高, 大概是 $65 \sim 80\ \text{km} \cdot \text{s}^{-1} \cdot \text{Mpc}^{-1}$. [②]

知道了哈勃常数的值, 我们可以粗略估算宇宙的年龄. 如果我们忽略引力, 并假设膨胀速度是常数, 那么两个今天距离为 $|\mathbf{r}|$ 的点在过去时间上溯到 $t_0 \simeq |\mathbf{r}|/|\mathbf{v}| = 1/H_0$ 时是重合的. 按现在测量到的哈勃常数的值, t_0 大约是 150 亿年. 我们稍后将会看到宇宙年龄的精确结果和这个粗略估计值之间相差不大, 它依赖于宇宙的成分和曲率.

---

① 随着激光干涉引力波天文台 (LIGO) 观测到双中子星并合爆发出来的引力波, 第三种独立测量距离的方法——引力波作为 "标准汽笛"(standard sirens), 开始变得越来越重要. 参见 Abbott et al., *A gravitational-wave standard siren measurement of the Hubble constant*, Nature 551 (2017) 7678, 85-88, arXiv:1710.05835.

② 目前 H_0 的测量精度有所改善. 按本段所述的方法直接测量得到的结果是 $(73.24\pm1.74)\ \text{km}\cdot\text{s}^{-1}\cdot\text{Mpc}^{-1}$. 参见 A. G. Riess et al., *A 2.4% Determination of the Local Value of the Hubble Constant*, Astrophys. J. 826 (2016) no. 1, 56, arXiv: 1604.01424. 基于 ΛCDM 模型, 微波背景辐射给出的结果是 $(67.3 \pm 1.0)\ \text{km} \cdot \text{s}^{-1} \cdot \text{Mpc}^{-1}$. 参见 Planck Collaboration, *Planck 2015 results XIII. Cosmological parameters*, Astron.Astrophys., 594 (2016) A13, arXiv: 1502.01589. 可以看出这两种测量结果之间有一些系统性的差别. 这被称为哈勃冲突 (Hubble tension). 参见 Freedman, *Cosmology at a Crossroads: Tension With the Hubble Constant*, Nature Astron. 1 (2017) 0121, arXiv: 1706.02739.

因为哈勃定律的起源是运动学的, 而且它的形式完全是均匀且各向同性的性质所要求的, 所以它对牛顿理论和广义相对论都成立. 实际上, 按照(1.8)式重写的哈勃定律可以立即运用于爱因斯坦 (Einstein) 引力理论. 这一点可能令人困惑, 因为按照哈勃定律, 两个距离超过 $1/H$ 的物体之间的相对速度可以超过光速. 这如何能与狭义相对论相容呢? 这个佯谬的答案是: 在广义相对论里, 距离超过 $1/H$(时空的曲率尺度) 的物体之间的相对速度没有相对论不变性的意义 (invariant meaning). 结束牛顿宇宙学的讨论后, 我们会在讲米尔恩 (Milne) 宇宙的那一节 (1.3.5节) 进一步地讨论这个问题.

1.2　牛顿宇宙学中的尘埃的动力学

我们首先考虑一个无限大且正在膨胀的均匀且各向同性宇宙, 其中充满了"尘埃"(dust). 这个术语指的是压强 p 相对于其能量密度 ε 而言可以忽略的物质类型. (宇宙学中,"尘埃" 和 "物质" 这两个术语经常交替使用来代表非相对论性粒子.) 我们先任意选一点作为坐标原点, 并考虑它周围的一个半径为 $R(t) = a(t)\chi_{\text{com}}$ 的膨胀的球面. 假设引力很弱, 而且这个半径足够小, 使得球面内的粒子相对于原点的速度远小于光速, 那么其膨胀就可以用牛顿引力来处理. (实际上, 广义相对论已经以一种间接的方式参与进来了. 我们假设球面内的粒子受到的球面外的物质的总作用为零, 这个前提最终是要靠广义相对论中的伯克霍夫 (Birkhoff) 定理来保证的.)

1.2.1　连续性方程

球内的总质量 M 是守恒的. 所以, 来自于粒子质量的能量密度是

$$\varepsilon(t) = \frac{M}{(4\pi/3)R^3(t)} = \varepsilon_0 \left(\frac{a_0}{a(t)}\right)^3, \tag{1.11}$$

其中 ε_0 是标度因子等于 a_0 的时刻的能量密度. 为了应用方便, 可将这守恒律改写为另一个形式. 对(1.11)做时间导数, 可以得到

$$\dot{\varepsilon}(t) = -3\varepsilon_0 \left(\frac{a_0}{a(t)}\right)^3 \frac{\dot{a}}{a} = -3H\varepsilon(t). \tag{1.12}$$

这个方程是非相对论性连续性方程的特殊形式: 只要我们在 [①]

$$\frac{\partial \varepsilon}{\partial t} = -\nabla \cdot (\varepsilon \mathbf{v}) \tag{1.13}$$

① (1.13)式右边原文作 $\nabla(\varepsilon\mathbf{v})$, 省略了矢量点乘符号. 这里为避免误解而补写上.

中令 $\varepsilon(\mathbf{x},t)=\varepsilon(t)$ 以及 $\mathbf{v}=H(t)\mathbf{r}$ 即可得到. 从连续性方程出发, 并假设均匀的初条件, 可以直接看出在随时间演化过程中保持均匀性的唯一的速度分布就是哈勃定律: $\mathbf{v}=H(t)\mathbf{r}$.

1.2.2 加速方程

物质之间存在相互吸引的万有引力作用, 这使得宇宙的膨胀减速. 为了推导出标度因子的运动方程, 考虑一个位于球表面的质量为 m 的探针粒子. 它到原点的距离为 $R(t)$. 假设球外的物质对这个粒子没有引力作用, 它受到的力只由球面内总质量为 M 的所有粒子施加. 因此, 其运动方程为

$$m\ddot{R}=-\frac{GmM}{R^2}=-\frac{4\pi}{3}Gm\frac{M}{(4\pi/3)R^3}R. \tag{1.14}$$

利用(1.11)中定义的能量密度, 并代入 $R(t)=a(t)\chi_{\rm com}$, 我们得到

$$\ddot{a}=-\frac{4\pi G}{3}\varepsilon a. \tag{1.15}$$

最后的结果中的探针粒子的质量和球面的共形坐标 $\chi_{\rm com}$ 都消掉了.

方程(1.12)和(1.15)是决定 $a(t)$ 和 $\varepsilon(t)$ 的演化的两个基本方程. 它们与广义相对论中对应的尘埃的方程精确符合. 这并不令人惊讶. 我们推出来的方程并不依赖于球面的大小, 因此, 如果外推到一个无限小球面, 其内部的所有粒子都以无限小速度运动而且产生的引力场可以忽略, 这两个方程也可以适用. 而在这个极限下, 广义相对论精确退化到牛顿理论, 因此相对论性修正就不会出现.

1.2.3 牛顿解

标度因子的闭合形式的方程可通过将能量密度的表达式(1.11)代入加速方程(1.15)得到:

$$\ddot{a}=-\frac{4\pi G}{3}\varepsilon_0\frac{a_0^3}{a^2}. \tag{1.16}$$

两边乘以 $\dot{a}$ 并积分, 我们得到

$$\frac{1}{2}\dot{a}^2+V(a)=E, \tag{1.17}$$

其中 E 是一个积分常数, 且

$$V(a)=-\frac{4\pi G\varepsilon_0 a_0^3}{3a}.$$

方程(1.17)等同于一个描述从地球表面发射出去的火箭的能量守恒方程, 其速度为 $\dot{a}$, 质量为单位质量. 积分常数 E 代表了火箭的总能量. 逃离地球的条件是正

的动能超过负的引力势能, 或者等价地, E 是正的. 如果动能太小, 总能量为负, 则火箭会掉回地球. 相似地, 尘埃主导的宇宙的命运——它将要永远膨胀还是最终坍缩——依赖于 E 的符号. 正如之前指出的那样, a 的归一化在牛顿引力里没有不变的意义, 因此可以用任意因子重标度. 这样一来, 只有 E 的符号是物理相关的. 将(1.17)重新写为

$$H^2 - \frac{2E}{a^2} = \frac{8\pi G}{3}\varepsilon, \tag{1.18}$$

我们可以看到 E 的符号取决于哈勃参数和质量密度, 前者决定膨胀的动能, 而后者决定引力势能.

在火箭问题里, 地球的质量是给定的, 学生被要求计算最小逃逸速度, 即设定 $E=0$ 来求解 v. 在宇宙学中, 由哈勃参数给定的膨胀速度已经测量得很准确了, 而在 20 世纪的大部分时期里质量密度的测量结果非常糟糕. 因为这个历史的原因, 在传统上逃逸和引力俘获的边界是通过临界密度 (critical density) 而非临界速度来描写的. 在(1.18)中令 $E=0$, 我们得到

$$\varepsilon^{\mathrm{cr}} = \frac{3H^2}{8\pi G}. \tag{1.19}$$

临界密度随着时间减小, 因为 H 是减小的. 然而 “临界密度” 这个术语经常被用来表示它现在的值. 把 E 用能量密度 $\varepsilon(t)$ 和哈勃常数 $H(t)$ 表示出来, 我们有

$$E = \frac{4\pi G}{3}a^2\varepsilon^{\mathrm{cr}}\left(1-\frac{\varepsilon}{\varepsilon^{\mathrm{cr}}}\right) = \frac{4\pi G}{3}a^2\varepsilon^{\mathrm{cr}}[1-\Omega(t)], \tag{1.20}$$

其中

$$\Omega(t) \equiv \frac{\varepsilon(t)}{\varepsilon^{\mathrm{cr}}(t)}, \tag{1.21}$$

称为宇宙学参数 (cosmological parameter). 一般来说, $\Omega(t)$ 是随着时间演化的. 不过因为 E 的符号是确定的, 差值 $1-\Omega(t)$ 不会改变符号. 所以, 通过测量现在的宇宙学参数的值, $\Omega_0 \equiv \Omega(t_0)$, 我们就可以确定 E 的符号.

我们将会在广义相对论中看到 E 的符号确定了宇宙的空间几何. 特别是空间曲率的符号和 E 的符号相反. 因此, *在一个尘埃主导的宇宙中*, 能量密度与临界密度的比值, 空间几何, 以及宇宙未来的演化之间有着直接的联系. 如果 $\Omega_0 = \varepsilon_0/\varepsilon_0^{\mathrm{cr}} > 1$, 则 $E<0$, 空间曲率是正的 (封闭宇宙). 在这种情况下, 标度因子会达到一个最大值, 然后宇宙重新坍缩, 正如在图 1-3中所画的那样. 如果 $\Omega_0 < 1$, E 是正的, 空间曲率是负的 (开放宇宙), 这时宇宙会双曲线式膨胀. $\Omega = 1$, 或者说 $E=0$ 的特殊情况对应于抛物线式膨胀及平坦空间几何 (平坦宇宙). 平坦和开放的情况下, 宇宙会永远膨胀下去, 其膨胀速率会减小 (图 1-3). 所有的三种情况下

反推回到宇宙的“开始”, 我们都会遇到一个“初始奇点”(initial singularity). 在这里标度因子趋于零, 而膨胀率和能量密度发散.

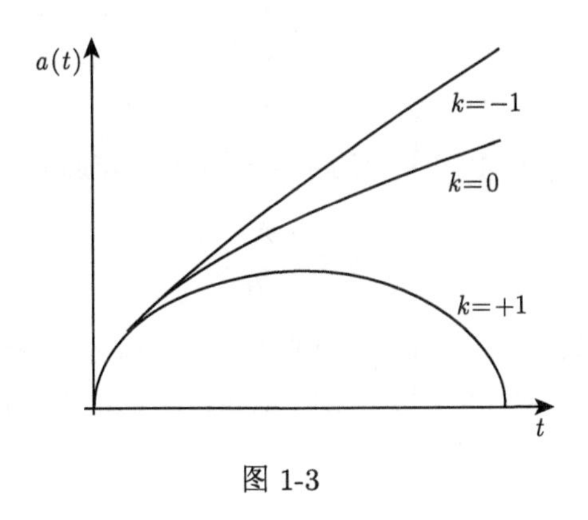

图 1-3

读者应该了解上述 Ω_0 和宇宙的未来演化之间的关系不是普适的. 它依赖于宇宙的物质组分. 稍后我们将会看到永不坍缩的封闭宇宙也是可能存在的.

习题 1.3 证明当 $a \to 0$ 时, $\dot{a} \to \infty$, $H \to \infty$, $\varepsilon \to \infty$.

习题 1.4 证明对膨胀的尘埃球, $\Omega(t)$ 等于引力势能和动能之比的绝对值. 因为尘埃在引力作用下互相吸引, 它会使膨胀率减小. 因此, 在过去, 动能的值比现在大得多. 为了满足能量守恒律, 动能的增加必须伴随着负的势能的绝对值的增加. 证明无论其现在的值是多少, 在 $a \to 0$ 时都有 $\Omega(t) \to 1$.

习题 1.5 另一个描述宇宙膨胀的无量纲参数是“减速参数”(deceleration parameter):

$$q = -\frac{\ddot{a}}{aH^2}. \tag{1.22}$$

q 的符号决定了膨胀是在减缓还是在加速. 推导出 q 用 Ω 表示出来的一般表达式, 并证明平坦尘埃主导宇宙中 $q = 1/2$.

在结束本节之际, 我们推导一下物质主导的平坦宇宙中的标度因子的显式解. 因为 $E = 0$, (1.17)式可以重新写为[①]

$$a \cdot \dot{a}^2 = \frac{4}{9}\left(\frac{da^{3/2}}{dt}\right)^2 = \text{常数}, \tag{1.23}$$

① 方程最右边的“常数”原文作 const, 是 constant 的缩写. 一些其他常用于公式中的缩写包括 h.c. (Hermitian conjugate, 厄米共轭), perms (permutations, 置换), l.h.s. (left hand side, 左手边), 等等. 为了方便读者阅读英文公式, 这些缩写一般不翻译. 但是 const 经常会进入正文中, 所以对它进行了翻译.

因此其解为

$$a \propto t^{2/3}. \tag{1.24}$$

其对应的哈勃参数为

$$H = \frac{2}{3t}. \tag{1.25}$$

这样一来, 平坦 $(E = 0)$ 且尘埃主导的宇宙在今天的年龄是

$$t_0 = \frac{2}{3H_0}, \tag{1.26}$$

其中 H_0 是哈勃参数现在的值. 我们看到这个结果和之前忽略引力得到的粗糙估计相去不远. 物质的能量密度作为宇宙时 (cosmic time)[①]的函数可以通过将哈勃参数 (1.25) 式代入(1.18)式来得到:

$$\varepsilon(t) = \frac{1}{6\pi G t^2}. \tag{1.27}$$

习题 1.6 估算大爆炸之后 $t = 10^{-43}$ s, 1 s, 以及 1 年时的能量密度.

习题 1.7 在开放宇宙中, 求(1.18)在 $t \to \infty$ 的极限下的解, 并讨论解的性质.

1.3 从牛顿到相对论的宇宙学

广义相对论可以推出数学上自洽的宇宙理论, 但牛顿理论不行. 比如说, 我们已经指出过牛顿式的充满尘埃的膨胀宇宙的图像要依赖于伯克霍夫定理, 而它是在广义相对论中得到证明的. 此外, 广义相对论相比于牛顿描述还能带来一些至关重要的变化. 首先, 爱因斯坦的理论指出几何是动力学的, 且为宇宙的物质成分所决定. 其次, 广义相对论能描述以相对论性的速度运动并具有任意压强的物质. 我们知道在大爆炸之后的 10 万年内, 宇宙是由压强等于其能量密度的三分之一的辐射主导的. 此外, 有证据表明在今天大多数的能量密度具有负压强. 为了理解这些宇宙历史中的重要时间段, 我们只能超出牛顿引力的范畴而转向完全相对论性的理论. 我们首先考虑哪种三维空间可以被用来描述一个均匀且各向同性的宇宙.

1.3.1 均匀及各向同性空间的几何

假设我们的宇宙是均匀及各向同性的. 这就意味着其演化可以表示为一系列按照时间顺序排列的三维类空超曲面, 其中每张超曲面都是均匀且各向同性的. 这些超曲面可自然地选为等时面.

---

① 宇宙时 (cosmic time) 在本书中有时也写作 cosmological time (宇宙学时间), 指的是共动观测者的固有时 (proper time). 与之对立的概念是共形时间 (conformal time) 的概念. 参见下文的(1.69)式.

均匀意味着在任意给定超曲面上的每个点上的物理条件都是相同的. 各向同性意味着从超曲面上的给定点望向四周, 所有方向上的物理条件都是全同的. 每一点上都各向同性自动保证均匀性. 但是, 均匀性并非一定意味着各向同性. 例如, 我们可以构造一个均匀而非各向同性的宇宙, 在一个方向上是收缩的, 而在另外两个方向上是膨胀的[①].

均匀且各向同性的空间具有最大可能的对称群; 在三维里, 有三种独立的平移和三种转动. 这些对称性强烈地限制了这类空间的可允许的几何. 只存在三种类型的带有简单拓扑的均匀且各向同性的空间: (a) 平坦空间, (b) 常数正曲率的三维球, (c) 常数负曲率的双曲空间.

为了帮助读者形象化地理解, 我们考虑与之类似的二维的均匀且各向同性的曲面. 将其推广到三维是直截了当的. 两种众所周知的均匀且各向同性的曲面是平面和二维球面. 它们都可以嵌入到带有通常笛卡儿坐标 x, y, z 的三维欧几里得空间之中. 描述二维球面 (图 1-4) 的嵌入的方程是

$$x^2 + y^2 + z^2 = a^2, \tag{1.28}$$

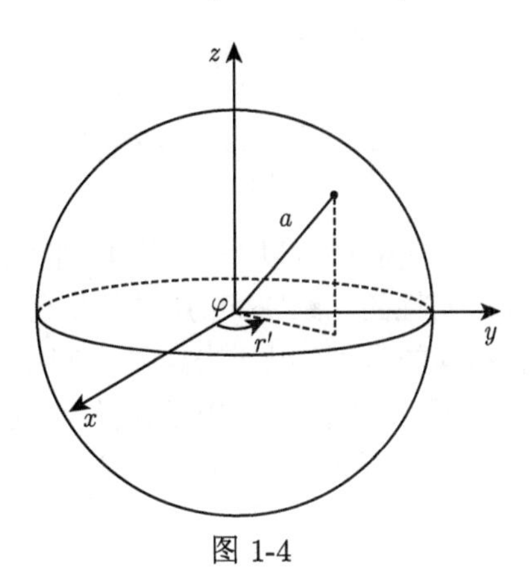

图 1-4

其中 a 是球面的半径. 对上式作微分, 我们可以看到对球面上的两个无限接近的点, 有

$$dz = -\frac{xdx + ydy}{z} = \pm\frac{xdx + ydy}{\sqrt{a^2 - x^2 - y^2}}.$$

将这个表达式代入三维欧几里得度规

$$dl^2 = dx^2 + dy^2 + dz^2 \tag{1.29}$$

① 类似这种形式的宇宙称为比安基 (Bianchi) 宇宙.

中去, 我们就得到

$$dl^2 = dx^2 + dy^2 + \frac{(xdx + ydy)^2}{a^2 - x^2 - y^2}. \tag{1.30}$$

以这种方式, 位于二维球面上的两点之间的距离就完全用两个约束在 $x^2+y^2 \leqslant a^2$ 上的独立坐标 x 和 y 表示出来了. 然而这两个坐标是退化的, 也就是说, 任意一组给定 (x, y) 对应于球面上南半球和北半球的两个点. 相比于 x 和 y, 更方便的做法是引入角坐标 r' 和 φ, 按照下式来定义:

$$x = r' \cos\varphi, \quad y = r' \sin\varphi. \tag{1.31}$$

对 $x^2 + y^2 = r'^2$ 作微分, 我们得到

$$xdx + ydy = r'dr'.$$

将此式同

$$dx^2 + dy^2 = dr'^2 + r'^2 d\varphi^2$$

结合起来, (1.30)的度规就可以化成如下形式:

$$dl^2 = \frac{dr'^2}{1 - (r'/a)^2} + r'^2 d\varphi^2. \tag{1.32}$$

$a^2 \to \infty$ 的极限对应于平面. 我们也可以令 a^2 取负值, 这样(1.32)就描述了一个带常数负曲率的均匀且各向同性的二维空间, 所谓的罗巴切夫斯基 (Lobachevski) 空间. 与平面或二维球面不同的是, 罗巴切夫斯基空间没办法嵌入到三维欧几里得空间中, 因为 "球面" 的半径 a 是个虚数 (因此这种空间被称为赝球或者双曲空间). 当然这并不意味着此类空间不能存在. 任何弯曲空间都可以完全用它的内部几何来描述, 不需要借助于嵌入.

习题 1.8　罗巴切夫斯基空间可以形象化地以洛伦兹三维空间内的双曲面来表示 (图 1-5). 证明将曲面 $x^2 + y^2 - z^2 = -a^2$(其中 a^2 为正) 嵌入到度规为 $dl^2 = dx^2 + dy^2 - dz^2$ 的空间中就能给出罗巴切夫斯基空间.

引入重标度的坐标 $r = r'/\sqrt{|a^2|}$, 我们可以将度规(1.32)改写为如下形式:

$$dl^2 = |a^2| \left(\frac{dr^2}{1 - kr^2} + r^2 d\varphi^2 \right), \tag{1.33}$$

其中 $k = +1$ 对应于球面 $(a^2 > 0)$, $k = -1$ 对应于赝球面 (pseudo-sphere)$(a^2 < 0)$, 而 $k = 0$ 对应于平面 (二维平坦空间). 在弯曲空间中, $|a^2|$ 描述了曲率半径. 然

而在平坦空间中, $|a^2|$ 的归一化没有任何物理意义, 因此这个因子可以通过一个坐标的重新定义而被吸收掉. 上面的论述可以直截了当地推广到三维.

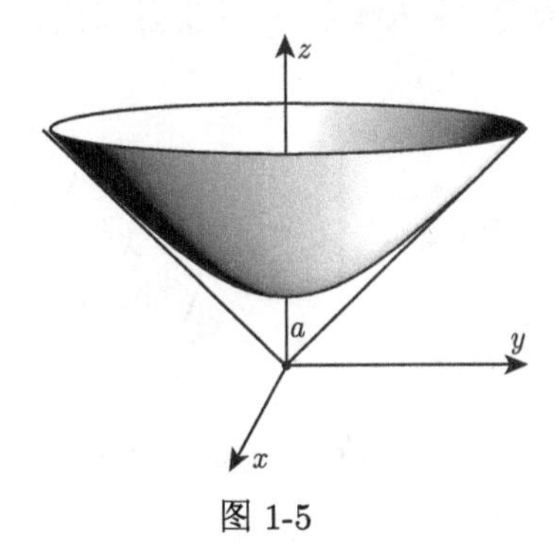

图 1-5

习题 1.9 通过将三维球面 (或赝球面) 嵌入到四维欧几里得空间 (或洛伦兹空间) 中来证明三维常曲率空间的度规可以写作

$$dl_{3d}^2 = a^2 \left(\frac{dr^2}{1-kr^2} + r^2 \left(d\theta^2 + \sin^2\theta d\varphi^2 \right) \right), \tag{1.34}$$

其中 a^2 为正, 而 $k = 0, \pm 1$. 通过

$$r = \frac{\bar{r}}{1 + k\bar{r}^2/4} \tag{1.35}$$

引入重标度的半径坐标 $\bar{r}$, 证明这个度规可以重新写作如下各向同性的形式:

$$dl_{3d}^2 = a^2 \frac{(d\bar{x}^2 + d\bar{y}^2 + d\bar{z}^2)}{(1 + k\bar{r}^2/4)^2}, \tag{1.36}$$

其中

$$\bar{x} = \bar{r}\sin\theta\cos\varphi, \quad \bar{y} = \bar{r}\sin\theta\sin\varphi, \quad \bar{z} = \bar{r}\cos\theta.$$

在许多种情况下, 与其使用半径坐标 r, 更方便的是使用以下式定义的新坐标 χ:

$$d\chi^2 = \frac{dr^2}{1-kr^2}. \tag{1.37}$$

容易看出

$$\chi = \begin{cases} \text{arcsinh} r, & k = -1; \\ r, & k = 0; \\ \text{arcsin} r, & k = +1. \end{cases} \tag{1.38}$$

坐标 χ 在平直空间和双曲空间的情况下可取 0 到 $+\infty$ 之间的值, 而在正曲率 $(k=+1)$ 的情况下的取值范围是 $\pi \geqslant \chi \geqslant 0$. 后面这种情况下任意一个给定的 r 都对应于两个不同的 χ. 因此, 引入坐标 χ 就消除了之前谈到过的坐标退化. 用 χ 作坐标, 度规(1.34)可写作

$$dl_{3d}^2 = a^2\left(d\chi^2 + \Phi(\chi)^2 d\Omega^2\right) \equiv a^2\left[d\chi^2 + \begin{pmatrix} \sinh^2\chi \\ \chi^2 \\ \sin^2\chi \end{pmatrix} d\Omega^2\right] \quad \begin{matrix} k=-1; \\ k=0; \\ k=+1, \end{matrix} \tag{1.39}$$

其中

$$d\Omega^2 = d\theta^2 + \sin^2\theta d\varphi^2. \tag{1.40}$$

我们现在进一步考察常曲率空间的性质.

三维球面 $(k=+1)$　从(1.39)式可以看出, 在一个正曲率的三维空间中, 半径为 χ 的二维球面上的距离元为

$$dl^2 = a^2\sin^2\chi(d\theta^2 + \sin^2\theta d\varphi^2). \tag{1.41}$$

这个表达式和三维平直空间中半径为 $R = a\sin\chi$ 的球面的结果相同, 因此我们可以立即求出总的表面积

$$S_{2d}(\chi) = 4\pi R^2 = 4\pi a^2\sin^2\chi. \tag{1.42}$$

随着半径 χ 的增长, 表面积首先增长, 直到 $\chi=\pi/2$ 时达到其最大值, 然后开始减小, 并在 $\chi=\pi$ 时减为 0 (图 1-6).

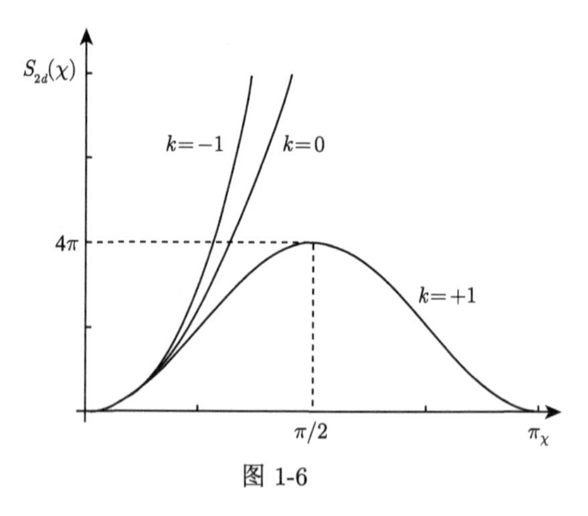

图 1-6

为了理解如此诡异的表面积的演化规律, 类比于低维情况是有帮助的. 在这种类比中, 球的表面扮演着常曲率三维空间的角色, 而二维曲面对应于球体上的等纬

度的环线. 从对应于 $\theta = 0$ 的北极开始, 随着我们向南移动, 圆环的周长是逐渐增加的, 直到它在赤道上 ($\theta = \pi/2$) 达到最大值, 然后越过赤道就开始减小, 最终在南极点 ($\theta = \pi$) 上等于 0. 当 θ 从 0 跑到 π 时, 圆环覆盖了整个球面. 相似地, 当 χ 从 0 变到 π 时, 它也扫过整个常正曲率三维空间. 因为球的总面积是有限的, 我们推断三维常正曲率空间的总体积也是有限的.

实际上, 因为无限小的壳的物理宽度是 $dl = ad\chi$, 两个半径分别为 χ 和 $\chi+d\chi$ 的二维球面之间的体积元是

$$dV = S_{2d} a d\chi = 4\pi a^3 \sin^2 \chi d\chi.$$

因此, 半径为 χ_0 的球面内的总体积是

$$V(\chi_0) = 4\pi a^3 \int_0^{\chi_0} \sin^2 \chi d\chi = 2\pi a^3 \left(\chi_0 - \frac{1}{2} \sin 2\chi_0 \right). \tag{1.43}$$

在 $\chi_0 \ll 1$ 的情况下, 体积

$$V(\chi_0) = 4\pi (a\chi_0)^3/3 + \cdots$$

表现得与欧几里得空间中的行为一样. 总体积可以通过在(1.43)中代入 $\chi_0 = \pi$ 来得到, 它是

$$V = 2\pi^2 a^3. \tag{1.44}$$

常正曲率空间的另一个有趣的性质是利用测地线 (两点间长度最短的曲线) 构造出来的三角形的内角之和大于 180°.

三维赝球面 ($k = -1$) 三维常负曲率空间中半径为 χ 的二维球面上的度规是

$$dl^2 = a^2 \sinh^2 \chi (d\theta^2 + \sin^2 \theta d\varphi^2). \tag{1.45}$$

球面的面积

$$S_{2d}(\chi) = 4\pi a^2 \sinh^2 \chi \tag{1.46}$$

在 $\chi \gg 1$ 的情况下指数式增长. 因为坐标 χ 可从 0 变到 $+\infty$, 所以双曲空间的总体积是无限的. 三角形的内角之和小于 180°.

习题 1.10 计算常负曲率空间中半径为 χ_0 的球面内的总体积.

1.3.2 爱因斯坦方程和宇宙演化

在保证空间是均匀且各向同性的前提下, 唯一可能随时间演化的就是用 a 描述的曲率尺度. 因此, 标度因子 $a(t)$ 可以完备描述一个均匀且各向同性的宇宙随

时间的演化. 在相对论中, 不存在绝对的时间, 而空间距离在坐标变换下也不是不变的. 与之相对应的是, 事件之间的无穷小的时空间隔是个不变量. 然而, 存在一些能使宇宙的对称性得以明显保持的坐标系. 在这类坐标系中, 最方便应用的一个取如下形式①:

$$ds^2 = dt^2 - dl_{3d}^2 = dt^2 - a^2(t)\left(\frac{dr^2}{1-kr^2} + r^2 d\Omega^2\right) \equiv g_{\alpha\beta}dx^\alpha dx^\beta, \tag{1.47}$$

其中 $g_{\alpha\beta}$ 是时空的度规, 而 $x^\alpha \equiv (t, r, \theta, \varphi)$ 是事件的坐标. 我们将采用爱因斯坦求和约定, 对重复指标求和:

$$g_{\alpha\beta}dx^\alpha dx^\beta \equiv \sum_{\alpha,\beta} g_{\alpha\beta}dx^\alpha dx^\beta.$$

此外, 我们总是让希腊字母的指标表示 0 到 3, 其中 0 表示类时坐标. 而拉丁字母指标只标记空间坐标: $i, l, \cdots = 1, 2, 3$. 上面引入的空间坐标都是共动的, 也就是说, 所有本动速度为零的天体的坐标 r, θ, φ 都是常数. 此外, 坐标 t 是一个共动观测者测量到的固有时 (proper time). 在某个特殊时刻, 两个共动观测者之间的距离是

$$\int \sqrt{-ds^2_{t=\text{常数}}} \propto a(t).$$

因此这个距离正比于标度因子而增长或减少.

在广义相对论中, 描述引力场的动力学变量是度规的分量 $g_{\alpha\beta}(x^\gamma)$, 它们满足爱因斯坦方程:

$$G^\alpha_\beta \equiv R^\alpha_\beta - \frac{1}{2}\delta^\alpha_\beta R - \Lambda\delta^\alpha_\beta = 8\pi G T^\alpha_\beta. \tag{1.48}$$

其中

$$R^\alpha_\beta = g^{\alpha\gamma}\left(\frac{\partial\Gamma^\delta_{\gamma\beta}}{\partial x^\delta} - \frac{\partial\Gamma^\delta_{\gamma\delta}}{\partial x^\beta} + \Gamma^\delta_{\gamma\beta}\Gamma^\sigma_{\delta\sigma} - \Gamma^\sigma_{\gamma\delta}\Gamma^\delta_{\beta\sigma}\right) \tag{1.49}$$

是里奇 (Ricci) 张量. 它是用度规的逆 $g^{\alpha\gamma}$ (通过 $g^{\alpha\gamma}g_{\gamma\beta} = \delta^\alpha_\beta$ 定义) 和克里斯托菲 (Christoffel) 符号

$$\Gamma^\alpha_{\gamma\beta} = \frac{1}{2}g^{\alpha\delta}\left(\frac{\partial g_{\gamma\delta}}{\partial x^\beta} + \frac{\partial g_{\delta\beta}}{\partial x^\gamma} - \frac{\partial g_{\gamma\beta}}{\partial x^\delta}\right) \tag{1.50}$$

---

① 这个度规称为弗里德曼-勒梅特-罗伯逊-沃克 (Friedmann-Lemaître-Robertson-Walker) 度规. 早年的文献也称之为弗里德曼度规或者罗伯逊-沃克度规.

表示出来的. 符号 δ^α_β 表示单位张量. 它在 $\alpha = \beta$ 时等于 1, 其余情况下等于 0. $R = R^\alpha_\alpha$ 是标量曲率. $\Lambda =$ 常数, 是宇宙学项 (cosmological term). 物质部分通过能动张量T^α_β 进入爱因斯坦方程之中.(在广义相对论里, 引力场之外的一切都被称为 "物质"[①].) 这个张量是对称的,

$$T^{\alpha\beta} \equiv g^{\beta\delta}T^\alpha_\delta = T^{\beta\alpha}, \tag{1.51}$$

而且可以 (几乎唯一地) 由如下条件决定: 方程

$$\frac{\partial T^{\alpha\beta}}{\partial x^\beta} = 0 \tag{1.52}$$

必须符合闵可夫斯基 (Minkowski) 时空中物质的运动方程. 为了推广到弯曲时空, 必须将运动方程修改为

$$T^{\alpha\beta}{}_{;\beta} \equiv \frac{\partial T^{\alpha\beta}}{\partial x^\beta} + \Gamma^\alpha_{\gamma\beta}T^{\gamma\beta} + \Gamma^\beta_{\gamma\beta}T^{\alpha\gamma} = 0, \tag{1.53}$$

其中正比于 Γ 的项体现了引力场的作用. 注意到在广义相对论里并不需要额外假定这些方程成立. 它们可以用爱因斯坦张量满足的比安基 (Bianchi) 恒等式

$$G^\alpha_{\beta;\alpha} = 0 \tag{1.54}$$

直接从爱因斯坦方程导出.

在大尺度上, 物质可以近似为理想流体, 它由能量密度 ε, 压强 p, 4-速度 u^α 描述. 其能动张量是

$$T^\alpha_\beta = (\varepsilon + p)u^\alpha u_\beta - p\delta^\alpha_\beta, \tag{1.55}$$

这里我们必须指定物态方程 $p = p(\varepsilon)$, 它依赖于物质的性质. 例如, 如果宇宙是由极端相对论性的气体组成的, 那么物态方程就是 $p = \varepsilon/3$. 在宇宙学中, 很多情况下有 $p = w\varepsilon$, 其中 w 是个常数.

习题 1.11 在平直时空中考虑非相对论性的类尘埃的理想流体 ($u^0 \approx 1$, $u^i \ll 1$, $p \ll \varepsilon$). 证明 $T^{\alpha\beta}{}_{,\beta} = 0$ 就是质量守恒方程加上欧拉运动方程.

物质的另一个重要的例子是带有势 $V(\varphi)$ 的经典标量场 φ. 在这种情况下, 能动张量由下式给出:

$$T^\alpha_\beta = \varphi^{,\alpha}\varphi_{,\beta} - \left(\frac{1}{2}\varphi^{,\gamma}\varphi_{,\gamma} - V(\varphi)\right)\delta^\alpha_\beta, \tag{1.56}$$

① 广义相对论的物质指的是使时空弯曲的源项. 在宇宙学中, 狭义的物质特指非相对论性的物质即 "尘埃".

其中

$$\varphi_{,\beta} \equiv \frac{\partial \varphi}{\partial x^{\beta}}, \quad \varphi^{,\alpha} \equiv g^{\alpha\gamma}\varphi_{,\gamma}.$$

习题 1.12 从 $T^{\alpha}_{\beta;\alpha} = 0$ 导出标量场的运动方程

$$\varphi^{;\alpha}{}_{;\alpha} + \frac{\partial V}{\partial \varphi} = 0. \tag{1.57}$$

如果 $\varphi^{,\gamma}\varphi_{,\gamma} > 0$, 则标量场的能动张量可以通过如下定义改写成理想流体的形式:

$$\varepsilon \equiv \frac{1}{2}\varphi^{,\gamma}\varphi_{,\gamma} + V(\varphi), \quad p \equiv \frac{1}{2}\varphi^{,\gamma}\varphi_{,\gamma} - V(\varphi), \quad u^{\alpha} \equiv \frac{\varphi^{,\alpha}}{\sqrt{\varphi^{,\gamma}\varphi_{,\gamma}}}. \tag{1.58}$$

特别是如果假设标量场是均匀的 (即 $\partial\varphi/\partial x^i = 0$), 可以得到

$$\varepsilon \equiv \frac{1}{2}\dot{\varphi}^2 + V(\varphi), \quad p \equiv \frac{1}{2}\dot{\varphi}^2 - V(\varphi). \tag{1.59}$$

对一个标量场来说, 压强与能量密度之比 $w = p/\varepsilon$ 一般是随时间改变的. 如果额外假设标量场的势是正的, 且满足弱能量条件 $\varepsilon + p \geqslant 0$, 则 w 的下界是 -1. 然而, 标量场可以轻易破坏强能量条件 $\varepsilon + 3p \geqslant 0$. 例如, 如果势 $V(\varphi)$ 在某处 φ_0 有个极小值, 则 $\varphi(t) = \varphi_0$ 就是标量场运动方程的一个解, 且它满足

$$p = -\varepsilon = -V(\varphi_0). \tag{1.60}$$

这时运用爱因斯坦方程, 对应的能动张量

$$T^{\alpha}_{\beta} = V(\varphi_0)\delta^{\alpha}_{\beta} \tag{1.61}$$

就相当于一个宇宙学项

$$\Lambda = 8\pi G V(\varphi_0). \tag{1.62}$$

所以宇宙学项总是可以解释为真空能对爱因斯坦方程的贡献. 由此, 我们以后将把它包括在物质的能动张量中, 并令(1.48)中的 $\Lambda = 0$.

1.3.3 弗里德曼方程

当物质是相对论性的时候, 应该如何修改牛顿式的宇宙学演化方程(1.12), (1.15), 以及(1.18)? 原则上为了解决这个问题, 我们只需将度规(1.47)和能动张

量(1.55)代入爱因斯坦方程(1.48)中去. 得到的方程就是弗里德曼 (Friedmann) 方程. 它们能确定两个未知函数 $a(t)$ 和 $\varepsilon(t)$. 然而, 在做正式的推导之前, 解释一下为什么必须要修正非相对论性方程(1.12)和(1.15)是有助于我们理解的.

如果体积为 V 的膨胀球体内的压强 p 较大, 则总能量 $E=\varepsilon V$ 不守恒, 因为压强做功 $-pdV$. 根据热力学第一定律, 这个功等于能量的改变:

$$dE=-pdV. \tag{1.63}$$

因为 $V\propto a^3$, 我们可以将此守恒律改写为

$$d\varepsilon=-3(\varepsilon+p)d\ln a, \tag{1.64}$$

或者另一等价形式

$$\dot{\varepsilon}=-3H(\varepsilon+p). \tag{1.65}$$

这个关系是(1.12)的新版本, 可以证明它就是在一个均匀且各向同性的宇宙中的能量守恒方程 $T^{\alpha}_{0;\alpha}=0$.

如果物质的压强不可忽略, 那么标度因子的加速方程也要有所修改. 这是因为根据广义相对论, 引力场的强度不但依赖于能量密度, 还依赖于压强. 方程(1.15)要变为第一弗里德曼方程:

$$\ddot{a}=-\frac{4\pi}{3}G(\varepsilon+3p)a. \tag{1.66}$$

这里压强的贡献的正确形式是从爱因斯坦场方程的空间对角分量推导出来的①. 将(1.66)乘以 $\dot{a}$, 并利用(1.65)把 p 用 ε, $\dot{\varepsilon}$ 和 H 表达出来, 然后积分一次, 我们就可以得到第二弗里德曼方程②:

$$H^2+\frac{k}{a^2}=\frac{8\pi G}{3}\varepsilon. \tag{1.67}$$

尽管(1.67)对任意物态方程都成立, 但它看上去就像是令 $k=-2E$ 之后的牛顿方程(1.18). 然而, k 不仅仅是一个积分常数: 爱因斯坦方程组的 00 分量告诉我们它就是之前定义的曲率, 即 $k=\pm1$ 或 0 ③. 当 $k=\pm1$ 的时候, 标度因子 a 可以从

① 这句话的意思是, $\ddot{a}$ 的方程(1.66)可以从爱因斯坦场方程的空间分量导出, 即 $R_{ij}-(1/2)Rg_{ij}=-a^2\delta_{ij}(H^2+2\ddot{a}/a)=8\pi GT_{ij}=8\pi Ga^2p\delta_{ij}$. 再利用(1.67)我们立即得到(1.66).

② 有些文献把(1.67)式称为第一弗里德曼方程. 第二弗里德曼方程有的文献说是(1.66)式, 也有文献说是习题 1.13 的(1.68)式. 后者只需要对(1.67)取一次时间导数并运用能量守恒(1.65)就可以推出.

③ 这句话的意思是说, 如果我们不从(1.66)出发利用物质守恒(1.65)推导(1.67), 而是改为直接用爱因斯坦方程进行推导 (部分教科书采取这种推导方式, 因此它们称(1.67)为 "第一" 弗里德曼方程), 则从(1.47)式的度规出发, 其爱因斯坦方程的 00 分量就是(1.67)式, 即 $R_{00}-(1/2)g_{00}R=3H^2+3k/a^2=8\pi GT_{00}=8\pi G\varepsilon$. 其中的 k 就是(1.33)中定义的空间曲率.

几何上解释为空间的曲率半径①.

因此, 在广义相对论中, 宇宙学参数 $\Omega \equiv \varepsilon/\varepsilon^{\mathrm{cr}}$ 就确定了宇宙的几何. 如果 $\Omega > 1$, 宇宙是封闭的, 其几何是三维球面 $(k = +1)$; $\Omega = 1$ 对应于一个平坦宇宙 $(k = 0)$; 在 $\Omega < 1$ 的情况下, 宇宙是开放的, 且几何是双曲的 $(k = -1)$.

(1.67)和守恒律(1.65)或者加速方程(1.66)结合起来, 再加上物态方程 $p = p(\varepsilon)$, 就构成了一组完备方程, 可以用以确定两个未知函数 $a(t)$ 和 $\varepsilon(t)$. 这组方程的解以及宇宙的未来不但依赖于几何, 而且也依赖于物态方程.

习题 1.13　根据(1.65)和(1.67), 导出如下有用的关系:

$$\dot{H} = -4\pi G(\varepsilon + p) + \frac{k}{a^2}. \tag{1.68}$$

习题 1.14　证明在 $p > -\varepsilon/3$ 的情况下, 封闭宇宙会在达到最大半径之后重新坍缩, 而平坦及开放宇宙会持续永远膨胀下去. 证明(1.67)中的空间曲率项 k/a^2 在 $a \to 0$ 时可忽略, 并给出对此结果的物理解释. 分析 $-\varepsilon/3 \geqslant p \geqslant -\varepsilon$ 的情况下标度因子的行为.

在本节的结尾, 让我们再次强调下对均匀且各向同性宇宙的牛顿式的处理与相对论式的处理的差别. 首先, 牛顿方法是不完备的: 它仅仅在小尺度上 (保证膨胀引起的相对速度远小于光速) 对几乎无压强的物质成立, 其合法性需要通过广义相对论来保证. 在牛顿宇宙学里, 空间几何总是平直的, 而且相对应地标度因子没有几何解释. 与之相反, 广义相对论提供了一个完备且自洽的理论, 它允许我们描述任意物态方程的相对论性物质, 而且可以应用于任意大的尺度. 物质部分的组成决定了宇宙的几何, 而且在 $k = \pm 1$ 的情况下标度因子的几何解释是曲率半径.

1.3.4　共形时间和相对论性的解

为求得弗里德曼方程的特解, 通常人们出于方便起见不用物理时间 t, 而是用共形时间 η, 其定义为

$$\eta \equiv \int \frac{dt}{a(t)}. \tag{1.69}$$

因此有 $dt = a(t)d\eta$. 方程(1.67)可由此写作

$$a'^2 + ka^2 = \frac{8\pi G}{3}\varepsilon a^4, \tag{1.70}$$

① $k = 0$ 时 a 没有几何意义. 因此我们可以根据不同的物理问题采用任意归一化. 例如在晚期宇宙的讨论中经常取现在的 $a_0 = 1$, 在暴胀宇宙学的讨论中经常取暴胀开始时刻的 $a_i = 1$, 等等.

其中一撇表示对共形时间 η 求导数. 将上式对 η 再求一次导数, 并利用(1.64), 我们就得到

$$a'' + ka = \frac{4\pi G}{3}(\varepsilon - 3p)a^3. \tag{1.71}$$

后面这个方程对应于爱因斯坦方程组的迹, 它在尘埃及辐射主导的宇宙中求解析解时特别有用.

在辐射情况下, 有 $p = \varepsilon/3$, (1.71)的右边等于零, 方程即简化为

$$a'' + ka = 0. \tag{1.72}$$

这方程可以很容易积分解出

$$a(\eta) = a_m \cdot \begin{cases} \sinh\eta, & k = -1; \\ \eta, & k = 0; \\ \sin\eta, & k = +1. \end{cases} \tag{1.73}$$

这里 a_m 是一个积分常数, 另一个积分常数是靠 $a(\eta = 0) = 0$ 确定的. 物理时间 t 和 η 的关系可以通过积分 $dt = ad\eta$ 表示出来:

$$t = a_m \cdot \begin{cases} \cosh\eta - 1, & k = -1; \\ \eta^2/2, & k = 0; \\ 1 - \cos\eta, & k = +1. \end{cases} \tag{1.74}$$

由此我们得到在最令人感兴趣的平坦辐射主导宇宙的情况下, 标度因子正比于物理时间的平方根, $a \propto \sqrt{t}$, 因此 $H = 1/(2t)$. 将此式代入(1.67), 我们得到

$$\varepsilon_r = \frac{3}{32\pi G t^2} \propto a^{-4}. \tag{1.75}$$

换个思路来看, 辐射的能量守恒方程(1.64)取如下形式:

$$d\varepsilon_r = -4\varepsilon_r d\ln a, \tag{1.76}$$

同样能给出 $\varepsilon_r \propto a^{-4}$.

习题 1.15 在开放和闭合的辐射主导宇宙中推出 $H(\eta)$ 和 $\Omega(\eta)$ 的表达式, 并将现在宇宙的年龄 t_0 用 H_0 和 Ω_0 表示出来. 分析 $\Omega_0 \ll 1$ 的结果, 并给出其物理解释.

习题 1.16　对尘埃 $p=0$, (1.71)右边的表达式是常数, 这个方程的解很容易得到. 证明其解为

$$a(\eta)=a_m\cdot\begin{cases}\cosh\eta-1, & k=-1;\\ \eta^2, & k=0;\\ 1-\cos\eta, & k=+1.\end{cases} \tag{1.77}$$

对每种情况, 计算 $H(\eta)$ 及 $\Omega(\eta)$, 并将现在宇宙的年龄 t_0 用 H_0 和 Ω_0 表示出来. 证明在 $\Omega_0\to 0$ 的极限下, 我们有 $t_0=1/H_0$. 这与忽略引力效应所得到的牛顿式估算的结果一致. (提示　用(1.70)来确定其中一个积分常数.)

共形时间 η 在平坦和开放宇宙中的取值范围是半无限的, 即 $+\infty>\eta>0$, 无论宇宙是物质主导还是辐射主导. 在封闭宇宙中, η 是有界的: 在辐射和物质主导的宇宙中分别是 $\pi>\eta>0$ 和 $2\pi>\eta>0$.

最后, 我们考虑一种重要情况: 平坦宇宙中充满物质 (尘埃) 和辐射的混合物. 物质的能量密度按照 $1/a^3$ 衰减, 而辐射的能量密度按照 $1/a^4$ 衰减. 因此, 我们有

$$\varepsilon=\varepsilon_m+\varepsilon_r=\frac{\varepsilon_{\mathrm{eq}}}{2}\left(\left(\frac{a_{\mathrm{eq}}}{a}\right)^3+\left(\frac{a_{\mathrm{eq}}}{a}\right)^4\right), \tag{1.78}$$

其中 a_{eq} 是物质-辐射相等时刻 (即 $\varepsilon_m=\varepsilon_r$) 的标度因子. 方程(1.71)现在即变成 [1]

$$a''=\frac{2\pi G}{3}\varepsilon_{\mathrm{eq}}a_{\mathrm{eq}}^3 \tag{1.79}$$

这方程积分两次即可得到

$$a(\eta)=\frac{\pi G}{3}\varepsilon_{\mathrm{eq}}a_{\mathrm{eq}}^3\eta^2+C\eta. \tag{1.80}$$

和以前一样, 我们已经利用 $a(\eta=0)=0$ 这个条件确定了两个积分常数中的一个[2]. 将(1.78)和(1.80)代入(1.70)式, 我们可以确定另一个积分常数[3]

$$C=\left(\frac{4\pi G\varepsilon_{\mathrm{eq}}a_{\mathrm{eq}}^4}{3}\right)^{1/2}.$$

再代回(1.80), 我们就得到

$$a(\eta)=a_{\mathrm{eq}}\left(\left(\frac{\eta}{\eta_\star}\right)^2+2\left(\frac{\eta}{\eta_\star}\right)\right), \tag{1.81}$$

---

① 这一步需要考虑到对辐射 $\varepsilon-3p=0$, 所以(1.71)右边只有 $\varepsilon_m a^3$, 它是个常数, 因此可以在 η_{eq} 处计算.

② 即选取第二次积分时的积分常数为零.

③ 这里将(1.78)和(1.80)式代入(1.70)之后, 取 $\eta=0$ 的极限, 即得到下式.

其中我们以简化表达式定义了 $\eta_\star$

$$\eta_\star = \left(\frac{\pi G \varepsilon_{\mathrm{eq}} a_{\mathrm{eq}}^2}{3}\right)^{-1/2} = \frac{\eta_{\mathrm{eq}}}{\sqrt{2}-1}. \tag{1.82}$$

($\eta_\star$ 和 η_{eq} 的这个关系可以直接从 $a(\eta_{\mathrm{eq}}) = a_{\mathrm{eq}}$ 导出.) 对 $\eta \ll \eta_{\mathrm{eq}}$, 辐射主导, 故有 $a \propto \eta$. 随着宇宙的膨胀, 辐射的能量密度衰减得比尘埃要快. 因此, 对 $\eta \gg \eta_{\mathrm{eq}}$, 尘埃占据主导, 我们有 $a \propto \eta^2$.

习题 1.17 证明, 对充满物质和辐射混合物的非平坦宇宙, 我们有

$$a(\eta) = a_m \cdot \begin{cases} \eta_\star \sinh\eta + \cosh\eta - 1, & k = -1; \\ \eta_\star \sin\eta + 1 - \cos\eta, & k = +1. \end{cases} \tag{1.83}$$

习题 1.18 考虑一个充满了物态方程为 $p = w\varepsilon$ 的物质的闭合宇宙, 其中 w 为常数. 证明标度因子是

$$a(\eta) = a_m \left(\sin\left(\frac{1+3w}{2}\eta + C\right)\right)^{2/(1+3w)}, \tag{1.84}$$

其中 C 是积分常数. 分别对 $w = -1,\ -1/2,\ -1/3,\ 0$ 和 $+1/3$, 分析标度因子的演化行为. 对平坦和开放宇宙, 求对应的解.

1.3.5 米尔恩宇宙

让我们考虑一个 $k = -1$ 的开放宇宙在能量密度趋于零时的极限, $\varepsilon \to 0$. 在这种情况下, (1.67)可简化为

$$\dot{a}^2 = 1,$$

它有一个特解是 $a = t$. 这种情况下度规取如下形式:

$$ds^2 = dt^2 - t^2\left(d\chi^2 + \sinh^2\chi d\Omega^2\right), \tag{1.85}$$

它所描述的时空被称为米尔恩宇宙 (Milne universe). 我们可以自然地期待一个无物质的各向同性空间中的爱因斯坦方程组的解就是闵可夫斯基时空. 实际上, 米尔恩宇宙就是用膨胀坐标系描述的闵可夫斯基时空的一部分区域. 为了证明这一点, 我们从闵可夫斯基度规开始

$$ds^2 = d\tau^2 - dr^2 - r^2 d\Omega^2. \tag{1.86}$$

通过定义

$$\tau = t\cosh\chi, \quad r = t\sinh\chi, \tag{1.87}$$

将闵可夫斯基坐标 τ 和 r 用新的坐标 t 和 χ 表示出来, 我们得到

$$d\tau^2 - dr^2 = dt^2 - t^2 d\chi^2,$$

因此闵可夫斯基坐标就化为(1.85)了. 给定共形坐标为 χ 的粒子在闵可夫斯基空间中以常速度

$$|\mathbf{v}| \equiv r/\tau = \tanh\chi < 1 \tag{1.88}$$

运动, 其固有时, $\sqrt{1-|\mathbf{v}|^2}\tau$, 等于宇宙时 t. 为了求出等固有时 t 的超曲面, 我们注意到

$$t^2 = \tau^2 - r^2. \tag{1.89}$$

超曲面 $t=0$ 就是向前的光锥; 带正常数 t 的超曲面是闵可夫斯基坐标中的双曲面, 且都坐落于向前光锥的内部. 因此, 米尔恩坐标仅仅覆盖闵可夫斯基时空的四分之一 (参见图 1-7).

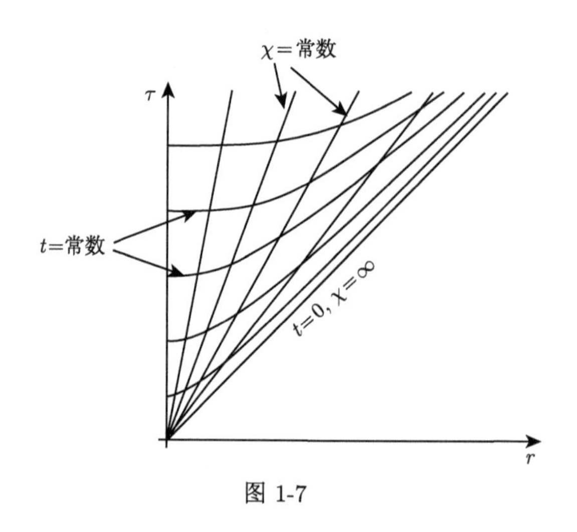

图 1-7

尽管作为一个实际的模型存在明显的缺陷, 米尔恩宇宙却能给我们一些启发. 第一, 它显示了爆炸 (explosion)(这是对 “大爆炸”(big bang) 这个术语的很流行的误解) 和哈勃膨胀之间的相似性及区别. 米尔恩宇宙中存在一个中心点. 很明显, 这是因为米尔恩宇宙只覆盖了闵可夫斯基时空中一个特定的四分之一部分. 弯曲的弗里德曼宇宙则是没有中心的. 第二, 米尔恩宇宙告诉我们在给退行速度寻找物理解释时要特别小心. 如果把一个粒子的退行速度定义为 $|\mathbf{u}| \equiv r/t = \sinh\chi$, 则在 $\chi > 1$ 时, 其退行速度会超过光速. 很显然这和狭义相对论的基本原理没有任何

冲突, 因为我们知道这个粒子实际上是在一个物理上容许的类时世界线上运动的. 狭义相对论告诉我们, 使用同样的惯性坐标系中的尺和钟测量到的速度绝不可能超过光速. 然而在上面定义 $|\mathbf{u}|$ 时, 我们是用闵可夫斯基坐标系中测量的距离除以运动的粒子自己的固有时. 这对应于 4-速度的空间部分, 因此可以是任意大的. 若我们用通常的方法定义米尔恩宇宙中的哈勃速度: $v_H = \dot{a}\chi = \chi$, 它也没有上界. 只有 $|\mathbf{v}| = \tanh\chi$ 是良好定义的. 尽管 $|\mathbf{u}|$ 和 v_H 在 $\chi \ll 1$ 的情况下都近似等于 $|\mathbf{v}|$, 但是 $\chi \geqslant 1$ 时它们的差别很大, 而且没有不变性的意义 (invariant meaning)[①]. 在弯曲时空中, 情况更加复杂. 惯性坐标系只能局域地引入, 即在远小于四维曲率半径 (大约是 $1/H$) 的尺度上定义. 因此, 不可能超过光速的相对闵可夫斯基速度只能在粒子的相对距离远小于 $1/H$ 时才有定义. 如果粒子之间的距离大于曲率尺度, 也就是说哈勃定律预言的退行速度会超过光速的距离以外, 即使我们强行定义相对速度, 它也没有不变性的含义. 这些评论有助于我们澄清所谓"超光速膨胀"的概念. 有些文献会不正确地用这个术语来描述暴胀式的膨胀 (inflationary expansion).

米尔恩解也有助于我们理解 3-曲率和 4-曲率的不同. 一个"空间平坦"的宇宙 ($k = 0$) 一般来说 4-曲率是不为零的. 例如, 在 $\Omega = 1$ 的尘埃主导的宇宙中, 空间不是真空, 因此黎曼张量不为零. 米尔恩宇宙是一个可资补充的例子, 其空间曲率不为零 ($k = -1$), 但是 4-曲率为零. 米尔恩坐标相当于在局域平直时空中用空间弯曲的均匀三维超曲面作分层 (foliating). 因此, 在宇宙学中, 当我们说到"平直/平坦 (flat)"这个概念的时候, 分清它是指的 3-曲率还是 4-曲率是至关重要的[②].

一般来说, 如果要保证均匀且各向同性, 就不会剩下多少分层的选择余地. 特别是, 如果能量是随着时间演化的, 那么一个合适的分层方式就是让每个超曲面上的能量密度都是常数. 这个选择是独一无二的, 也有其不变性的物理意义. 空无一物的空间则存在一个额外的时间平移不变性, 因此任意类空超曲面的"能量密度"都是相同的, 而且等于零. 另一个带有额外时间平移不变性的均匀且各向同性的时空是德西特 (de Sitter) 时空[③]. 在 1.3.6 节我们将看到德西特时空可以用带有开放、平坦和封闭几何的三维常曲率超曲面来覆盖.

1.3.6 德西特宇宙

德西特宇宙是一个带正常数 4-曲率的"时空". 它在时间及空间上都是均匀且各向同性的. 因此, 它和闵可夫斯基时空一样带有最大的对称群 (在四维的情况下

① 这里的不变性指的是相对论的不变性.

② 为了准确区分这两种情况, 在中文语境下, 一般把表示 3-曲率为零的 flat 翻译为"平坦的", 例如"平坦宇宙"(flat universe) 指的是 $k = 0$ 的宇宙. 4-曲率为零的 flat 翻译为"平直的", 例如闵可夫斯基时空是"平直时空"(flat spacetime).

③ 原文为 de Sitter space. 结合上下文改译为"德西特时空". 下同.

有十个参数). 在本书里, 我们特别关注德西特宇宙, 因为它在我们理解暴胀的基本性质的过程中扮演着核心角色. 实际上在大多数情况下暴胀就是个时间平移不变性轻微破缺的德西特时空.

为了求得德西特宇宙的度规, 我们利用三种不同的方法, 可以借此从三个不同方面来了解这个时空的数学性质. 首先, 我们通过一个类似于在 1.3.1节讨论过的方法来求得德西特时空的度规. 也就是说, 把一个常曲率的超曲面嵌入到高维平直时空中去. 为了简便, 我们所有的计算都是对二维超曲面做的. 随后读者可以直截了当地将其推广到高维去. 第二种方法是, 我们回到描述一个均匀且各向同性的三维常正曲率空间的欧几里得度规(1.39), 并将其解析延拓以得到带有洛伦兹号差的常曲率时空. 最后一种方法是我们直接从带正宇宙学常数项的弗里德曼方程解出德西特时空.

作为镶嵌到闵可夫斯基时空中的常曲率超曲面的德西特宇宙 (二维情况) 我们考虑一个双曲面

$$-z^2 + x^2 + y^2 = H_\Lambda^{-2}, \tag{1.90}$$

它镶嵌在度规为

$$ds^2 = dz^2 - dx^2 - dy^2 \tag{1.91}$$

的三维闵可夫斯基时空中. 双曲面的曲率是正的, 而且全部坐落于光锥内部 (参见图 1-8). 所以, 诱导度规有洛伦兹号差.(我们从习题 1.8 中注意到, 罗巴切夫斯基空间也可以嵌入到洛伦兹号差的空间中. 然而, 罗巴切夫斯基空间对应于一个位于光锥内部的双曲面, 其诱导度规的号差是欧几里得的.) 为了参数化这个双曲面, 我们取 x 和 y 坐标. 这样双曲面的度规可以写为

$$ds^2 = \frac{(xdx + ydy)^2}{x^2 + y^2 - H_\Lambda^{-2}} - dx^2 - dy^2, \tag{1.92}$$

其中 $x^2 + y^2 > H_\Lambda^{-2}$. 这就是以坐标 x 和 y 写出来的二维德西特时空的度规. 跟 1.3.1节考虑过的情况一样, 更方便的做法是采用一种可以将时空的对称性明显表示出来的度规. 第一选择就是利用新坐标 t, χ, 它们和 x, y 的关系为

$$x = H_\Lambda^{-1} \cosh(H_\Lambda t) \cos\chi, \quad y = H_\Lambda^{-1} \cosh(H_\Lambda t) \sin\chi. \tag{1.93}$$

对 $+\infty > t > -\infty$ 及 $2\pi \geqslant \chi \geqslant 0$, 这两个坐标可以覆盖整个双曲面 (参见图 1-8), 此时度规(1.92)为

$$ds^2 = dt^2 - H_\Lambda^{-2} \cosh^2(H_\Lambda t)\, d\chi^2. \tag{1.94}$$

在四维的情况下, 这种形式的度规对应于一个 $k = +1$ 的封闭宇宙.

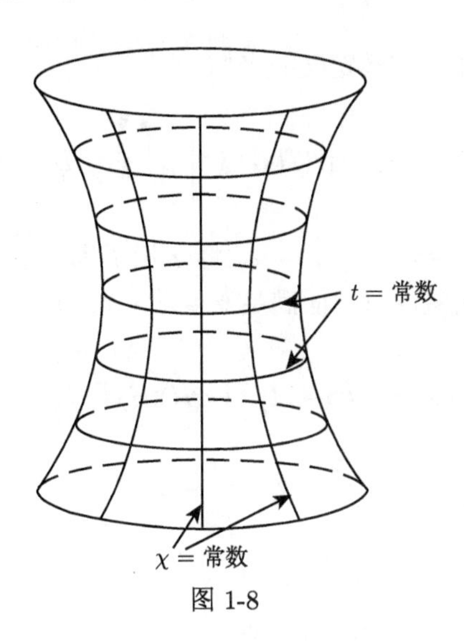

图 1-8

另一种坐标选择是

$$x = H_\Lambda^{-1}\cosh\left(H_\Lambda\tilde{t}\right), \quad y = H_\Lambda^{-1}\sinh\left(H_\Lambda\tilde{t}\right)\sinh\tilde{\chi}, \tag{1.95}$$

这样(1.92)式化为对应于一个开放的德西特宇宙的形式:

$$ds^2 = d\tilde{t}^2 - H_\Lambda^{-2}\sinh^2\left(H_\Lambda\tilde{t}\right)d\tilde{\chi}^2. \tag{1.96}$$

坐标的范围是 $+\infty > \tilde{t} \geqslant 0$ 及 $+\infty > \tilde{\chi} > -\infty$, 只能覆盖德西特时空中 $x \geqslant H_\Lambda^{-1}$ 及 $z > 0$ 的那一部分 (参见图 1-9). 此外, 这坐标在 $\tilde{t} = 0$ 处有奇点.

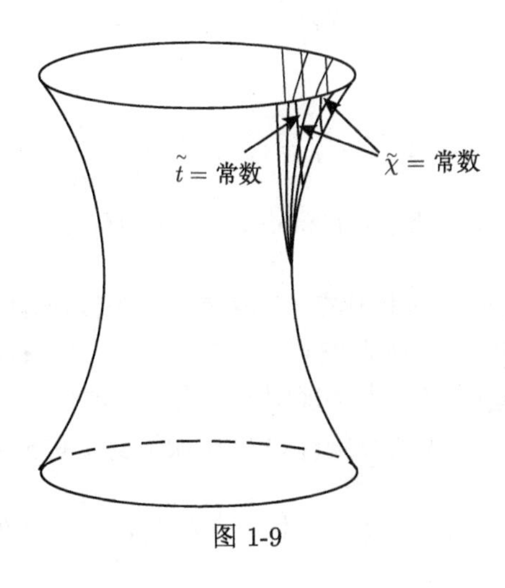

图 1-9

最后, 我们考虑用如下方式定义的坐标:

$$x = H_\Lambda^{-1}\left[\cosh\left(H_\Lambda \bar{t}\right) - \frac{1}{2}\exp\left(H_\Lambda \bar{t}\right)\bar{\chi}^2\right], \quad y = H_\Lambda^{-1}\exp\left(H_\Lambda \bar{t}\right)\bar{\chi}, \tag{1.97}$$

其中 $+\infty > \bar{t} > -\infty$ 及 $+\infty > \bar{\chi} > -\infty$. 将 z 用 $\bar{t}$ 和 $\bar{\chi}$ 表示出来, 我们可以发现这个 "平坦" 坐标系只能覆盖双曲面满足 $x + z \geqslant 0$ 的那一半 (参见图 1-10). 度规变为

$$ds^2 = d\bar{t}^2 - H_\Lambda^{-2}\exp\left(2H_\Lambda \bar{t}\right)d\bar{\chi}^2. \tag{1.98}$$

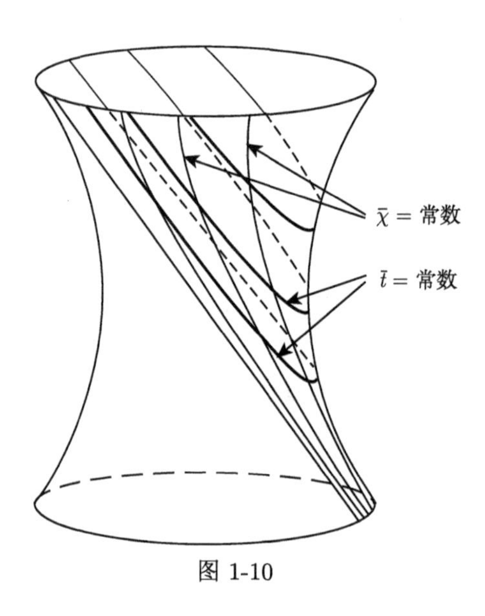

图 1-10

通过比较(1.93), (1.95)和(1.97), 我们可以得到各个坐标系在它们的覆盖区域重叠时的相互关系:

$$\begin{aligned}
\cosh\left(H_\Lambda t\right)\cos\chi &= \cosh\left(H_\Lambda \tilde{t}\right) = \cosh\left(H_\Lambda \bar{t}\right) - \frac{1}{2}\exp\left(H_\Lambda \bar{t}\right)\bar{\chi}^2, \\
\cosh\left(H_\Lambda t\right)\sin\chi &= \sinh\left(H_\Lambda \tilde{t}\right)\sinh\tilde{\chi} = \exp\left(H_\Lambda \bar{t}\right)\bar{\chi}.
\end{aligned} \tag{1.99}$$

通过解析延拓定义的德西特时空 (三维情况) 因为德西特宇宙是一个带有洛伦兹号差的常正曲率的时空, 因此它可以通过一个描述带有欧几里得号差的常正曲率空间的度规解析延拓得到. 为了理解解析延拓是如何改变度规号差的, 让我们考虑描述封闭宇宙 ($k = +1$) 的度规(1.39). 作如下变量替换之后,

$$a \to H_\Lambda^{-1}, \quad \chi \to H_\Lambda \tau, \quad \theta \to \chi, \quad \varphi \to \theta,$$

该度规可重新写为

$$ds^2 = -dl_{3d}^2 = -d\tau^2 - H_\Lambda^{-2}\sin^2(H_\Lambda\tau)\left(d\chi^2 + \sin^2\chi d\theta^2\right). \tag{1.100}$$

因此, 解析延拓 $\tau \to it + \pi/2$, 我们就得到一个以封闭弗里德曼宇宙的形式写出的三维德西特时空:

$$ds^2 = dt^2 - H_\Lambda^{-2}\cosh^2(H_\Lambda t)\left(d\chi^2 + \sin^2\chi d\theta^2\right). \tag{1.101}$$

注意现在坐标 χ 只从 0 变到 π 即可覆盖整个空间. 四维封闭德西特宇宙也可用类似的方法来构造.

为了得到开放的德西特度规, 我们必须要同时解析延拓(1.100)中的两个坐标: $\tau \to i\tilde{t}$ 同时 $\chi \to i\tilde{\chi}$, 给出

$$ds^2 = d\tilde{t}^2 - H_\Lambda^{-2}\sinh^2\left(H_\Lambda\tilde{t}\right)\left(d\tilde{\chi}^2 + \sinh^2\tilde{\chi}d\theta^2\right). \tag{1.102}$$

同样, 将这个过程推广到四维是直截了当的.

用带宇宙学常数项的弗里德曼方程解出德西特宇宙 (四维情况) 宇宙学常数等价于带有物态方程 $p_\Lambda = -\varepsilon_\Lambda$ 的 "理想流体". 根据(1.64), 我们有[①]

$$d\varepsilon_\Lambda = -3(\varepsilon_\Lambda + p_\Lambda)\,d\ln a = 0,$$

因此, 能量密度在膨胀中保持为常数. 将 $\varepsilon_\Lambda =$ 常数 代入(1.66)中, 我们可以得到

$$\ddot{a} - H_\Lambda^2 a = 0, \tag{1.103}$$

其中

$$H_\Lambda = \left(\frac{8\pi G\varepsilon_\Lambda}{3}\right)^{1/2}.$$

这个方程的通解是

$$a = C_1\exp(H_\Lambda t) + C_2\exp(-H_\Lambda t), \tag{1.104}$$

其中 C_1 和 C_2 是两个积分常数. 这两个积分常数可以通过弗里德曼方程(1.67)来限制[②]:

$$4H_\Lambda^2 C_1 C_2 = k. \tag{1.105}$$

---

① 下式中的 ε_Λ, p_Λ, 原文误作 ε_V, p_V. 根据上下文改.

② (1.105)的推导如下. 把(1.104)代入弗里德曼方程(1.67), 我们就得到

$$H_\Lambda^2\frac{\left(C_1e^{H_\Lambda t} - C_2e^{-H_\Lambda t}\right)^2 - \left(C_1e^{H_\Lambda t} + C_2e^{-H_\Lambda t}\right)^2}{a^2} = -\frac{k}{a^2}.$$

两边乘以 a^2 立即得到(1.105).

这样, 在平坦宇宙中 ($k=0$), 其中一个常数必为零. 如果 $C_1 \neq 0$ 而 $C_2=0$, 则(1.104)描述了一个平坦膨胀的德西特宇宙, 且我们可以取 $C_1=H_\Lambda^{-1}$. 如果 C_1 和 C_2 都不为零, 则我们可以适当选取宇宙时 t 的零点, 使 $|C_1|=|C_2|$. 对于一个封闭宇宙 ($k=+1$), 我们有

$$C_1=C_2=\frac{1}{2H_\Lambda},$$

而对于一个开放宇宙 ($k=-1$),

$$C_1=-C_2=\frac{1}{2H_\Lambda}.$$

因此以上三个解可用下式表示:

$$ds^2=dt^2-H_\Lambda^{-2}\begin{pmatrix}\sinh^2(H_\Lambda t)\\ \exp(2H_\Lambda t)\\ \cosh^2(H_\Lambda t)\end{pmatrix}\left[d\chi^2+\begin{pmatrix}\sinh^2\chi\\ \chi^2\\ \sin^2\chi\end{pmatrix}d\Omega^2\right],\quad \begin{matrix}k=-1;\\ k=0;\\ k=+1,\end{matrix}\qquad(1.106)$$

其中, 径向坐标 χ 在平坦和开放宇宙中可以从 0 变到正无穷. 回忆一下在物质主导的宇宙中, 空间曲率是由能量密度决定的. 而在这里, 对给定的能量密度 ε_Λ, 所有三种解都存在. 它们描述了相同的物理的时空, 但是选用的是不同的坐标系. 同一个时空可以用曲率不同的均匀且各向同性超曲面来覆盖, 这不令人感到意外, 因为德西特时空存在时间平移不变性, 任意类空超曲面都是常密度超曲面.

标度因子 $a(t)$ 的演化行为依赖于坐标系的选取, 参见图 1-11. 在一个封闭宇宙的坐标系里, 标度因子先是减小, 然后达到其最小值, 随后开始增长. 在平坦和开放宇宙的坐标系里, $a(t)$ 总是随着 t 增长, 但是分别在 $t\to-\infty$ 和 $t=0$ 处为零. 然而, 标度因子为零并不代表一个物理的奇点. 这只是简单地因为坐标在那一点变成奇性的. 在 $t\gg H_\Lambda^{-1}$ 时, 对所有坐标系, 膨胀的行为几乎都是一样的, 是指数膨胀, $a\propto\exp(H_\Lambda t)$.

习题 1.19 在开放和封闭的德西特宇宙中计算 $H(t)$ 和 $\Omega(t)$, 并证明在两种情况下随着 $t\to\infty$ 都有 $H(t)\to H_\Lambda$ 和 $\Omega(t)\to 1$.

在一个纯粹的德西特宇宙中, 没有物理意义上的演化. 这种情况类似于闵可夫斯基时空. 和米尔恩宇宙一样, 表面上看到的膨胀反映的是我们所选取的坐标的非静态性质. 然而, 与闵可夫斯基时空不同的是, 在超出 H_Λ^{-1} 的尺度上, 不存在可以覆盖整个德西特时空的静态坐标系. 我们稍后将会看到只有轻微破缺时间平移对称性的德西特解在物理的应用上扮演着重要角色. 当存在破缺严格对称性的微扰时, 德西特膨胀的概念仍然是有用的, 而且坐标系(1.106)在研究这些微扰的行为以及随后从德西特阶段退出的物理过程时都是适用的.

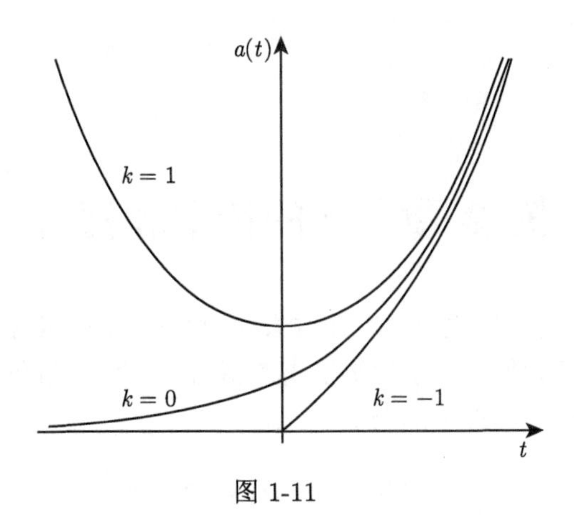

图 1-11

习题 1.20 证明在一个充满辐射和宇宙学常数的平坦的宇宙中, 标度因子按照下式增长:

$$a(t) = a_0 \left(\sinh 2H_\Lambda t\right)^{1/2}, \tag{1.107}$$

其中 H_Λ 由(1.103)式定义. 分析并讨论这个解在 $t \to 0$ 和 $t \to \infty$ 的极限下的行为, 并对 $k = \pm 1$ 的情况作同样的推导. (提示 利用(1.71), 但是用物理时间 t 替换其共形时间.)

习题 1.21 证明在一个充满冷物质 (尘埃) 和宇宙学常数的平坦宇宙中, (1.67)和(1.68)的解是

$$a(t) = a_0 \left(\sinh \frac{3}{2} H_\Lambda t\right)^{2/3}. \tag{1.108}$$

证明在这种情况下的宇宙年龄由下式给出:

$$t_0 = \frac{2}{3H_0} \frac{1}{\sqrt{1-\Omega_m}} \ln \frac{1+\sqrt{1-\Omega_m}}{\sqrt{\Omega_m}}, \tag{1.109}$$

其中 H_0 是现在的哈勃常数, 而 Ω_m 是现在的冷物质对宇宙学参数的贡献①.

习题 1.22 给定非零的宇宙学常数, 求充满冷物质的封闭宇宙的静态解 (爱因斯坦宇宙). 为什么这个解是不稳定的?

习题 1.23 存在宇宙学项时, 试求物态方程为 $p = -\varepsilon/3$ 的能量组分的解, 并讨论其性质.

① 宇宙学参数的定义见(1.21). 因此这里 $\Omega_m = \varepsilon_m/\varepsilon_{\rm cr}$.

第 2 章　光的传播和视界

我们探测宇宙的主要手段是光. 在过去的一个世纪里, X 射线、无线电波以及红外探测器的发展给我们打开了探测宇宙的新窗口. 因此, 理解光在膨胀宇宙中的传播是我们能够解释观测现象的关键.

习题 2.1　估算一下一个世纪内从所有光学望远镜接收到的能量的总量, 并与你将本书放回书架所需的能量进行比较.

在宇宙中我们能看到的距离存在一个基本的上限, 因为任何粒子的传播速度都不能超过光速. 光速的有限性质导出 "视界"(horizon) 的概念, 并给我们理解整个宇宙设定了一个绝对的限制范围. "视界" 这个术语在文献中经常在不同的语境下使用, 而且通常也没有明晰的定义. 本章的目的之一就是阐述这些不同的用途. 我们将仔细研究共形图 (conformal diagram), 它能用图像化方式表示视界及时空的整体因果结构. 最后, 我们会讨论用以测量遥远天体的距离、角直径、速度及加速度等物理量的基本的运动学实验. 用这些实验, 我们可以得到宇宙早期的膨胀率和减速参数等信息, 并研究宇宙的演化历史.

2.1　光的测地线

在狭义相对论里, 以光速传播的无质量粒子沿着其运动轨道的时空间隔等于零:

$$ds^2 = 0. \tag{2.1}$$

在广义相对论里, 同样的表达式在每个局域惯性坐标系中也必然成立. 因为时空间隔有相对论不变性, 所以沿着光的测地线 $ds^2 = 0$ 这个条件在任意弯曲时空中都是成立的.

我们主要考虑如下情况: 在一个各向同性的宇宙中取一个特殊坐标系使观测者坐落于原点, 然后观测径向传播的光. 如果我们不用物理时间 t 而是用共形时间 (conformal time)

$$\eta \equiv \int \frac{dt}{a(t)},$$

则光的测地线能写成特别简单的形式. 首先, 度规(1.47)在 η, χ 的坐标系下能写成如下形式:

$$ds^2 = a^2(\eta)\left(d\eta^2 - d\chi^2 - \Phi^2(\chi)\left(d\theta^2 + \sin^2\theta d\varphi^2\right)\right), \tag{2.2}$$

其中

$$\Phi^2(x) = \begin{cases} \sinh^2\chi, & k=-1; \\ \chi^2, & k=0; \\ \sin^2\chi, & k=+1. \end{cases} \tag{2.3}$$

利用对称性, 很明显径向轨道 $\theta, \varphi =$ 常数 是一条测地线. 因此, 沿着这条轨道的函数 $\chi(\eta)$ 就完全由 $ds^2=0$ 的条件确定, 也就是说

$$d\eta^2 - d\chi^2 = 0. \tag{2.4}$$

这样一来径向的光测地线即由下式描述:

$$\chi(\eta) = \pm\eta + \text{常数}, \tag{2.5}$$

它们对应于 η-χ 平面上的倾角为 $\pm 45^\circ$ 的两条对角线.

2.2 视　界

粒子视界　如果宇宙的年龄是有限的, 则光在这段时间内能传播的距离也是有限的. 因此在给定时刻能传递信息给我们的空间的体积也是有限的. 这个空间的边界就称为粒子视界 (*particle horizon*). 时至今日, 宇宙的年龄大约是 150 亿年. 因此粒子视界的尺度可以粗糙地估算为 150 亿光年.

根据(2.5)式, 光可以传播的最大共动距离是

$$\chi_p(\eta) = \eta - \eta_i = \int_{t_i}^{t} \frac{dt}{a}, \tag{2.6}$$

其中 η_i(或者 t_i) 对应于宇宙开始的初始时刻. 在 η 时刻, 位于 $\chi > \chi_p(\eta)$ 之外的信息无法传播到坐落于 $\chi=0$ 的观测者. 在存在初始奇点的宇宙中, 我们总可以令 $\eta_i = t_i = 0$, 但在一些非奇异时空里, 比如德西特宇宙, 令 $\eta_i \neq 0$ 更加方便. 将 χ_p 乘上标度因子, 我们就可以得到粒子视界的物理尺度[①]:

$$d_p(t) = a(t)\chi_p = a(t)\int_{t_i}^{t} \frac{dt'}{a(t')}. \tag{2.7}$$

① 原文中积分里的积分变量也写的是 t. 为了明确起见改写为 t'. 下面类似的公式都做如此的修改, 不再说明.

氢元素复合 (参见 3.6节) 发生的时候, 宇宙的尺度是现在的约千分之一. 在复合之前宇宙对光子是不透明的. 因此实际上我们的观测范围受限于光从复合时刻开始能够传播的最大距离. 这被称为是 "光学" 视界:

$$d_{\mathrm{opt}} = a(\eta)(\eta - \eta_r) = a(t)\int_{t_r}^{t}\frac{dt'}{a(t')}. \tag{2.8}$$

习题 2.2 在尘埃主导的宇宙中计算 η_r/η_0, 由此证明现在的光学视界只比粒子视界小几个百分点.

虽然光学视界和粒子视界相比小不了多少, 但是很遗憾的是它将那些最令人感兴趣的早期宇宙演化阶段的信息拒之门外了. 原初中微子和原初引力波从物质中脱耦比光子脱耦要早, 因此从原则上讲, 它们能给我们提供那些早期宇宙的信息. 遗憾的是, 探测原初中微子或宇宙学引力波从短期来看似乎没有太大希望①.

让我们计算下平坦的尘埃主导和辐射主导宇宙中的粒子视界的大小. 把 $a(t) \propto t^{2/3}$ 代入(2.7)中去, 我们得到在物质主导宇宙中 $d_p(t) = 3t$ (已取 $c = 1$). 如果宇宙是由辐射主导的, 即 $a(t) \propto t^{1/2}$, 则对应的 $d_p(t) = 2t$.

习题 2.3 在一个尘埃主导但是现在的宇宙学参数 Ω_0 为任意值的宇宙, 计算其粒子视界的大小, 并证明

$$\Phi(\chi_p) = \frac{2}{a_0 H_0 \Omega_0}, \tag{2.9}$$

其中 Φ 的定义见(2.3)式.

曲率尺度 ("哈勃视界") 与粒子视界 当物质满足强能量条件 (strong energy dominance condition) 时, $\varepsilon + 3p > 0$, 粒子视界总是和哈勃尺度 $1/H$ 同一个量级. 相应地,"哈勃尺度" 这个术语有时候也用来和 "粒子视界" 作为同义词使用. 有些作者甚至将两者合二为一, 创造出一个 "哈勃视界" 的名词. 然而, 哈勃尺度 H^{-1} 从概念上讲, 和视界不是一回事. 粒子视界这个概念是从运动学的意义上定义的尺度. 而曲率尺度是一个动力学的尺度, 它描述了膨胀率, 而且能进入一些动力学方程比如描述宇宙学扰动演化的方程. 因为 H^{-1} 和 4-曲率尺度同量级, 它也描述了局域惯性标架的 "尺度".

虽然在某些模型里哈勃尺度和粒子视界的大小差不多, 但是如果强能量条件遭到破坏, 即 $\varepsilon + 3p < 0$, 它们之间的差别可以很悬殊. 在这种情况下, 根据(1.66),

① 2015 年 LIGO 直接探测到黑洞并合的引力波信号之后, 引力波天文学成为一个热门方向, 而探测引力波背景甚至是早期宇宙产生的引力波的观测计划也多了起来. 目前除了 LIGO/VIRGO/KAGRA 之外, 未来还有 LISA, 以及中国的太极 (Taiji)、天琴 (TianQin) 等项目. 除了直接探测之外, 还可以通过微波背景辐射的偏振来间接探测原初引力波, 例如日本的 LiteBIRD 和中国的 AliCPT 等项目. 参见 9.10 节.

有 $\ddot{a} > 0$, 即宇宙在加速膨胀. 这时, 粒子视界的表达式为

$$d_p(t) = a(t)\int^t \frac{dt'}{a(t')} = a(t)\int^a \frac{da}{a\dot{a}}. \tag{2.10}$$

这个积分在 $t \to \infty$ 即 $a \to \infty$ 时收敛. 因此在 t 很大的时候, 粒子视界正比于 $a(t)$. 但是曲率尺度, $H^{-1} = a/\dot{a}$, 随 t 的增长要慢得多, 因为在加速膨胀阶段 $\dot{a}$ 也要增长. 例如, 平坦德西特宇宙中 $a(t) \propto \exp(H_\Lambda t)$, 其粒子视界为

$$d_p(t) = \exp(H_\Lambda t)\int_{t_i}^t \exp\left(-H_\Lambda t'\right)dt' = H_\Lambda^{-1}\left(\exp\left(H_\Lambda\left(t - t_i\right)\right) - 1\right). \tag{2.11}$$

若 $t - t_i \gg H_\Lambda^{-1}$, 则因果连通区域的尺度是指数式增长的, 但曲率尺度 H_Λ^{-1} 一直是个常数. 单从公式上看, 如果 $t_i \to -\infty$, 粒子视界发散, 因此所有点都可以有因果联系. 不过这种说法没什么太大的意义, 因为德西特时空的平坦分层是测地不完备的 (参见下节). 更重要的是, 当我们用德西特时空来近似描述暴胀宇宙时, 我们通常只用德西特时空的某一部分. 暴胀开始时刻对应于某个有限的初始时刻 t_i, 因此相应地粒子视界也是有限的.

如上所述, 曲率尺度并不是一个视界. 尽管如此, 因为使用 "哈勃视界" 这一术语差不多已经成了一种十分普遍的行业惯例, 我们偶尔也和光同尘地使用这一 "传统术语". 然而, 读者在看到或者使用这一术语时, 最好是能洞悉动力学曲率尺度和运动学视界的区别.

事件视界 事件视界 (*event horizon*) 是与粒子视界互补的一个概念. 事件视界是由满足如下条件的点组成的集合的边界: 在某一给定的时刻 η, 从这些点发出的信息在未来将永远不会被观测者所接收到. 这些点的共动坐标是

$$\chi > \chi_e(\eta) = \int_\eta^{\eta_{\max}} d\eta' = \eta_{\max} - \eta. \tag{2.12}$$

因此, 时刻 t 的事件视界的物理尺度是

$$d_e(t) = a(t)\int_t^{t_{\max}} \frac{dt'}{a(t')}, \tag{2.13}$$

其中 "max" 表示时间的终点. 如果宇宙能永远膨胀下去, 则 $t_{\max}$ 就是无穷大. 然而 $\eta_{\max}$ 的值以及 d_e 的值可以是无限的, 也可以是有限的, 这取决于宇宙的膨胀率. 在减速的平坦或开放宇宙中, $t_{\max}$ 和 $\eta_{\max}$ 都是无限的, χ_e 和 d_e 发散, 因此不存在事件视界. 但是如果宇宙是加速膨胀的, 则(2.13)中的积分收敛, 事件视界的

半径就是有限的. 即使宇宙是平坦或者开放的也是如此. 在这种情况下, $t_{\max} \to \infty$ 时 η 趋于一个有限值 $\eta_{\max}$.

一个重要的例子是平坦德西特宇宙, 其中有

$$d_e(t) = \exp(H_\Lambda t) \int_t^\infty \exp(-H_\Lambda t')\, dt' = H_\Lambda^{-1}, \tag{2.14}$$

也就是说事件视界的大小正好等于曲率尺度. 在某一给定时刻, 发生在与观测者的距离大于 H_Λ^{-1} 的位置的事件将永远不会被观测到, 也无法影响观测者的未来. 这是因为它和观测者之间的空间膨胀得过快. 在这个意义上, 这种情况有时候被称作 “超光速膨胀”.

在一个封闭减速宇宙中, 因为宇宙最终会坍缩, 所以留给未来作观测的时间是有限的. 在这种情况下事件视界和粒子视界会同时存在.

习题 2.4　证明在一个封闭的辐射主导的宇宙中, 曲率尺度 H^{-1} 在膨胀开始阶段约等于粒子视界的大小, 但是在坍缩的最终阶段它约等于事件视界的半径.

2.3 共 形 图

均匀且各向同性宇宙是球对称空间的一种特殊情况. 保持球对称的度规最一般的形式为

$$ds^2 = g_{ab}(x^c)dx^a dx^b - R^2(x^c)d\Omega^2, \tag{2.15}$$

其中指标 a, b 和 c 只取 0 和 1 两个值, 对应于时间和径向方向. 度规的角度部分是相当简单的, 它正比于

$$d\Omega^2 \equiv d\theta^2 + \sin^2\theta d\varphi^2, \tag{2.16}$$

且描述了一个半径为 $R(x^c)$ 的二维球面. 这个度规仅有的非平庸部分是时间-径向分量. 它能描述时空的不同因果结构. 因果结构可以用二维共形图 (*conformal diagram*) 来表示, 其中每一点都代表一个二维球面.

时空的整体性质可以用光的径向测地线完备描述. 正如我们已在 2.1节讨论过的那样, 在一个度规为

$$ds^2 = a^2(\eta, \chi)\left[d\eta^2 - d\chi^2 - \Phi^2(\eta, \chi)d\Omega^2\right] \tag{2.17}$$

的坐标系里, 径向传播的光可以由如下方程描述:

$$\chi(\eta) = \pm\eta + 常数. \tag{2.18}$$

换句话说就是在 η-χ 平面内 $\pm 45^\circ$ 角的直线.

原则上讲, 我们总可以找到一组坐标系, 将(2.15)改写为(2.17)的形式. 在坐标变换

$$x^a \to \tilde{x}^a \equiv (\eta(x^a), \chi(x^a))$$

中选择这两个函数 η 和 χ 的自由度意味着如下条件:

$$\tilde{g}_{01} = 0, \quad \tilde{g}_{00} = \tilde{g}_{11} \equiv a^2(\eta, \chi).$$

一般来说, 求解 η 和 χ 的方程可能是比较复杂的. 不过宇宙学所感兴趣的情况中, 度规一开始就写成我们所要的形式了.

典型的 η 和 χ 可以延展到无穷大或者半无穷大的区间. 我们的目标是要将全时空的因果结构视觉化 (visualize), 因此, 我们要再进行一次坐标变换, 以使得在保持度规的形式仍为(2.17)的基础上, 让无界的坐标映射到另一组有界的坐标. 我们将会看到, 总是可以找到一组这样的坐标变换. 在本节里, 我们总是保留 η 和 χ 这两个记号来表示有界的坐标.

共形图是用坐标 η 和 χ 画出来的时空图. 因此, *共形图的大小总是有限的, 而且类光测地线总是用 $\pm 45^\circ$ 角的直线来表示的*. 这是共形图的特征. 虽然坐标延展的有限范围和图的大小可以变动, 但是其形状是唯一确定的. 请注意, 如果不同时空的度规可以通过一个*非奇异*共形变换联系起来: $\tilde{g}_{\mu\nu} = a^2(x) g_{\mu\nu}$, 则它们的共形图是全同的.

除了共形图的形状, 我们还必须注意的是奇点的位置. 奇点和共形图的边界一样, 都是通过(2.17)中的标度因子 $a(\eta, \chi)$ 和函数 $\Phi(\eta, \chi)$ 的行为来确定的. 我们将会看到, 有可能会出现两个时空的共形图的形状相同, 但是奇异边界不同的情况.

封闭的辐射主导及尘埃主导宇宙 若封闭宇宙充满了辐射或尘埃, 共形图可以立即按照 1.3.4节求得的 $a(\eta)$ 的解写出. 度规(2.2)变为

$$ds^2 = a^2(\eta)\left(d\eta^2 - d\chi^2 - \sin^2\chi d\Omega^2\right), \tag{2.19}$$

其中在辐射主导宇宙有

$$a = a_m \sin\eta; \tag{2.20}$$

在尘埃主导宇宙有

$$a = a_m (1 - \cos\eta) \tag{2.21}$$

(参见(1.73)式和(1.77)式). 在两种情况下, χ 和 η 都可以在有限的值域覆盖整个时空: 在辐射主导宇宙有

$$\pi \geqslant \chi \geqslant 0, \quad \pi > \eta > 0, \tag{2.22}$$

在尘埃主导宇宙有

$$\pi \geqslant \chi \geqslant 0, \quad 2\pi > \eta > 0. \tag{2.23}$$

其对应的共形图分别是一个正方形和一个矩形, 参见图 2-1和图 2-2 ①. 水平和垂

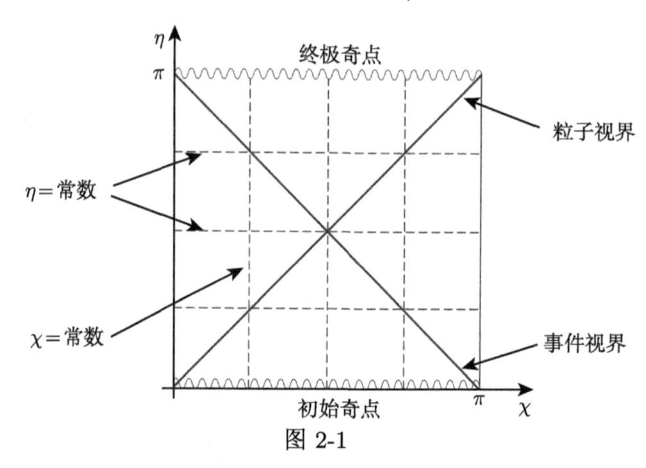

图 2-1

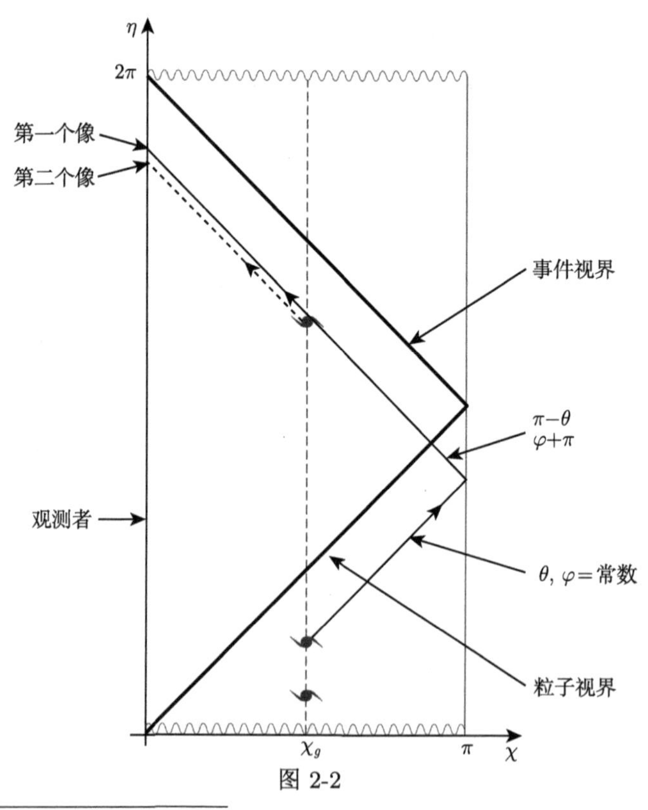

图 2-2

① 原文中图 2-2的 η 轴的上界误作 π. 根据(2.23)式改.

直的线分别对应于等 η 和等 χ 的超曲面. 下边界和上边界对应于物理的奇点, 在此处标度因子为零, 能量密度和曲率发散. 在两种情况下, 共形图的下半边描述了一个膨胀宇宙, 上半边描述了一个收缩宇宙. 辐射主导宇宙中, 标度因子在 $\eta = \pi/2$ 处取极大值; 而尘埃主导宇宙中, 标度因子在 $\eta = \pi$ 处取极大值.

两种情况的图的主要区别是 η 和 χ 的相对取值范围: 尘埃主导宇宙中, η 的取值范围是 χ 的两倍; 而辐射主导宇宙中, 两者的取值范围相同. 这会对粒子视界和事件视界有重要影响. 对两种情况我们都取 $\eta_i = 0$ 作为图的下边界. 这样一来, 位于 $\chi = 0$ 处观测者的粒子视界由下式给出:

$$\chi_p(\eta) = \eta - \eta_i = \eta. \tag{2.24}$$

辐射主导的宇宙中, 在 $\eta \to \pi$ 即宇宙坍缩时, 粒子视界延展到整个空间. 在这个时间的最后一瞬, 空间中的所有点都是可见的. 在观测者眼里, 从最远的距离 $\eta = \pi$ 发射过来的光携带的是宇宙膨胀的初始时刻的信息①. 在尘埃主导宇宙里, 整个宇宙也在 $\eta = \pi$ 时变为可见的. 但这一时刻对应的是宇宙膨胀到最大半径的时刻. 在宇宙最终坍缩之前, 还有足够的时间使光能够再进行一次横跨整个宇宙空间的旅程.

事件视界由下式给出:

$$\chi_e(\eta) = \eta_{\max} - \eta. \tag{2.25}$$

在辐射主导宇宙中, 对任意 η 时刻都存在事件视界, 因为 $\eta_{\max} = \pi$. 相反, 在尘埃主导宇宙中, 因为 $\eta_{\max} = 2\pi$, 事件视界只存在于收缩相, 即 $\eta > \pi$ 时. 所有在 $\eta < \pi$ 时发生的事件, 无论其距离多远, 都可以在宇宙坍缩之前被观测到.

总之, 正如图 2-1或图 2-2所示, 粒子视界和事件视界在封闭辐射主导宇宙中都存在. 在封闭物质主导宇宙中, 粒子视界仅在膨胀相存在, 事件视界仅在收缩相存在.

$\chi = 0,\ \pi$ 的点是描述给定时刻的空间几何的三维球面上相对的两个极点. 从坐落于 $\chi = 0$ 的观测者发出并沿着固定 θ 和 φ 的方向传播的光最终会到达相对的极点 $\chi = \pi$. 因为我们所用的坐标系在极点是奇异的, 为了搞清楚光越过极点时发生了什么, 我们必须要用另一套在极点 $\chi = \pi$ 附近表现良好的坐标.

习题 2.5 证明从 $\chi = 0$ 发出并沿着 (θ, φ) 传播的光在越过 $\chi = \pi$ 的极点后, 将沿着 $(\tilde{\theta} = \pi - \theta, \tilde{\varphi} = \varphi + \pi)$ 方向传播回来.

因此, 一束光的测地线在 $\chi = \pi$ 的边界处 "反射", 然后其角坐标 θ 和 φ 改变了. 这种角坐标的改变在共形图上看不出来, 因为不同的角坐标在共形图上约化成

① 对位于 $\eta = 0$ 的观测者而言, 这条光走的测地线是图 2-1中标记为事件视界的对角线.

一点了.

让我们用共形图来推导尘埃主导宇宙中一个位于 $\chi = \chi_g =$ 常数 的星系在坐落于 $\chi = 0$ 的观测者眼中看来是什么样子. 从图 2-2中容易看出, 对 $\eta > 2\pi - \chi_g$ 的收缩相, 从星系发出的两条光的测地线都可以到达观测者. 因此, 观测者可以在天空中相反的方向上同时看到同一个星系的两个像. 其中一个像看上去要比另一个像古老, 其年龄差为 $\Delta\eta = 2(\pi - \chi_g)$. 在辐射主导宇宙中, 只能看到一个像, 因为在宇宙坍缩之前, 光没有足够的时间来越过 $\chi = \pi$ 处的极点到达观测者.

习题 2.6 利用(1.83), 画出充满尘埃和辐射混合物的宇宙的共形图.

德西特宇宙 德西特时空是同一时空的不同坐标系可以画出不同共形图的例子. 我们首先从度规(1.106)开始, 将其重写为共形时间而非物理时间的形式. 对一个封闭宇宙而言, 这个关系是

$$\eta = \int_{\infty}^{t} \frac{dt}{H_\Lambda^{-1} \cosh (H_\Lambda t)} = \arcsin [\tanh (H_\Lambda t)] - \frac{\pi}{2}. \tag{2.26}$$

共形时间 η 总是负的, 而且在 t 从 $-\infty$ 变到 $+\infty$ 时, η 在从 $-\pi$ 变到 0. 根据(2.26)式, 我们有

$$\cosh (H_\Lambda t) = -(\sin \eta)^{-1}, \tag{2.27}$$

这使我们能把封闭的德西特宇宙的度规写为

$$ds^2 = \frac{1}{H_\Lambda^2 \sin^2 \eta} \left(d\eta^2 - d\chi^2 - \sin^2 \chi d\Omega^2\right). \tag{2.28}$$

因为空间坐标 χ 从 0 变到 π, 而时间坐标 η 从 $-\pi$ 变到 0, 因此封闭德西特宇宙的共形图是个正方形. 实际上, 它的形状和封闭辐射主导宇宙是一样的, 区别只在于 $\eta_i = -\pi$ 和 $\eta_{\max} = 0$ 处没有奇点, 参见图 2-3. 此外, 在德西特宇宙中, 标度因子 $a(\eta) = -1/H_\Lambda \sin \eta$ 在 $\eta \to -\pi$ 的下界处是无穷大. 当 η 从 $-\pi$ 变到 $-\pi/2$ 时, 标度因子减小, 直到达到其极小值 $1/H_\Lambda$, 之后就开始增长, 直到 $\eta \to 0$ 时达到无穷大. 标度因子的发散并不意味着存在奇点. 我们已经看到在德西特时空中所有的曲率不变量都是常数, 因此标度因子的无限增长完全是一个坐标效应.

与封闭的辐射主导宇宙相同, 德西特宇宙中粒子视界

$$\chi_p(\eta) = (\eta - \eta_i) = \eta + \pi \tag{2.29}$$

和事件视界

$$\chi_e(\eta) = (\eta_{\max} - \eta) = -\eta \tag{2.30}$$

也是对任意时刻 η 都同时存在. 在封闭的德西特宇宙和辐射主导宇宙中, 事件视界的物理尺度 $d_e(t)$ 在共形图的上边界处趋于曲率尺度 H^{-1} ① . 不同点是在德西特时空中, H 以及事件视界的尺度保持为常数; 在辐射主导宇宙中, H 增长而事件视界的尺度减小.

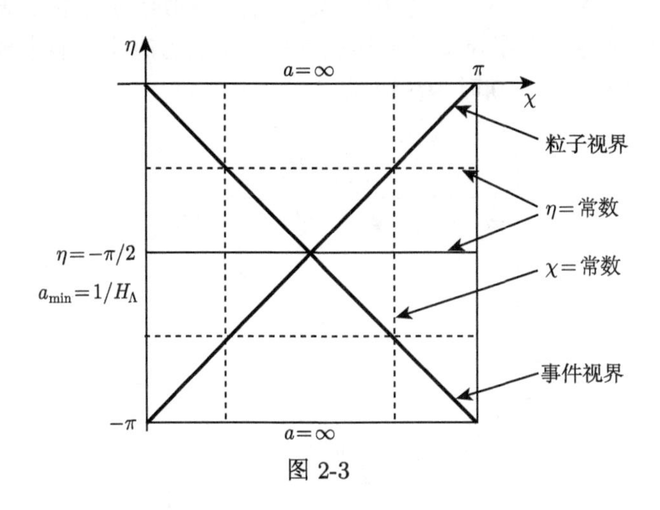

图 2-3

习题 2.7 在德西特时空中我们可以利用所谓的 "静态坐标" $\hat{t}$, r, 它们通过下面的定义与 η, χ 联系起来:

$$\tanh\left(H_\Lambda \hat{t}\right) = \frac{\cos\eta}{\cos\chi}, \quad H_\Lambda r = \frac{\sin\chi}{\sin\eta}. \tag{2.31}$$

证明这套坐标系下的时空度规取如下形式:

$$ds^2 = \left[1 - (H_\Lambda r)^2\right] d\hat{t}^2 - \frac{dr^2}{1 - (H_\Lambda r)^2} - r^2 d\Omega^2. \tag{2.32}$$

等 r 和等 $\hat{t}$ 的超曲面可参见图 2-4②. 德西特视界对应于 $r = H_\Lambda^{-1}$ 及 $\hat{t} = \pm\infty$. 静态坐标只能覆盖德西特时空的一半, 即图 2-4中的区域 I 和区域 Ⅲ. 静态坐标在视界上有奇异性, 但是可以延拓过去. 在 $r > H_\Lambda^{-1}$ 的区域中, 径向坐标 r 可作为时

① 在封闭的德西特宇宙中, 根据定义, 事件视界的物理尺度是 $d_e(\eta) \equiv a(\eta)\chi_e(\eta) = H_\Lambda^{-1}\eta/\sin\eta$. 在共形图 2-3的上边界处即得 $\lim_{\eta\to 0} d_e(\eta) = H_\Lambda^{-1}$. 在封闭的辐射主导宇宙中, 事件视界的物理尺度是 $d_e(\eta) = a_m \sin\eta(\pi - \eta)$. 在共形图 2-1的上边界处 $(\eta \to \pi)$, 它与 $H^{-1} = a_m \sin\eta \tan\eta$ 的渐近行为相同, 都按照 $a_m(\pi - \eta)^2$ 的方式趋于零.

② "等 r 和等 $\hat{t}$ 的超曲面" 原文为 the hypersurfaces of constant r and $\hat{t}$. 有些文献也用 equal- r and equal-$\hat{t}$ 的说法. 本书一律按照后一种说法翻译.

间, 而 $\hat{t}$ 成为类空坐标. 可按照下式引入固有时:

$$d\tau = \frac{dr}{\sqrt{(H_\Lambda r)^2 - 1}}. \tag{2.33}$$

证明在区域 II 和 IV 中, “静态” 坐标(2.32)分别描述收缩宇宙和膨胀宇宙. 我们由此得出结论, 在超出曲率尺度时不存在可覆盖德西特时空的静态坐标系. 注意 $r =$ 常数 的轨道只在 $r = 0$ 时为测地线.

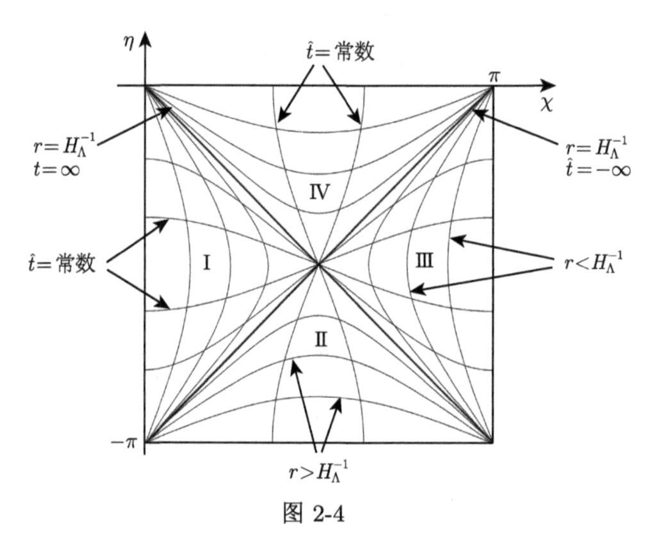

图 2-4

在平坦德西特宇宙中, 标度因子按指数律增长: $a(\bar{t}) = H_\Lambda^{-1}\exp(H_\Lambda \bar{t})$. 这里的 $\bar{t}$ 按照下式与共形时间 $\bar{\eta}$ 相联系:

$$\exp(H_\Lambda \bar{t}) = -\frac{1}{\bar{\eta}}. \tag{2.34}$$

因此, 在共形坐标系中度规可写为

$$ds^2 = \frac{1}{H_\Lambda^2 \bar{\eta}^2}\left(d\bar{\eta}^2 - d\bar{\chi}^2 - \bar{\chi}^2 d\Omega^2\right), \tag{2.35}$$

其中 $0 > \bar{\eta} > -\infty$ 且 $+\infty > \bar{\chi} > 0$. 与封闭德西特宇宙不同, 这里的 $\bar{\eta}$ 和 $\bar{\chi}$ 能跑到无穷大去. 因此, 为了画共形图, 我们必须先将它们变换为值域有限的坐标. 幸运的是, 存在一组自然的坐标变换: 我们只要利用封闭德西特宇宙的 η 和 χ 就可以了. 两组坐标之间的变换关系可以直接从(1.99)中导出, 只要我们将其中的 t 和 $\bar{t}$ 分别用 η 和 $\bar{\eta}$ 表示出来即可. 其结果是

$$\bar{\eta} = \frac{\sin\eta}{\cos\eta + \cos\chi}, \quad \bar{\chi} = \frac{\sin\chi}{\cos\eta + \cos\chi}. \tag{2.36}$$

利用这两个关系, 我们即可在 η-χ 坐标系中画出(2.35)式所采用的坐标 $\bar{\eta}$ 和 $\bar{\chi}$ 的等坐标超曲面, 参见图 2-5. 我们发现, 当 $\bar{\eta}$ 和 $\bar{\chi}$ 遍历其半实数轴的值域时, 它们只能覆盖半个德西特时空, 即图中所示的那个三角形. 三角形的下面那条边就是粒子视界, 满足 $\bar{\eta} \to -\infty$ 及 $\bar{\chi} \to +\infty$. 因此平坦宇宙的坐标在这里显示出奇异性.

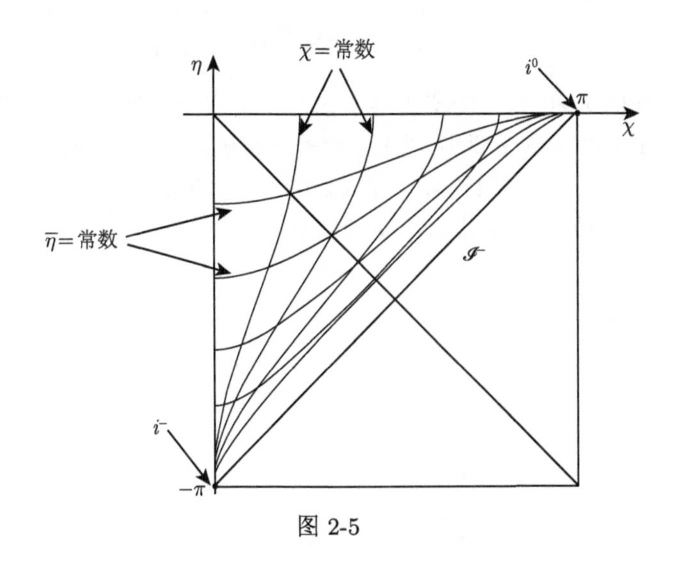

图 2-5

习题 2.8 为了理解等 $\bar{\eta}$ 和等 $\bar{\chi}$ 对应的超曲面在共形图的三角形两个锐角 $\chi = 0, \eta = -\pi$, 以及 $\chi = \pi, \eta = 0$ 处的形状, 请沿着超曲面计算导数 $d\eta/d\chi$.

因为平坦德西特解可以描述无限大的空间, 我们可以将其坐标达到的无穷远进行分类. 例如, 类空无穷远 (*space-like infinity*), 即沿着等 $\bar{\eta}$ 超曲面令 $\bar{\chi} \to +\infty$, 在共形图中用一个点 i^0 来标记. 过去类时无穷远 (*past time-like infinity*), 即所有的类时线都从其中发射出来的区域, 对应于 $\bar{\eta} \to -\infty$ 及 $\bar{\chi}$ 有限, 在共形图中用一个点 i^- 来标记. 所有类光测地线都来源于平坦德西特时空图的对角线的下边界. 容易验证, 当我们趋近于这个边界时, $\bar{\chi} \to \infty$, $\bar{\eta} \to -\infty$, 但是 $\bar{\chi} + \bar{\eta}$ 之和保持有限. 这个无穷远称为过去类光无穷远 (*past null infinity*), 记作 $\mathscr{I}^-$.

在开放德西特宇宙中, 物理时间和共形时间之间的关系是

$$\sinh\left(H_\Lambda \tilde{t}\right) = -\frac{1}{\sinh\tilde{\eta}}, \tag{2.37}$$

度规为

$$ds^2 = \frac{1}{H_\Lambda^2 \sinh^2\tilde{\eta}}\left(d\tilde{\eta}^2 - d\tilde{\chi}^2 - \sinh^2\tilde{\chi} d\Omega^2\right). \tag{2.38}$$

坐标的取值范围和平坦德西特宇宙相同, 即 $0 > \tilde{\eta} > -\infty$ 且 $+\infty > \tilde{x} > 0$. 因此, 这两种情况下的共形图看上去很相似. 同样地, 我们可以用封闭坐标来讨论德西特时空中的哪一块区域能被开放坐标覆盖. 这两种坐标系之间的关系可以由(1.99)式推出:

$$\tanh \tilde{\eta} = \frac{\sin \eta}{\cos \chi}, \quad \tanh \tilde{\chi} = \frac{\sin \chi}{\cos \eta}. \tag{2.39}$$

在这种情况下坐标 $\tilde{\eta}$ 和 $\tilde{\chi}$ 只能覆盖整个德西特时空的八分之一 (参见图 2-6). 这比平坦坐标能覆盖的区域还要小. 当然, 对德西特流形来说, 只有在这些坐标描述相同时空的情况下, 比较不同的时空图覆盖的大小才有意义. 否则, 如我们之前讨论过的那样, 共形图的大小是没有不变性的意义的.

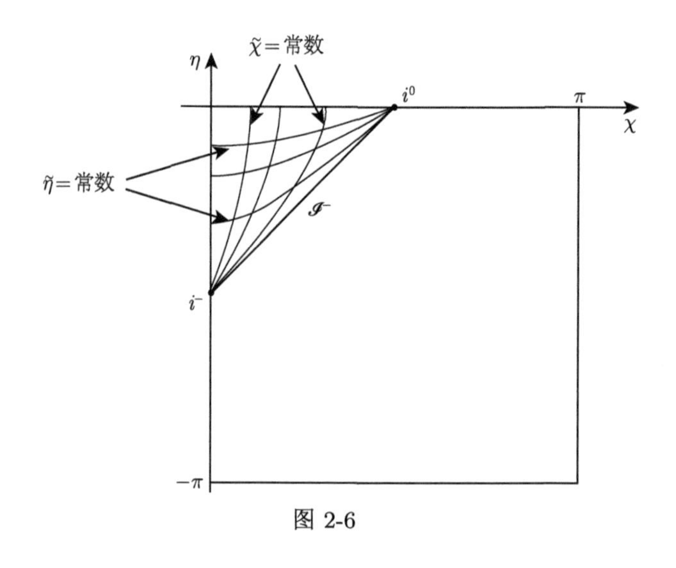

图 2-6

习题 2.9　分别在 i^- 和 i^0 点附近, 沿着 $\tilde{\eta} =$ 常数 和 $\tilde{\chi} =$ 常数 的超曲面计算导数 $d\eta/d\chi$.

共形图明确告诉我们平坦和开放德西特宇宙是测地不完备的. 例如, 沿着一条到达 $\chi = 0$ 的光子测地线往回走, 我们发现这条测地线先是离开了开放德西特坐标覆盖的区域, 然后也离开了平坦德西特坐标覆盖的区域.

最后, 我们注意到所有坐标系里的等时超曲面在 $\chi \ll \pi/2$ 及 $\eta \to 0^-$ 的极限下都变得很相似, 越来越接近垂直于 χ 轴的直线. 在这个极限下, 标度因子反比于共形时间, 或者说是按照物理时间的指数增长.

读者可能会问:“我们为什么要费心思在三种不同的坐标系中研究同一个德西特时空?” 如上所述, 德西特时空在应用的层面上非常重要, 因为可以将它视为暴胀宇宙的领头阶近似. 在实际的暴胀模型中, 时间平移不变性是被破坏的, 因而能量密度会随着时间缓慢变化. 暴胀结束时刻所对应的超曲面通常是等能量密度超曲面 (hypersurface of constant energy density), 而之后的弗里德曼宇宙的几何取决于这个超曲面的形状. 原则上讲, 这个超曲面可以是封闭、平坦或者开放德西特坐标系中的等时超曲面. 因此, 从暴胀中优雅退出 (graceful exit) 的结果相应地是封闭、平坦或者开放的弗里德曼宇宙.

整个宇宙的历史可以通过把描绘宇宙演化不同阶段的共形图粘在一起来得到. 然而在粘这些共形图的时候, 我们必须牢记图上的每一点都对应于一个二维球面, 因此黏合上下两片宇宙的那片超曲面上的三维几何必须相配.

为了得到宇宙学需要的共形图的完备集, 我们必须构建描述充满物质和辐射的开放及平坦宇宙的共形图. 首先我们考虑闵可夫斯基 (Minkowski) 时空的共形图, 它可以帮助我们进一步研究更复杂的情况.

闵可夫斯基时空　在球坐标系下, 闵可夫斯基度规取如下形式:

$$ds^2 = dt^2 - dr^2 - r^2 d\Omega^2. \tag{2.40}$$

显而易见它是共形的. 不过因为时间和径向坐标的取值范围都是无穷大, $+\infty > t > -\infty$, $+\infty > r \geqslant 0$, 我们需要进行坐标变换来得到有限值域. 对闵可夫斯基时空来说, 这样的有限坐标系有很多. 一种选择是采取与封闭和开放德西特坐标相同的方式定义的 η 和 χ (参见(2.39)), 即

$$\tanh t = \frac{\sin\eta}{\cos\chi}, \quad \tanh r = \frac{\sin\chi}{\cos\eta}. \tag{2.41}$$

新坐标系下的闵可夫斯基度规变为

$$ds^2 = \frac{1}{\cos^2\chi - \sin^2\eta}\left(d\eta^2 - d\chi^2 - \Psi^2(\eta,\chi)d\Omega^2\right), \tag{2.42}$$

其中 Ψ 很容易计算, 不过其具体形式和我们的目的无关. 比较闵可夫斯基时间 t 和我们在(2.39)中定义的开放德西特宇宙的时间 $\tilde{\eta}$, 我们可以看到 t 可以从 $-\infty$ 跑到 $+\infty$, 但 $\tilde{\eta}$ 只能取负值 (因为开放德西特时空中的标度因子在 $\tilde{\eta} \to 0^-$ 时发散). 所以, 在 η-χ 平面上, 等 t 超曲面和等 r 超曲面覆盖了一个大三角形. 这可视作描述开放德西特宇宙的小三角形及其时间反演三角形的并集 (图 2-7). 闵可夫斯基时空相比开放德西特时空多了两种无穷远: **未来类时无穷远** (*future timelike infinity*) i^+ 是所有类时线终结之处 ($t \to +\infty$, r 取有限值); **未来类光无穷远** (*future null infinity*) $\mathscr{I}^+$ 是所有出射的径向光测地线延展出的波前 ($t \to +\infty$, $r \to +\infty$, 且 $t - r$ 有限). 图 2-7中的区域 I 对应于一个未来光锥, 它也可以

用米尔恩坐标覆盖. 米尔恩共形图在几何上相似于闵可夫斯基共形图, 但大小是后者的四分之一.

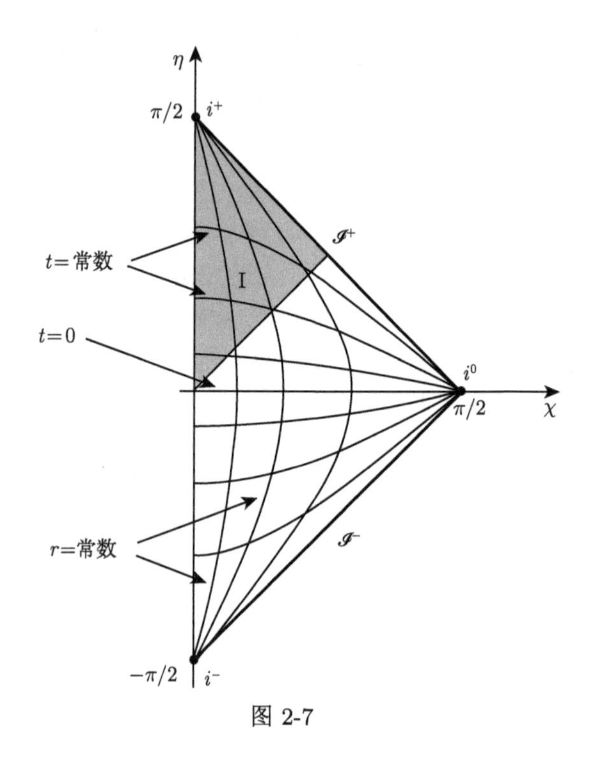

图 2-7

习题 2.10　画出米尔恩宇宙的共形图, 并证明上述结论.

开放和封闭宇宙　下面我们将用闵可夫斯基共形图来构建由满足强能量条件 $\varepsilon+3p>0$ 的物质主导的开放和封闭宇宙的共形图. 其度规是

$$ds^2=a^2(\tilde{\eta})\left(d\tilde{\eta}^2-d\tilde{\chi}^2-\Phi^2(\tilde{\chi})d\Omega^2\right), \tag{2.43}$$

其中标度因子 a 在奇点 $\tilde{\eta}=0$ 处为零. (这里我们使用带一弯的坐标是因为要保留 η 和 χ 作为值域有限的坐标.) 共形时间 $\tilde{\eta}$ 的取值范围是 $(0,+\infty)$. $\Phi(\tilde{\chi})$ 在平坦宇宙中为 $\tilde{\chi}$ 而在开放宇宙中为 $\sinh\tilde{\chi}$, 因此两种情况下 $\tilde{\chi}$ 的取值范围都是 0 到 $+\infty$. 因为 $\tilde{\eta}>0$, 度规(2.43)中的时间-径向分量可以和闵可夫斯基度规(2.40)通过一个非奇异共形变换 (nonsingular conformal transformation) 联系起来. 闵可夫斯基时空的上半部分 $(t>0)$ 的坐标 t 和 r 可以覆盖和 $\tilde{\eta}$, $\tilde{\chi}$ 坐标同样的范围. 因此, 开放和平坦宇宙的共形图应该和闵可夫斯基共形图的上半部分的形状一样 (图 2-8). 通过在 (2.41) 中令 $t\to\tilde{\eta}$ 及 $r\to\tilde{\chi}$, 我们可以把 $\tilde{\eta}$, $\tilde{\chi}$ 与 η, χ 联系起

来. 这样就能在 η-χ 坐标中画出等 $\tilde{\eta}$ 与等 $\tilde{\chi}$ 超曲面. 在开放与平坦宇宙中, 下边界 ($\tilde{\eta}=0$) 对应于一个物理奇点.

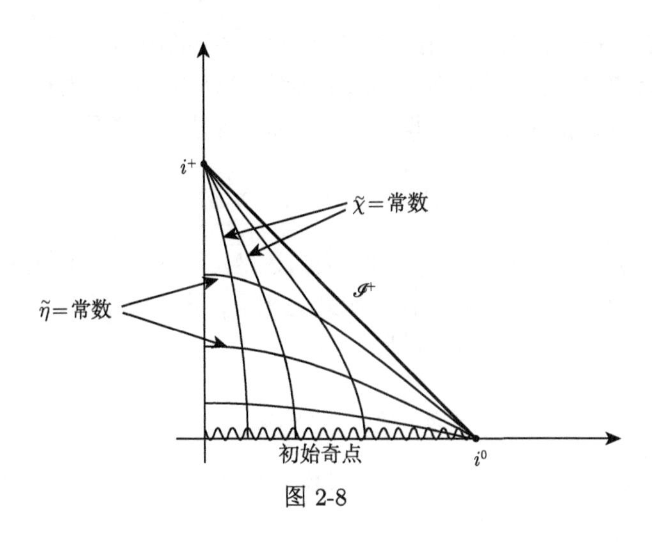

图 2-8

习题 2.11 设标度因子按照幂律加速增长, 即 $a(t) \propto t^p$ 且 $p > 1$, 画出开放和平坦宇宙的共形图. 这种情况即所谓的幂律暴胀 (power-law inflation). 注意这种情况下强能量条件被破坏了. 请讨论粒子视界, 事件视界, 以及无穷远的类型. 画出充满物态方程为 $p = -\varepsilon/3$ 的物质的平坦宇宙的共形图, 并将这种情况与米尔恩宇宙作比较.

习题 2.12 在克鲁斯卡尔-塞凯赖什 (Kruskal-Szekeres) 坐标系中, 永恒黑洞的度规是

$$ds^2 = a^2(v,u)\left(dv^2 - du^2 - \Psi^2(v,u)d\Omega^2\right). \tag{2.44}$$

为了画出共形图来, 我们仅仅需要知道如下额外信息: 类空坐标 u 的取值范围是从 $-\infty$ 到 $+\infty$, 而且在下式所示的位置存在物理奇点

$$v^2 - u^2 = 1.$$

奇点的存在意味着对任意 u, 时空不能延拓到下述范围之外:

$$-\sqrt{1+u^2} < v < +\sqrt{1+u^2}.$$

画出永恒黑洞的共形图, 并讨论其无穷远的性质. 黑洞的施瓦西 (Schwarzschild) 半径位于 $v^2 = u^2$ 处.

2.4 红　　移

宇宙的膨胀导致光子波长的红移. 为了分析这个效应, 我们考虑一个共动坐标为 χ_{em} 的辐射源, 它在共形时间为 η_{em} 的时刻发射出一段短暂的信号, 其持续的共形时间为 $\Delta\eta$ (参见图 2-9). 根据(2.5)式, 这个信号的轨道是

$$\chi(\eta)=\chi_{\mathrm{em}}-(\eta-\eta_{\mathrm{em}}).$$

它在共形时间为 $\eta_{\mathrm{obs}}=\eta_{\mathrm{em}}+\chi_{\mathrm{em}}$ 的时刻到达坐落于 $\chi_{\mathrm{obs}}=0$ 的探测器. 探测器测量到的信号持续的共形时间与辐射源处的相等, 不过它对应的物理时间间隔在发射和探测时是不一样的. 它们分别是

$$\Delta t_{\mathrm{em}}=a(\eta_{\mathrm{em}})\Delta\eta, \quad \Delta t_{\mathrm{obs}}=a(\eta_{\mathrm{obs}})\Delta\eta.$$

设 Δt 就是光波的周期, 则光在发射时的波长是 $\lambda_{\mathrm{em}}=\Delta t_{\mathrm{em}}$, 而在被观测到时的波长是 $\lambda_{\mathrm{obs}}=\Delta t_{\mathrm{obs}}$, 因此有

$$\frac{\lambda_{\mathrm{obs}}}{\lambda_{\mathrm{em}}}=\frac{a(\eta_{\mathrm{obs}})}{a(\eta_{\mathrm{em}})}. \tag{2.45}$$

因此光子的波长正比于标度因子而变化, 即 $\lambda(t)\propto a(t)$. 其频率 $\omega\propto 1/\lambda$ 则是反比于 a 的.

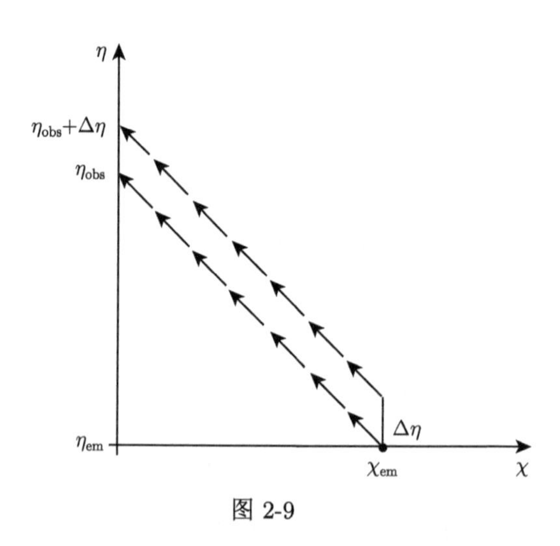

图 2-9

描述黑体辐射的普朗克分布的重要性质就是它随着宇宙的膨胀保持谱形不变. 然而因为每个光子都红移了, $\omega\to\omega/a$, 故而温度 T 按照 $1/a$ 衰减. 所以,

辐射的能量密度正比于 T^4 意味着它随着宇宙膨胀反比于标度因子的 4 次方衰减. 这个结论与我们之前得到的物态方程为 $p = \varepsilon/3$ 的极端相对论气体的结论一致[①]. 光子的数密度正比于 T^3, 因此反比于标度因子的 3 次方衰减. 这意味着光子的总数是守恒的.

多普勒红移 宇宙学红移可以解释为由哈勃膨胀引发的星系的相对运动所带来的多普勒红移. 我们考虑两个邻近星系, 相隔距离为 $\Delta l \ll H^{-1}$. 这样就可以选取一个局域惯性参照系, 其中时空可以认为是平直的. 根据哈勃定律, 两个星系的相对退行速度是 $v = H(t)\Delta l \ll 1$. 因此, 星系 1 中的观测者在 t_1 时刻观测到的光子频率 $\omega(t_1)$ 会比星系 2 中的观测者在稍后的 $t_2 > t_1$ 时刻观测到的同一个光子的频率 $\omega(t_2)$ 大一个多普勒因子 (参见图 2-10):

$$\Delta\omega \equiv \omega(t_1) - \omega(t_2) \approx \omega(t_1)v = \omega(t_1)H(t)\Delta l. \tag{2.46}$$

两次测量之间的时间间隔是 $\Delta t = t_2 - t_1 = \Delta l$. 由此我们可以将(2.46)写为微分方程:

$$\dot{\omega} = -H(t)\omega. \tag{2.47}$$

其解为

$$\omega \propto 1/a. \tag{2.48}$$

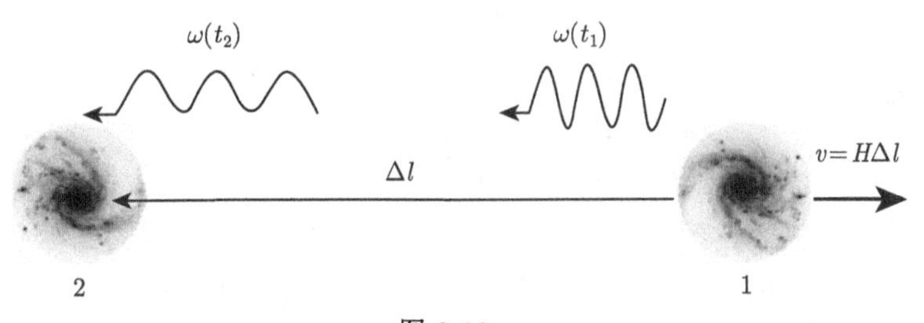

图 2-10

上面的推导虽然是在局域惯性参照系中做的, 但这个步骤可以一步一步连接起来以应用于一般的光子测地轨道. 因此, 这结果对弯曲时空也成立. 然而, 将宇宙学红移解释为多普勒红移的观点不适用于距离超过曲率尺度的情况. 在这种极限下, 正如我们已经讨论过的那样, 距离和相对速度都没有不变性意义上的定义, 因此讨论多普勒效应就没有意义了.

本动速度的红移 随着宇宙的膨胀, 有质量粒子的本动速度 (即相对于哈勃膨胀的速度) 也会红移. 观测者 1 在 t_1 时刻测量到的一个粒子的本动速度 $w(t_1)$

---

① 参见(1.75).

与观测者 2 测量到的同一个粒子的速度 $w(t_2)$ 不同, 其差别取决于观测者之间的相对的哈勃速度 $v = H(t)\Delta l$. 因此

$$w(t_1) - w(t_2) \approx v = H(t)\Delta l. \tag{2.49}$$

假设这个粒子需要 $\Delta t = t_2 - t_1 = \Delta l/w$ 的时间以从一个观测者运动到另一个观测者, 我们即可将这个方程写为

$$\dot{w} = -H(t)w. \tag{2.50}$$

我们再次得到如下解:

$$w \propto 1/a. \tag{2.51}$$

也就是说宇宙的膨胀最终会使粒子在共动参考系中静止.

粒子的非相对论性气体的温度正比于本动速度的平方,

$$T_{\text{gas}} \propto w^2 \propto 1/a^2. \tag{2.52}$$

因此, 如果气体和辐射没有耦合, 气体会冷却得比辐射要快.

根据和辐射情况相同的理由, 以上对本动速度的推导在弯曲时空中也严格成立. 这一点也可以通过严格求解粒子的测地线方程来证明.

习题 2.13 证明测地线方程

$$\frac{du^\alpha}{ds} + \Gamma^\alpha_{\beta\gamma} u^\beta u^\gamma = 0 \tag{2.53}$$

可以改写为

$$\frac{du_\alpha}{ds} - \frac{1}{2}\frac{\partial g_{\beta\gamma}}{\partial x^\alpha} u^\beta u^\gamma = 0. \tag{2.54}$$

我们总是可以变换到只有粒子的径向本动速度 u^χ 不为零的坐标系. 考虑到在一个均匀且各向同性的宇宙中度规分量 $g_{\eta\eta}$ 和 $g_{\chi\chi}$ 并不依赖于 χ, 我们可以从(2.54)式推断出 $u_\chi =$ 常数. 因此, 本动速度

$$w = au^\chi = ag^{\chi\chi}u_\chi \propto a^{-1} \tag{2.55}$$

反比于标度因子衰减.

2.4.1 用红移来测量时间和距离

设 t_{em} 时刻由遥远星系发出波长 λ_{em} 的光子. 当它在地球上被观测到时波长为 λ_{obs}. 红移参数 (*redshift parameter*) 定义为这两个波长的差与原波长之比:

$$z = \frac{\lambda_{\text{obs}} - \lambda_{\text{em}}}{\lambda_{\text{em}}}. \tag{2.56}$$

根据(2.45)式, 波长之比 $\lambda_{\rm obs}/\lambda_{\rm em}$ 等于相应时刻的标度因子的比, 因此

$$1+z=\frac{a_0}{a(t_{\rm em})}, \tag{2.57}$$

其中 a_0 是标度因子现在的值.

现在时刻观测到的光是在一个稍早时刻 $t_{\rm em}$ 发出的. 根据(2.57)式, z 与 $t_{\rm em}$ 之间存在一一对应的关系. 所以, 红移 z 可以取代时间 t 来作为宇宙历史的参数. 红移为 z 的宇宙的尺度是现在宇宙的 $(1+z)^{-1}$. 我们可以将所有依赖于时间的物理量表示为 z 的函数. 例如, 能量密度的公式 $\varepsilon(z)$ 可以立即从能量守恒方程 $d\varepsilon=-3(\varepsilon+p)d\ln a$ 导出:

$$\int_{\varepsilon_0}^{\varepsilon(z)}\frac{d\varepsilon}{\varepsilon+p(\varepsilon)}=3\ln(1+z). \tag{2.58}$$

为了得到用 z 表示的哈勃参数 H 的表达式以及 H_0 和 Ω_0 现在的值, 我们将弗里德曼方程(1.67)改写为如下形式:

$$H^2(z)+\frac{k}{a_0^2}(1+z)^2=\Omega_0H_0^2\frac{\varepsilon(z)}{\varepsilon_0}, \tag{2.59}$$

这里我们用到了(1.21)和(2.57). 在 $z=0$ 时, 这方程退化为

$$\frac{k}{a_0^2}=(\Omega_0-1)\,H_0^2. \tag{2.60}$$

这意味着在空间弯曲的宇宙中 (即 $k\neq0$), 我们可以把标度因子在现在的值 a_0 用 H_0 和 Ω_0 表示出来. 利用这个方程, 我们可以将(2.59)改写为

$$H(z)=H_0\left((1-\Omega_0)\,(1+z)^2+\Omega_0\frac{\varepsilon(z)}{\varepsilon_0}\right)^{1/2}. \tag{2.61}$$

一般来说, $a(t)$ 的表达式是比较复杂的, 我们没办法直接从(2.57)的反函数关系中得到用红移参数 z 表示的宇宙时 $t\equiv t_{\rm em}$. 然而可以由此推导出一个 $t(z)$ 的一般的积分表达式. 对(2.57)取微分, 我们得到

$$dz=-\frac{a_0}{a^2(t)}\dot a(t)dt=-(1+z)H(t)dt. \tag{2.62}$$

对其积分就有

$$t=\int_z^\infty\frac{dz}{H(z)(1+z)}. \tag{2.63}$$

此式中的积分常数是这样选取的: 初始时刻 $t=0$ 对应着红移 $z\to\infty$. 因此, 为了确定 $t(z)$, 我们首先要知道 $\varepsilon(z)$, 然后把(2.61)代入(2.63)并进行积分.

测定遥远星系发出的光的红移, 我们就可以立即确定它到我们的距离. 也就是说, 红移可以作为一种测量距离的标尺. 设某星系在 t_{em} 时刻发出的光子现在被我们观测到, 则星系到我们的共动距离是

$$\chi=\eta_0-\eta_{\mathrm{em}}=\int_{t_{\mathrm{em}}}^{t_0}\frac{dt}{a(t)}. \tag{2.64}$$

代入 $a(t)=a_0/(1+z)$ 的关系, 并利用(2.62)把 dt 写作 dz, 我们可以得到

$$\chi(z)=\frac{1}{a_0}\int_0^z\frac{dz}{H(z)}. \tag{2.65}$$

在存在空间曲率的宇宙中 $(k\neq 0)$, 现在时刻的标度因子的值 a_0 可以通过式(2.60)用 H_0 和 Ω_0 表示出来:

$$a_0^{-1}=\sqrt{|\Omega_0-1|}H_0$$

注意到 $z\to\infty$ 的时候, $\chi(z)$ 趋于粒子视界[①]. 所以, 红移参数只能在粒子视界之内测量距离.

最后, 让我们推导尘埃主导宇宙中的 $t(z)$ 和 $\chi(z)$ 的表达式. 在这种情况下, $\varepsilon(z)=\varepsilon_0(1+z)^3$, 我们有

$$H(z)=H_0(1+z)\sqrt{1+\Omega_0 z}.$$

如果宇宙是平坦的 $(\Omega_0=1)$, (2.63)和(2.65)中的积分很容易积出, 其结果是[②]

$$t(z)=\frac{2}{3H_0}\frac{1}{(1+z)^{3/2}},\quad \chi(z)=\frac{2}{a_0H_0}\left(1-\frac{1}{\sqrt{1+z}}\right). \tag{2.66}$$

---

① 定义参见(2.7). (2.64)中令 $t_{\mathrm{em}}\to t_i$ 即是用(2.7)定义的粒子视界对应的共形距离.

② 宇宙时的表达式在平坦宇宙中的一般结果是

$$t=\frac{1}{H_0}\int_z^\infty\frac{dz}{(1+z)\sqrt{\Omega_\Lambda+\Omega_m(1+z)^3+\Omega_r(1+z)^4}}, \tag{2.66a}$$

其中 Ω_Λ, Ω_m, Ω_r 分别是暗能量, 物质, 以及辐射组分的宇宙学参数. 这个积分可以用椭圆函数写出, 但是比较复杂. 通常的做法是忽略一些组分后在一定的时期内使用. 例如, 在辐射-物质相等时刻之后 $(z<z_{\mathrm{eq}})$, 可以忽略掉辐射, 因此

$$t=\frac{2}{3H_0\sqrt{\Omega_\Lambda}}\mathrm{arcsinh}\left(\sqrt{\frac{\Omega_\Lambda}{\Omega_m(1+z)^3}}\right)\simeq\frac{2}{3H_0\Omega_m^{1/2}z^{3/2}}+\mathscr{O}(z^{-5/2}). \tag{2.66b}$$

第二个等号进一步假设物质为主并对红移做了 $z\gg 1$ 的展开. 这个表达式在本书后面会用到. 对(2.66a)的更多相关讨论参见: 陈斌, 广义相对论, 北京大学出版社 2018 年第一版, 16.5.3 节.

习题 2.14 证明在开放和封闭的尘埃主导宇宙中有

$$\Phi(\chi(z)) = \frac{2\sqrt{|\Omega_0 - 1|}}{\Omega_0^2(1+z)}\left[\Omega_0 z + (\Omega_0 - 2)\left(\sqrt{1+\Omega_0 z} - 1\right)\right], \tag{2.67}$$

其中函数 Φ 的定义见(2.3)式. 注意到若 $\Omega_0 z \gg 1$, 则 $\Phi(\chi(z)) \to \Phi(\chi_p)$, 回到(2.9)式. 请推导出 $t(z)$ 的显示表达式.

2.5 运动学检验

对一个宇宙学红移已确定的天体, 我们通常也希望测量其张角大小 (即它在天空中张开的角度) 或其视光度 (apparent luminosity). 如果存在一种大小相同的天体 (标准尺 (standard rulers)), 我们会发现其相应的张角大小随着红移以一定的规律变化, 且依赖于宇宙学参数的取值. 这规律对那些具有相同总亮度的天体 (标准烛光 (standard candles)) 也成立. 所以如果我们测定特定类别的标准尺或标准烛光的红移-距离关系, 我们就能借以确定宇宙学参数. 更重要的是, 因为这些测量结果取决于大小为现在宇宙的 $(1+z)^{-1}$ 的早期宇宙, 我们可以通过这些测量来研究宇宙的演化历史, 并用来区分物质组分不同的宇宙学模型.

2.5.1 角直径-红移关系

在一个静态欧几里得空间里, 一个固定横截面的天体在天空中张开的角度大小反比于该天体到我们的距离. 在膨胀宇宙中, 距离和角度大小的关系则没有如此简单. 让我们考虑一个有一定体积的天体, 其横截面的尺度为 l, 其位置到观测者的共动距离为 $\chi_{\rm em}$ (图 2-11). 不失一般性, 我们假设 $\varphi =$ 常数. 这样一来, 由该天体两端发出的光子会沿着径向测地线向内传播, 并在现在到达观测者. 这两条测地线张开的角度是 $\Delta\theta$. 该天体的特征尺度 l 等于从天体两端发出光子的这两个事件之间的距离:

$$l = \sqrt{-\Delta s^2} = a(t_{\rm em})\Phi(\chi_{\rm em})\Delta\theta. \tag{2.68}$$

这关系可以很容易从度规(2.2)推出. 因此天体张开的角度是

$$\Delta\theta = \frac{l}{a(t_{\rm em})\Phi(\chi_{\rm em})} = \frac{l}{a(\eta_0 - \chi_{\rm em})\Phi(\chi_{\rm em})}. \tag{2.69}$$

这里第二步我们把物理时间 $t_{\rm em}$ 转化为共形时间 $\eta_{\rm em} = \eta_0 - \chi_{\rm em}$. 如果天体离我们还算近, 即 $\chi_{\rm em} \ll \eta_0$, 则

$$a(\eta_0 - \chi_{\rm em}) \approx a(\eta_0), \quad \Phi(\chi_{\rm em}) \approx \chi_{\rm em},$$

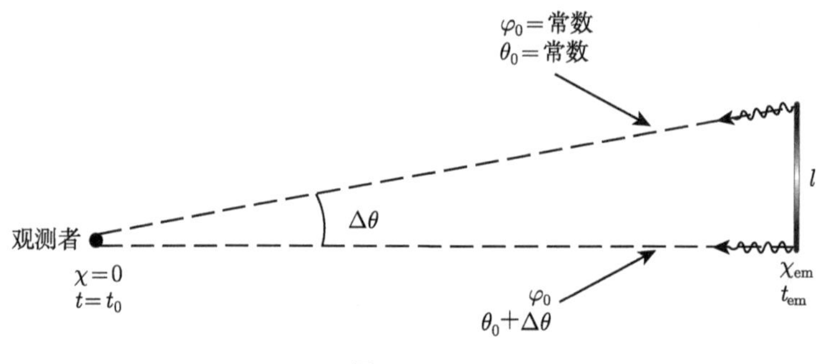

图 2-11

因此有

$$\Delta\theta \approx \frac{l}{a(\eta_0)\chi_{\rm em}} = \frac{l}{D}.$$

我们看到在这个近似下 $\Delta\theta$ 反比于物理距离, 符合我们的直觉预期. 然而, 如果这个天体离我们很远, 或者说是接近于粒子视界, 那么就有 $\eta_0 - \chi_{\rm em} \ll \eta_0$, 因此

$$a(\eta_0 - \chi_{\rm em}) \ll a(\eta_0), \quad \Phi(\chi_{\rm em}) \to \Phi(\chi_p) = \text{常数}^{①}.$$

在这种极限下, 天体的张角大小

$$\Delta\theta \propto \frac{l}{a(\eta_0 - \chi_{\rm em})}$$

会随着距离的增加而变大. 随着它接近粒子视界, 它的像会覆盖整个天空. 当然了, 随着距离增加, 其视亮度是明显下降的, 否则遥远天体的像要比近处的天体还亮.

为了理解这种角直径的异常行为, 我们可以再次回到低维类比. 考虑一个住在地球北极的观测者眼中看到的距离不同的物体. 在这种类比下, 光只能沿着经线传播, 即地球表面的测地线. 我们发现, 物体张开的角度一开始是随着距离的增加而减小的. 但这规律只对物体还处于赤道以北时成立. 如果物体已经跨越到赤道以南了, 张角大小则会随着距离的增加而变大, 一直到该物体到达了南极点, 因此可以"覆盖整个天空". 这种类比有助于我们理解, 但还不够完备. 即使是在一个平坦宇宙中, 遥远天体的张角大小也会随着距离的增加而变大. 这归因于标度因子是依赖于时间的. 换句话说, 时空的四维曲率才是角直径的异常变化的原因.

张角大小 $\Delta\theta$ 可以写成红移 z 的函数. 因为 $a_0/a(t_{\rm em}) = 1 + z$, 我们可以把(2.69)式写作

$$\Delta\theta = (1+z)\frac{l}{a_0\Phi(\chi_{\rm em}(z))}, \tag{2.70}$$

① 参见(2.9)式.

其中 $\chi_{\rm em}(z)$ 由(2.65)式给出. 在一个充满尘埃的平坦宇宙中, 函数 $\Phi(\chi_{\rm em})$ 就等于 $\chi_{\rm em}$, 其依赖于 z 的表达式已由(2.66)式给出. 由此, 角直径作为 z 的函数可写为

$$\Delta\theta(z)=\frac{lH_0}{2}\frac{(1+z)^{3/2}}{(1+z)^{1/2}-1}. \tag{2.71}$$

低红移的时候 ($z\ll 1$), 角直径反比于 z 而减小, 并在 $z=5/4$ 处达到极小值, 随后开始增长, 在 $z\gg 1$ 的情况下正比于 z (参见图 2-12).

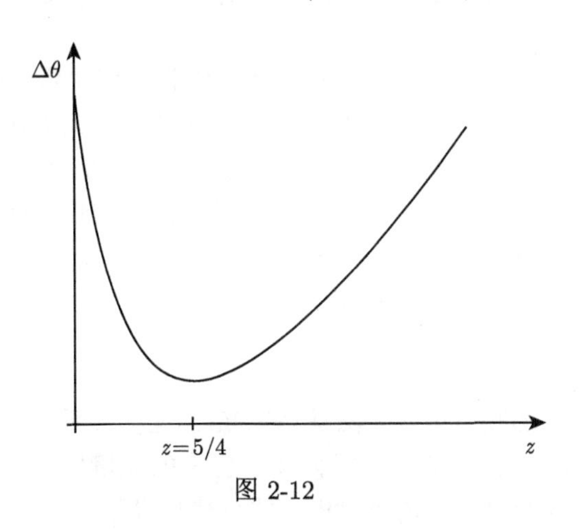

图 2-12

很容易就能把上面的结果推广到一般的宇宙. 例如, 把(2.67)中的 $\Phi(\chi_{\rm em})$ 代入(2.70)中, 我们得到在一个非平坦的尘埃主导宇宙中有

$$\Delta\theta(z)=\frac{lH_0}{2}\frac{\Omega_0^2(1+z)^2}{\Omega_0 z+(\Omega_0-2)(\sqrt{1+\Omega_0 z}-1)}. \tag{2.72}$$

原则上讲, 利用分布于不同红移处的标准尺, 我们就可以通过对其角直径-红移关系的测量来验证宇宙学模型. 遗憾的是, 多年以来人们都没有找到合用的标准尺, 以至于这个研究领域毫无进展.

该领域最近的突破是人们成功地从宇宙微波背景中找到了一把标准尺. 温度自相关函数描述了天空中两个不同方向之间的微波背景温度的差别. 这个温度差取决于两点之间张开的角度. 人们发现随着这个角度由大到小地变化, 对应的温度功率谱会出现一系列的峰和谷①."第一声学峰"(the first acoustic peak) 大致上是由复合 (recombination) 时期的声速视界决定的. 复合时期的声速视界是声波到复合时期为止在重子-辐射流体中所能传播的最大距离, 它可以用作一个长度为 $l_s\sim H^{-1}(z_r)$ 的标准尺. 复合发生在红移 $z_r\simeq 1100$ 的时刻. 因为 $\Omega_0 z_r\gg 1$, 我们可

① 参见图 9-2 以及 9.7 节的相关讨论.

以在(2.70)中令 $\chi_{em} = \chi_p$. 又因为在尘埃主导的宇宙中 $\Phi(\chi_p) = 2(a_0H_0\Omega_0)^{-1}$(参见(2.9)), 我们得到

$$\Delta\theta_r \simeq \frac{z_r H_0 \Omega_0}{2H(z_r)} \simeq \frac{1}{2} z_r^{-1/2} \Omega_0^{1/2} \simeq 0.87° \Omega_0^{1/2}. \tag{2.73}$$

上式中我们用到了 $H_0/H(z_r) \simeq (\Omega_0 z_r^3)^{-1/2}$, 此式是(2.61)式在 $z_r \gg 1$ 时的近似[①]. 注意到在欧几里得空间里, 这个角应该是 $\Delta\theta_r \simeq t_r/t_0 \approx z_r^{-3/2}$, 是(2.73)的千分之一.

这个结果令人惊奇之处在于这个角直径只依赖于可决定空间曲率的 Ω_0 这一个变量, 而与其他的参数无关. 我们将会在第 9 章中看到, 这个结论并非只在尘埃主导的宇宙中成立, 而是对包含各种组分的很多宇宙学模型都成立. 因此, 测量第一声学峰的角直径大小就成了最主要的以及最直接的测量空间曲率的方法. 目前我们观测到的宇宙是空间平坦的, 符合暴胀宇宙学的预言. 而对 $\Omega_0 = 1$ 最好的观测证据就来自于对第一声学峰的测量.

2.5.2　光度-红移关系

第二种重构宇宙膨胀历史的方法是利用光度-红移关系. 让我们考虑一个位于共动距离 χ_{em} 处且总光度 (单位时间内辐射出来的能量) 为 L 的辐射源. 从 t_{em} 时刻起一段共形时间间隔 $\Delta\eta$ 内辐射出来的总能量等于

$$\Delta E_{em} = L\Delta t_{em}(\Delta\eta) = La(t_{em})\Delta\eta. \tag{2.74}$$

辐射出来的所有光子都位于一个球壳 (shell) 内, 其厚度用共形时间表示为 $\Delta\chi = \Delta\eta$. 球壳的半径随着时间而增长, 而光子的频率也随之红移. 所以, 当这些光子在 t_0 时刻到达观察者时, 球壳内的总能量为

$$\Delta E_{obs} = \Delta E_{em} \frac{a(t_{em})}{a_0} = L\frac{a^2(t_{em})}{a_0}\Delta\eta. \tag{2.75}$$

在这个时刻, 球壳的表面积是

$$S_{sh} = 4\pi a_0^2 \Phi^2(\chi_{em}),$$

其物理厚度是

$$\Delta l_{sh} = a_0 \Delta\chi = a_0 \Delta\eta.$$

① 这里暗含的条件是复合时刻宇宙已经变为物质主导的, 即 $\varepsilon(z) = \varepsilon_0(1+z)^3$. 物质-辐射相等时刻的红移值为 $z_{eq} = 3387 \pm 21$, 参见 Planck collaboration, *Planck 2018 results. VI. Cosmological parameters*, Astron.Astrophys. 641 (2020) A6, Astron.Astrophys. 652 (2021) C4 (erratum), arXiv: 1807.06209.

这个球壳通过观测者的位置所持续的时间 (在观测者的坐标系中测量) 是 $\Delta t_{\rm sh} = \Delta l_{\rm sh} = a_0 \Delta\eta$. 所以, 测量到的热辐射通量 (bolometric flux)(单位时间内通过单位面积的能量) 等于

$$F \equiv \frac{\Delta E_{\rm obs}}{S_{\rm sh}(t_0)\Delta t_{\rm sh}} = \frac{L}{4\pi\Phi^2(\chi_{\rm em})}\frac{a^2(t_{\rm em})}{a_0^4}. \tag{2.76}$$

也可以将其写成红移 z 的函数形式

$$F = \frac{L}{4\pi a_0^2 \Phi^2(\chi_{\rm em}(z))(1+z)^2}. \tag{2.77}$$

这里的 $\chi_{\rm em}$ 由(2.65)式给出. 天文学家一般不用通量 F, 而是用视 (热) 星等 (apparent (bolometric) magnitude) $m_{\rm bol}$. 其定义为[①]

$$m_{\rm bol}(z) \equiv -2.5\log_{10} F = 5\log_{10}(1+z) + 5\log_{10}(\Phi(\chi_{\rm em}(z))) + 常数, \tag{2.78}$$

其中这个常数项是不依赖于红移的.

如果 $z \ll 1$, 我们可以得到如下的不依赖于空间曲率和物质组分的近似表达式:

$$m_{\rm bol}(z) = 5\log_{10} z + \frac{2.5}{\ln 10}(1-q_0)z + \mathscr{O}(z^2) + 常数, \tag{2.79}$$

其中 $q_0 \equiv -\left(\ddot{a}/(aH^2)\right)_0$ 是减速参数. 相应地, 减速参数 q_0 是由物态方程决定的. 根据(1.66)式, 我们可以得到

$$q_0 = \frac{1}{2}\Omega_0\left(1 + 3\frac{p}{\varepsilon}\right)_0. \tag{2.80}$$

因此从原则上讲, 测量一组标准烛光的光度-红移关系就可以确定宇宙的主要成分的物态方程.

利用 IA 型超新星作为标准烛光的测量能给出高精度的结果. 人们发现现阶段的宇宙膨胀是加速而非减速的. 换句话说, q_0 为负值. 在物质主导的宇宙中, 物质的引力自相互作用能够抵抗宇宙的膨胀并使其减速. 根据弗里德曼方程(1.66), 加速膨胀只在宇宙的总能量密度的主要成分为某种 “**暗能量**”(dark *energy*) 时才有可能. 暗能量的压强为负, 或者说其物态方程 $w \equiv p/\varepsilon$ 为负.

暗能量的一种可能的解释是真空能密度 (vacuum energy density) 或者宇宙学常数 (cosmological constant), 对应于 $w = -1$. 其他的模型则假设暗能量是动力学

① -2.5 原文作 $-2,5$. 逗号作小数点是欧洲大陆一些国家的传统习惯. 为了保持与全书体例一致, 改为小数点.

的, 例如存在一个缓慢随时间变化的标量场. 后一种模型也被称为 "精质"(quintessence)[①]. 发现宇宙的膨胀在加速引发了宇宙学中的许多新问题. 目前还没有任何合理的理论来解释为什么暗能量在宇宙演化中占主导的时间如此之晚, 以及为何这个时刻正好能被我们所观测到[②]. 此外, 因为暗能量的本质尚不清楚, 我们也无法确定宇宙的长远未来. 如果暗能量就是宇宙学常数, 则宇宙会永远加速膨胀下去, 最终变得空空如也. 如果暗能量是动力学的标量场, 则这个场可能会衰变, 因而再次在宇宙中充满物质和能量. 总之, 暗能量是今日宇宙学中最神秘、最有挑战性的问题之一.

作为暗能量存在证据的标准烛光超新星可以一直测量到 $z = 1$ 左右, 而近似展开式(2.79)只对 $z < 0.3$ 成立. 因此, 为了正确描述观测, 我们必须用精确表达式(2.78). 而且为了确定 $\Phi(\chi_{\text{em}}(z))$, 我们必须选定一种特殊的宇宙学模型. 例如, 对仅含有冷物质和宇宙学常数的平坦宇宙, $\Omega_0 = \Omega_\Lambda + \Omega_m = 1$, 我们有

$$\Phi(\chi_{\text{em}}(z)) = \chi_{\text{em}}(z) = \frac{1}{H_0 a_0} \int_0^z \frac{d\tilde{z}}{\sqrt{\Omega_m (1+\tilde{z})^3 + (1-\Omega_m)}}. \tag{2.81}$$

数值计算这个积分我们就可以对不同的 Ω_m 求出 m_{bol} (图 2-13). 最符合观测数据的结果来自于 $\Omega_m \simeq 0.3$.

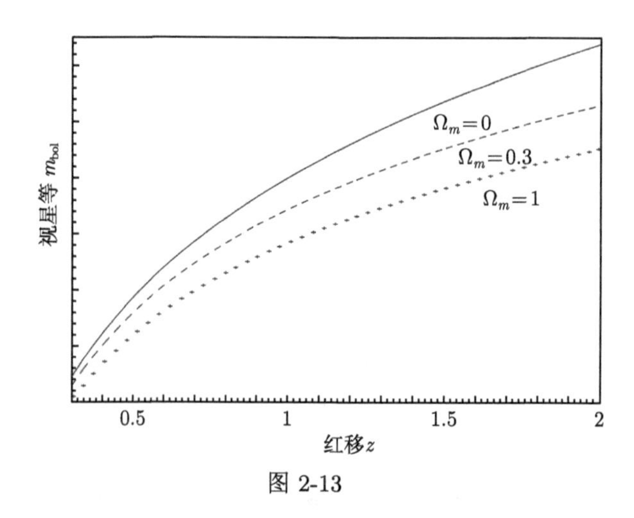

图 2-13

① 这个词意为 "第五元素", 来源于古希腊的元素说. 亚里士多德给地水火土四种元素之外加上了第五元素, 称为以太 (aether). 因为历史的原因, 在古希腊哲学中表示同一元素的 "第五元素" 与 "以太" 两个词在现代物理中表示两种不同的物质, 前者也被翻译为 "精质". 本书即采取 "精质" 的译法.

② 这就是所谓的 "人择原理"(anthropic principle). 参见 Weinberg, *Anthropic Bound on the Cosmological Constant*, Phys.Rev.Lett. 59 (1987) 2607.

习题 2.15 假设欧几里得空间里有一个光度为 L, 大小为 l 的天体. 距离该天体为 d 的观测者测到的通量为 $F = L/(4\pi d^2)$, 看到的角度大小为 $\Delta\theta = l/d$. 仿照这些关系, 宇宙学家有时候也在膨胀宇宙中正式地定义光度距离 d_L 和角直径距离 d_A:

$$d_L \equiv \left(\frac{L}{4\pi F}\right)^{1/2}, \quad d_A \equiv \frac{l}{\Delta\theta}. \tag{2.82}$$

在尘埃主导宇宙中计算 $d_L(z)$ 和 $d_A(z)$. 它们之间有何关系? 证明 d_L 和 d_A 只在 z 的领头阶一致, 并在小 z 极限下回到欧几里得距离 d. 与角直径距离 d_A 相反, 光度距离 d_L 在大红移的极限下随着 z 的增大而增大. 这符合我们的直觉预期. 不过这两个距离在 $z > 1$ 的时候都只是形式上的定义, 因为此时不存在不变性意义上的物理距离.

2.5.3 计数

另一个运动学观测基于计算位于给定红移处的宇宙学天体的数目. 假设红移为 z 的某时刻, 星系或者星系团是均匀分布于空间中的, 其单位体积内的数量等于 $n(z)$. 因此, 红移为 z 与 $z + \Delta z$ 之间且处于立体角 $\Delta\Omega$ 之内的星系的数量是

$$\Delta N = n(z)a^3(z)\Phi^2(\chi)\Delta\chi\Delta\Omega = n(z)(1+z)^{-3}a_0^2 H^{-1}(z)\Phi^2(\chi)\Delta z\Delta\Omega, \tag{2.83}$$

其中我们用到了 $\Delta\chi$ 和 Δz 之间的关系 (参见(2.65)式). 将(2.67)中的 $\Phi^2(\chi)$ 代入 (2.83) 式, 我们即可得到在尘埃主导宇宙中有

$$\frac{\Delta N}{\Delta z\Delta\Omega} = \frac{4n(z)}{H_0^3\Omega_0^4}\frac{\left[\Omega_0 z + (\Omega_0 - 2)\left((1+\Omega_0 z)^{1/2} - 1\right)\right]^2}{(1+z)^6(1+\Omega_0 z)^{1/2}}. \tag{2.84}$$

如果我们知道了 $n(z)$, 测量 $\Delta N/(\Delta z\Delta\Omega)$ 就可以用来验证宇宙学模型. 应用这种方法的难点在于星系的数量不仅仅是因为宇宙膨胀而随着红移改变, 还依赖于其动力学演化. 例如, 小星系会合并成大星系. 很容易就可以想到, 如果某一类星系的演化是已知的, 我们就可以避免这些问题.

2.5.4 红移演化

一个天体的红移是随着宇宙的加速或者减速膨胀逐渐漂移 (drift) 的. 这个效应非常小, 目前的技术还没办法观测到. 不过在这里我们引入这个概念作为一种在未来几十年内有可能变为现实的观测实例.

位于共动距离为 χ 处的辐射源的光会在今天 η_0 被我们观测到. 光是在共形时间为 $\eta_e = \eta_0 - \chi$ 时发出的. 其对应的红移依赖于 η_0, 它等于

$$z(\eta_0) = \frac{a_0}{a_e} = \frac{a(\eta_0)}{a(\eta_0 - \chi)}. \tag{2.85}$$

因为 χ 是个常数, 红移的时间导数是

$$\dot{z} \equiv \frac{dz}{dt} = \frac{1}{a(\eta_0)}\frac{\partial z}{\partial \eta_0} = \frac{\dot{a}_0}{a_e} - \frac{\dot{a}_e}{a_e} = (1+z)H_0 - H(z). \tag{2.86}$$

在一个只有物质和真空能两种组分的宇宙中, 利用 $\varepsilon(z) = \varepsilon_0^{\text{cr}}\left(\Omega_\Lambda + \Omega_m(1+z)^3\right)$ 的关系, 并使用(2.61)中 $H(z)$ 的表达式, 我们可以得到

$$\dot{z} = (1+z)H_0\left\{1 - \sqrt{1-\Omega_0+\Omega_m(1+z)+\Omega_\Lambda(1+z)^{-2}}\right\}. \tag{2.87}$$

如果宇宙是平坦的, 即 $\Omega_0 = 1$ 及 $\Omega_\Lambda = 1-\Omega_m$, 红移漂移 (redshift drift) $\Delta v \equiv \Delta z/(1+z)$ 等于

$$\Delta v \simeq \frac{\dot{z}\Delta t}{1+z} = -H_0\Delta t\left\{\sqrt{\Omega_m(1+z)+(1-\Omega_m)(1+z)^{-2}} - 1\right\}. \tag{2.88}$$

红移漂移在物质主导宇宙中 $(\Omega_m \to 1)$ 是负的, 而在暗能量主导宇宙中 $(\Omega_m \to 0)$ 是正的. 在 $\Omega_m = 1$ 及 $\Omega_\Lambda = 0$ 的情况下, 如果按照 $\Delta t = 1$年 的间隔来观测, 漂移的大小是

$$\Delta v \approx -2\left(\sqrt{1+z}-1\right)\ \text{cm}\cdot\text{s}^{-1}.$$

这个漂移速度非常小而且用现有的手段无法观测到. 然而, 红移是宇宙学中观测精度最高的物理量. 目前的技术能测量到大约每年 $10\ \text{m}\cdot\text{s}^{-1}$ 的漂移. 未来几十年里的技术发展把这个观测精度提升几个量级是有可能的. 到那时, 这种测量就可以直接验证宇宙的加速膨胀, 并用作对光度-红移观测的补充.

第 3 章 热 宇 宙

第 2 章中我们研究的是宇宙的几何性质. 现在我们转到它的热历史. 宇宙的热历史可以分为几个不同的阶段. 本章我们主要关注中微子退耦到复合之间的阶段. 在这个阶段中, 宇宙好几次出现对热平衡和化学平衡的偏离, 并最终形成了我们现在观测到的宇宙状态.

我们先从概述主要的热历史事件开始, 然后转到细节的讨论. 特别是在本章里我们要研究中微子退耦, 原初核合成, 以及复合过程. 我们的讨论基于几 MeV 以下的粒子物理、核物理以及原子物理的物理定律, 它们已经牢固建立起来并经受住了实验的检验. 看上去在未来的研究中这些领域也不太会有新的成果出现了. 然而, 它们是支持热膨胀宇宙的概念的重要背景材料.

3.1 宇宙的组分

根据弗里德曼方程, 宇宙的膨胀率是由它的能量密度和其组分的物态方程决定的. 在宇宙的温度低于几 MeV 时, 宇宙中起重要作用的主要物质组分是原初辐射、重子、电子、中微子、暗物质以及暗能量.

原初辐射 宇宙微波背景 (cosmic microwave background, CMB) 辐射的温度是 $T_{\gamma 0} \simeq 2.73$ K. 它现在的能量密度是 $\varepsilon_{\gamma 0} \simeq 10^{-34}\ \mathrm{g \cdot cm^{-3}}$, 只组成宇宙总能量密度的大约 10^{-5}. 这种辐射的功率谱是完美的普朗克谱, 而且它看上去似乎在高于 GeV 能标的极早期宇宙中已经存在了. 因为辐射的温度的演化反比于标度因子, 在过去这温度必定是极高的.

重子物质 它是构筑所有的行星, 恒星, 气体云, 以及可能存在的低质量 "暗" 星的材料. 有些重子也可能最终会形成黑洞. 我们以后会看到, 对轻元素丰度 (abundance) 以及宇宙微波背景涨落的观测限制明确地告诉我们重子组分只能贡献临界能量密度的几个百分点 ($\Omega_b \simeq 0.04$). 每个重子对应的光子数是 10^9 的量级.

暗物质和暗能量 宇宙微波背景的涨落告诉我们现在的总能量密度等于临界密度[①]. 这说明宇宙的能量密度主要来自于暗的非重子组分. 将宇宙微波背景、大尺度结构、引力透镜以及高红移超新星的数据结合起来, 我们发现这种暗组分是由两种或者更多的成分混合而成的. 更精确地说, 它由冷暗物质和暗能量组合而

---

① 这主要指的是对宇宙微波背景各向异性的第一声学峰的测量. 参见 2.5.1节(2.73)式以及 9.8 节的讨论.

成. 暗物质的压强为零, 它可以结团, 因此能贡献引力不稳定性. 各种不同的 (超对称的) 粒子物理理论能给我们提供冷暗物质的自然候选者, 其中*弱相互作用大质量粒子* (*weakly interacting massive particles*) 在目前看来是最有可能的. 非重子的冷暗物质对临界密度只有大约 25% 的贡献. 剩下的 70% 的缺失的能量密度以无法结团且带有负压强的暗能量的形式存在. 它可以是宇宙学常数 ($p_\Lambda = -\varepsilon_\Lambda$); 也可以是标量场 (精质 (quintessence)), 其物态方程为 $p = w\varepsilon$, 且 w 在今天小于 $-1/3$.

原初中微子 它们是热宇宙不可避免的残留物. 如果三种已知的中微子没有质量, 则它们在今天的温度应该是 $T_\nu \simeq 1.9$ K, 且它们应该贡献 0.68 倍的辐射密度 (参见 3.4.2节). 大气层中的中微子振荡实验显示中微子有很小的质量. 即使如此, 它们对临界密度的贡献也不会超过 1%.

过去的宇宙比现在更热更稠密. 辐射, 冷物质, 以及暗能量三者的能量密度按照红移 z 演化的规律分别是

$$\varepsilon_\gamma = \varepsilon_{\gamma 0}(1+z)^4, \qquad \varepsilon_m = \varepsilon_0^{\mathrm{cr}}\Omega_m(1+z)^3, \qquad \varepsilon_Q = \varepsilon_0^{\mathrm{cr}}\Omega_Q(1+z)^{3(1+w)}. \tag{3.1}$$

这里 $\varepsilon_0^{\mathrm{cr}} = 3H_0^2/8\pi G$ 是今天的临界密度 ①, Ω_m 是重子物质和冷暗物质合起来对现在的宇宙学参数的贡献, Ω_Q 是暗能量的贡献. 如果我们沿着时间回溯, 暗能量增长得最慢; 它对宇宙的动力学的影响在如下红移处变得小于冷物质的影响 (参见图 3-1):

$$z_Q = \left(\frac{\Omega_Q}{\Omega_m}\right)^{-\frac{1}{3w}} - 1. \tag{3.2}$$

这发生在离现在不久的时刻. 取 $\Omega_m \approx 0.3$ 和 $\Omega_Q \approx 0.7$, 对于 $-1 \leqslant w < -1/3$, 我们得到 $z_Q = 0.33 \sim 1.33$.

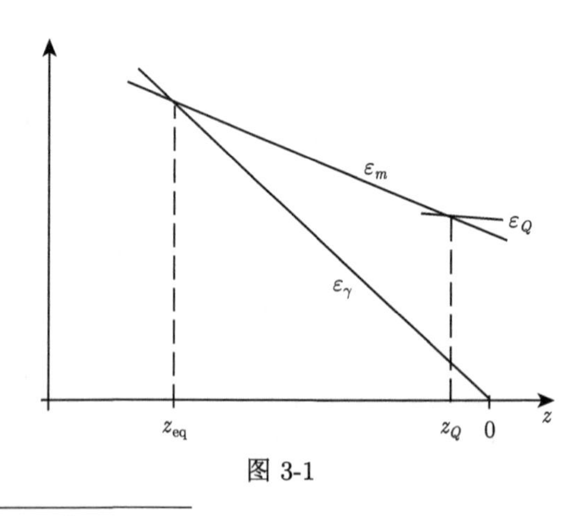

图 3-1

① $3H_0^2/8\pi G$ 指的是 $3H_0^2/(8\pi G)$. 以后遇到类似的表达式也需这样理解.

习题 3.1 求出加速膨胀开始时的红移 z.

辐射能量密度比冷物质的能量密度增长得快. 最终, 它会在物质-辐射相等时刻主导宇宙的演化

$$z_{\rm eq} = \frac{\varepsilon_0^{\rm cr}\Omega_m}{\varepsilon_{\gamma 0}} - 1 \simeq 2.26 \times 10^4 \Omega_m h_{75}^2, \tag{3.3}$$

其中[①]

$$h_{75} \equiv \frac{H_0}{75\ \rm km \cdot s^{-1} \cdot Mpc^{-1}}.$$

因此, 我们可以区分宇宙的膨胀历史的三个动力学不同的阶段[②]:

- $z > z_{\rm eq} \sim 10^4$ 是辐射为主时期, 这个阶段宇宙为 $p = \varepsilon/3$ 的极端相对论性的物质主导, 标度因子的增长是 $a \propto t^{1/2}$;
- $z_{\rm eq} > z > z_Q$ 是物质为主时期, 这个阶段主导宇宙膨胀的是无压强的组分, 因此 $a \propto t^{2/3}$;
- $z < z_Q$ 是暗能量主导时期, 这个阶段负压强 ($p = w\varepsilon$) 的组分驱动宇宙加速膨胀, 即 $a \propto t^{\frac{2}{3(1+w)}}$.

注意到暗能量的主导时期不能开始得太早, 因为一段足够长的物质为主时期是结构形成所要求的. 实际上, 暗能量恰好是在现在的时刻变得重要. 这个令人震惊的宇宙巧合 (cosmic coincidence) 是当代宇宙学最大的谜题之一.

习题 3.2 极端相对论性的中微子如何影响我们对极端相对论性物质开始主导宇宙演化的红移时刻的估算?

习题 3.3 $w = -1/3$ 的暗能量会导致弗里德曼方程(1.67)中多出一个正比于 $1/a^2$ 的项. 在开放宇宙中, 我们要如何区分这个项和空间曲率项 k/a^2?

3.2 热 简 史

宇宙辐射的温度随着宇宙的膨胀而减小. 它明确地由红移决定

$$T_\gamma(z) = T_{\gamma 0}(1+z), \tag{3.4}$$

---

① 目前文献中更常见的是用 $100\ \rm km \cdot s^{-1} \cdot Mpc^{-1}$ 进行归一化, 即 $h = H_0/100\ \rm km \cdot s^{-1} \cdot Mpc^{-1}$. 在把普朗克最新的测量结果代入本书的公式中时需要用到 $h_{75} = (4/3)h$. 本书在估算式中偶尔也用 h, 但没有给出定义, 可以理解为是省略了下标 75.

② 以下列表原文为小一号字排版. 此处改为与正文同字号.

因此可以用温度来代替时间或者红移作为描述宇宙历史的参数. 在宇宙时以秒为单位的时候, 为了估算用 MeV 表示出来的温度, 我们利用下式:

$$T_{\rm MeV} \simeq \frac{\mathscr{O}(1)}{\sqrt{t_{\rm sec}}},$$

这个关系在整个辐射为主时期都成立 (参见 3.4.2节).

下面我们简要地概述我们的宇宙的热历史中发生的大事件 (用编年的逆序)[①]:

- $\sim$ **10^{16}—10^{17}** s 由于引力的不稳定性, 小的初始不均匀性产生出星系及星系团. 结构形成可以用牛顿引力来描述. 即便如此, 它仍然是一个非常复杂的非线性问题, 只能通过数值计算来求解. 看上去在未来的很长一段时间里这仍然会是一个非常活跃的研究领域. 暗物质与暗能量的本质是这个阶段一个主要的待解决的基本问题.
- $\sim$ **10^{12}—10^{13}** s 在这个时间段, 几乎所有的电子和质子都复合起来并形成中性氢. 从这时起宇宙对背景辐射变得透明了. 复合时期存在的微小的不均匀物质分布会导致宇宙微波背景温度出现涨落, 它能一直留存至今, 并把宇宙在最后散射面 (last scattering surface) 上的状态信息传递给今天的观测者. 重子物质中, 大约 25% 由氦原子组成. 它在这个时期之前就已经合成并成为中性的. 在氦原子复合之后, 宇宙中还残留着许多自由电子, 这时的宇宙对辐射仍然是不透明的. 因此氦原子的复合不是一个特别重要的事件. 不过我们在计算宇宙微波背景上的涨落时必须要恰当地考虑这个过程, 因为它会影响到声速.
- $\sim$ **10^{11}** s ($T \sim$ eV) 这个时刻即所谓的物质-辐射相等时刻 (matter-radiation equality), 它将宇宙分为辐射主导 (radiation-dominated) 时期和物质主导 (matter-dominated) 时期. 相等时刻的宇宙时的精确值依赖于宇宙中暗组分的具体构成, 因此在目前只能确定到差一个量级为 1 的数值因子的水平.
- $\sim$ **200—300** s ($T \sim 0.05$ MeV) 在这个温度, 核反应的效率很高. 其结果是自由的质子和中子形成了氦原子及其他轻元素. 通过原初核合成 (*primordial nucleosynthesis*) 得到的轻元素的丰度与目前的观测数据符合得极好. 这个事实说明我们对宇宙大爆炸 1s 之后直到现在的演化的理解是完全正确的.
- $\sim$ **1** s ($T \sim 0.5$ MeV) 这个时刻的典型能量是电子质量的量级. 当温度落到电子的静质量以下时, 在极早期宇宙中大量存在的电子-正电子对开始湮灭, 湮灭之后只有非常稀少的过剩 (excess) 电子残留了下来, 其数量大

① 以下列表原文为小一号字排版. 此处改为与正文同字号.

概是光子数量的十亿分之一. 这个过程中产生的光子是处于热平衡的, 其辐射的温度相比于更早退耦的中微子的温度有所增加.

- **~ 0.2** s ($T \sim$ 1—2 MeV) 在这个时间段, 由于对应的弱相互作用过程脱离热平衡, 发生了两个重要事件. 首先, 原初中微子从其他的粒子中退耦, 之后它会在宇宙中自由传播. 其次, 因为保持中子和质子的化学平衡的反应的效率变得很低, 中子与质子的数量之比 "冻结"(freeze out). 其结果是幸存下来的中子的数量就决定了原初元素的丰度.
- $\sim \mathbf{10^{-5}}$ s ($T \sim$ 200 MeV) 夸克-胶子相变发生: 自由夸克和胶子发生禁闭, 形成了重子和介子. 夸克-胶子相变的物理现在还没有完全弄清楚. 但是这个相变看上去似乎不能留下什么重要的宇宙学现象.
- $\sim \mathbf{10^{-10}}$—$\mathbf{10^{-14}}$ s ($T \sim$ 100 GeV—10 TeV) 这个能标仍然可以用对撞机探测到. 电弱和强相互作用的标准模型看上去到这里仍然是适用的. 我们预料在温度大于 ~ 100 GeV 时, 电弱对称性得以恢复, 规范粒子变为无质量的. 在这个对称性恢复能标以上, 费米子数和重子数被拓扑相变强烈破坏.
- $\sim \mathbf{10^{-14}}$—$\mathbf{10^{-43}}$ s ($T \sim$ 10 TeV—10^{19} GeV) 加速器在近期不大可能达到这个能量范围. 从另一个角度来说, 极早期宇宙本身, 用泽尔多维奇的话来说, 是 "穷人的对撞机". 它可以提供一些基础物理的粗略信息. 没理由相信非微扰的量子引力能在能标低于 10^{19} GeV 时扮演什么重要角色. 因此, 我们仍然可以用广义相对论来描述这个时期的宇宙的动力学. 这里最主要的不确定性来自于宇宙的物质组成. 很可能那时的粒子种类比现在我们看到的要丰富得多. 例如, 根据超对称, 粒子的种数至少是我们已知的两倍. 超对称也能提供合适的弱相互作用有质量粒子来作为暗物质的候选者.

  宇宙中重子不对称性 (baryon asymmetry) 的起源也与超出标准模型的物理相联系. 有理由相信, 在 10^{16} GeV 的能标以上, 存在一个统一电弱与强相互作用的大统一 (*Grand Unification*) 理论. 统一理论里自然出现的宇宙弦和单极子之类的拓扑缺陷有可能会在早期宇宙中起作用. 但是根据现在的宇宙微波背景各向异性的观测数据, 它们看上去在大尺度结构上不甚重要.

  也许在上述的能量范围内最有趣的现象是宇宙的加速膨胀——暴胀, 它很可能发生在大统一能标附近. 值得注意且幸运的是, 暴胀给出的最重要的稳健预言不怎么依赖于未知的粒子物理理论. 所以, 在近期的未来就可以从实验上验证这个加速膨胀阶段的存在.
- $\sim \mathbf{10^{-43}}$ s (10^{19} GeV) 在接近普朗克能标处, 非微扰的量子引力主导宇宙演化, 广义相对论不再适用. 然而, 在略小于这个能标处, 经典时空仍然有意义, 我们预计这时宇宙处在一个自复制相 (self-reproducing phase). 然而, 自复制并没有消除普朗克能标处的时空结构的基本特征. 特别是, 宇宙奇点的问题仍然存在. 我们期望在某种目前尚未知晓的非微扰弦论/量子引力理论中, 这个问题能够得到合适的解答.

3.3 热力学基本原理

为了恰当地描述膨胀宇宙中的物理过程, 严格来讲我们需要一个完全的动理学理论 (kinetic theory). 幸运的是, 在极早期宇宙, 当粒子相互之间达到*局域平衡*态 (a state of *local* equilibrium) 时, 这个问题极大简化. 我们首先要声明宇宙不能当成是与一个给定温度的无限大热浴 (infinite thermal bath) 处于热平衡的通常的热力学系统: 它是一个非平衡系统 (non-equilibrium system). 因此, 当我们说*局域平衡*时, 我们只是想表示物质达到其最大的熵. 对于任意系统, 即使是在它远离平衡的状态下, 也可以定义熵, 而且熵是永不减少的. 因此, 如果在一个典型的宇宙学时间内, 粒子多次散射, 它们的熵就能在宇宙发生显著膨胀之前达到其可容许的极大值.

建立热平衡所需要的反应率可以用*碰撞时间* (*collision time*) 来描写:

$$t_c \simeq \frac{1}{\sigma n v}, \tag{3.5}$$

其中 σ 是有效散射截面, n 是粒子的数密度, v 是粒子的相对速度. 这个碰撞时间应该拿来和宇宙时 $t_H \sim 1/H$ 进行比较. 如果

$$t_c \ll t_H, \tag{3.6}$$

局域平衡就能在宇宙发生显著膨胀之前建立起来. 我们下面论证在温度高于几百 GeV 的情况下, (3.6)式的条件对电弱相互作用和强相互作用都能满足. 在这么高的温度下, 所有已知的粒子都是极端相对论性的, 规范玻色子全部都是无质量的. 因此, 强相互作用和电弱相互作用的截面有相似的能量依赖关系, 它们都可以用下式估算 (可基于量纲分析得到):

$$\sigma \simeq \mathcal{O}(1)\alpha^2\lambda^2 \sim \frac{\alpha^2}{T^2}, \tag{3.7}$$

其中 $\lambda \sim 1/p$ 是德布罗意 (de Broglie) 波长, 且 $p = E \sim T$ 是相互碰撞的极端相对论性粒子的典型动量. 相应的*无量纲跑动耦合常数* α 只以对数的方式依赖于能量, 其量级为 10^{-1} 到 10^{-2}. 考虑到极端相对论性粒子的数密度满足 $n \sim T^3$, 我们得到

$$t_c \sim \frac{1}{\alpha^2 T}. \tag{3.8}$$

将这个碰撞时间与哈勃时间

$$t_H \sim \frac{1}{H} \sim \frac{1}{\sqrt{\varepsilon}} \sim \frac{1}{T^2} \tag{3.9}$$

进行比较, 我们发现, 当温度低于 $T \sim \mathscr{O}(1)\alpha^2 \simeq 10^{15}$—$10^{17}$ GeV, 但高于几百 GeV 时 (这是(3.7)式满足的条件①), (3.6)式可以满足, 因此电弱相互作用和强相互作用的效率很高, 足以在夸克、轻子及相互作用规范玻色子之间建立平衡.

细心的读者可能会质疑我们为什么能把在空无一物的空间中导出的截面表达式应用于极端致密的 "等离子体" 中的相互作用. 为了估算等离子体效应的强度, 我们必须比较粒子之间的典型距离 $1/n^{1/3} \sim 1/T$ 与粒子的 "大小"$\sqrt{\sigma} \sim \alpha/T$. 只要耦合常数 α 小于 1, 等离子体效应就不必考虑.

原初引力子以及其他可能出现的粒子通过有量纲的引力常量与其他物质相互作用. 它们已在普朗克时间从其他物质中退耦并从那时开始在宇宙中自由传播.

在 100 GeV 以下, Z 和 $W^{\pm}$ 玻色子得到质量 ($M_W \simeq 80.4$ GeV, $M_Z \simeq 91.2$ GeV)②. 从那时刻往后, 随着温度降低, 弱相互作用的截面会减小. 其结果是中微子从其他的物质组分中退耦出来了. 最终, 电磁相互作用也变得低效, 光子也开始自由传播. 所有这些过程稍后会在本章中仔细研究, 不过首先我们将集中讨论极早期阶段, 其中所有已知粒子都互相平衡且都与辐射处于平衡. 在这种情况下, 物质可以用一种非常简单的方式来描写: 所有的粒子可以用温度与该温度下的化学势来完备描述.

3.3.1 最大熵状态, 热谱, 守恒律, 化学势

本小节里我们以一种巧妙的方式来推导描述最大熵态的主要公式. 这种推导完全基于封闭系统的熵的定义, 不用到任何平衡态热力学的概念. 因此, 它可以应用于膨胀的宇宙.

我们假设某个 (复杂的) 封闭系统的所有可能状态可以用一个 (复合的) 离散化变量 α 来进行完备描述; 不同的 α 对应于微观上不同的状态. 如果我们知道系统处于某一特定状态 α, 则这个系统的信息是完备的, 其熵为 0. 这里用到了熵的广义的定义, 即熵描述的是缺失的信息. 另一方面, 如果我们只知道发现系统处于状态 α 的概率是 P_α, 则对应的 (非平衡态) 熵是

$$S = -\sum_{\alpha} P_\alpha \ln P_\alpha. \tag{3.10}$$

---

① 电弱能标 (~ 250 GeV) 以下, 规范玻色子会获得质量, (3.7)就不适用了. 参见 4.4 节.

② 原文此处小数点为逗号. 为保持全书体例一致, 改为小数点.

在所有状态的概率都相等的情况下, 这个熵达到极大值. 也就是说, 当 $P_\alpha = 1/\Gamma$ 时, 熵的极大值为

$$S = \ln \Gamma, \tag{3.11}$$

其中 Γ 是系统可能占据的所有微观状态的总数. 注意到这个表达式只有在总能量有界的时候才给出有限值, 否则总的微观状态数会是无穷大.

我们考虑处于体积为 V 的盒子中, 总能量为 E 的 N 个玻色粒子组成的理想气体, 并计算该系统最大可能的熵. 显然, 最大熵状态下, 盒子不能存在优先的方向或者位置. 因此, 给定总能量和粒子数, 系统的状态可以用处于单粒子能谱的每一个模的粒子数来给出. 我们用 ΔN_ϵ 来表示其能量处于能量间隔 ϵ 到 $\epsilon + \Delta\epsilon$ 之间的总粒子数. Δg_ϵ 表示在单粒子相空间里可供粒子占据的不同微观状态总数. 这样一来, ΔN_ϵ 个玻色粒子的所有可能的位形数 (微观状态数) 就等于把 ΔN_ϵ 个粒子在 Δg_ϵ 个格间里进行重新分配的方式数 (参见图 3-2) ①:

$$\Delta G_\epsilon = \frac{(\Delta N_\epsilon + \Delta g_\epsilon - 1)!}{(\Delta N_\epsilon)!(\Delta g_\epsilon - 1)!}. \tag{3.12}$$

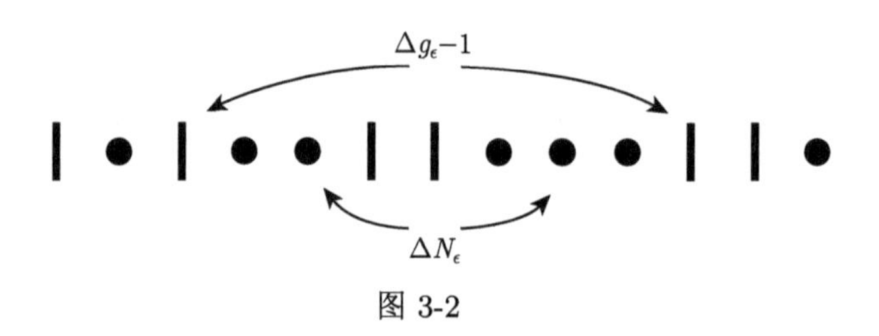

图 3-2

因此整个体系的总状态数为

$$\Gamma(\{\Delta N_\epsilon\}) = \prod_\epsilon \Delta G_\epsilon. \tag{3.13}$$

将(3.13)式代入(3.11)式, 我们发现给定能谱$\{\Delta N_\epsilon\}$ 之后, 系统的最大可能的熵为

$$S(\{\Delta N_\epsilon\}) = \sum_\epsilon \ln \Delta G_\epsilon. \tag{3.14}$$

让我们假设 ΔN_ϵ 和 Δg_ϵ 都远大于 1. 考虑斯特林 (Stirling) 公式,

$$\ln N! = \sum_{n=1}^{N} \ln n \approx \int_1^N \ln x\, dx + \frac{1}{2}\ln N = \left(N + \frac{1}{2}\right)\ln N - N, \tag{3.15}$$

① 一种理解此图的方法是, 固定左右两边的格栏, 剩下的格栏数为 $(\Delta g_\epsilon - 1)$. ΔN_ϵ 个粒子与 $(\Delta g_\epsilon - 1)$ 个格栏混排在一起, 总构型数相当于从 $\Delta N_\epsilon + \Delta g_\epsilon - 1$ 中取 ΔN_ϵ 个元素的组合数, 即得到(3.12)式.

我们可以从(3.12)及(3.14)式得到如下的领头阶结果:

$$S(\{\Delta N_\epsilon\}) \equiv S(\{n_\epsilon\}) = \sum_\epsilon \left[(n_\epsilon + 1)\ln(1+n_\epsilon) - n_\epsilon \ln n_\epsilon\right] \Delta g_\epsilon, \tag{3.16}$$

其中 $n_\epsilon \equiv \Delta N_\epsilon / \Delta g_\epsilon$ 称为占据数 (occupation number), 它描述的是每个单粒子微观状态下的平均粒子数. 这个熵依赖于能谱 $\{n_\epsilon\}$. 我们希望求其极大值, 但有两个限制条件: 其总能量

$$E(\{n_\epsilon\}) = \sum_\epsilon \epsilon \Delta N_\epsilon = \sum_\epsilon \epsilon n_\epsilon \Delta g_\epsilon \tag{3.17}$$

及总粒子数

$$N(\{n_\epsilon\}) = \sum_\epsilon \Delta N_\epsilon = \sum_\epsilon n_\epsilon \Delta g_\epsilon \tag{3.18}$$

都是给定值. 为了求得在约束条件(3.17)和(3.18)下的熵的极值, 我们利用拉格朗日乘子方法. 表达式

$$S(\{n_\epsilon\}) + \lambda_1 E(\{n_\epsilon\}) + \lambda_2 N(\{n_\epsilon\})$$

对 n_ϵ 的变分为零的条件是

$$n_\epsilon = \frac{1}{\exp(-\lambda_1 \epsilon - \lambda_2) - 1}. \tag{3.19}$$

给定(3.19)的能谱, 拉格朗日乘子 λ_1 和 λ_2 是我们可以拿来满足约束条件的参数. 它们可以用 E 和 N 表示出来, 也可以用温度 $T \equiv -1/\lambda_1$ 和化学势 (chemical potential) $\mu \equiv \lambda_2 T$ (注意 $k_B = 1$) 表示出来. 这样一来, (3.19)的分布函数取如下形式:

$$n_\epsilon = \frac{1}{\exp\left[(\epsilon - \mu)/T\right] - 1}. \tag{3.20}$$

这个能谱描述了玻色粒子的熵取其最大可能值的状态, 即所谓的玻色-爱因斯坦分布 (Bose-Einstein distribution). 类似的推导也可以对费米粒子进行, 唯一的区别是我们必须考虑泡利不相容原理 (Pauli exclusion principle). 该原理禁止两个费米子同时占据同一个微观态.

习题 3.4 推导出如下的费米粒子的熵的表达式:

$$S(\{n_\epsilon\}) = \sum_\epsilon \left[(n_\epsilon - 1)\ln(1-n_\epsilon) - n_\epsilon \ln n_\epsilon\right] \Delta g_\epsilon, \tag{3.21}$$

并证明它取极大值的条件是

$$n_\epsilon = \frac{1}{\exp\left[(\epsilon - \mu)/T\right] + 1}. \tag{3.22}$$

习题 3.5 根据(3.20)式和(3.22)式, 单粒子的能量 ϵ 原则上讲可以大于整个系统的总能量 E. 这与我们的假设是矛盾的. 对于和 E 差不多甚至大于 E 的 ϵ 而言, 我们的上述推导在哪里出了问题?

在量子场论中, 粒子可以产生和湮灭. 因此它们的总数一般来说不是守恒的. 在这种情况下, 处于平衡态的粒子数完全由给定总能量的条件下使熵最大来决定. 这移除了第二个约束条件(3.18). 如果不存在守恒律给出的其他约束, 化学势 μ 即为零. 这时只剩下一个参数 λ_1, 可用它来确定总能量. 例如, 光子的总数和温度完全由其总能量确定.

因为电荷守恒, 电子和正电子只能成对产生. 因此, 电子数与正电子数之差 $N_{e^-} - N_{e^+}$ 不会改变. 加上这个额外的约束条件, 拉格朗日变分原理取如下形式:

$$\delta\left[S\left(\left\{n_\epsilon^{e^-}\right\}\right)+S\left(\left\{n_\epsilon^{e^+}\right\}\right)+\lambda_1\left(E_{e^-}+E_{e^+}\right)+\lambda_2\left(N_{e^-}-N_{e^+}\right)\right]=0, \quad (3.23)$$

其中我们对 $n_\epsilon^{e^-}$ 和 $n_\epsilon^{e^+}$ 分别作了变分. 容易证明, 这变分为零的条件是电子和正电子都满足(3.22)式的费米分布, 且 $T = -1/\lambda_1$, $\mu_{e^-} = -\mu_{e^+} = T\lambda_2$. 因此, 电子和正电子的化学势大小相等, 符号相反. 这是电荷守恒的结果. 只有在电子-正电子组成的等离子体的总电荷为零的情况下, 两个化学势才都是零.

习题 3.6 假设四种粒子 A, B, C, D 因下面的反应而互相处于平衡态:

$$A+B \rightleftharpoons C+D$$

容易看出, 下面几种组合都是守恒的: $N_A + N_C$, $N_A + N_D$, $N_B + N_C$, $N_B + N_D$. 根据这个事实, 证明化学势满足下面的条件:

$$\mu_A+\mu_B=\mu_C+\mu_D. \quad (3.24)$$

注意到如果电子和正电子彼此处于平衡态, 且与辐射通过 $e^- + e^+ \rightleftharpoons \gamma + \gamma$ 处于平衡, 则根据(3.24)我们就可以得出 $\mu_{e^-} = -\mu_{e^+}$ 的结果, 因为辐射的化学势为零.

上面的讨论可以直接应用于均匀且各向同性的膨胀宇宙中的物质. 如果相互作用速率远大于宇宙的膨胀率, 则物质的熵很快就能达到其极大值. 在均匀宇宙中不存在外部的熵源, 因此一个给定的共动体积内的总熵是守恒的. 如果某种粒子的相互作用效率不够, 它们就会退耦出来, 独立演化, 其熵单独守恒. 例如, 复合时期之后, 光子在宇宙中自由传播, 它们不处于热平衡. 然而, 它们仍然有最大可能的熵, 因此满足玻色-爱因斯坦分布, 就好像它们还处在平衡中一样. 类似的情况在中微子从物质中退耦时也会出现.

上面的简单论述在宇宙因为引力不稳定性的作用变得极度不均匀时就不再成立. 正是这个原因使得初始状态看上去像是处于“热寂”(thermal death) 且任何

事情也无法发生的宇宙最终能演化出极其复杂的结构, 例如生物系统 (biological systems) 之类. 非平衡态过程和引力不稳定性会在本书稍后的部分里详加阐释. 这里我们只专注于局域平衡态. 值得注意的是, 在这个状态下只需要用到熵和守恒律的一般讨论就足以完备地描述系统. 我们不必研究动理学理论, 也不用进入量子场论的细节.

3.3.2 能量密度, 压强, 物态方程

给定分布函数 n_ϵ, 为了计算能量密度和压强, 我们需要先确定 Δg_ϵ, 即能量处于 ϵ 到 $\epsilon+\Delta\epsilon$ 之间的单粒子能拥有的最大可能微观状态数. 我们先考虑一个没有内部自由度的一维粒子. 在任意时刻, 该粒子的状态可由其坐标 x 与动量 p 完全确定. 在经典力学中, 两个无穷小间隔的坐标或者动量对应于不同的微观状态. 因此, 微观状态的总数是无限的, 熵的定义里也含有一个无限大的因子. 然而在量子力学里, 由于不确定性原理, 相空间中处于同一个单元格 $2\pi\hbar$ 内的两个状态是不可分辨的. 因此, 相对应的每个相元之内只能存在一个可能的微观状态. 这个论述可以直接推广到拥有 g 个内部自由度的三维空间中的粒子:

$$\Delta g_\epsilon = g\int_\epsilon^{\epsilon+\Delta\epsilon}\frac{d^3xd^3\mathbf{p}}{(2\pi\hbar)^3} = \frac{gV}{(2\pi\hbar)^3}\int_\epsilon^{\epsilon+\Delta\epsilon}d^3\mathbf{p}, \tag{3.25}$$

其中第二步我们假设空间是均匀的, 然后在体积 V 内积掉了空间坐标. 接下来我们采用自然单位制 $c=\hbar=k_B=G=1$. 能量 ϵ 依赖于动量 $|\mathbf{p}|$. 在各向同性的情况下, 我们有

$$\Delta g_\epsilon = \frac{gV}{2\pi^2}\int_\epsilon^{\epsilon+\Delta\epsilon}|\mathbf{p}|^2d|\mathbf{p}| \simeq \frac{gV}{2\pi^2}\sqrt{(\epsilon^2-m^2)}\epsilon\Delta\epsilon, \tag{3.26}$$

其中第二步我们用到相对论性的质能关系

$$\epsilon^2 = |\mathbf{p}|^2 + m^2.$$

我们注意到当采取(3.26)中的近似表达式时, 拥有最小允许能量的状态, $\epsilon=m$, 能从系统中脱离出来 (drop out). 这个态在玻色子的化学势趋近于粒子质量的时候变得极为重要. 在这种情况下, 我们加入到这个系统的任何新粒子都会占据最低能量的状态, 并组成玻色凝聚 (Bose condensate).

取 $\Delta\epsilon\to0$ 的极限, 并考虑一块单位体积元 ($V=1$), 我们即得到粒子数密度的如下表达式:

$$n = \sum_\epsilon n_\epsilon\Delta g_\epsilon = \frac{g}{2\pi^2}\int_m^\infty\frac{\sqrt{\epsilon^2-m^2}}{\exp\left[(\epsilon-\mu)/T\right]\mp1}\epsilon d\epsilon, \tag{3.27}$$

其中负号对应于玻色子, 正号对应于费米子. 其能量密度为①

$$\varepsilon=\sum_{\epsilon}\epsilon n_{\epsilon}\Delta g_{\epsilon}=\frac{g}{2\pi^2}\int_m^{\infty}\frac{\sqrt{\epsilon^2-m^2}}{\exp\left[\left(\epsilon-\mu\right)/T\right]\mp 1}\epsilon^2 d\epsilon. \tag{3.28}$$

下一步我们计算压强. 为此, 我们考虑一个小面积元 $\Delta\sigma\mathbf{n}$, 其中 $\mathbf{n}$ 是单位法矢量. 在时间间隔 t 到 $t+\Delta t$ 之间, 所有通过这个面积元且速度为 $|\mathbf{v}|$ 的粒子, 在时间 $t=0$ 的时刻, 一定位于半径为 $R=|\mathbf{v}|t$, 厚度为 $|\mathbf{v}|\Delta t$ 的球壳内 (参见图 3-3). 在这个球壳内, 处于立体角 $\Delta\Omega$ 中且能量为 $\epsilon(|\mathbf{v}|)$ 的粒子的总数为

$$\Delta N=n_{\epsilon}\Delta g_{\epsilon}R^2|\mathbf{v}|\Delta t\Delta\Omega,$$

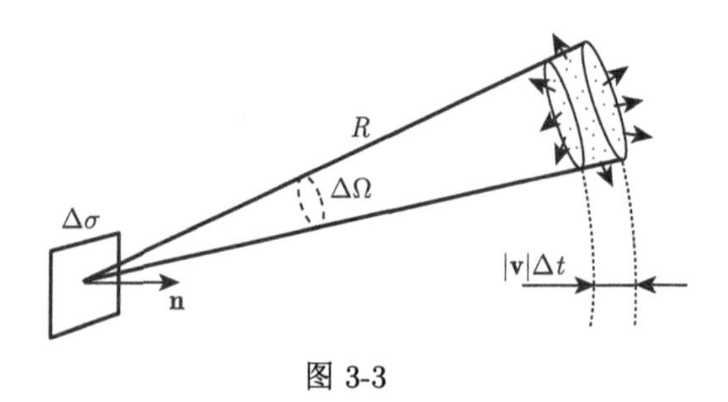

图 3-3

其中 Δg_{ϵ} 是单位空间体积内的状态数. 并非所有处于球壳内的粒子都可以打到目标面积元上. 只有那些速度指向该面积元的粒子可以做到. 利用速度分布的各向同性, 我们发现能够以速度 $\mathbf{v}$ 打到面积元 $\Delta\sigma\mathbf{n}$ 上的总粒子数为

$$\Delta N_{\sigma}=\frac{(\mathbf{v}\cdot\mathbf{n})\Delta\sigma}{|\mathbf{v}|4\pi R^2}\Delta N=\frac{(\mathbf{v}\cdot\mathbf{n})\Delta\sigma}{4\pi}n_{\epsilon}\Delta g_{\epsilon}\Delta t\Delta\Omega.$$

如果粒子都能弹性反射回来, 每个粒子可传递 $2(\mathbf{p}\cdot\mathbf{n})$ 的动量到目标面积元. 这样一来, 带着速度 $|\mathbf{v}|$ 的粒子对压强的贡献是

$$\Delta p=\int_{\Omega}\frac{2(\mathbf{p}\cdot\mathbf{n})\Delta N_{\sigma}}{\Delta\sigma\Delta t}=\frac{|\mathbf{p}|^2}{2\pi\epsilon}n_{\epsilon}\Delta g_{\epsilon}\int\cos^2\theta\sin\theta d\theta d\varphi=\frac{|\mathbf{p}|^2}{3\epsilon}n_{\epsilon}\Delta g_{\epsilon},$$

其中我们先用到了相对论性的速度和动量的关系 $|\mathbf{v}|=|\mathbf{p}|/\epsilon$, 再对半个球面积分. 因此总压强等于

$$p=\sum_{\epsilon}\frac{|\mathbf{p}|^2}{3\epsilon}n_{\epsilon}\Delta g_{\epsilon}=\frac{\varepsilon}{3}-\frac{m^2 g}{6\pi^2}\int_m^{\infty}\frac{\sqrt{\epsilon^2-m^2}}{\exp\left[\left(\epsilon-\mu\right)/T\right]\mp 1}d\epsilon. \tag{3.29}$$

① 注意区分这里的符号 ε (代表能量密度) 和 ϵ (代表单粒子的能量). ϵ 在本章, 包括下面的 3.5节, 都表示单粒子的能量. 但是在 4.5 节会用来表示假真空的能量密度, 在 9.10.4 节会用来表示二维反对称无迹张量. ε 则在全书中都统一表示能量密度.

注意到无质量粒子 ($m=0$) 总满足极端相对论性物态方程[①]

$$p=\frac{\varepsilon}{3}, \tag{3.30}$$

这与其自旋和化学势无关.

习题 3.7　将(3.20)式代入(3.16)式, 并将(3.22)式代入(3.21)式, 以此证明熵密度为

$$s=\frac{\varepsilon+p-\mu n}{T}. \tag{3.31}$$

(提示　证明并应用如下关系:

$$\frac{p}{T}=\pm\sum\Delta g_\epsilon\ln\left(1\pm n_\epsilon\right), \tag{3.32}$$

其中正负号分别对应于玻色子和费米子. 在 $n_\epsilon\ll 1$ 的情况下, 我们有 $p\simeq nT$ 的近似关系式.)

然后证明如下关系:

$$n=\frac{\partial p}{\partial\mu},\qquad s=\frac{\partial p}{\partial T}. \tag{3.33}$$

当质量和化学势都不为零时, 上面涉及的几个积分都没办法解析地积出精确结果. 因此, 我们考虑高温和低温的极限, 并将这些积分式按照小参数展开. 在温度远大于粒子质量的时候, 领头项可以通过忽略质量轻松地积出. 然而, 次领头阶的推导不是那么容易. 问题在于这些修正项对质量和化学势都不是解析的. 因为在通常的文献里不容易找到这些结果, 我们在 3.3.3 节中提供一个对高温展开式的推导. 如果读者对数学细节不感兴趣, 可以跳过此小节直接查看最后的表达式.

3.3.3　计算积分

先把(3.27)—(3.29)三式中的变量 ϵ 换为 $x=\epsilon/T$, 并利用粒子和反粒子的化学势大小相等、符号相反的事实, 我们就可以把这些热力学量的计算化为计算如下积分:

$$J_{\mp}^{(\nu)}(\alpha,\beta)\equiv\int_\alpha^\infty\frac{(x^2-\alpha^2)^{\nu/2}}{e^{x-\beta}\mp 1}dx+\int_\alpha^\infty\frac{(x^2-\alpha^2)^{\nu/2}}{e^{x+\beta}\mp 1}dx, \tag{3.34}$$

其中

$$\alpha\equiv\frac{m}{T},\qquad\beta\equiv\frac{\mu}{T}.$$

① 这是(3.29)的第一项. 在(3.29)的第一步中利用相对论性的质能关系 $|\mathbf{p}|^2=\epsilon^2-m^2$, 并注意到第一项就是(3.28), 我们就能得到 $p=\varepsilon/3$.

特别是一对粒子 (p) 及其反粒子 $(\bar{p})$ 的总能量密度等于

$$\varepsilon = \varepsilon_p + \varepsilon_{\bar{p}} = \frac{gT^4}{2\pi^2}\left(J_{\mp}^{(3)} + \alpha^2 J_{\mp}^{(1)}\right), \tag{3.35}$$

总压强等于

$$p \equiv p_p + p_{\bar{p}} = \frac{gT^4}{6\pi^2} J_{\mp}^{(3)}. \tag{3.36}$$

习题 3.8 证明粒子相对于反粒子的粒子数密度过剩由下式给出:

$$n_p - n_{\bar{p}} = \frac{gT^3}{6\pi^2}\frac{\partial J_{\mp}^{(3)}}{\partial \beta}. \tag{3.37}$$

为了在高温和低温的极限下得到积分 $J_{\mp}^{(1)}$ 和 $J_{\mp}^{(3)}$ 的值, 我们首先计算一个辅助积分 $J_{\mp}^{(-1)}$. 在 $\beta < \alpha$ 时, 它可以写为修正贝塞尔函数 (modified Bessel function) K_0 的无穷级数求和的形式:

$$\begin{aligned} J_{\mp}^{(-1)} &= \sum_{n=1}^{\infty}(\pm 1)^{n+1}\int_{\alpha}^{\infty}\frac{\left(e^{n\beta}+e^{-n\beta}\right)e^{-nx}}{\sqrt{x^2-\alpha^2}}dx \\ &= 2\sum_{n=1}^{\infty}(\pm 1)^{n+1}\cosh(n\beta)K_0(n\alpha). \end{aligned} \tag{3.38}$$

这样一来, 给定 $J_{\mp}^{(-1)}(\alpha,\beta)$ 的级数展开式, 函数 $J_{\mp}^{(\nu)}(\alpha,\beta)$ 可以通过对迭代关系

$$\frac{\partial J_{\mp}^{(\nu)}}{\partial \alpha} = -\nu\alpha J_{\mp}^{(\nu-2)} \tag{3.39}$$

进行积分来得到. 这个迭代关系是直接从 $J^{(\nu)}$ 的定义式(3.34)里来的. 注意到这种方法只对奇数的 ν 成立. (3.39)式的 "初条件" 可以用 $\alpha \to 0$ 或 $\alpha \to \infty$ 的极限来确定, 在这两种情况下对应的积分都可以很容易直接计算出来.

高温展开 在温度比粒子的质量大得多的情况下, 也就是说在 β 和 α 都远小于 1 时, 级数(3.38)里的所有项都对级数求和有显著贡献. 这种情况下我们可以利用修正贝塞尔函数的求和的一种著名的展开式——参见古拉德斯坦 (I. Gradstein) 与里兹克 (I. Ryzhik) 的《积分, 级数和乘积表》(*Table of Integrals, Series, and Products*)(圣迭戈: 学术出版社 1994 年版)(San Diego: Academic Press, 1994) 中

的 (8.526) 式[①]. 其中, 纯虚数 β 的结果可以解析延拓到实数的 β. 我们因此分别对玻色子和费米子得到

$$J_{\mp}^{(-1)} = \begin{cases} \pi\left(\alpha^2-\beta^2\right)^{-1/2}+\ln\dfrac{\alpha}{4\pi}+\mathbf{C}+\mathscr{O}\left(\alpha^2,\beta^2\right), \\ -\ln\dfrac{\alpha}{\pi}-\mathbf{C}+\mathscr{O}\left(\alpha^2,\beta^2\right). \end{cases} \tag{3.40}$$

其中 $\mathbf{C}\approx 0.577$ 是欧拉 (Euler) 常数, $\mathscr{O}\left(\alpha^2,\beta^2\right)$ 表示 α 和 β 的平方以及更高阶项.

习题 3.9 证明(3.40)式的下一阶是[②]

$$\begin{pmatrix} -1/8 \\ 7/8 \end{pmatrix}\frac{\zeta(3)}{\pi^2}\left(\alpha^2+2\beta^2\right),$$

其中 ζ 是黎曼 ζ 函数.

---

① Gradstein(有时也转写作 Gradshteyn 或 Gradshtein) 和 Ryzhik 的《积分, 级数和乘积表》是一部著名的数学手册. 其中的 (8.526) 式为

$$1.\ \sum_{k=1}^{\infty}K_0(kx)\cos kxt=\frac{1}{2}\left(\mathbf{C}+\ln\frac{x}{4\pi}\right)+\frac{\pi}{2x\sqrt{1+t^2}}+\frac{\pi}{2}\sum_{l=1}^{\infty}\left\{\frac{1}{\sqrt{x^2+(2l\pi-tx)^2}}-\frac{1}{2l\pi}\right\}$$
$$+\frac{\pi}{2}\sum_{l=1}^{\infty}\left\{\frac{1}{\sqrt{x^2+(2l\pi+tx)^2}}-\frac{1}{2l\pi}\right\}.$$

$$2.\ \sum_{k=1}^{\infty}(-1)^kK_0(kx)\cos kxt=\frac{1}{2}\left(\mathbf{C}+\ln\frac{x}{4\pi}\right)+\frac{\pi}{2}\sum_{l=1}^{\infty}\left\{\frac{1}{\sqrt{x^2+[(2l-1)\pi-xt]^2}}-\frac{1}{2l\pi}\right\}$$
$$+\frac{\pi}{2}\sum_{l=1}^{\infty}\left\{\frac{1}{\sqrt{x^2+[(2l-1)\pi+xt]^2}}-\frac{1}{2l\pi}\right\}.$$

(这两个公式来自于 Magnus, W. and Oberhettinger, F., *Formeln und Sätze für die speziellen Funktionen der mathematischen Physik*, Springer-Verlag, Berlin, 1948.) 其中 $x>0$, 且 t 是实数. 为了应用于计算(3.38), 我们需要将 t 解析延拓至纯虚数, 即在上式中作如下变量替换: $k\to n$, $x\to\alpha$, $t\to i\beta/\alpha$.

② 原文作 $\mp\frac{7\zeta(3)}{8\pi^2}\left(\alpha^2+2\beta^2\right)$, 误. 根据上面脚注中的第一式, 对 l 求和的部分可以对 α 和 β 展开

$$\begin{aligned} J_{-}^{(-1)} &= \frac{\pi}{\sqrt{\alpha^2-\beta^2}}+\mathbf{C}+\ln\frac{\alpha}{4\pi}-\frac{\alpha^2+2\beta^2}{\pi^2}\sum_{l=1}^{\infty}\frac{1}{(2l)^3}+\mathscr{O}(\alpha^4,\beta^4) \\ &= \frac{\pi}{\sqrt{\alpha^2-\beta^2}}+\mathbf{C}+\ln\frac{\alpha}{4\pi}-\frac{\zeta(3)}{8\pi^2}\left(\alpha^2+2\beta^2\right)+\mathscr{O}(\alpha^4,\beta^4). \end{aligned}$$

其中我们用到黎曼 ζ 函数的级数定义式 $\zeta(3)=\sum\limits_{l=0}^{\infty}l^{-3}$. 同样地, 对第二式我们有

$$\begin{aligned} J_{+}^{(-1)} &= -\mathbf{C}-\ln\frac{\alpha}{4\pi}-\sum_{l=0}^{\infty}\frac{1}{l(2l-1)}+\frac{\alpha^2+2\beta^2}{\pi^2}\sum_{l=1}^{\infty}\frac{1}{(2l-1)^3}+\mathscr{O}(\alpha^4,\beta^4) \\ &= -\mathbf{C}-\ln\frac{\alpha}{\pi}+\frac{7\zeta(3)}{8\pi^2}\left(\alpha^2+2\beta^2\right)+\mathscr{O}(\alpha^4,\beta^4). \end{aligned}$$

即得到(3.40)和习题 3.9 中的下一阶展开式.

为了从(3.39)和(3.40)中确定 $J_{\mp}^{(1)}$ 和 $J_{\mp}^{(3)}$, 我们需要 $J_{\mp}^{(\nu)}(\alpha=0,\ \beta)$ 时的"初条件". 在(3.34)式中设 $\alpha=0$, 并改变积分变量, 我们可以将其写为

$$J_{\mp}^{(\nu)}(0,\beta)=\int_0^{\infty}\frac{(y+\beta)^{\nu}+(y-\beta)^{\nu}}{e^y\mp 1}dy+\int_{-\beta}^{0}\frac{(y+\beta)^{\nu}}{e^y\mp 1}dy-\int_0^{\beta}\frac{(y-\beta)^{\nu}}{e^y\mp 1}dy \tag{3.41}$$

在最后一个积分中将 y 替换为 $-y$, 并注意到如下结果:

$$\frac{1}{e^y\mp 1}+\frac{1}{e^{-y}\mp 1}=\mp 1,$$

我们即可得到对奇数的 ν 有

$$J_{\mp}^{(\nu)}(0,\beta)=\int_0^{\infty}\frac{(y+\beta)^{\nu}+(y-\beta)^{\nu}}{e^y\mp 1}dy\mp\frac{\beta^{\nu+1}}{\nu+1}. \tag{3.42}$$

当 $\nu=1$ 时, 有

$$J_{\mp}^{(1)}(0,\beta)=\begin{cases}\dfrac{\pi^2}{3}-\dfrac{\beta^2}{2},\\[2mm] \dfrac{\pi^2}{6}+\dfrac{\beta^2}{2}.\end{cases} \tag{3.43}$$

将(3.40)式代入(3.39)式, 并运用(3.43)式的结果, 我们得到如下表达式[①]:

$$J_{\mp}^{(1)}=\begin{cases}\dfrac{\pi^2}{3}-\dfrac{\beta^2}{2}-\pi\sqrt{\alpha^2-\beta^2}-\dfrac{\alpha^2}{2}\left(\ln\left(\dfrac{\alpha}{4\pi}\right)+\mathbf{C}-\dfrac{1}{2}\right)+\alpha^2\mathscr{O}(\alpha^2,\beta^2),\\[2mm] \dfrac{\pi^2}{6}+\dfrac{\beta^2}{2}+\dfrac{\alpha^2}{2}\left(\ln\left(\dfrac{\alpha}{\pi}\right)+\mathbf{C}-\dfrac{1}{2}\right)+\alpha^2\mathscr{O}(\alpha^2,\beta^2).\end{cases} \tag{3.44}$$

类似地, 我们可以得到

$$J_{\mp}^{(3)}=\begin{cases}\dfrac{2}{15}\pi^4+\dfrac{1}{2}\pi^2\left(2\beta^2-\alpha^2\right)+\pi\left(\alpha^2-\beta^2\right)^{3/2}-\mathcal{A}+\alpha^4\mathscr{O}(\alpha^2,\beta^2),\\[2mm] \dfrac{7}{60}\pi^4+\dfrac{1}{4}\pi^2\left(2\beta^2-\alpha^2\right)+\mathcal{A}-\dfrac{3}{4}(\ln 2)\,\alpha^4+\alpha^4\mathscr{O}(\alpha^2,\beta^2),\end{cases} \tag{3.45}$$

其中

$$\mathcal{A}=\frac{1}{8}\left(2\beta^4-6\alpha^2\beta^2-3\alpha^4\ln\left(\frac{e^{\mathrm{C}}}{4\pi e^{3/4}}\alpha\right)\right).$$

① 原文中因为版面宽度的限制, 在公式中把 $\mathscr{O}(\alpha^2,\beta^2)$ 简写为 $\mathscr{O}$, 并在公式后面有一句"其中 $\mathscr{O}\equiv\mathscr{O}(\alpha^2,\beta^2)$. 译本版式较宽, 不存在这个限制. 我们恢复了公式中 $\mathscr{O}(\alpha^2,\beta^2)$ 的写法, 并删去注语.

低温展开 在低温极限下, 我们有 $\alpha = m/T \gg 1$ 及 $K_0(n\alpha) \propto \exp(-n\alpha)$. 因此, 由于 $\alpha - \beta \gg 1$, (3.38)式的右边除了第一项

$$J_{\mp}^{(-1)} \simeq 2K_0(\alpha)\cosh\beta \tag{3.46}$$

之外的所有项都可以忽略. 对(3.39)式进行积分, 并考虑到 $J_{\pm}^{(\nu)}$ 在 $\alpha \to \infty$ 的极限下必须为零, 我们即可得到如下结果:

$$J_{\mp}^{(1)} \simeq 2\alpha K_1(\alpha)\cosh\beta = \sqrt{2\pi\alpha}e^{-\alpha}\cosh\beta\left[1 + \frac{3}{8\alpha} + \mathscr{O}\left(\alpha^{-2}\right)\right], \tag{3.47}$$

$$J_{\mp}^{(3)} \simeq 6\left(\alpha^2 K_0(\alpha) + 2\alpha K_1(\alpha)\right)\cosh\beta \simeq \sqrt{18\pi\alpha^3}e^{-\alpha}\cosh\beta\left(1 + \frac{15}{8\alpha}\right). \tag{3.48}$$

这些公式让我们可以在 $\alpha - \beta \gg 1$ 的情况下计算非相对论性粒子的基本热力学性质. 在这种情况下, (3.34)式中的被积函数的分母由指数函数所主导, 因此费米统计和玻色统计之间没有显著的差别. 这是因为此时的占据数很小. 我们将会在3.3.4 节看到, 这种情况是将上面的讨论应用于宇宙学时最常见的情况.

3.3.4 极端相对论性粒子

玻色子 玻色子的最大化学势不能超过它的质量, 即 $\mu_b \leqslant m$. 假设 α 和 β 都远小于 1, 并将(3.45)式代入(3.37)式中, 我们得到在高温情况下, 精确到领头阶, 粒子相对于反粒子的过剩是

$$n_b - n_{\bar{b}} \simeq \frac{gT^3}{3}\frac{\mu_b}{T}. \tag{3.49}$$

为了估算极端相对论性玻色子的数密度, 我们在(3.27)中令 $m = \mu_b = 0$, 由此得到[①]

$$n_b \simeq \frac{\zeta(3)}{\pi^2}gT^3, \tag{3.50}$$

其中 $\zeta(3) \approx 1.202$. 根据(3.49)和(3.50), 有人可能会误以为高温情况下粒子对反粒子的过剩相比于粒子的数密度本身来说总是很小的. 然而这个结论是错误的, 因为(3.49)式只适用于 $\mu_b < m$. 随着 $\mu_b \to m$, 加入到这个系统的新粒子填补到最小

---

① 这个积分是

$$n = \frac{g}{2\pi^2}\int_0^\infty \frac{\epsilon^2\,\mathrm{d}\epsilon}{e^{\epsilon/T} - 1} = \frac{g}{\pi^2}\zeta(3)T^3.$$

在估算中, 无质量粒子特别是光子的数密度经常直接写为 $n_\gamma \sim T^3$, 这是因为(3.50)中的系数 $\zeta(3)g/\pi^2 \approx 0.24$ 可以忽略. 同理, 根据(3.52)式也有 $s_\gamma = \dfrac{2\pi^2}{45}gT^3 \sim T^3$ 的估算式.

能态 $\epsilon = m$ 上, 而(3.49)式没有考虑到这一点. 这些粒子形成玻色凝聚, 它们可以给出任意大的粒子过剩.

习题 3.10 给定单位体积内的粒子过剩 Δn, 求出能使玻色凝聚发生的温度 T_B. 假设 $T_B \gg m$, 确定这个条件在什么时候能够实际满足. 玻色凝聚对总能量密度、压强和熵的贡献是多少?

如果没有形成玻色凝聚, 玻色子对反玻色子的过剩总是比其数密度小. 在这种情况下, 粒子和反粒子的能量密度近似相等. 根据(3.35)式和(3.45)式, 我们得到[①]

$$\varepsilon_b \simeq \frac{\varepsilon_b + \varepsilon_{\bar{b}}}{2} \simeq \frac{\pi^2}{30} g T^4. \tag{3.51}$$

压强和熵密度分别为

$$p_b \simeq \frac{\varepsilon_b}{3}, \qquad s_b \simeq \frac{4\varepsilon_b}{3T} = \frac{2\pi^4}{45\zeta(3)} n_b. \tag{3.52}$$

对无质量玻色子而言, 化学势应该为零. 在这种情况下 (比如说光子), 上面所有的三个方程都是严格成立的.

费米子 费米子的化学势可以任意大, 甚至可以超过其质量. 我们首先在无质量的极限下推导出对于任意化学势 μ_f 都成立的精确表达式. 在(3.44)式与(3.45)式中使 $\alpha \to 0$, 并代入(3.35)式, 我们得到

$$\varepsilon_f + \varepsilon_{\bar{f}} = \frac{7\pi^2}{120} g T^4 \left[1 + \frac{30\beta^2}{7\pi^2} + \frac{15\beta^4}{7\pi^4} \right], \tag{3.53}$$

其中 $\beta = \mu_f / T$. 压强则等于能量密度的三分之一, 这是对所有无质量粒子都成立的普适结果. 根据(3.37)式, 费米子对反费米子的过剩是

$$n_f - n_{\bar{f}} = \frac{gT^3}{6} \beta \left[1 + \frac{\beta^2}{\pi^2} \right]. \tag{3.54}$$

将上面的表达式代入熵密度(3.31)式, 我们得到

$$s_f + s_{\bar{f}} = \frac{7\pi^2}{90} g T^3 \left[1 + \frac{15\beta^2}{7\pi^2} \right]. \tag{3.55}$$

如果化学势比温度大得多, 那么能量密度主要来自于简并的费米子的贡献, 它等于 $g\mu_f^4/(8\pi^2)$. 简并的费米子能够填补费米能级 $\varepsilon_F = \mu_f$(费米面即由该式确定) 以下

① 注意此式也可以直接从积分(3.28)中得到, 只要我们令 $m = \mu = 0$ 即可.

的所有状态. 温度对能量的修正的领头阶是 $gT^2\mu_f^2/4$, 它来源于坐落在费米面附近宽度为 T 的球壳内的粒子[①]. 从(3.55)式可以看到只有在费米面附近的粒子才对熵有贡献. 随着温度趋于零, 熵也变为零[②]. 在这个极限下, 所有的费米子都占据确定的态, 系统的信息是完全确定的 (complete). 注意到反粒子 (满足 $\mu_{\bar{f}} < 0$) 在零温状态下完全消失.

如果 $\beta \ll 1$, 则

$$n_f - n_{\bar{f}} \simeq \frac{gT^3}{6}\beta. \tag{3.56}$$

这种情况下, 费米子对反费米子的过剩相对于粒子密度而言是个小量. 这时我们可以忽略掉(3.27)式中的化学势. 因此在领头阶, 费米子和反费米子的数密度相同, 都等于

$$n_f \simeq \frac{3\zeta(3)}{4\pi^2}gT^3. \tag{3.57}$$

其能量密度、压强以及熵密度分别等于

$$\varepsilon_f \simeq \frac{7\pi^2}{240}gT^4, \qquad p_f \simeq \frac{\varepsilon_f}{3}, \qquad s_f \simeq \frac{4}{3}\frac{\varepsilon_f}{T}. \tag{3.58}$$

如果质量相比于温度很小, 但不是零, 以上这些式子都会出现质量修正项. 它们可以从 3.3.3 节给出的那些公式推出. 这些修正不是 $\alpha \equiv m/T$ 的解析函数. 如果 $\beta \equiv \mu/T \neq 0$, 则同时含有质量和化学势的交叉项也会出现.

最后, 对化学势很小的极端相对论性费米子和极端相对论性玻色子而言, 当这两种粒子的内部自由度数相同时, 它们的熵密度之间存在如下有用的关系式:

$$s_f = \frac{7}{8}s_b. \tag{3.59}$$

3.3.5 非相对论性粒子

如果温度比静质量要小, 且满足如下条件:

$$\frac{m-\mu}{T} \gg 1,$$

则自旋统计不甚重要, 玻色子和费米子的公式在领头阶是相同的. 在这种情况下, 把(3.48)代入(3.37), 我们可以得到

$$n - \bar{n} \simeq 2g\left(\frac{Tm}{2\pi}\right)^{3/2}\exp\left(-\frac{m}{T}\right)\sinh\left(\frac{\mu}{T}\right)\left[1 + \frac{15}{8}\frac{T}{m}\right]. \tag{3.60}$$

---

① 如果 $\beta \gg 1$, (3.53)式中最大的一项是右边第三项. 代入 $\beta = \mu_f/T$ 即可消去 T 而得到 $g\mu_f^4/(8\pi^2)$. 我们看到它只和费米能级有关而与温度无关. 下一阶修正是(3.53)中的右边第二项, 即 $gT^2\mu_f^2/4$. 如果 $T \ll \mu_f$, $T\mu_f^2$ 的几何意义是相空间中费米面附近宽度为 T 的球壳的体积. 再乘以能量密度 $\sim gT$ 我们即得到这个修正式.

② 这句话的意思是说在(3.55)式中不存在不依赖于温度的项. 领头阶就是 $gT\mu_f^2/6$. 这就是费米面附近厚度为 T 的球壳的体积. $T \to 0$ 时这个体积为零, 熵也变为零.

据此可以得出粒子的数密度为

$$n \simeq g\left(\frac{Tm}{2\pi}\right)^{3/2} \exp\left(-\frac{m-\mu}{T}\right)\left[1+\frac{15}{8}\frac{T}{m}\right]. \tag{3.61}$$

反粒子的数密度 $\bar{n}$ 相比于 n 有一个 $\exp(-2\mu/T)$ 的压低因子. 如果 $\mu/T \gg 1$, 则反粒子可以忽略. 在早期宇宙的演化过程中, 任何非相对论性粒子的数密度都不可能超过光子的数密度, 也就是说 $n \ll n_\gamma \sim T^3$, 因此 $(m-\mu)/T \gg 1$ 这个关系式总是能够满足的. 粒子的能量密度可以通过把(3.47)和(3.48)代入(3.35)式来求出①. 如果用粒子的数密度表示出来, 它是

$$\varepsilon \simeq mn + \frac{3}{2}nT. \tag{3.62}$$

压强 $p \simeq nT$ 远小于能量密度②, 因此在爱因斯坦方程中可以忽略掉. 非相对论性粒子的熵可以很容易地从(3.31)式计算出来, 它是

$$s \simeq \left(\frac{m-\mu}{T}+\frac{5}{2}\right)n. \tag{3.63}$$

习题 3.11 如果 $m/T \gg 1$ 但是 $|m-\mu|/T \ll 1$, 则自旋统计不能忽略. 然而在这个极限下, 反粒子被一个 $\exp(-2m/T)$ 的因子压低, 因此总是可以忽略的. 试计算这种情况下的玻色子和费米子的能量密度、压强以及熵密度. 给定数密度 n, 证明在温度低于 $T_B = \mathcal{O}(1)n^{2/3}/m$ 时会形成玻色凝聚.

费米子的化学势可以是任意大小, 甚至可能会远大于粒子的质量. 如果 $(\mu_f - m)/T \gg 1$, 绝大多数费米子处于简并 (degenerate) 的状态. 当 $\mu_f \gg m$ 时, 费米面附近的费米子的动量大小是 μ_f 的量级, 因此它们是相对论性的. 这时我们可以用(3.53)—(3.55)式的结果. 相反地, 如果 $(\mu_f - m) \ll m$, 简并的费米子气是非相对论性的, 相应的公式可以在任何一本统计物理的书上找到. 以上我们已经简要地综述了相对论性的统计力学. 下面我们将要把这些结果用来研究早期宇宙.

---

① 精确到 $\mathcal{O}(T/m)$, 能量密度等于

$$\varepsilon = gm\left(\frac{mT}{2\pi}\right)^{3/2} \exp\left(-\frac{m-\mu}{T}\right)\left[1+\frac{27}{8}\frac{T}{m}\right].$$

考虑到这个次领头阶的修正, 和(3.61)对比, 我们就得到(3.62).

② 这是因为, 当 β 很大时,

$$\frac{\partial}{\partial\beta}\cosh\beta = \sinh\beta \approx \frac{e^\beta}{2} \approx \cosh\beta.$$

这样比较(3.37)和(3.36)我们就得到 $p \simeq nT$.

3.4 轻子时期

宇宙的温度降到几百 MeV 以下时 (对应于宇宙时 $t > 10^{-4}$ s), 夸克和胶子即色禁闭起来, 并形成色单态——重子和介子. 回忆一下, 重子由三个夸克组成, 每个夸克的重子数为 1/3. 而介子是一个夸克和一个反夸克构成的束缚态, 其重子数为零.

宇宙的温度在 100 MeV 以下时, 普通物质的主要成分包括原初辐射 (γ), 中子 (n), 质子 (p), 电子及正电子 (e^-, e^+), 以及三代中微子. 介子, 更重的强子, μ 子及 τ 子也都是存在的, 但是它们的数密度非常小, 而且随着温度的降低越来越小, 因此可以忽略.

在几 MeV 的能标, 最重要的反应是轻子参与的弱相互作用. 因此, 这个时期被称为**轻子时期**. 在低能时, 重子数和轻子数分别都是守恒的. 很明显, 总电荷也守恒. 为了实现这些守恒律, 对每一种粒子, 我们引入一个对应的化学势. 独立的化学势的数量就等于守恒量的个数; 任何剩下的化学势都可以利用(3.24)式确定的化学平衡条件用这些独立的化学势表示出来.

为了更清楚地展示这一点, 我们考虑一团介质, 它由如下的成分组成: 光子; 轻子 e, μ, τ; 中微子 ν_e, ν_μ, ν_τ; 最轻的重子 p, n, Λ①; 以及介子 π^0, $\pi^\pm$. 这些粒子对应的反粒子也与它们处于平衡态而存在. 为了实现电荷、重子数以及三种不同的轻子数的分别的守恒定律, 我们引入如下五个独立的化学势: μ_{e^-}, μ_n, μ_{ν_e}, μ_{ν_μ}, μ_{ν_τ}. 所有其他的化学势都可以用这几个化学势表示出来. 例如,

$$\mu_{\pi^0} = 0. \tag{3.64}$$

这是因为根据电磁相互作用, π^0 介子迅速地 (半衰期 $t_{\pi^0} \simeq 8.7 \times 10^{-17}$ s) 衰变到光子 ($\pi^0 \to \gamma\gamma$), 而我们知道 $\mu_\gamma = 0$. 同样, 根据 $\Lambda \to n\pi^0$ ($t_\Lambda \simeq 2.6 \times 10^{-10}$ s), 我们得到

$$\mu_\Lambda = \mu_n + \mu_{\pi^0} = \mu_n. \tag{3.65}$$

μ 子是不稳定的 (半衰期 $t_\mu \simeq 2.2 \times 10^{-6}$ s), 它衰变为一个电子、一个反中微子及一个中微子, 即 $\mu^- \to e^-\bar{\nu}_e\nu_\mu$, 因此

$$\mu_\mu = \mu_{e^-} - \mu_{\nu_e} + \mu_{\nu_\mu}. \tag{3.66}$$

τ 子同样要衰变, 例如它可以衰变为 e^-, $\bar{\nu}_e$, ν_τ. 因此

$$\mu_\tau = \mu_{e^-} - \mu_{\nu_e} + \mu_{\nu_\tau}. \tag{3.67}$$

① 这里的 Λ 指的是 Λ^0 重子. 它是人类发现的第一个含有奇异数的重子, 由 u, d, s 三个夸克组成, 质量为 (1115.683 ± 0.006)MeV. 参见 PDG2020 (https://pdg.lbl.gov/2020/tables/rpp2020-tab-baryons-Lambda.pdf).

最后, 根据 $\pi^- \to \bar{\nu}_\mu \mu^-$ 和 $pe^- \rightleftharpoons n\nu_e$ 这两个反应, 我们可以推断出

$$\mu_{\pi^-} = \mu_{e^-} - \mu_{\nu_e} \tag{3.68}$$

以及

$$\mu_p = \mu_n + \mu_{\nu_e} - \mu_{e^-}. \tag{3.69}$$

所有其他可能的反应都可以用上面类似的方法推导出来. 这里需要提醒读者注意的是, 反粒子的化学势与正粒子的化学势大小相等, 符号相反.

这五个独立的化学势可以用五个守恒量来描述. 总重子数守恒意味着重子的数密度减去反重子的数密度之差反比于标度因子 a 的三次方而衰减. 如果物质处于平衡态中, 总的熵守恒, 因此, 在宇宙膨胀的过程中, 熵密度 s 也按照 a^{-3} 衰减. 因此, 这意味着重子数与熵之比 (baryon-to-entropy ratio)

$$B \equiv \frac{\Delta n_p + \Delta n_n + \Delta n_\Lambda}{s} \tag{3.70}$$

保持为常数. 这里, 我们用 $\Delta n \equiv n - \bar{n}$ 来表示某种粒子相对于其反粒子的数密度过剩. 与此类似, 总电荷的守恒律可以写作

$$Q \equiv \frac{\Delta n_p - \Delta n_e - \Delta n_\mu - \Delta n_\tau - \Delta n_{\pi^-}}{s} = \text{常数}. \tag{3.71}$$

对每一种轻子数, 我们有

$$L_i \equiv \frac{\Delta n_i + \Delta n_{\nu_i}}{s} = \text{常数}, \tag{3.72}$$

其中 $i \equiv e,\ \mu,\ \tau$. 因为所有的 Δn 都可以用温度 T 和对应的化学势表示出来, 所以, 由(3.70)—(3.72)以及总的熵守恒

$$\frac{d(sa^3)}{dt} = 0, \tag{3.73}$$

这一共六个方程组成的方程组是完备的. 我们可以从中解出六个待定的关于时间的函数: $T(t)$, $\mu_{e^-}(t)$, $\mu_n(t)$, $\mu_{\nu_e}(t)$, $\mu_{\nu_\mu}(t)$, $\mu_{\nu_\tau}(t)$.

对于 B, Q 和 L_i 的数值, 我们能够知道些什么? 宇宙看上去似乎是电中性的, 因此 $Q = 0$. 重子数与熵之比被观测限制得很好, 它的大小是 $B \simeq 10^{-10}$—10^{-9}. 这意味着每一个重子对应的熵, 或者等价地说, 每个重子对应的光子数 (因为 $n_\gamma \sim s \sim T^3$), 是巨大的, 大小为 $\sim 10^9$—10^{10}. 轻子数与熵之比 L_i 则没有什么

很好的限制. 最严格的观测限制是间接的. 在第 4 章里, 我们将会看到, 总的费米子数在宇宙的温度高于 100 GeV 的时候不是守恒的. 其结果是如下的组合为零:

$$B + a\left(L_e + L_\mu + L_\tau\right)$$

其中 $a \sim \mathscr{O}(1)$. 因此, 除非不同种类的轻子数之间发生抵消, 它们的绝对值的大小一定不能显著地超过重子数, 也就是说 $|L_i| < 10^{-9}$. 更加直接的观测限制比这个间接限制要弱得多.

如果宇宙的温度高于某种粒子的质量, 这种粒子就是相对论性的. 许多粒子-反粒子对会从真空中产生, 因此粒子对的数密度会和光子的数密度 ($n_\gamma \simeq T^3$) 处于同一量级. 随着温度逐步下降到该粒子的质量以下, 绝大多数的正反粒子对都湮灭掉了, 最终只有正粒子残留下来. 让我们确定从何时开始正反粒子对的数量可以被忽略. 粒子对反粒子的过剩可以用如下的常数来描述:

$$\beta = \frac{n - \bar{n}}{s}. \tag{3.74}$$

它可以代表重子数、轻子数或是电荷. 将此式与从(3.61)推导出来的方程

$$\frac{n\bar{n}}{s^2} \sim \left(\frac{m}{T}\right)^3 \exp\left(-\frac{2m}{T}\right) \tag{3.75}$$

联立并求解, 我们可以得到

$$\begin{aligned} \frac{n}{s} &\simeq \frac{\beta}{2} + \sqrt{\frac{\beta^2}{4} + \left(\frac{m}{T}\right)^3 \exp\left(-\frac{2m}{T}\right)}\,; \\ \frac{\bar{n}}{s} &\simeq -\frac{\beta}{2} + \sqrt{\frac{\beta^2}{4} + \left(\frac{m}{T}\right)^3 \exp\left(-\frac{2m}{T}\right)}\,; \end{aligned} \tag{3.76}$$

很明显, 如果平方根里的第二项小于第一项, 粒子-反粒子对的数密度相对于其过剩的数密度来说就可以忽略. 对 $\beta \ll 1$ 而言, 这个条件可以化为

$$\frac{m}{T} > \ln\left(\frac{2}{\beta}\right) + \frac{3}{2}\ln\left(\ln\left(\frac{2}{\beta}\right) + \cdots\right). \tag{3.77}$$

例如, 如果 $\beta \simeq 10^{-9}$, 粒子-反粒子对在宇宙的温度下降到粒子的质量的 1/25 时即可忽略. 因此, 重子-反重子对的数量相对于过剩重子数可以忽略的条件是温度降到 40 MeV 以下. 同样, 正电子在 $T < 20$ keV 时可以忽略.

在低温的情况下, 守恒荷的主要携带者是拥有此守恒荷的所有粒子中的最轻者. 例如, 考虑到 $\mu_\Lambda = \mu_n$, 根据(3.60)式我们可以得到

$$\frac{\Delta n_\Lambda}{\Delta n_n} \simeq \left(\frac{m_\Lambda}{m_n}\right)^{3/2} \exp\left(-\frac{m_\Lambda - m_n}{T}\right) \simeq \exp\left(-\frac{176 \text{ MeV}}{T}\right). \tag{3.78}$$

也就是说, 当 $T < 176$ MeV 时, Λ 重子对总的重子数的贡献完全可以忽略, 这时正反重子不对称性的主要贡献者是最轻的重子——质子和中子. 类似地, 在温度降到 100 MeV 以下时, 轻子和介子携带的过剩电荷主要是由残余的电子所携带的. 这是因为 μ 子和 τ 子以及最轻的带电荷介子的质量都比较大, 即 $m_\mu \simeq 106$ MeV, $m_\tau \simeq 1.78$ GeV, $m_{\pi^\pm} \simeq 140$ MeV.

3.4.1 化学势

在温度高于几 MeV 的时候, 弱相互作用和电磁相互作用能够有效发生, 因此重子、轻子以及光子处于局域热平衡和化学平衡. 请注意, 一般说来, 热平衡和化学平衡这两个概念是有所区别的. 例如, 当强相互作用和电磁相互作用把中子、质子以及辐射保持在相同温度时, 如果弱相互作用的反应率低于宇宙的膨胀率, 质子和中子的化学势就不需要满足化学平衡条件.

在温度低于 100 MeV 时, 我们可以忽略掉所有重的重子和轻子. 下面让我们估算这些不同的物质组分的化学势. 先从中微子开始. 假设轻子数 L_i 远小于 1, 我们可以由(3.72)和(3.54)得出 ①

$$\frac{\mu_{\nu_{\tau,\mu}}}{T} \sim L_{\tau,\mu}. \tag{3.79}$$

推导此式时, 我们把熵密度估算为 $s \sim T^3$. 同时, 我们还考虑到 $L_{\tau,\mu}$ 的主要贡献来自于 $\nu_{\tau,\mu}$, 因为 τ 子和 μ 子的质量很大. 另一方面, 轻子必须带电来抵消重子所带的电荷, 而带电轻子中最轻的就是电子. 因此, 电子对 L_e 的贡献是不能忽略的. 其估算值类似于(3.79), 但此时我们要将其应用于 $\mu_e + \mu_{\nu_e}$ 之和, 而不是只考虑电子中微子的化学势. 我们将会看到相对论性粒子的化学势随着宇宙的膨胀将正比于温度而衰减.

我们在上面已经得出, 在 $T < 40$ MeV 时, 反重子可以忽略, 因此 $\Delta n_{p,n} \simeq n_{p,n}$. 总重子数的守恒律(3.70)告诉我们,

① 根据(3.72), 因为 τ 子和 μ 子的质量很大, 我们有

$$L_{\mu,\tau} \simeq \frac{\Delta n_{\nu_{\mu,\tau}}}{s} \sim \frac{\Delta n_{\nu_{\mu,\tau}}}{T^3} \sim \frac{g\beta}{6}\left(1 + \frac{\beta^2}{\pi^2}\right) \sim \frac{\mu_{\nu_{\mu,\tau}}}{T}.$$

倒数第二步我们用了(3.54). 最后一步是考虑到 $L_i \ll 1 \Longrightarrow \beta \ll 1$.

$$B \simeq \frac{n_p}{s}\left(1+\frac{n_n}{n_p}\right) \tag{3.80}$$

保持为常数. 括号里的因子的大小是 1 的量级. 利用 n_p 的表达式(3.61), 我们得到

$$\frac{m_p-\mu_p(t)}{T(t)} \simeq \ln\left(\frac{1}{B}\left(\frac{m_p}{T}\right)^{3/2}\right). \tag{3.81}$$

对 $B \simeq 10^{-10}$ 而言, 如果温度从 40 MeV 降低到 1 MeV, 化学势 μ_p 从大约 -115 MeV 变为 $+967$ MeV. 质子的数密度按照 $T^3 \propto a^{-3}$ 的规律衰减. 将(3.81)式代入(3.63), 我们得到一个质子对总熵的贡献的估算式

$$\frac{s_p}{s} \simeq \left(\frac{m_p-\mu_p(t)}{T(t)}+\frac{5}{2}\right)\frac{n_p}{s} \simeq B\ln\left(\frac{1}{B}\left(\frac{m_p}{T}\right)^{3/2}\right). \tag{3.82}$$

因此, 非相对论性质子对总熵的贡献极小, 大约是总熵的 10^{-8}. 值得注意的是质子的总熵本身不是个守恒量. 根据(3.82), 随着温度的降低, 这个熵按照对数增加. 这个事实有一个简单的物理解释. 如果非相对论性质子与其他的物质组分完全退耦, 则其温度要比相对论性粒子的温度下降得快一些. 即按照 $1/a^2$ 而不是 $1/a$ 下降①. 因此, 为了维持它与其他主要的相对论性组分的热平衡, 质子不断地从其他组分中借取能量和熵.

习题 3.12 根据非相对论性粒子的熵守恒和总粒子数守恒, 证明其温度按照标度因子平方反比下降. 在这种情况下, 化学势如何依赖于温度?

为了估算电子的化学势 μ_e, 我们利用电荷的守恒律 (参见(3.71)式). 因为宇宙是电中性的, 我们必须有 $Q=0$. 考虑到电子在 $T>1$ MeV 时仍然是相对论性的, 并忽略掉(3.71)中来自于 τ 子、μ 子以及 π^- 的小贡献, 我们可以得到

$$\frac{\mu_e}{T} \simeq \frac{\Delta n_e}{s} \simeq \frac{\Delta n_p}{s} \sim B \sim 10^{-10}. \tag{3.83}$$

这个结果并不令人意外. 因为我们只需要极少量过剩电子, 以抵消掉质子带来的正电荷.

最终, 让我们估算在中子和质子仍然彼此处于化学平衡且都和轻子处于化学平衡的状态下, 其数密度的比值. 在本小节的开头, 我们已经得到化学平衡预示着 $\mu_p-\mu_n=\mu_{\nu_e}-\mu_e$. 利用这个关系以及(3.61)式, 我们立即得到

$$\frac{n_n}{n_p} = \exp\left(-\frac{m_n-m_p+\mu_{\nu_e}-\mu_e}{T}\right) \simeq \exp\left(-\frac{Q}{T}\right), \tag{3.84}$$

① 参见(2.52)式. 这是因为对非相对论性粒子而言, $T \propto v^2 \propto a^{-2}$.

其中为了得到第二个等式, 我们忽略掉了 μ_{ν_e} 和 μ_e[①], 并定义 $Q \equiv m_n - m_p \simeq 1.293$ MeV. 上面这个关系式将会被用来设置原初核合成 (primordial nucleosynthesis) 的初条件.

3.4.2 中微子退耦和电子-正电子湮灭

早期宇宙中, 对能量密度的主要贡献来自于相对论性粒子. 忽略掉化学势, 并联合(3.51)和(3.53), 我们得到辐射组分的总能量密度等于

$$\varepsilon_r = \kappa T^4, \tag{3.85}$$

其中

$$\kappa = \frac{\pi^2}{30}\left(g_b + \frac{7}{8}g_f\right). \tag{3.86}$$

这里的 g_b 和 g_f 分别是所有的相对论性的玻色子和费米子的内部自由度的总数. 当宇宙中处于平衡态的相对论性粒子只有光子、电子、三代中微子以及它们的反粒子时, 我们来计算对应的 κ. 光子有两个偏振自由度, 因此 $g_b = 2$. 电子也有两个内部自由度. 但是每一种中微子只有一个自由度, 因为中微子只有左手的 (left-handed). 反粒子的存在使得费米子的总自由度数翻倍, 即 $g_f = 10$. 因此, 在这种情况下, 我们有 $\kappa \simeq 3.537$. 每额外增加一个玻色或者费米自由度都会使得 κ 增加 $\Delta\kappa_b \simeq 0.329$ 或者 $\Delta\kappa_f \simeq 0.288$[②].

比较(3.85)式与(1.75)式, 我们得出一个平坦且辐射为主的宇宙中, 温度和宇宙时的关系为[③]

$$t = \left(\frac{3}{32\pi G\kappa}\right)^{1/2} T^{-2}. \tag{3.87}$$

转换到普朗克单位制, 我们可以将上式写为如下更有用的形式:

$$t_{\mathrm{sec}} = t_{\mathrm{Pl}}\left(\frac{3}{32\pi\kappa}\right)^{1/2}\left(\frac{T_{\mathrm{Pl}}}{T}\right)^2 \simeq 1.39\kappa^{-1/2}\frac{1}{T_{\mathrm{MeV}}^2}. \tag{3.88}$$

这里的宇宙时和温度分别是用 s 和 MeV 作为单位的 [④].

当温度降低到几 MeV 以下时, 也就是说在大爆炸之后 1s 左右的时候, 弱相互作用的效率变得很低. 弱相互作用在如下的两种意义上起着重要作用. 首先, 它能

① 这是因为根据(3.83), $\mu_e/T \sim 10^{-10}$.

② 关于宇宙演化历史中的不同阶段有效自由度 κ 的变化, 可查阅 Husdal, *On Effective Degrees of Freedom in the Early Universe*, Galaxies 4 (2016) 4, 78, arXiv:1609.04979.

③ 原文中(3.87)式根号内的分母采用 $G = 1$ 的自然单位制. 为了让稍后的讨论更直观, 这里将其恢复.

④ t_{sec} 指的是 $(t/1\ \mathrm{s})$, T_{MeV} 指的是 $(T/1\ \mathrm{MeV})$. 现在的文献中后一种形式更为常见. 此外, 本书中的普朗克能标定义为 $G^{-1/2}$, 与约化普朗克能标 $(8\pi G)^{-1/2}$ 不同.

够保持中微子互相之间的热接触 (thermal contact), 以及与其他粒子的热接触. 第二, 它能够维持质子和中子的化学平衡. 随着弱相互作用的效率变低, 这两种平衡遭到破坏, 中微子从热浴中退耦, 重子从化学平衡中退耦. 这两件事发生的时间是不一样的. 第一件事发生在温度约为 1.5 MeV 时, 而第二件事发生于 $T \simeq 0.8$ MeV 时. 重子的化学退耦对核合成是至关重要的. 我们将在 3.5 节对其进行集中研讨. 目前我们只关注中微子的热退耦.

将电子中微子耦合到相对论性的电子-正电子等离子体, 并因此将其耦合到辐射的主要相互作用是如下反应:

$$e^{+}+e^{-} \rightleftharpoons \nu_{e}+\bar{\nu}_{e}, \quad e^{\pm}+\nu_{e} \longrightarrow e^{\pm}+\nu_{e}, \quad e^{\pm}+\bar{\nu}_{e} \longrightarrow e^{\pm}+\bar{\nu}_{e}. \tag{3.89}$$

用电弱理论 (具体参见第 4 章) 描述这些反应的部分费曼图可见图 3-4. 在这些过程中, 带电荷的 $W^{\pm}$ 玻色子和中性的 Z 玻色子都会出现. 当反应的能标远小于中间玻色子的质量时, W 玻色子和 Z 玻色子的传播子约化为 $1/M_{W,Z}^{2}$①, 我们可以用费米理论来估算这些截面. 对相对论性的电子, 我们有

$$\sigma_{e\nu} \simeq \mathscr{O}(1) \frac{\alpha_{w}^{2}}{M_{W,Z}^{4}}\left(p_{1}+p_{2}\right)^{2}, \tag{3.90}$$

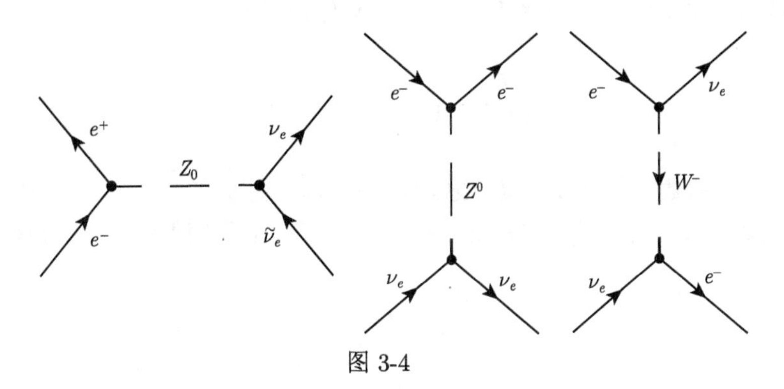

图 3-4

其中 $\alpha_{w} \simeq 1/29$ 是弱相互作用的精细结构常数 (fine structure constant), $p_{1,2}$ 是对撞粒子的 4-动量. 中微子从电子中退耦的条件是: 碰撞时间 (collision time)

$$t_{\nu} \simeq\left(\sigma_{e\nu} n_{e}\right)^{-1} \simeq \mathscr{O}(1) \alpha_{w}^{-2} M_{W}^{4} T^{-5} \tag{3.91}$$

在量级上等于宇宙时 t. 而宇宙时 t 是通过(3.87)式与温度相联系的. 在推导(3.91)的过程中, 我们假设电子是相对论性的, 因此有 $(p_1+p_2)^2 \sim T^2$ 以及 $n_e \sim T^3$. 比较(3.91)式和(3.87)式, 我们发现电子中微子 ν_e 退耦的温度是

$$T_{\nu_{e}} \simeq \mathscr{O}(1) \alpha_{w}^{-2/3} M_{W}^{4/3}. \tag{3.92}$$

① 原文中 W 玻色子和 Z 玻色子的顺序与 $M_{W,Z}$ 不同. 已改正.

精确的计算表明这里的数值因子和 1 偏离不大, 因此有 $T_{\nu_e} \simeq 1.5$ MeV.

温度低于 MeV 的量级时, μ 子和 τ 子的数密度很小, 可以忽略. 这时, 能够迫使 μ 中微子及 τ 中微子保持和其他物质组分的热接触的唯一相互作用, 是 $\nu_{\mu,\tau}$ 和电子之间的弹性散射 (即 $e\nu_{\mu,\tau} \to e\nu_{\mu,\tau}$). 这种弹性散射只由 Z 玻色子传递. 这就导致如下结论: 这些弹性散射的截面比 $e\nu_e$ 的总散射截面小, 这使得 μ 中微子和 τ 中微子的退耦比电子中微子的退耦要早一点.

上面这些讨论得出的最重要的结论是, 所有的三种中微子的热退耦都发生在电子-正电子对湮灭之前 ($T \sim m_e \sim 0.5$ MeV). 退耦之后, 中微子自由传播, 不再发生任何散射, 并保留其普朗克谱 (Planckian spectrum). 它们的温度反比于标度因子而下降, 不受到稍后发生的 $e^{\pm}$ 湮灭过程的影响. 从电子-正电子湮灭中释放出来的能量是完全热化的 (thermalized), 其结果是辐射被 "加热" 了. 因此, 辐射的温度一定高于中微子的温度. 下面让我们来计算辐射与中微子的温度之比. 在中微子退耦之后, 熵单独守恒. 其他组分主要由辐射和电子-正电子等离子体所主导, 它的总熵也是守恒的. 因此比值

$$\frac{s_\gamma + s_{e^\pm}}{s_\nu}$$

保持为常数. 我们考虑到 $s_\gamma \propto T_\gamma^3$ 以及 $s_\nu \propto T_\nu^3$, 即得

$$\left(\frac{T_\gamma}{T_\nu}\right)^3 \left(1 + \frac{s_{e^\pm}}{s_\gamma}\right) = C, \tag{3.93}$$

其中 C 是个常数. 在中微子退耦之后到 $e^{\pm}$ 湮灭之前的这一段时间内, 我们有 $T_\gamma = T_\nu$ 以及 $s_{e^\pm}/s_\gamma = 7/4$ (参见(3.59)式). 这样一来我们得到 $C = 11/4$, 因此有

$$\frac{T_\gamma}{T_\nu} = \left(\frac{11}{4}\right)^{1/3} \left(1 + \frac{s_{e^\pm}}{s_\gamma}\right)^{-1/3}. \tag{3.94}$$

当温度降到 $T \simeq 0.5$ MeV 以后, 电子-正电子对开始湮灭, 比值 $s_{e^\pm}/s_\gamma$ 持续下降, 并最终小到可以完全忽略 (参见(3.82)式, 只需将其中的 m_p 替换为 m_e 即可). 因此, 在电子-正电子湮灭之后, 我们得到

$$\frac{T_\gamma}{T_\nu} = \left(\frac{11}{4}\right)^{1/3} = 1.401. \tag{3.95}$$

也就是说, 无质量的原初中微子在今天的宇宙中的温度应该是 $T_\nu \simeq 2.73\ \mathrm{K}/1.4 \simeq 1.95$ K. 不幸的是, 探测原初中微子背景以验证这个标准宇宙学模型的极稳固的预言是非常困难的, 如果不是完全不可能的话.

习题 3.13 假设中微子带有一个极小但不为零的质量, 估算其现在的温度.

习题 3.14 计算在 $e^{\pm}$ 湮灭之后中微子对能量密度的贡献, 并确定在红移 z 等于多少时, 辐射及相对论性的中微子的总能量密度严格等于冷 (非相对论性) 物质的能量密度.

3.5 核 合 成

宇宙中分布得最为广泛的化学元素就是氢, 有 75% 的重子物质都由氢组成. 氦-4 大约贡献 25%. 其他的轻元素以及金属的丰度 (abundance) 微乎其微.

简单的估算就可推断出如下结论: 宇宙中如此丰富的 ^{4}He 不可能从恒星内部产生出来. ^{4}He 的束缚能是 28.3 MeV, 因此, 当一个 ^{4}He 原子核形成的时候, 每个重子释放出来的能量大概是 7.1 MeV $\simeq 1.1 \times 10^{-5}$ erg[①]. 假设在恒星的最后 100 亿年 (3.2×10^{17} s) 的寿命中, 有四分之一的重子能量在恒星内部聚变成为 ^{4}He, 我们可以按照如下的方法估算光度-质量比 (luminosity-to-mass ratio):

$$\frac{L}{M_{\text{bar}}} \simeq \frac{1}{4} \frac{1.1 \times 10^{-5}\ \text{erg}}{(1.7 \times 10^{-24}\ \text{gm}) \times (3.2 \times 10^{17}\ \text{s})} \simeq 5 \frac{\text{erg}}{\text{gm} \cdot \text{s}} \simeq 2.5 \frac{L_{\odot}}{M_{\odot}},$$

其中 $M_{\odot}$ 和 $L_{\odot}$ 分别是太阳质量和太阳光度. 然而, 我们观测到的 $L/M_{\text{bar}} \leqslant 0.05 L_{\odot}/M_{\odot}$. 所以, 如果从前重子物质的光度不比现在大很多的话, 则能够在恒星中聚变产生的 ^{4}He 不足现在的 0.5%.

氦丰度的唯一合理解释是它在极早期宇宙中形成, 那时聚变能量只贡献宇宙总能量的一小部分. 聚变释放出来的能量很快热化, 并在宇宙变透明的很久以前就已经红移了. 很明显, 大部分的氦并不能在温度降到束缚能 ~ 28 MeV 之前形成. 实际上, 原初核合成 (primordial nucleosynthesis) 发生在温度约为 0.1 MeV 的时刻, 即大爆炸之后几分钟. 氦的产量取决于此刻可用中子的总量, 继而取决于维持中子和质子之间化学平衡的弱相互作用. 这些弱相互作用在温度降至几 MeV 以下之后效率变低, 其结果是中子-质子比 "冻结"(freeze out) 了. 因此, 决定原初元素化学丰度的各种过程从大爆炸后几秒开始, 并持续几分钟的时间.

在本节里, 我们利用解析方法计算轻原初元素的丰度. 虽然更准确的结果可以通过计算机代码求得, 然而这里我们使用的准平衡态近似可以在令人惊叹的高精度水平上重复出数值结果. 此外, 解析方法能够帮助我们理解原初丰度为什么以及如何依赖于宇宙学参数.

① 尔格 (erg) 是 CGS(厘米克秒) 单位制下的能量单位. 1 erg $= 1\ \text{g} \cdot \text{cm}^2 \cdot \text{s}^{-1} = 10^{-7}$ J $= 6.2415 \times 10^{11}$ eV. 这个单位在天体物理中较常用.

3.5.1　中子的冻结

我们从中子冻结浓度的计算开始. 控制质子和中子之间化学平衡的主要过程是弱相互作用:

$$n+\nu \rightleftharpoons p+e^-, \qquad n+e^+ \rightleftharpoons p+\bar{\nu}. \tag{3.96}$$

其中, ν 总是代表电子中微子. 为了计算反应率, 我们可以采用费米 (Fermi) 理论, 其中相互作用截面可以表示为图 3-5 所示的四费米子相互作用的矩阵元:

$$|\mathcal{M}|^2 = 16\left(1+3g_A^2\right)G_F^2\left(p_n\cdot p_\nu\right)\left(p_p\cdot p_e\right), \tag{3.97}$$

其中

$$G_F = \frac{\pi\alpha_w}{\sqrt{2}M_W^2} \simeq 1.17\times 10^{-5}\ \mathrm{GeV}^{-2}$$

是费米耦合常数, 而 $(p_i\cdot p_j)$ 是进入顶角的 4-动量的标量积 (scalar product). 因子 $g_A \simeq 1.26$ 是对核子的轴矢 (axial vector) 的 “弱荷” 修正, 这是因为核子内部的胶子可能分裂为夸克-反夸克对并贡献到弱耦合中. 请注意, 费米常数可以通过测量缪子 (muon) 的寿命很精确地确定, 而 g_A 只能通过测量涉及核子的反应来确定.

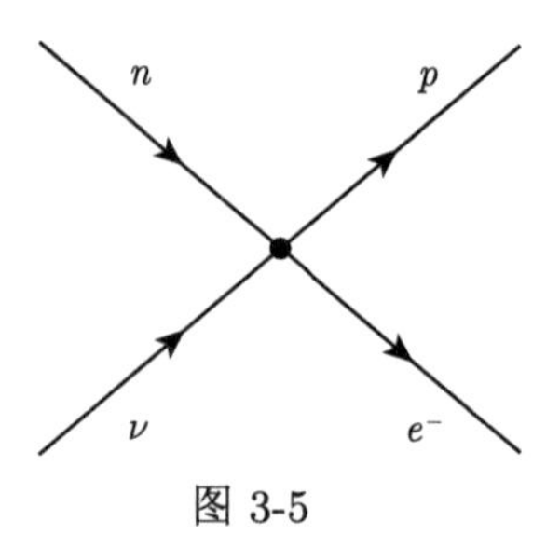

图 3-5

对于 $a+b\to c+d$ 过程中, 微分截面是

$$\frac{d\sigma_{ab}}{d\Omega} = \frac{1}{(8\pi)^2}\frac{|\mathcal{M}|^2}{\left(p_a+p_b\right)^2}\left(\frac{\left(p_c\cdot p_d\right)^2 - m_c^2 m_d^2}{\left(p_a\cdot p_b\right)^2 - m_a^2 m_b^2}\right)^{1/2}. \tag{3.98}$$

该表达式很明显是洛伦兹不变的, 因此可以在任意坐标系中使用. 出射粒子 c 和 d 的 4-动量通过动量守恒定律与碰撞粒子 a 和 b 的 4-动量相联系: $p_c+p_d=p_a+p_b$.

让我们考虑如下的反应:

$$n+\nu\to p+e^-.$$

在温度为几 MeV 时, 核子是非相对论性的, 因此我们有

$$\begin{aligned}&\left(p_n+p_\nu\right)^2 \simeq m_n^2, \qquad \left(p_n\cdot p_\nu\right)\simeq m_n\epsilon_\nu,\\ &\sqrt{\left(p_p\cdot p_e\right)^2 - m_p^2 m_e^2} \simeq m_p\epsilon_e\sqrt{1-\left(m_e/\epsilon_e\right)^2} = m_p\epsilon_e v_e,\end{aligned} \tag{3.99}$$

其中 ϵ_ν 是入射中微子的能量, 而 $\epsilon_e \simeq \epsilon_\nu + Q$ 是出射电子的能量. (3.84)式引入的能量 $Q \simeq 1.293$ MeV 是中子转化为质子时释放出来的能量. 表达式(3.98)仅在真空中有效. 在温度为 0.5 MeV 以上时, 存在许多电子-正电子对, 因此所允许的电子末态是部分被占据的 (partially occupied). 其结果是, 为了计入泡利不相容原理, 其截面会被如下因子压低:

$$1 - n_{\epsilon_e} = \left[1 + \exp\left(-\epsilon_e/T\right)\right]^{-1}.$$

考虑这个因子之后, 将(3.99)式和(3.97)式代入(3.98)式, 我们得到

$$\sigma_{n\nu} \simeq \frac{1+3g_A^2}{\pi} G_F^2 \epsilon_e^2 v_e \left[1 + \exp\left(-\epsilon_e/T\right)\right]^{-1}. \tag{3.100}$$

因为核子的数密度相比于轻粒子的数密度而言可以忽略, 所以中微子和电子的能谱并不会因上面的反应受到很大影响, 它们一直保持为热粒子. 因此, 给定一个包含了 N_n 个中子的共动体积, 在 Δt 的时间间隔之内所发生的 $n\nu$ 反应能减少的中子数为

$$\Delta N_n = -\left(\sum_{\epsilon_\nu} \sigma_{n\nu} n_{\epsilon_\nu} v_\nu \Delta g_{\epsilon_\nu}\right) N_n \Delta t, \tag{3.101}$$

其中

$$n_{\epsilon_\nu} = \left[1 + \exp\left(\epsilon_\nu/T_\nu\right)\right]^{-1}$$

是中微子的占据数, 而 Δg_{ϵ_ν} 是相空间的体积元 (参见(3.26)式, 其中 $V = g = 1$). 中微子的速度 v_ν 等于光速: $v_\nu = 1$.

为了方便, 我们引入中子的相对浓度 (relative concentration)

$$X_n = \frac{N_n}{N_n + N_p} = \frac{n_n}{n_n + n_p}. \tag{3.102}$$

考虑到重子的总数 $N_n + N_p$ 是守恒的, 并将(3.100)式代入(3.101)式, 我们得到由 $n\nu$ 反应导致的 X_n 的变化率为

$$\left(\frac{dX_n}{dt}\right)_{n\nu} = -\lambda_{n\nu} X_n = -\frac{1+3g_A^2}{2\pi^3} G_F^2 Q^5 J(1;\infty) X_n, \tag{3.103}$$

其中

$$J(a;b) \equiv \int_a^b \sqrt{1 - \frac{(m_e/Q)^2}{q^2}} \frac{q^2(q-1)^2 dq}{\left(1 + e^{\frac{Q}{T_\nu}(q-1)}\right)\left(1 + e^{-\frac{Q}{T}q}\right)}. \tag{3.104}$$

这里的积分变量为

$$q \equiv (\epsilon_\nu/Q) + 1 = \epsilon_e/Q.$$

在电子-正电子湮灭之前, 电子和中微子的温度是相等的, 即 $T = T_\nu$. 为了估算(3.104)式中的积分, 我们注意到 $(m_e/Q)^2 \simeq 0.15$, 因此可以展开被积函数中的平方根, 且只保留头两阶. 此外, 我们忽略掉电子的泡利不相容原理, 这相当于忽略掉分母中的第二项. 我们据此可以计算这个积分, 其结果是

$$J(1;\infty) \simeq \frac{45\zeta(5)}{2}\left(\frac{T_\nu}{Q}\right)^5 + \frac{7\pi^4}{60}\left(\frac{T_\nu}{Q}\right)^4 + \frac{3\zeta(3)}{2}\left(1-\frac{1}{2}\frac{m_e^2}{Q^2}\right)\left(\frac{T_\nu}{Q}\right)^3. \quad (3.105)$$

值得注意的是, 这个近似表达式在所有相关温度下都和精确解符合得非常好. 例如, 在 $T_\nu/Q > 1$ 时, 误差大约是 2%. 当 $T_\nu/Q < 1$ 时, 误差降低到 1% 甚至更好. 将(3.105)式与 G_F 和 Q 的数值一起代入(3.103)式中, 并把普朗克单位换回到物理的单位, 我们得到

$$\lambda_{n\nu} \simeq 1.63\left(\frac{T_\nu}{Q}\right)^3\left(\frac{T_\nu}{Q}+0.25\right)^2 \ \mathrm{s}^{-1}. \quad (3.106)$$

为了得到这个最终的表达式, 我们做了一些更进一步的简化, 这不会影响多少精度. 在冻结时刻对应的温度下, $T_\nu \geqslant 0.5$ MeV, 误差保持在小于 2% 的水平.

习题 3.15 证明 $ne^+ \to p\bar{\nu}$ 的反应率为

$$\lambda_{ne} = \frac{1+3g_A^2}{2\pi^3}G_F^2 Q^5 J\left(-\infty;-\frac{m_e}{Q}\right), \quad (3.107)$$

其中 J 是(3.104)式中定义的积分. 验证在 $T_\nu = T$ 且 $T > m_e$ 的情况下, 有 $\lambda_{ne} \simeq \lambda_{n\nu}$. 考虑逆反应 $pe^- \to n\nu$ 和 $p\bar{\nu} \to ne^+$. 证明在 $T_\nu = T$ 的情况下, 这些反应率可以通过如下关系式用正反应 (direct reactions) 率表示出来:

$$\lambda_{pe} = \exp(-Q/T)\,\lambda_{n\nu}, \qquad \lambda_{p\bar{\nu}} = \exp(-Q/T)\,\lambda_{ne} \quad (3.108)$$

冻结 (*freeze-out*) 逆反应以 $\lambda_{p\to n}X_p$ 的速率增加中子的浓度. 所以, X_n 的平衡方程为

$$\frac{dX_n}{dt} = -\lambda_{n\to p}X_n + \lambda_{p\to n}X_p = -\lambda_{n\to p}\left(1+e^{-\frac{Q}{T}}\right)\left(X_n - X_n^{\mathrm{eq}}\right), \quad (3.109)$$

其中 $\lambda_{n\to p} \equiv \lambda_{ne} + \lambda_{n\nu}$ 以及 $\lambda_{p\to n} \equiv \lambda_{pe} + \lambda_{p\bar{\nu}}$ 分别是正反应和逆反应的总反应率. 而

$$X_n^{\mathrm{eq}} = \frac{1}{1+\exp(Q/T)} \quad (3.110)$$

是中子的平衡浓度 (equilibrium concentration). 为了得到(3.109)中的第二个等式, 我们利用了(3.108)中的关系, 并假设 $T_\nu = T$, 还利用了质子浓度 $X_p = 1 - X_n$ 的事实.

利用 $t \to 0$ 时 $X_n \to X_n^{\text{eq}}$ 的初条件, 线性微分方程(3.109)的精确解为

$$X_n(t) = X_n^{\text{eq}}(t) - \int_0^t \exp\left(-\int_{\tilde{t}}^t \lambda_{n\to p}(\bar{t})\left(1+e^{-\frac{Q}{T}}\right)d\bar{t}\right)\dot{X}_n^{\text{eq}}(\tilde{t})\,d\tilde{t}, \qquad (3.111)$$

其中变量上一点表示对时间求导数.

(3.111)式右边的第二项描述的是对热平衡的偏离, 且它在 t 很小时相对于第一项可以忽略. 通过分部积分, 我们可以把(3.111)式的解写成关于 X_n^{eq} 导数的增幂次渐近级数:

$$X_n = X_n^{\text{eq}}\left(1 - \frac{1}{\lambda_{n\to p}\left(1+\exp(-Q/T)\right)}\frac{\dot{X}_n^{\text{eq}}}{X_n^{\text{eq}}} + \cdots\right). \qquad (3.112)$$

如果反应率远大于宇宙时的倒数, 即 $\lambda_{n\to p} \gg t^{-1} \sim -\dot{X}_n^{\text{eq}}/X_n^{\text{eq}}$, 我们就有 $X_n \approx X_n^{\text{eq}}$, 这符合(3.84)式的结果. 随后, 随着温度的显著下降, $X_n^{\text{eq}} \to 0$, 但是(3.111)式右边的第二项趋于一个有限的极限值. 因此, 中子的浓度并不是降至零, 而是冻结在某个有限值 $X_n^* = X_n(t\to\infty)$. 在(3.112)式右边的第二项的大小与第一项相同时, 或者换句话说, 当显著偏离平衡态时, 冻结有效地发生. 这是在 $e^\pm$ 湮灭之前且在温度降到 $Q \simeq 1.29$ MeV 以后发生的 (关于这一点, 可以后验地 (*a posteriori*) 检验①). 因此, 我们可以设 $\lambda_{n\to p} \simeq 2\lambda_{n\nu}$ 并在确定冻结温度的等式 $-\dot{X}_n^{\text{eq}}/X_n^{\text{eq}} \simeq \lambda_{n\to p}$ 中忽略 $\exp(-Q/T)$ 因子. 把 X_n^{eq} 的(3.110)式和 $\lambda_{n\nu}$ 的(3.106)式代入这个等式中, 并利用温度-时间关系(3.88)式, 冻结温度的方程简化为

$$\left(\frac{T_*}{Q}\right)^2\left(\frac{T_*}{Q}+0.25\right)^2 \simeq 0.18\kappa^{1/2}. \qquad (3.113)$$

在三种中微子的情况下, 我们有 $\kappa \simeq 3.54$, 而冻结温度为 $T_* \simeq 0.84$ MeV. 在这个时刻, 中子平衡浓度是 $X_n^{\text{eq}}(T_*) \simeq 0.18$. 当然, 这个数字只是对冻结浓度的一个粗糙估计. 我们不应该忘记在 $T = T_*$ 的时刻, 对平衡态的偏离已经非常显著了, 实际上 $X_n(T_*)$ 超过平衡浓度值至少 2 倍. 无论如何, 上面的估算使得我们看到冻结浓度是如何依赖于冻结时刻存在的相对论性粒子种类数的. 因为 $T_* \propto \kappa^{1/8}$, 额外的相对论性组分会增加 T_*, 因此更多的中子可以存活下来. 随后, 几乎所有的中子

① 原文的 *a posteriori* 是斜体. 这是遵循英语文献中引用拉丁文短语的习惯, 不表示强调. 因此翻译为"后验"时不作楷体.

都与质子聚变形成 ^{4}He. 所以我们预期额外的相对论性粒子种类会增加原初的氦丰度. 例如, 具有大量未知轻粒子的某种极端情况下, 温度 T_* 会超过 Q, 而中子的冻结浓度可以接近 50%. 这会导致 ^{4}He 的丰度大到令人完全无法接受. 因此, 我们看到原初核合成可以帮助我们限制轻粒子的种类数.

习题 3.16 利用简单的判据 $t \simeq 1/\lambda$ 求出冻结温度, 并证明利用这个近似我们可以得到在许多宇宙学教科书中所引用的结果: $T_* \propto \kappa^{1/6}$. 是什么原因造成这个结果与我们上面得到的结果 $T_* \propto \kappa^{1/8}$ 不同?

现在, 我们换用一种更加精确的方法来估算冻结浓度. 因为 $T \to 0$ 时 $X_n^{\mathrm{eq}} \to 0$, X_n^* 由(3.111)式中的积分项在 $t \to \infty$ 时的极限给出. 这个积分的主要贡献来自于 $T > m_e$ 的部分. 因此, 我们设 $\lambda_{n\to p} \simeq 2\lambda_{n\nu}$, 其中 $\lambda_{n\nu}$ 由(3.106)式给出. 利用(3.88)式把积分变量 t 换为 $y = T/Q$, 我们得到

$$X_n^* = \int_0^\infty \frac{\exp\left(-5.42\kappa^{-1/2}\int_0^y (x+0.25)^2\left(1+e^{-1/x}\right)dx\right)}{2y^2\left(1+\cosh(1/y)\right)}dy. \tag{3.114}$$

在三种中微子的情况下 ($\kappa \simeq 3.54$), 我们得到 $X_n^* \simeq 0.158$. 该结果和更精确的数值计算的结果符合得非常好. 如果出现一种额外的轻中微子 (伴随着相应的反中微子), κ 会增加 $2\Delta\kappa \simeq 0.58$, 而冻结浓度变为 $X_n^* \simeq 0.163$. 因此, 两种额外的费米子自由度可以使 X_n^* 增加约 0.5%, 据此我们推断

$$X_n^* \simeq 0.158 + 0.005\left(N_\nu - 3\right), \tag{3.115}$$

其中 N_ν 是轻中微子的种类数.

中子衰变 到目前为止, 我们都忽略了中子衰变

$$n \to p + e^- + \bar{\nu}. \tag{3.116}$$

这是因为自由中子的寿命 $\tau_n \approx 886$ s, 比冻结时间 $t_* \sim \mathscr{O}(1)$ s 要长得多. 然而, 在冻结之后, (3.96)中的反应以及(3.116)的三粒子逆反应都变得很低效. 因此中子衰变成了改变中子数量的唯一原因. 其结果是, 在 $t > t_*$ 的时刻, 中子浓度按照下式衰减:

$$X_n(t) = X_n^* \exp\left(-t/\tau_n\right). \tag{3.117}$$

注意在冻结之后, 我们可以忽略轻子的简并, 它会导致中子寿命的增加. 因此我们可以用上面给出的自由中子的 τ_n 值. 我们将会看到在核合成中几乎所有的中子都会被原子核俘获 (原子核里的中子是稳定的), 这个过程发生在 $t \sim 250$ s 的时刻.

这段时间是中子寿命中相当长的一段时间, 因此中子衰变会显著地影响最终的轻元素丰度①.

3.5.2 "氘瓶颈"

复合原子核 (complex nuclei) 是通过核反应产生的. 从原则上讲, 氦-4 (helium-4) 可以通过四体碰撞直接产生出来: $p+p+n+n \to {}^4\mathrm{He}$. 然而, 在这个时期, 较低的数密度强烈地抑制了这类过程的发生. 所以, 轻的复合原子核只能通过一系列两体反应产生. 第一步是通过如下反应生成氘 (deuterium):

$$p+n \rightleftharpoons \mathrm{D}+\gamma. \tag{3.118}$$

这一步没有任何问题, 因为在 $t<10^3$ s 的时间内, 其对应的反应率比宇宙的膨胀率大得多.

让我们计算氘的平衡丰度. 我们定义带原子量的丰度 (abundance by weight):

$$X_{\mathrm{D}} \equiv 2n_{\mathrm{D}}/n_N,$$

其中 n_N 是总的核子 (重子) 数, 它也包括那些复合原子核内的核子. X_{D} 和自由中子的丰度 $X_n \equiv n_n/n_N$ 以及质子的丰度 $X_p \equiv n_p/n_N$ 之间的关系可以通过(3.61)式得出. 因为自旋为零的氘核是亚稳态②, 氘核总的统计权重是 $g_{\mathrm{D}}=3$. 利用 $g_p=g_n=2$, 以及化学势满足的条件 $\mu_{\mathrm{D}}=\mu_p+\mu_n$, 我们发现

$$X_{\mathrm{D}}=5.67\times10^{-14}\eta_{10}T_{\mathrm{MeV}}^{3/2}\exp\left(\frac{B_{\mathrm{D}}}{T_{\mathrm{MeV}}}\right)X_pX_n, \tag{3.119}$$

其中

$$B_{\mathrm{D}} \equiv m_p+m_n-m_{\mathrm{D}} \simeq 2.23\ \mathrm{MeV}$$

是氘的束缚能. 我们把重子数与光子数之比 (baryon-to-photon ratio) 参数化为

$$\eta_{10} \equiv 10^{10}\times\frac{n_N}{n_\gamma}. \tag{3.120}$$

---

① 核合成开始的时刻 $t^{(N)}$ 参见 3.5.3节的(3.141)式. 中子的丰度是其冻结值乘以(3.117)中的衰变因子 $\exp(-t^{(N)}/\tau_n)$, 其结果是

$$X_n^{(N)} \simeq 0.12. \tag{3.117a}$$

相应地 $X_p^{(N)} \simeq 0.88$. 核合成之后中子进入原子核, 保持稳定, 因此 $X_p \simeq 0.88$ 会一直保持下去. 这个结果会在后面多次用到.

② 氘核的基态波函数包含自旋波函数和同位旋波函数的乘积. 很显然氘核应该是一个同位旋的单态, 因为 $|pp\rangle$ 或者 $|nn\rangle$ 型的原子核是不稳定的. 为了满足全同费米子的交换反对称性, 氘的自旋波函数一定是三重态, 因此 $S=1$ 且 $g_{\mathrm{D}}=3$.

这个参数通过下式与 Ω_b (重子对当前临界密度的贡献) 相联系:

$$\Omega_b h_{75}^2 \simeq 6.53 \times 10^{-3}\eta_{10}. \tag{3.121}$$

在温度为 B_{D} 量级时, 丰度 X_{D} 还是非常小的. 例如, 即使在 $T \sim 0.5$ MeV 时, 它也只是 2×10^{-13}. 其中一个原因是大量具有 $\epsilon > B_{\mathrm{D}}$ 的高能光子会摧毁氘核. 对每个氘核而言, 这样的高能光子的数量是

$$\frac{n_\gamma(\epsilon > B_{\mathrm{D}})}{n_{\mathrm{D}}} \sim \frac{B_{\mathrm{D}}^2 T e^{-B_{\mathrm{D}}/T}}{n_N X_{\mathrm{D}}} \sim 10^{10}\frac{1}{\eta_{10} X_{\mathrm{D}}}\left(\frac{B_{\mathrm{D}}}{T}\right)^2 e^{-B_{\mathrm{D}}/T}, \tag{3.122}$$

它只有在 $T < 0.06$ MeV 时才会变得小于 1. 所以, 我们预期氘只有在温度大概为 0.06 MeV 的情况下才能对重子物质有显著的贡献. 实际上, 根据(3.119)式, 对于 $\eta_{10} \sim \mathscr{O}(1)$ 的情况而言, 随着温度从 0.09 MeV 降到 0.06 MeV, 平衡态的氘丰度会从 10^{-5} 迅速增长到 1 的量级.

将氘转变为更重元素的反应率正比于氘的浓度, 因此这些反应直到 X_{D} 增长到足够大为止都是被强烈地抑制的. 这推迟了其他轻元素的形成, 包括 ^{4}He. 实际上, 因为 ^{4}He 的束缚能较大 (28.3 MeV), 平衡态的氦丰度在温度为 0.3 MeV 时本应已是 1 的量级. 然而, 实际上并非如此, 氦丰度在 $T \simeq 0.3$ MeV 时仍然可以忽略. 这是因为在这个时刻, 负责维持氦与核子之间化学平衡的氘反应率比宇宙的膨胀率小得多. 其结果是, 更重的元素是化学退耦 (chemically decoupled) 的. 即使它们的束缚能很大, 它们的存在仍然可以忽略. 只有质子、中子以及氘是彼此处于化学平衡的. 这种情况通常被称为 "氘瓶颈".

习题 3.17 推导出 ^{4}He 平衡浓度的公式, 并证明它在 $T \simeq 0.3$ MeV 时已达到 1 的量级.

让我们确定什么时刻氘瓶颈能够打开. 这发生在氘转变为更重元素的主要反应

$$(1)\ \mathrm{D} + \mathrm{D} \to {}^3\mathrm{He} + n, \qquad (2)\ \mathrm{D} + \mathrm{D} \to \mathrm{T} + p \tag{3.123}$$

变得高效的时候. 在我们考虑的温度范围之内, 即在 0.06 MeV 到 0.09 MeV 之间, 这些反应率的实验测量值分别是

$$\begin{aligned}\langle\sigma v\rangle_{\mathrm{DD1}} &= (1.3\text{–}2.2) \times 10^{-17}\ \mathrm{cm}^3 \cdot \mathrm{s}^{-1}, \\ \langle\sigma v\rangle_{\mathrm{DD2}} &= (1.2\text{–}2) \times 10^{-17}\ \mathrm{cm}^3 \cdot \mathrm{s}^{-1}.\end{aligned} \tag{3.124}$$

根据反应(3.123), 考虑含有 N_{D} 个氘核的一个共动体积, 在时间间隔 Δt 内, 氘核减少的数量为

$$\Delta N_{\mathrm{D}} = -\langle\sigma v\rangle_{\mathrm{DD}} n_{\mathrm{D}} N_{\mathrm{D}} \Delta t. \tag{3.125}$$

用带原子量的浓度 $X_{\mathrm{D}}=2N_{\mathrm{D}}/N_N$ 重写这个方程, 我们得到

$$\Delta X_D=-\frac{1}{2}\lambda_{\mathrm{DD}}X_{\mathrm{D}}^2\Delta t, \tag{3.126}$$

其中

$$\lambda_{\mathrm{DD}}=\left(\langle\sigma v\rangle_{\mathrm{DD1}}+\langle\sigma v\rangle_{\mathrm{DD2}}\right)n_N\simeq 1.3\times 10^5 K(T)T_{\mathrm{MeV}}^3\eta_{10}\ \mathrm{s}^{-1}. \tag{3.127}$$

函数 $K(T)$ 描述的是反应率的温度依赖, 当温度从 0.09 MeV 降至 0.06 MeV 时, 它从 1 变到 0.6. 只有在如下条件

$$|\Delta X_{\mathrm{D}}|\simeq\left(\frac{1}{2}\right)\lambda_{\mathrm{DD}}X_{\mathrm{D}}^2 t\simeq X_{\mathrm{D}} \tag{3.128}$$

得到满足时, 可用的氘才能大量转变为氦-3 和氚 (tritium). 由此可以得出氘瓶颈打开的浓度是

$$X_{\mathrm{D}}^{(\mathrm{bn})}\simeq\frac{2}{\lambda_{\mathrm{DD}}t}\simeq\frac{1.2\times 10^{-5}}{\eta_{10}T_{\mathrm{MeV}}\left(X_{\mathrm{D}}^{(\mathrm{bn})}\right)}, \tag{3.129}$$

其中我们已经用到了时间-温度关系(3.88)并代入了 $\kappa\simeq 1.11$. 根据(3.119)式, 我们可以把温度表示为 X_{D} 的函数:

$$T_{\mathrm{MeV}}(X_{\mathrm{D}})\simeq\frac{0.061}{1+2.7\times 10^{-2}\ln\left(X_{\mathrm{D}}/\eta_{10}\right)}. \tag{3.130}$$

将该表达式代入(3.129)式, 我们得到一个关于 $X_{\mathrm{D}}^{(\mathrm{bn})}$ 的方程. 在 $10>\eta_{10}>10^{-1}$ 的范围内用迭代的方法求解这个方程, 我们得到[①]

$$X_{\mathrm{D}}^{(\mathrm{bn})}\simeq 1.5\times 10^{-4}\eta_{10}^{-1}\left(1-7\times 10^{-2}\ln\eta_{10}\right). \tag{3.131}$$

习题 3.18 证明在电子-正电子湮灭之后, (3.85)式中的 κ 值变为

$$\kappa\simeq 1.11+0.15(N_\nu-3), \tag{3.132}$$

① 这个方程是 $X_{\mathrm{D}}^{(\mathrm{bn})}=1.97\times 10^{-4}\eta_{10}^{-1}(1+2.7\times 10^{-2}\ln(X_{\mathrm{D}}^{(\mathrm{bn})}/\eta_{10}))$. 只要 η_{10} 不是离 1 非常远的话, 括号里第二项的对数项总是小于 1, 因此可以在领头阶忽略它, 我们得到 $X_{\mathrm{D}}^{(\mathrm{bn})(0)}=1.97\times 10^{-4}/\eta_{10}$. 然后把这个领头阶的结果代入对数项去作为微扰, 并因此得到

$$X_{\mathrm{D}}^{(\mathrm{bn})}\simeq\frac{1.97\times 10^{-4}}{\eta_{10}}\left(1+2.7\times 10^{-2}\ln\frac{1.97\times 10^{-4}}{\eta_{10}^2}\right)\simeq\frac{1.51\times 10^{-4}}{\eta_{10}}\left(1-7.02\times 10^{-2}\ln\eta_{10}\right).$$

其中 N_ν 是中微子的种类数①. (提示 回忆一下中微子温度和辐射温度在 $e^\pm$ 湮灭之后是不同的.)

在氘的浓度达到 $X_{\mathrm{D}}^{(\mathrm{bn})}$ 之后,所有的过程都会非常迅速地进行. 根据(3.130)式,随着温度从 0.08 MeV 降低到 0.07 MeV, 平衡浓度 X_{D} 从 10^{-4} 增加到 10^{-2}. 其结果是, 氘转化为更重元素的速率 (正比于 X_{D}) 比宇宙的膨胀率大了 100 倍. 这样的系统是远离平衡态的, 因此核合成应该由一系列复杂的动理学方程 (kinetic equations) 所构成的方程组来描述, 通常只能数值求解. 在下面的图 3-7和图 3-8中我们分别画出了轻元素浓度的时间演化以及它们最终丰度的高精度数值计算结果. 我们接下来会展示这些精确结果可以通过解析求解在很高的精度水平上重复出来. 我们将要运用准平衡态近似 (quasi-equilibrium approximation) 来求解该动理学方程组. 这能给我们提供一个原初核合成的可靠物理图像, 并揭示最终丰度依赖于宇宙学参数的原因. 为了简化我们的任务, 我们只考虑 ^{7}Be 以下丰度最大的几个同位素, 即 ^{4}He, D, ^{3}He, T, 锂-7 (lithium-7, ^{7}Li), 以及铍-7 (beryllium-7, ^{7}Be)②. 其他的元素, 例如 ^{6}Li 和 ^{8}B 等, 产生率非常低, 因此可以忽略.

图 3-6中画出了最重要的核反应的示意图. 读者最好将此图复制一份放在手边以便于在阅读本节剩余部分时随时查看. 每个元素都对应于一个 “储存池” (reservoir). 储存池之间通过 “单向管道”(one-way pipes) 连接, 表示把一个元素转化为另一个元素的核反应. 为了简化此框图, 我们仅包含了反应所涉及的初始元素; 产出可以很容易地从框图中推断出来. 管道的效率取决于反应率. 例如, 通过反应 AB → CD 逃离储存池 A 的逃逸率为③

$$\dot{X}_{\mathrm{A}} = -A_{\mathrm{B}}^{-1}\lambda_{\mathrm{AB}}X_{\mathrm{A}}X_{\mathrm{B}}. \tag{3.133}$$

C 元素的增加率为

$$\dot{X}_{\mathrm{C}} = A_{\mathrm{C}}A_{\mathrm{A}}^{-1}A_{\mathrm{B}}^{-1}\lambda_{\mathrm{AB}}X_{\mathrm{A}}X_{\mathrm{B}}. \tag{3.134}$$

这里的 $X_{\mathrm{A}} \equiv A_{\mathrm{A}}n_{\mathrm{A}}/n_N$ 以及其他类似的量是相应元素带原子量的浓度, A 是它们的质量数 (例如, $A_{\mathrm{D}} = 2$, $A_{\mathrm{T}} = 3$, 等等), 而 $\lambda_{\mathrm{AB}} = \langle\sigma v\rangle_{\mathrm{AB}}n_N$. 这个反应只有在 $\dot{X}_{\mathrm{A}}/X_{\mathrm{A}} > t^{-1}$ 时才是高效的.

总体图像如下. 在温度降到 0.08 MeV 之前, np 和 D 的储存池互相处于平衡态, 并与其他的储存池退耦 (即氘瓶颈). 然而, 一旦温度降到 0.08 MeV 以下, DD

① 准确地说, 这里的 N_ν 指的是除了光子之外的其他轻粒子 (相对论性粒子) 的种类数. 当然在标准模型中最主要的贡献是三代中微子. 需要注意的是, $N_\nu = 3$ 是假设中微子瞬时脱耦的结果, 参见 3.4.2节. 但考虑到中微子脱耦需要一定的时间, 在 $e^\pm$ 湮灭时刻中微子并未完全脱耦. 这使得等效的中微子种类数并非严格等于 3. 具体的计算表明 $N_{\mathrm{eff}} \approx 3.046$. 参见 Salas and Pastor, *Relic neutrino decoupling with flavour oscillations revisited*, JCAP 07 (2016) 051, arXiv: 1606.06986.

② 铍-7, 原文仅作铍. 根据括号内的元素符号改正.

③ 注意区分表示质量数的斜体的 A 和表示元素类型的正体的 A.

的管道变得非常高效, 迅速地把从 np 储存池提供过来的氘转化为更重的元素. 最终, 几乎所有的自由中子都束缚到原子核里去了. 大约在这个时刻, 不同"储存池"中元素的浓度冻结为它们的最终丰度. 现在我们从细节上考虑每种元素的产生.

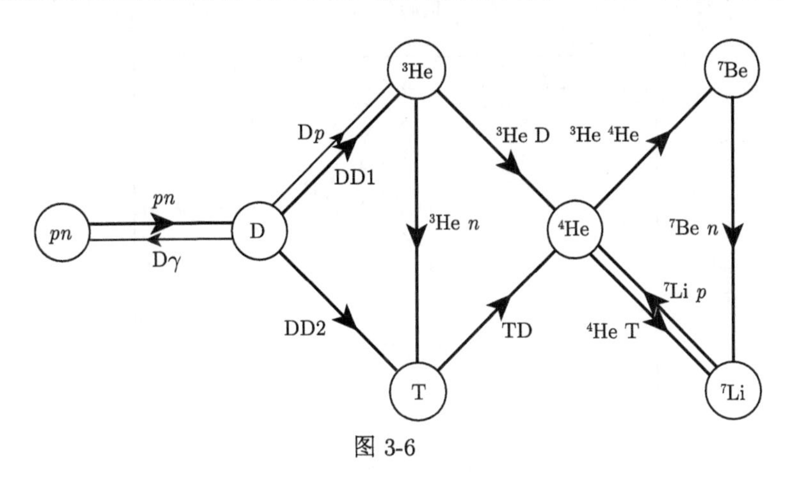

图 3-6

3.5.3 氦-4

一旦氘的丰度达到 $X_{\mathrm{D}}^{(\mathrm{bn})}$, 瓶颈就打开了, 核合成开始. 然而, 在最初的阶段, 从 $pn \to \mathrm{D}\gamma$ 反应中产生氘的速率还是要大于 DD 反应对氘的摧毁率. 对应反应率的比值为

$$\frac{\lambda_{pn} X_p X_n}{\lambda_{\mathrm{DD}} X_{\mathrm{D}}^2} \simeq 10^4 \left(\frac{10^{-4}}{X_{\mathrm{D}}}\right)^2, \tag{3.135}$$

其中在温度为 $T_{\mathrm{MeV}} \simeq 0.07$—$0.08$ 时, $\lambda_{pn}/\lambda_{\mathrm{DD}}$ 的实验值大概是 10^{-3}, 且我们已设 $X_n \simeq 0.16$, $X_p \simeq 0.84$①. 因为氘的补给率很高, 氘仍然维持与核子之间的化学平衡, 直到它的丰度升高到 $X_{\mathrm{D}} \simeq 10^{-2}$ 为止②. 在那之后, 两体 DD 反应占主导, 而 X_{D} 开始下降——参见图 3-7, 其中对于 $\eta_{10} \simeq 7$ 画出了丰度的时间依赖.(请注意氘的光子摧毁 (photodestruction) 反应现在可以忽略了, 因为单是这个反应本身无法阻止 X_{D} 的进一步增长.) 尽管氘的浓度停止增长了, 但自由中子的浓度剧烈减少, 因为它们首先跑到氘储存池中, 然后毫无延迟地迅速继续沿着管道奔向更重的元素中去了. 对大多数中子而言, 它们的最终目的地是 ^{4}He 储存池. 实际上, ^{4}He 的束缚能 (28.3 MeV) 是中间元素 ^{3}He (7.72 MeV) 和 T (6.92 MeV) 的束缚能的四倍, 所以, 如果 ^{4}He 和这些元素处于平衡态, 则它将会在低温情况下占主导. 一个

① 准确地说, 这里的 X_n 应该用初始值 $X_n^{(N)} \simeq 0.12$, 参见(3.117a). 文中忽略了中子衰变. 不过这对估算值的影响不大.

② 氘浓度的最大值可以用(3.135)式左边等于 1 来估算, 其结果是 $X_{\mathrm{D}}^{(\max)} \simeq 1.0 \times 10^{-2}$.

系统总是趋向于以最快的可能方式达到热平衡. 所以, 大部分自由中子将形成 ^{4}He 以实现其最大平衡态的要求.

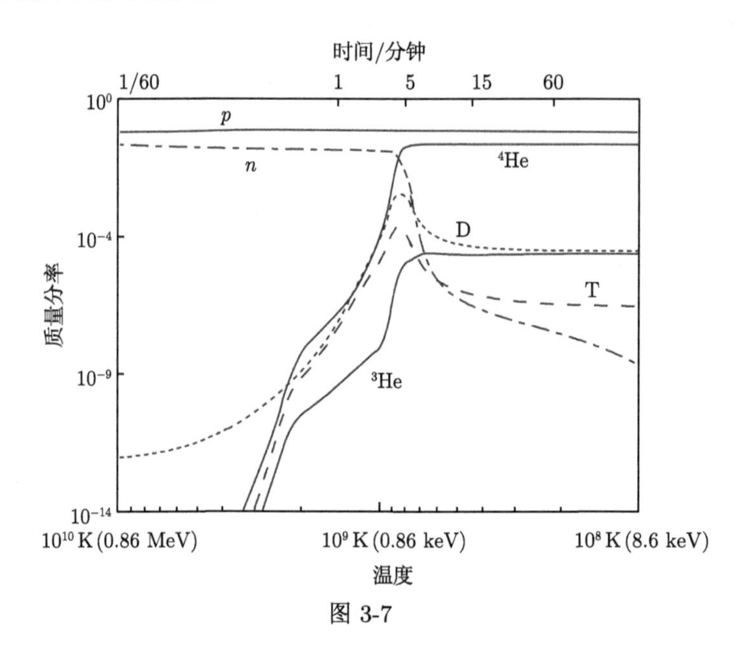

图 3-7

习题 3.19 证明在 $T \sim 0.1$ MeV 时 D, ^{3}He, T 的平衡浓度比 ^{4}He 的浓度小好几个量级.

可形成 ^{4}He 的反应按照如下过程进行. 首先, 氘按照(3.123)式转化为氚和 ^{3}He. 接下来, 氚与氘结合在一起形成 ^{4}He:

$$\mathrm{TD} \to {}^4\mathrm{He}n. \tag{3.136}$$

在这一系列反应过程中, 每三个中子有两个最终结合在新形成的 ^{4}He 原子核里, 而一个中子返回到 np 储存池中. ^{3}He 原子核可以和自由中子相互作用, 并因此进入 T 储存池,

$${}^3\mathrm{He}n \to \mathrm{T}p, \tag{3.137}$$

或者也可以和氘相互作用, 直接进到 ^{4}He 储存池,

$${}^3\mathrm{He}\mathrm{D} \to {}^4\mathrm{He}p. \tag{3.138}$$

这些反应率之比为

$$\frac{\lambda_{^3\mathrm{He}n} X_{^3\mathrm{He}} X_n}{\lambda_{^3\mathrm{HeD}} X_{^3\mathrm{He}} X_{\mathrm{D}}} \sim 6\frac{X_n}{X_{\mathrm{D}}}. \tag{3.139}$$

因此, 直到自由中子的浓度 X_n 降到 $X_{\rm D}$ (它绝不会超过 10^{-2}) 以下为止, (3.137)总是比(3.138)的效率高一些. 所以, 大部分中子聚变到 ^{4}He 的方式通过两条反应链进行: $np \to {\rm D} \to {\rm T} \to {}^4{\rm He}$①和 $np \to {\rm D} \to {}^3{\rm He} \to {\rm T} \to {}^4{\rm He}$. 在氘浓度达到最大值 $X_{\rm D} \simeq 10^{-2}$ 的时刻前后的一小段时间间隔之内, 几乎所有的中子, 除了极小部分 $\sim 10^{-4}$ 之外, 都结合到 ^{4}He 原子核中去了. 因此, 最终的 ^{4}He 丰度完全由该时刻可用的自由中子来决定. 根据(3.130)式, $X_{\rm D}$ 约为 10^{-2} 时的温度为

$$T_{\rm MeV}^{(N)} \simeq 0.07\,(1 + 0.03\ln\eta_{10})\,, \tag{3.140}$$

或者等价地说, 时间是

$$t_{\rm sec}^{(N)} \simeq 269(1 - 0.07(N_\nu - 3) - 0.06\ln\eta_{10}), \tag{3.141}$$

其中我们用到了(3.88)式, 且 κ 代入了(3.132)式的结果. 因为 ^{4}He 一半的重量来自于质子, 它带原子量的最终丰度为

$$X_{^4{\rm He}}^f = 2X_n\left(t^{(N)}\right) = 2X_n^*\exp\left(-\frac{t^{(N)}}{\tau_n}\right). \tag{3.142}$$

将(3.115)式的结果代入这里的 X_n^*, (3.141)式的结果代入这里的 $t^{(N)}$, 我们最终得到

$$X_{^4{\rm He}}^f \simeq 0.23 + 0.012(N_\nu - 3) + 0.005\ln\eta_{10}. \tag{3.143}$$

该结果和图 3-8所示的数值计算结果符合得很好. ^{4}He 的丰度依赖于极端相对论性的种类数 N_ν 以及由 η_{10} 描述的重子密度. 一种额外的无质量中微子的存在会使最终的丰度增加约 1.2%. 这一增加有两个来源, 其贡献差不多. 首先, 极端相对论性粒子种类越多, 在给定温度时宇宙膨胀得就越快. 这意味着中子冻结得更早, 导致较大的 X_n^*. 还有, 如果存在更多的轻粒子种类, 核合成温度会更早达到, 而此时更多的中子尚未衰变. 因此, 给定 η_{10}, 我们可以利用氦-4 丰度的观测数据对未知轻粒子的种类数施加非常强的限制. 我们之后会看到, 利用氘丰度和宇宙微波背景扰动的数据可以在极高精度水平上来确定 η_{10}.

从(3.141)式我们看到, 在更加稠密的宇宙中核合成开始得更早, 因此有更多可用的中子. 因此, 最终的氦-4 丰度对数式地依赖于重子密度. 根据(3.143)式, 如果重子密度增加到现在的 10 倍, 则氦-4 的丰度增加约 1%.

3.5.4 氘

为了计算氘的时间演化以及冻结丰度, 我们需要做一系列假设, 它们可以极大地简化我们的工作. 这些假设的有效性可以后验地检验.

① 这里的 D 和 T 原文误作斜体的 D 和 T, 根据上下文改正. 下文中类似的问题直接改正, 不再说明.

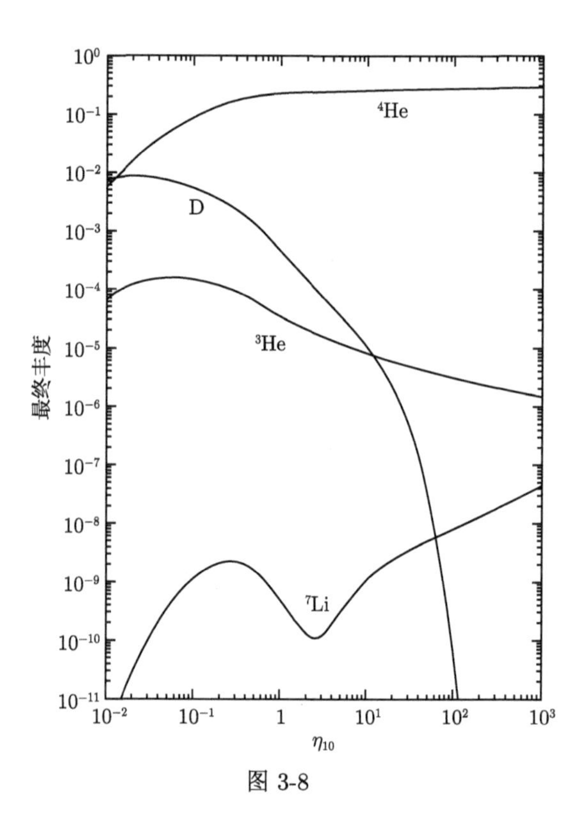

图 3-8

首先, 我们忽略掉 ^{7}Be 和 ^{7}Li, 因为可以证明它们的丰度相对于 ^{3}He 和 T 来说小到可以忽略. 其次, 我们假设 ^{3}He 和 T 的丰度取它们的准平衡值, 也就是说, 它们完全由“每个储存池的总流入必须等于总流出”的条件决定 (参见图 3-6). 具体来说, 在 ^{3}He 的情况下, 在给定的时间间隔内, 通过 DD 和 Dp 反应产生的 ^{3}He 的量应该等于在相同时间里通过 ^{3}HeD 和 ^{3}Hen 反应摧毁的 ^{3}He 的量.

让我们再次描述原初核合成的过程, 但增加更多细节. 当氘浓度达到 $X_{\mathrm{D}} \simeq 10^{-2}$ 时, DD 反应变得高效, 且从 pn 反应中产生的氘很快就转化为 ^{3}He 和 T. 因此, 氘的进一步积累停止. 实际上它的浓度开始下降. 其结果是, 中子从 np 储存池中被取出, 但不会在 D 储存池中有任何停留, 而是直接沿着 DD 和 Dp 的管道输送到 ^{3}He 和 T 储存池中. 在那里, 它们继续通过 ^{3}HeD 和 TD 的管道奔向它们最终的目的地: ^{4}He 储存池.

并不是所有的中子都能在它们的第一次旅途中到达 ^{4}He 储存池; 它们之中有一部分会在途中“泄漏出来”(leak out). 具体说来, 中子会在 DD $\to$ ^{3}Hen 和 TD $\to$ ^{4}Hen 这两个反应中被释放出来, 并返回到 np 储存池. 在那里, 它们会重新开始尝试奔向 ^{4}He 储存池的旅途. 因此, 在核合成开始之后, 通过中间的 D, ^{3}He 和 T 储存池, 会存在从 np 储存池到 ^{4}He 储存池的一条稳定的中子流. 这些管道组成的系统可以自我调节 (self-regulating), 并根据准平衡的需求维持 ^{3}He 和 T 的浓度. 准确地说, 由于 ^{3}He 和 T 的摧毁率正比于它们的浓度, 因此举例而言, 如果 ^{3}He 的丰度比其准平衡浓度更大或者更小, 则 ^{3}Hen 管道的尺寸会相应地增大或者收缩, 因而浓度会迅速恢复到其准平衡的值.

假使宇宙不存在膨胀, 那么几乎所有的自由中子都会终结于 ^{4}He 核, 且其他轻元素的丰度是可忽略的. 然而, 在膨胀的宇宙中, 膨胀的作用就像管道上的一扇"闭合阀门"(shut-off valve). 在膨胀率变得大于某一反应率的时刻, 对应的管道就会关闭. 当所有进入某一储存池的管道全部关闭时, 该轻元素的丰度就冻结了. 最终的 ^{3}He 和 T 的丰度取决于氘的冻结浓度. 下面我们将计算它的值.

让我们推导带原子量的丰度 $X_n, X_{\rm D}, X_{\rm T}, X_{^3{\rm He}}$ 所满足的动理学方程组. 自由中子的浓度由于 $pn \to {\rm D}\gamma$ 和 $^3{\rm He}n \to {\rm T}p$ 这两个反应而减少, 但由于 ${\rm DD} \to {}^3{\rm He}n$ 和 ${\rm DT} \to {}^4{\rm He}n$ 这两个反应而增加. 因此, 利用(3.133)和(3.134), 我们得到

$$\frac{dX_n}{dt} = -\lambda_{pn}X_pX_n - \frac{1}{3}\lambda_{^3{\rm He}n}X_{^3{\rm He}}X_n + \frac{1}{4}\lambda_{\rm DD1}X_{\rm D}^2 + \frac{1}{6}\lambda_{\rm DT}X_{\rm D}X_{\rm T}. \tag{3.144}$$

氘仅在 $pn \to {\rm D}\gamma$ 反应中产生, 但会在许多反应中被摧毁: ${\rm DD} \to {}^3{\rm He}n$, ${\rm DD} \to {\rm T}p$, ${\rm D}p \to {}^3{\rm He}\gamma$, $^3{\rm HeD} \to {}^4{\rm He}p$, ${\rm DT} \to {}^4{\rm He}n$. 因此

$$\frac{dX_{\rm D}}{dt} = 2\lambda_{pn}X_pX_n - \frac{1}{2}\lambda_{\rm DD}X_{\rm D}^2 - \lambda_{{\rm D}p}X_{\rm D}X_p - \frac{1}{3}\lambda_{\rm DT}X_{\rm D}X_{\rm T} - \frac{1}{3}\lambda_{^3{\rm HeD}}X_{^3{\rm He}}X_{\rm D}, \tag{3.145}$$

其中 $\lambda_{\rm DD} = \lambda_{\rm DD1} + \lambda_{\rm DD2}$. 氚的方程也是类似的:

$$\frac{dX_{\rm T}}{dt} = \frac{3}{4}\lambda_{\rm DD2}X_{\rm D}^2 + \lambda_{^3{\rm He}n}X_{^3{\rm He}}X_n - \frac{1}{2}\lambda_{\rm DT}X_{\rm D}X_{\rm T}. \tag{3.146}$$

我们假设氚的浓度满足准平衡条件, 也就是说它总体变化的速率要比(3.146)式右边单个反应的速率小得多. 因此, 我们可以设 $dX_{\rm T}/dt \approx 0$, 而(3.146)式就化为

$$\frac{3}{4}\lambda_{\rm DD2}X_{\rm D}^2 + \lambda_{^3{\rm He}n}X_{^3{\rm He}}X_n \approx \frac{1}{2}\lambda_{\rm DT}X_{\rm D}X_{\rm T}. \tag{3.147}$$

氦-3 的准平衡条件取如下形式:

$$\frac{3}{4}\lambda_{\rm DD1}X_{\rm D}^2 + \frac{3}{2}\lambda_{{\rm D}p}X_{\rm D}X_p \approx \frac{1}{2}\lambda_{^3{\rm HeD}}X_{^3{\rm He}}X_{\rm D} + \lambda_{^3{\rm He}n}X_{^3{\rm He}}X_n. \tag{3.148}$$

利用(3.147)与(3.148), 把 $X_{^3{\rm He}}$ 和 $X_{\rm T}$ 通过中子和氘的浓度表示出来, (3.144)和(3.145)两式就变为

$$\frac{dX_n}{dt} = \frac{1}{4}\lambda_{\rm DD}X_{\rm D}^2 - \lambda_{pn}X_pX_n, \tag{3.149}$$

$$\frac{dX_{\rm D}}{dt} = 2\lambda_{pn}X_pX_n - \lambda_{\rm DD}X_{\rm D}^2 - 2\lambda_{{\rm D}p}X_{\rm D}X_p. \tag{3.150}$$

将这些方程改写为温度变量而不是时间变量 (参见(3.88)) 的方程是方便的. 代入(3.127)式中 $\lambda_{\rm DD}$ 的显式表达式, 我们得到

$$\frac{dX_n}{dT_{\rm MeV}} = \alpha\eta_{10}\left(R_1X_n - X_{\rm D}^2\right), \tag{3.151}$$

$$\frac{dX_{\rm D}}{dT_{\rm MeV}} = 4\alpha\eta_{10}\left(X_{\rm D}^2 + R_2X_{\rm D} - \frac{1}{2}R_1X_n\right), \tag{3.152}$$

其中

$$\alpha \equiv \alpha(T) = 0.86 \times 10^5 K(T),$$

而系数 $K(T)$ 描述的是 $\langle\sigma v\rangle_{\rm DD}$ 的温度依赖. 当温度从 0.09 MeV 降到 0.04 MeV 时, 它的值从 1 降到 0.5. 在这个温度范围之内, 系数 R_1 和 R_2 为

$$R_1 \equiv 4X_p\frac{\lambda_{pn}}{\lambda_{\rm DD}} \simeq (3—8)\times 10^{-3}, \qquad R_2 \equiv 2X_p\frac{\lambda_{p\rm D}}{\lambda_{\rm DD}} \simeq (2.5—2.3)\times 10^{-5}, \tag{3.153}$$

其中我们已经用到了相应反应率之比的实验值. (3.151)式和(3.152)式所组成的方程组存在吸引子解.

首先我们考虑核合成初始阶段, 那时有 $X_{\rm D} \ll X_n$. 事实证明在这种情况下氘浓度满足准平衡条件, 因而我们可以在(3.152)中设 $dX_{\rm D}/dT \approx 0$. 因为 $R_2 \ll R_1$, $R_2X_{\rm D}$ 项比 R_1X_n 项小一些, 因此从(3.152)和(3.151)我们可以得到

$$X_{\rm D} = \sqrt{\frac{R_1X_n}{2}}\left[1 + \mathcal{O}\left(\frac{X_{\rm D}}{X_n}\right)\right]. \tag{3.154}$$

这个解在氘浓度达到其最大值 10^{-2} 之后有效, 涵盖它开始减小的阶段 (参见图 3-7). 一旦 X_n 降到 $X_{\rm D}$, 这个解就失效了. 在该时刻, 有 $X_n \sim X_{\rm D} \sim R_1$. 注意, 根据(3.154)式, 对于 $X_n \simeq 0.12$[①], 氘达到最大浓度 $X_{\rm D} \simeq 10^{-2}$. 这个结果符合我们之前通过比较 pn 和 DD 的反应率得到的粗略估算值[②]. 把(3.154)式代入(3.151)式, 我们得到

$$\frac{dX_n}{dT_{\rm MeV}} \simeq \frac{1}{2}\alpha\eta_{10}R_1X_n. \tag{3.155}$$

在这个阶段, 中子可以决定它们自己的命运, 同时也能决定包括氘在内的其他元素的准平衡浓度. 换句话说, 是中子在控制着图 3-6中各储存池之间的闭合阀门. 在核合成初始阶段, 即在 $T = T_{\rm MeV}^{(N)}$ 时, 大多数中子都仍是自由的, 因此 $X_n \simeq 0.12$[③].

① 核合成开始时的 X_n 值参见(3.117a)式.

② 参见(3.135)式及其下面的脚注.

③ 参见(3.117a)式.

忽略 α 的温度依赖, 我们可以求出方程(3.155)的近似解:

$$X_n(T) \simeq 0.12 \exp\left(\frac{1}{2}\alpha\eta_{10}R_1\left(T - T_{\mathrm{MeV}}^{(N)}\right)\right), \tag{3.156}$$

其中 $T_{\mathrm{MeV}}^{(N)}$ 由(3.140)式给出. 据此可得出, 当温度达到

$$T_{\mathrm{MeV}}^{*} \sim 0.07 + 0.002\ln\eta_{10} - 0.02K^{-1}\eta_{10}^{-1} \tag{3.157}$$

的时候, 中子的浓度与氘的浓度差不多, 即 $X_n \sim X_{\mathrm{D}} \sim R_1$. 在重子密度非常低的宇宙中, $K\eta_{10} < 0.3$, 自由中子的丰度 (忽略其衰变) 不会降至 X_{D} 值以下, 而是冻结在如下值:

$$X_n^f \simeq 0.12 \exp\left(-\frac{1}{2}\alpha\eta_{10}R_1T_{\mathrm{MeV}}^{(N)}\right) \sim 0.12\exp\left(-10K\eta_{10}\right). \tag{3.158}$$

剩余的自由中子接下来可以衰变了. 这就解释了例如为什么当宇宙中 $\eta_{10} \simeq 10^{-2}$ 时, $^4\mathrm{He}$ 的丰度小于 1% (参见图 3-8).

习题 3.20 在一个重子密度很低的宇宙中, 氘浓度会冻结在哪个值? 它如何依赖于 η_{10}?

在上述推导 $^4\mathrm{He}$ 丰度的过程中, 实际上暗含了一个假设, 即把中子转化为 $^4\mathrm{He}$ 的反应能够非常高效地将几乎所有的中子转移到较重的元素中. 这意味着(3.143)式仅在 $K\eta_{10} > 0.3$ 时成立. 观测证据表明有 $10 > \eta_{10} > 1$, 因此我们下面将假设 $\eta_{10} > 1$.

当中子浓度降至和氘浓度相同量级时, (3.154)不能用了, 而系统迅速趋于另一个吸引子解. 在这之后, 中子浓度满足准平衡条件, $dX_n/dT \approx 0$, 因此根据(3.151)式有

$$X_n = \frac{1}{R_1}X_{\mathrm{D}}^2\left[1 + \mathscr{O}\left(\frac{X_n}{X_{\mathrm{D}}}\right)\right]. \tag{3.159}$$

则(3.152)式变为

$$\frac{dX_{\mathrm{D}}}{dT_{\mathrm{MeV}}} = 2\alpha\eta_{10}\left(X_{\mathrm{D}}^2 + 2R_2X_{\mathrm{D}}\right). \tag{3.160}$$

现在轮到氘掌握自己的命运并决定中子以及其他轻元素的准平衡浓度了. 因为 R_2 在给定的温度区间内变化不大 (参见(3.153)), 它可以取为常数. 这样方程(3.160)很容易积分求解:

$$\left(1 + \frac{2R_2}{X_{\mathrm{D}}(T)}\right) = \left(1 + \frac{2R_2}{X_{\mathrm{D}}(T^*)}\right)\exp\left(4R_2\eta_{10}\int_T^{T^*}\alpha(T)dT\right), \tag{3.161}$$

其中温度以 MeV 为单位. 随着温度的降低, 氘浓度冻结为 $X_D^f \equiv X_D(T \to 0)$. 考虑到 $X_D(T^*) \sim R_1 \gg R_2$, 我们得到

$$X_D^f \simeq \frac{2R_2}{\exp(A\eta_{10}) - 1}, \tag{3.162}$$

其中

$$A \equiv 4R_2 \int_T^{T^*} \alpha(T) dT \sim 4R_2 \alpha(T^*) T^*_{\mathrm{MeV}}. \tag{3.163}$$

系数 A 仅微弱地依赖于 η_{10}; 如果 η_{10} 从 1 增加到 10^2, A 只增加 2 倍. 利用 $A \simeq 0.1$ 来估算, 我们可以得到和图 3-8中的数值计算结果符合得非常好的结果.

在 $\eta_{10} < 1/A \sim 10$ 的情况下, (3.162)式简化为

$$X_D^f \simeq \frac{2R_2}{A\eta_{10}} \sim 4 \times 10^{-4} \eta_{10}^{-1}. \tag{3.164}$$

对于这个范围内的 η_{10} 而言, 氘的冻结丰度以反比于 η_{10} 的形式下降. 这种对于 η_{10} 的依赖关系很容易理解. 对于 $\eta_{10} < 10$, 冻结浓度 X_D^f 大于 $R_2 \simeq 2 \times 10^{-5}$, 故而根据(3.160)式, DD 反应在摧毁氘的反应中占主导. 因此氘的冻结浓度由 $\dot{X}_D/X_D \sim \lambda_{DD} X_D^f \sim t^{-1}$ 的条件决定①. 因为 $\lambda_{DD} \propto n_N \propto \eta_{10}$, 我们发现在领头阶有 $X_D^f \propto \eta_{10}^{-1}$.

在 $\eta_{10} > 10$ 的情况下, (3.162)式变为

$$X_D^f \simeq 2R_2 \exp(-A\eta_{10}). \tag{3.165}$$

这种情况下, 氘丰度按照 η_{10} 的指数形式衰减. 当 η_{10} 从 10 变到 100 时, 氘丰度减小了五个量级, 即从 10^{-5} 到 10^{-10} (参见图 3-8). 在一个重子密度很高的宇宙中, 当 $X_D < R_2 \simeq 2 \times 10^{-5}$ 时, $\mathrm{D}p \to {}^3\mathrm{He}\gamma$ 反应在摧毁氘的反应中占主导. 因而, 其冻结浓度由(3.160)式中 X_D 的线性项决定②.

因此, 我们发现氘是对宇宙中重子密度极其灵敏的一种指示剂. 观测数据当然已经排除了仅由重子物质构成平坦宇宙的可能性.

3.5.5 其他轻元素

通过简单地运用准平衡条件, 现在我们可以计算其他轻元素的最终丰度.

氦-3　${}^3\mathrm{He}$ 准平衡浓度的表达式可以从(3.148)式推出:

$$X_{^3\mathrm{He}} \approx \frac{3}{2}\left(\frac{\lambda_{\mathrm{DD1}}}{\lambda_{^3\mathrm{HeD}}} X_D + 2\frac{\lambda_{\mathrm{D}p}}{\lambda_{^3\mathrm{HeD}}} X_p\right)\left(1 + 2\frac{\lambda_{^3\mathrm{He}n}}{\lambda_{^3\mathrm{HeD}}}\frac{X_n}{X_D}\right)^{-1}. \tag{3.166}$$

① 这里第一个约等号来自于(3.152)式, 第二个约等号来自于冻结的定义 (参见 3.5.1节(3.112)式下面一段). λ_{DD} 的表达式以及它和 n_N, η_{10} 的正比关系参见(3.127).

② 此即 $\dot{X}_D/X_D \propto$ 常数, 因此 X_D 指数依赖于 η_{10}.

如果重子密度不是很大，则摧毁 ^{3}He 的主要反应的速率大于氘的摧毁速率. 所以, ^{3}He 的冻结发生得比氘的冻结稍微迟一些. 在氘冻结之后, 仍然有一小部分氘从 D 储存池泄漏到 ^{3}He 储存池, 它维持着一股通过 ^{3}He 储存池的稳定粒子流. 因而 ^{3}He 的准平衡条件在其冻结时刻大致还是满足的. 将 $X_n \simeq X_{\mathrm{D}}^2/R_1$ 代入(3.166)式, 并使用对应反应率之比的实验测量值 (为了明确起见, 取 $T \simeq$ 0.06 MeV), 我们得到

$$X_{^3\mathrm{He}}^f \simeq \frac{0.2X_{\mathrm{D}}^f + 10^{-5}}{1 + 4 \times 10^3 X_{\mathrm{D}}^f}, \tag{3.167}$$

其中 X_{D}^f 由(3.162)式给出. 该结果和图 3-8所示的数值计算符合得很好. 例如, 对于 $\eta_{10} = 1$, 我们有 $X_{\mathrm{D}}^f \simeq 4 \times 10^{-4}$ 以及 $X_{^3\mathrm{He}}^f \simeq 3 \times 10^{-5}$, 也就是说, 最终的 ^{3}He 丰度是氘丰度的十分之一.

X_{D}^f 和 $X_{^3\mathrm{He}}^f$ 之间的差异随着 η_{10} 的增大而减小. 对于 $\eta_{10} \simeq 10$ 而言, 氘和氦-3 的冻结浓度大小差不多, 都是 10^{-5}. 在一个 $\eta_{10} > 10$ 的宇宙中, 冻结时刻前后, 产生 ^{3}He 的反应中 $\mathrm{D}p \to {}^3\mathrm{He}\gamma$ 占主导, 几乎所有的氘都会被摧毁以产生 ^{3}He, 因此它比氘的丰度大得多. 在这种情况下, ^{3}He 的冻结由两个互相竞争的反应决定: $\mathrm{D}p \to {}^3\mathrm{He}\gamma$ 和 $^3\mathrm{HeD} \to {}^4\mathrm{He}n$, 而无论 X_{D} 的值有多大, 它们都会得到 ^{3}He 的最终丰度为[①] $X_{^3\mathrm{He}}^f \simeq \lambda_{\mathrm{D}p}/\lambda_{^3\mathrm{HeD}} \simeq 10^{-5}$. 在 $\eta_{10} > 10$ 的情况下, $X_{^3\mathrm{He}}^f$ 对重子密度有微弱的依赖, 这是由反应率对温度的依赖造成的, 在我们的推导中忽略了这一效应.

氚　准平衡条件(3.147)式给出

$$X_{\mathrm{T}} = \left(\frac{3}{2}\frac{\lambda_{\mathrm{DD2}}}{\lambda_{\mathrm{DT}}} + 2\frac{\lambda_{^3\mathrm{He}n}}{\lambda_{\mathrm{DT}}}\frac{X_n}{X_{\mathrm{D}}^2}X_{^3\mathrm{He}}\right)X_{\mathrm{D}}. \tag{3.168}$$

假设氚冻结发生的时刻与氘冻结差不多, 并把 $X_n \simeq X_{\mathrm{D}}^2/R_1$ 代入(3.168)式, 我们得到

$$X_{\mathrm{T}}^f \simeq \left(0.015 + 3 \times 10^2 X_{^3\mathrm{He}}^f\right) X_{\mathrm{D}}^f, \tag{3.169}$$

其中已经用到了实验测量值 $\lambda_{\mathrm{DD2}}/\lambda_{\mathrm{DT}} \simeq 0.01$ 以及 $\lambda_{^3\mathrm{He}n}/\lambda_{\mathrm{DT}} \simeq 1$. 对于 $\eta_{10} \simeq 1$ 而言, 我们有 $X_{\mathrm{T}}^f \simeq 10^{-5}$. 注意, 对于任意的 η_{10}, 氚的最终丰度都比氘的丰度小得多.

习题 3.21　氚的冻结发生在什么时候? 对什么样的 η_{10} 值我们可以用(3.168)中的 X_{D}^f 去估算 X_{T}^f? 否则我们需要用什么样的 X_{D} 值?

---

① 这个冻结丰度可以从(3.166)中令 $X_{\mathrm{D}} \ll X_p$ 得到: $X_{^3\mathrm{He}} \simeq 3(\lambda_{\mathrm{D}p}/\lambda_{^3\mathrm{HeD}})X_p$.

习题 3.22　解释为什么 ^{3}He 的浓度随着时间单调增加 (参见图 3-7), 而氚浓度先增加到一个最大值然后开始减少, 直到它冻结.

锂-7 和铍-7　根据产生和摧毁 ^{7}Li 和 ^{7}Be 的主要反应 (参见图 3-6), 我们可以得到 ^{7}Li 和 ^{7}Be 的准平衡条件:

$$\frac{7}{12}\lambda_{^4\mathrm{HeT}}X_{^4\mathrm{He}}X_{\mathrm{T}}+\lambda_{^7\mathrm{Be}n}X_{^7\mathrm{Be}}X_n=\lambda_{^7\mathrm{Li}p}X_{^7\mathrm{Li}}X_p, \tag{3.170}$$

$$\frac{7}{12}\lambda_{^4\mathrm{He}^3\mathrm{He}}X_{^4\mathrm{He}}X_{^3\mathrm{He}}=\lambda_{^7\mathrm{Be}n}X_{^7\mathrm{Be}}X_n. \tag{3.171}$$

读者可以检查其他的反应, 诸如 $^7\mathrm{Li}+\mathrm{D}\to 2\,^4\mathrm{He}+n$ 和 $^7\mathrm{Be}+\mathrm{D}\to 2\,^4\mathrm{He}+p$ 之类, 它们在 $\eta_{10}>1$ 的情况下都是可忽略的. 根据以上方程, 我们得到

$$X_{^7\mathrm{Li}}=\frac{7}{12}\frac{X_{^4\mathrm{He}}}{X_p}\left(\frac{\lambda_{^4\mathrm{HeT}}}{\lambda_{^7\mathrm{Li}p}}\right)\left(X_{\mathrm{T}}+\frac{\lambda_{^4\mathrm{He}^3\mathrm{He}}}{\lambda_{^4\mathrm{HeT}}}X_{^3\mathrm{He}}\right). \tag{3.172}$$

反应率之比 $\lambda_{^4\mathrm{HeT}}/\lambda_{^7\mathrm{Li}p}$ 在一个很宽的温度范围内几乎是常数, 它在温度从 0.09 MeV 降到 0.03 MeV 时, 仅从 2.2×10^{-3} 增加到 3×10^{-3}. 然而,

$$r(T)\equiv\frac{\lambda_{^4\mathrm{He}^3\mathrm{He}}}{\lambda_{^4\mathrm{HeT}}}$$

在同样的温度间隔内剧烈地变化. 实际上, $T\sim0.09$ MeV 时, $r\sim5\times10^{-2}$; 而 $T\sim0.03$ MeV 时, $r\sim6\times10^{-3}$. 利用这些反应率的值, 我们得到

$$X_{^7\mathrm{Li}}\sim10^{-4}\left(X_{\mathrm{T}}+r(T)X_{^3\mathrm{He}}\right). \tag{3.173}$$

为了估算 ^{7}Li 的冻结浓度, 我们必须知道在 ^{7}Li 冻结时 X_{T}, $r(T)$, 以及 $X_{^3\mathrm{He}}$ 的值. 对于 $5>\eta_{10}>1$ 而言, 冻结发生在氚达到其最终丰度之后, 因此我们可以在(3.173)式中代入我们之前得到的 $X^f_{^3\mathrm{He}}$ 和 X^f_{T} 的值. 对于 $\eta_{10}\simeq1$, (3.173)式右手边的第一项是占主导的, 因此根据之前的估算 $X^f_{\mathrm{T}}\simeq10^{-5}$, 我们得到 $X^f_{^7\mathrm{Li}}\sim10^{-9}$. 对于更大的 η_{10}, 氚丰度 X^f_{T} 更小, 因此相应地, $X^f_{^7\mathrm{Li}}$ 随着 η_{10} 的增大而减小. 但这个规律只到(3.173)式右手边第二项开始主导时为止. ^{7}Li 的最终丰度在 η_{10} 介于 2 到 3 之间时达到极小值, $X^f_{^7\mathrm{Li}}\sim10^{-10}$ (参见图 3-8). 因此, η_{10} 的进一步增加会使得 ^{7}Li 的丰度开始增加. 这主要是由于 r 的温度依赖造成的; 对于 $\eta_{10}>3$ 而言, 冻结温度由 $^7\mathrm{Be}n$ 反应的效率决定, 而它又取决于中子的浓度. 在一个重子密度较高的宇宙中, 氘和自由中子燃烧得更加迅速, 因而相较于一个低重子密度宇宙的情况, 它们消失得更早 (在温度更高时). 所以, ^{7}Li 的浓度在更高温时冻结, 那时的 r 更大. 此外注意, 对于 $\eta_{10}>5$, $^7\mathrm{Be}n$ 反应在 ^{3}He 达到其冻结浓度之前就已经变得效率低下, 因而为了确切地估算 $X^f_{^7\mathrm{Li}}$, 我们必须在(3.173)中代入 $X_{^3\mathrm{He}}$①在 ^{7}Li

① 原文作 X^3_{He}. 根据下文改.

冻结时的实际值, 它比 $X^f_{^3\mathrm{He}}$ 要大. 数值计算表明, 在经过一个相对较低的极小值 $X^f_{^7\mathrm{Li}} \sim 10^{-10}$ 之后, 锂的浓度在 $\eta_{10} \simeq 10$ 左右回到 10^{-9}.

总之, $X^f_{^7\mathrm{Li}}$-η_{10} 曲线上的凹槽来自于两个反应之间的竞争. 在 $\eta_{10} < 3$ 的宇宙中, 大多数 ^{7}Li 直接在 ^{4}HeT 反应中产生. 对于 $\eta_{10} > 3$, ^{7}Ben 的反应更加重要, 而 ^{7}Li 主要是通过中间的 ^{7}Be 储存池产生出来的.

从观测的角度上讲, 铍-7 并不是特别重要. 因此, 为了简单地得到它的丰度, 我们只对 $5 > \eta_{10} > 1$ 进行估算, 这时 ^{7}Be 的冻结发生在氘冻结之后. 在该时刻自由中子的准平衡解是成立的, 因而将 $X_n \simeq X_{\mathrm{D}}^2/R_1$ 代入(3.171)式, 我们发现

$$X^f_{^7\mathrm{Be}} = \frac{7}{12} R_1 X_{^4\mathrm{He}} \left(\frac{\lambda_{^3\mathrm{He}^4\mathrm{He}}}{\lambda_{^7\mathrm{Be}n}}\right) \frac{X^f_{^3\mathrm{He}}}{\left(X^f_{\mathrm{D}}\right)^2} \sim 10^{-12} \frac{X^f_{^3\mathrm{He}}}{\left(X^f_{\mathrm{D}}\right)^2}, \tag{3.174}$$

其中已经使用了相关反应率之比的实验测量值. 在这种情况下, 相应比值的乘积在相关温度间隔内改变了 5 倍, 因此(3.174)式只是一种估算. 对于 $\eta_{10} = 1$, 我们有 $X^f_{\mathrm{D}} \simeq 4 \times 10^{-4}$, $X^f_{^3\mathrm{He}} \simeq 3 \times 10^{-5}$, 因而 $X^f_{^7\mathrm{Be}} \sim 2.5 \times 10^{-10}$.

观测到的轻元素丰度和理论预言值符合得很好, 因而强烈支持标准宇宙学模型. 观测结果显示, 在 95% 的置信度水平上, η_{10} 的范围是 $7 > \eta_{10} > 3$ ①.

3.6 复 合

核合成之后在热力学过程中最重要的物质组分是热辐射, 电子, 质子 p (即氢原子核), 以及完全电离的氦核 He^{2+}. 其他轻元素的浓度非常低, 因此这里我们将其忽略. 随着温度的降低, 电离的氦和氢的原子核开始俘获自由电子, 并开始变为电中性的. 在一个很短的时期里, 几乎所有的自由电子和原子核都结合在一起并形成电中性的原子, 因而宇宙对辐射变为透明的. 因为这个过程发生得如此迅速, 我们把这个时期称为复合 (recombination) ② 时刻.

然而, 我们必须区分氦复合和氢复合这两个过程, 因为它们发生的时间不同. 氦的电离势比氢大得多, 因此它变成电中性要早一些. 然而, 在氦复合之后, 许多

① 结合了普朗克的最新结果是, 在 $N_\nu = 3$ 的情况下, 重子-光子比的测量值为 $\eta_{10} = 6.104 \pm 0.058$ (68% 置信度). 参见 Fields, Olive, Yeh, and Young, *Big-Bang Nucleosynthesis after Planck*, JCAP 03 (2020) 010, JCAP 11 (2020) E02 (erratum), arXiv: 1912.01132.

② 复合 (recombination) 这个词颇令人迷惑. 阿兰 · 古斯 (Alan Guth) 在他的科普书《暴胀宇宙》(*Inflationary Universe*, Helix Books, 1st Ed., 1997) 中写道: "皮伯斯 (Peebles) 将这个过程称为 '复合'(recombination), 它在宇宙学文献中仍然是标准术语. 然而, 前缀 '复'(re-) 总是显得有点别扭, 因为根据大爆炸理论, 电子和质子是第一次结合 (combining) 在一起. 我问过皮伯斯, 这个术语是不是迪克 (Dicke) 对振荡宇宙的信念的某种残余, 但皮伯斯说不是. '复合' 是在实验室条件下研究电离化气体 (也称为等离子体) 的物理学家用的术语, 因此很自然地这个名字就被带到宇宙学中来了." (第 100 页至第 101 页)

自由电子仍然存在, 因而宇宙对辐射仍然是不透明的 (opaque). 只有在氢复合之后, 大部分光子才会与物质退耦; 这些光子将会给我们提供一张宇宙的“婴儿照片”. 其结果是, 从观测的角度来说, 氢复合是更有趣且更激动人心的事件.

无论如何, 氦复合都会有一些宇宙学的后果. 当氦变为中性时, 它从等离子体中退耦出来, 因而可以改变辐射-重子流体中的声速. 我们将会在第 9 章看到这个声速会影响到宇宙微波背景的温度扰动.

复合不是一个平衡态过程. 因此, 当复合发生时, 基于局域平衡态的假设推出来的公式只能用来估算. 当我们考虑氦复合时, 这已经足够了. 然而, 氢复合的微妙性质对我们计算宇宙微波背景的温度扰动是非常重要的. 所以, 在基于平衡态方程估算氢复合温度之后, 我们将运用动理学方程来揭示非平衡态复合的细节.

3.6.1　氦复合

氦原子核携带的电荷为 2, 因而它必须俘获两个电子才能变为电中性的. 这分为两步完成. 首先, 氦俘获一个电子, 变为带单电荷的类氢离子 He^+. 这个离子的束缚能四倍于氢的束缚能:

$$B_+ = m_e + m_{2+} - m_+ = 54.4 \text{ eV}, \tag{3.175}$$

其中 m_{2+} 和 m_+ 分别是 He^{2+} 和 He^+ 的质量. 这个能量对应的温度为 632000 K. 为了估算在什么温度时大部分的氦原子核都转化为了氦离子, 我们假设

$$\text{He}^{2+} + e^- \rightleftharpoons \text{He}^+ + \gamma \tag{3.176}$$

可以高效地维持 He^{2+} 和 He^+ 之间的化学平衡. 因此, 化学势满足

$$\mu_{2+} + \mu_e = \mu_+. \tag{3.177}$$

考虑比值 $(n_{2+}n_e)/n_+$, 其中的数密度由(3.61)式给出, 我们即可得到萨哈公式 (Saha formula):

$$\frac{n_{2+}n_e}{n_+} = \frac{g_{2+}g_e}{g_+}\left(\frac{Tm_e}{2\pi}\right)^{3/2}\exp\left(-\frac{B_+}{T}\right). \tag{3.178}$$

这里的统计权重之比等于 1. 即使氦完全复合, 它最多也只能消耗 12% 的自由电

子. 所以, 在氢复合之前, 自由电子的数密度为 ①

$$n_e \simeq (0.75\text{—}0.88)n_N \simeq 2\times 10^{-11}\eta_{10}T^3. \tag{3.179}$$

将这个表达式代入(3.178)式, 我们得到

$$\frac{n_{2+}}{n_+} \simeq \exp\left(35.6+\frac{3}{2}\ln\left(\frac{B_+}{T}\right)-\frac{B_+}{T}-\ln\eta_{10}\right). \tag{3.180}$$

如果指数里的表达式是正值, 则 He^+ 的浓度比完全电离化的氦离子的浓度小. 利用迭代方法, 我们可以得出 n_{2+}/n_+ 达到 1 的量级的温度是②

$$T_+ \simeq \frac{B_+}{42-\ln\eta_{10}} \simeq 15000\times\left(1+2.3\times 10^{-2}\ln\eta_{10}\right)\ \mathrm{K}. \tag{3.181}$$

在这个时刻, He^+ 组成大约 50% 的氦, 其他的氦是完全电离的. 这之后不久, 几乎所有的氦原子核都俘获了一个电子而变为 He^+. 将(3.180)中指数里的表达式在 $T=T_+$ 附近展开, 我们发现, 准确到 $\Delta T\equiv T_+-T\ll T_+$ 的领头阶有

$$\frac{n_{2+}}{n_+} \sim \exp\left(-\frac{B_+}{T_+}\frac{\Delta T}{T_+}\right) \sim \exp\left(-42\frac{\Delta T}{T_+}\right). \tag{3.182}$$

当温度降到 T_+ 以下仅 20% 时 (从 15000 K 降到 12000 K), He^{2+} 的数密度就减少到 $n_{2+}\sim 10^{-4}n_+$. 我们在(3.181)式中看到温度 T_+ 随着 η_{10} 的变化而对数式地改变; 重子密度越大, 复合发生得越早 (即温度越高).

在所有的氦都转化为 He^+ 之后, 携带单电荷的离子俘获第二个电子而变为电中性的. 第二个电子最终也束缚在第一个电子的轨道上. 电子-电子相互作用会极大地削弱束缚能: 对第二个电子来说, 束缚能只有 24.62 eV. 所以, 氦复合的第二

① 核合成之后, 一部分自由质子跑到了氦-4 中. 根据 3.5.3节(3.143)式, 氦-4 的冻结浓度为 $X_{^4\mathrm{He}}\simeq 0.23$. 其他轻元素的丰度可以忽略 (参见图 3-7). 因此氦-4 的数密度为 $n_{^4\mathrm{He}}\simeq 0.06n_N$. 这时的自由质子 (氢原子核) 数密度为 $n_p=n_N-4n_{^4\mathrm{He}}=0.76n_N$. 由于宇宙整体呈电中性, 我们有 $n_e=n_p+2n_{^4\mathrm{He}}=0.88n_N$. 这同时也是氦复合之前的自由电子的数密度. 氦复合之后, 被氦原子俘获的电子的数密度为 $2n_{^4\mathrm{He}}\simeq 0.12$, 这就是上文所说的完全复合的氦能消耗 12% 的电子. 剩余的自由电子的数密度为 $n_e=0.88n_N-2n_{^4\mathrm{He}}=0.76n_N$. 这就是(3.179)式中所示的自由电子的取值范围. 注意在氦复合之后, 自由质子和自由电子的数密度相等, $n_p=n_e=0.76n_N$. 这也是电中性所要求的. 在第二个等号中, 为了把 n_N 用温度表示出来, 我们利用(3.120)式写出 $n_N=10^{-10}\eta_{10}n_\gamma$, 然后利用 n_γ 的表达式(3.50) (其中对光子 $g=2$), 就可以得到

$$n_N=\frac{\zeta(3)}{\pi^2}2\times 10^{-10}\eta_{10}T^3. \tag{3.179a}$$

将其代入(3.179)第一个等式我们就得到最后的结果. 注意这里的 (0.75—0.88), 原文作 (0.75 to 0.88). 为了保持与之前的体例一致而改正.

② 容易看出指数中的对数项以及 $\ln\eta_{10}$ 都是小量. 因此领头阶解就是 $B_+/T^{(0)}\simeq 35.6$. 再把它代入对数项就可以得到更精确的解(3.181)式. 第二个近似等号是考虑到 $\ln\eta_{10}\ll 42$ 然后做了展开的结果.

阶段在比第一阶段更低的温度时发生. 例如, 在 $T \simeq 12000$ K 时, 中性氦原子的密度仍然是可忽略的; 只有在温度降到 $T \sim 5000$ K 以下时, 氦才变为中性并从辐射中退耦. 在这个时刻, 氢仍然全部是电离化的, 因而宇宙保持着不透明的状态.

习题 3.23　假设存在化学平衡, 推导出 He^+ 与中性 He 的数密度之比的表达式. 证明如果 $\eta_{10} \simeq 5$, 则这个数密度之比在 $T \simeq 6800$ K 时等于 1, 在 $T \simeq 5600$ K 时等于 10^{-4}.

习题 3.24　解释为什么复合温度明显小于对应的电离化势能.

3.6.2　氢复合: 平衡态处理

维持氢与辐射处于平衡态的主要反应是

$$p + e^- \rightleftharpoons \mathrm{H} + \gamma, \tag{3.183}$$

其中 H 是中性氢原子. 对基态 $(1S)$ 而言, 中性氢原子的束缚能是

$$B_{\mathrm{H}} = m_p + m_e - m_{\mathrm{H}} = 13.6\ \mathrm{eV}, \tag{3.184}$$

它对应的温度是 158000 K. 在这种情况下, 萨哈公式可以用与推导(3.178)式相似的方法推导出来, 其结果是

$$\frac{n_p n_e}{n_{\mathrm{H}}} = \left(\frac{T m_e}{2\pi}\right)^{3/2} \exp\left(-\frac{B_{\mathrm{H}}}{T}\right), \tag{3.185}$$

其中 n_{H} 是基态氢原子的数密度. 我们已经考虑到对应的统计权重 g_i 之比等于 1. 在平衡态, 中性氢原子也以激发态的形式出现: $2S$, $2P\cdots\cdots$ 然而, 一旦 $T <$ 5000 K, 它们的相对浓度就是可忽略的: 例如[①]

$$\frac{n_{2P}}{n_{\mathrm{H}}} = \frac{g_{2P}}{g_{1S}} \exp\left(-\frac{3}{4}\frac{B_{\mathrm{H}}}{T}\right) < 10^{-10}. \tag{3.186}$$

所以现在我们可以忽略氢原子的激发态, 并引入如下的电离度 (ionization fraction):

$$X_e \equiv \frac{n_e}{n_e + n_{\mathrm{H}}}. \tag{3.187}$$

因为 $n_p = n_e$, 而且[②]

$$n_e + n_{\mathrm{H}} \simeq 0.75 \times 10^{-10} \eta_{10} n_\gamma \simeq 3.1 \times 10^{-8} \eta_{10} \left(T/T_{\gamma 0}\right)^3\ \ \mathrm{cm}^{-3}, \tag{3.188}$$

① 这里需要注意到主量子数为 n 的氢原子激发态的束缚能是 B_{H}/n^2. 代入 $n = 2$ 即得(3.186)式.

② 注意 $n_e = n_p$ 中的 n_e 指的是自由电子的数密度, 而 n_p 指的是自由质子即氢原子核的数密度. 所以(3.187)式分母的 $n_e + n_H = n_p + n_H$ 是氦复合以后剩下的总质子数密度, 在下文中也记作 n_T. 根据(3.179)式 (以及译者在那里所加的脚注), 这个量是 $0.75 n_N$. 然后再利用(3.120)式, $n_N = 10^{-10}\eta_{10} n_\gamma$, 就可以写出(3.188)式第一个等号. 第二个等号是进一步利用(3.50)式并代入数值的结果.

(3.185)式就变为

$$\frac{X_e^2}{1-X_e}=\exp\left(37.7+\frac{3}{2}\ln\left(\frac{B_{\mathrm{H}}}{T}\right)-\frac{B_{\mathrm{H}}}{T}-\ln\eta_{10}\right). \tag{3.189}$$

指数里的表达式为零的温度是

$$T_{\mathrm{rec}}\simeq\frac{B_{\mathrm{H}}}{43.4-\ln\eta_{10}}\simeq 3650\left(1+2.3\times10^{-2}\ln\eta_{10}\right)\ \mathrm{K}. \tag{3.190}$$

在这个时刻, 电离度是 $X_e\simeq 0.6$, 因此温度 T_{rec} 标志着氢复合开始的时刻. 在更早的时间段 $X_e\to 1$; 例如, $T\simeq 5000$ K 时 $1-X_e\simeq 10^{-5}$. 一旦温度降到 T_{rec} 以下, 复合立即迅速地进行. 根据(3.189)式, 温度下降 10% 之后, 电离度就减少到原来的 1/10; 在 $T\sim 2500$ K 时, 我们有 $X_e\sim 10^{-4}$.

平衡态的萨哈公式告诉我们, 电离度应该随着温度的降低而持续地指数下降. 然而, 在膨胀宇宙中并非如此; 与之相反, 电离度会冻结. 更重要的是, 平衡态描述几乎在复合刚刚开始的时候就立即失效. 萨哈公式失效的主要原因是在原子核和电子的结合过程中, 大量的高能光子会被发射出来. 这些非热 (nonthermal) 光子使热辐射谱的高能尾巴在复合相关的能标处显著地发生畸变①. 其结果是, 考虑对平衡态的偏离变得至关重要, 我们必须使用动理学理论.

3.6.3 氢复合: 动理学方法

通过发射一个光子直接复合到氢原子基态并不能显著地增加中性原子的数量, 因为在这个过程中发射出去的光子能量很大, 可以立即电离它遇到的第一个中性氢原子. 这两个互相竞争的过程都以极高的速率进行, 因此 n_{H} 没有净改变. 更有效的是级联复合 (cascading recombination). 在这个过程中, 中性氢首先产生于一个激发态, 然后通过一系列步骤衰变到基态. 然而, 即使是在级联复合中, 至少一个非常高能的光子会在氢原子从 $2P$ 态跃迁到 $1S$ 态时发射出来②. 这种所谓的莱曼-α (Lyman-α) 光子L_α 的能量是 $3B_{\mathrm{H}}/4=117000$ K. 在复合温度时, 它有一个相当大的共振吸收截面 (resonance absorption cross-section), $\sigma_\alpha\simeq 10^{-17}$—$10^{-16}$ cm^2. 因此, L_α 光子在它被发射之后的一段很短的时间内, $\tau_\alpha\simeq(\sigma_\alpha n_H)^{-1}\sim 10^3$—$10^4$ s, 就被重新吸收了. 我们必须把这个时间拿来和复合时期的宇宙时 (cosmological time) 进行比较. 在物质为主时期, 宇宙时很容易求出. 通过让冷粒子的能量密度 (参见(3.1)) 等于临界密度 $\varepsilon^{\mathrm{cr}}=1/(6\pi t^2)$, 并注意到

① 这个所谓的高能尾巴指的就是下文所说的维恩 (Wien) 区域, 即 $h\nu>k_BT$ 的高能光子区.

② 根据选择定则, $2S$ 到 $1S$ 的跃迁是禁戒的. 这个过程只能通过发射双光子的高阶过程实现, 因此其衰变率远低于 $2P\to 1S$. 然而这个过程主导了基态氢原子的产生, 正因为它是图 3-9所示的那些主要过程中唯一的一个不可逆过程. 见下文.

$T = T_{\gamma 0}(1+z)$, 我们可以把宇宙时用辐射的温度表示出来①:

$$t_{\text{sec}} \simeq 2.75 \times 10^{17} \left(\Omega_m h_{75}^2\right)^{-1/2} \left(\frac{T_{\gamma 0}}{T}\right)^{3/2}. \tag{3.191}$$

在复合时刻, $\tau_\alpha \ll t \sim 10^{13}$ s. 因此, L_α 光子在它被重吸收之前并没有显著的红移. 为了简化起见, 我们接下来的讨论将忽略红移的效应.

大量 L_α 光子和其他高能光子的存在导致存在着比基于平衡态萨哈公式的估算值更多的电子、质子以及处于 $2S$ 和 $2P$ 激发态的氢原子. 这延缓了复合的发生, 因此, 在给定的温度下, 实际的电离度比其平衡态的值高一些. 描述非平衡态复合的完整动理学方程组非常复杂, 通常是用数值方法求解的. 为了解析求解, 我们使用准平衡浓度方法, 这是我们在解决核合成问题时用过的. 通过这种方法得到的结果与数值计算结果符合得很好.

我们首先做一系列简化性的假设, 其合理性可以后验地验证. 首先, 我们忽略掉氢原子所有更高的激发态, 只保留中性氢的 $1S$, $2S$, $2P$ 这些态. 剩下的组分包括电子、质子、热光子, 同时还有复合过程中发射出来的 L_α 光子以及其他非热光子. 这些成分参与的主要反应示意性地画在图 3-9中. 正如我们已经解释过的那样, 直接复合到氢原子基态的过程可以忽略, 因为这过程不会产生任何中性氢的净改变. 热辐射主导了 $2S$ 和 $2P$ 态的电离. 实际上, 为了电离一个处于激发态的原子, 光子的能量只需大于 $B_{\text{H}}/4$. 满足这个条件的热光子的数量比高能非热光子的数量大得多, 因此当考虑激发态原子的电离时, 我们可以忽略热辐射谱的畸变.

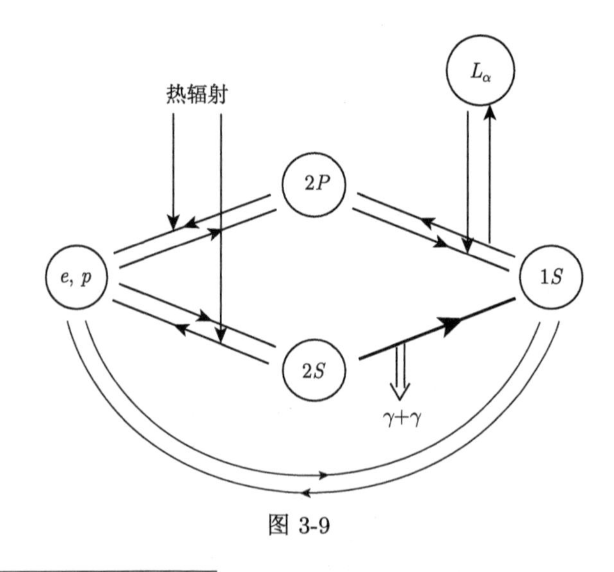

图 3-9

① 参见(2.66b).

相反地, 复合开始之后, 热光子在 $1S$ 态到 $2P$ 态的跃迁过程中不起任何重要的作用. 这些跃迁主要是由非热的 L_α 光子造成的. 在对平衡态的偏离变得很显著且处于 $2S$ 能级的氢原子过多的情况下, 相比于双光子衰变 $2S \to 1S + \gamma + \gamma$, 我们可以忽略 $1S + \gamma + \gamma \to 2S$ 的跃迁过程.(只发出一个光子的跃迁过程是被角动量守恒禁止的.) 双光子衰变率 $W_{2S\to 1S} \sim 8.23\ \mathrm{s}^{-1}$ 很小 (作为比较, 例如 $W_{2P\to 1S} \simeq 4 \times 10^8\ \mathrm{s}^{-1}$); 然而, 这个衰变在非热复合的过程中起主导作用. 用管道和储存池图像来说, 双光子跃迁是从 e, p 储存池流往 $1S$ 储存池的最主要的不可逆管道. 所有其他的过程都会产生高能光子, 它们能再次电离 (reionize) 中性氢, 并把电子还给 e, p 储存池. 因此电离度的净变化是

$$\frac{dX_e}{dt} = -\frac{dX_{1S}}{dt} = -W_{2S}X_{2S}, \tag{3.192}$$

其中 $X_e \equiv n_e/n_T$, $X_{2S} \equiv n_{2S}/n_T$, 而 n_T 是中性原子加上电子的总数密度, 由(3.188)式给出. 一旦大部分 ($\sim 50\%$) 中性氢形成, (3.92)式就是一个直到复合结束都很好的近似.

为了把 X_{2S} 用 X_e 表示出来, 我们使用中间态 $2S$ 储存池的准平衡条件; 其合理性可以用这些反应的速率很高来说明, 参见图 3-9. 对 $2S$ 储存池而言, 这个条件取如下形式:

$$\langle\sigma v\rangle_{ep\to\gamma 2S} n_e n_p - \langle\sigma\rangle_{\gamma 2S\to ep} n_\gamma^{\mathrm{eq}} n_{2S} - W_{2S\to 1S} n_{2S} = 0, \tag{3.193}$$

其中 n_γ^{eq} 是热光子的数密度. 只要我们注意到处于平衡态的反应必须互相补偿, 我们就很容易求出 $ep \rightleftharpoons \gamma 2S$ 的正反应和逆反应的截面之间的关系. 我们有

$$\frac{\langle\sigma\rangle_{\gamma 2S\to ep} n_\gamma^{\mathrm{eq}}}{\langle\sigma v\rangle_{ep\to\gamma 2S}} = \frac{n_e^{\mathrm{eq}} n_p^{\mathrm{eq}}}{n_{2S}^{\mathrm{eq}}} = \left(\frac{Tm_e}{2\pi}\right)^{3/2} \exp\left(-\frac{B_{\mathrm{H}}}{4T}\right), \tag{3.194}$$

其中我们用了萨哈公式以得到最后一个等式 (不要忘记 $2S$ 态的束缚能是 $B_{\mathrm{H}}/4$). 利用这个关系, 我们可以将(3.193)式中的 X_{2S} 表示为

$$X_{2S} = \left[\frac{W_{2S}}{\langle\sigma v\rangle_{ep\to 2S}} + \left(\frac{Tm_e}{2\pi}\right)^{3/2} \exp\left(-\frac{B_{\mathrm{H}}}{4T}\right)\right]^{-1} n_T X_e^2. \tag{3.195}$$

这样一来, (3.192)式就化为

$$\frac{dX_e}{dt} = -W_{2S}\left[\frac{W_{2S}}{\langle\sigma v\rangle_{ep\to 2S}} + \left(\frac{Tm_e}{2\pi}\right)^{3/2} \exp\left(-\frac{B_{\mathrm{H}}}{4T}\right)\right]^{-1} n_T X_e^2. \tag{3.196}$$

当方括号里的第一项相比于第二项而言很小时, 电子和激发的氢原子就互相处于平衡态, 并与热辐射处于平衡态. 所以, e, p, 以及 $2S$ 的数密度之比满足一个萨哈式的关系 (见(3.194)式的第二个等式). 然而电离度并不满足(3.189). 正如之前说过的那样, 这是因为复合开始之后基态氢原子并没有和其他能级的氢原子处于平衡态. 激发态的丰度多于我们在完全平衡态的体系中预期的值, 因此电离度显著地超过(3.189)式给出的结果.

习题 3.25 复合到 $2S$ 能级的截面可以用下式很好地近似:

$$\langle\sigma v\rangle_{ep\to\gamma 2S} \simeq 6.3\times 10^{-14}\left(\frac{B_{\mathrm{H}}}{4T}\right)^{1/2}\ \mathrm{cm}^3\cdot\mathrm{s}^{-1}. \tag{3.197}$$

利用这个表达式, 证明(3.196)中的方括号里的两项在温度 $T\simeq 2450$ K 时变得差不多大.

因此, 只有在 $T>2450$ K 的情况下, 反应 $\gamma 2S \rightleftharpoons ep$ 才能高效维持电子、质子以及氢 $2S$ 态之间的化学平衡. 在温度降到 $T\simeq 2450$ K 以下时, 热辐射再也无法起到重要作用, 而 $2S$ 态的准平衡浓度可由复合到 $2S$ 能级的反应率等于双光子衰变率这个条件得到 (参见(3.193)式, 其中第二项可以忽略). 在 $T<2450$ K 时, (3.196)中的方括号里的第二项可以忽略, 而(3.196)式就简化为[①]

$$\frac{dX_e}{dt}\simeq -\langle\sigma v\rangle_{ep\to\gamma 2S}\, n_T X_e^2. \tag{3.198}$$

因此, 在这个阶段, 复合率 (recombination rate) 完全由复合到 $2S$ 能级的速率决定, 并不依赖于 W_{2S}. 在这个时间, 因为双光子衰变, L_α 光子的数密度几乎完全耗尽 (depleted), 因此 $2P$ 态也从与电子、质子及热辐射的平衡态中脱离出来了. 随后, 几乎任何复合到 $2P$ 态或者其他激发态的反应都可以继续生成中性氢原子. 这个效应只在复合的后期是相关的. 通过 $\langle\sigma v\rangle_{ep\to\gamma 2S}$ 替换为复合到所有激发态的截面, 我们仍然可以使用(3.198)式和(3.196)式. 这个截面可以很好地近似为下面的拟合公式:

$$\langle\sigma v\rangle_{\mathrm{rec}} \simeq 8.7\times 10^{-14}\left(\frac{B_{\mathrm{H}}}{4T}\right)^{0.8}\ \mathrm{cm}^3\cdot\mathrm{s}^{-1}. \tag{3.199}$$

将修正过的(3.196)式的变量由宇宙时 (参见(3.191)) 改为红移参数 $z=T/T_{\gamma 0}-1$, 对以后的研究是很方便的. 做了一些基本的代数运算之后, 我们得到

$$\frac{dX_e}{dz}\simeq 0.1\frac{\eta_{10}}{\sqrt{\Omega_m h_{75}^2}}\left[0.72\left(\frac{z}{14400}\right)^{0.3}+10^4 z\exp\left(-\frac{14400}{z}\right)\right]^{-1} X_e^2. \tag{3.200}$$

① 原文截面的下标为 $ep\to 2S$, 根据 (3.196) 式改.

这个方程很容易积分求解①:

$$X_e(z) \simeq 6.9 \times 10^{-4} \frac{\sqrt{\Omega_m h_{75}^2}}{\eta_{10}} \left[\int_{\frac{z}{14400}} \frac{dy}{0.72y^{0.3} + 1.44 \times 10^8 y \exp(-1/y)} \right]^{-1}. \tag{3.201}$$

当 $X_e(z_{\text{in}}) \gg X_e(z)$ 时, 这个解 $X_e(z)$ 对初条件的依赖并不是特别敏感, 这是因为对积分的主要贡献都来自于 $z < z_{\text{in}}$. 对 $z > 900$, 或者等价地说 $T > 2450$ K, 被积函数的分母里的第一项是可以忽略的, 因此(3.201)可以用下式很好地近似

$$X_e(z) \simeq 1.4 \times 10^9 \frac{\sqrt{\Omega_m h_{75}^2}}{\eta_{10}} z^{-1} \exp\left(-\frac{14400}{z}\right). \tag{3.202}$$

在这个阶段, 复合率完全由双光子衰变的速率决定. 很明显, (3.201)式和(3.202)式只在电离度显著地减小到 1 以下, 且对平衡态的偏离变得显著的情况下才是有效的. 与数值结果比较, 这两个解在中性氢的浓度达到大约 50% 时开始变得非常精确 (参见图 3-10). 根据(3.202)式, 对实际的宇宙学参数的取值 ($\Omega_m h_{75}^2 \simeq 0.3, \eta_{10} \simeq 5$), 这发生在 $z \simeq 1220$ 或者等价地说 $T \simeq 3400$ K 时. 因此, (3.202)式的应用范围不是特别广, 只在 $1200 > z > 900$ 的范围内. 在这个时间段内, 温度只从 3400 K 降到 2450K, 但是电离度却急剧地减小到 $X_e(900) \simeq 2 \times 10^{-2}$. 将这个结果与平衡态萨哈公式(3.189)进行比较是非常有趣的, 后者给出 $X_e(2450 \text{ K}) \sim 10^{-5}$. 因此, 在 $z \simeq 900$ 时, 实际的电离度比平衡态的值大一千倍. 同样值得注意的是, 平衡态的电离度完全由重子密度和温度决定, 但是(3.201)式给出的非平衡态的 $X_e(z)$ 还依赖于非相对论性物质的总密度. 这一点并不令人吃惊, 因为非相对论性物质决定了宇宙的膨胀率, 而膨胀率是非平衡态复合的动理学描述中的一个重要要素.

习题 3.26　让宇宙学参数 $\Omega_m h_{75}^2$ 和 η_{10} 取不同的值, 比较非平衡态复合与萨哈公式的预言. 在什么情况下, 从复合刚一开始的时候对萨哈结果的偏离就很大?

在 $z < 900$ 时, 温度降到 2450 K 以下, 近似表达式(3.202)式不再有效, 我们应该用(3.201)式. 起初, 电离度继续衰减, 稍后它会冻结. 例如, 对 $\Omega_m h_{75}^2 \simeq 0.3$ 及 $\eta_{10} \simeq 5$, (3.201)式预言 $X_e(z = 800) \simeq 5 \times 10^{-3}$, $X_e(400) \simeq 7 \times 10^{-4}$, $X_e(100) \simeq 4 \times 10^{-4}$. 为了计算冻结浓度, 我们注意到 z 趋于 0 时, (3.201)中的积分收敛于 0.27; 因此②

$$X_e^f \simeq 2.5 \times 10^{-3} \frac{\sqrt{\Omega_m h_{75}^2}}{\eta_{10}} \simeq 1.6 \times 10^{-5} \frac{\sqrt{\Omega_m}}{\Omega_b h_{75}}. \tag{3.203}$$

---

① 求解过程中用到了 $X_e(z) \gg X_e(z_{\text{in}})$. 积分上限是 $z_{\text{in}}/14400$, 不过这个上限不重要, 可以直接取为 ∞.

② 第二步用到了(3.121)式.

在电离度降到 1 以下时, (3.201)式与(3.202)式给出的近似结果与动理学方程组的数值结果高度符合, 而这时萨哈近似完全失效 (参见图 3-10).

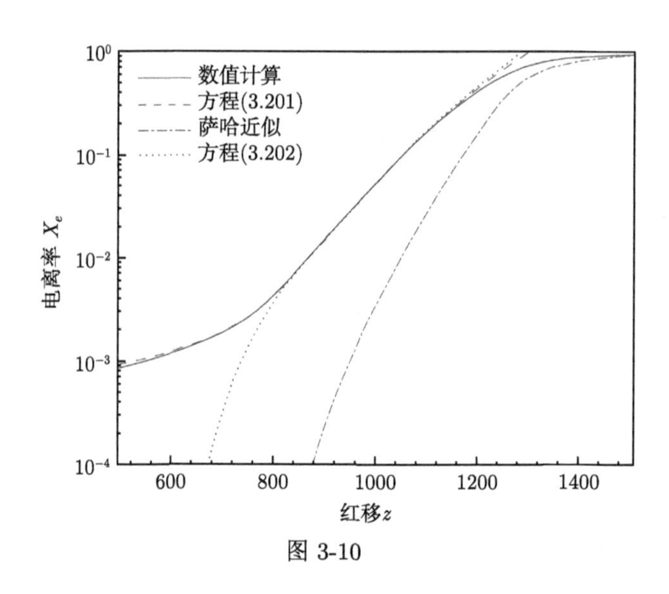

图 3-10

习题 3.27 电子浓度的冻结大概发生在 $ep \to \mathrm{H}\gamma$ 的反应率与宇宙的膨胀率差不多大的时刻. 利用这个简单的判据, 估算冻结浓度.

在复合开始时, 大部分中性氢原子是在级联跃迁 (cascading transitions) 中形成的, 而 L_α 光子的数量约等于氢原子的数量. 这些 L_α 光子后来发生了什么? 它们是否幸存至今? 如果是这样的话, 我们能否在今天的宇宙微波背景谱中观测到一道狭窄的 (红移过的) 线? 在复合期间, L_α 光子的数密度 n_α 满足 L_α 储存池的准平衡条件:

$$W_{2P\to 1S} n_{2P} = \langle \sigma_\alpha \rangle n_\alpha n_{1S}. \tag{3.204}$$

随着 $n_{1S} \to n_T$, 以及 $n_{2P} \propto X_e^2$ ①, L_α 光子的数量随着电离度的减小而减小. 在复合结束时, 几乎所有的 L_α 光子都消失了. 它们的数密度消失的原因是 $2S$ 态的双光子衰变. 因此, 原初辐射谱中不会有尖锐的线. 然而, 作为复合的结果, 宇宙微波背景在维恩 (Wien) 区的这个部分会产生畸变 (warp)②. 然而由于其他的天体物理源的辐射, 这个区域非常模糊.

① 利用 $2P$ 储存池的准平衡条件可以得到一个类似于(3.195)的表达式. 据此我们可以得到 $n_{2P} \propto X_e^2$. 很显然, 莱曼-α 光子的耗尽就是因为 n_{2P} 的减少, 而 n_{2P} 的减少是由于 e 和 p 通过 $2S$ 的双光子衰变复合到 $1S$ 导致的.

② 这指的是维恩分布定律成立的高频区, 即 $h\nu \gg k_B T$ 的高频光子所在的区域.

最后, 让我们求出宇宙精确地变得对辐射透明的时刻. 这发生在光子散射的特征时间开始超过宇宙时的时候. 中性氢的瑞利 (Rayleigh) 散射截面非常小, 可以忽略. 所以, 虽然电子的浓度很低, 不透明度主要还是来自于自由电子的汤姆孙 (Thomson) 散射. 将汤姆孙散射截面 $\sigma_T \simeq 6.65\times10^{-25}\ \mathrm{cm}^2$, 宇宙时 t (见(3.191)式), 以及总数密度 n_t (见(3.188)式) 一起代入

$$t \sim \frac{1}{\sigma_T n_t X_e}, \tag{3.205}$$

我们发现光子退耦时有

$$X_e^{\mathrm{dec}} \sim 6\times10^3 \frac{\sqrt{\Omega_m h_{75}^2}}{\eta_{10}} \left(\frac{T_{\gamma0}}{T_{\mathrm{dec}}}\right)^{3/2}. \tag{3.206}$$

据此可以得到 $T_{\mathrm{dec}} \sim 2500$ K, 或者等价地说 $z_{\mathrm{dec}} \sim 900$, 这与宇宙学参数无关①. 对 $\Omega_m h_{75}^2 \simeq 0.3$ 及 $\eta_{10} \simeq 5$, 这个时刻的电离度大约是 2×10^{-2}. 有趣的是, 我们注意到这个时刻正好是 e, p 和 $2S$ 能级脱离平衡态的时刻, 之后近似解(3.202)变得不适用了.

辐射退耦并不意味着物质和辐射失去了所有的热接触. 实际上, 少量光子与物质的相互作用能够维持物质和辐射的温度直到红移 $z \sim 100$ 之前仍是相等的. 只是在那之后, 重子物质的温度才会下降得比辐射的温度快. 在今天没有办法去观测重子的这个温度, 因为大部分的重子都束缚在星系中, 在那里它们因为引力坍缩而被加热了.

---

① 这里我们需要使用之前推导出来的 $X_e(z)$ 的近似表达式(3.202) (同样, 其适用性可以后验地检验). 将其代入(3.206)式, 并利用 $T_{\gamma0}/T_{\mathrm{dec}} = 1/z_{\mathrm{dec}}$, 我们得到

$$1.4\times10^9 z_{\mathrm{dec}}^{-1} \exp\left(-\frac{14400}{z_{\mathrm{dec}}}\right) = 6\times10^3 z_{\mathrm{dec}}^{-3/2}.$$

这确实与宇宙学参数无关了. 用迭代法或者数值求解这个方程可以得出 $z_{\mathrm{dec}} \simeq 913$.

第 4 章 极早期宇宙

在对撞机可以达到的能标 (几百 GeV) 以下, 粒子相互作用的定律已经很好地建立起来了. 下一代加速器能允许我们再往上探索一到两个量级的能量, 但即使是在遥远的未来, 人类也很难跨越从这个能标到普朗克能标之间高达 17 个量级的能量鸿沟. 因此, 能验证超高能粒子理论的仅有的 "实验室" 只有极早期宇宙和天体物理起源的高能粒子. 宇宙学中包含的信息比我们能从对撞机中得到的要差得多. 然而, 由于我们别无选择, 我们仍然期望能从宇宙学和天体物理的观测中得到一些高能物理的本质特征.

描述 TeV 能标以下的相互作用的粒子理论称为标准模型 (Standard Model). 它由统一的电弱理论和量子色动力学组成. 它们都基于局域规范对称性的思想. 试图将电弱和强相互作用纳入某种更大的对称群并以此统一这两种相互作用的努力到目前为止尚未成功. 不幸的是, 符合现有实验数据的标准模型的扩展模型实在是太多了. 只有进一步的实验才能帮助我们从这些理论中选择出 "大自然的正确理论".

这一现状决定了我们要如何选择本章要讨论的主题. 首先, 我们考虑标准模型, 并探讨该理论在宇宙学上的最有趣的一些结果. 我们会特别详细地讨论夸克-胶子相变, 电弱对称性的恢复, 以及费米子数不守恒等问题.

两个非常重要的超出标准模型的宇宙学问题是宇宙中重子不对称性 (baryon asymmetry) 的产生, 以及可作为冷暗物质候选者的弱相互作用大质量粒子 (weakly interacting massive particles) 的本质. 在后面的章节里, 我们会看到任何初始的重子不对称性都会在暴胀阶段被洗掉, 因此重子不对称性的产生是暴胀宇宙学的一个关键要素. 重子不对称性发生的一般条件非常简单, 而且是模型无关的. 然而, 这些条件的具体实现方式依赖于粒子物理模型. 目前并不存在公认的重子不对称性的产生机制. 模型总是太多, 问题在于如何选择正确的模型. 因为这些原因, 我们只向读者展示描述重子过剩的那一个重要的数字是很容易 "解释" 的. 冷暗物质的起源问题也是类似的. 同样我们只专注于最一般的思想.

几乎所有的标准模型的合理拓展都有一些共同特征, 而且它们对特定理论的细节是不太敏感的. 其中有一个重要特征是真空结构. 它可能引发极早期宇宙的相变, 并可能产生畴壁 (domain walls)、宇宙弦 (cosmic strings)、单极子 (monopoles) 之类的拓扑缺陷. 毫无疑问, 这些有趣的物理应该纳入宇宙学的初级课程之中.

我们首先从简要综述标准模型的*基本原理*开始. 这部分不应该被用作粒子物理的教科书. 我们只是用它来提醒读者在宇宙学应用中需要的基本思想. 为了简化论述, 我们按照 “反历史” 的顺序讲述: 理论首先以其 “最终” 形式给出, 然后再讨论其宇宙学的结果. 然而, 读者不可忘记, 组建标准模型的各种理论的发现是人们竭尽全力理解和解释海量实验数据的工作所得到的结果. 这个过程绝对不是直截了当的.

4.1 基　　础

基本粒子是组成物质的基本不可分的单元. 它们可以用质量、自旋、荷 (charges) 进行完备描述. 不同的荷负责产生不同的相互作用, 相互作用的强度正比于对应的荷的大小. 目前有四种已知的力: *引力*、*电磁力*、*弱力*、*强力*. 前两种是长程力, 其强度按照距离的平方反比律衰减. 弱力和强力是短程力, 只在距离很短时有效, 并在距离增加时指数衰减. 引力可用爱因斯坦的广义相对论描述. 其他三种相互作用则是用标准模型描述的. 其基本思想是局域规范不变性.

4.1.1 局域规范不变性

粒子是用场的基本激发态来描述的. 描述自旋为 1/2 的自由费米子 (例如电子) 的场满足狄拉克 (Dirac) 方程:

$$i\gamma^\mu\partial_\mu\psi - m\psi = 0, \tag{4.1}$$

其中 ψ 是 4 分量的狄拉克旋量, γ^μ 是 4×4 的狄拉克矩阵. 狄拉克方程是由如下的洛伦兹不变的拉格朗日密度 (Lagrangian density) 导出的:

$$\mathcal{L} = i\bar{\psi}\gamma^\mu\partial_\mu\psi - m\bar{\psi}\psi, \tag{4.2}$$

其中 $\bar{\psi}\equiv\psi^\dagger\gamma^0$. 这个拉格朗日量也在整体规范变换下保持不变: 当我们给 ψ 乘以一个模为 1 的任意复数 (例如 $\exp(-i\theta)$, θ 为不依赖于时空的常数) 时, (4.2)保持不变. 如果我们允许 θ 在不同的时空点变化, 例如 $\theta = e\lambda(x^\alpha)$ 是时间和空间的任意函数, 则会发生什么? 拉格朗日量在这样的*局域*规范变换下能否仍然保持不变? 答案显然是否. 当作用在 $\lambda(x^\alpha)$ 上时, 导数 ∂_μ 能产生一个额外的项,

$$\partial_\mu\psi \to \partial_\mu\left(e^{-ie\lambda}\psi\right) = e^{-ie\lambda}\left(\partial_\mu - ie\left(\partial_\mu\lambda\right)\right)\psi. \tag{4.3}$$

因此, 只有在原始的拉格朗日量(4.2)里添加一个额外的场时, 规范不变性才能保持. 在规范变换下, 这个额外的场应该作相应的变换, 使得(4.3)中的额外项被抵消. 我们考虑一个*矢量规范场* A_μ, 并把(4.3)中的普通导数 ∂_μ 换为 “协变导数”

$$\mathcal{D}_\mu \equiv \partial_\mu + ieA_\mu. \tag{4.4}$$

如果我们假设在规范变换下 $A_\mu \to \tilde{A}_\mu$, 则

$$\mathcal{D}_\mu\psi \to \tilde{\mathcal{D}}_\mu\left(e^{-ie\lambda}\psi\right) = e^{-ie\lambda}\left(\partial_\mu + ie\tilde{A}_\mu - ie\left(\partial_\mu\lambda\right)\right)\psi.$$

所以我们假设存在如下变换律:

$$A_\mu \to \tilde{A}_\mu = A_\mu + \partial_\mu\lambda, \tag{4.5}$$

则

$$\tilde{\mathcal{D}}_\mu\left(e^{-ie\lambda}\psi\right) = e^{-ie\lambda}\mathcal{D}_\mu\psi.$$

因此

$$\bar{\psi}\gamma^\mu\mathcal{D}_\mu\psi \to \left(\bar{\psi}e^{ie\lambda}\right)\gamma^\mu\tilde{\mathcal{D}}_\mu\left(e^{-ie\lambda}\psi\right) = \bar{\psi}\gamma^\mu\mathcal{D}_\mu\psi.$$

这样一来, 只要我们把(4.2)中的 ∂_μ 替换为 $\mathcal{D}_\mu$, 拉格朗日量就可以在局域规范变换下不变.

规范场 A_μ 可以是动力学场. 为了找出描述其动力学的拉格朗日量, 我们需要利用场强 A_μ 及其导数构建出规范不变的洛伦兹标量. 根据(4.5), 我们知道

$$F_{\mu\nu} \equiv \mathcal{D}_\mu A_\nu - \mathcal{D}_\nu A_\mu = \partial_\mu A_\nu - \partial_\nu A_\mu \tag{4.6}$$

在规范变换下不变. 因此, 洛伦兹标量 $F_{\mu\nu}F^{\mu\nu}$ 是我们可以构建出来的最简单的拉格朗日量. 标量 $A_\mu A^\mu$ 是场的质量项, 但它会破坏规范不变性, 因此是不允许出现的. 最终, 我们可写出如下的完整拉格朗日量:

$$\mathcal{L} = i\bar{\psi}\gamma^\mu\partial_\mu\psi - m\bar{\psi}\psi - \frac{1}{4}F_{\mu\nu}F^{\mu\nu} - e\left(\bar{\psi}\gamma^\mu\psi\right)A_\mu, \tag{4.7}$$

读者可以立即认出这就是耦合常数正比于电荷 e 的电动力学的拉格朗日量. 因为精细结构常数 $\alpha = e^2/4\pi \simeq 1/137$ 是一个小量, 我们可以把相互作用项当成小修正, 然后发展微扰论.

利用费曼图 (Feynman diagrams) 来表示这种微扰论是很方便的. 其中, 相互作用项 $e\left(\bar{\psi}\gamma^\mu\psi\right)A_\mu$ 对应于一个顶角, 在那里两条电子对应的线 ψ 和 $\bar{\psi}$ 遇到了光子对应的线 A. 内向的实线对应于 ψ, 外向的实线对应于 $\bar{\psi}$. 假设时间方向是“水平向右”, 图 4-1(a) 可如此解读: 电子进入顶角, 发射 (或者吸收) 一个光子, 然后继续前进. 根据量子场论, 我们有如下规则: 如图 4-1(b) 所示, 同一幅图上, 一个重新标定方向的 “逆着时间方向传播” 的电子表示的是它的反粒子, 即正电子 (positron). 因此这个图描述的是电子-正电子湮灭并产生一个光子的过程. 因为光子是其自身的反粒子, 我们不需要在光子线上标注箭头. 更复杂的过程可以通过简单地组合这些原始顶角来得到. 例如, 图 4-1(c) 表示的是两个电子之间的库仑排斥过程.

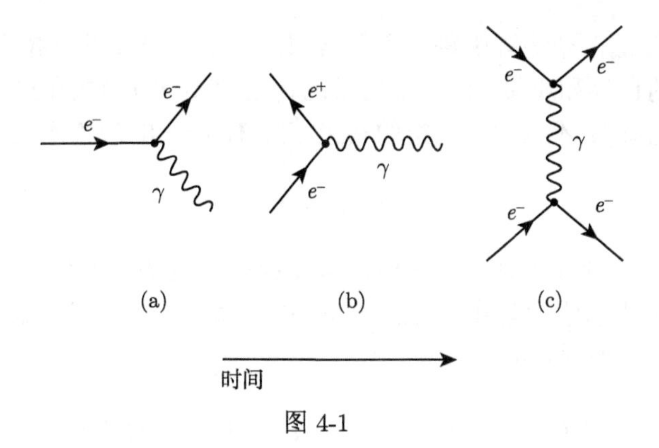

图 4-1

把所有的粒子替换为反粒子 (荷共轭 C) 相当于把图中所有的箭头反向. 拉格朗日量(4.7)在荷共轭下是不变的.

习题 4.1 考虑如下的复标量场:

$$\mathcal{L}=\frac{1}{2}\left(\partial^{\mu}\varphi^{*}\partial_{\mu}\varphi-m^{2}\varphi^{*}\varphi\right). \tag{4.8}$$

我们要如何推广这个拉格朗日量, 才能保证其局域规范不变性? 写下其相互作用项并画出对应的顶角.

4.1.2 非阿贝尔规范理论

到目前为止, 我们考虑的规范变换可以理解为把 ψ 乘上一个 1×1 的幺正矩阵 $\mathbf{U}\equiv\exp(-i\theta)$, 它满足 $\mathbf{U}^{\dagger}\mathbf{U}=\mathbf{1}$. 所有这样的矩阵组成的群称为 $U(1)$. 很久以前, 人们就已经在电动力学中实现了局域 $U(1)$ 规范对称性. 然而, 这一类规范对称性的重要性只有在 1954 年杨振宁和米尔斯 (Mills) 把它推广到 $SU(2)$ 局域规范变换之后, 才受到人们的普遍重视. 这种对称性稍后被用来构建电弱理论.

由 $N\times N$ 的幺正矩阵 $\mathbf{U}$ 产生的变换称为 $U(N)$ 规范变换. 从 $U(1)$ 规范变换推广过来是相当容易的. 让我们考虑 N 个自由的等质量狄拉克场. 其拉格朗日量是

$$\mathcal{L}=\sum_{a=1}^{N}\left(i\bar{\psi}_{a}\gamma^{\mu}\partial_{\mu}\psi^{a}-m\bar{\psi}_{a}\psi^{a}\right)=i\bar{\boldsymbol{\psi}}\gamma^{\mu}\partial_{\mu}\boldsymbol{\psi}-m\bar{\boldsymbol{\psi}}\boldsymbol{\psi}, \tag{4.9}$$

其中 $a=1,\cdots,N$. 第二个等号中我们引入了如下的矩阵记号:

$$\boldsymbol{\psi}=\begin{pmatrix}\psi^{1}\\ \cdots\\ \psi^{N}\end{pmatrix},\quad \bar{\boldsymbol{\psi}}=\left(\bar{\psi}_{1},\cdots,\bar{\psi}_{N}\right).$$

我们不应该忘记这两个矩阵中每一个元素都是一个 4 分量的狄拉克旋量. 旋量场 ψ^a 拥有相同的自旋和质量, 只是它们带的荷彼此不同 (例如在量子色动力学中, 这些荷称为 "色荷"). 不依赖于时空的幺正矩阵 $\mathbf{U}$ 产生的是整体规范变换:

$$\boldsymbol{\psi} \to \mathbf{U}\boldsymbol{\psi}.$$

很明显, 拉格朗日量(4.9)对这个整体规范变换是不变的, 因为 $\bar{\boldsymbol{\psi}} \to \bar{\boldsymbol{\psi}}\mathbf{U}^\dagger$ 以及 $\mathbf{U}^\dagger\mathbf{U} = \mathbf{1}$. 如果我们假设矩阵 $\mathbf{U}$ 是 x^α 的函数, 则这一点不再成立. 和(4.3)类似, 导数 ∂_μ 给出了一个额外项[①]

$$\partial_\mu \boldsymbol{\psi} \to \partial_\mu (\mathbf{U}\boldsymbol{\psi}) = \mathbf{U}\left(\partial_\mu + \mathbf{U}^{-1}(\partial_\mu \mathbf{U})\right)\boldsymbol{\psi}.$$

如果我们需要保持规范不变性, 则需要补偿这一项. 为此, 让我们引入一组规范场 $\mathbf{A}_\mu$, 它们是 $N \times N$ 的厄米矩阵 (Hermitian matrix). 然后把 ∂_μ 替换为 "协变导数"

$$\mathbf{D}_\mu \equiv \partial_\mu + ig\mathbf{A}_\mu, \tag{4.10}$$

其中 g 是规范耦合常数. 如果我们假设在规范变换下, $\mathbf{A}_\mu \to \tilde{\mathbf{A}}_\mu$, 则有

$$\mathbf{D}_\mu \boldsymbol{\psi} \to \tilde{\mathbf{D}}_\mu(\mathbf{U}\boldsymbol{\psi}) = \mathbf{U}\left(\partial_\mu + ig\mathbf{U}^{-1}\tilde{\mathbf{A}}_\mu\mathbf{U} + \mathbf{U}^{-1}(\partial_\mu\mathbf{U})\right)\boldsymbol{\psi}.$$

(注意在做乘法时我们必须小心乘积的顺序, 因为一般来说这些矩阵并不对易.) 因此, 我们假设如下的变换律:

$$\mathbf{A}_\mu \to \tilde{\mathbf{A}}_\mu = \mathbf{U}\mathbf{A}_\mu\mathbf{U}^{-1} + \frac{i}{g}(\partial_\mu\mathbf{U})\mathbf{U}^{-1}. \tag{4.11}$$

这样一来就有

$$\mathbf{D}_\mu\boldsymbol{\psi} \to \tilde{\mathbf{D}}_\mu(\mathbf{U}\boldsymbol{\psi}) = \mathbf{U}\mathbf{D}_\mu\boldsymbol{\psi}.$$

因此, 拉格朗日量

$$\mathcal{L} = i\bar{\boldsymbol{\psi}}\gamma^\mu\mathbf{D}_\mu\boldsymbol{\psi} - m\bar{\boldsymbol{\psi}}\boldsymbol{\psi} \tag{4.12}$$

在 $U(N)$ 的局域规范变换下就是不变的. 为了导出规范场的拉格朗日量, 我们注意到

$$\mathbf{F}_{\mu\nu} \equiv \mathbf{D}_\mu\mathbf{A}_\nu - \mathbf{D}_\nu\mathbf{A}_\mu = \partial_\mu\mathbf{A}_\nu - \partial_\nu\mathbf{A}_\mu + ig\left(\mathbf{A}_\mu\mathbf{A}_\nu - \mathbf{A}_\nu\mathbf{A}_\mu\right) \tag{4.13}$$

的变换规律是 $\mathbf{F}_{\mu\nu} \to \tilde{\mathbf{F}}_{\mu\nu} = \mathbf{U}\mathbf{F}_{\mu\nu}\mathbf{U}^{-1}$. 因此, 最简单的规范不变的洛伦兹标量是 $\mathrm{tr}\left(\mathbf{F}_{\mu\nu}\mathbf{F}^{\mu\nu}\right)$. 这样一来, 我们得到完整的拉格朗日量是

① ∂_μ 原文作 ∂_α, 根据上下文改, 下同.

$$\mathcal{L} = i\bar{\psi}\gamma^{\mu}\partial_{\mu}\psi - m\bar{\psi}\psi - g\bar{\psi}\gamma^{\mu}\mathbf{A}_{\mu}\psi - \frac{1}{2}\mathrm{tr}\left(\mathbf{F}_{\mu\nu}\mathbf{F}^{\mu\nu}\right). \tag{4.14}$$

其中的最后一项的系数是我们用了场数 $N \geqslant 2$ 时的标准归一化后的结果.

习题 4.2　推导 $\mathbf{F}^{\mu\nu}$ 的变换律. (提示　为了简化计算, 可以先证明然后应用如下的对易规则: $\tilde{\mathbf{D}}_{\mu}\mathbf{U} = \mathbf{U}\mathbf{D}_{\mu}$.)

因此, 从一个简单的想法出发, 我们得到了一个重要结果. 也就是说, 费米子和规范场的相互作用, 以及规范场的最简单的可能的拉格朗日量, 都可以由规范不变性的要求完全确定下来. 我们在这里需要再次强调的是, 规范场必须是无质量的, 这是因为质量项会破坏规范不变性.

$U(1)$ 和 $U(N)$ 群有一个重要的区别. $U(1)$ 群的所有群元 (复数) 都是相互对易的 (阿贝尔群 (Abelian group)), 而在 $U(N)$ 群的情况下群元一般不能对易 (非阿贝尔群). 这区别有一个重要的物理结果. $U(1)$ 规范场没有自耦合, 它只跟费米子相互作用 (即(4.13)式中的最后一项在 $N = 1$ 的情况下等于零). 或者换句话说, 这个规范场不能携带群的荷 (即光子是电中性的). 非阿贝尔的 $U(N)$ 场是可以携带群荷的, (4.13)式的最后一项就是它们的自相互作用.

习题 4.3　考虑 N 个复标量场 (而不是费米子场), 找出在这种情况下的相互作用项. 画出对应的费曼图, 包括描述规范场自相互作用的图.

为了找出能够保持规范不变性所需要的补偿场的最小数目, 我们必须计算 $U(N)$ 群的生成元的数目, 或者换句话说 $N \times N$ 幺正矩阵的独立矩阵元的个数. 任何幺正矩阵都可以写为

$$\mathbf{U} = \exp(i\mathbf{H}), \tag{4.15}$$

其中 $\mathbf{H}$ 是一个厄米矩阵 ($\mathbf{H} = \mathbf{H}^{\dagger}$).

习题 4.4　证明描述 $N \times N$ 的厄米矩阵的独立实数的个数为 N^2.

相应地, 一个厄米矩阵 $\mathbf{H}$ 总是能够分解为 N^2 个独立的基矩阵 (*basis matrices*) 的线性叠加, 其中的一个是单位矩阵:

$$\mathbf{H} = \theta\mathbf{1} + \sum_{C=1}^{N^2-1} \theta^{C}\mathbf{T}_{C} = \theta\mathbf{1} + \theta^{C}\mathbf{T}_{C}, \tag{4.16}$$

其中 $\mathbf{T}_C$ 是无迹矩阵, θ^C 是实数. 因此有

$$\mathbf{U} = e^{i\theta}\exp\left(i\theta^{C}\mathbf{T}_{C}\right). \tag{4.17}$$

前面那个因子对应于 $U(N)$ 的 $U(1)$ 的阿贝尔子群, 而后面的指数项属于 $SU(N)$ 子群, 它由所有 $\det\mathbf{U}=1$ 的幺正矩阵组成. 因此我们可以写下如下关系: $U(N)=U(1)\times SU(N)$, 这样就可以独立地处理局域的 $SU(N)$ 群. $SU(N)$ 群有 N^2-1 个独立生成元, 因此我们至少需要 N^2-1 个独立的补偿场 A_μ^C. 厄米矩阵 $\mathbf{A}_\mu$ 可以据此写为

$$\mathbf{A}_\mu = A_\mu^C \mathbf{T}_C. \tag{4.18}$$

对 $SU(2)$ 和 $SU(3)$ 群来说, 使用 $\boldsymbol{\sigma}_C/2$ 和 $\boldsymbol{\lambda}_C/2$ 作为基矩阵是很方便的. 这里的 $\boldsymbol{\sigma}_C$ 就是大家熟悉的三个泡利 (Pauli) 矩阵, $\boldsymbol{\lambda}_C$ 是八个盖尔曼 (Gell-Mann) 矩阵. 这些矩阵的具体形式在本书中不需要.

4.2 量子色动力学和夸克-胶子等离子体

强力是把原子核中的中子和质子束缚在一起的力. 参与强相互作用的粒子称为强子 (hadrons). 强子可以是费米子, 也可以是玻色子. 其中的费米子的自旋为半整数, 称为重子 (baryons). 而玻色子的自旋为整数, 称为介子 (mesons). 强子的家族极其庞大. 到目前为止发现的强子多至数百种. 如果这些粒子全都是基本粒子的话, 对物理学家来说可以算是一场噩梦了. 幸运的是, 强子都是复合粒子, 它们由自旋为 1/2 的费米子构成. 这种更基本的费米子称为夸克 (quarks). 这种构成复合粒子的方式类似于所有的化学元素都由质子和中子构成. 不过与化学元素不同的是, 每个化学元素都有自己的名称, 但只有最轻的和最重要的强子才配拥有名字, 用以反映它们的 “独特性”. 为了对强子进行分类 (或者用另一种语言来讲, 将强子填入 “周期表” 中), 我们需要五种不同类型 (味) 的夸克, 每一种都伴随着相应的反夸克. 标准模型中为了消除反常, 必须有第六种夸克, 它在实验上也已经被发现了. 夸克的质量和电荷是不一样的. 其中的三种, 即 u(上 (up)), c(粲 (charm)), t(顶 (top)) 夸克, 携带正电荷, 大小为 $+2/3$ 的基本电荷. 另外三种夸克, 即 d(下 (down)), s(奇 (strange)), b(底 (bottom)), 其电荷为负, 大小为 $-1/3$ 的基本电荷.

描述夸克的强相互作用的 $SU(3)$ 规范理论称为量子色动力学 (quantum chromodynamics, QCD). 根据这个理论, 每一个给定味的夸克都可能带有三种颜色之一: “红” (r),“蓝” (b), “绿” (g). 所谓颜色不过是给 $SU(3)$ 规范群的荷取的名字而已. 它们作用在旋量场的同味但不同色的三重态上. 规范不变的量子色动力学拉格朗日量是

$$\mathcal{L} = \sum_{f,C}\left(i\bar{\boldsymbol{\psi}}_f\gamma^\mu\partial_\mu\boldsymbol{\psi}_f - m_f\bar{\boldsymbol{\psi}}_f\boldsymbol{\psi}_f - \frac{1}{2}g_s\left(\bar{\boldsymbol{\psi}}_f\gamma^\mu\boldsymbol{\lambda}_C\boldsymbol{\psi}_f\right)A_\mu^C\right) - \frac{1}{2}\mathrm{tr}\left(\mathbf{F}_{\mu\nu}\mathbf{F}^{\mu\nu}\right). \tag{4.19}$$

其中 g_s 是强相互作用耦合常数, $\boldsymbol{\lambda}_C(C=1,\cdots,8)$ 是八个盖尔曼 3×3 矩阵, f 遍历六种夸克味: u,d,s,c,t,b. 存在八个规范场 $\mathbf{A}_\mu^C$, 称为胶子 (*gluons*), 是传递强相

互作用的粒子. 符号 $\boldsymbol{\psi}_f$ 表示的是三个夸克旋量场的列矩阵:

$$\boldsymbol{\psi}_f \equiv \begin{pmatrix} r_f \\ b_f \\ g_f \end{pmatrix}, \tag{4.20}$$

其中 r_f 是描述带有 f 味道的红色的夸克的狄拉克旋量, 其他色以此类推. 裸夸克质量 m_f 是通过实验测定的. 不同夸克的质量大不相同, 而且也不是众所周知的. 最轻的 u 夸克的质量是 1.5—4.5 MeV. d 夸克稍微重一点: $m_d = 5$—8.5 MeV. 奇夸克的质量大概是 80—155 MeV. 剩下的三种夸克则要重得多: $m_c = (1.3 \pm 0.3)$ GeV, $m_b = (4.3 \pm 0.2)$ GeV, $m_t \sim 170$ GeV.

夸克的反粒子称为反夸克 (antiquarks). 它们携带的颜色是 "反红" ($\bar{r}$), "反蓝" ($\bar{b}$), 以及 "反绿" ($\bar{g}$). 和光子不同, 胶子也是带荷的. 它们可携带一单位的色荷和一单位的反色荷. 例如, 利用盖尔曼矩阵 $\boldsymbol{\lambda}_1$ 的具体形式, 我们可以得到拉格朗日量(4.19)中的第一个相互作用项是

$$g_s\left(\bar{b}r + \bar{r}b\right) A^1,$$

这里我们忽略掉了味指标及时空指标, 也没有写狄拉克矩阵. 描述这个相互作用的适当的夸克-胶子顶角画在图 4-2中. 当一个夸克改变颜色时, 颜色之差由胶子携带. 在这个例子里是 $\bar{b}r$ 或者 $\bar{r}b$ 的形式. $(\bar{b}r + \bar{r}b)$ 是胶子的 "色八重态"(color octet) 中的第一个态. 利用盖尔曼矩阵的具体形式, 读者很容易就可以得到八重态的其他七个态. 然而从原则上讲, 利用三种色和三种反色, 我们可以构造出九种独立的色-反色组合: $r\bar{r}, r\bar{b}, r\bar{g}, b\bar{r}, b\bar{b}, b\bar{g}, g\bar{r}, g\bar{b}, g\bar{g}$. 因此, 我们想知道是哪种特殊的色组合形式并没有出现在拉格朗日量(4.19)中因而并不参加强相互作用. 答案是 "色单态" (color singlet) $\left(r\bar{r} + b\bar{b} + g\bar{g}\right)$, 它在 $SU(3)$ 的规范变换下不变. 只有在 $\boldsymbol{\lambda}$ 矩阵中包含单位矩阵时, 这种色组合才会出现. 但是, 当我们决定把理论限制在子群 $SU(3)$ 而不是 $U(3)$ 群时, 单位矩阵已经被我们排除了. $U(3)$ 群会有一个额外的 $U(1)$ 规范玻色子, 它和其他胶子都没有耦合. 这个玻色子会引发所有的强子之间出现长程的相互作用, 且与电荷无关. 这明显与实验结果矛盾.

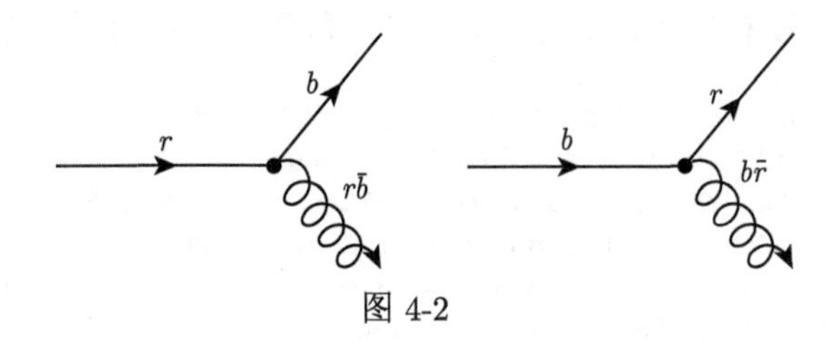

图 4-2

和光子不同的是, 胶子可以和胶子发生相互作用. 非阿贝尔规范场的拉格朗日量含有场强 A 的三次方和四次方项, 因此对应的相互作用顶角分别有三条和四条腿.

守恒律可以很容易地由基本顶角决定. 首先, 我们看到在强相互作用中夸克的味不改变. 这导致一系列的味守恒定律. 夸克的总数减去反夸克的总数也是守恒的, 因此总的重子数守恒 (惯例是规定夸克的重子数是 $1/3$, 反夸克的重子数是 $-1/3$). 此外, 还存在一个类似于电动力学中的电荷守恒的色守恒定律.

乍看起来夸克的数目太多 (6味 $\times$ 3色 $=$ 18 种夸克), 无法漂亮地解释 "强子周期表": 化学元素周期表只由两种基本组分——质子和中子构成. 然而, 读者不能忘记的是, 化学元素可以由任意多的质子和中子组成, 而几百种强子只由夸克-反夸克对或者三个夸克组成①. 准确地说, 所有的介子都由夸克-反夸克对组成, 而所有的重子都由三个夸克组成. 例如, 最轻的重子是质子和中子, 它们分别由 uud 和 udd 三个夸克组成. 最轻的介子是 π^+, 它由一个 u 夸克和一个 $\bar{d}$ 反夸克组成.

为什么两个或者四个夸克的束缚态系统不能作为自由 "粒子" 而存在? 有一个很深刻的原因. *任何自然产生的粒子必须是色单态*. 这个论断被称为色禁闭假说 (*confinement* hypothesis). 根据这个假说, 任何带色荷的粒子, 无论它们是基本粒子还是复合粒子, 都无法在色禁闭能标下被观测到. 特别是, 夸克一定是束缚在介子和重子之中的.

正如我们已经看到的那样, 无色的胶子态 $\left(r\bar{r}+b\bar{b}+g\bar{g}\right)$ 不进入基本的拉格朗日量(4.19)中. 因此, 可以很自然地设想适当的无色复合粒子对强相互作用是 "中性" 的, 而且可以存在于任何能标. 上面这个色单态只能通过夸克-反夸克对构造出来, 它对应于介子. 另一种可能的色单态是三夸克组合: $(rbg-rgb+grb-gbr+bgr-brg)$, 它对应于强子. 所有其他的无色态都可以解释成在描述几个介子或者重子.

习题 4.5 证明色-反色和三夸克组合确实是无色的. 也就是说, 它们在规范变换下不变. (*提示* 不同的反色可以理解为三个基本的行矩阵, $\bar{r}=(1,0,0)$, $\bar{b}=(0,1,0)$, $\bar{g}=(0,0,1)$. 不同的色对应于相应的列矩阵.)

原则上讲, 色禁闭应该可以从基本的拉格朗日量(4.19)中推导出来. 但是直到现在, 这个目标还没有实现. 无论如何, 实验和理论上都有强烈的证据说明该假

① Gell-Mann 等提出, 存在更多夸克组成的粒子, 称之为奇特强子. 例如最近的观测表明存在两对正反夸克或四个夸克和一个反夸克形成的束缚态, 分别称为四夸克态 (tetraquark) 或五夸克态 (pentaquark). 参见 Ablikim et al. (BESIII Collaboration), *Observation of a Charged Charmoniumlike Structure in* $e^+e^-\to\pi^+\pi^-J/\psi$ *at* $\sqrt{s}=4.26$ *GeV*, Phys.Rev.Lett. 110 (2013) 252001, arXiv:1303.5949; Aaij et al. (LHCb collaboration), *Observation of* $J/\psi p$ *resonances consistent with pentaquark states in* $\Lambda_b^0\to J/\psi K^-p$ *decays*, Phys.Rev.Lett. 115 (7), 072001, arXiv:1507.03414. 感谢郭奉坤对此问题的评论.

设是合理的. 特别是, 强相互作用的强度随着能量的降低而增加, 这一事实强烈支持色禁闭的思想. 强耦合常数的能标依赖给出了另一个重要的特征: 相互作用强度在能量非常高 (或者等价地说在距离非常短) 的极限下消失. 这称为渐近自由 (*asymptotic freedom*). 其结果是, 这允许我们利用微扰论计算高能强子的强相互作用过程. 我们将会在下面解释为什么耦合常数是依赖于标度的, 并计算它是如何 "跑动" 的. 为了引入跑动的耦合常数概念, 我们先从熟悉的电磁相互作用出发, 然后推导出一般的可重整场论的结果, 并将其应用于量子色动力学.

4.2.1 跑动的耦合常数和渐近自由

让我们考虑两个带电粒子. 根据量子电动力学, 它们的相互作用通过交换光子来实现, 可以用一系列费曼图来表示. 其中有一些在图 4-3中画出. 对某一特定的费曼图来说, 它对总的相互作用强度的贡献正比于图中所含的基本顶角的数量. 每一个顶角带了一个 e 的因子. 因为 $e \ll 1$, 对相互作用的最大贡献 ($\propto e^2$) 来自于最简单的费曼图 (树图), 它只有两个顶角. 下一阶 (单圈) 的图有 4 个顶角, 其贡献正比于 e^4. 因此, 图 4-3中的费曼图实际上就是一个按照精细结构常数

$$\alpha \equiv \frac{e^2}{4\pi} \simeq \frac{1}{137}$$

的幂次进行微扰展开的图形化表示. 相互作用强度不只是依赖于荷, 它还依赖于粒子之间的距离. 它由 4-动量的转移确定:

$$q^{\mu} = p_2^{\mu} - p_1^{\mu}. \tag{4.21}$$

注意对虚光子来说 $q^2 \equiv |q^{\mu} q_{\mu}| \neq 0$, 也就是说它们并没有在质壳 (mass shell) 上.

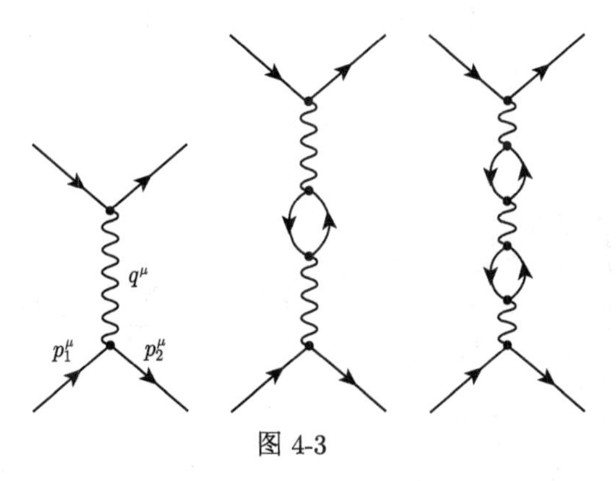

图 4-3

含有闭合圈的那些图一般来说是发散的. 幸运的是, 在所谓的可重整理论中, 这些发散可以 "隔离" 并跟裸耦合常数、裸质量等 "组合" 起来. 我们在实验中测量

的不是裸参数的值, 而只是它们 “与无穷大组合起来” 的结果. 例如, 给定一个由动量转移 $q^2 = \mu^2$ 描述的距离 (称为重整化点 (normalization point)), 我们可以测量相互作用力, 并由此确定重整化的耦合常数 $\alpha(\mu^2)$. 它才是实际出现在微扰展开中的参数. 在消除以及吸收无穷大之后, 还存在依赖于 q^2 的圈图对相互作用力的贡献 (真空极化 (vacuum polarization) 效应). 它们同样可以吸收进重新定义的耦合常数中去. 现在耦合常数依赖于 q^2, 换言之就是开始跑动. 在无质量极限下 (即 $q^2 \gg m^2$), 无量纲的跑动耦合 “常数”$\alpha(q^2)$ 可以按照重整化的耦合常数 $\alpha(\mu^2)$ 的幂次进行展开. 按照量纲分析, 这个展开是

$$\alpha(q^2) = \alpha(\mu^2) + \alpha^2(\mu^2) f_1\left(\frac{q^2}{\mu^2}\right) + \cdots = \sum_{n=0}^{\infty} \alpha^{n+1}(\mu^2) f_n\left(\frac{q^2}{\mu^2}\right), \tag{4.22}$$

其中 $f_0 = 1$, 而其他阶的函数 f_n 由相应的 n 圈图决定. 由于在 $q^2 = \mu^2$ 时有 $\alpha(q^2) = \alpha(\mu^2)$, 我们得到在 $n \geqslant 1$ 时有

$$f_n(1) = 0.$$

如果我们考虑一个 q 动量转移的过程, 我们可以用跑动的耦合常数 $\alpha(q^2)$ 而不是 $\alpha(\mu^2)$ 来作为剩下的其他有限费曼图的展开参数. 这相当于是把发散的图进行重求和 (resummation) 以得到有限的贡献. 然而, 为了得到这个重求和, 我们必须搞清楚微扰展开(4.22)的结构, 并找到一种可以对这个级数或者至少它的一部分进行重求和的方法. 这一过程可以通过简单的物理思考得到. 我们注意到耦合常数 $\alpha(q^2)$ 的值不应该依赖于重整化点 μ^2, 因为它是任意选取的. 因此, (4.22)的右边对 μ^2 的导数应该等于零:

$$\frac{d}{d\mu^2}\left(\sum_{n=0}^{\infty} \alpha^{n+1}(\mu^2) f_n\left(\frac{q^2}{\mu^2}\right)\right) = 0. \tag{4.23}$$

计算这个导数并对结果进行一番整理, 我们可以得到关于 $\alpha(\mu^2)$ 的如下微分方程[①]:

$$\frac{d\alpha(\mu^2)}{d\ln(\mu^2)} = \alpha^2\left(\frac{\sum_{l=0}^{\infty} x f'_{l+1}(x)\alpha^l}{\sum_{l=0}^{\infty}(l+1) f_l(x)\alpha^l}\right) = \alpha^2\left(\mu^2\right)\left(\sum_{l=0}^{\infty} f'_{l+1}(1)\alpha^l\left(\mu^2\right)\right), \tag{4.24}$$

① 直接计算导数得到相等的两个级数:

$$\left(\sum_{l=0}^{\infty}(l+1)\alpha^l f_l(x)\right)\frac{d\alpha}{d\ln\mu^2} = \sum_{n=0}^{\infty}\alpha^{n+1} x f'_n(x) = \sum_{n=1}^{\infty}\alpha^{n+1} x f'_n(x) = \sum_{l=0}^{\infty}\alpha^{l+2} x f'_l(x).$$

第二个等式注意到右边的 $n = 0$ 项不贡献, 求和实际上是从 $n = 1$ 开始. 重新定义 $l = n - 1$, 得到最后的等式并可以由此推出(4.24).

其中一撇表示对 $x \equiv q^2/\mu^2$ 求导数. (4.24)中的两个求和之比不应该依赖于 x, 因为这式子的左边是不依赖于 x 的. 因此, 我们可以直接令 $x = 1$, 这样就直接得到了(4.24)中的第二个等式. 这两个求和之比不依赖于 x 的要求强烈限制了函数 $f_n(x)$ 的可容许的形式. 从第二个等式中, 我们可以推导出下面的迭代关系:

$$\frac{df_{n+1}(x)}{d\ln x} = \sum_{k=0}^{n}(k+1)f'_{n+1-k}(1)f_k(x). \tag{4.25}$$

习题 4.6 证明这些迭代关系的通解是[①]

$$f_n(x) = \sum_{l=0}^{n} c_l \left(\ln x\right)^l, \tag{4.26}$$

其中领头阶的对数的系数是 $c_n = (f'_1(1))^n$.

跑动的耦合常数 $\alpha(q^2)$ 依赖于 q^2 的方式, 与 $\alpha(\mu^2)$ 依赖于 μ^2 的方式一致. 因此, $\alpha(q^2)$ 满足如下方程:

$$\frac{d\alpha(q^2)}{d\ln(q^2)} = \alpha^2\left(q^2\right)\left(\sum_{l=0}^{\infty} f'_{l+1}(1)\alpha^l\left(q^2\right)\right). \tag{4.27}$$

直接把(4.24)中的 μ^2 替换为 q^2 就可以得到这个结果. 方程(4.24)和(4.27)就是著名的盖尔曼-洛重整化群方程 (Gell-Mann-Low *renormalization group* equations). 这方程右边的表达式

$$\beta(\alpha) = f'_1(1)\alpha^2 + f'_2(1)\alpha^3 + \cdots \tag{4.28}$$

---

① 首先注意到这些系数 c_l 必须要依赖于 n. 因此这里将其写作 $c_l^{(n)}$. 把(4.26)对应的 f_{n+1} 的级数求和对 $\ln x$ 求导数, 得到

$$\frac{df_{n+1}}{d\ln x} = \sum_{l=0}^{n+1} l c_l^{(n+1)} (\ln x)^{l-1} = \sum_{l=1}^{n+1} l c_l^{(n+1)} (\ln x)^{l-1} = \sum_{l=0}^{n} (l+1) c_{l+1}^{(n+1)} (\ln x)^l.$$

(4.25)的右边也可以如法炮制:

$$\sum_{k=0}^{n}(k+1)f'_{n+1-k}(1)f_k(x) = \sum_{k=0}^{n}(k+1)f'_{n+1-k}(1)\sum_{l=0}^{k} c_l^{(k)}(\ln x)^l = \sum_{l=0}^{n}\sum_{k=l}^{n}(k+1)f'_{n+1-k}(1)c_l^{(k)}(\ln x)^l.$$

这里第二步是简单地交换了求和指标. 这样一来, 对比 $(\ln x)^l$ 的系数, 我们就得到 $c_{l+1}^{(n+1)} = \sum_{k=l}^{n} \frac{k+1}{l+1} f'_{n+1-k}(1)c_l^{(k)}$. 只要系数满足这个递推关系, (4.26)就是(4.25)的解. 令 $l = n$, 我们即可得到 $c_{n+1}^{(n+1)} = f'_1(1)c_n^{(n)}$. 继续对 $c_n^{(n)}$ 做此操作并注意到 $c_0^{(0)} = 1$, 我们就得到 $c_n^{(n)} = (f'_1(1))^n$. 感谢毛正俊与译者进行有益讨论.

称为 β 函数.

上面得到的结果是一般性的, 对任何可重整的量子场论都适用. 从某一个具体理论出发, 我们所需要的唯一输入值就是系数 $f_n'(1)$ 的数值. 例如, 为了计算 $f_1'(1)$, 我们必须计算适当的单圈费曼图. 其他系数需要计算相应的高圈图.

让我们首先假设在感兴趣的 q^2 范围内有 $\alpha(q^2) \ll 1$ (这一假设可以后验地检验). 在这种情况下, 我们可以只保留 β 函数中的领头阶单圈项 $f_1'(1)\alpha^2$, 忽略掉所有更高阶的贡献. 方程(4.27)可以很容易通过积分解出, 其解为

$$\alpha(q^2) = \frac{\alpha\left(\mu^2\right)}{1 - f_1'(1)\alpha\left(\mu^2\right)\ln\left(q^2/\mu^2\right)}, \tag{4.29}$$

其中 $\alpha(\mu^2)$ 作为一个积分常数再次出现. 这个表达式实际上对应于级数(4.22)的部分重求和. 从(4.26)可以看出, 这个重求和只算上了所有 n 圈费曼图中作为领头阶的 $(\ln x)^n$ 项的贡献. 如果我们知道了两圈的 β 函数, 再结合盖尔曼-洛方程, 我们就可以对次领头阶的对数项进行重求和.

习题 4.7　在两圈近似下推导出跑动耦合常数的行为. (系数 $f_1'(1)$ 不依赖于重整化方案 (renormalization scheme), 而 $f_2'(1)$, $f_3'(1)$ 等一般是依赖于重整化方案的.)

在量子电动力学里, 系数 $f_1'(1)$ 是正数且等于 $1/3\pi$. 在这种情况下, 两个荷靠近 (q^2 增加) 时耦合常数 $\alpha\left(q^2\right)$ 增加. 这是真空极化的直接结果. 实际上, 真空可以理解为某种形式的 "电偶极介质" (dielectric media), 其中负电荷可以吸引正电荷并排斥负电荷. 其结果是, 电荷会被周围的极化 "晕"(halo) 包围, 这个晕可以起到屏蔽电荷的作用. 因此, 一个负电荷从远处 (即 q^2 很小时) 观察起来, 会被其周围的晕压低. 当 q^2 增加时, 我们更加靠近这个电荷, 穿入晕的内部, 因此观察到的屏蔽效应就减弱了.

在量子色动力学里, 我们仍然有图 4-3所示的单圈图. 其中的电子和光子分别要改为夸克和胶子. 它们也同样给出对 $f_1'(1)$ 的正的贡献, 其大小正比于这一类可能的费曼图的数量, 也就是夸克的味数. 但是, 正如之前已经注意到的那样, 胶子和光子不一样, 是携带荷的. 因此, 在量子色动力学里, 除了图 4-3所示的单圈图之外, 还存在虚胶子圈贡献的单圈图 (见图 4-4). 它们对 $f_1'(1)$ 的贡献是*负的*, 而且这一类可能出现的图的数量正比于色数. 对存在 f 种无质量味和 n 种色的非贝尔规范理论而言, 我们有

$$f_1'(1) = \frac{1}{12\pi}\left(2f - 11n\right). \tag{4.30}$$

习题 4.8　为什么费米子对 $f_1'(1)$ 的贡献不依赖于色数? 为什么胶子的贡献

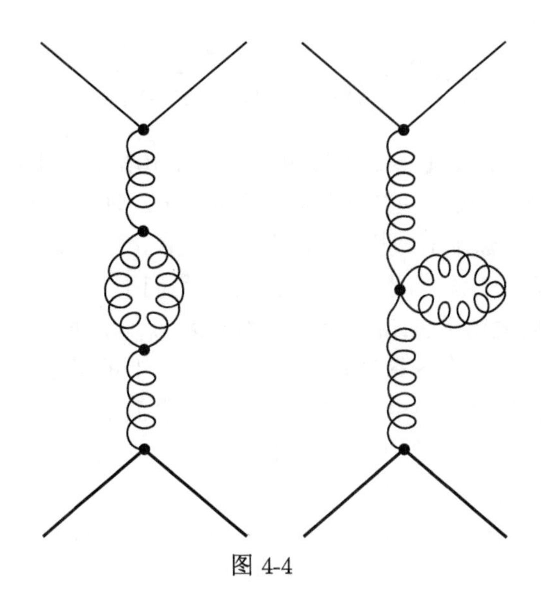

图 4-4

正比于色数, 而不是正比于胶子的种数? 为什么单圈胶子图 (来源于 A^4 的耦合) 不贡献到 $f_1'(1)$?

跑动的耦合常数的公式是在费米子质量相对于 q 可以忽略的极限下推导出来的. 可以证明, 质量为 m 的费米子对 $f_1'(1)$ 贡献只有在 q^2 大于 m^2 时才是显著的. 因此, 随着能标越过夸克的质量, β 函数的系数会产生不连续的跃变. 在量子色动力学里, 能量大于顶夸克的质量 (~ 170 GeV) 时, $f=6$. 在 5 GeV $\ll q \ll$ 170GeV 的范围内, $f=5$. 另一方面, 因为颜色数 $n=3$, $f_1'(1)$ 总是小于零的. 这导致了非常深刻的物理后果. 如(4.29)式所示, 跑动的 "强相互作用精细结构常数", $\alpha_s(q^2) \equiv g_s^2/4\pi$, 随着 q^2 的增加而减小. 这和量子电动力学的结果正好相反. 强相互作用的强度在非常高的能标 (非常短的距离) 下减小, 因此 α_s 变为远小于 1 的, 我们就可以用微扰论来计算高能强子过程. 我们用以推导 $\alpha_s(q^2)$ 的近似随着 q^2 的增长变得越来越可靠, 而在 $q^2 \to \infty$ 的极限下, 强相互作用消失. 量子色动力学的这种性质称为渐近自由 (*asymptotic freedom*). 耦合常数的减小是由胶子圈导致的, 其贡献压过了费米子圈的贡献, 因此导致了对色的反屏蔽 (antiscreen). 夸克的色主要是由其周围的胶子的极化晕贡献的.

(4.29)式中的重整化点 μ^2 是任意选取的, 而 $\alpha_s(q^2)$ 的值不依赖于这个选取. 引入物理的能标 Λ_{QCD}, 它由下式给出:

$$\ln \frac{\Lambda_{\text{QCD}}^2}{\mu^2} = -\frac{12\pi}{(11n-2f)\alpha_s(\mu^2)}.$$

我们就可以把描述跑动耦合常数的(4.29)式改写为单参数的形式:

$$\alpha_s(q^2) = \frac{12\pi}{(11n - 2f)\ln\left(q^2/\Lambda_{\rm QCD}^2\right)}. \tag{4.31}$$

实验测量值给出 $\Lambda_{\rm QCD}$ 大概是 220 MeV (精度为 10%). 强相互作用耦合常数 α_s 在 $q \simeq 100$ GeV 时为 0.13. 它在能标降到 10 GeV 时升高为 0.21 (在这个能量区域内 $f = 5$). 根据(4.31)式, 强相互作用的强度在 $q^2 = \Lambda_{\rm QCD}^2$ 时变为无穷大. 然而, 这不过是一个基于色禁闭假说的估算结果. 我们不应忘记(4.31)是在单圈近似下推导出来的, 且只适用于 $\alpha_s(q^2) \ll 1$, 即 $q^2 \gg \Lambda_{\rm QCD}^2$. 在 $q^2 \sim \Lambda_{\rm QCD}^2$ 时, 所有的圈图对 β 函数的贡献都差不多大小. 而当 α_s 变为 1 的量级时, (4.31)式失效. 这时为了更进一步, 我们必须使用非微扰方法, 例如数值格点计算 (numerical lattice calculation). 这些方法得出的结果也强烈支持色禁闭的思想.

量子色动力学只有在我们考虑 $q \gg \mathcal{O}(1)$ GeV 以上的能标时才是个定量的理论. 将重子束缚在核子中的强相互作用力是一个低能过程, 因此不能用微扰论进行计算. 它只能用集团多胶子 (collective multi-gluon) 和 π 介子交换来进行定性解释.

4.2.2　宇宙学夸克-胶子相变

在高温和/或重子密度的情况下, 我们预期会存在一个从强子物质到夸克-胶子等离子体的转变 (transition)[①] . 在极早期宇宙中, 当温度超过 $\Lambda_{\rm QCD} \simeq 220$ MeV 时, 强相互作用耦合 $\alpha_s(T^2)$ 很小, 因此绝大多数的夸克和胶子之间只存在微弱的相互作用. 它们不再是禁闭在特定的强子中, 因此它们的自由度完全释放出来了. 在这个极限下, 夸克-胶子等离子体由无相互作用的自由夸克和自由胶子组成, 并且可以用理想气体近似描述. 当然, 在高能标下总是存在小动量的软模 (soft modes), 满足 $q^2 \leqslant \Lambda_{\rm QCD}^2$. 这些软模没办法用无相互作用粒子来描述. 不过在 $T \gg \Lambda_{\rm QCD}$ 时, 它们对总能量密度的贡献非常微小. 重子数是很小的, 因此我们可以忽略掉相应的化学势 [②]. 因此, 夸克-胶子等离子体对总压强的贡献是

$$p_{qg} = \frac{\kappa_{qg}}{3}T^4 - B(T). \tag{4.32}$$

其中 $B(T)$ 代表那些来源于低能软模的修正. 而

$$\kappa_{qg} = \frac{\pi^2}{30}\left(2\times 8 + \frac{7}{8}\times 3\times 2\times 2\times N_f\right). \tag{4.33}$$

① 本书中的 transition 有时指的是 phase transition, 在这种情况下直接翻译为 “相变”. 有时 transition 只指一种转变过程, 而不涉及转变的性质. 特别是, 跨接 (cross-over) 过程不能称为相变 (phase transition), 但可以称为真空的转变 (transition). 翻译时会尽量考虑上下文而选择不同的用词.

② 根据 (3.56) 和 (3.83), 我们有 $\mu_b/T \sim (n_b - n_{\bar{b}})/T^3 \sim (n_b - n_{\bar{b}})/s \sim 10^{-10}$, 因此可以忽略.

右边的第一项是来自于八个胶子的贡献 (每个胶子有两个偏振模式), 第二项是来自于 N_f 个满足 $m_q \ll T$ 的轻夸克味的贡献 (每一味有三个色, 两个偏振, 以及额外的因子 2 以计算反夸克的贡献).

不幸的是, 修正项 $B(T)$ 没办法通过第一原理解析计算出来. 为了一窥 $B(T)$ 的基本性质, 我们可以采用一种色禁闭的唯象描述, 例如麻省理工学院口袋模型 (MIT bag model). 根据这个模型, 夸克和胶子是用口袋 (空间中有界的区域) 里的自由场来描述的. 这一个口袋对应于一个强子, 而口袋外面这些场为零. 为了以一种相对论不变性的方式来恰当地处理边条件, 我们在拉格朗日量中加入一个额外的 "宇宙学常数"B_0 (称为口袋常数 (bag constant)), 它在口袋外面为零. 这个 "宇宙学常数" 能产生负压强并因此阻止夸克从口袋中逃逸. 在夸克-胶子等离子体中, 口袋互相 "重叠", 在任意点都有 $B(T) = B_0 =$ 常数.

给定压强的情况下, 能量密度和熵可以利用热力学关系 (3.33) 和 (3.31) 推导出来:

$$s_{qg} = \frac{4}{3}\kappa_{qg}T^3 - \frac{\partial B}{\partial T}, \quad \varepsilon_{qg} = \kappa_{qg}T^4 + B - T\frac{\partial B}{\partial T}. \tag{4.34}$$

一般而言, 我们预言临界温度 T_c 大约就是 $\Lambda_{\text{QCD}} \simeq 200$ MeV. 当温度降到这个临界温度 T_c 以下时, 绝大多数的夸克和胶子都会被陷俘且禁闭于最轻的强子——π 介子 (π^0, $\pi^\pm$) 之中. 它们的质量大概是 130 MeV, 因此在转变发生的时候, 它们仍然可以当做极端相对论性粒子来处理. 在夸克和胶子结合之后, 总的自由度数急剧下降, 从 16(来源于胶子) $+ 12N_f$(来源于夸克) 变为 3(来源于 π 介子). 因此, 极端相对论性的 π 介子的压强和熵密度为

$$p_h = \frac{\kappa_h}{3}T^4, \quad s_h = \frac{4}{3}\kappa_h T^3, \tag{4.35}$$

其中 $\kappa_h = \pi^2/10$.

夸克-胶子等离子体到强子物质的转变是基本热力学量或者其导数的奇异行为 (分别对应于一阶或二阶相变), 还是这些量快速但是连续的变化导致的跨接 (cross-over)? 这取决于夸克的质量. 一阶相变通常和描写不同相的对称性的不连续变化有关①. 在不存在动力学夸克的 $SU(3)$ 纯规范理论中②, 一阶相变的存在已经被数值的格点计算所证实. 在两种夸克味的情况下我们预计会有一个二阶相变 (对称性连续变化). 在三种夸克的无质量极限下, 同样根据对称性的理由, 我们预

① 这里的 "对称性"(symmetry) 指的是相变过程中的序参量 (order parameter), 例如描写色禁闭的波利亚科夫圈 (Polyakov loop), 描写手征对称性的手征凝聚 (chiral condensate), 等等.

② $SU(3)$ 纯规范理论指的是没有夸克的动力学自由度 (即所有夸克的质量都是无穷大) 的理论. 这一段余下的讨论是基于夸克相图的, 即所谓的哥伦比亚图 (Columbia plot), 参见 Brown et al., *On the existence of a phase transition for QCD with three light quarks*, Phys.Rev.Lett. 65 (1990) 2491-2494.

料会出现一阶相变. 当夸克质量都不为零时, 相应的对称性是明显破缺的, 因此我们预计会出现跨接. 这是自然中最有可能实现的情况: 对三种和动力学相关的夸克而言, 其中的两种 (u,d) 是非常轻的, 而一种 (s) 是相对较重的. 然而, 虽然在这个问题上已经研究了二十多年, 宇宙学的夸克-胶子相变的特性还是没有牢固地建立起来. 这是因为在格点上对轻的动力学夸克进行计算非常困难. 因此, 宇宙早期存在一个真正的相变的可能性还没有被排除①.

不管这个相变的性质是什么样的, 在 T_c 附近的一段很窄的温度间隔内, 能量密度和熵的改变非常剧烈. 这个结果已被格点计算所证实. 它清楚地显示出夸克自由度的释放. 一阶相变过程在宇宙学中是最有趣的, 因此我们主要讨论一阶相变, 并根据口袋模型假设 $B(T) = B_0 =$ 常数. 通过这种方式我们可以重构出数值格点计算得到的物态方程的大概性质. 压强密度和熵密度作为温度的函数已在图 4-5中画出. 在 T_c 处, 即使对于一阶相变, 压强也应该是连续的, 允许两种相 (强子相和夸克-胶子等离子体) 共存. 因此, 在 $T = T_c$ 处令(4.32)式与(4.35)式相等, 我们可以把临界温度 T_c 用口袋常数 B_0 表示出来:

$$T_c = \left(\frac{3B_0}{\kappa_{qg} - \kappa_h}\right)^{1/4} = \left(\frac{180}{(26 + 21N_f)\,\pi^2}\right)^{1/4} B_0^{1/4}. \tag{4.36}$$

对于 $B_0^{1/4} \simeq 220$ MeV 以及对 $N_f = 3$ 个轻夸克味数, 我们有 $T_c \simeq 150$ MeV.

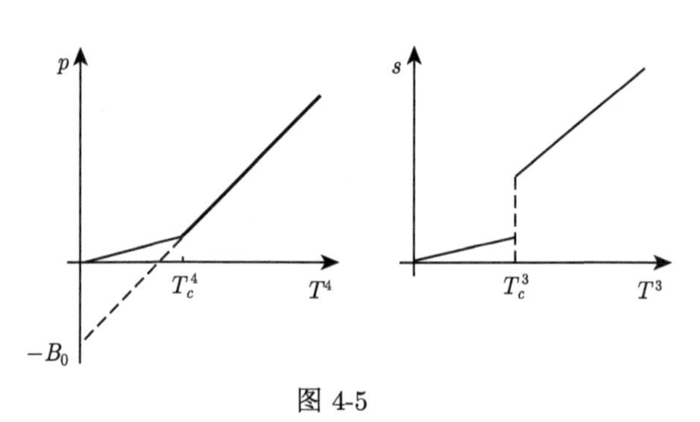

图 4-5

习题 4.9　如果重子数不为零, (4.32)式要如何修改? 将 $p_{qg}(T_c, \mu_B) \simeq 0$ 的条

① 目前对于没有化学势的情形，格点量子色动力学 (lattice QCD) 的计算已经基本完全确定这个转变是一个跨接 (HotQCD Collaboration, *Chiral Phase Transition Temperature in (2+1)-Flavor QCD*, Phys.Rev.Lett. 123 (2019) 062002, arXiv:1903.04801). 但是当化学势足够高时这一跨接是否会变成相变还不清楚 (Bazavov et al., *The QCD Equation of State to* $\mathcal{O}(\mu_B^6)$ *from Lattice QCD*, Phys.Rev.D 95 (2019) 054504, arXiv:1701.04325). 此外也有研究发现在 $SU(3)$ 纯规范理论中, 该相变温度之上存在另一个相变 (Alexandru, *Unusual Features of QCD Low-Energy Modes in the Infrared Phase*, Phys.Rev.Lett. 127 (2021) 5, 052303, arXiv:2103.05607). 但是真实物理（含有 u, d, s 三味夸克）的情形尚不明确. 译者感谢杨一玻对此问题的评论.

件 (其中 μ_B 是重子的化学势) 作为相变的近似判据, 在 T_c-μ_B 的平面内画出分隔强子相和夸克-胶子相的边界线. 为什么上面这个标准给出一个不错的近似?

在一阶相变的情况下, 熵密度在相变时刻是不连续的. 其跳变 $\Delta s_{qg} = (4/3)(\kappa_{qg} - \kappa_h)T_c^3$ 直接正比于活跃的 (active) 自由度数的改变. 一阶相变是通过在夸克-胶子等离子体中形成强子相的泡泡产生的. 随着宇宙的膨胀, 这种泡泡占据的空间越来越多. 当强子相占据绝大部分空间时, 相变结束. 在一阶相变的过程中, 温度严格为常数, 且它等于 T_c. 相变释放出来的相变潜热为 $\Delta\varepsilon = T_c\Delta s_{qg}$, 它能够保证在宇宙膨胀的情况下辐射和轻子的温度不变. 为了估算相变持续的时间, 我们必须利用总熵的守恒定律.

习题 4.10 考虑到在量子色动力学时期, 除了夸克和胶子之外, 还存在光子、三味中微子、电子、μ 子. 证明在相变期间标度因子膨胀了大约 1.5 倍.

如果转变是二阶相变或者是跨接, 则熵是一个温度的连续函数. 它在 T_c 的附近变化非常剧烈. 随着宇宙的膨胀, 温度总是降低的. 但是在相变的过程中, 温度近似是常数. 对跨接式转变的情况, 转变期间, 相的概念是没办法定义的.

正如我们已经提到的那样, 只有一阶的量子色动力学相变存在有趣的宇宙学后果. 这是由于一阶相变的"剧烈本质". 特别是, 它会产生重子分布的不均匀性, 因此影响到核合成. 然而, 计算表明这种效应太过微弱. 还存在其他的更具推测性质的效应, 例如夸克结块 (quark nuggets), 磁场和引力波的产生, 黑洞形成, 等等. 这些还属于探索性质的课题. 然而在目前看来, 量子色动力学相变似乎很难留下什么重要的可观测"痕迹". 在宇宙演化中, 这似乎是一个有趣但相当"安静"的阶段.

4.3 电弱理论

我们最熟悉的弱相互作用过程是中子衰变: $n \to pe\bar{\nu}_e$. 在 3.5 节里我们曾经用费米的四费米子相互作用理论来描述这个过程, 它在低能时是非常成功的. 然而, 这个理论无法自洽, 因为它不是可重整的, 而且在高能时 (大于 300 GeV) 还破坏幺正性 (几率守恒). 描述弱相互作用强度的费米常数 G_F 的量纲是质量的负二次方. 因此, 很自然地可以假设四费米子顶角只是两个三腿顶角 (带有无量纲的耦合常数 g_w) 组成的费曼图的低能极限, 它描述的是交换一个有质量玻色子 W 的过程 (参见图 4-6).

在能量比中间玻色子的质量低得多的情况下, 我们可以用 $1/M_W^2$ 来取代中间玻色子的传播子. 这个图就收缩成一个四腿图, 其等效耦合常数 $G_F = \mathcal{O}(1)g_w^2/M_W^2$. 注意到弱相互作用的矢量性质, 我们可以用规范对称性来描述这个理论. 然而, 我们立即遇到一个困难. 在上面的讨论中我们已经注意到规范玻色子必须是无质量的, 因为其质量项会破坏规范不变性、重整性以及幺正性. 这个困难最终在可重整的标准电弱理论中得到解决, 其解决方案是所有粒子的质量 (包括中间玻色子的) 都是通过与一个经典标量场的相互作用自然出现的. 电弱理论的基础是电磁相互作用和弱相互作用在 $SU(2) \times U(1)$ 规范群上的统一 (或者更准确地说,"混合"). $SU(2)$ 群和 $U(1)$ 群的规范耦合常数应该被认为是相互独立的, 因此 $SU(2) \times U(1)$ 群不能统一到一个单独的 $U(2)$ 群.

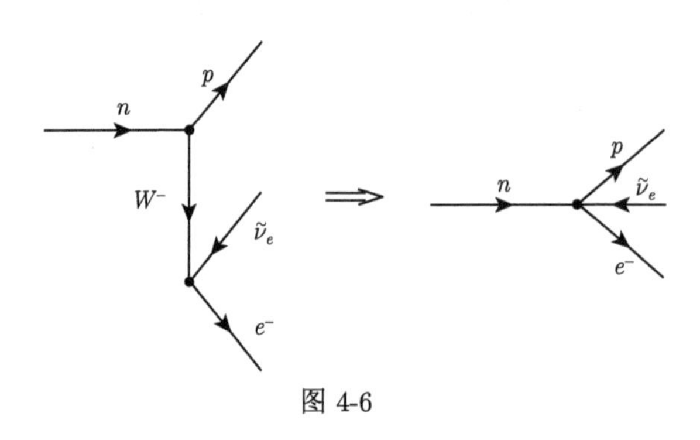

图 4-6

4.3.1 费米子部分

与夸克不同, 轻子不参与强相互作用. 不过轻子和夸克都参与弱相互作用. 三代带电的轻子, 即电子 e, 缪子 (muon) μ, 以及 τ 轻子 (τ-lepton), 各自伴随着相应的中微子ν_e, ν_μ, ν_τ.

中微子质量非常小. 我们可以先把它们当做无质量粒子来处理. 中微子的自旋为 1/2. 在运动方向上归一化的自旋分量称为*螺旋度* (*helicity*). 原则上, 它可以取 +1 或者 −1. 然而, 实验观测发现所有的中微子都是*左手的* (*left-handed*): 它们的螺旋度为 −1, 也就是说, 它们的自旋方向总是与其速度方向相反. 所有的反中微子都是*右手的* (*right-handed*). 因此, 在弱相互作用中, 右手性和左手性 (left-handedness) 之间的对称性 (即宇称 (parity) P) 被破坏了. 这导致理论是*手征的* (*chiral*). 注意到螺旋度的概念只有对以光速运动的无质量粒子而言才是洛伦兹不变的, 否则观测者总可以跑到一个比粒子运动速度更快的参考系去并因此改变粒子的螺旋度.

夸克和轻子都是有质量的. 然而, 由于理论的手征性质, 质量项无法在不破坏规范不变性的条件下直接引入. 在电弱理论中, 质量是通过与一个经典标量场的相互作用产生的. 我们会在后面处理这个问题. 目前为止, 我们还是把*所有的费米子*当作无质量粒子来处理.

弱相互作用中, 带荷的轻子可以变为其对应的电中性的中微子. 这样一来, 中间矢量玻色子就必须携带电荷, 其反粒子携带反号的电荷. 因此, 弱相互作用需要至少两种规范玻色子. 可纳入两种规范玻色子的最简单的规范群是 $SU(2)$ 群.

只有左手电子 (left-handed electron) e_L 可以变为左手中微子 ν_e. 它们组成一个 $SU(2)$ 的双重态 (doublet), 其变换为

$$\boldsymbol{\psi}_L^e \equiv \begin{pmatrix} \nu_e \\ e \end{pmatrix}_L \to \mathbf{U}\boldsymbol{\psi}_L^e, \tag{4.37}$$

其中 $\mathbf{U}$ 是一个 2×2 的幺正矩阵, 满足 $\det\mathbf{U} = 1$. ν_e 和 e_L 分别是描写无质量左手中微子和左手电子的狄拉克旋量. 右手电子在 $SU(2)$ 群里是一个单态 (singlet): $\psi_R^e \equiv e_R \to \psi_R^e$. 手征态的狄拉克旋量的具体形式取决于狄拉克矩阵的表示. 例如, 在手征表示里, 左手费米子可以用四分量旋量来描述, 其中的前两个分量等于零. 为了做具体的计算, 读者应该对狄拉克矩阵的标准代数非常熟悉. 这可以在任意一本场论的书里找到. 在此就不再赘述了.

其他的轻子也应该写为双重态和单态的形式:

$$\begin{pmatrix} \nu_\mu \\ \mu \end{pmatrix}_L, \ \mu_R; \qquad \begin{pmatrix} \nu_\tau \\ \tau \end{pmatrix}_L, \ \tau_R. \tag{4.38}$$

三代 (*generations*) 不同的轻子的性质非常类似. 因为弱相互作用只在同一代内使粒子变化, 因此轻子数是分别守恒的.

六味夸克在弱相互作用下也形成三代:

$$\begin{pmatrix} u \\ d' \end{pmatrix}_L, \ u_R, \ d'_R; \qquad \begin{pmatrix} c \\ s' \end{pmatrix}_L, \ c_R, \ s'_R; \qquad \begin{pmatrix} t \\ b' \end{pmatrix}_L, \ t_R, \ b'_R. \tag{4.39}$$

我们没有写出色指标, 因为它们和电弱相互作用无关. 进入双重态的 d', s', b' 是三种味 d, s, b 的线性叠加, 后者在强相互作用下保持不变. 其结果是, 弱相互作用破坏了所有的味守恒定律.

因为每一代单独的拉格朗日量的形式完全相同, 电弱拉格朗日量的费米子部分可以通过重复某一代轻子的拉格朗日量来得到. 因此作为例子我们只需考虑电子及其对应的中微子的拉格朗日量. 然而, 夸克的代的重要性不应该被低估. 量子反常有可能会破坏可重整性. 这种反常只有在夸克代的数量等于轻子代的数量的情况下才能被抵消.

$SU(2)$ 群有三种规范玻色子. 我们已经提到, 其中两种负责传递携带电荷的弱相互作用. 第三种玻色子是电中性的, 因为只有如此它才能是自己的反粒子. 然而, 它一定不能是光子, 因为光子应该是阿贝尔 $U(1)$ 的规范玻色子. 因为(4.37)式中

的双重态的一个分量携带电荷, 把电磁相互作用和弱相互作用一起放进 $SU(2) \times U(1)$ 群里是很合理的. 只要规范场 $\mathbf{A}_\mu$ 和 B_μ 分别按照(4.11)式和(4.5)式那样变换, 则相应的拉格朗日量

$$\mathcal{L}_f = i\bar{\boldsymbol{\psi}}_L \gamma^\mu \left(\partial_\mu + ig\mathbf{A}_\mu + ig' Y_L B_\mu\right) \boldsymbol{\psi}_L + i\bar{\psi}_R \gamma^\mu \left(\partial_\mu + ig' Y_R B_\mu\right) \psi_R \tag{4.40}$$

在如下的 $SU(2)$ 变换和 $U(1)$ 变换下都保持不变:

$$\boldsymbol{\psi}_L \to \mathbf{U}\boldsymbol{\psi}_L, \qquad \psi_R \to \psi_R,$$
$$\boldsymbol{\psi}_L \to e^{-ig' Y_L \lambda(x)} \boldsymbol{\psi}_L, \quad \psi_R \to e^{-ig' Y_R \lambda(x)} \psi_R.$$

$U(1)$ 的超荷 (hypercharges) Y_L 和 Y_R 对右手和左手的电子可能是不同的. 唯一的要求是它们应该产生观测到的电子电荷的正确值.

在电弱理论中, 四种规范玻色子中的三种应该得到质量, 剩下的一种是无质量的. 此外, 费米子也应该是有质量的. 这些质量可以通过与一个经典标量场的相互作用自然地产生. 在这种情况下, 理论仍然保持其规范不变性及可重整性. 为了展示这个机制如何运作, 我们首先考虑最简单的 $U(1)$ 阿贝尔规范场与一个复标量场的相互作用.

4.3.2 $U(1)$ 对称性的“自发破缺”

首先考虑拉格朗日量

$$\mathcal{L} = \frac{1}{2}\left(\left(\partial^\mu + ieA^\mu\right)\varphi\right)^* \left(\left(\partial_\mu + ieA_\mu\right)\varphi\right) - V\left(\varphi^*\varphi\right) - \frac{1}{4}F^2(A), \tag{4.41}$$

其中 $F^2 \equiv F_{\mu\nu}F^{\mu\nu}$. 这个拉格朗日量在如下的规范变换下是不变的:

$$\varphi \to e^{-ie\lambda}\varphi, \qquad A_\mu \to A_\mu + \partial_\mu \lambda.$$

如果 $\varphi \neq 0$, 我们可以把复标量场 φ 参数化为两个实场 χ 和 ζ, 它们满足

$$\varphi = \chi \exp\left(ie\zeta\right). \tag{4.42}$$

标量场 χ 是规范不变的, 而 ζ 的变换方式是 $\zeta \to \zeta - \lambda$. 我们可以把规范场 A_μ 跟 ζ 组合起来, 得到如下的规范不变的变量:

$$G_\mu \equiv A_\mu + \partial_\mu \zeta. \tag{4.43}$$

拉格朗日量(4.41)可以用规范不变的场 χ 和 G_μ 改写为

$$\mathcal{L} = \frac{1}{2}\partial^\mu \chi \partial_\mu \chi - V(\chi^2) - \frac{1}{4}F^2(G) + \frac{e^2}{2}\chi^2 G^\mu G_\mu. \tag{4.44}$$

如果势 V 有一个非零的极小值点位于 $\chi_0=$ 常数 $\neq 0$, 我们可以考虑这个极小值点附近的微扰, $\chi=\chi_0+\phi$, 并把拉格朗日量按照 ϕ 的幂次展开. 这个微扰的拉格朗日量描述的是质量为 $m_H=\sqrt{V_{,\chi\chi}(\chi_0)}$ 的实标量场 ϕ, 它与有质量的矢量场 G_μ 存在相互作用. 矢量场的质量是 $M_G=e\chi_0$. 如果拉格朗日量(4.41)是可重整的, 我们预料将它改写为明显规范不变的形式之后, 它仍然是可重整的. 这就是实际发生的情况, 虽然矢量场借此过程获得了质量. 如果 $\chi_0\neq 0$, 对应于可观测粒子的物理的场是规范不变的实标量场 (希格斯 (Higgs) 场) 和有质量的矢量场. 当然, 在我们把拉格朗日量用新变量改写之后, 物理自由度的总数保持不变. 实际上, 用(4.41)式描写的物理系统在空间的每一点上有四个自由度, 即两个复标量场的分量和两个矢量场的横向分量. 而用规范不变的新变量表示出来的拉格朗日量描写的是一个单自由度的实标量场加上三个自由度的有质量矢量场.

这种产生质量项的方法被称为希格斯机制 (Higgs mechanism). 它的主要好处是不破坏可重整性. 以一个经典标量场为代价, 矢量场获得了质量, 因而其纵向自由度变为物理的了. 当然(4.44)式的拉格朗日量在原始的规范变换下明显是不变的, 这个变换现在是平庸变换: $\chi\to\chi$ 及 $G_\mu\to G_\mu$. 然而, 如果我们试图把规范不变的场 G_μ 解释为像 A_μ 一样的规范场, 则我们会错误地下结论说规范不变性没了. 这就是为什么人们总是说对称性自发破缺 (spontaneously broken) 了. 这种论断从某种意义上讲是一种误导. 不过因为这已经是广泛接受并约定俗成的标准术语, 我们还是会采用这种说法.

只有在 $\chi_0\neq 0$ 的情况下才能引入规范不变的变量并将其解释成物理的自由度. 这也要求 χ_0 附近的微扰很小, 使得在空间的任意位置都有 $\chi=\chi_0+\phi\neq 0$. 否则, (4.42)式在 $\chi=0$ 处就变为奇异的, 这时用来构造规范不变量的 χ 和 ζ 无法定义. 在 $\chi_0=0$ 的情况下, 我们必须直接从原始的拉格朗日量(4.41)出发进行研究①.

4.3.3 规范玻色子

在电弱理论中, 规范场的质量也是通过希格斯机制产生的. 让我们考虑 $SU(2)\times U(1)$ 规范不变的拉格朗日量

$$\mathcal{L}_\varphi=\frac{1}{2}\left(\mathbf{D}^\mu\boldsymbol{\varphi}\right)^\dagger\left(\mathbf{D}_\mu\boldsymbol{\varphi}\right)-V\left(\boldsymbol{\varphi}^\dagger\boldsymbol{\varphi}\right), \tag{4.45}$$

其中 $\boldsymbol{\varphi}$ 是由复标量场组成的 $SU(2)$ 的双重态, $\dagger$ 表示厄米共轭, 且有

$$\mathbf{D}_\mu\equiv\partial_\mu+ig\mathbf{A}_\mu-\frac{i}{2}g'B_\mu. \tag{4.46}$$

① 这对应于极早期热宇宙自发对称性恢复的情况. 见 4.4节.

这里我们已经假设标量双重态的超荷是 $Y_\varphi = -1/2$, 因此在 $U(1)$ 群下它的变换方式是 $\boldsymbol{\varphi} \to e^{\frac{i}{2}g'\lambda}\boldsymbol{\varphi}$. 标量场可以写为

$$\boldsymbol{\varphi} = \chi \begin{pmatrix} \zeta_1 \\ \zeta_2 \end{pmatrix} = \chi \begin{pmatrix} \zeta_2^* & \zeta_1 \\ -\zeta_1^* & \zeta_2 \end{pmatrix} \begin{pmatrix} 0 \\ 1 \end{pmatrix} \equiv \chi\boldsymbol{\zeta}\boldsymbol{\varphi}_0, \tag{4.47}$$

其中 χ 是一个实标量场, 而 ζ_1 和 ζ_2 是两个满足 $|\zeta_1|^2 + |\zeta_2|^2 = 1$ 的复标量场. $SU(2)$ 矩阵 $\boldsymbol{\zeta}$ 以及常矢量 $\boldsymbol{\varphi}_0$ 的定义可以很容易地从上面的最后一个等式中读出. 将 $\boldsymbol{\varphi} = \chi\boldsymbol{\zeta}\boldsymbol{\varphi}_0$ 代入(4.45), 我们得到

$$\mathcal{L}_\varphi = \frac{1}{2}\partial^\mu\chi\partial_\mu\chi - V(\chi^2) + \frac{\chi^2}{2}\boldsymbol{\varphi}_0^\dagger \left(g\mathbf{G}_\mu - \frac{1}{2}g'B_\mu\right)\left(g\mathbf{G}^\mu - \frac{1}{2}g'B^\mu\right)\boldsymbol{\varphi}_0, \tag{4.48}$$

其中

$$\mathbf{G}_\mu \equiv \boldsymbol{\zeta}^{-1}\mathbf{A}_\mu\boldsymbol{\zeta} - \frac{i}{g}\boldsymbol{\zeta}^{-1}\partial_\mu\boldsymbol{\zeta} \tag{4.49}$$

是 $SU(2)$ 规范不变的变量.

习题 4.11 考虑 $SU(2)$ 变换

$$\begin{pmatrix} \zeta_1 \\ \zeta_2 \end{pmatrix} \to \begin{pmatrix} \tilde{\zeta}_1 \\ \tilde{\zeta}_2 \end{pmatrix} = \mathbf{U}\begin{pmatrix} \zeta_1 \\ \zeta_2 \end{pmatrix} \tag{4.50}$$

以及相伴随的 $U(1)$ 变换 $\tilde{\zeta} \to e^{\frac{i}{2}g'\lambda}\tilde{\zeta}$, 证明如下变换规律:

$$\boldsymbol{\zeta} \to \begin{pmatrix} e^{-\frac{i}{2}g'\lambda}\tilde{\zeta}_2^* & e^{\frac{i}{2}g'\lambda}\tilde{\zeta}_1 \\ -e^{-\frac{i}{2}g'\lambda}\tilde{\zeta}_1^* & e^{\frac{i}{2}g'\lambda}\tilde{\zeta}_2 \end{pmatrix} = \mathbf{U}\boldsymbol{\zeta}\mathbf{E}, \tag{4.51}$$

其中

$$\boldsymbol{\zeta} \equiv \begin{pmatrix} \zeta_2^* & \zeta_1 \\ -\zeta_1^* & \zeta_2 \end{pmatrix}, \qquad \mathbf{E} \equiv \begin{pmatrix} e^{-\frac{i}{2}g'\lambda} & 0 \\ 0 & e^{\frac{i}{2}g'\lambda} \end{pmatrix}. \tag{4.52}$$

(提示 注意任意的 $SU(2)$ 矩阵都可以写成与矩阵 $\boldsymbol{\zeta}$ 相同的形式, 只要我们把 ζ_1 和 ζ_2 替换为复数 α 和 β.)

利用这一结果, 很容易可以看出场 $\mathbf{G}_\mu$ 是 $SU(2)$ 规范不变的, 也就是说, 在

$$\boldsymbol{\zeta} \to \mathbf{U}\boldsymbol{\zeta}, \qquad \mathbf{A}_\mu \to \mathbf{U}\mathbf{A}_\mu\mathbf{U}^{-1} + (i/g)\left(\partial_\mu\mathbf{U}\right)\mathbf{U}^{-1}$$

的变换下有

$$\mathbf{G}_\mu \to \mathbf{G}_\mu. \tag{4.53}$$

因此, 我们可以把原始的拉格朗日量(4.45)改写为用 $SU(2)$ 规范不变的变量 χ, $\mathbf{G}_\mu$, B_μ 表示出来的形式.

场 B_μ 和 $\mathbf{G}_\mu$ 在 $U(1)$ 的变换下要作相应的变换. 场 B_μ 的变换方式是

$$B_\mu \to B_\mu + \partial_\mu \lambda. \tag{4.54}$$

利用 $\mathbf{A}_\mu \to \mathbf{A}_\mu$ 和 $\boldsymbol{\zeta} \to \boldsymbol{\zeta}\mathbf{E}$, 其中矩阵 $\mathbf{E}$ 的定义见(4.52)式, 我们就得出在 $U(1)$ 变换下 $\mathbf{G}_\mu$ 的变换方式:

$$\mathbf{G}_\mu \to \tilde{\mathbf{G}}_\mu = \mathbf{E}^{-1}\mathbf{G}_\mu\mathbf{E} - \frac{i}{g}\mathbf{E}^{-1}\partial_\mu\mathbf{E}. \tag{4.55}$$

矩阵 $\mathbf{G}_\mu$ 是厄米无迹矩阵

$$\mathbf{G}_\mu \equiv \begin{pmatrix} -G_\mu^3/2 & -W_\mu^+/\sqrt{2} \\ -W_\mu^-/\sqrt{2} & G_\mu^3/2 \end{pmatrix}, \tag{4.56}$$

其中 $W_\mu^\pm$ 是一对复共轭的复矢量场, 而 G_μ^3 是一个实矢量场. 在参数化矩阵 $\mathbf{G}_\mu$ 时, 我们采用了文献中标准的符号和归一化约定. 将这个表达式代回(4.48)式, 并把场 G_μ^3 和 B_μ 替换为“正交” (orthogonal) 的线性组合 Z_μ 和 A_μ,

$$\begin{pmatrix} A_\mu \\ Z_\mu \end{pmatrix} \equiv \begin{pmatrix} \cos\theta_w & \sin\theta_w \\ -\sin\theta_w & \cos\theta_w \end{pmatrix} \begin{pmatrix} B_\mu \\ G_\mu^3 \end{pmatrix}, \tag{4.57}$$

其中 θ_w 是温伯格 (Weinberg) 角

$$\cos\theta_w = \frac{g}{\sqrt{g^2+g'^2}}, \tag{4.58}$$

我们就可以把(4.48)式改写为如下形式:

$$\mathcal{L}_\varphi = \frac{1}{2}\partial^\mu\chi\partial_\mu\chi - V(\chi^2) + \frac{(g^2+g'^2)\chi^2}{8}Z_\mu Z^\mu + \frac{g^2\chi^2}{4}W_\mu^+ W^{-\mu}. \tag{4.59}$$

因为

$$\mathrm{tr}\mathbf{F}^2(\mathbf{A}) = \mathrm{tr}\mathbf{F}^2(\mathbf{G}),$$

其中 $\mathbf{F}^2 \equiv \mathbf{F}_{\mu\nu}\mathbf{F}^{\mu\nu}$, 我们可以写出规范场的拉格朗日量为

$$\mathcal{L}_F = -\frac{1}{4}F^2(B) - \frac{1}{2}\mathrm{tr}\mathbf{F}^2(\mathbf{G}). \tag{4.60}$$

习题 4.12　将(4.56)式代入(4.60)式, 并利用(4.13)式和(4.57)式中的定义, 证明(4.60)式可以改写为

$$\mathcal{L}_F = -\frac{1}{4}F^2(A) - \frac{1}{4}F^2(Z) - \frac{1}{2}F_{\mu\nu}\left(W^+\right)F^{\mu\nu}\left(W^-\right), \tag{4.61}$$

其中

$$\begin{aligned} F_{\mu\nu}(A) &\equiv \partial_\mu A_\nu - \partial_\nu A_\mu + ig\sin\theta_w\left(W_\mu^- W_\nu^+ - W_\nu^- W_\mu^+\right), \\ F_{\mu\nu}(Z) &\equiv \partial_\mu Z_\nu - \partial_\nu Z_\mu + ig\cos\theta_w\left(W_\mu^- W_\nu^+ - W_\nu^- W_\mu^+\right). \end{aligned} \tag{4.62}$$

以及

$$\begin{aligned} &F_{\mu\nu}(W^\pm) \equiv \mathcal{D}_\mu^\pm W_\nu^\pm - \mathcal{D}_\nu^\pm W_\mu^\pm, \\ &\mathcal{D}_\mu^\pm \equiv \partial_\mu \mp ig\sin\theta_w A_\mu \mp ig\cos\theta_w Z_\mu. \end{aligned} \tag{4.63}$$

规范场场强的三阶和四阶项描述的是规范场的相互作用. 画出相应的顶角图.

我们现在开始讨论可重整的标量场势

$$V\left(\chi^2\right) = \frac{\lambda}{4}\left(\chi^2 - \chi_0^2\right)^2. \tag{4.64}$$

在这种情况下, 标量场 χ 得到了一个真空期望值 χ_0, 对应于该势的极小值点. 我们考虑这个极小值附近小的扰动, 即 $\chi = \chi_0 + \phi$. 很显然, 拉格朗日量 $\mathcal{L}_\varphi + \mathcal{L}_F$ 现在描述的是如下粒子组成的体系: 希格斯场 ϕ, 其质量为

$$m_H = \sqrt{V_{,\chi\chi}(\chi_0)} = \sqrt{2\lambda}\chi_0; \tag{4.65}$$

有质量的矢量场 Z_μ 和 $W_\nu^\pm$, 其质量为

$$M_Z = \sqrt{g^2 + g'^2}\frac{\chi_0}{2}, \qquad M_W = \frac{g\chi_0}{2} = M_Z\cos\theta_w; \tag{4.66}$$

以及无质量场 A_μ. 这个无质量场负责产生长程相互作用, 因此它就是电磁场.

习题 4.13　利用(4.55)式, 证明在 $U(1)$ 变换下有

$$W_\mu^\pm \to e^{\pm ig'\lambda}W_\mu^\pm, \qquad A_\mu \to A_\mu + \frac{1}{\cos\theta_w}\partial_\mu\lambda, \qquad Z_\mu \to Z_\mu. \tag{4.67}$$

因此, 我们看到 $W_\mu^\pm$ 按照带电荷的场的规律变换. 将这些变换规律与电动力学中的变换规律比较, 我们可以确定 $W_\mu^\pm$ 玻色子携带的电荷 (也可以从(4.63)式得出) 为

$$e = g'\cos\theta_w = g\sin\theta_w. \tag{4.68}$$

玻色子 Z_μ 是电中性的. 我们将会看到, W 和 Z 玻色子分别负责传递带电荷的和电中性的弱相互作用. 这些相互作用之 "弱" 是因为这些中间玻色子的质量很大, 而不是因为弱相互作用耦合常数 g 很小. 从(4.68)式可以看出, "弱相互作用精细结构常数" 是

$$\alpha_w \equiv \frac{g^2}{4\pi} = \frac{e^2}{4\pi\sin^2\theta_w}, \tag{4.69}$$

它实际上要大于 $\alpha \equiv e^2/4\pi \simeq 1/137$.

4.3.4 费米子相互作用

把左手双重态 $\boldsymbol{\psi}_L^e$ 和标量场组合起来, 我们可以很容易地构建出相应的费米子 $SU(2)$ 规范不变量:

$$\boldsymbol{\Psi}_L^e = \boldsymbol{\zeta}^{-1}\boldsymbol{\psi}_L^e. \tag{4.70}$$

右手电子 $\psi_R^e \equiv e_R$ 是一个 $SU(2)$ 群的单态. 因为在 $U(1)$ 变换下有 $\boldsymbol{\psi}_L^e \to e^{-ig'Y_L\lambda}\boldsymbol{\psi}_L^e$ 和 $\boldsymbol{\zeta} \to \boldsymbol{\zeta}\mathbf{E}$, 我们得到

$$\boldsymbol{\Psi}_L^e \to e^{-ig'Y_L\lambda}\mathbf{E}^{-1}\boldsymbol{\Psi}_L^e.$$

定义如下的 $SU(2)$ 规范不变的左手电子和左手中微子双重态:

$$\boldsymbol{\Psi}_L^e \equiv \begin{pmatrix} \nu_L \\ e_L \end{pmatrix}, \tag{4.71}$$

我们有①

$$\nu_L \to e^{ig'\left(\frac{1}{2}-Y_L\right)\lambda}\nu_L, \qquad e_L \to e^{-ig'\left(\frac{1}{2}+Y_L\right)\lambda}e_L, \qquad e_R \to e^{-ig'Y_R\lambda}e_R. \tag{4.72}$$

中微子是电中性的, 所以不应该变化. 因此, 左手双重态的超荷应该是 $Y_L = 1/2$. 在这种情况下, 左手电子按照 $e_L \to e^{-ig'\lambda}e_L$ 的规律变换. 为了确保右手电子和左手电子的携带电荷相同, 我们必须使 $Y_R = 1$. 利用矢量势 A_μ 的变换规律 (见(4.67)式), 我们可以推断出电子的携带电荷等于(4.68)给出的 e.

① 原书中第三个等式右边的 e_R 误为 e_L. 根据勘误表改正.

把 $\psi_L^e = \boldsymbol{\zeta}\boldsymbol{\Psi}_L$ 代入(4.40)式, 并利用定义式(4.49), 我们可以把费米子部分的拉格朗日量用规范不变的变量改写为

$$\mathcal{L}_f = i\bar{\boldsymbol{\Psi}}_L^e\gamma^\mu\left(\partial_\mu + ig\mathbf{G}_\mu + \frac{i}{2}g'B_\mu\right)\boldsymbol{\Psi}_L^e + i\bar{\psi}_R\gamma^\mu\left(\partial_\mu + ig'B_\mu\right)\psi_R. \tag{4.73}$$

或者, 利用(4.56)、(4.57)及(4.71)诸式中的定义, 我们得到

$$\begin{aligned}\mathcal{L}_f =& i\left(\bar{e}\gamma^\mu\partial_\mu e + \bar{\nu}_L\gamma^\mu\partial_\mu\nu_L\right) - e\left(\bar{e}\gamma^\mu e\right)A_\mu + \frac{g}{\sqrt{2}}\left(\left(\bar{\nu}_L\gamma^\mu e_L\right)W_\mu^+ + \left(\bar{e}_L\gamma^\mu\nu_L\right)W_\mu^-\right)\\ &+\left[\frac{\sin^2\theta_w}{\cos\theta_w}g\left(\bar{e}_R\gamma^\mu e_R\right) - \frac{\cos 2\theta_w}{2\cos\theta_w}g\left(\bar{e}_L\gamma^\mu e_L\right) + \frac{g}{2\cos\theta_w}\left(\bar{\nu}_L\gamma^\mu\nu_L\right)\right]Z_\mu,\end{aligned} \tag{4.74}$$

其中我们用到了一个以狄拉克矩阵的众所周知的性质得到的如下表达式:

$$\bar{e}_L\gamma^\mu e_L + \bar{e}_R\gamma^\mu e_R = \bar{e}\gamma^\mu e.$$

(4.74)中的第一个三阶项是我们熟知的电磁相互作用. 后面三项分别描述的是交换 $W^\pm$ 和 Z 玻色子的携带电荷的和电中性的弱相互作用. 请注意右手电子只参与电磁相互作用和电中性的弱相互作用, 并不参与携带电荷的弱相互作用.

在(4.74)中把 e, ν_e 替换为 μ, ν_μ 或 τ, ν_τ, 我们就可以得到第二代/第三代轻子的拉格朗日量. 让我们考虑 μ 子衰变. 对应的树图过程画在图 4-7中 (读者必须小心分清图中的波函数和粒子对应的记号, 例如, 共轭波函数 $\bar{\nu}$ 既可以描述中微子又可以描述反中微子, 这取决于方向). 因为 μ 子质量远小于 W 玻色子的质量, 中间玻色子的传播自可以用 $ig_{\mu\nu}/M_W^2$ 来替代. 这样图 4-7中的费曼图就退化成四费米子的图, 其对应的耦合项是

$$2\sqrt{2}G_F\left(\bar{\nu}_\mu\gamma^\alpha\mu_L\right)\left(\bar{e}_L\gamma_\alpha\nu_e\right),$$

其中

$$G_F \equiv \frac{1}{4\sqrt{2}}\frac{g^2}{M_W^2} = \frac{\pi}{\sqrt{2}}\frac{\alpha_w^2}{M_W^2} \simeq 1.166\times 10^{-5}\ \mathrm{GeV}^{-2} \tag{4.75}$$

是费米耦合常数. 通过中性流相互作用的实验测得的 G_F 和温伯格角 $\theta_w \simeq 28.7°$ ($\sin^2\theta_w \simeq 0.23$), 以及测得的质量

$$M_W \simeq 80.4\ \mathrm{GeV}, \qquad M_Z \simeq 91.2\ \mathrm{GeV},$$

与标准电弱模型的理论预言值符合得非常好. 根据(4.69)式, “弱相互作用的精细结构常数” $\alpha_w \simeq 1/29$ 比精细结构常数大 4.5 倍. 根据(4.66)式和(4.68)式, 我们得到

希格斯场的期望值为①

$$\chi_0 = \frac{2M_W \sin\theta_w}{e} \simeq 250 \text{ GeV}. \tag{4.76}$$

然而, 因为四阶耦合常数 λ 可以是任意的, 我们无法根据(4.65)中的表达式来预言希格斯质量. 希格斯粒子还没有被发现②. 实验上其质量下限为 $m_H > 114$ GeV. 如果我们要求理论是自洽的, 也就是说要求用 λ 进行微扰展开是合法的, 则我们需要 $\lambda < 1$. 因此 m_H 不能超过 350 GeV.

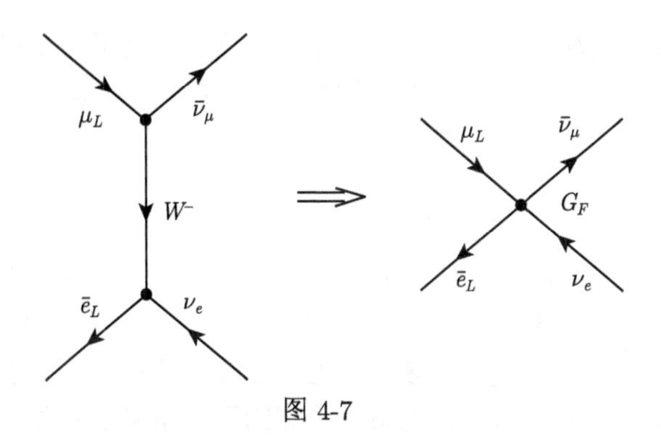

图 4-7

习题 4.14 给定 u 和 d 夸克的电荷分别为 $+2/3$ 和 $-1/3$, 确定它们的超荷. 推导出第一代夸克的拉格朗日量.(请注意 u_R 和 d_R 在拉格朗日量中都是作为 $SU(2)$ 单态出现的.) 画出描述夸克弱相互作用的顶角图.

中子衰变的背后是一个夸克过程: $d \to u + W$. 其结果是, 中子作为三夸克 udd 的束缚态, 转变为 uud 夸克的束缚态, 即质子. 因为夸克总是出现在束缚态中, 强子的弱相互作用的计算要更加复杂, 而且会遇到许多不确定性.

4.3.5 费米子质量

到目前为止, 我们都是把费米子当做无质量粒子来处理的. 这显然和实验相矛盾. 然而, 通过手写的方式直接引入的费米子质量会破坏规范不变性和可重整性. 因此, 产生费米子质量的唯一方法还是通过希格斯机制.

标量场和第一代轻子费米子之间的规范不变的汤川 (Yukawa) 耦合是

① 这个值目前的测量值为 246.22 GeV. 它也称为电弱能标. 参见 https://pdg.lbl.gov/.

② 这说的是 2006 年时的情况. 欧洲核子中心 (CERN) 已经在 2012 年 7 月宣布他们在大型强子对撞机 (LHC) 上发现了希格斯粒子, 参见 Phys.Lett.B 716 (2012) 1-29, arXiv:1207.7214. Peter Higgs 和 François Englert 因为提出希格斯机制的理论预言获得 2013 年的诺贝尔物理学奖. Particle Data Group 2021 年给出的希格斯质量为 (125.25 ± 0.17) GeV. 参见 Prog.Theor.Exp.Phys. 2020, 083C01 (2020) and 2021 update.

$$\mathcal{L}_Y^e = -f_e \left(\bar{\psi}_L^e \varphi e_R + \bar{e}_R \varphi^\dagger \psi_L^e \right), \tag{4.77}$$

其中 f_e 是无量纲的汤川耦合常数. 这一项明显是 $SU(2)$ 不变的. 因此, 如果超荷满足如下条件:

$$Y_L = Y_R + Y_\varphi, \tag{4.78}$$

则它在 $U(1)$ 变换下也保持不变. 令 $\varphi = \chi \zeta \varphi_0$ (参见(4.47)式), 我们可以将汤川耦合用 $SU(2)$ 不变量改写为

$$\mathcal{L}_Y^e = -f_e \chi \bar{\Psi}_L^e \varphi_0 e_R + \text{h.c.} = -f_e \chi \left(\bar{e}_L e_R + \bar{e}_R e_L \right) = -f_e \chi \bar{e} e, \tag{4.79}$$

其中 h.c. 代表厄米共轭 (Hermitian conjugate) 的项. 为了写出最后一个等式, 我们利用了狄拉克旋量理论中的一个著名关系. 如果标量场有非零的期望值, 使得 $\chi = \chi_0 + \phi$, 电子就可以获得质量

$$m_e = f_e \chi_0. \tag{4.80}$$

这里的 χ_0 由(4.76)式给出. 只要令 $f_e \simeq 2 \times 10^{-6}$, 我们就能得到电子质量的正确值. 在电弱理论中, 耦合常数 f_e 是一个自由参数. 但电弱理论中出现如此微小的耦合常数缺乏自然的解释. $f_e \phi \bar{e} e$ 这项描述的是希格斯粒子和电子的相互作用. 请注意汤川耦合(4.77)的特殊形式只能给双重态的下分量赋予质量. 中微子仍然是无质量的.

对于夸克来说, 有一些额外的复杂问题. 首先, 双重态的上下两个分量都应该获得质量. 然后, 为了解释弱相互作用中味不守恒的事实, 我们必须假设 $SU(2)$ 双重态的下分量是下分量夸克味的线性叠加, 因此它并非是夸克的质量本征态. 这提示我们应该同时考虑三代夸克. 让我们把 $SU(2)$ 规范不变的夸克双重态的上分量和下分量分别记作

$$u^i \equiv (u, c, t)$$

和

$$d'^i \equiv (d', s', b'),$$

其中 $i = 1, 2, 3$ 是代指标 (generation index). 下分量是相应的味的线性叠加

$$d'^i = V_j^i d^j, \tag{4.81}$$

其中 V_j^i 是幺正的 3×3 小林-益川矩阵 (*Kobayashi-Maskawa matrix*)①. 这样一来, 一般的夸克汤川项可以写为

$$\mathcal{L}_Y^q = -f_{ij}^d \chi \bar{\mathbf{Q}}_L^i \varphi_0 d_R'^j - f_{ij}^u \chi \bar{\mathbf{Q}}_L^i \varphi_1 u_R^j + \text{h.c.}, \tag{4.82}$$

① 也称为卡比博 (Cabibbo)-小林-益川矩阵或 CKM 矩阵. 只有两代夸克情况下这个矩阵称为卡比博矩阵.

其中

$$\mathbf{Q}_L^i = \begin{pmatrix} u^i \\ d'^i \end{pmatrix}, \qquad \boldsymbol{\varphi}_1 = \begin{pmatrix} 1 \\ 0 \end{pmatrix}. \tag{4.83}$$

(4.82)式的右边第二项也是规范不变的, 它可以给双重态的上分量产生质量. 如果用原始的味去改写(4.82), 可以给出如下的质量项:

$$\mathcal{L}_{m_q} = -\left(V_m^{i*} f_{ij}^d V_k^j\right) \chi \bar{d}_L^m d_R^k - f_{ij}^u \chi \bar{u}_L^i u_R^j + \text{h.c.} \tag{4.84}$$

适当选取 f_{ij}^d 和 f_{ij}^u 的形式, 使得

$$\left(V_m^{i*} f_{ij}^d V_k^j\right) \chi_0 = m_k^d \delta_{mk} \tag{4.85}$$

以及

$$f_{ij}^u \chi_0 = m_i^u \delta_{ij}, \tag{4.86}$$

我们就可以得到通常的夸克质量项. 顶夸克的汤川耦合常数是最大的, 达到了 $f^t \simeq 0.7$ ($m_t \simeq 170$ GeV). 对其他夸克而言这个系数都小于 f^t 的 1/10.

根据目前的观测数据, 中微子质量不是零. 它们可以用同样的方式产生出来. 在这种情况下, 类似于不同代的夸克有混合, 中微子的味自然地混合起来. 这导致所谓的中微子振荡现象.

4.3.6 CP 破坏

宇称 (parity) 变换 P 对应于镜像反射 $(t,x,y,z) \to (t,-x,-y,-z)$. 它能把左手的粒子变为右手的粒子, 但是不改变粒子的其他性质. 荷共轭 (charge conjugate) C 把粒子换为其反粒子, 但是不改变粒子的手性. 例如, C 变换可以把左手电子变为左手正电子. 任何手征规范理论在 P 或者 C 的单独变换下都不是不变的. 在标准模型里, 这些对称性是以其最大可能的方式被破坏的.

很显然, 拉格朗日量(4.40)在 $L \leftrightarrow R$ 的替换下不是不变的. 这是因为宇称变换把左手中微子变为并不存在的右手中微子. 相似地, 荷共轭把左手中微子变为并不存在的左手反中微子. 然而, 组合起来的 CP 变换能把左手粒子变为右手反粒子, 看上去电弱理论似乎有这个对称性. 实际上, 没有夸克的拉格朗日量确实有 CP 对称性. 例如, 我们研究一下在 CP 变换下, (4.74)式中带荷的弱相互作用耦合项

$$\frac{g}{\sqrt{2}}\left(\left(\bar{\nu}_L \gamma^\mu e_L\right) W_\mu^+ + \left(\bar{e}_L \gamma^\mu \nu_L\right) W_\mu^-\right) \tag{4.87}$$

会如何变换. 上面的第一项对应于图 4-8中的顶角, 因此可以解释为左手电子和右手反中微子 “湮灭” 并发射出一个 W^- 玻色子的过程. 注意一个进入顶角的箭头对

应于波函数 ψ, 而一个离开顶角的箭头对应于共轭波函数 $\bar{\psi}$. 如果箭头方向和时间方向一致, 则对应的线描述的就是正粒子; 否则描述的就是反粒子. 因此, 图 4-8中进入顶角的 W^+ 玻色子的线对应于其反粒子, 即 W^- 玻色子. 波函数 e_L 描述的是左手电子 e_L^-, 而 $\bar{\nu}_L$ 对应于右手反中微子 $\tilde{\nu}_R$. 在荷共轭变换 C 作用下, 图中所有的箭头都逆转了 (参见图 4-9). 右手反中微子变为右手中微子, $\tilde{\nu}_R \to \nu_R$. 左手电子变为左手正电子, $e_L^- \to e_L^+ \leftrightarrow \bar{e}_R$. 因此

$$\frac{g}{\sqrt{2}}\left(\bar{\nu}_L \gamma^\mu e_L\right) W_\mu^+ \to \frac{g}{\sqrt{2}}\left(\bar{e}_R \gamma^\mu \nu_R\right) W_\mu^- . \tag{4.88}$$

在作用 P 变换之后, 上面这项就变为和拉格朗日量(4.87)的第二项一致. 相似地, (4.87)中的第二项就变为第一项. 因此(4.87)是 CP 不变的. 读者可以自行验证 (4.74) 中的其他项也都是 CP 不变的.

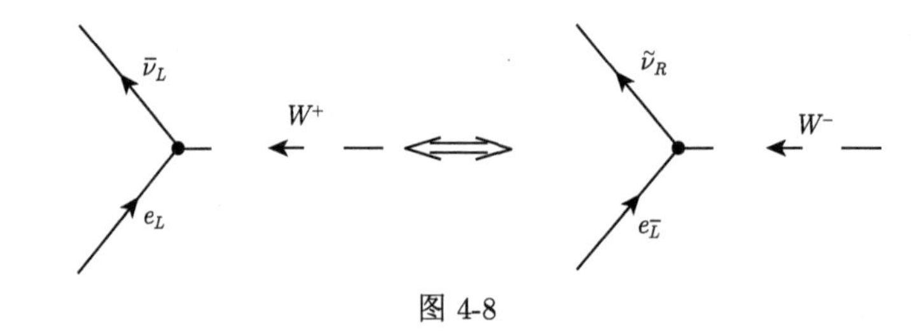

图 4-8

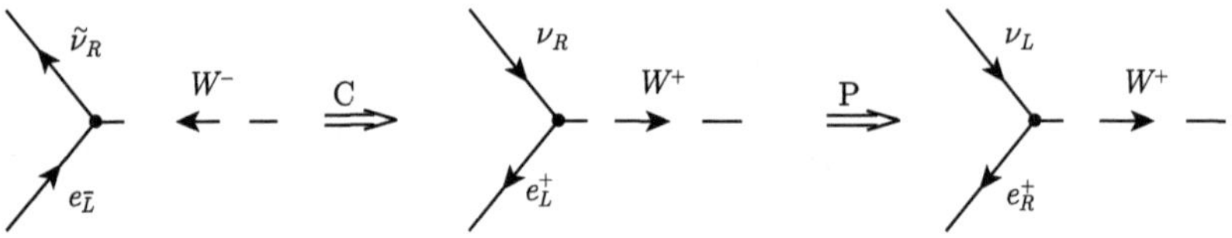

图 4-9

描述夸克的带荷弱相互作用的项可以写为与(4.87)式相似的形式:

$$\frac{g}{\sqrt{2}}\sum_i\left(\left(\bar{u}_L^i \gamma^\mu d_L^{\prime i}\right) W_\mu^+ + \left(\bar{d}_L^{\prime i} \gamma^\mu u_L^i\right) W_\mu^-\right); \tag{4.89}$$

或者将其用夸克味写出, 为

$$\frac{g}{\sqrt{2}}\left(V_j^i\left(\bar{u}_L^i \gamma^\mu d_L^j\right) W_\mu^+ + \left(V_j^i\right)^*\left(\bar{d}_L^j \gamma^\mu u_L^i\right) W_\mu^-\right). \tag{4.90}$$

在 CP 变换下, 第一项变为

$$V_j^i\left(\bar{u}_L^i \gamma^\mu d_L^j\right) W_\mu^+ \to V_j^i\left(\bar{d}_L^j \gamma^\mu u_L^i\right) W_\mu^- . \tag{4.91}$$

只有 $V_j^i = \left(V_j^i\right)^*$ 的情况下, 它才与(4.90)的第二项一致. 换句话说, 只有小林-益川矩阵是实矩阵时, (4.90)式才是 CP 不变的. 否则, CP 对称性会破坏. 一个任意的 3×3 幺正矩阵

$$V_j^i = r_j^i \exp\left(i\theta_{ij}\right)$$

可以用三个独立实数 r 和六个独立相位 θ 来描述. 夸克的拉格朗日量在整体的夸克旋转变换 $q_i \to \exp\left(i\alpha_i\right) q_i$ 下保持不变. 利用六个夸克的六个独立的参数, 我们可以消除掉五个没有物理意义的 θ 相位角. 然而还剩下一个相位角无法消除. 这是因为双线性的夸克组合不依赖于夸克旋转的整体相位. 因为这个残留的相因子, 小林-益川矩阵一般是含有复值矩阵元的, 因此可能会存在 CP 破坏. 这个 CP 破坏来自于带荷的弱相互作用项中取复值的耦合常数.

习题 4.15 如果只存在两代夸克, 夸克混合完全由卡比博角来描述, 我们能否期待模型中存在 CP 破坏?

CP 对称性的破坏是于 1964 年首先在 K 介子 $K^0(d\bar{s})$ 的衰变中观测到的. 后来在 2001 年的 $B^0(d\bar{b})$ 介子系统中也观测到了. 有强烈的证据显示 CP 破坏由小林-益川机制产生.

我们将会看到, CP 破坏在重子生成中起到了非常关键的作用. 它能在某些特殊的衰变道中保证衰变到正粒子和反粒子的衰变率出现差别. 无法做到这一点的话是不可能产生正反重子数的不对称性的.

时间反演变换 T $(t \to -t)$ 可以在费曼图中逆转箭头的方向的同时改变粒子的手性. 请注意, 如果我们结合 CP 变换和时间反演, (4.90)式是不变的. 标准模型的拉格朗日量是 CPT 不变的. 这个不变性保证了总的衰变率, 包括所有的衰变道, 对粒子和反粒子是相同的.

4.4 “对称性恢复” 和相变

经典场 χ 与规范场的相互作用会影响到它的行为. 在早期宇宙中, 这种影响可以用有效势来描述. 在温度很高的情况下, 有效势的极小值只有一个, 位于 $\chi = 0$ 点. 这时, χ 场的均匀部分为零①. 其结果是, 所有的费米子和中间玻色子都变为无质量的. 我们发现对称性恢复了. 实际上, 正如我们已经指出过的那样, 规范对称性从未被希格斯机制破缺. 然而, 为了使用已被广泛接受的术语, 我们用对称性恢复这个名词来表示均匀的标量场为零的现象.

① 经典场 χ 的 “均匀” 部分指的是没有扰动的背景场, 或者说是场在某个较大的尺度上做空间平均后的部分, 通常记作 $\bar{\chi}$ 或 $\langle\chi\rangle$. 见下文.

随着宇宙的膨胀, 温度逐渐下降. 当温度降到某一临界温度以下时, 有效势上出现了一个能量更低的极小值点, 位于 $\chi(T)\neq 0$ 处, 且标量场可能转变到这一点. 依赖于理论的参数, 这种转变的方式可能是相变, 也可能是简单的跨接.

本节里我们主要讨论规范理论中的对称性恢复和相变.

4.4.1　有效势

为了介绍有效势的思想, 我们首先考虑一个简单的模型: 自相互作用的实标量场. 它满足如下的运动方程:

$$\chi^{;\alpha}{}_{;\alpha}+V'(\chi)=0, \tag{4.92}$$

其中 $V'(\chi)\equiv\partial V/\partial\chi$. 场 χ 总是可以分解为均匀部分和不均匀部分:

$$\chi(t,\mathbf{x})=\bar{\chi}(t)+\phi(t,\mathbf{x}). \tag{4.93}$$

这种划分使得 $\phi(\mathbf{x},t)$ 的空间平均为零. 将(4.93)式代回(4.92)式, 并把势 V 按照 ϕ 的幂次展开, 然后再对空间求平均, 我们就可以得到如下关于 $\bar{\chi}(t)$ 的方程:

$$\bar{\chi}^{;\alpha}{}_{;\alpha}+V'(\bar{\chi})+\frac{1}{2}V'''(\bar{\chi})\left\langle\phi^2\right\rangle=0, \tag{4.94}$$

其中类似于 $\langle\phi^3\rangle$ 的高阶项已经忽略掉了. 在量子场论里, 这对应于所谓的单圈近似. 我们下面将会看到, 在热宇宙中, (4.94)式的最后一项和 $V'(\bar{\chi})$ 组合起来, 并定义为一个有效势 $V_{\text{eff}}(\bar{\chi},T)$ 的导数. 为了达到这个目的, 我们首先要计算平均值 $\langle\phi^2\rangle$.

标量场的量子化　在最低阶 (线性阶), 非均匀模 ϕ 满足如下方程:

$$\phi^{;\alpha}{}_{;\alpha}+V''(\bar{\chi})\phi=0. \tag{4.95}$$

这可以通过对(4.92)式进行线性化来得到. 假设质量

$$m_\phi^2(\bar{\chi})\equiv V''(\bar{\chi})\geqslant 0$$

不依赖于时间, 并忽略掉宇宙的膨胀 (对我们的目的来说这是一个合理的近似), (4.95)式的解可以写为

$$\phi(\mathbf{x},t)=\int\frac{1}{\sqrt{2\omega_k}}\left(e^{-i\omega_k t+i\mathbf{k}\cdot\mathbf{x}}a_{\mathbf{k}}^-+e^{i\omega_k t-i\mathbf{k}\cdot\mathbf{x}}a_{\mathbf{k}}^+\right)\frac{d^3k}{(2\pi)^{3/2}}, \tag{4.96}$$

其中

$$\omega_k=\sqrt{k^2+V''(\bar{\chi})}=\sqrt{k^2+m_\phi^2},$$

$k \equiv |\mathbf{k}|$, 且 $a_{\mathbf{k}}^{-}$ 和 $a_{\mathbf{k}}^{+} = \left(a_{\mathbf{k}}^{-}\right)^{*}$ 是两个积分常数. 我们的任务是计算出 $\langle\phi^2\rangle$ 的量子修正和热修正.

在量子场论里, 场 $\phi(\mathbf{x},t) \equiv \phi_{\mathbf{x}}(t)$ 变为一个“位置”算符 $\hat{\phi}_{\mathbf{x}}(t)$. 空间坐标 $\mathbf{x}$ 应该被理解为物理系统的自由度数的计数指标. 也就是说, 在空间的任意一点, 我们有一个自由度——场强, 它扮演的是量子力学的位形空间中的位置的角色. 因此, 量子场是自由度数为无限的量子力学系统. 仿照通常的量子力学, 空间算符 $\hat{\phi}_{\mathbf{x}}(t)$ 及其共轭动量

$$\hat{\pi}_{\mathbf{y}} \equiv \partial\mathcal{L}/\partial\dot{\phi} = \partial\hat{\phi}_{\mathbf{y}}/\partial t$$

应该满足如下的海森伯 (Heisenberg) 对易关系:

$$\left[\hat{\phi}_{\mathbf{x}}(t), \hat{\pi}_{\mathbf{y}}(t)\right] = \left[\hat{\phi}_{\mathbf{x}}(t), \frac{\partial\hat{\phi}_{\mathbf{y}}(t)}{\partial t}\right] = i\delta(\mathbf{x}-\mathbf{y}), \tag{4.97}$$

其中

$$\left[\hat{\phi}_{\mathbf{x}}(t), \hat{\pi}_{\mathbf{y}}(t)\right] \equiv \hat{\phi}_{\mathbf{x}}(t)\hat{\pi}_{\mathbf{y}}(t) - \hat{\pi}_{\mathbf{y}}(t)\hat{\phi}_{\mathbf{x}}(t),$$

而普朗克常量已设为 1. 场算符 $\hat{\phi}_{\mathbf{x}}(t)$ 满足(4.95)式, 因此其解由(4.96)式给出. 不过现在的积分常数应该被解释为不依赖于时间的算符 $\hat{a}_{\mathbf{k}}^{-}$, $\hat{a}_{\mathbf{k}}^{+}$. 把(4.96)式代入(4.97)式, 我们得到算符 $\hat{a}_{\mathbf{k}}^{-}$ 和 $\hat{a}_{\mathbf{k}}^{+}$ 满足如下的对易关系:

$$\left[\hat{a}_{\mathbf{k}}^{-},\ \hat{a}_{\mathbf{k}'}^{+}\right] = \delta(\mathbf{k}-\mathbf{k}'), \qquad \left[\hat{a}_{\mathbf{k}}^{-},\ \hat{a}_{\mathbf{k}'}^{-}\right] = \left[\hat{a}_{\mathbf{k}}^{+},\ \hat{a}_{\mathbf{k}'}^{+}\right] = 0. \tag{4.98}$$

除开 δ 函数的出现, 这些结果很像是谐振子的产生消灭算符. 这些算符所作用的希尔伯特空间 (Hilbert space) 类似于谐振子组成的希尔伯特空间. 对所有的 $\mathbf{k}$, 真空态 $|0\rangle$ 通过下式定义:

$$\hat{a}_{\mathbf{k}}^{-}|0\rangle = 0, \tag{4.99}$$

且它对应于能量最低态. 矢量

$$|n_{\mathbf{k}}\rangle = \frac{\left(\hat{a}_{\mathbf{k}}^{+}\right)^{n}}{\sqrt{n!}}|0\rangle \tag{4.100}$$

可以解释为描述了波矢 $\mathbf{k}$ 对应的每个单量子态中存在 $n_{\mathbf{k}}$ 个粒子的状态.

习题 4.16 算符 $\hat{N}_{\mathbf{k}} \equiv \hat{a}_{\mathbf{k}}^{+}\hat{a}_{\mathbf{k}}^{-}$ 描述的是波矢为 $\mathbf{k}$ 的粒子的总数. 利用(4.98)式的对易关系, 证明 $\hat{N}_{\mathbf{k}}|n_{\mathbf{k}}\rangle = \delta(0)n_{\mathbf{k}}|n_{\mathbf{k}}\rangle$. $\delta(0)$ 的出现可以直观地理解为对于给定动量量子态的总数是正比于空间体积的. 因为我们考虑的是无穷大的空间体积, 所以 $\delta(0)$ 就反映了这个无穷大. 单位体积内的粒子数是有限的, 它等于占据数 (occupation number) $n_{\mathbf{k}}$.

证明

$$\left\langle \hat{a}_{\mathbf{k}}^{+} \hat{a}_{\mathbf{k}'}^{-} \right\rangle_Q \equiv \frac{\left\langle n_{\mathbf{k}} \left| \hat{a}_{\mathbf{k}}^{+} \hat{a}_{\mathbf{k}'}^{-} \right| n_{\mathbf{k}} \right\rangle}{\left\langle n_{\mathbf{k}} | n_{\mathbf{k}} \right\rangle} = n_{\mathbf{k}} \delta(\mathbf{k} - \mathbf{k}'),$$
$$\left\langle \hat{a}_{\mathbf{k}}^{+} \hat{a}_{\mathbf{k}'}^{+} \right\rangle_Q = \left\langle \hat{a}_{\mathbf{k}}^{-} \hat{a}_{\mathbf{k}'}^{-} \right\rangle_Q = 0. \tag{4.101}$$

现在我们可以继续计算 $\langle \phi^2 \rangle$ 了. 我们首先对每个模 $\mathbf{k}$ 考虑其占据数为 $n_{\mathbf{k}}$ 的量子态. 在均匀且各向同性的宇宙中, 空间平均可以用量子平均代替①. 将(4.96)式平方, 并利用(4.101)式的结果, 我们得到

$$\left\langle \phi^2(\mathbf{x}) \right\rangle = \frac{1}{2\pi^2} \int \frac{k^2}{\sqrt{k^2 + m_\phi^2(\bar{\chi})}} \left(\frac{1}{2} + n_{\mathbf{k}} \right) dk. \tag{4.102}$$

真空对 V_{eff} 的贡献　我们首先设 $n_{\mathbf{k}} = 0$, 只考虑真空涨落的贡献. (4.102)式中的积分在 $k \to \infty$ 处是发散的. 为了解决发散的问题, 我们需要引入截断能标 $k_c = M$ 以对这个积分进行正规化 (regularize). 考虑到 $m_\phi^2(\bar{\chi}) = V''$, 我们可以把(4.94)式中的第三项改写为

$$\frac{1}{2} V''' \left\langle \phi^2 \right\rangle_{\text{vac}}^{\text{reg}} = \frac{1}{8\pi^2} \frac{\partial m_\phi^2(\bar{\chi})}{\partial \bar{\chi}} \int_0^M \frac{k^2 dk}{\sqrt{k^2 + m_\phi^2(\bar{\chi})}} = \frac{\partial V_\phi}{\partial \bar{\chi}}, \tag{4.103}$$

其中

$$V_\phi = \frac{1}{4\pi^2} \int_0^M \sqrt{k^2 + m_\phi^2(\bar{\chi})} k^2 dk \equiv \frac{I\left(m_\phi(\bar{\chi})\right)}{4\pi^2} \tag{4.104}$$

正好是真空扰动的能量密度.

利用(4.103)式, (4.94)式变为

$$\bar{\chi}^{;\alpha}{}_{;\alpha} + V'_{\text{eff}}(\bar{\chi}) = 0, \tag{4.105}$$

其中 $V_{\text{eff}}(\bar{\chi}) = V + V_\phi$ 是单圈有效势. (4.104)式中的积分 I 可以解析计算出来:

$$I(m) = \frac{1}{8} \left[M(2M^2 + m^2)\sqrt{M^2 + m^2} + m^4 \ln \frac{m}{M + \sqrt{M^2 + m^2}} \right].$$

取 $M \to \infty$ 的极限, 我们得到如下的有效势表达式:

$$V_{\text{eff}} = V + V_\infty + \frac{m_\phi^4(\bar{\chi})}{64\pi^2} \ln \frac{m_\phi^2(\bar{\chi})}{\mu^2}, \tag{4.106}$$

① 量子平均等价于系综平均. 早期宇宙中视界尺度很小, 且视界之间没有因果联系, 因此一个视界相当于是系综的一个样本, 而系综平均相当于是视界内的空间平均. 参见 8.1 节第一段的讨论.

其中的发散项

$$V_\infty=\frac{M^4}{4\pi^2}+\frac{m_\phi^2}{16\pi^2}M^2-\frac{m_\phi^4}{32\pi^2}\ln\frac{2M}{e^{3/4}\mu}+\mathscr{O}\left(\frac{1}{M^2}\right)$$

可以通过重新定义被吸收到原始势的常数项里面去. 例如, 在可重整的四次方势的情况下

$$V(\bar{\chi})=\frac{\lambda_0}{4}\bar{\chi}^4+\frac{m_0^2}{2}\bar{\chi}^2+\Lambda_0, \tag{4.107}$$

其质量为

$$m_\phi^2=V''=3\lambda_0\bar{\chi}^2+m_0^2.$$

因此发散的那些项分别正比于 $\bar{\chi}^4$, $\bar{\chi}^2$, $\bar{\chi}^0$, 所以可以与 $V(\bar{\chi})$ 中的相应的项合并. 其结果是裸常数 λ_0, m_0^2, Λ_0 变为有限的重整化常数 λ_R, m_R^2, Λ_R. 这些量是可以直接在实验上测量的. 通过这种方式, (4.106)式中的 V_∞ 项可以直接忽略掉.

习题 4.17 推导出裸参数和重整化参数之间的显式关系.

势(4.106)乍看起来不大对劲, 因为它似乎明显依赖于任意选取的标度 μ. 然而, 很明显可以看出, μ 的变化会诱导出一项正比于 $m^4(\bar{\chi})$ 的项. 对可重整理论而言, 这个诱导项的结构与原始的势相同, 因此不过是改变了有限的重整化常数. 这些重整化常数因此变为标度依赖 (跑动) 的, 这反映了量子场论的重整化群的性质. 这背后的物理保持不变: 只是我们解释这些常数的方式变了. 对纯 χ^4 理论而言, $m_\phi^2(\bar{\chi})=3\lambda\bar{\chi}^2$, 我们有

$$V_{\text{eff}}=\frac{1}{4}\lambda\bar{\chi}^4+\frac{9\lambda^2\bar{\chi}^4}{32\pi^2}\ln\frac{\bar{\chi}}{\chi_0}, \tag{4.108}$$

其中 $\lambda=\lambda(\chi_0)$, 而 χ_0 是某个重整化标度. 势的对数修正正比于 λ^2, 因此它的大小只在 $\lambda\ln(\bar{\chi}/\chi_0)\sim\mathscr{O}(1)$ 的情况下能与领头阶的 $\lambda\bar{\chi}^4$ 项相提并论. 然而对如此大的 $\bar{\chi}$ 来说, 我们之前一直忽略的高圈的贡献开始变得重要起来了.

习题 4.18 要求势(4.108)不能依赖于 χ_0, 推导出 $\lambda(\bar{\chi})$ 的重整化群方程. 解这个方程, 只保留 β 函数的高阶项, 证明当 $\lambda(\chi_0)\ln(\bar{\chi}/\chi_0)\sim\mathscr{O}(1)$ 时, $\lambda(\bar{\chi})$ 会爆炸 (blow up).

热修正对 V_{eff} 的贡献 在热宇宙中, ϕ 不再保持在其真空态. 占据数 n_{k} 现在由玻色-爱因斯坦公式 (3.20) 给出, 其中 $\epsilon=\omega_k=\sqrt{k^2+m_\phi^2}$, 而化学势可以忽略.

将玻色-爱因斯坦分布代入(4.102)式, 我们可以得到对 $\langle\phi^2\rangle$ 的热修正的表达式:

$$\left\langle\phi^2\right\rangle_T=\frac{1}{2\pi^2}\int_0^\infty\frac{k^2dk}{\omega_k\left(e^{\omega_k/T}-1\right)}=\frac{T^2}{4\pi^2}J_-^{(1)}\left(\frac{m_\phi(\bar{\chi})}{T},0\right).\tag{4.109}$$

为了推导出这个公式, 我们把积分变量换为 $k\to\omega_k/T$, 并据此把最后的结果用(3.34) 式中定义的积分 $J_-^{(1)}$ 表示出来. 对热涨落而言, (4.94)式左边的第三项可以改写为

$$\frac{1}{2}V'''\left\langle\phi^2\right\rangle_T=\frac{\partial m_\phi}{\partial\bar{\chi}}m_\phi\frac{T^2}{4\pi^2}J_-^{(1)}=\frac{\partial V_\phi^T}{\partial\bar{\chi}},\tag{4.110}$$

其中

$$V_\phi^T=\frac{T^4}{4\pi^2}\int_0^{m_\phi/T}\alpha J_-^{(1)}(\alpha,0)d\alpha\equiv\frac{T^4}{4\pi^2}F_-\left(\frac{m_\phi}{T}\right)\tag{4.111}$$

是标量粒子对 V_{eff} 的依赖于温度的贡献.

包括量子贡献和热贡献的最终结果是

$$V_{\text{eff}}=V+\frac{m_\phi^4(\bar{\chi})}{64\pi^2}\ln\frac{m_\phi^2(\bar{\chi})}{\mu^2}+\frac{T^4}{4\pi^2}F_-\left(\frac{m_\phi(\bar{\chi})}{T}\right),\tag{4.112}$$

其中 $m_\phi^2(\bar{\chi})=V''(\bar{\chi})$.

4.4.2 $U(1)$ 模型

我们现在来计算 $U(1)$ 规范模型的有效势. 根据(4.44)式, 标量场的运动方程可立即写为

$$\chi^{;\alpha}{}_{;\alpha}+V'(\chi)-e^2\chi G^\mu G_\mu=0.\tag{4.113}$$

在这种情况下, 标量粒子对 V_{eff} 的贡献的计算有点复杂, 因为场 χ 只有在 $\chi>0$ 的情况下才是定义良好的 (unambiguously defined). 为了避免上述困难, 我们只考虑最有趣的情况, 即矢量粒子的贡献大于标量粒子的贡献. 对(4.107)中的四次方势而言, 这意味着 $e^2\gg\lambda$. 也就是说, 规范玻色子的质量 $m_G(\bar{\chi})=e\bar{\chi}$ 远大于希格斯粒子的质量. 请注意矢量粒子的单圈对 V_{eff} 的贡献的计算结果仍然是可信的, 即使它变得和 $\lambda\bar{\chi}^4$ 项差不多大时也是如此. 忽略掉场 ϕ 的贡献, 我们得到标量场的均匀部分满足如下方程:

$$\bar{\chi}^{;\alpha}{}_{;\alpha}+V'(\bar{\chi})-e^2\bar{\chi}\left\langle G^\mu G_\mu\right\rangle=0.\tag{4.114}$$

$\left\langle G^\mu G_\mu\right\rangle_{\text{vac}}^{\text{reg}}$ 项可以按照与 $\left\langle\phi^2\right\rangle_{\text{vac}}^{\text{reg}}$ 相似的方法算出, 其结果为

$$-e^2\bar{\chi}\left\langle G^\mu G_\mu\right\rangle_{\text{vac}}^{\text{reg}}=\frac{\partial}{\partial\bar{\chi}}\left(\frac{3I\left(m_G(\bar{\chi})\right)}{4\pi^2}\right)\equiv\frac{\partial V_G}{\partial\bar{\chi}},\tag{4.115}$$

其中积分 I 的定义见(4.104). V_G 是质量为

$$m_G(\bar{\chi}) = e\bar{\chi}$$

的矢量场的真空涨落的能量密度. (4.115)式中的因子 3 反映的是有质量矢量场在空间的每一点有三个自由度的事实. 矢量场依赖于温度的贡献可以通过重复对标量场的计算过程来算出. 包含量子贡献和热贡献的最终结果是

$$V_{\text{eff}}(\bar{\chi}, T) = V + \frac{3m_G^4(\bar{\chi})}{64\pi^2} \ln \frac{m_G^2(\bar{\chi})}{\mu^2} + \frac{3T^4}{4\pi^2} F_-\left(\frac{m_G(\bar{\chi})}{T}\right), \tag{4.116}$$

其中 $m_G(\bar{\chi}) = e\bar{\chi}$, 而 F_- 的定义见(4.111)式.

零温时最后一项消失. 对(4.107)式中定义的四次方势而言, 我们得到如下结果:

$$V_{\text{eff}} = \frac{\lambda_R}{4}\bar{\chi}^4 + \frac{m_R^2}{2}\bar{\chi}^2 + \Lambda_R + \frac{3e^4}{32\pi^2}\bar{\chi}^4 \ln \frac{\bar{\chi}}{\chi_0}, \tag{4.117}$$

其中重整化常数 λ_R, m_R, Λ_R 可以用实验测量到的参数表示出来. 这些参数的具体形式取决于我们使用的重整化条件 (normalization conditions).

习题 4.19 假设势 V_{eff} 存在某个极小值点 $\chi_0 \neq 0$, 且此处的极小值等于零. 也就是说, 在对称性破缺相不存在宇宙学常数. 通过解 $V_{\text{eff}}(\chi_0) = 0$, $V'_{\text{eff}}(\chi_0) = 0$, 以及 $V''_{\text{eff}}(\chi_0) = m_H^2$ 这三个方程 ①, 证明

$$\begin{aligned}
\lambda_R &= \frac{m_H^2}{2\chi_0^2} - \frac{9e^4}{32\pi^2}, \\
m_R^2 &= -\frac{m_H^2}{2} + \frac{3e^4\chi_0^2}{16\pi^2}, \\
\Lambda_R &= \frac{\chi_0^2}{4}\left[\frac{m_H^2}{2} - \frac{3e^4\chi_0^2}{32\pi^2}\right].
\end{aligned} \tag{4.118}$$

① 零温时 V_{eff} 的导数和二阶导数为

$$V'_{\text{eff}}(\bar{\chi}) = \left(\lambda_R + \frac{3e^2}{32\pi^2}\right)\bar{\chi}^3 + m_R^2\bar{\chi} + \frac{3e^2}{8\pi^2}\bar{\chi}^3 \ln \frac{\bar{\chi}}{\chi_0}, \tag{4.117a}$$

$$V''_{\text{eff}}(\bar{\chi}) = 3\left(\lambda_R + \frac{7e^2}{32\pi^2}\right)\bar{\chi}^2 + m_R^2 + \frac{9e^2}{8\pi^2}\bar{\chi}^2 \ln \frac{\bar{\chi}}{\chi_0}. \tag{4.117b}$$

(4.117a)告诉我们 $V_{\text{eff}}(\bar{\chi} = 0) = 0$, 即原点永远是 V_{eff} 的极值点. (4.117b)告诉我们 $V''_{\text{eff}}(\bar{\chi} = 0) = m_R^2$, 即 m_R 的物理意义是 $\bar{\chi}$ 在坐标原点处的质量. 这一点在下面的例子里会用到. 若 $m_R^2 < 0$, 则原点是 V_{eff} 的极大值点; 若 $m_R^2 > 0$, 则原点是极小值点. 在后一种情况下, 若 $V_{\text{eff}}(0) < V_{\text{eff}}(\chi_0)$, 则零温有效势可能永远保持对称性恢复的状态. 这就是下面要谈到的林德-温伯格下限.

因此我们就把(4.117)式中的那些重整化常数用 χ_0, 规范耦合常数 e 和希格斯质量 m_H 表示出来了.

已知在对称性破缺相中有

$$M_G \equiv m_G(\chi_0) = e\chi_0, \tag{4.119}$$

我们注意到如果 $m_H^2 < 3e^2M_G^2/8\pi^2$, 则 $m_R^2 > 0$. 这样势(4.117)中在 $\bar{\chi} = 0$ 处出现了第二个极小值. 此外, 如果 $m_H^2 < 3e^2M_G^2/16\pi^2$, 则这个新的极小值比 χ_0 处的极小值还要深, 因为 $V_{\text{eff}}(\bar{\chi} = 0) = \Lambda_R < 0$. 因此从能量角度讲系统不再倾向于对称性破缺. 我们稍后将会看到在极早期宇宙对称性是恢复的. 因此, 如果希格斯粒子的质量无法满足如下的不等式:

$$m_H^2 > \frac{3e^2M_G^2}{16\pi^2}, \tag{4.120}$$

对称性就会一直保持在不破缺的状态, 而规范玻色子会保持无质量. 这个不等式称为林德-温伯格下界 (Linde-Weinberg bound)①.

我们考虑一种特殊情况: $m_R^2 = 0$, 或者等价地说 $V_{\text{eff}}''(\bar{\chi} = 0) = 0$. 根据(4.118)式, 势(4.117) 简化为

$$V_{\text{eff}} = \frac{3e^4}{32\pi^2}\left(\bar{\chi}^4 \ln\frac{\bar{\chi}}{\chi_0} - \frac{1}{4}\bar{\chi}^4 + \frac{1}{4}\chi_0^4\right), \tag{4.121}$$

这就是科尔曼-温伯格势 (Coleman-Weinberg potential). 这种势可能在大统一理论 (unified particle theories) 中出现. 它的宇宙学应用尤其有趣, 因为它可以用来构建所谓的新暴胀方案 (new inflation scenario).

现在我们来推导有效势在高温极限下的渐近行为. 为了计算高温 $(T \gg m_G(\bar{\chi}))$ 时的 F_-, 我们可以使用 (3.44) 式给出的 $J_-^{(1)}$ 的高温展开. 然后, 利用(4.118)式, 势(4.116)化为

$$V_{\text{eff}}(\bar{\chi}, T) \simeq \frac{\lambda_T}{4}\bar{\chi}^4 - \frac{e^3}{4\pi}T\bar{\chi}^3 + \frac{m_T^2}{2}\bar{\chi}^2 + \Lambda_R, \tag{4.122}$$

其中

$$\lambda_T = \frac{m_H^2}{2\chi_0^2} + \frac{3e^4}{16\pi^2}\ln\frac{bT^2}{(e\chi_0)^2}, \quad \ln b = 2\ln 4\pi - 2\mathbf{C} \simeq 3.5 \tag{4.123}$$

① 代入数值可以知道这个下界为 $m_H > \sqrt{3}\chi_0/137 \simeq 3$ GeV, 远小于实际的希格斯质量. 据此可以知道 $m_R^2 < 0$, 因此零温有效势的原点处是一个极大值.

是有效耦合常数, 且

$$m_T^2 = \frac{e^2}{4}\left(T^2 - T_0^2\right), \quad T_0^2 = \frac{2m_H^2}{e^2} - \frac{3e^2\chi_0^2}{4\pi^2} \tag{4.124}$$

是依赖于温度的质量. (4.122)式给出的有效势只在 $m_G = e\bar{\chi} \ll T$ 时成立, 或者换句话说 $\bar{\chi} \ll T/e$.

请注意我们目前的研究结果都是基于单圈近似的. 高阶修正可以改变当 $\bar{\chi}$ 较小时的有效势的结构. 特别是, 可以证明当考虑到这些高阶修正的时候, (4.122)式中的立方项应该乘以一个系数 2/3. 然而, 这个效应已经超出了本书的讨论范围. 因此后面的部分里我们将忽略它.

习题 4.20 利用 (3.47) 式给出的 $J_-^{(1)}(\alpha, 0)$ 的结果, 求出有效势(4.116)的低温展开的几个领头项. (提示 在这种情况下, 用 m/T 和 ∞ 作为(4.111)中的积分限是更加方便的. 为什么?)

4.4.3 高温时的对称性恢复

对一些不同的温度, 我们在图 4-10中画出了(4.122)式给出的有效势. 当温度很高时, 有效势只有 $\bar{\chi} = 0$ 一个零点; 对称性是恢复的, 而规范玻色子和费米子是无质量的. 当温度降到

$$T_1 = \frac{T_0}{\sqrt{1 - \dfrac{9e^4}{16\pi^2\lambda_{T_1}}}} \tag{4.125}$$

以下时, 第二个极小值出现①. 它位于 $\bar{\chi}_1 = 3e^3T_1/8\pi\lambda_{T_1}$②随着温度的降低, 这个极小值点会往右边移动. 当温度降到临界温度

$$T_c = \frac{T_0}{\sqrt{1 - \dfrac{e^4}{2\pi^2\lambda_{T_c}}}} \tag{4.126}$$

---

① T_1 的推导如下. 首先对(4.122)给出的依赖于温度的有效势求导数以求得它的极小值位置: $V_{\text{eff}}'(\bar{\chi}) = 0$. 除了 $\bar{\chi} = 0$ 处的极小值点, 其他极小值点由下式给出:

$$\lambda_T\bar{\chi}^2 - \frac{3e^3}{4\pi}T\bar{\chi} + m_T^2 = 0. \tag{4.125a}$$

这个方程存在实根的条件是 $(3e^3/4\pi)^2T^2 - 4\lambda_T m_T^2 \geqslant 0$. 利用 m_T 的定义式(4.124), 并考虑到 λ_T 对 T 的对数依赖很弱, 我们就可以得到 $T \geqslant T_1$, 其中 T_1 由(4.125)给出. $T = T_1$ 上面那个方程的解是 $\bar{\chi}_1 = 3e^3T_1/8\pi\lambda_{T_1}$.

② 原文中 λ_{T_1} 的温度 T_1 未写下标 1, 已补上. 下文 (4.129) 之前的那个方程也有类似问题, 已补上.

时, V_{eff} 在两个极小值点处的值相等①. 在这个时刻, 第二个真空位于②

$$\bar{\chi}_c = \frac{e^3 T_c}{2\pi\lambda_{T_c}}. \tag{4.127}$$

它和 $\bar{\chi} = 0$ 处的真空被一个势垒分隔开. 势垒在 $\bar{\chi} = \bar{\chi}_c/2$ 处达到极大值 ③, 其高度为

$$\Delta V_c = \frac{e^{12} T_c^4}{4(4\pi)^4 \lambda_{T_c}^3}. \tag{4.128}$$

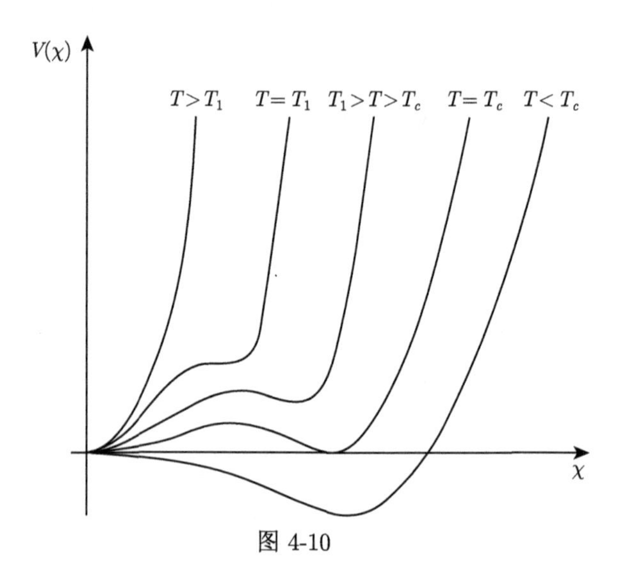

图 4-10

① T_c 的推导如下. 要求势(4.122)上出现与其零点值 Λ_R 相等的点的条件是

$$\frac{\lambda_T}{4}\bar{\chi}^4 - \frac{e^3}{4\pi}T\bar{\chi}^3 + \frac{m_T^2}{2}\bar{\chi}^2 = 0$$

存在非零解. 这要求 $(e^3/4\pi)^2 T^2 - \lambda_T m_T^2/2 \geqslant 0$. 利用 m_T 的定义式(4.124), 并考虑到 λ_T 对 T 的对数依赖很弱, 我们就可以得到 $T \neq T_c$, 其中 T_c 由(4.126)给出. $T = T_c$ 时这个方程的解是 $\bar{\chi}_c = e^3 T/2\pi\lambda_{T_c}$.

② 原文中 λ_{T_c} 的温度 T_c 未写下标 c, 已补上. 下文 (4.129) 之前的那个方程也有同样问题, 已补上.

③ 在温度为 T_c 时, 势垒的极大值点 $\bar{\chi}_m$ 和非零极小值点 $\bar{\chi}_c$ 都是方程(4.125a)的解. 根据韦达定理, 我们有 $\chi_m + \chi_c = 3e^3 T_c/4\pi\lambda_{T_c}$. 代入 $\bar{\chi}_c$ 的值, 我们可以解出

$$\bar{\chi}_m = \frac{e^3 T_c}{4\pi\lambda_{T_c}} = \frac{\bar{\chi}_c}{2}.$$

再将其代入(4.123)并减掉宇宙学常数, 即可得到

$$\Delta V_c \equiv V_{\text{eff}}(\bar{\chi}_m) - V_{\text{eff}}(\bar{\chi} = 0) = -\frac{3}{4}\frac{e^{12}T_c^4}{(4\pi)^4\lambda_{T_c}^3} + \frac{e^8 T_c^2}{8(4\pi)^2\lambda_{T_c}^2}(T^2 - T_0^2) = \frac{e^{12}T_c^4}{4(4\pi)^4\lambda_{T_c}^3}.$$

这里的第二步我们用到了(4.127)的一个变形式:$T_c^2 - T_0^2 = e^4 T_c^2/2\pi^2\lambda_{T_c}^2$.

请注意耦合常数 λ_T 不能取任意小的值, 因为在高温 T 下对它的温度修正超过了 e^4. 因此, 在临界温度时, 位于 $\bar{\chi}_c < T/e$ 的第二个极小值总能处于高温展开可以适用的范围之内 ①. 当温度进一步降到 T_0 以下时, m_T^2 变为负值, 因此 $\bar{\chi} = 0$ 处的极小值不再存在. 最终, 在非常低的温度下 (参见习题 4.20), 势回到了(4.117)的形式.

4.4.4 相变

当温度降到临界温度 T_c 以下时, 有效势的非零极小值 $\bar{\chi}_m \neq 0$ 从能量角度讲是更可能的状态. 因此, 场 $\bar{\chi}$ 可能会改变它的场值并演化到第二个真空. 如果在这个时刻两个极小值点之间还隔着一个势垒, 则这种相变会伴随着泡泡的成核. 在泡泡内部, 标量场得到了一个非零的真空期望值. 如果泡泡的成核率超过了宇宙的膨胀率, 则泡泡可以互相碰撞, 最终会充满整个空间. 其结果是, 规范玻色子和费米子都变成有质量的了. 如此的一个相变过程称为一阶相变 (first order phase transition). 这个过程是非常剧烈的, 我们可以期待它会极大地偏离热平衡.

另一种可能性是 $\bar{\chi} = 0$ 和 $\bar{\chi}_m \neq 0$ 的两个真空从来没有被势垒隔开过. 在这种情况下, $\bar{\chi}$ 场逐渐改变其场值, 转变过程是光滑的. 这个过程既可以是二阶相变 (second order phase transition), 也可以是简单的跨接 (cross-over). 我们已经指出二阶相变通常可以用某种对称性的连续变化来描述. 因为规范对称性从来没有被希格斯机制破缺, 我们预计在规范理论中光滑转变是一个跨接. 从宇宙学的角度来讲, 跨接和二阶相变的区别不是很大. 因此从我们的目的出发, 我们只需要区分激烈的相变和光滑的相变即可.

我们现在讨论在 $U(1)$ 理论中会遇到哪种相变. 为了回答这个问题, 我们考虑有效势 $V_{\rm eff}$ 的高温展开, 它由(4.122)式给出. 首先我们注意到势垒完全是从 $\bar{\chi}^3$ 这一项出来的, 这一项又起源于 (3.44) 式中的 $J_-^{(1)}$ 的高温展开式中正比于 $\sqrt{(m_G/T)^2}$ 的非解析项. 倘若质量 m_G 为零, 则这一项不复存在. 因此, 为了研究相变的特征, 我们需要知道在什么时候 $\bar{\chi}^3$ 对 $V_{\rm eff}$ 的贡献的计算结果是可靠的. 根据(4.109), 标量场的温度扰动大约是

$$\delta\phi = \sqrt{\langle\phi^2\rangle_T} \simeq \frac{T}{\sqrt{24}}.$$

如果 $\bar{\chi} < T/\sqrt{24}$, 矢量玻色子就不能当作有质量的粒子. 因此, 在这个范围内, 对 $J_-^{(1)}$ 的质量修正的微扰处理失效, 我们预计 $\bar{\chi}^3$ 项会消失.

① 这几句话的意思是, 看上去(4.127)式给出的 $\bar{\chi}_c$ 在 λ_{T_c} 很小的情况下可以很大, 这可能破坏推导出有效势(4.123)时用到的高温近似的条件 $\bar{\chi} \ll T/e$. 但是根据(4.124), λ_T 有一正比于 e^4 的项. 这一项确保 $\lambda_T \gtrsim e^4$. 代入(4.127)我们就得到 $\bar{\chi}_c \lesssim T_c/e$, 仍然在高温近似的适用范围之内. 换句话说, 温度降到临界温度 T_c 时, 在其第二个极小值 $\bar{\chi}_c$ 以内, 基于高温近似的有效势仍然可用.

下面的简单判据能给我们提供一种判断势垒何时消失的方法: 如果在临界温度 T_c 时, 势垒极大值点的位置对应的标量场的场值

$$\frac{\bar{\chi}_c}{2}=\frac{e^3 T_c}{4\pi\lambda_{T_c}}$$

超过了 $T/\sqrt{24}$, 则势垒是确实存在的. 实际上, 在这种情况下我们对 $\bar{\chi}^3$ 的计算就是可信赖的. 因此, 我们推断出如果耦合常数 λ 足够小, 也就是说[①]

$$\frac{\sqrt{6}}{2\pi}e^3>\lambda>\frac{9}{16\pi^2}e^4, \tag{4.129}$$

使得势垒的极大值位于

$$\frac{T_c}{e}>\frac{\bar{\chi}_c}{2}>\frac{T_c}{\sqrt{24}},$$

则泡泡成核的一阶相变过程可以发生. 因为希格斯质量平方[②]正比于 λ, 这种情况只有在希格斯质量不是太重的情况下能够实现.

另一方面, 如果耦合常数很大的话[③],

$$e^2>\lambda>\frac{\sqrt{6}}{2\pi}e^3, \tag{4.130}$$

势垒就会落在

$$\frac{\bar{\chi}_c}{2}<\frac{T_c}{\sqrt{24}}.$$

然而, 在 $\bar{\chi}$ 的这个取值范围内, 玻色子应该当作无质量粒子. 这样 $\bar{\chi}^3$ 项就不会出现在势中. 因此, 我们预料此时势垒完全不会出现, 有效势就像图 4-11所示的那样变化. 在这种情况下, 对称性破缺通过标量场的平均值的逐渐增长而平滑地发生. 所以, 这个相变不会产生什么激动人心的宇宙学效应. 需要提醒读者注意的是, 标量粒子对有效势的贡献只有在(4.130)式中的第一个不等式成立的情况下才可以忽略.

以上推导出来的判据只是一些粗略的估算. 然而, 更加复杂的分析表明这些估算能够相当好地重复出严格计算得到的结果.

---

① (4.129)的第一个不等式是从 $\bar{\chi}_c/2>T/\sqrt{24}$ 中推导出来的. 第二个不等式则来自于(4.128)下面的那段评论: 热修正给了 λ 一个下限, 即(4.123)中令对数项取 $\mathcal{O}(1)$ 时的值.

② 原文作“希格斯质量”, 误. 根据(4.123)改正.

③ (4.130)的第二个不等式是从 $\bar{\chi}_c/2<T/\sqrt{24}$ 中推导出来的. 第一个不等式 $\lambda<e^2$ 则来自于我们忽略掉标量粒子的贡献的假设. 见(4.113)下面那一段.

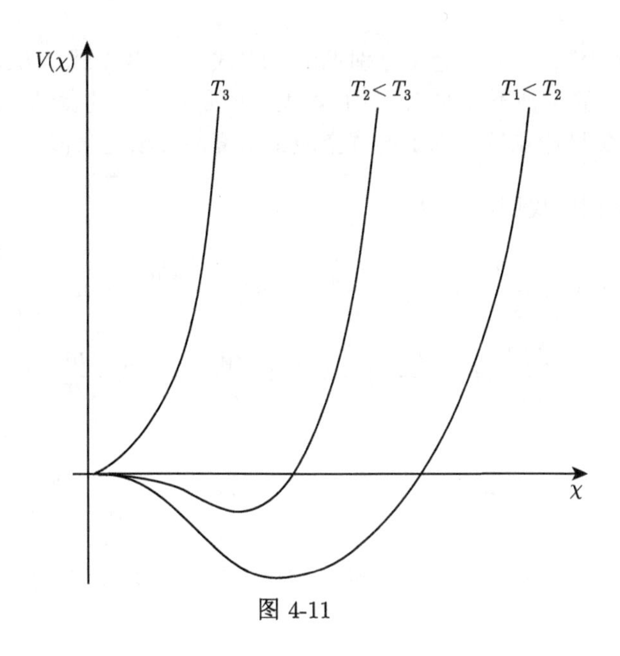

图 4-11

4.4.5 电弱相变

上面的讨论可以很容易地推广到早期宇宙中的电弱相变. 在电弱理论里, 标量场的运动方程是通过对电弱拉格朗日量(4.59), (4.79), (4.84)中依赖于 χ 的项做变分得到的. 如果我们假设希格斯质量很小, 且忽略掉标量粒子, 我们就可以得到如下关于平均场 $\bar{\chi}$ 的方程:

$$\bar{\chi}^{;\alpha}{}_{;\alpha} + V'(\bar{\chi}) - \frac{g^2 + g'^2}{4}\bar{\chi}\langle Z_\mu Z^\mu\rangle - \frac{g^2}{2}\bar{\chi}\left\langle W_\mu^+ W^{-\mu}\right\rangle + f_t\langle t\bar{t}\rangle = 0. \tag{4.131}$$

在这里我们只保留了顶夸克. 由于它的汤川耦合常数 f_t 较大, 它的贡献相对于其他费米子来说是占主导的. 利用之前推导出来的公式, Z 和 W 玻色子对 V_{eff} 的贡献可以立即写出来. 我们只需注意到带荷的 W 玻色子的自由度是中性玻色子的自由度的两倍, 因此它对 V_{eff} 的贡献也是两倍.

习题 4.21 证明 $f_t\langle t\bar{t}\rangle = \partial V_t/\partial\bar{\chi}$, 其中

$$V_t \equiv 3\times 4\left(-\frac{I(m_t)}{4\pi^2} + \frac{T^4}{4\pi^2}F_+\left(\frac{m_t}{T}\right)\right). \tag{4.132}$$

这里的 $m_t = f_t\bar{\chi}$, 而且

$$F_+\left(\frac{m_t}{T}\right) \equiv \int_0^{m_t/T} \alpha J_+^{(1)}(\alpha, 0)d\alpha. \tag{4.133}$$

积分 $I(m_t)$ 和 $J_+^{(1)}(\alpha,0)$ 的定义分别见(4.104)式和 (3.34) 式. (4.132)中的因子 3 表示的是顶夸克的三种不同的色, 因子 4 表示的是每种色的费米子的四个自由度. 积分 I 前面的负号意味着费米子的真空能量密度的贡献是负值.

利用这一结果, 我们可以得到

$$\begin{aligned} V_{\text{eff}} =& V + \frac{3}{64\pi^2}\left(m_Z^4 \ln \frac{m_Z^2}{\mu^2} + 2m_W^4 \ln \frac{m_W^2}{\mu^2} - 4m_t^2 \ln \frac{m_t^2}{\mu^2}\right) \\ &+ \frac{3T^4}{4\pi^2}\left[F_-\left(\frac{m_Z}{T}\right) + 2F_-\left(\frac{m_W}{T}\right) + 4F_+\left(\frac{m_t}{T}\right)\right], \end{aligned} \tag{4.134}$$

其中

$$m_Z = \frac{\sqrt{g^2+g'^2}}{2}\bar{\chi}, \qquad m_W = \frac{g}{2}\bar{\chi}, \qquad m_t = f_t\bar{\chi}.$$

这个公式类似于(4.116)式. 不同的系数可以很容易通过对应的场的自由度数来理解.

习题 4.22　利用习题 4.19 相同的重整化条件, 证明在零温 $T = 0$ K 时, 只要我们做如下替换:

$$e^4 \to \frac{M_Z^4 + 2M_W^4 - 4M_t^4}{\chi_0^4},$$

有效势就可以由(4.117)式和(4.118)式给出. 在对称性破缺相, 规范玻色子和顶夸克的质量是 $M_Z \equiv m_Z(\chi_0) \simeq 91.2$ GeV, $M_W \simeq 80.4$ GeV, $M_t \simeq 170$ GeV. 因此, 上面这个质量的组合是负值, 而林德-温伯格式的讨论无法给出希格斯质量的下界①. 然而, 在这种情况下, 顶夸克的贡献导致(4.117)式中的对数项前面的系数是负值. 当 $\bar{\chi}$ 值非常大时, 这一项占主导, 势变为负的, 因此势不存在下界.

取希格斯质量的不同值 (10 GeV, 30 GeV, 100 GeV), 计算有效势 V_{eff} 什么时候变为负值. 用这种方式, 假设标准的电弱理论一直适用到 $\bar{\chi}_m$ 的标度, 并且要求 V_{eff} 在 $\bar{\chi} > \chi_0$ 很大时危险的第二极小值不会出现, 据此可以推出希格斯质量的下界. 然而这个下界不如林德-温伯格下界那么稳固 (robust)②.

① 林德-温伯格下界由于(4.118)式中的 $\Lambda_R < 0$ 给出. 如果 $e^4 < 0$, 则无法做到, 因此上面的替换下不存在希格斯质量的下界.

② 具体的计算证明势变为负值的能标大概是 $\bar{\chi} \equiv \Lambda_{\text{ins}} \sim 10^{11}$ GeV. 参见 Buttazzo et al., *Investigating the near-criticality of the Higgs boson*, JHEP 12 (2013) 089, arXiv:1307.3536. 这可能在暴胀时期带来一些问题, 因为希格斯粒子的量子扰动 $\delta\phi \sim H_{\text{inf}} > \Lambda_{\text{ins}}$ 会导致它落到势垒的另一边去. 这称为电弱真空不稳定性的问题. 最简单的解决方案是在 10^{11} GeV 以下引入新物理 (例如超对称粒子或者额外的标量粒子).

(4.134)式的高温展开可以用推出(4.122)式的同样的方法来推导. 其结果是

$$V_{\text{eff}}(\bar{\chi},T)\simeq\frac{\lambda_T}{4}\bar{\chi}^4-\frac{\Theta}{3}T\bar{\chi}^3+\frac{\Upsilon\left(T^2-T_0^2\right)}{2}\bar{\chi}^2+\Lambda_R, \tag{4.135}$$

其中依赖于温度的耦合常数

$$\lambda_T=\frac{m_H^2}{2\chi_0^2}+\frac{3}{16\pi^2\chi_0^4}\left(M_Z^4\ln\frac{bT^2}{M_Z^2}+2M_W^4\ln\frac{bT^2}{M_W^2}-4M_t^4\ln\frac{b_FT^2}{M_t^2}\right) \tag{4.136}$$

是通过对称性破缺相的规范粒子的质量和顶夸克的质量表示出来的, 例如 $M_Z\equiv m_Z(\chi_0)$. 常数 b 的定义见(4.123)式, 而 $\ln b_F=2\ln\pi-2\mathbf{C}\simeq1.14$.

无量纲的常数 Θ 和 Υ 为

$$\Theta=\frac{3\left(M_Z^3+2M_W^3\right)}{4\pi\chi_0^3}\simeq2.7\times10^{-2},\qquad\Upsilon=\frac{M_Z^2+2M_W^2+2M_t^2}{4\chi_0^2}\simeq0.3.$$

温度

$$T_0^2=\frac{1}{2\Upsilon}\left(m_H^2-\frac{3\left(M_Z^4+2M_W^4-4M_t^4\right)}{8\pi^2\chi_0^2}\right)\simeq1.7\left(m_H^2+(44\text{ GeV})^2\right) \tag{4.137}$$

明显依赖于未知的希格斯质量①.

对应于矢量玻色子的那些项的形式跟(4.122)式一样. 如果我们用玻色子质量 $M_G=e\chi_0$ 而不是耦合常数 e 去重写(4.122)—(4.124)诸式, 这一点会更加明显. 为了得出费米子的贡献, 我们使用了 (3.44) 式给出的 $J_+^{(1)}$ 的高温展开表达式. 注意到这个展开式中不存在非解析项, 因此费米子对有效势的 $\bar{\chi}^3$ 项的系数 Θ 没有贡献②.

现在我们转到有效势(4.134)的温度依赖行为, 并研究在早期宇宙中的对称性破缺. 为了抓住这个相变的特征, 考虑高温展开(4.135)就足够了.

对给定的温度 T, 不同的场在(4.135)中的贡献只有在 $\bar{\chi}$ 产生的诱导质量小于温度的情况下才是可信的. 例如, 只有在 $m_t(\bar{\chi})=M_t\bar{\chi}/\chi_0\ll T$ 即 $\bar{\chi}\ll(\chi_0/M_t)T$ 的情况下, 才应该保留(4.135)中的顶夸克项. 而在

$$\frac{T}{M_{Z,W}}\chi_0>\bar{\chi}>\frac{T}{M_t}\chi_0 \tag{4.138}$$

① 根据 2021 年的 PDG 数据, 尤其是希格斯粒子的真空期望值 $\bar{\chi}_0\simeq246.22$ GeV, 可以得到 $\Theta=2.85\times10^{-2}$, $\Upsilon=0.334$. 再加上希格斯质量的值 $m_H\simeq125.3$ GeV, 可以得到 $T_0\simeq163.4$ GeV.

② “非解析” 指的是不能写成非整数的幂级数, 它们作为复变函数是多值函数. 相比于 $J_-^{(1)}$, $J_+^{(1)}$ 缺少了 $\sqrt{\alpha^2-\beta^2}$ 这一项, 因此 $J_+^{(1)}(\alpha,0)$ 没有 α 的线性项. 注意到 $V_{\text{eff}}\sim F_+(\alpha,0)\sim\int_0^{f\bar{\chi}/T}\alpha J_-^{(1)}(\alpha,0)d\alpha$, 因此费米子贡献的有效势中没有正比于 $\bar{\chi}^3$ 的项.

的范围内, Z 和 W 玻色子还是相对论性的, 但 t 夸克变为非相对论性的了, 因此它对有效势的贡献可以忽略. 正如我们之前已经讨论过的那样, 对非常小的 $\bar{\chi}$, 我们的推导不再成立. 这时需要采用更加精准的方法①.

对有效势行为的分析几乎和之前的讨论一样. 在极高的温度下, 即②

$$T \gg T_1 = \frac{T_0}{\sqrt{1 - \dfrac{\Theta^2}{4\Upsilon\lambda_{T_1}}}}, \tag{4.139}$$

有效势只有一个极小值, 位于 $\bar{\chi} = 0$. 这时对称性处于恢复的状态, 规范玻色子和费米子都是无质量的. 当温度降到 T_1 以下时, 第二个极小值开始出现. 当温度为临界温度

$$T_c = \frac{T_0}{\sqrt{1 - \dfrac{2\Theta^2}{9\Upsilon\lambda_{T_c}}}} \tag{4.140}$$

时, 位于

$$\bar{\chi}_c = \frac{2\Theta T}{3\lambda_{T_c}} \tag{4.141}$$

的第二极小值的深度与原点 $\bar{\chi} = 0$ 处的极小值相同. 接下来就可能发生往对称性破缺相的相变. 正如之前讨论过的那样, 只有在 $\bar{\chi}_c/2 > T/\sqrt{24}$ 情况下, 位于 $\bar{\chi}_c$ 和 $\bar{\chi} = 0$ 两个位置的极小值才是被势垒分隔开的. 因此, 只有在 $\lambda_{T_c} < \sqrt{8/3}\Theta$ 的情况下, 我们预料会发生强一阶相变. 利用(4.136)式, 这个条件可以用希格斯质量重写为 $m_H < 75$ GeV. 也就是说, 只有在希格斯粒子足够轻的情况下, 电弱相变才可能是一阶的. 若 $m_H = 50$ GeV, 这个相变发生在 $T_c \approx 88$ GeV③.

实验上给出的希格斯质量的下界是 $m_H > 114$ GeV. 因此在实际情况中我们预计电弱对称性的破缺会光滑地发生. 希格斯质量很大时, 我们可以简单地忽略掉(4.135)式中的 $\bar{\chi}^3$ 项. 在这种情况下, 当温度降低到 T_0 以下时, 有效势唯一的极小值位于

$$\bar{\chi}_c = \left(\frac{\Upsilon}{\lambda_T}\left(T_0^2 - T^2\right)\right)^{1/2}, \tag{4.142}$$

因此对称性发生破缺. 这种相变是一个跨接, 不存在剧烈的宇宙学效应. 特别是, 没有对热平衡的显著偏离. 相变的温度依赖于希格斯质量. 根据(4.137)式, 我们可

① $\bar{\chi}$ 较小时必须考虑高阶圈图的贡献. 参见习题 4.20 上面一段的讨论.

② 分母上的 λ_{T_1} 原文作 λ_{T_c}. 根据(4.125)式改正.

③ 计算 T_c 时需要估算 λ_T. 因为温度在电弱能标附近, 因此 (4.136)中的对数项的贡献很小, 可以忽略.

以得出 $m_H \simeq 120$ GeV 时 $T_0 \simeq 166$ GeV, 以及 $m_H \simeq 180$ GeV 时 $T_0 \simeq 240$ GeV. 这里的估算结果与更加严格和精确的计算得到的结果符合得很好①.

4.5 瞬子, 鞍点子, 以及早期宇宙

在纳入了希格斯机制的规范理论中, 从某些方面来看, 真空的结构是非平庸的. 首先, 我们在上一节已经看到, 在早期宇宙中希格斯场可以有两个极小值. 如果从对称相到对称性破缺相的相变发生在真假两个真空仍然被势垒分隔开的时候, 则相变是一阶的, 因而伴随着泡泡成核. 虽然无论是在量子色动力学还是在量子电动力学模型里, 这样的过程似乎都不会发生. 但是对超出标准模型的统一场论来说, 这是个相当典型的过程.

非阿贝尔规范理论的另一个有趣的现象是拓扑不同的真空的存在. 这些真空也是被势垒分隔开的. 在宇宙早期有可能发生拓扑相变. 这些相变是非常重要的, 因为它们可以在标准模型中产生费米子数的反常不守恒.

如果相变时的温度相对于势垒的高度来说很小, 则不同真空之间的相变是通过势垒下的量子隧穿的方式实现的. 在这种情况下, 场方程的欧几里得解, 所谓的瞬子 (*instanton*), 给出了隧穿几率的主要贡献. 另一方面, 如果温度足够高, 则热修正可以让场跨过势垒到另一个真空中去, 不需要隧穿. 在这种情况下相变是经典的, 且其发生率由对应于势的极大值的静态场位形决定. 这称为鞍点子 (*sphaleron*).

在本节里, 我们将计算假真空衰变和拓扑真空相变的衰变率, 并确定在什么条件下衰变率由鞍点子而不是瞬子占主导, 以及反过来的条件.

4.5.1 势阱中粒子的逃离

让我们用一个一维问题开始 "热身", 讨论一个质量为 M 的粒子从一个位于 $q_0 = 0$ 的一维势阱 (参见图 4-12) 中逃离的过程. 在这个简单的例子里我们将得到分析场论里的相变所需要的主要概念.

首先我们忽略热涨落, 并假设这个能量为 $E < V(q_m)$ 的粒子一开始就处于势阱中. 从势阱中逃离的唯一方法就是通过势垒隧穿. 如果隧穿几率很小, 则能量 E 是其哈密顿量的近似本征态, 我们可以用定态薛定谔 (Schrödinger) 方程

$$\left(-\frac{1}{2M}\frac{\partial^2}{\partial q^2} + V(q)\right)\Psi \simeq E\Psi \tag{4.143}$$

来估算隧穿的几率幅. 这个方程的近似半经典解是②

① 按照 $m_H \simeq 125.3$ GeV(其他参数也取 PDG2021 年的最新结果) 计算出来的 $T_0 \simeq 163.4$ GeV. 更精确的格点蒙特卡洛模拟得到的结果给出 $T_c = (159.5 \pm 1.5)$ GeV. 参见 D'Onofrio and Rummukainen, *Standard model cross-over on the lattice.* Phys.Rev.D 93 2, 025003, arXiv:1508.07161.

② 即所谓的 Wentzel-Kramers-Brillouin (WKB) 解. 它在 $V(q)$ 缓变时可用. 下文中还会多次用到.

$$\Psi \propto \exp\left(i\int\sqrt{2M(E-V)}dq\right). \tag{4.144}$$

在经典允许区, 即 $E>V$ 的区域, 波函数振荡; 而在势垒内部波函数指数衰减. 因此, 在 $q>b(E)$ 的区域, 波函数相比于其势阱内的值被如下的因子压低:

$$\exp\left(-\int_{a(E)}^{b(E)}\sqrt{2M(V-E)}dq\right). \tag{4.145}$$

(4.145)式包括了对隧穿几率幅的主要贡献, 它是指数压低的①.

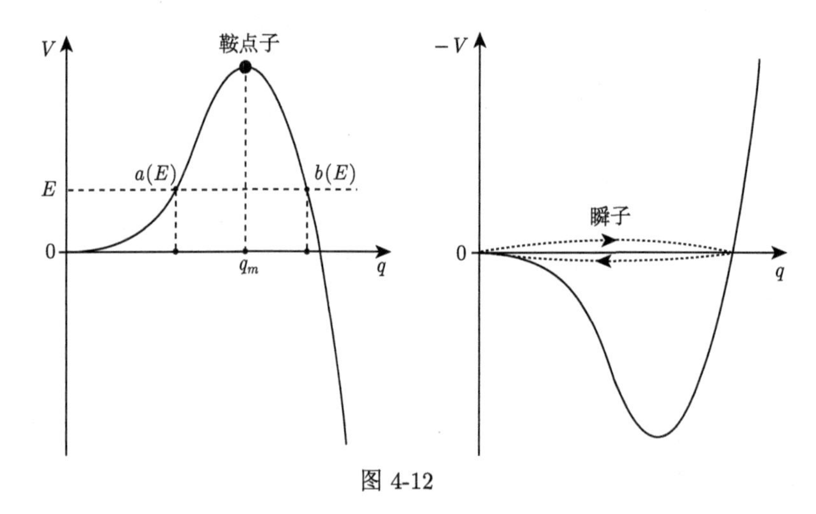

图 4-12

瞬子　在 $E=0$ (粒子在势的极小值点处于静止) 的特殊情况下, 我们有

$$\int_0^{b(0)}\sqrt{2MV}dq=\int_{-\infty}^{\tau_b}\left(\frac{1}{2}M\dot{q}^2+V\right)d\tau\equiv S_{b(0)}, \tag{4.146}$$

其中 $q(\tau)$ 满足如下方程:

$$M\ddot{q}+\frac{\partial(-V)}{\partial q}=0. \tag{4.147}$$

对(4.147)式积分一次, 我们得到

$$\frac{1}{2}M\dot{q}^2-V=0.$$

在不失一般性的情况下, 考虑到时间平移不变性, 我们可以把(4.146)中的 τ_b 设为零.

① 下面会看到, 几率幅除了这个指数压低之外, 前面还有个系数, 但是其贡献不太重要.

方程(4.147)描述的是一个粒子在倒转的势 $(-V)$(参见图 4-12) 中的运动. 它可以从原始的运动方程中推导出来, 只要我们做威克 (Wick) 转动 $t \to \tau = it$ 即可. 请注意替换 $t \to -i\tau$ 能把闵可夫斯基度规

$$ds^2 = dt^2 - d\mathbf{x}^2$$

换为欧几里得 (Euclid) 度规

$$-ds_E^2 = d\tau^2 + d\mathbf{x}^2.$$

因此, τ 称为 "欧几里得时间". (4.146)式的右边是可用来计算满足(4.147)式的运动轨道的欧几里得作用量, 其边条件为 $q(\tau \to -\infty) = 0$ 和 $q(\tau = 0) = b(0)$. 我们可以考虑在 $\tau \to +\infty$ 时返回到 $q = 0$ 点的 "运动" 来 "闭合" 运动轨道. 以 $q(\tau \to \pm\infty) = 0$ 为边条件的(4.147)式对应的解是欧几里得场论中的相应的解的一个简化版本 (baby version). 这种解称为瞬子. 从对称性可以明显看出, 瞬子的作用量 S_I 就是 $S_{b(0)}$ 的两倍. 因此, 对基态 $(E = 0)$ 而言, 隧穿几率 (它是几率幅(4.145)的平方) 的主要贡献是

$$P_I \propto \exp(-S_I). \tag{4.148}$$

热涨落和鞍点子 现在我们考虑一个与温度为 T 的热浴 (thermal bath) 处于热平衡的粒子. 这个粒子可以从热浴中得到能量. 如果这能量超过了势垒的高度, 则粒子可能从势阱中通过经典的方式逃出, 不需要 "从势垒下面穿过". 粒子得到能量 E 的几率由通常的玻尔兹曼 (Boltzmann) 因子 $\propto \exp(-E/T)$ 给出. 考虑到在 $E < V(q_m)$ 时, 隧穿几率幅由(4.145)式给出, 我们就能得到逃出的总几率为

$$P \propto \sum_E \exp\left(-\frac{E}{T} - 2\vartheta \int_{a(E)}^{b(E)} \sqrt{2M(V-E)}dq\right), \tag{4.149}$$

其中在 $E < V(q_m)$ 时 $\vartheta = 1$, 其他情况下则 $\vartheta = 0$. (4.149)式中的求和可以用鞍点近似 (saddle point approximation) 来估算. 对指数求导数, 我们发现这个表达式存在极大值的条件是 E 满足如下方程:

$$\frac{1}{T} = 2\int_{a(E)}^{b(E)} \sqrt{\frac{M}{2(V-E)}}dq = 2\int_{a(E)}^{b(E)} \frac{dq}{\dot{q}}. \tag{4.150}$$

其中 $\dot{q} = dq/d\tau$ 是沿着总欧几里得能量为 $-E$ 的运动轨道的 "欧几里得速度". (4.150) 式右边的项等于在倒转势 $(-V)$ 中振荡的周期. 因此, 对给定的温度 T 而

言, 逃出几率的主要贡献来自于在势 $(-V)$ 中按照周期 $1/T$ 振荡的周期性的欧几里得轨道.

我们考虑两种极限情况. 根据(4.149)式和(4.150)式, 如果 $T \ll V(q_m)/S_I$, 则逃出几率的主要贡献来自于 $E \ll V(q_m)$ 的从势垒下面的隧穿轨道. 其结果是, 逃出几率由瞬子决定[①]. 在相反的情况下, 如果温度极高,

$$T \gg \frac{V(q_m)}{S_I},$$

则 "振荡的周期" 趋于零. 因此主导的轨道非常接近于势的顶部, 其能量为 $E \approx V(q_m)$[②]. 不稳定的静态解 $q = q_m$ 对应于势 V 的最高点, 是一类称为鞍点子 (sphalerons, 希腊语意为 "准备落下" (ready to fall) [③]) 的场论解的原型. 对鞍点子而言, (4.149)式的指数中的第二项可以忽略, 而逃出几率由下式给出:

$$P \propto \exp\left(-\frac{E_{\text{sph}}}{T}\right), \tag{4.151}$$

其中 $E_{\text{sph}} = V(q_m)$ 是鞍点子的能量 (或者说质量). 我们想要强调在很高的温度下, 逃出几率的主要贡献来自于那些在经典意义上超出势垒的态. 当 $T > E_{\text{sph}}$ 时, 指数压低不存在了, 因此粒子可以非常迅速地离开势阱.

到目前为止我们只考虑了一个粒子, 它只有一个自由度. 对一个具有 N 自由度的系统而言, 势可以依赖于所有的坐标 $\mathbf{q} \equiv (q_1, q_2, \cdots, q_N)$. 然而推广到这种情况是非常直截了当的. 为了计算低温时的隧穿几率, 我们必须找到最小欧几里得作用量 S_I 对应的瞬子解. 如果能量的归一化使得势阱底部的 $V = 0$, 隧穿几率的主

---

① 这句话的意思是, 如果温度极低, (4.149)中 $E > 0$ 的部分会被玻尔兹曼因子指数压低, 因此粒子几乎不会从热浴中得到能量, 只有 $E \simeq 0$ 的轨道是重要的. 这时, (4.150)给出的周期趋于无穷大. 它就是运动 "周期" 为 ∞ 的瞬子解.

② 高温情况下(4.150)的左边趋于零. 因此右边的唯一解是 $b(E) = a(E)$. 这意味着其能量等于势的极大值的态贡献最大的逃出几率. 如果能量继续增加, 粒子也能按照同样的方式逃出, 但其几率相对于 $E \approx V(q_m)$ 的态会被玻尔兹曼因子压低. 当温度极高, 即 $T > E_{\text{sph}}$ 时, 这个压低不甚有效. 见下文.

③ 参见 Klinkhamer and Manton, Phys.Rev.D 30 (1984) 2212, *A Saddle Point Solution in the Weinberg-Salam Theory*. 这篇文章中最早提出 sphaleron, 并指出这个名字的意义是要强调它在鞍点上的经典不稳定性. 文中写道:"我们造出了 sphaleron 这个词来描述相对论性的场论中的这一类经典解. 一个 sphaleron 在空间中是静态而且局域的, 看上去像一个粒子. 但因为它不稳定, 我们不想把它叫做孤立子 (soliton). 和孤立子不同的是, 一个 sphaleron 几乎肯定不能对应于量子理论中的稳定粒子." 并自注其取名的缘由为:"(sphaleron) 基于经典希腊语的形容词 $\sigma\varphi\alpha\lambda\epsilon\rho o\varsigma$ (sphălerŏs), 意为 '准备落下'(ready to fall). 其对应的动词 $\sigma\varphi\alpha\lambda\lambda\omega$ (sphăllō) 的意思是 '使下落'(cause to fall)." (原文中的两个古希腊单词漏写了发音符号, 应为 $\sigma\varphi\breve{\alpha}\lambda\epsilon\rho\acute{o}\varsigma$ 和 $\sigma\varphi\acute{\alpha}\lambda\lambda\omega$.) 需要注意的是, 很多文献包括维基百科都用 slippery(滑的) 来解释 sphaleron 的起源. $\sigma\varphi\breve{\alpha}\lambda\epsilon\rho\acute{o}\varsigma$ 有此义项 (参见 LSJ 古典希腊语-英语词典 https://lsj.gr/wiki/σφαλερός, 其他义项包括 likely to make one stumble or trip(可能绊倒), perilous(危险的), tottering(摇摇欲坠), reeling(步履蹒跚), 等等). 但这并非 sphaleron 造字的本意. 根据这篇文献所述, 译者拟将 sphaleron 译为 "鞍点子", 是否贴切, 还请各位读者不吝赐教. 古希腊语的相关知识蒙李隽旸指教, 特此致谢.

要贡献正比于 $\exp(-S_I)$. 在温度很高时, 我们需要找出势的极值, 粒子可以通过这些极值点逃出. 逃出几率的主要贡献来自于这些极值点中势的值最小的那一点. 这样, 逃出几率仍然由(4.151)给出, 其中 E_{sph} 是势在这个极值点的取值.

4.5.2 亚稳真空的衰变

在本小节里, 我们考虑一个实标量场, 用标准的记号 φ 而不是 χ 来表示. 为了简化起见, 忽略宇宙的膨胀. 我们假设在相变的时刻, 势 $V(\varphi)$ 的形式如图 4-13所示. 为了方便, 我们适当选取能量密度的零点, 使得 $V(0)=0$, 且 $V(\varphi_0)=-\epsilon<0$. 很明显, $\varphi=0$ 的态是亚稳的 (metastable), 它会衰变. 如果在低温时这个相变发生的效率很高, 我们可以忽略热涨落, 这样亚稳定的真空就是通过量子隧穿衰变的. 相反, 如果热涨落无法忽略, 它们会把场推向势的顶端, 因此相变可以在没有隧穿的情况下通过经典的方式发生. 在两种情况下都可以产生临界泡泡 (critical bubbles), 其内部充满了 $\varphi\neq 0$ 的新真空相. 如果泡泡的成核率高于宇宙的膨胀率, 则泡泡会碰撞到一起, 并最终使新真空相充满整个空间. 我们现在来计算亚稳定 (假) 真空的衰变率.

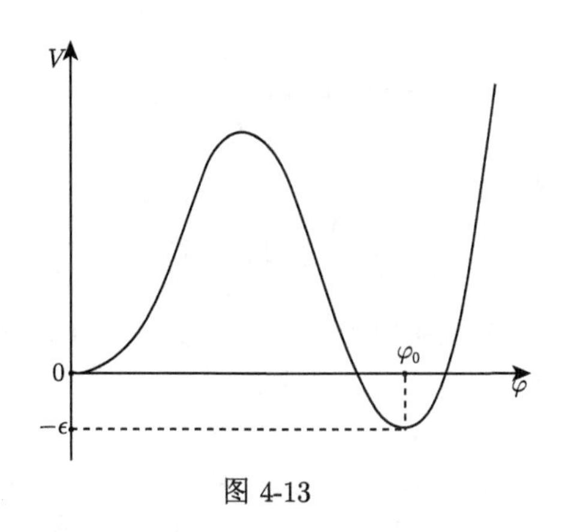

图 4-13

标量场 $\varphi(\mathbf{x},t)$ 是一个无限自由度数的系统. 我们可以把空间坐标 $\mathbf{x}$ 看作一个表示自由度数的连续指标. 在这种情况下, $\varphi(\mathbf{x},t)\equiv\varphi_{\mathbf{x}}(t)$ 扮演着之前的讨论中 $q_n(t)$ 同样的角色 (有如下的明显对应: $\varphi \Longleftrightarrow q$, $\mathbf{x}\Longleftrightarrow n$). 标量场的作用量可以写为

$$S=\int(\mathcal{K}-\mathcal{V})\,dt, \tag{4.152}$$

其中

$$\mathcal{K}\equiv\sum_{\mathbf{x}}\frac{1}{2}\left(\frac{\partial\varphi_{\mathbf{x}}}{\partial t}\right)^2=\frac{1}{2}\int\left(\frac{\partial\varphi_{\mathbf{x}}}{\partial t}\right)^2 d^3x \tag{4.153}$$

是系统的动能, 而

$$\mathcal{V}(\varphi_{\mathbf{x}}) \equiv \int \left(\frac{1}{2} (\partial_i \varphi_{\mathbf{x}})^2 + V(\varphi_{\mathbf{x}}) \right) d^3 x \tag{4.154}$$

是系统的势能或者说是标量场位形 $\varphi_{\mathbf{x}}$ 的势. 和通常一样, ∂_i 表示对空间坐标 x^i 所做的空间导数. 用本小节的语言来说, 是对连续场指标所做的导数. 我们必须强调, 在场论中是势 $\mathcal{V}$, 而不是标量场的势 $V(\varphi)$, 扮演着之前的讨论中的 $V(\mathbf{q})$ 的角色. 为了消除混乱, 读者必须小心地区分这两者. 势 $\mathcal{V}(\varphi_{\mathbf{x}})$ 是一个*泛函*. 它依赖于无限个变量 $\varphi_{\mathbf{x}}$. 而且只有在场位形 $\varphi(\mathbf{x})$ 完全确定之后, 才能取一个确定的数值.

通过瞬子衰变　对图 4-13所示的标量场的势 $V(\varphi)$ 而言, $\varphi(\mathbf{x}) = 0$ 的态对应的是势 $\mathcal{V}$ 的一个极小值 $\mathcal{V}(0) = 0$. 另一个静态的位形 $\varphi(\mathbf{x}) = \varphi_0$ 对应于能量为负值 $\mathcal{V}(\varphi_0) = -\epsilon \times$ 体积 的状态. 因此 $\varphi = 0$ 的态是亚稳的, 应该会衰变. 这个衰变可以完全类比于之前的讨论来描述, 即无限多自由度从局域的势阱 $\mathcal{V}$ 中通过势垒隧穿 "逃出" 的过程. 半经典隧穿几率中占主导的贡献正比于 $\exp(-S_I)$, 它来自于作用量为 S_I 的瞬子. 这个瞬子能把亚稳态真空 $\varphi(\mathbf{x}) = 0$ 和某个 (经典允许的) 位形 $\varphi_{\mathbf{x}}$ 联系起来, 这个位形满足 $\mathcal{V}(\varphi_{\mathbf{x}}) \leqslant 0$. 瞬子满足如下方程:

$$\ddot{\varphi}_{\mathbf{x}}(\tau) + \frac{\delta(-\mathcal{V})}{\delta \varphi_{\mathbf{x}}} = 0, \tag{4.155}$$

其中 $\ddot{\varphi}_{\mathbf{x}} \equiv \partial^2 \varphi / \partial \tau^2$, 且

$$\frac{\delta(-\mathcal{V})}{\delta \varphi_{\mathbf{x}}} = \Delta \varphi - V_{,\varphi}$$

是倒转势的泛函导数. (4.155)类似于(4.147), 它可以从闵可夫斯基空间中的通常的标量场方程做威克转动 $t \to \tau = it$ 得到.

如果隧穿只在空间中的某个有界区域内改变 φ 的场值 (从 $\varphi = 0$ 到 $\varphi \neq 0$), 则描述这些解的欧几里得作用量是有限的. 从对称性的角度考虑, 我们预计标量场最可能出现的位形是泡状的, 在中心处 $\varphi_c \neq 0$, 在远离中心处 $\varphi \to 0$ (参见图 4-14). 为了求得把原始的亚稳态真空位形 $\varphi(\mathbf{x}) = 0$ 连接到一个内部充满新真空相的泡泡的瞬子解, 我们再次求助于对称性. 也就是说, 我们采用欧几里得运动方程(4.155)的最大对称性的 $O(4)$ 不变的解. 它描述的是欧几里得 "时空" 中的四维球形 "泡泡". 因此标量场只依赖于径向坐标

$$\tilde{r} = \sqrt{\mathbf{x}^2 + \tau^2}.$$

对 $\varphi_{\mathbf{x}}(\tau) = \varphi(\tilde{r})$ 而言, (4.155)式简化为一个常微分方程

$$\frac{d^2 \varphi}{d\tilde{r}^2} + \frac{3}{\tilde{r}} \frac{d\varphi}{d\tilde{r}} - \frac{\partial V}{\partial \varphi} = 0. \tag{4.156}$$

在给定边条件 $\tilde{r} \to \infty$ 处 $\varphi \to 0$ 与 $\tilde{r} = 0$ 处 $d\varphi/d\tilde{r} = 0$ 的情况下, 这个方程的解就是我们想要的瞬子解. 为了避免在泡泡中心处出现奇点, 第二个边条件是必需的.

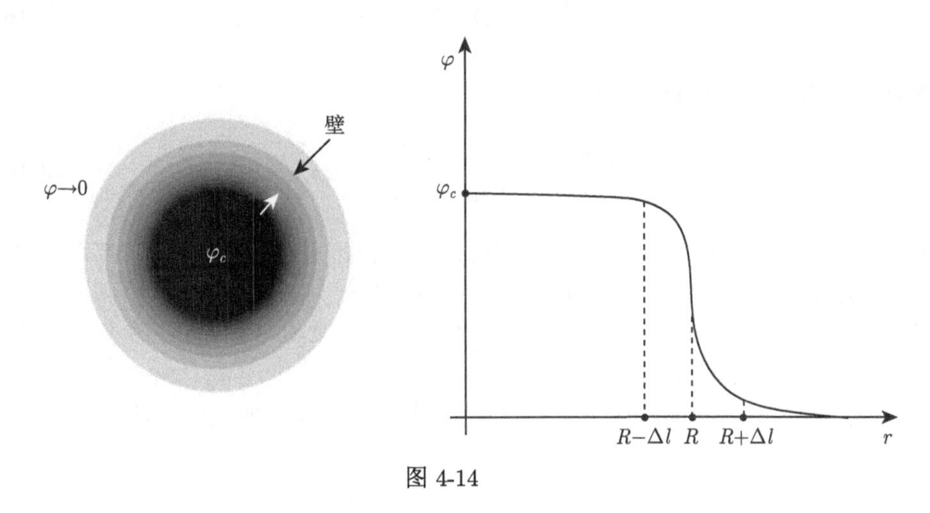

图 4-14

单位时间和单位体积的真空衰变率是

$$\Gamma \simeq A \exp\left(-S_I\right), \tag{4.157}$$

其中 A 是指数前的系数, 计算起来非常复杂. 我们可以通过量纲分析得出一个粗略的估算. 在 $c = \hbar = 1$ 但 $G \neq 1$ 的单位下, 衰变率的量纲是 cm^{-4}. 因此

$$A \sim \mathscr{O}\left(R_I^{-4},\ V_{,\varphi\varphi}^2, \cdots\right), \tag{4.158}$$

其中 R_I 是瞬子的尺度. V 的导数可以用典型的瞬子值来计算. 通常这些量都是相同量级的.

习题 4.23 证明瞬子的欧几里得作用量可以约化为

$$S_I = 2\pi^2 \int \left(\frac{1}{2}\left(\frac{d\varphi}{d\tilde{r}}\right)^2 + V\right) \tilde{r}^3 d\tilde{r}. \tag{4.159}$$

(提示 在 $t \to \tau = it$ 的变换下, 欧几里得作用量 S_E 跟(4.152)式给出的洛伦兹作用量 S_L 是通过 $S_L \to iS_E$ 联系起来的.)

通过鞍点子的衰变 上面的讨论只在低温或者零温时有效. 如果温度非常高(我们会在后面明确这句话的含义), 真空衰变的最主要的贡献来自于越过势垒的经典相变. 为了估算这个衰变率, 我们需要找到势 $\mathcal{V}$ 的能量最小的极大值点. 这个极值点是通过静态的标量场位形 (鞍点子) 来实现的, 它满足如下方程:

$$\frac{\delta V}{\delta \varphi} = -\Delta\varphi + V_{,\varphi} = 0. \tag{4.160}$$

对球形的泡泡, 这个方程变为

$$\frac{d^2\varphi}{dr^2} + \frac{2}{r}\frac{d\varphi}{dr} - \frac{\partial V}{\partial \varphi} = 0, \tag{4.161}$$

其中 $\varphi = \varphi(r)$, 而 $r = |\mathbf{x}|$ 是三维空间中的径向坐标. 我们还需要加上类似于(4.156)式的那种边条件, 也就是说 $r \to \infty$ 处 $\varphi \to 0$ 和 $r = 0$ 处 $d\varphi/dr = 0$. 请注意, 和瞬子不一样的是, 鞍点子只依赖于空间坐标 $\mathbf{x}$, 它是不稳定的静态解 (unstable *static* solution).

对于鞍点子主导的相变来说, 单位时间和单位体积内的衰变率是

$$\Gamma \simeq B \exp\left(-\frac{\mathcal{V}_{\text{sph}}}{T}\right), \tag{4.162}$$

其中

$$\mathcal{V}_{\text{sph}} = 4\pi \int \left(\frac{1}{2}\left(\frac{d\varphi}{dr}\right)^2 + V\right) r^2 dr \tag{4.163}$$

是鞍点子的能量 (或质量), 而 $B \sim \mathscr{O}(T^4, \cdots)$ 是一个额外的指数前的因子.

利用讨论粒子逃出时相同的理由, 我们可以得出, 如果 $T \ll \mathcal{V}_{\text{sph}}/S_I$, 则隧穿是更重要的. 这时我们必须用(4.157)式来计算真空衰变率. 反之, 如果 $T \gg \mathcal{V}_{\text{sph}}/S_I$, 则衰变率由(4.162)决定.

因此, 为了计算真空衰变率, 根据不同的温度, 我们需要找出方程 (4.156) 或 (4.161) 的解. 通常, 我们需要借助数值计算. 然而, 对于一大类标量场势来说, 不需要知道势 V 的具体形状, 也可以得出 Γ 的显式表达式.

薄壁近似　(4.156)式的初积分是

$$\frac{1}{2}\left(\frac{d\varphi}{d\tilde{r}}\right)^2 - V = \int_{\tilde{r}}^{\infty} \frac{3}{\tilde{r}'}\left(\frac{d\varphi}{d\tilde{r}'}\right)^2 d\tilde{r}', \tag{4.164}$$

其中我们已经使用了 $\tilde{r} \to \infty$ 处 $\varphi \to 0$ 的边条件. 考虑另一个边条件 $(d\varphi/d\tilde{r})_{\tilde{r}=0} = 0$, 我们得到如下有用的关系:

$$-V\left(\varphi(\tilde{r}=0)\right) = \int_0^{\infty} \frac{3}{\tilde{r}'}\left(\frac{d\varphi}{d\tilde{r}'}\right)^2 d\tilde{r}'. \tag{4.165}$$

瞬子是四维欧几里得"时空"中的泡泡. 现在让我们假设泡泡的壁很薄. 这意味着在半径为 R_I 的泡泡之内, 标量场几乎为常数, 且等于 $\varphi(\tilde{r}=0)$. 场 φ 在薄壁——一层厚度为 $2\Delta l \ll R_I$ 的壳层——之内变化得非常快, 而且在泡泡之外很快就趋于零了 (参见图 4-14). 因此, (4.165)式中的被积函数只在泡壁之内显著地非零, 这部分给出积分的主要贡献. 回到(4.164)式, 我们看到相比于 $(d\varphi/d\tilde{r})^2$ 和 V, 右边的积分在泡壁中是被 $\Delta l/R_I \ll 1$ 的因子压低的. 因此, 取领头阶近似, 我们得到在 $R_I+\Delta l>\tilde{r}>R_I-\Delta l$ 时有 ①

$$\left(\frac{d\varphi}{d\tilde{r}}\right)^2 \approx 2V.$$

利用这个结果, (4.165)式简化为

$$-V\left(\varphi_{\tilde{r}=0}\right) \approx \frac{3\sigma}{R_I}, \tag{4.166}$$

其中

$$\sigma \equiv \int_0^\infty \left(\frac{d\varphi}{d\tilde{r}'}\right)^2 d\tilde{r}' \approx \int_0^{\varphi_{\tilde{r}=0}} \sqrt{2V}\, d\varphi \tag{4.167}$$

是泡泡的表面张力. 这样, 瞬子作用量(4.159)就变为 ②

$$S_I \approx \frac{\pi^2}{2} V(\varphi_{\tilde{r}=0}) R_I^4 + 2\pi^2 \sigma R_I^3 \approx \frac{27\pi^2\sigma^4}{2|V\left(\varphi_{\tilde{r}=0}\right)|^3}, \tag{4.168}$$

其中第一项和第二项分别是泡泡内部和泡壁的贡献. 对图 4-13所示的势 V 而言, 作用量的最小值取在 $|V(\varphi_{\tilde{r}=0})| = \epsilon$. 在这种情况下, 场在泡泡内部等于 φ_0. 根据(4.166), 瞬子的尺度为 $R_I \approx 3\sigma/\epsilon$. 因此真空衰变率等于

$$\Gamma \simeq A \exp\left(-\frac{27\pi^2\sigma^4}{2\epsilon^3}\right). \tag{4.169}$$

① 这个积分在薄壁近似下的基本行为是这样的. 当 $\tilde{r} > R_I$ 时, $(d\varphi/d\tilde{r})^2$ 很小, 其积分也小, 都可忽略, 因此 $V(\varphi_{\tilde{r}\gg R_I}) \approx 0$. 这对应于 $\varphi \approx 0$ 附近的假真空. 当 $\tilde{r}$ 在薄壁之内时, 这积分就是 $3\sigma/R_I$. 它的上限可以用 $\tilde{r} = R_I$ 处的被积函数乘以泡壁厚度来估算, 它一定小于 $(d\varphi/d\tilde{r})^2(6\Delta l/R_I)$. 这个上限相对于等式左边第一项有个 $\Delta l/R_I \ll 1$ 的压低因子, 因此可以忽略, 而等式左边的两项必须在领头阶抵消, 即有 $(d\varphi/d\tilde{r})^2 \approx 2V(\varphi_{\tilde{r}=R_I})$. 当在 $\tilde{r} < R_I$ 时, 这积分趋于一个常数 $3\sigma/R_I$, 但是左边的 $(d\varphi/d\tilde{r})^2$ 非常小, 因此我们有 $-V(\varphi_{\tilde{r}\ll R_I}) \approx 3\sigma/R_I$, 这就是(4.166)式. 这些结果在计算瞬子作用量(4.168)时会用到.

② 根据(4.159), 把对 $\tilde{r}$ 的积分分为泡内、泡壁、泡外三段. 泡内的 $(d\varphi/d\tilde{r})^2$ 可以忽略, V 可当成常数拿到积分号外. 泡壁中 $(d\varphi/d\tilde{r})^2 = 2V$, 且都可以写成表面张力. 泡外两项都可以忽略. 据此我们有

$$S_I = 2\pi^2 V(\varphi_{\tilde{r}=0}) \int_0^{R_I} \tilde{r}^3 d\tilde{r} + 2\pi^2 R_I^3 \int_{R_I-\Delta l}^{R_I+\Delta l} \left(\frac{\partial\varphi}{\partial\tilde{r}}\right)^2 d\tilde{r} = \frac{\pi^2}{2} V(\varphi_{\tilde{r}=0}) R_I^4 + 2\pi^2 R_I^3 \sigma.$$

再利用(4.166)消掉 R_I 我们就得到(4.168)式. 注意 $V(\varphi_{\tilde{r}=0}) = -\epsilon$.

在某一“给定的欧几里得时刻”τ, 解 $\varphi\left(\sqrt{r^2+\tau^2}\right)$ 描述的是一个三维泡泡. 把亚稳态真空和经典允许区联系起来的半个瞬子在欧几里得时间里的“演化”如下. 在 $\tau \to -\infty$ 时, 我们在空间任意一点都有 $\varphi = 0$. “稍后”, 在 $\tau \sim -R_I$ 时刻, 泡泡“出现”. 它的半径按照 $R(\tau) \approx \sqrt{R_I^2 - \tau^2}$ “增长”, 并在 $\tau = 0$ 时达到它的最大值 R_I.

习题 4.24 计算这个泡泡的势能, 并证明

$$\mathcal{V}(R(\tau)) \approx \frac{2\pi\epsilon}{3} R(\tau)\left(R_I^2 - R^2(\tau)\right). \tag{4.170}$$

瞬子解的总能量等于零. 因此, 一个半径为 $0 < R(\tau) < R_I$ 的泡泡是处于经典禁区的 (在势垒之下), 对应于 $\mathcal{V}(R) > 0$. 一个半径为 $R_I \approx 3\sigma/\epsilon$ 的三维泡泡位于经典允许区的边界上 ($\mathcal{V}(R_I) = 0$), 因此它在闵可夫斯基时空“显现”(materialize). 这里讨论的物理图像非常类似于能量小于势垒的粒子的势垒隧穿问题.

为了理解薄壁近似成立的条件, 我们必须确定 $\Delta l/R_I \ll 1$ 什么时候满足. 如果 V_m 是标量场势的高度, 则“显现的泡泡” (emerging bubble) 的壁中的正能量大概是 $V_m R_I^2 \Delta l$ 的量级. 这一能量完全由泡泡内部的负能量 $\sim \epsilon R_I^3$ 所补偿, 其中 $-\epsilon$ 是势的最小值①. 所以, $\Delta l/R_I \sim \epsilon/V_m$②, 而薄壁近似只有在 $\epsilon/V_m \ll 1$ 的情况下才成立.

温度很高的情况下, 真空衰变由鞍点子决定. 薄壁鞍点子解可以从(4.161)式出发用相似的方法推导出来.

习题 4.25 证明薄壁鞍点子的尺度为 $R_{\text{sph}} \approx 2\sigma/\epsilon$, 且质量等于

$$\mathcal{V}_{\text{sph}} \approx \frac{16\pi\sigma^3}{3\epsilon^2}. \tag{4.171}$$

这样, 在 $T \gg \mathcal{V}_{\text{sph}}/S_I \sim R_{\text{sph}}^{-1}$ 的情况下, 如果 $\epsilon/V_m \ll 1$, 我们求出真空衰变率大约是

$$\Gamma \simeq B\exp\left(-\frac{16\pi\sigma^3}{3\epsilon^2 T}\right). \tag{4.172}$$

反过来, 如果 $T \ll R_{\text{sph}}^{-1} \sim R_I^{-1}$, 则真空衰变率由(4.169)式给出.

当泡泡在闵可夫斯基时空中出现之后, 它的行为可以通过把(4.156)的合适的解解析延拓回到闵可夫斯基时空来得到. 对应的函数 $\varphi(\sqrt{r^2-t^2})$ 描述的是一个

---

① 这个结论是严格成立的, 它是瞬子能量为零的结果. 壁中的能量是 $4\pi R_I^2\sigma$, 而泡内的能量是 $-\frac{4}{3}\pi R_I^3\epsilon$. 根据 $\sigma = -\epsilon R_I/3$ 可以得到两项之和等于零. 利用 σ 的定义式(4.168), 并注意在壁内 $(\partial\varphi/\partial\tilde{r})^2 = 2V$, 就可以得到 $\sigma = \int(2V)d\tilde{r} \sim V_m\Delta l$.

② 原文中 R_I 的下标忘写了, 根据上下文补正.

膨胀的泡泡. 场 φ 在 $r^2 - t^2 =$ 常数 的超曲面上是常数. 图 4-15画出了一些这样的等 φ 超曲面. 很明显, 在静止观测者看来, 泡壁的厚度随着时间流逝而减小, 且泡壁的运动速度会趋近于光速.

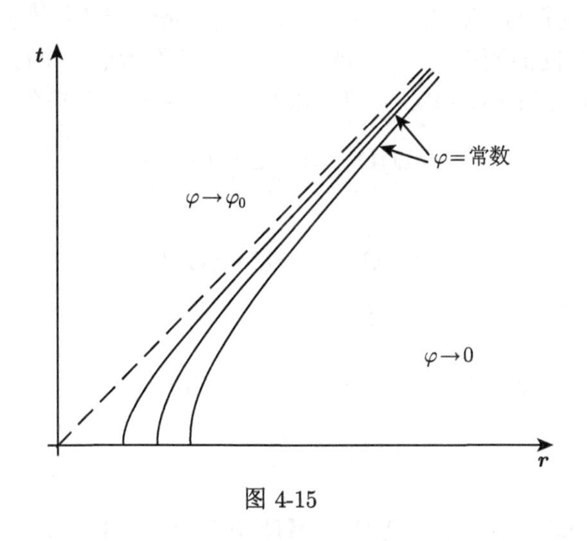

图 4-15

习题 4.26 利用本小节的结果, 推导并分析在 4.4.4节描述 $U(1)$ 模型的一阶相变的相应公式.

4.5.3 规范理论的真空结构

在非阿贝尔规范理论中, 规范场的真空具有非平庸的结构. 为了理解这是怎么来的, 我们首先考虑没有费米子和标量场的纯 $SU(N)$ 理论. 规范场 $\mathbf{F}_{\mu\nu}$ 在真空中应该为零. 这并不意味着矢势 $\mathbf{A}_\mu$ 也为零; $\mathbf{F}_{\mu\nu}$ 为零只意味着矢势是零的一个规范变换 (参见(4.11)式). 特别是, 取一个任意的不随时间变化的幺正矩阵 $\mathbf{U}(\mathbf{x})$, 我们发现

$$\mathbf{A}_0 = 0, \qquad \mathbf{A}_i = \frac{i}{g}\left(\partial_i \mathbf{U}\right)\mathbf{U}^{-1} \tag{4.173}$$

同样可以描述真空. 倘若任意的 $\mathbf{U}(\mathbf{x})$ 能够在空间中每一点连续地变换到单位矩阵, 则所有的真空都应该是等价的. 然而事实并非如此. 恰恰相反, 所有的函数 $\mathbf{U}(\mathbf{x})$ 的集合能够分为不同的同伦类 (homotopy classes). 如果两个函数之间存在一个能将它们联系起来的非奇异连续变换, 则我们说这两个函数属于同一个同伦类. 反之则它们属于不同的同伦类.

卷绕数 为了找出并描述相应的同伦类, 我们引入卷绕数 (*winding number*) 的概念, 其定义如下:

$$\nu \equiv -\frac{1}{24\pi^2} \int \operatorname{tr}\left(\varepsilon^{ijk}\left(\partial_i \mathbf{U}\right) \mathbf{U}^{-1}\left(\partial_j \mathbf{U}\right) \mathbf{U}^{-1}\left(\partial_k \mathbf{U}\right) \mathbf{U}^{-1}\right) d^3 x, \tag{4.174}$$

其中 ε^{ijk} 是全反对称的列维-奇维塔 (Levi-Civita) 记号: $\varepsilon^{123}=1$, 且它对任意一对指标的置换改变符号. 我们首先展示这个卷绕数是一个拓扑不变量, 然后证明它取整数, 可描述不同的同伦类. 为了证明第一点, 我们考虑一个微小的非奇异变分 (nonsingular variation) $\mathbf{U} \rightarrow \mathbf{U}+\delta \mathbf{U}$, 以此推出 $\delta \nu=0$. 考虑到

$$(\delta \mathbf{U}) \mathbf{U}^{-1}=-\mathbf{U}\left(\delta \mathbf{U}^{-1}\right)$$

以及

$$\left(\partial_i \mathbf{U}\right) \mathbf{U}^{-1}=-\mathbf{U}\left(\partial_i \mathbf{U}^{-1}\right), \tag{4.175}$$

卷绕数被积函数的第一项的变分可以写为

$$\delta\left(\left(\partial_i \mathbf{U}\right) \mathbf{U}^{-1}\right)=\mathbf{U}\left(\partial_i\left(\mathbf{U}^{-1} \delta \mathbf{U}\right)\right) \mathbf{U}^{-1}. \tag{4.176}$$

其他两项给出的贡献是相似的. 因此我们得到

$$\delta \nu \propto \int \operatorname{tr}\left(\varepsilon^{ijk} \partial_i\left(\mathbf{U}^{-1} \delta \mathbf{U}\right)\left(\partial_j \mathbf{U}^{-1}\right)\left(\partial_k \mathbf{U}\right)\right) d^3 x. \tag{4.177}$$

通过分部积分, 我们可以得到 $\varepsilon^{ijk} \partial_i \partial_j \cdots$ 这样的项, 由于 ε 记号的反对称性质, 它为零. 因此, 卷绕数在连续的非奇异变换下保持不变.

为了证明不同的卷绕数对应于不同的同伦类, 我们在 $SU(2)$ 群中将它们显式构造出来. 任何一个 $SU(2)$ 矩阵都可以写为

$$\mathbf{U}(\chi, \mathbf{e})=\cos m \chi \mathbf{1}-i(\mathbf{e} \cdot \boldsymbol{\sigma}) \sin m \chi, \tag{4.178}$$

其中 $\mathbf{e}=\left(e_1, e_2, e_3\right)$ 是单位矢量, 而 $\boldsymbol{\sigma}=\left(\sigma_1, \sigma_2, \sigma_3\right)$ 是三个泡利矩阵组成的矢量.

习题 4.27　证明上面的论述. (提示　任意的 $SU(2)$ 矩阵都和(4.47)中定义的矩阵 $\boldsymbol{\zeta}$ 具有相同的形式.)

因此, $SU(2)$ 群的群元可以用四维欧几里得空间中的单位矢量

$$l_\alpha=(\cos m \chi, \mathbf{e} \sin m \chi)$$

来进行参数化. 从拓扑上讲, 它们可以看作三维球面上的元素. 我们把 χ 和 $\mathbf{e}$ 当作空间坐标 $\mathbf{x}$ 的函数, 并且把空间无穷远 $(|\mathbf{x}| \rightarrow \infty)$ 当作同一个点. 这样一来, 如果 $\chi(|\mathbf{x}| \rightarrow \infty)=\pi$ 且 m 是个整数或 0, 则 $\mathbf{U}(\mathbf{x})$ 是空间坐标上定义良好的函数 (unambiguous function). 我们可以把 $\mathbf{U}(\mathbf{x})$ 解释为描述从三维球面 S^3(即

将无穷远处映射到同一点的欧几里得空间) 到 $SU(2)$ 群元的三维球面的一个映射. 根据映射(4.178), 空间坐标 $\mathbf{x}$ 能够包裹这个球面 m 次. 带有 $+m$ 和 $-m$ 的映射对应的是不同的定向, 因此需要区分开. 利用恒等式(4.175), (4.174)式可以简化为

$$\nu=-\frac{1}{8\pi^2}\int \operatorname{tr}\left\{\mathbf{U}^{-1}\left(\partial_r\mathbf{U}\right)\left[\left(\partial_\varphi\mathbf{U}^{-1}\right)\left(\partial_\theta\mathbf{U}\right)-\left(\partial_\theta\mathbf{U}^{-1}\right)\left(\partial_\varphi\mathbf{U}\right)\right]\right\}drd\theta d\varphi, \tag{4.179}$$

其中 r,θ,φ 是 $\mathbf{x}$ 空间中的球面坐标. 为了简化起见, 我们假设有 $\chi(\mathbf{x})=\chi(r)$, 以及

$$\mathbf{e}(\mathbf{x})=(\sin\theta\cos\varphi,\sin\theta\sin\varphi,\cos\theta).$$

这样一来, 利用 $\mathbf{U}^{-1}(\chi)=\mathbf{U}(-\chi)$, 并利用泡利矩阵的性质

$$\sigma_i\sigma_j=\delta_{ij}+i\varepsilon_{ijk}\sigma_k,$$

以及从中得到的关系 $(\mathbf{e}\boldsymbol{\sigma})^2=1$, 我们有

$$\mathbf{U}^{-1}\left(\partial_r\mathbf{U}\right)=-im\left(\mathbf{e}\boldsymbol{\sigma}\right)\frac{d\chi}{dr}, \tag{4.180}$$

$$\left(\partial_\varphi\mathbf{U}^{-1}\right)\left(\partial_\theta\mathbf{U}\right)-\left(\partial_\theta\mathbf{U}^{-1}\right)\left(\partial_\varphi\mathbf{U}\right)=-2i\sin^2(m\chi)\sin\theta\left(\mathbf{e}\boldsymbol{\sigma}\right). \tag{4.181}$$

把这些表达式代入(4.179)式并积掉角度, 我们可以得到想要的结果: $\nu=m$. 因此卷绕数 m 描述的同伦类对应于包裹 $SU(2)$ 的球面 m 次的映射.

上面的结果在什么程度上依赖于 $SU(2)$ 群? 首先我们注意到从 S^3 到 $U(1)$ 阿贝尔群的每个映射都可以连续地形变到平庸映射. 因此在这种情况下真空具有平庸结构, 也不存在与卷绕数类似的东西. 对非阿贝尔的 $SU(N)$ 群而言, 可以用已经超出本书范围的方法证明, 从 S^3 到任意 $SU(N)$ 群的任何映射都可以连续地形变到一个到 $SU(N)$ 的 $SU(2)$ 子群的映射. 所以, 所有从 $SU(2)$ 群中推导出来的结果对于任意的 $SU(N)$ 群都是适用的. 特别是, (4.174)式给出的卷绕数的定义也不需要做任何修改.

势垒高度 两个具有不同卷绕数的真空是被势垒分隔开的. 为了看出这一点, 我们利用如下的恒等式:

$$\operatorname{tr}\left(\mathbf{F}\tilde{\mathbf{F}}\right)=\partial_\alpha\left[\operatorname{tr}\,\varepsilon^{\alpha\beta\gamma\delta}\left(\mathbf{F}_{\beta\gamma}\mathbf{A}_\delta-\frac{2}{3}ig\mathbf{A}_\beta\mathbf{A}_\gamma\mathbf{A}_\delta\right)\right], \tag{4.182}$$

其中 $\tilde{\mathbf{F}}^{\alpha\beta}\equiv\frac{1}{2}\varepsilon^{\alpha\beta\gamma\delta}\mathbf{F}_{\gamma\delta}$ 是 $\mathbf{F}$ 的对偶张量.

习题 4.28 证明(4.182)式.

让我们考虑两个真空位形(4.173), 其卷绕数分别由 ν_0 和 ν_1 给出, 分别定义在两个不同的类空超曲面上. 积分(4.182)式, 并利用高斯定理, 我们就得到

$$\int \operatorname{tr}\left(\mathbf{F}\tilde{\mathbf{F}}\right) d^4x = \frac{16\pi^2}{g^2}\left(\nu_1 - \nu_0\right). \tag{4.183}$$

这样一来, 插入 (interpolate) 到两个拓扑不同的真空之间的场位形具有非零的场强, 因此, “在中间” 存在着非零的正的势能. 因为初态和末态的能量都等于零, 不同真空之间的相变只能通过瞬子的势垒隧穿来发生. 为了求出对应的瞬子, 我们威克转动到欧几里得时间: $t \to \tau = it$, 以及 $\mathbf{A}_0 \to i\mathbf{A}_0$; 这样就有 $\mathbf{F}_{0i} \to i\mathbf{F}_{0i}$, 从而形式场 (form) $\operatorname{tr}\mathbf{F}^2$ 变为非负定的 (nonnegative definite). 根据施瓦茨不等式 (Schwarz inequality)①,

$$\left(\int \operatorname{tr}\left(\mathbf{F}^2\right) d^4x\right)\left(\int \operatorname{tr}\left(\tilde{\mathbf{F}}^2\right) d^4x\right) \geqslant \left|\left(\int \operatorname{tr}\left(\mathbf{F}\tilde{\mathbf{F}}\right) d^4x\right)\right|^2. \tag{4.184}$$

考虑到 $\operatorname{tr}\left(\tilde{\mathbf{F}}^2\right) = \operatorname{tr}\left(\mathbf{F}^2\right)$, 这个不等式和(4.183)一起, 能够给出将两个真空联系在一起的任意场位形的欧几里得作用量的下界为

$$S_E = \frac{1}{2}\int \operatorname{tr}\left(\mathbf{F}^2\right) d^4x \geqslant \frac{8\pi^2}{g^2}\left|\nu_1 - \nu_0\right|. \tag{4.185}$$

(4.184)式中的等号只在 $\mathbf{F} = \pm\tilde{\mathbf{F}}$ 的情况下成立. 对应的 $\Delta\nu = 1$ 的连接解称为瞬子. 我们在此不需要这个解的具体形式, 只需要指出它可以用一个单独的参数 (积分常数) 来描述, 即瞬子的尺度 ρ. 瞬子作用量不依赖于这个尺度. 对任意 ρ, 作用量等于

$$S_I = \frac{8\pi^2}{g^2} = \frac{2\pi}{\alpha}, \tag{4.186}$$

其中 $\alpha \equiv g^2/4\pi$ 是相应的 “精细结构常数”.

拓扑相变　根据上面的讨论, 规范理论的真空一般存在复杂的结构, 它的很多个极小值是由势垒分隔开的, 正如图 4-16所示的那样.(这个图当然只是真空结构的一种 “象征性的” 表示方式, 不应该看得太过于正式.) 两个相邻的真空由瞬子连接. 隧穿的几率正比于 $\exp(-2S_I)$. 这是因为与粒子隧穿相反, 瞬子只插入初态和末态一次. 因此, 拓扑不同的真空之间的相变率为

$$\Gamma \propto \exp\left(-\frac{4\pi}{\alpha}\right). \tag{4.187}$$

电弱理论中 $\alpha_w \simeq 1/29$, 我们得到 $\Gamma \propto 10^{-160}$. 所以, 通过瞬子进行的相变在电弱理论中被强烈地压低.

① 原文作 Schwartz inequality, 误. 参见 http://www.termonline.cn/word/30556/1#s1.

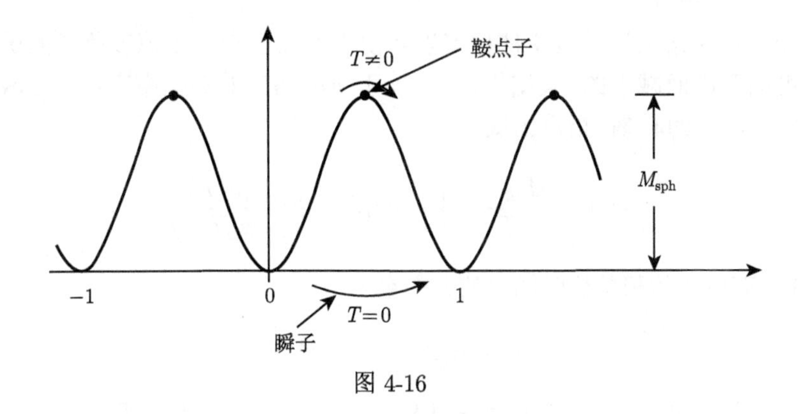

图 4-16

任意尺度的瞬子的存在并不令人惊奇, 因为纯的杨-米尔斯理论 (Yang-Mills theory) 是标度不变的. 简单地对所有的瞬子积分会得到一个发散的相变几率. 此外, 两个极小值之间的势垒的高度可以用量纲分析的角度估算为

$$\mathcal{V}_m \sim \frac{S_I}{\rho}. \tag{4.188}$$

当瞬子尺度 ρ 增长时, 它趋于零. 因此, 我们可以预料, 在非常低的温度下, 相变率已经很大了. 在实际情况下这不会发生, 因为我们的讨论对大尺度的瞬子失效. 实际上, 在纯的非阿贝尔杨-米尔斯理论中, 规范场是禁闭的. 因此, 瞬子的尺度不可能超出禁闭尺度.

让我们现在转到带有希格斯机制的理论, 其中标度不变性是破缺的. 例如, 在电弱理论中, 我们有一个自然的红外截断尺度, 由规范玻色子的典型质量 M_W 给出. 据此, 瞬子的最大尺度等于

$$\rho_m \sim M_W^{-1}. \tag{4.189}$$

真空的相变在零温时被强烈地压低, 因为弱耦合常数很小. 在高温时, 相变率由势的极大值 (参见图 4-16) 对应的鞍点子确定. 沿着最大尺度 $\rho_m \sim M_W^{-1}$ 的瞬子引发的隧穿 “方向”, 我们可以通过考虑势的高度来估算鞍点子的质量. 因此

$$M_{\text{sph}} \simeq \mathcal{V}_m \sim \frac{S_I}{\rho_m} \simeq 2\pi\frac{M_W}{\alpha_w} \sim 15\ \text{TeV}. \tag{4.190}$$

这个估算跟更精确的计算给出来的结果 $M_{\text{sph}} \simeq 7$—13 TeV 符合得很好. 与亚稳态真空衰变的情况一样, 鞍点子的尺度 R_{sph} 和瞬子的尺度 $\rho_m \sim M_W^{-1}$ 差不多大小.

高温情况下拓扑相变率正比于 $\exp(-M_{\text{sph}}/T)$. 我们预计在 $T > 10$ TeV 的情况下, 它不再被压低. 实际上, 在温度比这个低得多时, 相变已经变得很有效率了.

我们已经发现希格斯场的真空期望值以及由它诱导出来的规范玻色子的质量, 是随着温度的升高而减小的. 其结果是, 正比于 $M_W(T)$ 的势垒高度也随之减小. 在 $M_W(T) \sim \alpha_w T$ 的时刻, 指数压低

$$\exp\left(-\frac{M_{\rm sph}(T)}{T}\right) \sim \exp\left(-2\pi\frac{M_W(T)}{\alpha_w T}\right)$$

不再存在, 而单位体积单位时间内的相变率为

$$\Gamma \sim R_{\rm sph}^{-4} \sim (\alpha_w T)^4 . \tag{4.191}$$

这个结果是基于量纲分析的. 即使在温度极高, 以至于对称性恢复, 规范玻色子变为无质量, 且势垒消失的情况下, 这个估算仍然成立. 在势垒不存在的情况下, 鞍点子也不存在, 相变可以通过典型尺度为 $\sim (\alpha_w T)^{-1}$ 的场位形实现. 在电弱理论中, 对称性在温度超过 ~ 100 GeV 时恢复 (参见(4.142)), 这时拓扑相变变得非常有效. 这会导致总费米子数的不守恒.

4.5.4　手征反常和费米子数的不守恒

手征反常　无质量费米子的规范相互作用能够保持左手和右手的流 $J_L^\mu \equiv \bar{\psi}_L\gamma^\mu\psi_L$ 和 $J_R^\mu \equiv \bar{\psi}_R\gamma^\mu\psi_R$ 在经典水平上不变. 这意味着费米子数 (等于费米子数和反费米子数之差) 对每个螺旋度分别守恒. 其结果是, 总流 $J^\mu = J_L^\mu + J_R^\mu$ 和手征流 $J_5^\mu = J_R^\mu - J_L^\mu$ 都守恒. 在电动力学中, 总流的守恒等价于电荷守恒. 对它的破坏将是一场灾难. 另一方面, 对手征流守恒的破坏不会带来什么严重的后果. 实际上, 对有质量费米子而言, 手征流在经典水平上都不能守恒. 量子扰动也会对无质量费米子的手征流守恒产生破坏. 在量子电动力学中, 如图 4-17所示的三角形图诱导出手征反常 (*chiral anomaly*):

$$\partial_\mu\left(J_R^\mu - J_L^\mu\right) = \frac{e^2}{8\pi^2}F\tilde{F}. \tag{4.192}$$

在非阿贝尔规范理论中, 情况非常类似. 左手和右手流的散度分别由下式给出:

$$\partial_\mu J_L^\mu = -c_L\frac{g^2}{16\pi^2}\mathrm{tr}\left(\mathbf{F}\tilde{\mathbf{F}}\right), \qquad \partial_\mu J_R^\mu = c_R\frac{g^2}{16\pi^2}\mathrm{tr}\left(\mathbf{F}\tilde{\mathbf{F}}\right). \tag{4.193}$$

如果在理论中右手和左手的费米子以同样的强度耦合到规范场, 例如像在量子色动力学中一样, 则对每一味都有 $c_L = c_R = 1$, 因此总流守恒, 其结果是费米子数守恒. 另一方面, 右手和左手费米子数的差为

$$Q_5 \equiv \int \left(J_R^0 - J_L^0\right) d^3x = N_R - N_L, \tag{4.194}$$

它在瞬子相变时改变. 利用高斯定理, 并考虑到(4.183)式, 我们可以从(4.193)式推出

$$\Delta Q_5 = Q_5^f - Q_5^{\text{in}} = \frac{g^2}{8\pi^2}\int \operatorname{tr}\left(\mathbf{F}\tilde{\mathbf{F}}\right) d^4x = 2. \tag{4.195}$$

也就是说, 在瞬子中, 对应的费米子的螺旋度发生翻转 (flips).

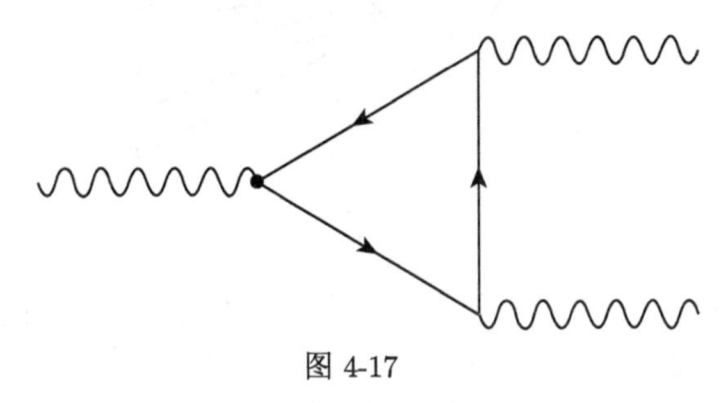

图 4-17

费米子数的破坏 在右手和左手的粒子按照不同的方式耦合到规范场的手征理论中, 情况更加有趣. 让我们考虑温度 $T > 100$ GeV 时的电弱理论, 其中对称性已经恢复, 而且拓扑相变率非常高. $SU(2)$ 规范场只与左手的费米子相互作用, 且对每个双重态都有相同的强度; 因此 $c_L = 1$, $c_R = 0$, 且有

$$\partial_\mu {}^{(f)}J_L^\mu = -\frac{g^2}{16\pi^2}\operatorname{tr}\left(\mathbf{F}\tilde{\mathbf{F}}\right), \tag{4.196}$$

其中 f 表示的是对应的费米子双重态, 它从 1 跑到 12. 例如, 对第一代轻子, $f = 1$,

$${}^{(1)}J_L^\mu = \bar{e}_L\gamma^\mu e_L + \bar{\nu}_e\gamma^\mu\nu_e. \tag{4.197}$$

对三代夸克, f 从 4 跑到 12. 每一代夸克都用三种不同的色表示. 从(4.196)和(4.183), 我们可以看出, 在卷绕数增加 $\Delta\nu$ 个单位的拓扑相变期间, 每个双重态的费米子数都减少 $\Delta\nu$ 个单位, 因此总费米子数不是守恒的. 考虑到有九种夸克双重态, 以及每个夸克对应的重子数为 1/3, 我们得到如下的选择定则 (selection rule):

$$\Delta L_e = \Delta L_\mu = \Delta L_\tau = \frac{1}{3}\Delta B, \tag{4.198}$$

其中 ΔL_i 是相应那代的轻子数变化, 而 ΔB 是重子数的总的变化. 当然, 能量守恒、总电荷守恒、色守恒等这些规律总是应该满足的. 在一个瞬子/鞍点子相变过程中, 总费米子数减少 12 个单位; 相应地, 总轻子数和总重子数分别减少 3 个单位: $\Delta L = \Delta B = -3$. 消失的费米子携带的能量转移到残存的以及新产生的费米子和反费米子中去了. 图 4-18画出了这一类型的一个可能过程.

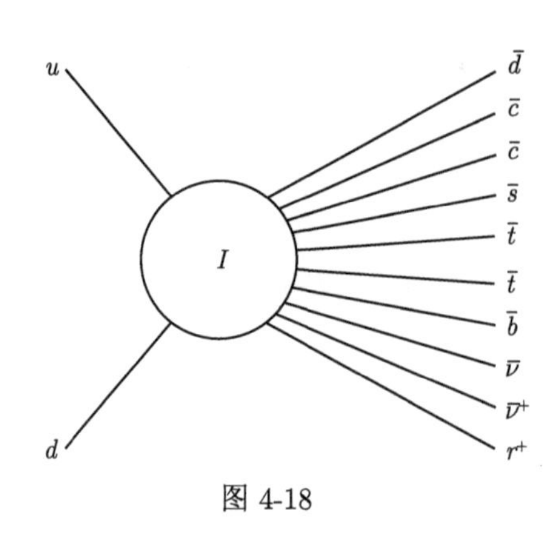

图 4-18

因此在手征理论中拓扑相变能导致左手费米子的总数不守恒. 在电弱理论中, 存在把左手粒子转变为右手粒子的相互作用. 因此总费米子数不是守恒的. 而重子数和轻子数的某种线性组合, $B+aL$, 在热平衡时应该为零. 系数 a 是 1 的量级, 其具体数值可以通过考虑守恒律并分析涉及所有粒子的化学平衡条件来求出. 在有三代费米子和一个希格斯双重态的标准模型中, $a=28/51$. 另一方面, 从(4.198)式可以看出, 荷 $L_i-(1/3)B$ 是守恒的. 其结果是 $B-L$ 守恒.

在早期宇宙中, 只有在每个费米子对应的拓扑相变的速率 (等于 $\Gamma/n_f \sim \alpha_w^4 T$, 参见(4.191)式) 超过宇宙的膨胀率 $H \sim T^2$ 的情况下, 拓扑相变才能保证热平衡. 也就是说, 它们在 $T < \alpha_w^4 \sim 10^{12}$ GeV 的情况下效率很高. 这样, 即使 $B+aL$ 在极早期宇宙中被产生出来了, 它在 10^{12} GeV $> T > 10^2$ GeV 的阶段也会被拓扑相变给洗掉 (wash out). 据此, 如果 $B-L=0$, 则任何早先存在 (pre-existent) 的重子数都不能遗存. 所以, 为了解释重子不对称性, 我们必须找到一种在极早期宇宙中产生 $B-L\neq 0$ 的方法. 还有一种可能性是在剧烈的电弱相变中产生 $B+aL$. 然而, 这种方法看上去不太现实, 因为电弱相变似乎是一个非常平滑的过程.

4.6　超出标准模型

粒子物理理论只在大约几百 GeV 的能量标度上得到了实验的探测. 如果我们需要研究早期宇宙中高于 100 GeV 的任何物理, 我们不可避免地要依赖于在某种程度上带有猜测性的理论. 幸运的是, 这些理论大多有共同的性质, 可允许我们对一些重要的宇宙学问题预言出可能的解答. 这些问题包括宇宙中重子不对称性的起源, 暗物质的本质, 以及暴胀的机制. 对于暴胀, 我们将另写一章; 在这里我们将集中于讨论前两个问题. 因为这些问题在标准模型中无法得到解答, 我们必须超出标准模型. 在本节里, 我们首先列举标准模型的扩展背后与之相关的一般思想, 然后再讨论能够将这些思想实施于宇宙学中的方法.

大统一 (*Grand Unification*) $SU(3)\times SU(2)\times U(1)$ 的标准模型由三个耦合常数 g_s, g, g' 描述. 它们依赖于能标, 而且对应的"精细结构常数"$\alpha\equiv g^2/4\pi$ 按照(4.29)的方式跑动. 强相互作用的耦合常数 α_s 由(4.31)式给出.

在 $SU(2)$ 群的情况下, (4.29)式中的系数 $f_1'(1)$ 可以从(4.30)式推导出来. 当 $q>100$ GeV 时, 所有的粒子包括中间玻色子, 都可以当作无质量的, 且(4.30)式中的"色"数 n 等于 2."味"数 f 应该等于左手费米子双重态数目的一半 (不要忘记对每个色而言有一个夸克双重态), 也就是说, $f=12/2=6$. 因此, 对 $SU(2)$ 群而言, 有

$$f_1'(1)=\frac{1}{12\pi}(2\times 6-11\times 2)\approx -0.265$$

以及

$$\alpha_w(q^2)\equiv\frac{g^2}{4\pi}\simeq\frac{\alpha_w^0}{1+0.265\alpha_w^0\ln{(q^2/q_0^2)}},\tag{4.199}$$

其中 $q^0\sim 100$ GeV, $\alpha_w^0\equiv\alpha_w(q_0)\simeq 1/29$. 比较(4.31)式和(4.199)式, 我们发现强相互作用和弱相互作用的耦合常数在 $q\sim 10^{17}$ GeV 处相遇. 这表示在 10^{17} GeV 以上, 强相互作用和弱相互作用有可能被一个更大的规范群统一起来, 并且由一个单独的耦合常数 g_U 来描述. 因此, 这个更大的对称群在 $\sim 10^{17}$ GeV 处破缺之后, 低能情况下强相互作用和弱相互作用的耦合强度的差别完全是由于 $SU(3)$ 和 $SU(2)$ 子群中的耦合常数的跑动不同导致的. 可以容纳所有已知的费米子的最简单的单群是 $SU(5)$ 群. 它也包含一个 $U(1)$ 的子群, 因此可以把标准模型中所有的规范相互作用都包括进来. 然而, 为了把这个子群确认为 $U(1)$ 电弱理论, 我们必须证明适当归一化的 $U(1)$ 精细结构常数, $\alpha_1=(5/3)g'^2/4\pi$, 能在正确的能标处遇上其他两个耦合常数. 这是一个高度非平庸的问题.

习题 4.29 求出 $\alpha_1(q^2)$. (提示 不要忘记进入顶角的超荷.)

根据对 α_s 和 θ_w 的更精确的测量, 现在我们已经很清楚这三个耦合常数并不会在一个点相遇 (参见图 4-19). 这一事实, 再加上对质子寿命的测量结果以及中微子质量的发现, 已经排除了最小的 $SU(5)$ 模型作为一个实际的理论. 然而, 我们将进一步探索这个模型, 目的是为了解释在其他更为实际的模型中也存在的一些重要性质.

$SU(5)$ 群有 $5^2-1=24$ 个生成元, 对应于 24 个规范玻色子. 其中的 8 个应该被认为是 $SU(3)$ 子群中负责色转移的胶子. 三个玻色子对应于 $SU(2)$ 子群. 和一个 $U(1)$ 玻色子一起, 它们负责传递电弱相互作用. 剩下的 12 个玻色子形成两组带荷带色的三重态,

$$X_i^{\pm 4/3},\qquad Y_i^{\pm 1/3},$$

其中 $i = r, b, g$ 是色指标, 而上标表示的是电荷. X 和 Y 玻色子组成了 $SU(5)$ 群的子群 $SU(2)$ 和 $SU(3)$ 之间的一座“桥梁”. 在对称性破缺之后 (例如通过希格斯机制), 它们得到了质量, 其量级为 $\sim 10^{15}$—10^{17} GeV. 因此, 从 $SU(2)$ 到 $SU(3)$ 子群的转变被强烈地压低了. 然而在高能情况下, X 和 Y 玻色子能非常高效地把夸克“转换”为轻子, 反过来也一样.

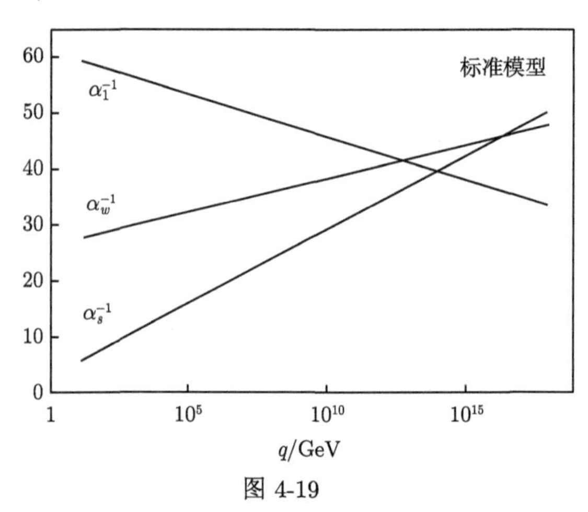

图 4-19

X 玻色子可以衰变为一对夸克 $(X \to qq)$ 或者衰变为一对反夸克-反轻子 $(X \to \bar{q}\bar{l})$. 末态的重子数分别为 $B = 2/3$ 和 $B = -1/3$. 因此, 在 $SU(5)$ 模型中, **重子数不是守恒的**. 另一方面, 这两种反应给出的重子数和轻子数之差都等于 $2/3$, $B - L$ 没有破坏. 因此, $B - L$ 不能产生出来, 而且任何重子不对称性都会被之后的拓扑相变过程洗掉. 所以重子不对称性的困难在 $SU(5)$ 模型的框架内无法得到解决.

有很多理由认为更大的对称群看上去更具吸引力. 首先, 相比于 $SU(5)$ 模型, 它们可以有更丰富的费米子含量 (content). 特别是, 我们可以把右手中微子也放进去, 它们可用来解释费米子质量. 这些理论的另一个有吸引力的特征是它们不但可以破坏重子数, 而且可以产生 $B - L$ 不守恒. 这为我们理解宇宙中重子不对称性的起源打开了一扇门. 最后, 改变费米子数的含量会影响到耦合常数的跑动, 所以我们希望三种相互作用耦合常数可以因此跑到同一点去. 更大的对称性群已经被大量文献广泛地研究过, 例如 $SO(10)$, $SO(14)$, $SO(22)$, $\cdots$, E_6, E_7, E_8, $\cdots$. 这些理论包含许多**尚未发现**的粒子, 因此存在许多暗物质的候选者. 然而, 由于缺乏稳固的数据支持, 这里我们没有理由深入研究这些大统一理论的细节.

超对称 (*supersymmetry*)　到目前为止, 我们研究的对称性都是把玻色子变到玻色子, 把费米子变到费米子. 然而, 存在一种美丽的对称性, 称为**超对称**, 可以把玻色子和费米子联系起来. 如果超对称真的是自然界中存在的对称性, 则**每种玻**

色子应该有至少一种费米子的超对称伴子 (superpartner). 它们配对以形成*超对称多重态* (*supermultiplet*). 每种费米子应该也伴随着至少一种玻色子. 在超对称变换下, 处于同一个超对称多重态中的玻色子和费米子互相 “混合”. 很明显, 能把一个玻色子转变为一个费米子的超对称的生成元应该是一个旋量 $\mathbf{Q}$, 而且在最简单的情况下它是一个自旋为 1/2 的手征旋量. 与规范变换不同的是, 由于玻色子和费米子在庞加莱群 (Poincaré group) 中按照不同的方式变换, 所以超对称变换不能完全脱耦 (decouple) 于时空变换. 实际上, 超对称生成元 $\mathbf{Q}$ 只有在包含时空平移生成元的情况下才能构成封闭的代数. 因此, 如果我们试图使超对称成为局域的, 则我们必须处理弯曲时空. *局域超对称*, 称为*超引力* (*supergravity*), 就给我们提供了一种有可能统一引力和其他相互作用的方法.

不幸的是, 如同大统一理论的情况一样, 标准模型的超对称扩展的可能性太多了. 首先, 超对称可以是整体的或者局域的. 其次, 在同一个超对称多重态中, 我们可以把不止一种玻色子-费米子对包括进来. 这种思想称为*延展*超对称 (*extended* supersymmetry). 原则上讲, 所有粒子都可以当作一个单独的多重态的成员. 延展超对称可以用超对称生成元 $\mathbf{Q}^1$, $\mathbf{Q}^2$, $\cdots$, $\mathbf{Q}^N$ 的个数来描述. 这些生成元决定了超对称多重态中的粒子的含量. 例如, $N = 8$ 的超对称多重态包括自旋为 $0, 1/2, 1, 3/2, 2$ 的*左手和右手的*粒子; 因此 $N = 8$ 的*超引力*可能作为一种大统一理论的理想候选者. 不幸 (或者幸运, 这取决于个人的态度) 的是, 大自然并非按照人类的意愿运转. 在缺乏实验数据的情况下, 我们必须考虑各种不同理论的可能性.

所有的超对称理论都有一些共同的特征. 我们集中考察那些和宇宙学应用相关的特征. 正如我们已经提到的那样, 在这些理论中玻色子和费米子是配对的. 遗憾的是, 已知的费米子只会和未知的玻色子配对, 反过来也一样. 因此, 超对称理论预言粒子的总数应该至少是实验上已经发现的粒子数的两倍. 为了解释为什么已知粒子的超对称伴子还没有被发现, 我们必须假设超对称的破缺能标高于目前的加速器能够达到的能标. 只有在超对称破缺的情况下, 超对称伴子才可以有不同的质量; 否则它们的质量应该是相同的.

在标准模型的最小超对称扩展 (minimal supersymmetric extension of the Standard Model, 通常简称为 MSSM) 里, 每种夸克和轻子都存在相应的超对称标量伴子, 分别称为标量夸克 (*s*quark) 和标量轻子 (*s*lepton). 相似地, 对每一种规范粒子, 我们都有一个自旋为 1/2 的费米子型超对称伴子, 称为*规范微子* (*gaugino*). 其中, *胶微子* (*gluinos*) 是胶子的超对称伴子, *W 微子* (*winos*) 和 *B 微子* (*bino*) 是电弱群的规范玻色子的超对称伴子. 规范微子能够传递标量粒子和它们的费米子伴子之间的相互作用, 其强度由规范耦合常数确定. 希格斯粒子伴随着*希格斯微子* (*higgsino*). 微子 (*-inos*) 的中性组合 (质量本征态) 中最轻的那个称为*中性微子* (*neutralino*), 它必须是稳定的. 如果超对称在电弱能标已经破缺, 它和通常的物质的相互作用会很弱. 所以, 中性微子是一种冷暗物质的理想候选者. 为了结束我们对 "超对称伴子动物园"(*s*- and -*ino* zoo) 的巡游①, 我们应该提到引力微子 (*gravitino*)——它是引力子 (graviton) 的超对称伴子, 自旋为 3/2. 它也能作为一种暗物质粒子. 因此, 我们看到超对称理论给我们提供了一些弱相互作用大质量粒子 (weakly interacting massive particles) ②, 它们是解释宇宙中的暗物质所必需的.

基于在这些超对称理论中费米子与玻色子的自由度数相等的事实, 会出现一些值得注意的性质. 例如, 左手费米子的超对称伴子是一个复标量场, 它们都有两个自由度. 对相同质量的费米子和玻色子而言, 其每个自由度对应的真空扰动的能量大小相等, 符号相反. 所以, 在超对称理论中, 费米子和玻色子的贡献互相抵消, 因而总的真空能消失. 换句话说, 宇宙学项精确为零. 然而, 这只有在超对称保持不破缺的情况下成立. 但是超对称是破缺的, 其结果是我们预料真空能量密度会因为粒子和它的超对称伴子的质量不同而消不掉, 其差别的大小为 $\Lambda_{\mathrm{SUSY}}^4$, 其中 Λ_{SUSY} 是超对称破缺的能标. 如果 $\Lambda_{\mathrm{SUSY}} \sim 1$ TeV, 则用普朗克单位表示出来的宇宙学常数是 $\sim 10^{-64}$. 这个值仍然比观测到的宇宙学常数的上限大 60 个数量级. 因此我们看到超对称理论虽然向正确的方向迈出了一步, 但并没有完全解决宇宙学常数疑难 (cosmological constant problem).

这里我们想要做的最后一个评论是关于标准模型的最小超对称扩展中的耦合常数的跑动行为的. 额外的超对称粒子会影响到强和电弱耦合常数跑动的速率. 其结果是, 三种耦合常数能够以极高的精度跑到同一个点 (参见图 4-20). 这重燃起我们对大统一理论的希望, 而且有理由相信超对称可能是一个正确的方向.

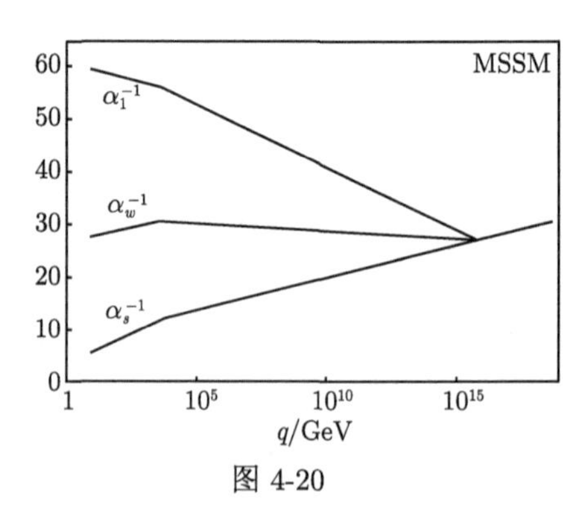

图 4-20

① 英文中费米子的超对称伴子在它们的名字前加 *s*-, 如 squark, slepton, sneutrino 等. 玻色子的超对称伴子的命名规则是在后面加 $-ino$, 如 wino, bino, higgino 等.

② weakly interacting massive particle 通常简称为 WIMP. 这里的 weakly interacting 指的是相互作用的强度比较弱, 通常估算为弱相互作用的量级 (参见(4.205)式), 但并非特指弱相互作用 (weak interaction). 这一点看英文是很清楚的, 但是中文容易混淆. 这个名词准确的翻译应该是**相互作用微弱的大质量粒子**. 然而弱相互作用大质量粒子是《物理学名词》(第三版) 中确定的译法. 这里仍然沿袭这种译法, 但希望读者注意.

4.6.1 暗物质候选者

核合成和宇宙微波背景的数据明确地显示宇宙中大部分的物质是非重子的暗物质. 在粒子物理理论中倒是不缺乏这种暗物质的理论候选者. 这些候选者可以根据其起源分为两类. 一类暗物质粒子起源于从热浴中的退耦, 另一类是由某些非热 (nonthermal) 过程创造出来的.

热浴残余 (thermal relics) 可以根据它们在退耦时刻是相对论性的还是非相对论性的做进一步分类. 退耦时仍是相对论性的残余是热暗物质 (hot dark matter), 而已是非相对论性的那些则是冷暗物质 (cold dark matter). 中微子和中性微子分别是热残余 (hot relics) 和冷残余 (cold relics) 的例子[①].

非热浴残余的最简单的例子是相互作用微弱的大质量标量场 (weakly interacting massive scalar field). 一种具有良好动机的粒子物理候选者是*轴子* (*axion*). 因为在凝聚中轴子的动量为零, 即使轴子的质量很小, 它们也可以当作一种冷暗物质的成分. 下面我们分别讨论几种不同的暗物质候选者的主要特征.

热残余 (*hot relics*) 热残余的冻结 (freeze-out) 发生时, 它们仍然是相对论性的. 在残余从物质中退耦出来之后, 它们的数密度 n_ψ 反比于体积而减小, 即按照 a^{-3} 减小. 剩余物质的总熵密度 s 也按照同样的规律减小, 因此, 比值 n_ψ/s 保持为常数, 一直持续到现在.

习题 4.30 利用上面的事实, 假设热残余都是质量为 m_ψ 的费米子, 且其化学势可以忽略, 证明它们对宇宙学参数的贡献是

$$\Omega_\psi h_{75}^2 \simeq \frac{g_\psi}{g_*}\left(\frac{m_\psi}{19\ \text{eV}}\right). \tag{4.200}$$

其中 g_ψ 是热残余粒子的总的自由度数, $g_* = g_b + (7/8)g_f$ 是所有那些能最终把能量转移给光子的玻色子和费米子在冻结时刻的等效自由度数.

假设三种左手的轻中微子都有相同的质量 m_ψ, 我们有 $g_\psi = 6$ (中微子 3 个 + 反中微子 3 个). 中微子退耦的温度是 $\sim \mathscr{O}(1)$ MeV. 在这个时刻, 能贡献到 g_* 的粒子是电子、正电子以及光子, 因此 $g_* = (2 + (7/8) \times 4) = 5.5$. 所以, 如果每种中微子的质量都是大约 17 eV, 则中微子会使宇宙成为封闭的[②]. 根据目前的观测, 暗物质对总能量密度的贡献没有超过 30% (参见第 9 章). 因此, 中微子质量之和应该小于 15 eV. 或者说在中微子质量相等的情况下, $m_\nu < 5$ eV. 如果我们假设热残余粒子的冻结温度更高, 那时的相对论性粒子更多, 则这个热残余粒子的质量

① 这里的 thermal relics 本可直接翻译为热残余, 但与下文的 hot relics 容易混淆. 究其本意, thermal relics 指的是从热浴中退耦出来的残余, 因此翻译为热浴残余. 同理 nonthermal relics 翻译为非热浴残余. 而 hot relics 就直接翻译为热残余.

② 这是指的(4.200)式中的 $\Omega_\psi \gtrsim 1$.

上限有可能会变. 例如, 如果退耦在 $T \sim 300$ MeV 的夸克-胶子相变之前发生, 则 $g_* = 53$ (对于此时的自由度数, 参见(4.33)式; 不要忘记包括光子和电子-正电子对). 在这种情况下, 根据式(4.200), 对 $g_\psi = 2$ 我们得到 $m_\psi < 151$ eV. 在现实中, 热残余粒子的质量上限比这个要严格, 因为热残余并不能用来解释宇宙中的全部暗物质; 它们只能组成暗物质的一个非主导的部分[①]. 实际上, 在热暗物质主导的模型里, 在热残余粒子变为非相对论性的时刻, 直到视界大小的所有尺度上, 非均匀性都会被自由冲流给洗掉 (wash out)(参见 9.2 节). 其结果是无法解释宇宙的大尺度结构的形成. 所以, 更有希望成功的模型是那些以冷的残余粒子作为暗物质主要成分的模型.

热浴冷残余 (thermal cold relics) 冷残余 χ 在温度 T_* 时退耦, 而 T_* 远小于它们的质量 m_χ. 所以, 数密度 n_χ 相比于光子的数密度是指数压低的[②]. 为了推出退耦时刻的数密度 n_χ^*, 我们简单地令残余粒子 χ 的湮灭率等于那时的哈勃膨胀率:

$$n_\chi^* \langle \sigma v \rangle_* \simeq H_* = \left(8\pi^3/90\right)^{1/2} \tilde{g}_*^{1/2} T_*^2, \tag{4.201}$$

其中 $\langle \sigma v \rangle_*$ 是湮灭的截面 σ 和相对速度 v 的乘积的热平均. 等效自由度数 $\tilde{g}_*$ 计入了在 T_* 时所有的相对论性粒子. 另一方面, 我们从 (3.61) 式知道, 如果设 $\mu = 0$, 则

$$n_\chi^* \simeq g_\chi \frac{T_*^3}{(2\pi)^{3/2}} x_*^{3/2} e^{-x_*}, \tag{4.202}$$

其中 $x_* \equiv m_\chi / T_*$. 这样一来, 利用 $\langle \sigma v \rangle_* \sim \sigma_* \sqrt{T_*/m_\chi}$ 进行估算, 其中 σ_* 是 $T = T_*$ 时的有效散射截面, 我们就可以得到在冻结时有

$$\begin{aligned} x_* &\simeq \ln\left(0.038 g_\chi \tilde{g}_*^{-1/2} \sigma_* m_\chi\right) \\ &\simeq 16.3 + \ln\left[g_\chi \tilde{g}_*^{-1/2} \left(\frac{\sigma_*}{10^{-38}\ \mathrm{cm}^2}\right)\left(\frac{m_\chi}{\mathrm{GeV}}\right)\right]. \end{aligned} \tag{4.203}$$

只有在 $x_* > \mathscr{O}(1)$ 时, 残余粒子才是冷的; 为了确定起见, 我们取 $x_* > 3$. 根据(4.203)式, 我们可以得到对冷残余有 $\sigma_* m_\chi > 10^3 g_\chi^{-1} \tilde{g}_*^{1/2}$ (普朗克单位). 它们在今天的能量密度是

$$\varepsilon_\chi^0 \simeq m_\chi n_\chi^* \frac{s_0}{s_*} = \frac{2}{g_*} m_\chi n_\chi^* \left(\frac{T_{\gamma 0}}{T_*}\right)^3, \tag{4.204}$$

---

① 根据(4.200)可以知道, 这意味着中微子质量之和应该远小于 15 eV. Planck 2018 对中微子质量的限制结果是 $\sum m_\nu < 0.12$ eV. 参见 Planck collaboration, *Planck 2018 results. VI. Cosmological parameters*, Astron.Astrophys. 641 (2020) A6, Astron.Astrophys. 652 (2021) C4 (erratum), arXiv: 1807.06209.

② 早期宇宙中非相对论性粒子的数密度参见 (3.61) 式. 其中有一个 $\exp(-m/T)$ 的压低因子.

其中 $T_{\gamma 0} \simeq 2.73$ K, s_0 是今天的辐射的熵密度, s_* 是在冻结时刻的所有那些稍后将要把它们的熵全部转移到辐射中去的物质 (其等效自由度为 g_*) 的总熵密度. 将(4.201)中的 n_χ^* 代入(4.204), 我们最终得到

$$\Omega_\chi h_{75}^2 \simeq \frac{\tilde{g}_*^{1/2}}{g_*} x_*^{3/2} \left(\frac{3 \times 10^{-38}\ \mathrm{cm}^2}{\sigma_*} \right). \tag{4.205}$$

值得注意的是, 冷残余对宇宙学参数的贡献只是对数依赖于它们的质量 (通过 x_*). 这个贡献主要还是由退耦时刻的有效散射截面 σ_* 决定的.

弱相互作用大质量粒子的质量在 10 GeV 和几 TeV 之间, 其散射截面大概是电弱的强度 $\sigma_{\mathrm{EW}} \sim 10^{-38}$ cm^2. 它们是冷暗物质的理想候选者. 它们的数密度在 $x_* \sim 20$ 时冻结. 根据(4.205)式, 很明显它们可以轻松地贡献必要的 30% 的宇宙总能量密度, 因此可构成暗物质的主要成分. 目前, 主流的弱相互作用大质量粒子的候选者是最轻的超对称粒子 (lightest supersymmetric particle). 大多数超对称理论都存在一种离散对称性, 称为 *R* 宇称 (*R-parity*), 在这个对称性下, 粒子的本征值是 +1, 超对称粒子的本征值是 −1. R 宇称守恒能保证最轻的超对称粒子的稳定性. 最轻的超对称粒子最有可能是中性微子 (*neutralino*), 它 (大概率) 可能是 B 微子或者光微子 (photino).

习题 4.31 考虑湮灭反应及其逆反应: $\chi\bar{\chi} \rightleftharpoons f\bar{f}$. 假设湮灭的产物 f 和 $\bar{f}$ 的热分布中化学势总是零 (因为和其他粒子的某种 "更强的" 相互作用), 推导如下的表达式:

$$\frac{dX}{ds} = \frac{\langle \sigma v \rangle}{3H} \left(X^2 - X_{\mathrm{eq}}^2 \right), \tag{4.206}$$

其中 $X \equiv n_\chi / s$ 是每个共动体积内的 χ 粒子的实际 (*actual*) 数量, 而 X_{eq} 是它的平衡态的值. 总熵是守恒的, 因此熵密度 s 按照 a^{-3} 衰减. 对热残余和冷残余分别求出(4.206)的近似解, 并将它们与数值解进行比较. 确定对应的冻结时的数密度, 并将结果与本小节得到的结果进行比较. (提示 在处于平衡态时, 正向反应和逆反应之间相互精确平衡, 因此我们有 $\langle \sigma v \rangle_{\chi\bar{\chi}} n_\chi^{\mathrm{eq}} n_{\bar{\chi}}^{\mathrm{eq}} = \langle \sigma v \rangle_{f\bar{f}} n_f^{\mathrm{eq}} n_{\bar{f}}^{\mathrm{eq}}$.)

非热浴残余 (*nonthermal relics*) 一般来说, 非热浴残余的相互作用是如此之弱, 以至于它们从未处于热平衡. 不存在描写这些残余对总能量密度的贡献的一般公式, 这是因为它们的贡献依赖于具体的动力学. 作为一个例子, 我们考虑有质量标量粒子的均匀凝聚, 并忽略掉它们与其他场的相互作用. 均匀的标量场满足如下方程:

$$\ddot{\varphi} + 3H\dot{\varphi} + m^2 \varphi = 0. \tag{4.207}$$

为了对一般的 $H(t)$ 求解这个方程, 方便的做法是利用共形时间 $\eta \equiv \int dt/a$ 作为时间变量. 对场进行重新标度, $\varphi \equiv u/a$, 我们发现用 u 作为变量时, (4.207)式变为

$$u'' + \left(m^2 a^2 - \frac{a''}{a}\right) u = 0, \tag{4.208}$$

其中的一撇表示对 η 求导数. 如果 $|a''/a^3| \sim H^2 \gg m^2$, 则括号里的第一项可以忽略, 而这个方程对应的近似解是

$$u \simeq a\left(C_1 + C_2 \int \frac{d\eta}{a^2}\right), \tag{4.209}$$

其中 C_1 和 C_2 是两个积分常数. 由第一项给出的模是占主导的, 它给出 $\varphi \simeq C_1 \sim$ 常数. 所以, 当质量 m 远小于哈勃常数 H 时, 标量场就冻结 (frozen) 了. 如果 $m =$ 常数, 则其能量密度

$$\varepsilon_\varphi = \frac{1}{2}\left(\dot{\varphi}^2 + m^2\varphi^2\right) \tag{4.210}$$

也保持为常数. 这类似于一个宇宙学常数.

随着宇宙膨胀, 哈勃常数会变得小于质量, 最终有 $H^2 \ll m^2$. 这时候, 我们可以忽略掉(4.208)式的括号中第二项. 得到的简化版方程存在如下的 WKB 解:

$$u \propto (ma)^{-1/2} \sin\left(\int ma d\eta\right), \tag{4.211}$$

相应地有

$$\varphi \propto m^{-1/2} a^{-3/2} \sin\left(\int m dt\right). \tag{4.212}$$

注意到这个解对慢变的质量 m 也成立. 将这个解代入(4.210)式, 我们发现, 在领头阶, 标量场的能量密度按照 ma^{-3} 衰减, 因此它表现为尘埃似的物质 ($p \simeq 0$). 这很容易理解: 在哈勃常数的值落到质量以下之后, 之前还是冻结住的标量场现在开始振荡, 因此可以被解释为许多质量为 m 且动量为零的冷粒子的玻色凝聚. 对一个缓慢变化的粒子质量而言, 其粒子数密度正比于 ϵ_φ/m, 它按照 a^{-3} 衰减, 因此总粒子数是守恒的.

利用这些结果, 我们很容易就可以算出标量场现在的能量密度 (用普朗克单位制):

$$\varepsilon_\varphi^0 \simeq m_0 \left(\frac{\varepsilon_\varphi}{m}\right)_* \frac{s_0}{s_*} \simeq \mathscr{O}(1) \frac{\tilde{g}_*^{3/4}}{g_*} \frac{m_0}{m_*^{1/2}} \varphi_{\rm in}^2 T_{\gamma 0}^3, \tag{4.213}$$

其中 m_0 是它现在的质量, m_* 是 $H_* \simeq m_*$ 时的质量, 而 $\varphi_{\rm in}$ 是标量场仍处于冻结状态时的初始值. 对常数质量的情况 $(m_0 = m_*)$, 这个场对总能量密度的贡献是

$$\Omega_\varphi h_{75}^2 \sim \frac{\tilde{g}_*^{3/4}}{g_*} \left(\frac{m_0}{100 \text{ GeV}}\right)^{1/2} \left(\frac{\varphi_{\rm in}}{3 \times 10^9 \text{ GeV}}\right)^2. \tag{4.214}$$

因此, 通过调节标量场的质量和初值这两个参数, 我们为宇宙中观测到的冷暗物质找到了一种简单明了的"解释".

轴子 之前已经谈到过, 轴子是一种有趣的非热浴残余暗物质候选者. 轴子场是为了解释强 CP 破坏问题而提出来的. 因为强相互作用耦合常数在低能情况下很大, 量子色动力学中的拓扑相变不会被压低. 所以, 我们预料真实的量子色动力学真空是 θ 真空, 它是具有不同卷绕数 n 的真空的叠加:

$$|\theta\rangle = \sum e^{-in\theta} |n\rangle, \tag{4.215}$$

其中 θ 是一个必须通过实验来测定的任意参数. 其结果是, 有效的拉格朗日量含有一项非微扰项

$$\theta \frac{\alpha_s}{8\pi} \text{tr}\left(\mathbf{F}\tilde{\mathbf{F}}\right), \tag{4.216}$$

其中 $\mathbf{F}$ 和 $\tilde{\mathbf{F}}$ 分别是胶子场强和它的对偶. 这一项是一个全导数项, 它不会影响到运动方程, 而且能保持 C 守恒. 然而, 它会破坏 CP 守恒, P 守恒, 以及 T 守恒. 此外它会产生非常大的中子偶极矩. 这与实验结果不符, 除非 $\theta < 10^{-10}$. 我们要么必须接受非常小的 θ 的现实, 要么就得通过引入新的对称性来为这个参数为什么如此之小找到一种自然的解释. 通过在标准模型中引入一个额外的整体手征 $U(1)_{\rm PQ}$ 对称性, 佩西 (Peccei) 和奎因 (Quinn) 提出了一种解决强 CP 问题的精巧方案. 这个对称性在标度 f 处破缺, 它本质上讲是用一个动力学场——轴子场, 去替代 θ 参数. 在许多轴子模型中, 一个新的复标量场 $\varphi = \chi \exp(i\bar{\theta})$ 被用来通过汤川耦合给一些带色的费米子产生 $U(1)_{\rm PQ}$ 不变的质量项. 在对称性破缺之后, 场 χ 得到了期望值 f. 在局域对称性的情况下, 场 $\bar{\theta}$ 会被规范场"吃掉". 但是在整体对称性的情况下, 它只是变成一个无质量的自由度, 称为轴子 a. 准确地说, $a = f\bar{\theta}$. 在量子水平上手征 $U(1)_{\rm PQ}$ 对称性会遭遇手征反常的问题. 其结果是, 存在一个轴子场和胶子的有效相互作用:

$$\frac{a}{f} \frac{\alpha_s}{8\pi} \text{tr}\left(\mathbf{F}\tilde{\mathbf{F}}\right), \tag{4.217}$$

它和(4.216)的结构相同. 这种形式的项能产生一个 $\theta + a/f$ 的有效势, 其极小值在 $a = -f\theta$ 处. 这样一来, 总的 CP 破坏项在势的极小值点为零. 对我们来说最重要

的是, 在这个势极小值点附近, 轴子得到了一个小质量, 其量级为

$$m_a = \frac{(m_u m_d)^{1/2}}{m_u + m_d}\frac{m_\pi f_\pi}{f} \sim \frac{6 \times 10^6}{f_{\mathrm{GeV}}}\mathrm{eV}, \tag{4.218}$$

其中 m_u 和 m_d 是轻夸克的质量, $m_\pi \simeq 130$ MeV 是 π 介子的质量, $f_\pi \simeq 93$ MeV 是 π 介子的衰变常数. 轴子质量是从量子色动力学的瞬子效应中来的, 而这些效应在有限温度时会改变. 特别是, 当 $T \gg \Lambda_{\mathrm{QCD}} \simeq 200$ MeV 时, 我们有

$$m_a(T) \sim m_a \left(\frac{\Lambda_{\mathrm{QCD}}}{T}\right)^4. \tag{4.219}$$

对实际的 f 值而言, 轴子质量可以在这么高的温度下变为和哈勃常数一样大小. 利用(4.201)式中的 H_*, 我们得到 $m_a(T_*) = H_*$ 的条件是

$$T_* \sim \tilde{g}_*^{-1/12} m_a^{1/6} \Lambda_{\mathrm{QCD}}^{2/3}$$

以及

$$m_* \sim \tilde{g}_*^{1/3} m_a^{1/3} \Lambda_{\mathrm{QCD}}^{4/3}. \tag{4.220}$$

将 m_* 的这个值代入(4.213), 并利用 $a_{\mathrm{in}} = f\theta_{\mathrm{in}}$, 我们最终得到轴子对总能量密度的贡献的表达式:

$$\Omega_a h_{75}^2 \sim \mathscr{O}(1)\left(\frac{6 \times 10^{-6}\ \mathrm{eV}}{m_a}\right)^{7/6} \bar{\theta}_{\mathrm{in}}^2 \sim \mathscr{O}(1)\left(\frac{f}{10^{12}\ \mathrm{GeV}}\right)^{7/6} \bar{\theta}_{\mathrm{in}}^2. \tag{4.221}$$

轴子是 $\bar{\theta} = a/f$ 的周期函数, 所以 $\bar{\theta}_{\mathrm{in}}$ 的自然取值是 $\mathscr{O}(1)$. 因此, 如果 $m_a \sim 10^{-5}$ eV, 轴子就可以作为主要的暗物质组分. 轴子的所有耦合都按照 $1/f$ 衰减, 它们和通常的物质之间只存在非常微弱的相互作用, 因此, 虽然它们的质量很小, 但它们仍然是冷粒子. 乍看起来, 似乎只有轴子质量在 10^{-5} eV 附近的一个非常狭窄的窗口内的轴子才在宇宙学中是重要的. 然而, 我们可以争辩说 $\bar{\theta}_{\mathrm{in}} \ll 1$ 在暴胀宇宙学中并非那么不自然. 这使得即使在轴子质量远小于 10^{-5} eV 的情况下, 宇宙也可能因轴子主导而封闭.

超出标准模型的粒子理论也有可能给我们提供其他的暗物质候选者, 包括引力微子、轴微子 (axino)(轴子的超对称伴子) 以及暴胀子残余等. 它们对总能量密度的贡献可以用与上面的推导相似的方法确定.

4.6.2 重子生成

宇宙是不对称的: 宇宙中存在的重子多于反重子. 虽然反重子可以从对撞机或者宇宙线 (cosmic rays) 中产生出来, 但我们并未观测到 "反星系". 重子的相对剩

余 $B \equiv (n_b - n_{\bar{b}})/s \sim 10^{-10}$, 它是我们解释轻元素丰度以及宇宙微波背景扰动 (参见第 9 章) 的观测所必需的. 在过去, 重子不对称性可以被简单地解释为宇宙的初条件. 然而, 随着现在已经被普遍接受的暴胀宇宙学的兴起, 这个 "解释" 完全失败了. 我们将会在第 5 章看到暴胀阶段能够擦除掉所有早先存在的 (pre-existing) 不对称性. 因此, 重子不对称性的动力学产生就成为暴胀宇宙学无法回避的理论成分. 超出标准模型的理论能提供给我们许多——也许是太多——对这个问题的可能的解决方案. 幸运的是, 重子生成 (baryogenesis) 的任何一个具体的模型必须拥有与实际理论的细节无关的三个基本的要素. 这些要素在 1967 年由安德烈 · 萨哈罗夫 (Andrei Sakhanov) 提出:

(1) *重子数破坏*;

(2) *C 和 CP 破坏*;

(3) *偏离热平衡*.

第一个条件很明显是要有的, 无需赘述. 如果重子数守恒且一开始就等于零, 那它就会永远为零. 如果重子数不满足任何守恒律, 则它在处于热平衡的状态时为零. 所以我们还需要第三个条件. 第二个条件则远不是平庸的: 它是保证粒子和反粒子的反应 (衰变) 率不同所需要的必备条件. 如果这个条件无法满足, 即使满足其他两个条件, 重子数和反重子数也会等量地产生出来, 不会有净的重子荷生成.

习题 4.32 为什么我们要求 C 和 CP 都破坏? 为什么只破坏 CP 是不够的?

标准模型拥有产生重子不对称性的所有必需的要素. 实际上, 我们已经看到重子数在拓扑相变中不是守恒的, CP 对称性在弱相互作用中是破缺的, 以及在膨胀的宇宙中对热平衡的偏离会自然地发生. 假使重子数可以在标准模型本身的框架内得到解释, 这将是一个激动人心的成就. 遗憾的是似乎做不到这一点. 主要的障碍是第三个条件. 根据希格斯质量的实际测量值, 电弱转变是一个跨接, 因此无法提供必要的对热平衡的强偏离. 所以, 为了解释重子不对称性, 我们不得不超出标准模型. 这样就有了广阔的理论可能性; 下面我们会列举一些最常见的重子生成的方案.

大统一理论中的重子生成 重子数一般来说在大统一理论中不是守恒的. 例如在 $SU(5)$ 理论中, 负责在夸克和轻子之间 "通信"(communication) 的重玻色子 X 可以衰变为 qq 对或者 $\bar{q}\bar{l}$ 对, 其重子数分别为 2/3 和 −1/3. 反玻色子 $\bar{X}$ 衰变为 $\bar{q}\bar{q}$ 对或者 ql 对. CPT 不变性要求 X 和 $\bar{X}$ 的*总*衰变率相等. 然而, 这并不意味着在每个衰变道 (channel) 的衰变率都相等. 如果 C 和 CP 都是破坏的, 则衰变率 $\Gamma(X \to qq) \equiv r$ 一般来说并不是 $\Gamma(\bar{X} \to \bar{q}\bar{q}) \equiv \bar{r}$. 实际上, 让我们假设 CP 破坏的唯一起源来自小林-益川机制. 这样一来耦合常数可以是复值的: 耦合常数进入描述粒子衰变的图里, 而它们的共轭值进入反粒子衰变的图里. 这两个过程的衰变

率之差可以从图 4-21所示的树图和高阶圈图之间的干涉项看出. 这个差别可描写 CP 破坏的程度, 它正比于对应的耦合常数的乘积的虚部. 如果所有的耦合常数都是实值的 (即没有 CP 破坏), 则它为零.

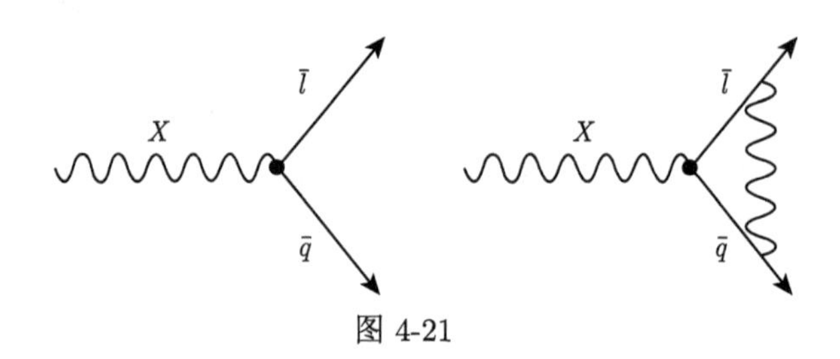

图 4-21

我们预计在温度比 m_X 高得多时, X 和 $\bar{X}$ 玻色子处于热平衡, 而它们的丰度相同, 即 $n_X = n_{\bar{X}} \sim n_\gamma$. 随着温度降低到 m_X 附近, 维持热平衡的反应变得没有效率. 每个共动体积内的粒子的数密度冻结在某个值 $\gamma_* = n_X/s$ (参见 4.6.1节). 随后, 只有 X 和 $\bar{X}$ 玻色子的非平衡态衰变是重要的, 而净重子荷可以产生出来. 让我们估算其大小. 我们把总衰变率归一化为 1, 它们对粒子和反粒子都是相同的. 因此 $\Gamma(X \to \bar{q}\bar{l}) = 1 - r$, 而 $\Gamma(\bar{X} \to ql) = 1 - \bar{r}$. 在 X 玻色子的衰变中产生的平均的净重子数为

$$B_X = \frac{2}{3}r + \left(-\frac{1}{3}\right)(1-r);$$

以及

$$B_{\bar{X}} = -\frac{2}{3}\bar{r} + \frac{1}{3}(1-\bar{r}).$$

因而导致的重子不对称性是

$$B = \gamma_* \left(B_X + B_{\bar{X}}\right) = \gamma_*(r - \bar{r}). \tag{4.222}$$

我们发现 B 依赖于冻结时刻的浓度 γ_*, 以及一个描述 CP 破坏的参数 $\varepsilon \equiv (r - \bar{r})$. γ_* 项主要由负责达到热平衡的反应率决定 (参见 4.6.1节), 它不会超过 1. 参数 ε 来自于高阶微扰论, 因此 $B \ll 1$. 例如, 在最小 $SU(5)$ 模型中, ε 的第一个非平庸的贡献来自于十阶微扰论, 它得到的重子不对称比需要的值 10^{-10} 要小很多个量级. $SU(5)$ 模型的另一个令人不悦的特点是在这个理论中 $B-L$ 是守恒的. 在这种情况下, 即使 $B \neq 0$, 也有 $B-L=0$, 这样任何重子不对称性都将被随后的拓扑相变给洗掉. 成功的重子生成理论实际上需要产生非零的 $B-L$. 在更复杂的模型里, 从原则上讲, 这两个障碍都能得到解决. 例如, 在 $SO(10)$ 模型中, B 和 $B-L$ 都不是守恒的, 因此可以产生所需要的 ε.

在实际的情况中, 大统一理论的重子生成比上面描述的要复杂一些. 我们稍后将会看到, 暴胀结束时的能标很可能是低于大统一理论标度的. 因此相对论性的 X 玻色子从未处于热平衡中. 然而, 我们可以在预热 (preheating) 阶段将 (偏离热平衡的) X 玻色子产生出来 (参见 5.5节).

通过轻子生成 (*leptogenesis*) 产生重子生成 重子不对称性也可以通过轻子生成产生出来. 我们需要的是 $(B-L)_{\mathrm{i}}$ 有一个非零的初值[1]. 即使初值是 $B_{\mathrm{i}}=0$, 但 $L_{\mathrm{i}}\neq 0$, 则轻子数在随后的拓扑相变中可以部分地转换为重子数. 因为在这些拓扑相变中 $B+aL$ 为零, 且 $B-L$ 守恒, 所以最终的重子数为

$$B_{\mathrm{f}}=-\frac{a}{1+a}L_{\mathrm{i}}, \tag{4.223}$$

这里在只有一个希格斯双重态的标准模型中有 $a=28/51$. 接下来我们将会看到初始的非零轻子数 L_{i} 可以从重中微子的偏离热平衡衰变 (out-of-equilibrium decay) 中产生出来.

我们简要讨论一下引入这样的重中微子的物理动机. 测量到的中微子振荡只有在中微子有非零质量时才能得到解释. 为了产生中微子质量, 我们需要右手中微子 ν_R. 这样一来, 产生狄拉克质量的汤川耦合项可以按照(4.82)的方式写为

$$\mathcal{L}_Y^{(\nu)}=-f_{ij}^{(\nu)}\chi\bar{\mathbf{L}}_L^i\boldsymbol{\varphi}_1\nu_R^j+\text{h.c.}=-f_{ij}^{(\nu)}\chi\bar{\nu}_L^i\nu_R^j+\text{h.c.}, \tag{4.224}$$

其中 $i=1,2,3$ 是轻子的代指标, ν_L 是 4.3.4节中定义的 $SU(2)$ 规范不变的左手中微子. 在 $U(1)$ 群中, ν_L 按照(4.72)的方式变换, 且因为 $Y_L^{(\nu)}=1/2$, ν_L 保持不变; 因此汤川项只有在右手中微子的超荷等于零的情况下才是规范不变的. 右手中微子是 $SU(2)$ 单态, 没有色, 也不携带任何超荷. 因此一个马约拉纳 (Majorana) 质量项

$$\mathcal{L}_M^{(\nu)}=-\frac{1}{2}M_{ij}\left(\bar{\nu}_R^c\right)^i\nu_R^j \tag{4.225}$$

可以与理论的规范对称性一致. 这里的 ν_R^c 是右手中微子的荷共轭波函数 (charge-conjugated wave functions). 对称性破缺之后, 场 χ 得到期望值 χ_0, 汤川项诱导出用质量矩阵 $(m_D)_{ij}=f_{ij}^{(\nu)}\chi_0$ 描写的狄拉克质量. 为了简化, 只考虑一代中微子的情况. 考虑到 $\bar{\nu}_L\nu_R=\bar{\nu}_R^c\nu_L^c$, 我们可以把总质量项写为

$$\mathcal{L}^{(\nu)}=-\frac{1}{2}\left(\bar{\nu}_L\ \ \bar{\nu}_R^c\right)\begin{pmatrix}0 & m_D\\ m_D & M\end{pmatrix}\begin{pmatrix}\nu_L^c\\ \nu_R\end{pmatrix}+\text{h.c.} \tag{4.226}$$

---

[1] 这里的下标 i 表示初 (initial) 值, 下文的下标 f 表示最终 (final) 值, 并非指标记号. 原文作斜体 i,f, 容易与轻子或费米子的代指标相混淆. 这里改作正体.

(4.226)中的质量矩阵不是对角的. 当 $m_D \ll M$ 时, 质量本征值为

$$m_\nu \simeq -\frac{m_D^2}{M}, \qquad m_N \simeq M, \tag{4.227}$$

它们分别对应于描述马约拉纳费米子 ($\nu = \nu^c$, $N = N^c$)——轻的和重的中微子——的本征态

$$\nu \simeq \nu_L + \nu_L^c, \qquad N \simeq \nu_R + \nu_R^c. \tag{4.228}$$

取 m_D 与现在已知的费米子质量中的最大者 (即顶夸克) 相同, $m_D \sim m_t \sim 170$ GeV, 并利用 $M \simeq 3 \times 10^{15}$ GeV, 我们从(4.227)中得出 $m_\nu \simeq 10^{-2}$ eV. 这与中微子振荡的实验测量结果相符. 如果 $m_D \sim m_e \sim 0.5$ MeV, 则重中微子的质量应为 $\simeq 2 \times 10^6$ GeV. 值得注意的是, 马约拉纳质量项不是通过希格斯机制产生出来的, 所以可以比通常的夸克和轻子的质量大得多. 根据(4.227)式, 这会导致轻中微子的质量非常小. 这样一种产生非常小的质量的方法被称为**跷跷板机制** (*seesaw mechanism*). 假使中微子仅限于拥有狄拉克质量项, 则汤川耦合必须小得极不自然才行.

马约拉纳质量项破坏了两个单位的轻子数. 重马约拉纳中微子 $N = N^c$ 通过(4.224)耦合到希格斯粒子, 它们可以衰变到轻子-希格斯对, $N \to l\phi$, 或其 CP 共轭态, $N \to \bar{l}\bar{\phi}$, 因此能够破坏轻子数 (参见图 4-22). 回到三代的情况, 我们看到中微子质量本征态不一定符合它们的味 (弱相互作用) 本征态. 这些态是由对应的小林-益川混合矩阵联系起来的. 这很自然地解释了中微子振荡, 而且一般来说会导致复值的汤川耦合, 它可以产生 CP 破坏. 其结果是, 两种衰变率

$$\Gamma(N \to l\phi) = \frac{1}{2}(1+\varepsilon)\Gamma_{\text{tot}}, \qquad \Gamma(N \to \bar{l}\bar{\phi}) = \frac{1}{2}(1-\varepsilon)\Gamma_{\text{tot}} \tag{4.229}$$

是不同的, 它们之间的差是参数 $\varepsilon \ll 1$, 它描述的是 CP 破坏的程度. 最终产物有不同的轻子数, 因此来自于 N 中微子衰变的平均净轻子数等于 ε. 重中微子可以在暴胀之后产生出来, 可能是在预热相中, 也可能是在热化之后. 随后, 它们的浓度冻结, 而轻子不对称性由重中微子的偏离热平衡的衰变产生. 在之后的拓扑相变中, 这个轻子不对称性部分地转移到重子不对称性, 其值由(4.223)式给出. 详细的计算显示, 在中微子振荡的测量所容许的参数范围内, 我们可以通过轻子生成自然地得到观测需要的重子不对称性. 今天, 这个理论被认为是最佳的重子生成方案.

其他方案 除了大统一理论的重子生成和轻子生成引发的重子生成之外, 还存在一些其他的解释重子不对称性的机制. 特别是超对称开辟了一些可能的选项. 因为超对称可以在电弱能标附近增加粒子的含量, 所以强电弱相变的可能性还不能被完全排除. 这重燃了在标准模型的最小超对称扩展的框架下解释重子不对称性的希望.

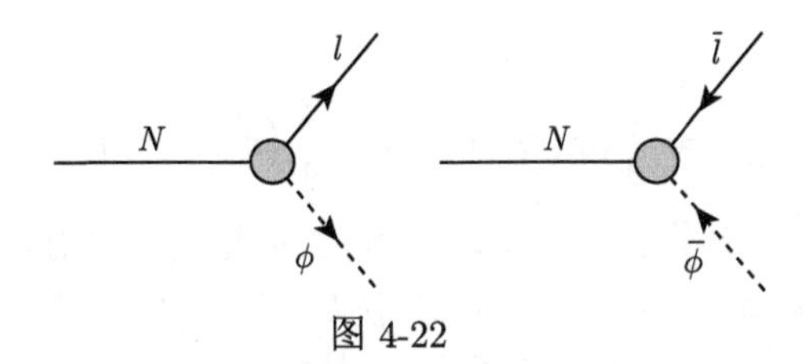

图 4-22

另一个超对称的有趣后果是阿弗莱克-戴恩 (Affleck-Dine) 方案. 这个方案基于如下结果: 在超对称理论中, 通常的夸克和轻子总是伴随着超对称伴子——标量夸克和标量轻子, 它们是标量粒子. 对应的标量场可以携带重子数和轻子数, 且原则上讲, 在标量凝聚 (经典标量场) 的情况下, 它们的场值可以很大. 超对称理论的一个重要的特征就是超势 (superpotential) 中存在 "平坦方向"(flat directions). 沿着这些方向, 复标量场 φ 的相关分量可以看作是无质量的. 在暴胀期间, 暴胀能驱使无质量的标量场离开其零点 (参见第 5 章和第 8 章), 并为其随后的演化建立初条件. 标量场凝聚一直保持冻结, 直到超对称破缺发生. 超对称破缺将平坦方向抬升起来, 因此标量场获得了质量. 当哈勃常数与这个质量差不多大小时, 标量场开始振荡并衰减. 在这个时刻, B, L, 以及 CP 破坏的项开始变得非常重要 (例如, 四次方耦合项

$$\lambda_1\varphi^3\varphi^* + \text{c.c. 和 } \lambda_2\varphi^4 + \text{c.c.},$$

其中 λ_1 和 λ_2 取复值), 因此可以产生可观的重子不对称性. 标量粒子衰变到普通的夸克和轻子, 并把产生的重子数传递过去. 阿弗莱克-戴恩机制可以在任何能标上实现, 即使低于 200 GeV 也可以. 通过选择合适的参数, 我们可以解释几乎任意程度的重子不对称性. 这使得阿弗莱克-戴恩方案实际上无法证伪, 因此这是该方案的一个非常令人沮丧的特点.

还存在更多奇异的可能性. 包括黑洞蒸发产生重子生成, 以及通过带有极弱耦合的右手狄拉克中微子的轻子生成产生的重子生成. 虽然现在大家广泛接受的框架是轻子生成, 但大自然中实际存在的方案到底是哪一种还不是很清楚. 所以本小节里我们的结论是存在很多 "解决" 重子生成问题的方法.

4.6.3 拓扑缺陷

拓扑缺陷 (topological defects) 不存在于标准模型中. 然而, 在超出标准模型的理论中它们是相当普遍的预言. 下面我们会简要地讨论为什么大统一理论会导致拓扑缺陷, 以及在早期宇宙中会出现何种拓扑缺陷.

希格斯机制已经成为现代粒子物理的重要组成部分. 这个机制的主要特征是需要一个标量场来破缺理论原本存在的对称性. 依赖于具体模型, 其拉格朗日量可

以写为

$$\mathcal{L}_\varphi=\frac{1}{2}\left(\partial_\alpha\boldsymbol{\phi}\right)\left(\partial^\alpha\boldsymbol{\phi}\right)-\frac{\lambda}{4}\left(\boldsymbol{\phi}^2-\sigma^2\right)^2, \tag{4.230}$$

其中 $\boldsymbol{\phi}\equiv(\phi^1,\phi^2,\cdots,\phi^n)$ 是一个实标量场的 n 重态. 利用复标量场的实部和虚部, 复标量场也可以改写为(4.230)的形式. 例如, 在 $U(1)$ 规范理论中, $\varphi=\phi^1+i\phi^2$, 因此 $n=2$. 电弱理论中的复场的双重态则对应于 $n=4$.

在温度极高的情况下, 对称性得到恢复, 也就是说 $\boldsymbol{\phi}=0$. 随着宇宙的冷却, 相变发生. 其结果是标量场获得真空期望值, 它对应于(4.230)式中的势的极小值,

$$\boldsymbol{\phi}^2=\left(\phi^1\right)^2+\left(\phi^2\right)^2+\cdots+\left(\phi^n\right)^2=\sigma^2.$$

这个真空流形 $\mathcal{M}$ 具有非平庸结构. 例如, 对 $n=1$, $\varphi=\sigma$ 和 $\varphi=-\sigma$ 是两个能量极小值的真空态, 因此真空流形的拓扑是一个零维球面, $S^0=\{-1,+1\}$. 在 $U(1)$ 理论中, 真空同构 (isomorphic) 于一个环 S^1 (所谓的 "瓶底形"). 在 $n=3$ 的情况下, 真空态形成一个二维球面 S^2.

拓扑缺陷是标量场 (和规范场) 的经典场方程的孤立子解 (solitonic solutions). 它们可以在相变的过程中形成. 因为它们插入不同的真空态之间, 所以它们能反映真空流形的结构. 一个带有两个简并真空的实标量场 ($n=1$ 以及 $\mathcal{M}=S^0$) 导致出现*畴壁* (*domain walls*). 在复标量场的情况下 ($n=2$ 以及 $\mathcal{M}=S^1$) 会形成*宇宙弦* (*cosmic strings*). 如果对称性破缺发生在实标量场三重态的情况下 ($n=3$ 以及 $\mathcal{M}=S^2$), 拓扑缺陷是*单极子* (*monopoles*). 最后, 在 $n=4$ 的情况下 (四个标量场或者等效地复标量场的双重态), 真空流形是三维球面 S^3, 对应的拓扑缺陷是*织构* (*textures*). 根据我们考虑的理论是否带有局域规范不变性, 拓扑缺陷分别被称为是*局域的*或者是*整体的*.

畴壁 我们首先考虑一个(4.230)式中带有双阱 (double-well) 势的实标量场. $\phi=\sigma$ 和 $\phi=-\sigma$ 的态对应于势的两个简并极小值. 在对称性破缺的过程中, 场 ϕ 以相等的几率得到 σ 和 $-\sigma$ 的期望值. 重要的是, 相变确定了标量场能产生关联的最大距离. 很明显, 在早期宇宙中, 这个关联长度不能超过因果连通区域的尺度. 我们考虑两个因果不连通的区域 A 和 B, 并假设区域 A 中的标量场 ϕ 跑到了 σ 处的极小值. B 区域中的场并不 "知道" 在区域 A 中发生了什么, 因此, 它按照 1/2 的几率跑到了 $-\sigma$ 处的极小值. 因为标量场从 σ 到 $-\sigma$ 连续地变化, 它必须在分隔区域 A 和区域 B 的某个二维面上为零. 这个面由方程 $\phi\left(x^1,x^2,x^3\right)=0$ 确定, 称为畴壁 (参见图 4-23). 畴壁 (如图 4-24(a) 所示) 有一个有限的厚度 l, 我们可以用如下的讨论进行估算. 简单起见, 让我们假设畴壁是静态的, 且没有弯曲. 标量场的能量密度为

$$\varepsilon=\frac{1}{2}\left(\partial_i\phi\right)^2+V; \tag{4.231}$$

它的分布在图 4-24(b) 中画出. 单位面积的总能量可以用下式估算:

$$E \sim \varepsilon l \sim \left(\frac{\sigma}{l}\right)^2 l + \lambda\sigma^4 l, \tag{4.232}$$

其中第一项是从梯度项中来的. 这个能量在 $l \sim \lambda^{-1/2}\sigma^{-1}$ 时取极小值, 它等于 $E_w \sim \lambda^{1/2}\sigma^3$.

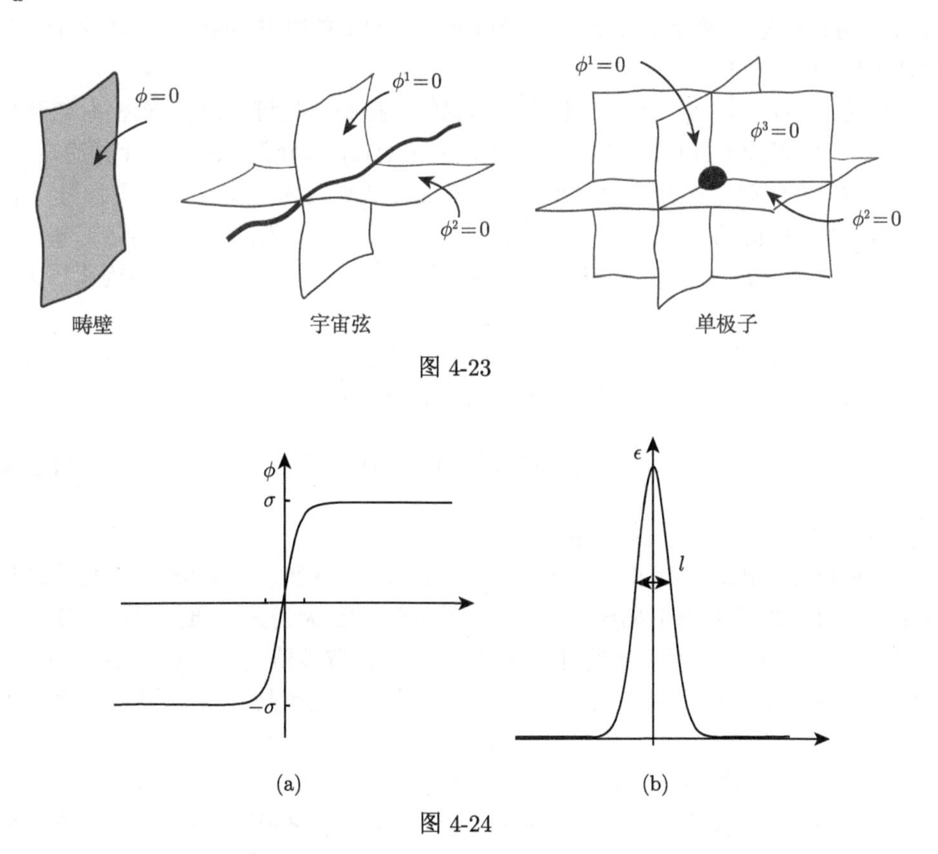

图 4-23

图 4-24

习题 4.33 考虑在 x-y 平面内有限的畴壁, 证明势(4.230)对应的标量场方程的解是 $\phi(z) = \sigma\tanh(z/l)$, 其中 $l = (\lambda/2)^{-1/2}\sigma^{-1}$.

畴壁是场方程的非微扰解, 而且它们对小的微扰是稳定的. 为了消除习题 4.33 中的解描述的畴壁, 我们必须在无限大的空间中 "抬起"(lift) 标量场以使它越过 $\phi = \sigma$ 和 $\phi = -\sigma$ 之间的势垒. 这需要消耗无限大的能量.

从之前的讨论可以看到, 平均而言, 在宇宙学相变期间每个视界体积内至少形成一个畴壁. 畴壁网络 (domain wall network) 随后的演化相当复杂, 只能通过数值计算来研究. 其结果是, 我们预料在现在的视界尺度 $\sim t_0$ 内至少出现一个畴壁,

其质量可估算为

$$M_{\text{wall}} \sim E_w t_0^2 \sim 10^{65} \lambda^{1/2} \left(\frac{\sigma}{100\ \text{GeV}}\right)^3 \text{ g}.$$

对 λ 和 σ 的实际值而言, 畴壁的质量会远远超出现在的视界内所有物质的总质量. 这样的畴壁会导致宇宙微波背景的扰动大得令人无法接受. 所以, 只有耦合常数 λ 和对称性破缺能标 σ 毫无道理地取非常小的值的时候, 畴壁在宇宙学中才是允许出现的.

同伦群 (homotopy group) 能够帮助我们对拓扑缺陷进行统一描述. n 维球面 S^n 到真空流形 $\mathcal{M}$ 的映射可以按照同伦群 $\pi_n(\mathcal{M})$ 来分类. 这个群计算的是 S^n 到 $\mathcal{M}$ 的所有映射中拓扑不等价的映射 (即无法通过连续形变从一个变到另一个) 的数目. 用同伦群的语言来讲, 畴壁对应于群 $\pi_0(\mathcal{M} = S^0)$, 它描述的是把零维球面 $S^0 = \{-1, +1\}$ 映射到它自己的映射. 这个群是非平庸的, 且其同构于模为 2 的加法 (addition modulo 2) 下的整数群, 即 $\pi_0(S^0) = Z_2$.

宇宙弦 如果对称性破缺通过一个 $U(1)$ 的复标量场 $\varphi = \phi^1 + i\phi^2$(或者等价地, 两个实标量场 ϕ^1, ϕ^2) 产生, 则会形成宇宙弦. 在这种情况下, 真空流形由

$$\left(\phi^1\right)^2 + \left(\phi^2\right)^2 = \sigma^2 \tag{4.233}$$

来描述. 很显然它是一个 S^1 的圆环.

我们仍然考虑两个因果不连通的区域 A 和 B, 并假设在区域 A 中标量场得到了满足(4.233)式的真空期望值 $\phi_A^1 > 0$ 及 $\phi_A^2 > 0$. 因为无法通信, 区域 B 中的期望值和区域 A 中的期望值没有关联, 所以可以都取负值: $\phi_B^1 < 0$ 及 $\phi_B^2 < 0$ (唯一的限制条件是它们必须满足(4.233)式). 这发生的几率是 1/4. 场是连续的, 因此在它从负值变到正值时, 必然要在两个区域 A 和 B 之间的某处为零. 也就是说, 场 ϕ^1 在一个由 $\phi^1(x^1, x^2, x^3) = 0$ 决定的二维面上为零, 而场 ϕ^2 在一个由 $\phi^2(x^1, x^2, x^3) = 0$ 决定的二维面上为零. 这两个面一般来说可以相交, 其相交的截线是无限的或者闭合的. 在这条曲线上, $\phi^1 = \phi^2 = 0$, 我们有了一个假真空. 因此, 作为对称性破缺的结果, 一维拓扑缺陷——宇宙弦——形成了 (参见图 4-23). 很明显, 在每个视界体积内它们至少产生一个.

和畴壁类似, 宇宙弦也具有有限的厚度. 场 φ 光滑地从宇宙弦核心处的零值变到远离它的真真空处的值 $|\varphi| = \sigma$. 宇宙弦是场方程的经典解, 它们是拓扑稳定的.

用同伦群的语言来说, 宇宙弦对应于从圆环 S^1 到真空流形 $\mathcal{M} = S^1$ 的映射. 对应的群不是平庸的: $\pi_1(S^1) = Z$, 其中 Z 是加法下的整数构成的群. 在 $\mathbf{x}$ 空间中取一个环 $\gamma(\tau)$, 让我们考虑它到 $\mathcal{M} : \varphi(\tau) = \sigma \exp(i\theta(\tau))$ 的映射. 因为复场 φ

是空间坐标 $\mathbf{x}$ 上定义良好的函数 (unambiguous function), 相角 θ 在绕着环 γ 转一圈时要改变 $2\pi m$, 其中 m 是一个整数. 如果 $m=0$, 则映射是平庸的, 且环路 (contour) γ 可以在不经过假真空区域的情况下连续形变到一个点. 因此, 它不含有任何拓扑缺陷. $m\neq 0$ 的映射把这个环 γ 绕在真空流形上 m 圈. 对 $m=1$ 而言, 环路 γ 内存在一条弦. 实际上, 考虑 $\theta=0$ 和 $\theta=\pi$ 的两个点, 且 φ 在这两点上分别等于 σ 和 $-\sigma$, 然后收缩这个环路. 我们一定会达到使得场 φ 为零的某一点, 因为如果不是这样的话, 场的导数会是无穷大. 这一点就是宇宙弦的位置.

为了简化起见, 我们考虑一条直线的整体弦 (global string)(不存在规范场), 并考虑它的单位长度的能量. 在距离弦核心 (core) 为 r 的远处, 导数 $\partial_i\varphi$ 可以通过量纲分析的方法估算为 σ/r. 因此导数项对单位长度的能量的贡献存在对数发散:

$$\mu_s \sim \sigma^2 \int \frac{1}{r^2} d^2x. \tag{4.234}$$

在这种情况下, 自然的正规化因子是到最近的弦的距离. 正如我们已经看到的那样, 轴子假设有一个整体的 $U_{\mathrm{PQ}}(1)$ 对称性, 所以整体的轴子类 (axionic) 的弦是存在的.

在具有局域规范不变性的理论中, 导数 $\partial_i\varphi$ 被 $\mathcal{D}_i\varphi=\partial_i\varphi+ieA_i\varphi$ 取代; 局域弦 (*local* strings) 的性质与整体弦差别非常大. 求解关于 φ 和 A_i 的耦合起来的方程组, 我们可以发现规范场能够补偿 $\partial_i\varphi$ 中的领头阶项, 因此协变导数 $\mathcal{D}_i\varphi$ 在 $r\to\infty$ 处衰减得比 $1/r$ 要快一些. 其结果是, 单位长度的能量密度是收敛的. 利用 $\varphi=\chi\exp{(i\theta)}$, 并假设 $\partial_i\chi$ 衰变得比 $1/r$ 快一些, 我们发现这种补偿效应只有在 $r\to\infty$ 时满足

$$A_i \to \frac{1}{e}\partial_i\theta$$

的情况下才会发生. 在远离弦核心处取一个环路 γ, 并计算磁场 ($\mathbf{B}=\nabla\times\mathbf{A}$) 的通量, 我们立即得到[①]

$$\int \mathbf{B}\cdot d^2\boldsymbol{\sigma} = \oint A_i dx^i = \frac{2\pi}{e}m. \tag{4.235}$$

这里我们已经考虑到 θ 围绕着环路改变的量是整数 m 乘以 2π. 因此, 在规范的 $U(1)$ 理论中, 弦带有反比于电荷 e 的磁通量, 且这个磁通量是量子化的.

在对称性破缺之后, 矢量场和标量场分别获得质量 $m_A=e\sigma$ 及 $m_\chi=\sqrt{2\lambda}\sigma$. 这些质量决定了弦的“厚度”. 在弦的中心以外, 两个场都指数式地快速趋于它们的真真空的值. 这不令人感到惊奇, 因为在破缺的 $U(1)$ 规范群中, 在对称性破缺之

① (4.235)中的磁通量定义省略了点乘符号. 为了避免误解而补写.

后没有无质量场 (将这种情况与整体弦对比, 在那里, 对称性破缺之后有一个无质量场 "遗存"). 弦核心的厚度由康普顿 (Compton) 波长 $\delta_\chi \sim m_\chi^{-1}$ 和 $\delta_A \sim m_A^{-1}$ 确定. 对 $m_\chi > m_A$ 而言, 磁核心的大小 ($\sim \delta_A$) 超出了假真空内胎 (tube) 的大小 ($\sim \delta_\chi$). 在这种情况下, 标量场和磁场对单位长度能量的贡献是相同的:

$$\mu(\chi) \sim \lambda\sigma^4\delta_\chi^2 \sim \sigma^2; \qquad \mu(A) \sim B^2\delta_A^2 \sim \left(e\delta_A^2\right)^{-2}\delta_A^2 \sim \sigma^2.$$

长度与现在的视界大小同量级的弦的总质量大约是

$$\sigma^2 t_0 \sim 10^{48}\left(\frac{\sigma}{10^{15}\ \mathrm{GeV}}\right)^2\ \mathrm{g}.$$

因此, 即使对称性破缺发生在大统一能标, 产生出来的宇宙弦也不会与观测结果产生任何冲突. 进而, 从原则上讲, 这样的大统一弦能够作为星系形成的种子. 然而, 宇宙微波背景的测量排除了这样的可能性; 宇宙弦并不能在结构形成中扮演重要角色. 无论如何, 这并不意味着宇宙弦不能在早期宇宙中产生. 如果宇宙弦被观测到, 则它们将会揭示超出标准模型的理论的重要特征.

单极子　如果真空流形的拓扑是二维球面, 则会出现单极子. 例如, 在有三个实标量场的理论中发生自发对称性破缺. 在这种情况下, 真空流形由下式描述:

$$\left(\phi^1\right)^2 + \left(\phi^2\right)^2 + \left(\phi^3\right)^2 = \sigma^2. \tag{4.236}$$

这明显是个 S^2. 同样, 让我们考虑两个因果不连通的区域 A 和 B, 我们发现以量级为 1 的几率, 可以得到在对称性破缺之后 $\phi_A^i > 0$ 和 $\phi_B^i < 0$ 的位形, 其中 $i = 1, 2, 3$ 而场 ϕ^i 满足(4.236)式. 三个由 $\phi^i(x^1, x^2, x^3) = 0$ 决定的二维超曲面一般来说相交于一点. 这个点就是假真空, 因为在此处所有的三个场 ϕ^i 都为零. 因此, 一个零维的拓扑缺陷——单极子——形成了 (参见图 4-23). 解出标量场的方程, 我们可以得到经典的球对称性的标量场位形, 它在中心处对应于假真空, 而在 $r \to \infty$ 处趋于真真空. 无需进入精确解的结构的细节, 我们就可以通过量纲来分析单极子的性质. 在没有规范场的理论中, 对称性破缺之后, 两个无质量的玻色子幸存下来. 因此, 场 ϕ^i 光滑地从单极子核心的零值按照距离 r 的某一种幂律趋于它们的真真空的位形. 利用量纲分析, $\partial\phi \sim \sigma/r$ (这里以及在下面的公式里我们省略所有的指标), 因此整体单极子的质量

$$M \sim \sigma^2 \int \frac{1}{r^2} d^3x \tag{4.237}$$

存在线性发散. 截断尺度应该取为和关联长度同一个量级, 它绝不会超过视界尺度.

*局域单极子*有相当不同的性质. 作为例子, 让我们考虑带有实标量场三重态的 $SO(3) \simeq SU(2)$ 局域规范群. 在对称性破缺之后, 三个规范场中的两个得到了质

量 $m_W = e\sigma$. 一个规范场, A, 保持无质量, 因此 $U(1)$ 规范不变性遗存下来了. 有质量的矢量场 W 在它们的相互作用距离以上指数式地迅速衰变, 这个距离由康普顿波长 $\delta_W \sim m_W^{-1}$ 决定. 在这个单极子解中, 无质量的 $U(1)$ 规范场 A 补偿了协变导数中的梯度项, 因此 $\mathcal{D}\phi = \partial\phi + eA\phi$ 在 $r \to \infty$ 时指数式地衰减. 所以在大尺度 r 上, 我们有

$$A \sim \frac{1}{e}\frac{\partial\phi}{\phi} \sim \frac{1/e}{r} \tag{4.238}$$

对应的磁场的大小为

$$B = \nabla \times A \sim \frac{1/e}{r^2}. \tag{4.239}$$

因此局域的单极子具有一个磁荷 $g \sim 1/e$. 精确的计算表明 $g = 2\pi/e$, 符合狄拉克单极子 (Dirac monopole) 的结果. 然而我们必须声明, 狄拉克单极子是一个基本的点状磁荷, 与之不同的是, 规范理论中的单极子是*延展的*客体. 它们是场方程的经典解. 与局域弦一样, 单极子有两个核心——标量核心与磁核心, 其半径分别为

$$\delta_s \sim m_s^{-1} = (2\lambda)^{-1/2}\sigma^{-1}; \qquad \delta_W \sim m_W^{-1} = e^{-1}\sigma^{-1}.$$

让我们假设标量核心小于磁核心, 即 $\delta_W > \delta_s$. 容易证明, 在这种情况下, 对单极子质量的主要贡献来自于规范场:

$$M \sim B^2\delta_W^3 \sim \left(\frac{g}{\delta_W^2}\right)^2 \delta_W^3 \sim \frac{m_W}{e^2}. \tag{4.240}$$

可以证明, 这个根据 $\lambda > e^2$ 得出的估算结果, 在更复杂的 $\lambda < e^2$ 的情况下也成立.

在带有 (半) 单规范群 G 的大统一理论中, 磁单极子的存在是不可避免的. 这个一般结果可以直接从单极子解的拓扑解释中得出. 如果真空流形 $\mathcal{M}$ 包含不可缩 (noncontractible) 的二维面, 或者等价地说, 群 $\pi_2(\mathcal{M})$ 是非平庸的, 则单极子一定存在. 在上面举的例子的情况下, $\mathcal{M} = S^2$, 因此 $\pi_2(S^2) = Z$. 在大统一理论中, 一个半单群 G 破缺为 $H = SU(3)_{\text{QCD}} \times U(1)_{\text{em}}$; 真空流形是 G 除以 H 的商群, 即 $\mathcal{M} = G/H$. 利用同伦群理论中的众所周知的结果, 我们有

$$\pi_2(G/H) = \pi_1(H) = \pi_1(SU(3)_{\text{QCD}} \times U(1)_{\text{em}}) = Z, \tag{4.241}$$

我们的结论是如果大统一的群包含电磁学, 单极子就是无法避免的. 而且, 因为 $SU(3)_{\text{QCD}}$ 规范场是禁闭的, 单极子只会携带 $U(1)_{\text{em}}$ 群的磁荷.

习题 4.34 为什么上面的讨论无法应用于电弱对称性破缺?

让我们估算一下在 $T_{\mathrm{GUT}} \sim 10^{15}$ GeV 时产生的大统一理论单极子的丰度. 正如我们已经讨论过的那样, 在对称性破缺的过程中, 每个视界体积内至少会产生一个拓扑缺陷. 考虑到这个时间的视界尺度大约是 $t_H \sim 1/T_{\mathrm{GUT}}^2$, 我们可以立即估算出每个光子对应的单极子的平均数:

$$\frac{n_M}{n_\gamma} \gtrsim \frac{1}{T_{\mathrm{GUT}}^3 t_H^3} \sim T_{\mathrm{GUT}}^3. \tag{4.242}$$

在宇宙膨胀的过程中, 这个比值不会有很大的改变. 因此, 在今天, 大统一理论单极子的能量密度应为

$$\begin{aligned}\varepsilon_M^0 &\sim M n_M(t_0) \sim \frac{m_W}{e^2} T_{\mathrm{GUT}}^3 T_0^3 \\ &\sim 10^{-16}\left(\frac{m_W}{10^{15}\ \mathrm{GeV}}\right)\left(\frac{T_{\mathrm{GUT}}}{10^{15}\ \mathrm{GeV}}\right)^3\ \mathrm{g \cdot cm^{-3}}.\end{aligned} \tag{4.243}$$

但是这大概是临界密度的 10^{13} 倍① ——很明显这会造成宇宙学的灾难. 我们要么不得不抛弃大统一理论, 要么就得为*单极子疑难* (*monopole problem*) 找到解决方案. 暴胀宇宙学给我们提供了这样的一种解决方案. 如果单极子是在极早期宇宙中产生的, 那么随后的一个暴胀阶段会显著稀释它们的数密度, 使得在现在的视界尺度内只剩下少于一个的单极子. 很显然, 这个解决方案只有在暴胀结束之后的重加热 (reheating) 温度不超过大统一理论的标度时才有可能成功; 否则单极子在暴胀结束之后还是会大量地产生出来, 其丰度是不可接受的. 我们将会在下面的章节中看到这个关于暴胀的能标的假设符合当代的主流思想. 此外, 根据暴胀方案, 很可能宇宙的温度从未高于大统一能标, 因此单极子从未被上面所述的机制产生出来. 然而, 这并不意味着原初的大统一理论单极子不存在. 原则上讲, 它们可能在暴胀之后的一段预热 (preheating) 相中被产生出来 (参见 5.5节), 其数量能够符合目前的宇宙学的限制. 搜寻原初单极子仍然是非常重要的.

织构　另一种可能的拓扑缺陷——织构——会在有四个实标量场 $\phi^i(i=1,\cdots,4)$ 的对称性破缺时出现. 在这种情况下, 真空流形是一个三维球面 S^3, 且织构被分类为同伦群 $\pi_3(\mathcal{M})$. 因为关于三个变量 x^1, x^2, x^3 的四个方程

$$\phi^i(x^1, x^2, x^3) = 0$$

一般来说没有解, 所以在相变中假真空的区域无法形成. 然而, 场 ϕ^i 在超视界的尺度上不存在关联, 所以即使有 $\boldsymbol{\phi}^2 = \sigma^2$ 和 $V(\boldsymbol{\phi}) = 0$, $(\partial\phi)^2$ 一般来说也是不为

① 临界密度的定义见 (1.19) 式, 它现在的值为 $1.87834(4) \times 10^{-29} h^2\ \mathrm{g \cdot cm^{-3}}$. 数据来源于 Particle Data Group 的 Phys.Rev.D 98, 030001 (2018) and 2019 update.

零的. 其结果是会产生具有正能量的稳定结构, 称为整体织构. 一段时间以前, 整体织构曾经被当作一种可以解释宇宙中结构形成的有竞争力的机制. 然而, 织构方案 (texture scenario) 与宇宙微波背景扰动的测量结果相矛盾. 因此织构不能在结构形成中扮演任何重要角色.

静态的织构在局域的规范理论中无法 "遗存". 在这种情况下, 规范场精确地补偿标量场的空间梯度项; 与弦及单极子不同的是, 织构在每一点都对应于真真空. 其结果是, $(\mathcal{D}\phi)^2$ 为零, 因此局域织构的总能量等于零.

在标准模型中, 带有一个复标量场双重态或者等效地说四个实标量场的电弱对称性会破缺. 因此, 唯一可能的拓扑缺陷就是织构. 然而, 因为这个理论具有局域规范不变性, 其对应的静态织构能量为零, 因此它们不是很有意思.

在结束本节之际, 我们想要提醒读者的是, 上面的所有讨论都是简化版的. 为了在具有复杂对称性破缺框架的实际理论中分析拓扑缺陷, 我们必须使用更加强大的工具, 这已经超出了本书的范围. 在这些理论中可能存在混合 (hybrid) 拓扑缺陷, 例如以单极子作为端点的弦, 或者以弦为边界的 (string-bounded) 畴壁, 等等.

第 5 章 暴胀一: 各向同性极限

在大于几亿秒差距的距离上, 物质的分布是非常均匀且各向同性的. 微波背景辐射提供了早期宇宙的一张 “照片”, 它显示在复合时刻, 整个宇宙在所有的尺度上, 一直到现在的视界, 都是极其均匀和各向同性的 (精确到 $\sim 10^{-4}$). 已知宇宙的演化遵循哈勃定律, 一个很自然的问题就是, 导致如此均匀和各向同性的物质分布的初条件是什么?

为了彻底搞清楚这个问题的答案, 我们必须知道支配极早期宇宙 (very early universe) 的演化的物理规律. 不过, 因为我们只对初始条件的一般性质感兴趣, 搞清楚这些物理规律的一些简单性质就足够了. 我们假设不均匀性不会因为膨胀而消散. 这个自然的猜想为广义相对论所支持 (细节可参见本书的第二部分). 我们还假设非微扰的量子引力在亚普朗克曲率 (sub-Planckian curvatures) 时没有显著的效应①. 另一方面, 我们几乎能够确信非微扰的量子引力效应在曲率达到普朗克值时变得非常重要, 经典时空的概念在这种情况下失效. 因此, 我们把初条件取在普朗克时间 $t_i = t_{\mathrm{Pl}} \sim 10^{-43}$ s.

本章里讨论我们在减速膨胀宇宙中遇到的初条件问题. 我们会证明, 如果宇宙经历过一段称为暴胀 (inflation) ② 的加速膨胀阶段, 这个问题就会迎刃而解.

5.1 初条件疑难

为了描述物质, 我们需要两组独立的初条件集: ① 物质的空间分布, 用能量密度 $\varepsilon(\mathbf{x})$ 来描述; ② 初始的速度场. 假设我们的宇宙目前的状态是给定的, 我们接下来要确定的是宇宙的初条件.

均匀性和各向同性 (视界) 疑难 现在我们看到的均匀且各向同性的宇宙区域至少和现在的视界尺度一样大, 即 $ct_0 \sim 10^{28}$ cm. 这一块区域的初始尺度是这个值乘上对应的标度因子之比, a_i/a_0. 假设不均匀性不会因为膨胀而消解, 我们可

---

① 这里的亚普朗克曲率指的是标量曲率 $R < m_{\mathrm{Pl}}^2$. 下文以及本书中很多地方提到的 “普朗克值”, 指的是把自然单位制中的 1 按照量纲补上普朗克质量 m_{Pl} 的幂次. 例如暴胀场的质量量纲是 1, 它的普朗克值是 m_{Pl}; 能量密度的质量量纲是 4, 它的普朗克值是 m_{Pl}^4. 具体参见本书最开头单位制和符号约定的部分.

② 暴胀 (inflation) 这个名词由 Alan Guth 在 1980 年的论文 *The Inflationary Universe: A Possible Solution to the Horizon and Flatness Problems*, Phys.Rev.D, 23 (1981), 347 中首先提出. 但几年前 R. Brout, F. Englert, E. Gunzig 已经在 *The Creation of the Universe as a Quantum Phenomenon*, Annals Phys. 115 (1978) 78 中提出一个宇宙早期的加速膨胀阶段可以解决大爆炸宇宙学的若干疑难问题. 参见参考文献中的评论.

以合理地作如下论断: 我们目前的宇宙起源于一个均匀和各向同性的区域, 其尺度在 $t=t_i$ 时刻大于

$$l_i \sim ct_0\frac{a_i}{a_0}. \tag{5.1}$$

自然地我们会想到把这个尺度同因果连通区域的大小 $l_c \sim ct_i$ 进行比较:

$$\frac{l_i}{l_c} \sim \frac{t_0}{t_i}\frac{a_i}{a_0}. \tag{5.2}$$

为了对这个比值进行估算, 我们注意到如果原初辐射在 $t_i \sim t_{\rm Pl}$ 时刻占据主导, 则其温度是 $T_{\rm Pl} \sim 10^{32}$ K. 这样一来,

$$\frac{a_i}{a_0} = \frac{T_0}{T_{\rm Pl}} \sim 10^{-32}.$$

因此我们得到

$$\frac{l_i}{l_c} \sim \frac{10^{17}}{10^{-43}}10^{-32} \sim 10^{28}. \tag{5.3}$$

也就是说, 在初始的普朗克时间, 我们的宇宙的大小超出了因果连通区域 28 个数量级. 这意味着在 10^{84} 个因果不连通的区域里, 能量密度是均匀分布的, 其涨落不超过 $\delta\varepsilon/\varepsilon \sim 10^{-4}$. 因为没有信号能以超过光速传播, 不存在任何保证因果性的物理过程能产生如此不自然的精细调节式的物质分布.

假设标度因子按照时间的幂律增长, 我们可以估计有 $a/t \sim \dot{a}$, 然后将 (5.2) 式改写为

$$\frac{l_i}{l_c} \sim \frac{\dot{a}_i}{\dot{a}_0}. \tag{5.4}$$

也就是说, 我们的宇宙的初始尺度大于当时的因果连通区域的尺度, 这两个尺度之比等于初始时刻的膨胀率和现在的膨胀率之比. 假设引力总是吸引的, 因此一直使膨胀减速, 我们立即从 (5.4) 推出均匀区域的尺度总是大于因果性区域的尺度. 所以, 均匀性疑难有时候也被称为视界疑难.

初始速度 (平坦性) 疑难 我们首先暂时假定物质分布的初条件问题已经解决了. 接下来还有个初始速度的问题. 只有在初始速度全部给定的情况下, 才算是给定了柯西问题的完备初条件, 我们才能根据运动方程把宇宙的未来演化完全确定下来. 初始速度必须满足哈勃定律, 否则初始的均匀性很快就会遭到破坏. 这个速度分布必须在很多因果不连通的区域里同时产生, 这使得视界疑难变得更加复杂. 无论如何, 先假设这个速度分布已经实现了, 我们接下来要问的是对于一个给定的物质分布而言, 初始的哈勃速度能确定到何等精确的程度.

首先我们考虑一团大的球对称物质云, 并比较其总能量和哈勃膨胀引起的动能 E^k. 总能量等于正的动能和引力自相互作用引发的负势能 E^p 之和. 它是个守恒量:

$$E^{\text{tot}} = E_i^k + E_i^p = E_0^k + E_0^p.$$

因为动能正比于速度的平方,

$$E_i^k = E_0^k \left(\frac{\dot{a}_i}{\dot{a}_0}\right)^2,$$

所以我们有

$$\frac{E_i^{\text{tot}}}{E_i^k} = \frac{E_i^k + E_i^p}{E_i^k} = \frac{E_0^k + E_0^p}{E_0^k} \left(\frac{\dot{a}_0}{\dot{a}_i}\right)^2. \tag{5.5}$$

考虑到 $E_0^k \sim |E_0^p|$ 以及 $\dot{a}_0/\dot{a}_i \leqslant 10^{-28}$, 我们得到

$$\frac{E_i^{\text{tot}}}{E_i^k} \leqslant 10^{-56}. \tag{5.6}$$

这意味着对一个给定的能量密度分布而言, 其对应的初始哈勃速度必须进行精细调节, 使得巨大的负引力势能正好被巨大的正动能抵消, 其精度要达到骇人听闻的 $10^{-54}\%$ 的水平. 初始速度的误差如果超过 $10^{-54}\%$ 就会造成严重后果: 整个宇宙重新坍缩, 或者过早地变得 “空无一物”. 这种对初始速度的要求的不自然性被称为初始速度疑难.

习题 5.1　如何把以上讨论严格地用伯克霍夫定理写出?

在广义相对论中, 这个问题可以用 (1.21) 引入的宇宙学参数 $\Omega(t)$ 来表示. 利用 $\Omega(t)$ 的定义, 我们可以把 (1.67) 式的弗里德曼方程改写为

$$\Omega(t) - 1 = \frac{k}{(Ha)^2}, \tag{5.7}$$

因此我们有

$$\Omega_i - 1 = (\Omega_0 - 1)\frac{(Ha)_0^2}{(Ha)_i^2} = (\Omega_0 - 1)\left(\frac{\dot{a}_0}{\dot{a}_i}\right)^2 \leqslant 10^{-56}. \tag{5.8}$$

注意只要我们考虑到 $\Omega = |E^p|/E^k$ (参见习题 1.4), 这个关系就可以直接从(5.5)式得出. 我们从(5.8)式看出宇宙学参数的初始值必须极其接近于 1, 它对应于平坦宇宙. 因此, 初始速度疑难也称为平坦性疑难.

初始扰动疑难 出于完备性的考虑, 我们在此提出另一个疑难问题, 即用以解释现在宇宙的大尺度结构的原初不均匀性起源问题. 在星系尺度上, 原初不均匀性必须为 $\delta\varepsilon/\varepsilon \sim 10^{-5}$ 的量级. 这进一步恶化了已经非常困难的均匀性和各向同性问题, 使它完全难以解释. 我们稍后会看到初始扰动疑难跟视界疑难和平坦性疑难的起源相同, 而且它们都可以用暴胀宇宙学成功解决. 然而, 在本章里我们先不管这个问题, 主要讨论的还是 "相对简单" 的那些疑难.

上面的讨论清晰地显示, 可以演化到现在我们观测到的宇宙的初始条件非常不自然, 极其特殊. 当然, 有人可能要反对说, 自然性不过是一个口味的问题, 甚至进一步宣称大多数简单及对称的初条件都是 "更加物理" 的. 目前在初条件的 "自然性" 还没办法进行量化的情况下, 很难对这种说法进行反驳. 另一方面, 很难想象选择特殊及退化 (degenerate) 的初条件要优于一般的初条件. 在我们考虑的例子里, 一般的初条件意味着物质的初始分布在任何地点都会有较强的不均匀性, $\delta\varepsilon/\varepsilon \gtrsim 1$. 或者说至少在因果不连通的区域里会是如此.

我们的宇宙是独一无二的. 我们并没有机会去重现 "创世实验". 因此, 只有在能够用简单的物理学思想和最一般的初条件来解释目前观测到的宇宙状态时, 这个宇宙学理论才能宣称它是成功的物理理论. 否则, 它不过就是 "宇宙考古学" 而已, 其中 "宇宙历史" 记载于一些为数不多的热大爆炸残余物上. 如果我们自信爆棚, 足以回答爱因斯坦提出的 "我真正感兴趣的是上帝创世时能有多少选择" 的大哉之问, 则我们必须解释一个如此特殊的宇宙是如何从一般的初条件中创造出来的. 暴胀范式 (the inflationary paradigm) 看上去是向正确的方向迈出的一步, 它能强烈限制 "上帝的选择". 更重要的是, 它能作出重要的预言, 这些预言可以在实验上 (观测上) 被证实. 因此, 它使得宇宙学成为一门物理的理论.

5.2 暴胀: 主要思想

我们已经看到 $\dot{a}_i/\dot{a}_0$ 这个同样的比出现在两个*独立的*初条件之中. 这个巨大的比值确定了因果不连通区域的数量, 同时也定义了初始速度所需要的精度. 如果引力一直是吸引的, $\dot{a}_i/\dot{a}_0$ 必然要大于 1, 因为引力总是使膨胀减速. 因此, 能避免 $\dot{a}_i/\dot{a}_0 \gg 1$ 这个结论的*唯一*可能就是假设在某一段膨胀过程中引力是作为 "互斥" 的力出现的, 因此能够加速宇宙膨胀. 在这种情况下, 我们可以得到 $\dot{a}_i/\dot{a}_0 < 1$, 因此就有可能从一片因果连通的区域里产生我们现在的宇宙. 一段加速膨胀过程是*必要条件*. 但它是否充分则取决于使这个条件得以实现的具体模型. 考虑到这些因素, 我们就可以得出暴胀的广义定义如下:

暴胀是宇宙的一段加速膨胀过程, 其中引力是排斥性的.

图 5-1显示出插入一段宇宙加速膨胀之后, 减速膨胀的弗里德曼宇宙的旧图

像要如何修正. 很明显, 如果我们不想搞砸核合成之类的标准弗里德曼模型的成功预言的话, 暴胀的开始和结束都必须足够早才行. 我们稍后将会看到, 原初涨落的产生要求更进一步地限制暴胀的能标; 也就是说, 在简单模型里暴胀应该在 $t_f \sim 10^{-34}$—10^{-36} s 时结束. 成功的暴胀必须还要能够顺利地优雅退出 (graceful exit) 到减速膨胀的弗里德曼阶段, 否则宇宙的均匀性会遭到破坏①.

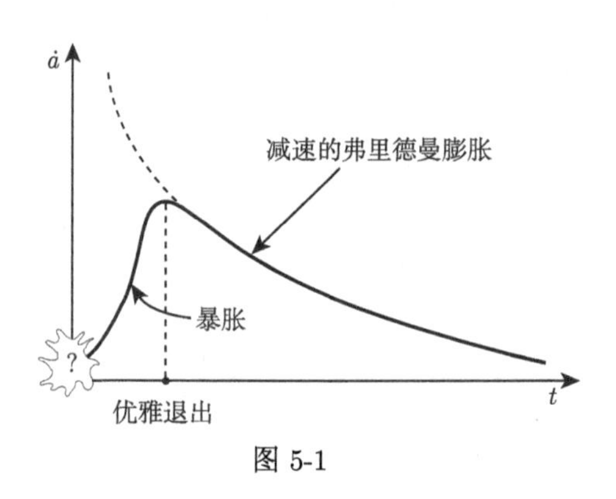

图 5-1

暴胀解释了大爆炸的起源; 因为它能够加速膨胀, 存在于一片因果连通区域之内的小的初始速度会变得很大②. 此外, 暴胀可以从一片很小的均匀区域产生出整个可观测宇宙, 即使宇宙在这一片区域之外是极度不均匀的也没关系. 原因在于, 在一个加速膨胀的宇宙中, *总是*存在事件视界. 根据 (2.13), 其大小是

$$r_e(t) = a(t)\int_t^{t_{\max}} \frac{dt}{a} = a(t)\int_{a(t)}^{a_{\max}} \frac{da}{\dot{a}a}. \tag{5.9}$$

这个积分即使是在 $a_{\max} \to \infty$ 的情况下仍然收敛. 这是因为膨胀率 $\dot{a}$ 是随着 a 增长的. 存在事件视界意味着在 t 时刻与观测者的距离大于 $r_e(t)$ 的任何事件都无法影响到此观测者的未来. 因此, 一个半径为 $r_e(t)$ 的球内区域的未来演化独立于位于同一球心的半径为 $2r_e(t_i)$ 的球外部的条件. 我们假设在 $t = t_i$ 时刻, 物质只在半径为 $2r_e(t_i)$ 的球内是均匀和各向同性分布的 (图 5-2). 之后, 来自于球外的不均匀性传播进来只能破坏那些初始时刻位于半径为 $r_e(t_i)$ 与 $2r_e(t_i)$ 之间的球壳区域中的均匀性物质分布. 初始时刻在半径为 $r_e(t_i)$ 的球内的那些物质分布仍然是均匀的. 这个球内区域中的物质只会被初始时刻 t_i 时位于两个球面之间的物质所影响, 但是这个球壳内的物质分布在初始时刻是均匀和各向同性的.

① 这一段指的是永恒暴胀问题. 暴胀无法退出的区域会永远暴胀下去, 即所谓永恒暴胀. 永恒暴胀会在比现在的宇宙大得多的尺度上表现出极强的不均匀性. 更进一步的讨论见第 8 章的 8.5 节.

② 这里的速度指的是暴胀引起的退行速度, 它因为标度因子的加速膨胀而变得很大. 在这个过程中, 相对于暴胀背景的本动速度 (速度扰动) 是迅速衰减的, $\delta v^i \propto a^{-4}(\varepsilon_0 + p_0)^{-1}$. 参见 (7.94).

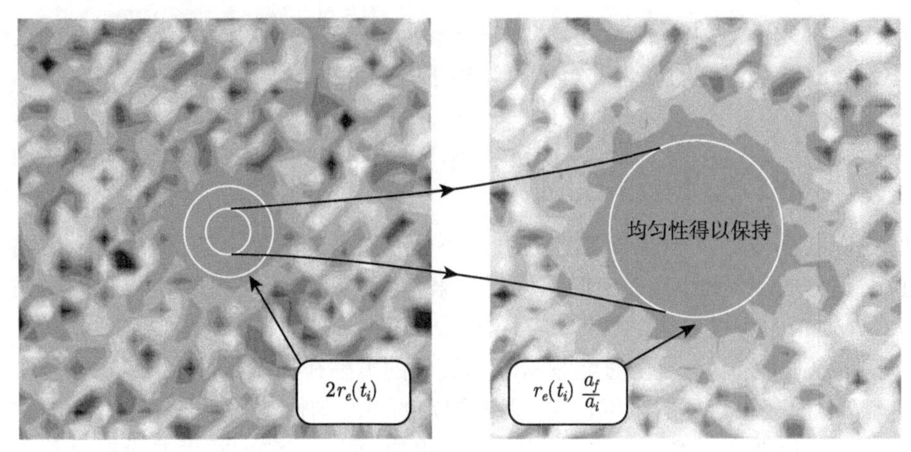

图 5-2

物质均匀分布的内部区域的物理尺度是随时间增长的. 它在暴胀结束时达到

$$r_h(t_f) = r_e(t_i)\frac{a_f}{a_i}. \tag{5.10}$$

我们很自然地想到要把这个尺度和粒子视界进行比较. 后者在加速膨胀的宇宙中可用下式估算:

$$r_p(t) = a(t)\int_{t_i}^{t}\frac{dt}{a} = a(t)\int_{a_i}^{a}\frac{da}{\dot{a}a} \sim \frac{a(t)}{a_i}r_e(t_i). \tag{5.11}$$

这是因为积分的主要贡献来自于 $a \sim a_i$ 附近[①]. 暴胀结束的时刻, $r_p(t_f) \sim r_h(t_f)$, 也就是说, 起源于一片因果连通区域的均匀区域的大小和粒子视界的尺度是一个量级的.

因此, 不同于之前考虑的由许多片因果不连通的区域组成的均匀宇宙, 我们可以从一块很小的因果连通的均匀区域开始, 它可以通过暴胀膨胀到一个非常大的尺度, 同时还保留其均匀性, 且其演化与这片区域之外的条件无关.

习题 5.2 在减速膨胀的宇宙中为何上述考虑不能成立?

下一个问题是, 我们是否能够放宽对初条件的均匀性的限制. 也就是说, 如果我们从一片极不均匀的因果连通区域开始, 暴胀还能产生大尺度均匀宇宙吗?

答案是肯定的. 我们先假设初始的能量密度不均匀性在 $\sim H_i^{-1}$ 的尺度上达到 1 的量级. 也就是说

$$\left(\frac{\delta\varepsilon}{\varepsilon}\right)_{t_i} \sim \frac{1}{\varepsilon}\frac{|\nabla\varepsilon|}{a_i}H_i^{-1} = \frac{|\nabla\varepsilon|}{\varepsilon}\frac{1}{\dot{a}_i} \sim \mathscr{O}(1), \tag{5.12}$$

① 暴胀期间 $\dot{a}$ 是持续增长的, 所以(5.9)或者(5.11)的积分中主要贡献都来自于积分下限. 这样在(5.9)中令 $t = t_i$ 就能得到(5.11)的最后一步.

其中 ∇ 是关于共动坐标的空间导数. 在 $t \gg t_i$ 时, 在哈勃尺度 $H(t)^{-1}$ 之内, 这个不均匀性对能量密度的变化的贡献可以用下式估算:

$$\left(\frac{\delta\varepsilon}{\varepsilon}\right)_t \sim \frac{1}{\varepsilon}\frac{|\nabla\varepsilon|}{a(t)}H(t)^{-1} \sim \mathscr{O}(1)\frac{\dot{a}_i}{\dot{a}(t)}, \tag{5.13}$$

其中我们已经假设 $|\nabla\varepsilon|/\varepsilon$ 在膨胀过程中不会有显著的变化. 这个假设可以用线性微扰在超出曲率尺度 H^{-1} 上的演化行为来验证 (见第 7 章和第 8 章中的相关讨论). 从(5.13)中可以看出, 如果宇宙经历了一段加速膨胀, 也就是说, 对 $t > t_i$ 有 $\dot{a}(t) > \dot{a}_i$, 则大的不均匀性对能量密度的变化的贡献在曲率尺度上消失了. 一块大小为 H^{-1} 的区域变得越来越均匀, 因为初始的不均匀性被 “踢开” 了: 扰动的物理尺度 ($\propto a$) 比曲率尺度 ($H^{-1} = a/\dot{a}$) 增长得快, 同时扰动的幅度并没有显著的改变. 因为不均匀性在曲率尺度之内 “下跌” (devalued),“暴胀” (inflation) 这个词能恰如其分地描述这个加速膨胀带来的物理效应①. 上面的描述离缜密研究还差得远. 不过, 它能让我们感受到暴胀阶段的 “无毛” (no-hair) 定理的主要精神.

小结一下. 暴胀能消除初始的不均匀性, 并产生一片均匀且各向同性的区域. 根据(5.13), 如果我们要避免一团较大的初始扰动在重新进入现在的视界 H_0^{-1} 时诱导出较大的不均匀性, 我们必须要假设初始的膨胀率比今天的膨胀率小得多, 即 $\dot{a}_i/\dot{a}_0 \ll 1$. 更精确地说, 微波背景辐射上的观测要求在现在的视界尺度上能量密度的起伏不能超过 10^{-5}. 初始值较大的一团不均匀块只有在 $\dot{a}_i/\dot{a}_0 < 10^{-5}$ 的情况下才能被充分稀释掉. 将(5.8)式改写为

$$\Omega_0 = 1 + (\Omega_i - 1)\left(\frac{\dot{a}_i}{\dot{a}_0}\right)^2, \tag{5.14}$$

我们就可以看到, 如果 $|\Omega_i - 1| \sim \mathscr{O}(1)$, 则在极高的精度上有

$$\Omega_0 = 1. \tag{5.15}$$

暴胀的这个重要的*稳健预言*的起源是运动学的, 它表明在今天的宇宙, 所有物质组分的总能量密度, *不管其来源是什么*, 一定等于今天的临界能量密度. 我们稍后会看到, 放大的量子涨落能带来对 $\Omega_0 = 1$ 的微小修正, 其大小是 10^{-5} 的量级. 值得注意的是, 减速膨胀宇宙中 $t \to 0$ 时 $\Omega(t) \to 1$, 与之不同的是加速宇宙中 $t \to \infty$ 时 $\Omega(t) \to 1$. 也就是说, $\Omega = 1$ 是它的*未来吸引子*.

习题 5.3 对 $\Omega_i = 0$ 的情况, 上述讨论为何失效?

① 这里是英语的双关语. 暴胀和经济上的通货膨胀都是同一个词 inflation, 而通货膨胀 (inflation) 会带来货币的贬值 (devalued).

5.3 引力何以成为"排斥性的"?

为了解答标题的问题, 我们回忆一下弗里德曼方程 (1.66):

$$\ddot{a} = -\frac{4\pi G}{3}(\varepsilon + 3p)a. \tag{5.16}$$

很明显, 如果满足强能量条件 ($\varepsilon + 3p > 0$), 则 $\ddot{a} < 0$, 因此引力总是使膨胀减速. 只有当这个条件被破坏, 也就是 $\varepsilon + 3p < 0$ 的时候, 才能有 $\ddot{a} > 0$, 宇宙因此能够经历一段加速膨胀过程. 一个破坏此能量条件的"物质"的特例是正的宇宙学常数, 它满足 $p_\Lambda = -\varepsilon_\Lambda$, 因此 $\varepsilon + 3p = -2\varepsilon_\Lambda < 0$①. 在这种情况下, 爱因斯坦方程的解是德西特宇宙. 我们已经在 1.3.6 节和 2.3 节讨论过了. 如果 $t \gg H_\Lambda^{-1}$, 德西特宇宙以指数形式迅速膨胀, $a \propto \exp(H_\Lambda t)$, 其膨胀的速率正比于标度因子增长. 严格的德西特解不能满足一个成功的暴胀理论需要的所有必要条件: 它不能顺利地优雅退出到弗里德曼阶段. 因此, 在实际的暴胀模型中, 它只能作为零阶近似. 为了让暴胀优雅退出, 我们必须允许哈勃参数随着时间演化.

我们现在来确定成功的暴胀模型必须要满足的一般条件. 考虑到

$$\frac{\ddot{a}}{a} = H^2 + \dot{H}, \tag{5.17}$$

由于 $\ddot{a}$ 在优雅退出时必须是负的, 因此哈勃常数的时间导数 $\dot{H}$ 也必须是负的. $|\dot{H}|/H^2$ 的值随着暴胀趋近于结束而增长, 而优雅退出就发生在 $|\dot{H}|$ 变得和 H^2 同一个量级的时候. 假设 H^2 变化得比 $\dot{H}$ 快一些, 也就是说 $|\ddot{H}| < 2H\dot{H}$, 我们可以用下式估算暴胀持续的时间:

$$t_f \sim H_i/|\dot{H}_i|, \tag{5.18}$$

其中 H_i 和 $\dot{H}_i$ 是在暴胀开始时刻的值. 在 $t \sim t_f$ 时, (5.17)式右边的表达式变号, 随后宇宙开始减速膨胀.

为了把小区域拉到可观测宇宙的尺度, 暴胀必须持续足够长的时间. 我们把 $\dot{a}_i/\dot{a}_0 < 10^{-5}$ 改写为

$$\frac{\dot{a}_i}{\dot{a}_f}\frac{\dot{a}_f}{\dot{a}_0} = \frac{a_i}{a_f}\frac{H_i}{H_f}\frac{\dot{a}_f}{\dot{a}_0} < 10^{-5},$$

然后再考虑到 $\dot{a}_f/\dot{a}_0$ 应该大于 10^{28}, 我们就推出成功的暴胀模型必须满足如下条件:

$$\frac{a_f}{a_i} > 10^{33}\frac{H_i}{H_f}.$$

① 这两个公式中的 p_Λ 和 ε_Λ, 原文作 p_V 与 ε_V. 根据上下文改.

我们假设 $|\dot{H}_i| \ll H_i^2$, 并因此忽略掉哈勃参数的变化. 这样一来, 标度因子的比值可以用下式估算:

$$\frac{a_f}{a_i} \sim \exp\left(H_i t_f\right) \sim \exp\left(H_i^2/|\dot{H}_i|\right) > 10^{33}. \tag{5.19}$$

因此, 如果 $t_f > 75H_i^{-1}$, 暴胀就可以解决初条件问题. 这就是说, 暴胀要持续超过 75 个哈勃时间 (有时也说暴胀持续超过 75 个 e 倍数 (e-folds)). 利用哈勃参数及其时间导数的初始值, 可以将上述条件改写为如下形式:

$$\frac{|\dot{H}_i|}{H_i^2} < \frac{1}{75}. \tag{5.20}$$

利用弗里德曼方程 (1.67) 及 (1.68), 取 $k = 0$, 我们可以将上式改写为对初始的物态方程的限制:

$$\frac{(\varepsilon + p)_i}{\varepsilon_i} < 10^{-2}. \tag{5.21}$$

也就是说, 在暴胀刚开始的时候, 对真空物态方程的偏离不会超过 1%. 因此, 严格的德西特解可以看作暴胀的初始阶段的非常好的近似. 暴胀会在 $\varepsilon + p \sim \varepsilon$ 时结束.

习题 5.4 考虑一种例外情况, $|\dot{H}|$ 与 H^2 以同样的速率衰减, 即 $\dot{H} = -pH^2$, 其中 p 为常数. 证明若 $p < 1$, 我们有幂律暴胀 (power-law inflation). 这种暴胀不存在自然的优雅退出. 从这个意义上讲, 和纯德西特宇宙类似.

5.4 如何实现 $p \approx -\varepsilon$ 的物态方程

到目前为止我们一直在使用理想流体的流体力学的语言. 对大尺度上的物质来说, 这种唯象描述是足够的. 本节我们讨论一个可以实现我们所要求的物态方程的简单的场论模型. 驱动暴胀的自然的候选者是标量场. 人们把这种场称为 "暴胀子"(inflaton). 我们已经看到, 标量场的能动张量可以改写为类似于理想流体的形式 (参见 (1.58)). 均匀的经典流体 (标量凝聚 (scalar condensate)) 可以由能量密度

$$\varepsilon = \frac{1}{2}\dot{\varphi}^2 + V(\varphi) \tag{5.22}$$

和压强

$$p = \frac{1}{2}\dot{\varphi}^2 - V(\varphi) \tag{5.23}$$

来描述. 这里我们已经忽略掉了空间导数项, 因为根据上面论述的 "无毛" 定理, 它们在暴胀开始之后很快就衰减得可忽略了.

习题 5.5 考虑一个有质量的标量场, 其势为 $V=\frac{1}{2}m^2\varphi^2$, 其中 $m \ll m_{\mathrm{Pl}}$. 根据能量密度一定不能超过普朗克能标的要求, 确定可允许的不均匀性的上界. 为什么空间梯度项对能量密度的贡献比质量项的贡献衰减得更快?

根据(5.22)和(5.23), 我们可以得出标量场只有在 $\dot{\varphi}^2 \ll V(\varphi)$ 的情况下才会出现我们想要的物态方程. 因为 $p=-\varepsilon+\dot{\varphi}^2$, 物态方程对真空物态方程的偏离可以用动能项 $\dot{\varphi}^2$ 完整描述, 它必须远小于势能项 $V(\varphi)$. 成功地实现暴胀要求我们把 $\dot{\varphi}^2$ 长时间保持在小于 $V(\varphi)$ 的水平上, 至少要有 75 个 e 倍数, 而这依赖于势 $V(\varphi)$ 的形状. 为了确定什么样的势可以提供暴胀, 我们必须研究一个均匀的经典标量场在膨胀宇宙背景下的演化行为. 这个场的运动方程可以通过克莱因-戈登 (Klein-Gordon) 方程 (1.57) 推导出来, 也可以通过把(5.22)和(5.23)代入守恒律 (1.65) 而得到. 其结果是

$$\ddot{\varphi}+3H\dot{\varphi}+V_{,\varphi}=0, \tag{5.24}$$

其中 $V_{,\varphi} \equiv \partial V/\partial\varphi$. 这个方程还需要辅以弗里德曼方程:

$$H^2=\frac{8\pi}{3}\left(\frac{1}{2}\dot{\varphi}^2+V(\varphi)\right), \tag{5.25}$$

其中我们已令 $G=1$ 及 $k=0$. 我们首先对一个有质量的自由标量场求解 (5.24) 和 (5.25), 然后我们讨论标量场带有一般势能项 $V(\varphi)$ 的情况.

5.4.1 简单例子: $V=\frac{1}{2}m^2\varphi^2$

将(5.25)给出的 H 代入(5.24), 我们可以得到如下的关于 φ 的闭合方程:

$$\ddot{\varphi}+\sqrt{12\pi}\left(\dot{\varphi}^2+m^2\varphi^2\right)^{1/2}\dot{\varphi}+m^2\varphi=0. \tag{5.26}$$

这是个不显含时间的非线性二阶微分方程. 因此它可以约化为关于 $\dot{\varphi}(\varphi)$ 的一阶微分方程. 利用

$$\ddot{\varphi}=\dot{\varphi}\frac{d\dot{\varphi}}{d\varphi},$$

(5.26)化为

$$\frac{d\dot{\varphi}}{d\varphi}=-\frac{\sqrt{12\pi}\left(\dot{\varphi}^2+m^2\varphi^2\right)^{1/2}\dot{\varphi}+m^2\varphi}{\dot{\varphi}}, \tag{5.27}$$

它可以用相图方法来研究. 我们在图 5-3中画出了这个方程的解在 φ-$\dot{\varphi}$ 平面上的相图. 这个相图的重要特征是存在吸引子解, 所有的解都随着时间演化收敛到这个

吸引子. 我们可以把相图中对应于不同的等效物态方程的区域区分开来. 下面我们来对这些解进行更仔细的研究. 我们只考虑第四象限 ($\varphi > 0$, $\dot{\varphi} < 0$), 其他象限的解通过图像的对称性很容易类推.

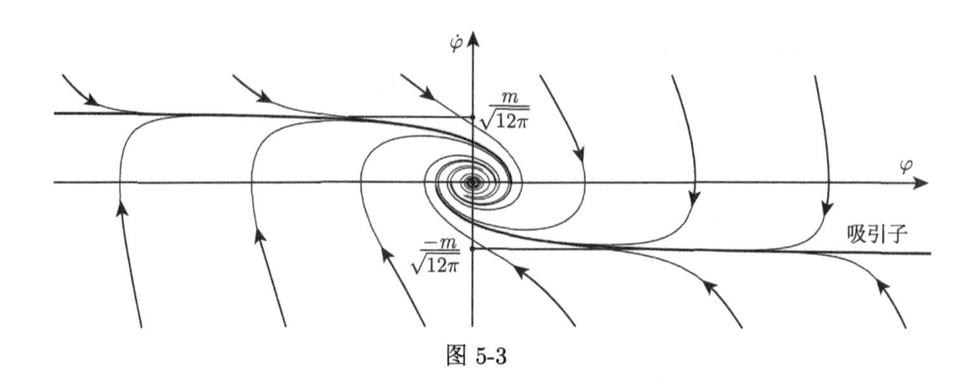

图 5-3

超硬 (ultra-hard) 物态方程　我们首先考虑 $|\dot{\varphi}| \gg m\varphi$ 的区域. 它描述的是势能项远小于动能项的情况, 也就是 $\dot{\varphi}^2 \gg V$. 根据(5.22)和(5.23), 在这种情况下物态方程是超硬 (ultra-hard) 的, $p \approx +\varepsilon$. 在(5.27)中, 与 $\dot{\varphi}$ 相比可忽略掉 $m\varphi$ 项, 我们得到

$$\frac{d\dot{\varphi}}{d\varphi} \simeq \sqrt{12\pi}\dot{\varphi}. \tag{5.28}$$

这个方程的解为

$$\dot{\varphi} = C \exp\left(\sqrt{12\pi}\varphi\right), \tag{5.29}$$

其中 $C < 0$ 是一个积分常数. 下一步是根据(5.29)解出 $\varphi(t)$, 它是

$$\varphi = \text{常数} - \frac{1}{\sqrt{12\pi}} \ln t. \tag{5.30}$$

将这个表达式代入(5.25), 并忽略掉势能项, 我们得到

$$H^2 \equiv \left(\frac{\dot{a}}{a}\right)^2 \simeq \frac{1}{9t^2}. \tag{5.31}$$

我们立即得到 $a \propto t^{1/3}$ 及 $\varepsilon \propto a^{-6}$, 与超硬物态方程的结果一致. 注意这里得到的解对于无质量的标量场严格成立. 根据(5.29), 标量场的导数随着时间指数衰减, 比场本身衰减得要快. 所以即使 $|\dot{\varphi}|$ 的初始值较大, 也会在一段很短的时间内迅速阻尼掉, 这段时间内 φ 场本身不会有很显著的变化. 从 $|\dot{\varphi}|$ 的初值比较大的区域

演化出来的轨道会急剧上升, 并很快落到吸引子上. 这个结果扩大了能实现暴胀的初始条件的范围.

暴胀解 如果一条轨道落入 $|\varphi| \gg 1$ 处的吸引子的平缓部分, 接下来这个解就描述了一段加速膨胀的过程 (请注意我们采用了普朗克单位). 为了确定这个吸引子解, 我们假设沿着轨道有 $d\dot{\varphi}/d\varphi \approx 0$. 根据(5.27)式, 我们得到

$$\dot{\varphi}_{\mathrm{atr}} \approx -\frac{m}{\sqrt{12\pi}}, \tag{5.32}$$

因此有

$$\varphi_{\mathrm{atr}}(t) \simeq \varphi_i - \frac{m}{\sqrt{12\pi}}(t-t_i) \simeq \frac{m}{\sqrt{12\pi}}(t_f - t), \tag{5.33}$$

其中 t_i 是这条轨道落入吸引子的时刻, 而 t_f 是 φ 正式减为零的时刻. 实际上, 还没等到 φ 严格变为零时, (5.33)式已经不适用了.

习题 5.6 计算吸引子解(5.32)的高阶修正, 证明

$$\dot{\varphi}_{\mathrm{atr}} = -\frac{m}{\sqrt{12\pi}}\left(1 - \frac{1}{2}\left(\sqrt{12\pi}\varphi\right)^{-2} + \mathscr{O}\left(\left(\sqrt{12\pi}\varphi\right)^{-3}\right)\right). \tag{5.34}$$

当 $\varphi \sim \mathscr{O}(1)$ 时, 也就是标量场的场值落到普朗克值时, 对(5.32)的修正会变得和领头阶一样大. 更精确地说是 $\varphi \simeq 1/\sqrt{12\pi} \simeq 1/6$. 因此, (5.33)只有在标量场超过普朗克值的时候才是一个不错的近似. 这并不代表我们必须要用非微扰的量子引力来描述暴胀. 非微扰的量子引力效应只有在曲率或者能量密度达到普朗克值的时候才会变得相关. 然而, 即使标量场的场值取得很大, 其对应的曲率和能量密度还是处于普朗克值以下的①. 实际上, 考虑一个有质量的均匀场, 并忽略掉其动能, 我们可以推断出其能量密度只有在 $\varphi \simeq m^{-1}$ 时才能达到普朗克值. 所以, 如果 $m \ll 1$, 我们可以在 $m^{-1} > \varphi > 1$ 的范围内放心地忽略掉非微扰的量子引力效应.

根据(5.33)式, 在落入吸引子解之后, 标量场随时间线性衰减. 在暴胀阶段下式成立:

$$p \simeq -\varepsilon + \frac{m^2}{12\pi}.$$

所以当一度主导总能量密度的势能密度 $\sim m^2\varphi^2$ 落到 m^2 以下时, 暴胀就结束了. 在这个时刻, 标量场是 1 的量级 (取普朗克单位).

---

① 这句话是指虽然 $\varphi > m_{\mathrm{Pl}}$, 仍然有 $R < m_{\mathrm{Pl}}^2$ 和 $\varepsilon < m_{\mathrm{Pl}}^4$, 因此非微扰的量子引力效应不显著. 曲率或者能量密度取普朗克值是一回事, 因为它们是通过弗里德曼方程联系起来的, $R \sim H^2 \sim \varepsilon/m_{\mathrm{Pl}}^2$. 当然微扰的量子引力效应是可能出现的, 参见 5.6节(5.107)式及那附近的讨论.

让我们来确定暴胀期间标度因子的时间依赖. 将(5.33)代入(5.25), 并忽略掉动能项, 我们可以得到一个简单方程. 对其进行积分, 我们得到

$$a(t) \simeq a_f \exp\left(-\frac{m^2}{6}\left(t_f - t\right)^2\right) \simeq a_i \exp\left(\frac{H_i + H(t)}{2}\left(t - t_i\right)\right), \tag{5.35}$$

其中 a_i 和 H_i 分别是标度因子和哈勃参数的初值. 注意到哈勃常数 $H(t) \simeq \sqrt{4\pi/3}m\varphi(t)$ 也是随时间线性衰减的. 根据(5.33), 可以得到暴胀持续的时间为

$$\Delta t \simeq t_f - t_i \simeq \sqrt{12\pi}\frac{\varphi_i}{m}. \tag{5.36}$$

在这段时间间隔内, 标度因子增长的倍数为

$$\frac{a_f}{a_i} \simeq \exp\left(2\pi\varphi_i^2\right). \tag{5.37}$$

这里得到的结果与之前的估算结果(5.18)和(5.19)符合得很好. 如果标量场的初值 φ_i 达到普朗克值的四倍, 则暴胀的持续就能超过 75 个 e 倍数. 为了得到暴胀期间标度因子可能增长的最大倍数, 我们考虑一个质量为 10^{13} GeV 的标量场. 我们要求能量密度仍然保留在亚普朗克区域, 这个条件所允许的标量场的最大场值是 $\varphi_i \sim 10^6$. 由此得到

$$\left(\frac{a_f}{a_i}\right)_{\max} \sim \exp\left(10^{12}\right). \tag{5.38}$$

也就是说, 暴胀阶段实际持续的时间可以远大于 75 个 e 倍数所要求的持续时间. 在这种情况下, 我们的宇宙只是起源于同一片因果连通区域的一大块广袤的均匀区域中的极微小的一部分. 暴胀的另一个重要特征是哈勃常数只减少了一个 10^{-6} 的因子, 而标度因子的增长是(5.38)给出的巨大因子, 也就是说有

$$\frac{H_i}{H_f} \ll \frac{a_f}{a_i}.$$

优雅退出及后续　当场值落到普朗克值以下时, 场开始振荡. 为了确定振荡时的吸引子解, 我们注意到

$$\dot{\varphi}^2 + m^2\varphi^2 = \frac{3}{4\pi}H^2. \tag{5.39}$$

利用哈勃参数 H 定义角度变量 θ,

$$\dot{\varphi} = \sqrt{\frac{3}{4\pi}}H\sin\theta, \qquad m\varphi = \sqrt{\frac{3}{4\pi}}H\cos\theta, \tag{5.40}$$

并将 H 和 θ 作为新的独立变量. 这样, 可以将(5.27)改写为关于 H 和 θ 的两个一阶微分方程:

$$\dot{H} = -3H^2 \sin^2 \theta, \tag{5.41}$$

$$\dot{\theta} = -m - \frac{3}{2} H \sin 2\theta, \tag{5.42}$$

其中一点表示对物理时间 t 取导数. 从(5.41)式可以看出, (5.42)式右边的第二项描述的是振幅衰减的振荡项. 因此, 忽略掉这一项我们可以得到

$$\theta \simeq -mt + \alpha, \tag{5.43}$$

其中常数相位 α 可以取为零. 这样一来, 标量场就按照频率 $\omega \simeq m$ 振荡. 将 $\theta \simeq -mt$ 代入(5.41), 我们可以得到一个简单的微分方程. 进行一次积分后, 其解为

$$H(t) \equiv \left(\frac{\dot{a}}{a}\right) \simeq \frac{2}{3t}\left(1 - \frac{\sin(2mt)}{2mt}\right)^{-1}, \tag{5.44}$$

其中的积分常数已经通过对时间进行平移而吸收掉了. 这个解只对 $mt \gg 1$ 成立. 所以振荡项相对于 1 来说很小, 而(5.44)式的右边可以因此按照 $(mt)^{-1}$ 的幂次展开. 将(5.43)和(5.44)代入(5.40)的第二个方程中, 我们得到

$$\varphi(t) \simeq \frac{\cos(mt)}{\sqrt{3\pi} mt}\left(1 + \frac{\sin(2mt)}{2mt}\right) + \mathscr{O}\left((mt)^{-3}\right). \tag{5.45}$$

对(5.44)积分, 很容易得到标度因子的时间依赖:

$$a \propto t^{2/3}\left(1 - \frac{\cos(2mt)}{6m^2t^2} - \frac{1}{24m^2t^2} + \mathscr{O}\left((mt)^{-3}\right)\right). \tag{5.46}$$

因此, 领头阶近似下 (其下一阶是衰减的振荡修正), 宇宙就像是一个零压强的物质主导宇宙一样膨胀. 这个结果并不令人惊奇, 因为一个振荡的均匀场可以看作一种零动量的有质量的标量粒子的凝聚. 虽然振荡修正在 $a(t)$ 和 $H(t)$ 的表达式中完全可以忽略, 当我们计算曲率相关的不变量时, 必须要考虑这些修正. 例如, 标量曲率是

$$R \simeq -\frac{4}{3t^2}\left(1 + 3\cos(2mt) + \mathscr{O}\left((mt)^{-1}\right)\right). \tag{5.47}$$

(作为对比, 物质主导宇宙中的表达式是 $R = -4/(3t^2)$.)

以上我们展示了能够顺利地实现优雅退出的暴胀可以在有质量的经典标量场模型中自然地发生. 如果其质量小于普朗克质量, 暴胀就可以持续足够长的时间, 其后紧接着的是一个冷物质主导的阶段. 这个冷物质是由重的标量粒子组成的. 它最终必须转化为辐射、重子和轻子. 我们稍后将会看到, 这种转化可以很容易地用几种不同的方法实现.

5.4.2 一般势: 慢滚近似

膨胀宇宙中的有质量标量场给出的方程(5.24)等价于带一个正比于哈勃参数 H 的摩擦项的谐振子的运动方程. 众所周知, 如果摩擦项很大, 初始速度会被阻尼掉, 谐振子会进入一个慢滚阶段, 这时的加速项相比于摩擦项可以忽略掉. 因为对一般的势有 $H \propto \sqrt{\varepsilon} \sim \sqrt{V}$, 我们预计若 V 的值较大, 则摩擦项也可以导致一段慢滚的暴胀演化阶段, 这时的 $\ddot{\varphi}$ 项相比于 $3H\dot{\varphi}$ 项可以忽略. 略掉这个 $\ddot{\varphi}$ 项, 并假设 $\dot{\varphi}^2 \ll V$, (5.24)和(5.25)就简化为

$$3H\dot{\varphi} + V_{,\varphi} \simeq 0, \qquad H \equiv \frac{d\ln a}{dt} \simeq \sqrt{\frac{8\pi}{3}V(\varphi)}. \tag{5.48}$$

考虑到

$$\frac{d\ln a}{dt} = \dot{\varphi}\frac{d\ln a}{d\varphi} \simeq -\frac{V_{,\varphi}}{3H}\frac{d\ln a}{d\varphi},$$

方程(5.48)给出

$$-V_{,\varphi}\frac{d\ln a}{d\varphi} \simeq 8\pi V, \tag{5.49}$$

因此有

$$a(\varphi) \simeq a_i \exp\left(8\pi\int_{\varphi}^{\varphi_i}\frac{V}{V_{,\varphi}}d\varphi\right). \tag{5.50}$$

这个近似解只在如下的慢滚条件成立的情况下是适用的:

$$|\dot{\varphi}^2| \ll |V|, \qquad |\ddot{\varphi}| \ll 3H\dot{\varphi} \sim |V_{,\varphi}|, \tag{5.51}$$

因为我们需要用这两个条件来简化(5.24)和(5.25). 利用(5.48)式, 慢滚条件可以很容易地改写为对势函数本身的导数的要求 [①]

$$\left(\frac{V_{,\varphi}}{V}\right)^2 \ll 1, \qquad \left|\frac{V_{,\varphi\varphi}}{V}\right| \ll 1. \tag{5.52}$$

---

① 在文献中有时候也定义一组慢滚参数来对慢滚的条件进行定量刻画. 本书中未定义慢滚参数. 为了方便读者阅读相关文献, 简述如下. 一种定义方式是利用与(5.52)类似的关系并利用势的导数进行定义

$$\epsilon_V = \frac{1}{16\pi G}\left(\frac{V_{,\varphi}}{V}\right)^2, \qquad \eta_V = \frac{1}{8\pi G}\frac{V_{,\varphi\varphi}}{V}, \tag{5.52a}$$

另一种定义方式是用所谓的哈勃流 (Hubble flow) 进行定义

$$\epsilon_1 = -\frac{\dot{H}}{H^2}, \qquad \epsilon_2 = \frac{\dot{\epsilon}_1}{H\epsilon_1}, \qquad \cdots, \qquad \epsilon_n = \frac{\dot{\epsilon}_{n-1}}{H\epsilon_{n-1}}, \tag{5.52b}$$

其中 $n > 1$. 慢滚条件就是上面所有的慢滚参数都远小于 1. 当它们变为和 1 同量级时, 暴胀结束. 在领头阶, 这两种慢滚参数之间的关系是

$$\epsilon_1 \approx \epsilon_V, \qquad \epsilon_2 \approx -2\eta_V + 4\epsilon_V. \tag{5.52c}$$

对幂律势, $V=(1/n)\lambda\varphi^n$, 两个条件都能在 $|\varphi| \gg 1$ 的情况下满足. 在这种情况下, 标度因子按照下式变化:

$$a(\varphi(t)) \simeq a_i \exp\left(\frac{4\pi}{n}\left(\varphi_i^2-\varphi^2(t)\right)\right). \tag{5.53}$$

很明显, 暴胀阶段的主要部分发生在标量场从其初值减小几倍左右的地方. 不过, 我们关心的主要是暴胀的最后 50 到 70 个 e 倍数左右, 因为这个阶段的暴胀能确定现在的可观测宇宙的大尺度结构. 最后 70 个 e 倍数的暴胀的详细方案只依赖于一段很狭窄的场值范围对应的势函数的形状.

习题 5.7 求出幂律势驱动的暴胀的标度因子的时间依赖, 并估算暴胀持续的时间.

习题 5.8 证明对一个一般的势 V, (5.24)和(5.25)组成的方程组可以约化为如下的一阶微分方程:

$$\frac{dy}{dx}=-3\left(1-y^2\right)\left(1+\frac{V_{,x}}{6yV}\right), \tag{5.54}$$

其中

$$x \equiv \sqrt{\frac{4\pi}{3}}\varphi; \qquad y \equiv \sqrt{\frac{4\pi}{3}}\frac{d\varphi}{d\ln a}.$$

假设 $|\varphi| \to \infty$ 的极限下有 $V_{,\varphi}/V \to 0$, 画出相图, 并分析不同的渐近区域中的解的演化行为. 额外考虑指数势的情况. $y>1$ 对应的区域中的解的物理意义是什么?

暴胀结束之后, 标量场开始振荡, 宇宙即进入减速膨胀阶段. 假设振荡的周期小于宇宙学时间, 让我们来确定有效物态方程. 忽略掉宇宙的膨胀, 并将(5.24)式乘以 φ, 我们得到

$$(\varphi\dot{\varphi})^{\cdot}-\dot{\varphi}^2+\varphi V_{,\varphi} \simeq 0. \tag{5.55}$$

对一个周期做平均, 第一项就没有了, 因此有 $\langle\dot{\varphi}^2\rangle \simeq \langle\varphi V_{,\varphi}\rangle$. 所以一个振荡的标量场在求平均之后的有效物态方程为

$$w \equiv \frac{p}{\varepsilon} \simeq \frac{\langle\varphi V_{,\varphi}\rangle-\langle 2V\rangle}{\langle\varphi V_{,\varphi}\rangle+\langle 2V\rangle}. \tag{5.56}$$

对 $V \propto \varphi^n$, 我们可以推出 $w \simeq (n-2)/(n+2)$. 对一个振荡的有质量标量场 (n=2), 我们得到 $w \simeq 0$, 这和我们之前的结果一致. 对一个四次方势 ($n=4$), 振荡的场就好像一个极端相对论性的流体, $w \simeq 1/3$.

实际上, 暴胀在慢滚结束之后仍然可以继续. 考虑如下的势:

$$V \sim \ln \frac{|\varphi|}{\varphi_c}.$$

在 $1 > |\varphi| \gg \varphi_c$ 的范围内 (参见图 5-4), 我们从(5.56)推断出 $w \to -1$. 这很容易理解. 在这种凸函数的情况下 [①], 振荡的标量场大部分时间里都待在势函数的两翼上, 在那里其动能可忽略, 因此对物态方程的主要贡献来自于势能项.

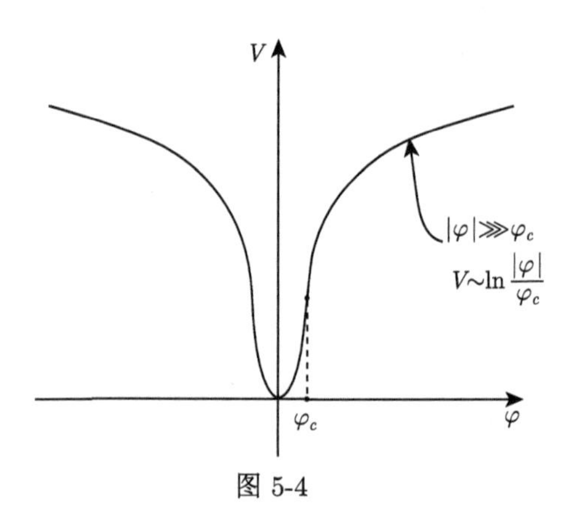

图 5-4

习题 5.9 能够产生一段快速振荡的暴胀的势函数 V 需要满足的一般条件是什么? 这样的暴胀能持续多久? 为什么这个阶段对解决初条件问题没有帮助?

5.5 预热和重加热

重加热 (reheating) 的理论远未成熟. 不仅仅是细节问题, 即使是暴胀子衰变的整体的图像都敏感地依赖于超出标准模型的粒子物理. 标准模型的可能延展太多, 以至于没必要去仔细研究具体模型中的重加热过程. 幸运的是, 我们只对重加热的最终产物有兴趣, 也就是产生一个热弗里德曼宇宙的可能性. 因此, 为了展示最主要的物理过程, 我们只考虑简单的玩具模型 (toy model). 在不知道潜在的粒子物理理论的情况下, 我们无法知道不同的重加热机制哪个更重要. 然而, 我们将会证明所有这些机制都能得到想要的结果.

① 函数的凹凸性在文献中有些混乱. 原因是函数的 convex 和 concave 的定义在西欧及美国和俄罗斯是相反的. 西欧及美国定义中, 凹凸性是从上往下看的, 图 5-4中的两翼是 "凹 (concave) 函数". 俄罗斯的定义中, 凹凸性是从下往上看的, 图 5-4中的两翼是 "凸 (convex) 函数". 国内的中文高等数学教材一般都沿袭苏联的术语, 但是物理学教材一般用西欧及美国术语, 所以导致混乱. 这里在翻译时姑且沿用书中的说法, 它和国内的部分高等数学教材一致, 但和西欧及美国作者写的论文和专著中的定义相反. 参见俄文维基百科的条目 https://ru.wikipedia.org/wiki/Выпуклая_функция.

5.5.1 基本理论

我们考虑一个质量为 m 的暴胀子场 φ, 它耦合到一个标量场 χ 和一个旋量场 ψ. 它们最简单的相互作用可以用三外腿的费曼图表示 (图 5-5), 它们对应于如下的拉格朗日量[①]:

$$\Delta L_{\text{int}} = -g\varphi\chi^2 - h\varphi\bar{\psi}\psi. \tag{5.57}$$

我们已经知道这种类型的相互作用项可以从自发对称性破缺的规范理论中自然地出现. 就我们的示意性讨论来说, 只考虑这种项就足够了. 为了避免快子不稳定性 (tachyonic instability), 我们假设 $|g\varphi|$ 小于 "裸" 质量的平方 m_χ^2. 暴胀子场衰变到 $\chi\chi$ 粒子对和 $\bar{\psi}\psi$ 粒子对的衰变率分别由耦合常数 g 和 h 决定. 衰变率的计算非常简单. 在这里我们直接引用粒子物理教材中的结果[②]:

$$\Gamma_\chi \equiv \Gamma(\varphi \to \chi\chi) = \frac{g^2}{8\pi m}, \qquad \Gamma_\psi \equiv \Gamma(\varphi \to \bar{\psi}\psi) = \frac{h^2 m}{8\pi}. \tag{5.58}$$

我们分别使用这两个结果来计算暴胀子的衰变率. 我们已经论述过一个振荡的均匀标量场可以解释为一个带有质量 m 的重粒子 "处于静止时" 的凝聚. 也就是说, 其 3-动量 $\mathbf{k}$ 等于零. 我们只保留(5.45)中的领头项, 得到

$$\varphi(t) \simeq \Phi(t)\cos(mt), \tag{5.59}$$

其中 $\Phi(t)$ 是振荡场的缓慢衰减的振幅. φ 粒子的数密度可以用下式估算:

$$n_\varphi = \frac{\varepsilon_\varphi}{m} = \frac{1}{2m}\left(\dot{\varphi}^2 + m^2\varphi^2\right) \simeq \frac{1}{2}m\Phi^2. \tag{5.60}$$

这是个巨大的数字. 例如, 对 $m \sim 10^{13}$ GeV 而言, 在暴胀结束之后的时刻 $\Phi \sim 1$ (取普朗克单位), 因此我们有 $n_\varphi \sim 10^{92}\ \text{cm}^{-3}$.

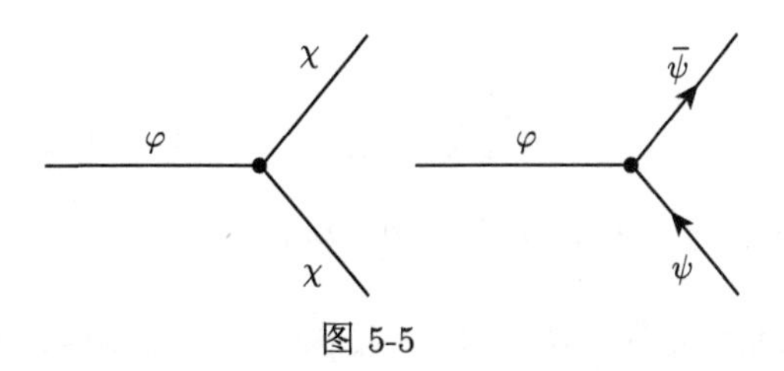

图 5-5

可以证明, 只有在 $g < m$ 及 $h < m^{1/2}$ 的情况下, 量子修正不会明显地改变(5.57)中的相互作用项. 因此, 在 $m \ll m_{\text{Pl}}$ 的情况下, 衰变到 χ 粒子的最高衰

① 图 5-5 中的 φ 原文作 ϕ, 误. 根据 (5.57) 改正.

② 第二式中的 $\varphi \to \bar{\psi}\psi$ 原文作 $\varphi \to \psi\psi$. 根据上下文改.

变率 $\Gamma_\chi \sim m$ 远大于衰变到费米子的最高衰变率 $\Gamma_\psi \sim m^2$. 如果 $g \sim m$, 则 φ 粒子的寿命大概是 $\Gamma_\chi^{-1} \sim m^{-1}$, 这样一来, 暴胀子在振荡几下之后就衰变掉了. 即使是在耦合不是那么大的情况下, 衰变的效率也是非常高的. 其原因是衰变到玻色子的等效衰变率 Γ_{eff} 只有在 χ 粒子的相空间的密度并没有因为之前产生的 χ 粒子变得非常稠密的情况下才等于(5.58)式给出的 Γ_χ. 否则, 由于玻色凝聚效应, Γ_{eff} 会比(5.58)式给出的 Γ_χ 大得多. 我们会在 5.5.2 节讨论这种暴胀子衰变中的增强效应.

考虑到宇宙的膨胀, φ 粒子和 χ 粒子的数密度的演化方程可以写为

$$\frac{1}{a^3}\frac{d\left(a^3 n_\varphi\right)}{dt} = -\Gamma_{\text{eff}} n_\varphi; \qquad \frac{1}{a^3}\frac{d\left(a^3 n_\chi\right)}{dt} = 2\Gamma_{\text{eff}} n_\varphi; \tag{5.61}$$

其中第二个方程中出现的因子 2 是因为一个 φ 粒子衰变到两个 χ 粒子.

习题 5.10　把(5.60)式代入(5.61)式的第一个方程中, 由此导出如下的近似方程:

$$\ddot{\varphi} + \left(3H + \Gamma_{\text{eff}}\right)\dot{\varphi} + m^2\varphi \simeq 0. \tag{5.62}$$

它说明由于粒子的产生, 暴胀子的振幅的衰减大致可以通过引入一个额外的摩擦项 $\Gamma_{\text{eff}}\dot{\varphi}$ 来描述. 为什么这个方程只有在振荡阶段才适用?

5.5.2　窄共振

基本的重加热理论的适用范围是非常有限的. 在暴胀子开始衰变之后不久, 玻色凝聚效应就会变得非常重要. 因为暴胀子 "处于静止", 衰变产生的两个 χ 粒子的动量大小相等, 方向相反. 如果 χ 粒子的相空间中这种状态已经被占据了, 则暴胀子的衰变率会增强一个玻色因子. 衰变的逆过程 $\chi\chi \to \varphi$ 也会发生. 这些过程的反应速率分别正比于

$$\begin{aligned}
&\left|\left\langle n_\varphi - 1, n_{\mathbf{k}} + 1, n_{-\mathbf{k}} + 1 \left| \hat{a}_{\mathbf{k}}^{+}\hat{a}_{-\mathbf{k}}^{+}\hat{a}_{\varphi}^{-} \right| n_\varphi, n_{\mathbf{k}}, n_{-\mathbf{k}}\right\rangle\right|^2 = (n_{\mathbf{k}}+1)(n_{-\mathbf{k}}+1)n_\varphi,\\
&\left|\left\langle n_\varphi + 1, n_{\mathbf{k}} - 1, n_{-\mathbf{k}} - 1 \left| \hat{a}_{\varphi}^{+}\hat{a}_{\mathbf{k}}^{-}\hat{a}_{-\mathbf{k}}^{-} \right| n_\varphi, n_{\mathbf{k}}, n_{-\mathbf{k}}\right\rangle\right|^2 = n_{\mathbf{k}} n_{-\mathbf{k}}(n_\varphi+1),
\end{aligned}$$

其中 $\hat{a}_{\mathbf{k}}^{\pm}$ 是 χ 粒子的产生消灭算符, 而 $n_{\pm\mathbf{k}}$ 是它们的占据数. 为了避免混乱, 读者必须把占据数和数密度严格区分开来. 请注意占据数对应于相空间中的一个 (普朗克单位制下的) 单位体积元 $(2\pi)^3$ 中的粒子密度, 而数密度是三维空间的单位体积元中的粒子数量. 考虑到 $n_{\mathbf{k}} = n_{-\mathbf{k}} \equiv n_k$, 以及 $n_\varphi \gg 1$, 我们发现数密度 n_φ 和 n_χ 满足(5.61)式, 其中

$$\Gamma_{\text{eff}} \simeq \Gamma_\chi(1 + 2n_k). \tag{5.63}$$

给定数密度 n_χ, 让我们来计算 n_k. 一个 "处于静止" 的 φ 粒子衰变到两个 χ 粒子, 每个 χ 粒子的能量是 $m/2$. 根据(5.57)式中的相互作用项, χ 粒子的有效质量平方等于 $m_\chi^2+2g\varphi(t)$, 它依赖于暴胀子的场值. 因此, 产生的 χ 粒子携带的 3-动量等于

$$k=\left(\left(\frac{m}{2}\right)^2-m_\chi^2-2g\varphi(t)\right)^{1/2}, \tag{5.64}$$

其中我们假设有[①] $m_\chi^2+2g\varphi\ll m^2$. 振荡项

$$g\varphi\simeq g\Phi\cos(mt)$$

导致在相空间中 χ 粒子的动量发生 "弥散"(scattering). 如果 $g\Phi\ll m^2/8$, 则所有的粒子都是在一个半径为 $k_0\simeq m/2$ 的球面附近的窄球壳里产生出来的 (参见图 5-6(a)). 球壳的厚度为[②]

$$\Delta k\simeq m\left(\frac{4g\Phi}{m^2}\right)\ll m. \tag{5.65}$$

因此[③]

$$n_{k=m/2}\simeq\frac{n_\chi}{\left(4\pi k_0^2\Delta k\right)/(2\pi)^3}\simeq\frac{2\pi^2 n_\chi}{mg\Phi}=\frac{\pi^2\Phi}{g}\frac{n_\chi}{n_\varphi}. \tag{5.66}$$

如果占据数 n_k 大于 1, 则必须考虑玻色凝聚效应. 这时需要满足的条件是

$$n_\chi>\frac{g}{\pi^2\Phi}n_\varphi. \tag{5.67}$$

考虑到暴胀结束时有 $\Phi\sim 1$, 我们从上式得出只要暴胀子将其能量的 g 倍转移到 χ 粒子, χ 粒子的占据数就会超过 1. 以上的推导只在 $g\Phi\ll m^2/8$ 的情况下成立. 因此, 在 $m\sim 10^{-6}$ 的情况下, 只有在暴胀子传递给 χ 粒子的能量不超过 $g\sim m^2\sim 10^{-12}$ 时能保持 $n_k<1$. 重加热的基本理论只能在 $n_k\ll 1$ 的情况下成立, 所以重加热几乎是刚一开始的时候基本理论就不适用了. 根据(5.66)的结果, (5.63)式给出的有效衰变率变为

$$\Gamma_{\text{eff}}\simeq\frac{g^2}{8\pi m}\left(1+\frac{2\pi^2\Phi}{g}\frac{n_\chi}{n_\varphi}\right), \tag{5.68}$$

① (5.64)式成立只需要 $m_\chi^2+2g\varphi<m^2/4$, 这是 χ 粒子的在壳条件. 远小于号是由于我们要求粒子产生的壳层厚度 Δk 远小于 $k(\sim m/2)$ 本身, 即下文所述的窄参数共振条件.

② 球壳厚度是(5.64)中 φ 取最大值 Φ 及最小值 $-\Phi$ 时的 k 之差. 利用 $g\Phi\ll m$ 及 $m_\chi\ll m$, 做级数展开之后就能得到(5.65)式. 注意这个厚度对应于马蒂厄方程(5.71a)的第一不稳定区的宽度.

③ 如前所述, 占据数等于相空间中的单位元中的粒子数密度. 衰变过程产生的粒子在相空间中集中于图 5-6(a) 的球壳内部. 在 $\Delta k\ll k_0$ 时, 球壳内部含有的相空间单位元数目为 $4\pi k_0^2\Delta k/(2\pi)^3$. 据此可以推出(5.66)的第一步. 最后一步则用到了(5.60).

其中我们利用了(5.58)中的 Γ_χ 的表达式. 将(5.68)代入(5.61)中的第二式, 我们得到

$$\frac{1}{a^3}\frac{d\left(a^3 n_\chi\right)}{dN}=\frac{g^2}{2m^2}\left(1+\frac{2\pi^2\Phi}{g}\frac{n_\chi}{n_\varphi}\right)n_\varphi, \tag{5.69}$$

其中 $N\equiv mt/2\pi$ 是暴胀子的振荡次数. 让我们暂时忽略宇宙的膨胀, 而且不考虑因粒子产生而导致的暴胀子振幅的减小①. 在这种情况下, $\Phi=$ 常数, 且(5.69)在 $n_k\gg 1$ 时可以轻松地积分出来, 其结果是

$$n_\chi\propto\exp\left(\frac{\pi^2 g\Phi}{m^2}N\right)\propto\exp(2\pi\mu N), \tag{5.70}$$

其中 $\mu\equiv\pi g\Phi/(2m^2)$ 是不稳定参数.

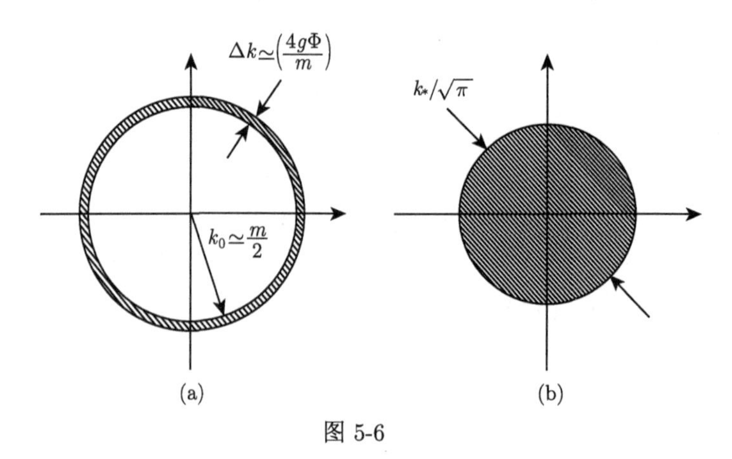

图 5-6

习题 5.11 推导出 χ 场的傅里叶模在闵可夫斯基时空中的方程:

$$\ddot{\chi}_k+\left(k^2+m_\chi^2+2g\Phi\cos mt\right)\chi_k=0. \tag{5.71}$$

将这个方程化为常见的马蒂厄方程 (Mathieu equation) 的形式. 假设 $m^2\gg m_\chi^2\geqslant 2|g\Phi|$, 讨论这个方程的窄参数共振 (narrow parametric resonance). 确定不稳定区及其对应的不稳定参数. 比较(5.65)式和第一不稳定区的宽度. 第一不稳定区位于何处? χ_k 的初始振幅的最小值来自于量子涨落. χ_k 随时间的增长可以解释为经典场 φ 作为外源项产生了 χ 粒子, 且 $n_\chi\propto|\chi_k|^2$. 证明在第一不稳定区的中心, 下式成立:

$$n_\chi\propto\exp\left(\frac{4\pi g\Phi}{m^2}N\right), \tag{5.72}$$

① 暴胀子振幅, 原文误为暴胀振幅 (inflation amplitude). 据上下文改. 这个振幅按照 $(mt)^{-1}$ 衰减, 参见(5.45)式.

其中 N 是振荡的周期数. 将此结果与(5.70)进行比较, 并解释为何在指数中两者相差一个数值的因子. 这样一来, 玻色凝聚就可以解释为第一不稳定区中的窄参数共振. 反之亦然. 请利用粒子产生的物理图像, 给出高阶共振区的物理解释 ①.

接下来我们考虑如下的相互作用:

$$\Delta L_{\rm int} = -\frac{1}{2}\tilde{g}^2\varphi^2\chi^2. \tag{5.73}$$

利用上面习题的结果, 暴胀通过这种相互作用项衰变到其他粒子的问题可以大大简化. 实际上, 无质量标量场 χ 耦合到暴胀子 $\varphi = \Phi\cos mt$ 之后, 其运动方程取如下形式:

$$\ddot{\chi}_k + \left(k^2 + \tilde{g}^2\Phi^2\cos^2 mt\right)\chi_k = 0. \tag{5.74}$$

只要我们取 $m_\chi^2 = 2g\Phi$ 以及 $\tilde{g}^2\Phi^2 \to 4g\Phi$, $m \to m/2$, 这个方程的形式就与(5.71)式相同. 因此, 这两个问题在数学上等价. 利用这个结论, 并对(5.72)也作同样的替换, 我

① 关于马蒂厄方程, 参见 McLachlan, *Theory and Applications of Mathieu Functions*, Oxford University Press, Clarendon, 1947. 本脚注的方程都取自此书. 马蒂厄方程的基本形式为 (§2.10, Eq.(1))

$$\frac{d^2\chi(z)}{dz^2} + (A - 2q\cos 2z)\chi(z) = 0. \tag{5.71a}$$

其中 $z = mt/2$, $A = 4(k^2 + m_\chi^2)/m^2$, $q = -4g\Phi/m^2$. 窄参数共振对应于 $A \gg |q|$. 在 A-q 平面上, 窄共振的不稳定区位于 A 轴的 $A \simeq n^2$ 附近, 其中 n 为正整数 (§3.24, Fig.8(A), 8(B)). 当 q 很小时, 第一不稳定区是最重要的, 它位于 $A \simeq 1$, 即 $k \simeq m/2$ 附近. 在 $q < 0$, $|q| \ll 1$ 时, 第一不稳定区的上边界和下边界可以用级数展开写为 (§2.151, Eq.(2)(3))

$$b_1(q) = 1 - q - \frac{q^2}{8} + \frac{q^3}{64} + \cdots, \qquad a_1(q) = b_1(-q).$$

第一不稳定区的宽度为 $|a_1 - b_1| \simeq 2|q| = 8g\Phi/m^2$. 根据弗洛凯 (Floquet) 理论, 马蒂厄方程的解可以写为 $\chi(z) = e^{\mu z}\phi(z)$ 的形式, 其中 $\phi(z)$ 是一个周期函数, μ 称为弗洛凯指数, 它在不稳定区取实数值. 在第 n 不稳定区中 $|q|$ 较小的区域附近, 增长解的弗洛凯指数为 $\mu^{(n)} \simeq \sqrt{|(a_n - A)(A - b_n)|}/2n$. 其极大值取在不稳定区的中心, 即 $A = (a_n + b_n)/2$ 处. 因此有 (§4.91, Eq.(8))

$$\mu_{\rm max}^{(1)} \simeq \frac{|a_1 - b_1|}{4} \simeq \frac{|q|}{2} \simeq \frac{2g\Phi}{m^2}. \tag{5.72a}$$

可以得到粒子数在第一不稳定区中心处的增长为 $n_\chi \propto \exp(2\mu z) = \exp(\mu mt) = \exp(2\pi\mu N) = \exp\left(\frac{4\pi g\Phi}{m^2}N\right)$, 即(5.72)式. 它和正文中得到的增长(5.70)不同, 因为在推导(5.66)的过程中, 我们假设薄球壳 (即第一不稳定区) 内的粒子是均匀分布的. 实际上弗洛凯指数在球壳边缘处为零 ($\mu(a_n(q)) = 0$, $\mu(b_n(q))) = 0$), 在中心处最大 (即(5.72a)式). 这意味着(5.70)中的 μ 是弗洛凯指数在第一不稳定区中做平均的结果:

$$\begin{aligned}\overline{\mu^{(1)}} &= \frac{1}{b_1 - a_1}\int_{a_1}^{b_1}\frac{\sqrt{(b_1(q) - A)(A - a_1(q))}}{2}dA \approx \frac{1}{4|q|}\int_{1-|q|}^{1+|q|}\sqrt{(1 + |q| - A)(A - (1 - |q|))}dA \\ &\approx \frac{\pi}{8}|q|.\end{aligned} \tag{5.72b}$$

这个平均化的 $\overline{\mu}$ 就给出(5.70)式.

们立即得到如下结果:

$$n_\chi \propto \exp\left(\frac{\pi\tilde{g}^2\Phi^2}{4m^2}N\right), \tag{5.75}$$

窄共振的条件是 $\tilde{g}\Phi \ll m$. 第一共振带的宽度可以根据(5.65)来估算, 即 $\Delta k \sim m(\tilde{g}^2\Phi^2/m^2)$.

简而言之, 我们证明即使在耦合常数很小的情况下, 重加热的基本理论也必须根据玻色凝聚效应进行修正. 这会导致重加热的效率指数增长.

习题 5.12 取一些 g 和 m 的具体值, 用以比较重加热基本理论的结果和窄参数共振的结果.

到目前为止, 我们一直忽略宇宙膨胀产生的粒子的反作用, 以及它们的再散射 (rescattering) 等效应. 所有这些效应都能压低窄参数共振的效率. 宇宙膨胀能够使已产生粒子的动量发生红移, 并将它们移出共振层 (resonance layer)(参见图 5-6(a)). 因此, 与玻色凝聚相关的占据数实际上比我们从(5.66)式简单地估算出来的值小一些. 如果共振层中新产生的粒子的供给率小于其逃逸率, 则 $n_k < 1$, 我们甚至能够一直使用重加热的基本理论. 另一个重要的效应是宇宙的膨胀和粒子的产生共同引起的振幅 $\Phi(t)$ 随时间的衰减. 因为共振层的宽度正比于 Φ, 它会随着时间的推移越来越窄. 其结果是粒子从这个共振层逃逸出去愈发容易, 这样逃逸出去的粒子就不能继续激发接下来的粒子产生了. χ 粒子的再散射同样能够通过从共振层中消掉粒子来压低共振的效率. 另一个效应是新产生的 χ 粒子引起的暴胀子有效质量的变化. 这个效应使得共振层的中心会相对其原始位置偏移①.

小结一下. 窄参数共振对众多复杂的因素非常敏感. 详尽的研究只能用数值方法来做. 从我们的解析计算的结果来看, 我们只能说暴胀场很可能衰变得不像基本理论描述的那么 “慢”, 但是也达不到纯参数共振情况下的那么 “快”.

5.5.3 宽共振

到目前为止我们考虑的仅是耦合常数很小的情况. 拉格朗日量的量子修正在 $g < m$ 及 $\tilde{g} < (m/\Phi)^{1/2}$ 的参数区间内不甚重要. 因此即使我们考虑强耦合情况下的暴胀子衰减 (对三点相互作用是 $m > g > m^2/\Phi$, 对(5.73)中的四点相互作用是 $(m/\Phi)^{1/2} > \tilde{g} > m/\Phi$), 量子修正仍然可以忽略. 然而, 在这种情况下, 窄共振的条件不再满足, 我们不能使用 5.5.2 节讨论的方法. 由于高阶的费曼图给出的贡献和基本图差不多, 因此微扰论不适用. 粒子的产生必须当成许多个暴胀子粒子同时

① “共振层的中心” 指的是图 5-6(a) 中的球壳的半径, 即 $k_0 \simeq m/2$. 在 m 变化时 k_0 也会变化. 需要注意的是球壳的厚度 Δk 也变化了. 例如, 对(5.73)式的相互作用来说, $m^2_{\varphi,\mathrm{eff}} = m^2_\varphi + \tilde{g}^2\chi^2$. 随着粒子的产生, $m_{\varphi,\mathrm{eff}}$ 增加, 球壳的半径也增加, 但是球壳的厚度会减小.

参与的一种集团效应 (collective effect). 我们需要把量子场论应用于有经典背景场作为外源的情况, 正如在习题 5.11 中所做的那样.

让我们考虑四点相互作用(5.73). 首先, 我们忽略宇宙的膨胀. 对 $\tilde{g}\Phi \gg m$, 傅里叶模的方程是 (参见(5.74))

$$\ddot{\chi}_k + \omega^2(t)\chi_k = 0, \tag{5.76}$$

其中

$$\omega(t) \equiv \left(k^2 + \tilde{g}^2\Phi^2 \cos^2 mt\right)^{1/2}, \tag{5.77}$$

它描述的是宽参数共振. 如果频率 $\omega(t)$ 是一个随时间慢变的函数, 或者更精确地说 $|\dot{\omega}| \ll \omega^2$, (5.76)式即可用准经典 (即 WKB) 近似来求解:

$$\chi_k \propto \frac{1}{\sqrt{\omega}} \exp\left(\pm i \int \omega dt\right). \tag{5.78}$$

在这种情况下的粒子数 $n_\chi \sim \varepsilon_\chi/\omega$ 是一个绝热的不变量, 因此是守恒的. 在绝大多数时间里, $|\dot{\omega}| \ll \omega^2$ 这个条件的确是满足的. 不过, 每次在 $t_j = m^{-1}(j+1/2)\pi$ 的时刻, 暴胀子振荡到零, χ 场的有效质量 (正比于 $|\cos(mt)|$) 也为零. 在这个 t_j 时刻前后很短的一段时间内, 绝热条件被强烈破坏:

$$\frac{|\dot{\omega}|}{\omega^2} = \frac{m\tilde{g}^2\Phi^2 |\cos(mt)\sin(mt)|}{\left(k^2 + \tilde{g}^2\Phi^2\cos^2(mt)\right)^{3/2}} \geqslant 1. \tag{5.79}$$

考虑一个在 t_j 时刻前后的很小的时间间隔 $\Delta t \ll m^{-1}$, 我们可以把这个条件改写为

$$\frac{\Delta t/\Delta t_*}{\left(k^2\Delta t_*^2 + (\Delta t/\Delta t_*)^2\right)^{3/2}} \geqslant 1, \tag{5.80}$$

其中

$$\Delta t_* \simeq (\tilde{g}\Phi m)^{-1/2} = \frac{1}{m}\left(\frac{\tilde{g}\Phi}{m}\right)^{-1/2}. \tag{5.81}$$

可以看出, 只有在 t_j 时刻前后的一小段时间间隔 $\Delta t \sim \Delta t_*$ 之内, 对满足如下条件的模:

$$k < k_* \simeq \Delta t_*^{-1} \simeq m\left(\frac{\tilde{g}\Phi}{m}\right)^{1/2}, \tag{5.82}$$

绝热条件会遭到破坏. 因此, 我们可以预料带有这样的动量的 χ 粒子会在这个时间间隔内大量产生. 值得注意的是, 产生出来的粒子的动量可能比暴胀子的质量大

一个因子 $(\tilde{g}\Phi/m)^{1/2} > 1$; χ 粒子的产生是涉及许多暴胀子粒子的集团过程. 这就是我们不能用通常的微扰论方法来描述宽参数共振的原因.

为了研究一次暴胀子振荡中产生的粒子的数量, 我们考虑 t_j 时刻前后一段很短的时间间隔, 并将(5.76)式中的余弦函数用线性函数来近似. 这样(5.76)式取如下形式:

$$\frac{d^2\chi_\kappa}{d\tau^2} + \left(\kappa^2 + \tau^2\right)\chi_\kappa = 0. \tag{5.83}$$

其中我们引入了无量纲波数 $\kappa \equiv k/k_*$ 和无量纲时间 $\tau \equiv (t - t_j)/\Delta t_*$. 用这些新自变量来说, 绝热条件只有在 $\kappa < 1$ 的情况下在 $|\tau| < 1$ 时会遭到破坏. 值得注意的是, 上式中只有 κ^2 显式依赖于耦合常数 $\tilde{g}$、暴胀子的质量以及振幅等参数. 绝热性的破坏在 $k = 0$ 的时候达到最大. 在这种情况下, $\tilde{g}$, Φ 和 m 都从(5.83)中消失. 因此当 χ_κ 穿越 $|\tau| < 1$ 的非绝热区域时, $\chi_{\kappa=0}$ 的振幅只改变一个不依赖于参数的纯数值因子. 我们知道粒子数密度 n 正比于 $|\chi|^2$, 因此从一次振荡到下一次振荡, 粒子数密度的增长可以写作

$$\left(\frac{n^{j+1}}{n^j}\right)_{k=0} = \exp\left(2\pi\mu_{k=0}\right). \tag{5.84}$$

其中不稳定参数 $\mu_{k=0}$ 不依赖于 $\tilde{g}$、 Φ 和 m. 对 $k \neq 0$ 的模而言, 参数 $\mu_{k\neq 0}$ 是 $\kappa = k/k_*$ 的一个函数. 这种情况下, 绝热条件的破坏没有 $k = 0$ 时那样显著, 因此 $\mu_{k\neq 0}$ 小于 $\mu_{k=0}$. 为了计算这个不稳定参数, 我们必须确定振幅 χ 从 $\tau < -1$ 的区域穿越到 $\tau > 1$ 的区域引起的变化. 这可以利用在 $|\tau| \gg 1$ 的渐近区域内(5.83)式的两个独立的 WKB 解来求得:

$$\chi_\pm = \frac{1}{\left(\kappa^2 + \tau^2\right)^{1/4}} \exp\left(\pm i \int \sqrt{\kappa^2 + \tau^2}\, d\tau\right) \simeq |\tau|^{-\frac{1}{2} \pm \frac{1}{2} i\kappa^2} \exp\left(\pm \frac{i\tau^2}{2}\right). \tag{5.85}$$

在穿越非绝热区域以后, $A_+\chi_+$ 模变为 χ_+ 模和 χ_- 模的线性组合, 也就是说

$$A_+\chi_+ \to B_+\chi_+ + C_+\chi_-, \tag{5.86}$$

其中 A_+, B_+, C_+ 是常复系数. 相似地, 对 $A_-\chi_-$ 模, 我们有

$$A_-\chi_- \to B_-\chi_- + C_-\chi_+. \tag{5.87}$$

类比于量子力学, 这等价于在开口向下的抛物线势中的散射问题. 我们看到这种模混合的起源是波函数在穿越势垒时的反射. 在 $k = 0$ 的情况下, 入射波能 “触碰” 到势垒的顶端, 这时候的反射效率最高.

准经典解在复平面上的 $|\tau| \gg 1$ 的区域能够成立. 在复平面上选取合适的围道 $\tau = |\tau|e^{i\varphi}$ 以连通 $\tau \ll -1$ 和 $\tau \gg 1$, 我们可以根据(5.85), (5.86), (5.87)三式推出

$$B_{\pm} = \mp i e^{-\frac{\pi}{2}\kappa^2} A_{\pm}. \tag{5.88}$$

系数 $C_{\pm}$ 无法用这种方式确定. 为此我们利用朗斯基行列式 (Wronskian)

$$W \equiv \dot{\chi}\chi^* - \chi\dot{\chi}^*, \tag{5.89}$$

其中 χ 是(5.83)的任意复解. 取 W 的时间导数, 并利用(5.83)式把 $\ddot{\chi}$ 用 χ 表示出来, 我们发现

$$\dot{W} = 0 \tag{5.90}$$

因此 W = 常数①. 利用这个结果我们就可以推断出(5.86)式和(5.87)式中的系数 A, B, C 满足如下的"概率守恒"条件:

$$|C_{\pm}|^2 - |B_{\pm}|^2 = |A_{\pm}|^2. \tag{5.91}$$

代入(5.88)给出的 B, 我们得到

$$C_{\pm} = \sqrt{1 + e^{-\pi\kappa^2}}|A_{\pm}|e^{i\alpha_{\pm}}, \tag{5.92}$$

其中 $\alpha_{\pm}$ 是待定的相位.

在 $|\tau| \gg 1$ 的区域内, χ 场的傅里叶模满足谐振子方程, 其频率 $\omega \propto |\tau|$ 是缓变的. 根据量子场论, 谐振子的能量与其占据数的关系是

$$\varepsilon_k = \omega\left(n_k + \frac{1}{2}\right), \tag{5.93}$$

占据数 n_k 的物理意义是 k 模的粒子数. 在绝热区域 ($|\tau| \gg 1$), 这个占据数是守恒的, 它只在绝热条件被破坏的情况下会改变. 让我们考虑一个模 χ_+ 和 χ_- 的任意初始混合态. 在 $t \sim t_j$ 时刻前后穿越非绝热区之后, 它的改变是

$$\chi^j = A_+\chi_+ + A_-\chi_- \to \chi^{j+1} = (B_+ + C_-)\chi_+ + (B_- + C_+)\chi_-. \tag{5.94}$$

考虑到

① 当二阶线性微分方程不存在一阶导数项的情况下, 其两个独立解的朗斯基行列式是个常数. 证明如下. 假设 $y_1(x)$ 和 $y_2(x)$ 是二阶线性常微分方程 $y''(x) + p(x)y'(x) + q(x)y(x) = 0$ 的两个线性无关解. 其朗斯基行列式的导数是

$$W'[y_1, y_2] = (y_1y_2' - y_1'y_2)' = y_1y_2'' - y_1''y_2 = -y_1(py_2' + qy_2) + (py_1' + qy_1)y_2 = -p(x)W[y_1, y_2].$$

因此 $p(x) = 0$ 意味着 $W' = 0$. 在对暴胀期间的扰动做量子化时也会用到这个结论. 参见 8.3 节 (8.89) 式.

$$n+\frac{1}{2}=\frac{\varepsilon}{\omega}\simeq\omega|\chi|^2, \tag{5.95}$$

我们看到根据上文讨论的结果, k 模的粒子数增加了一个如下的因子:

$$\left(\frac{n^{j+1}+\frac{1}{2}}{n^j+\frac{1}{2}}\right)_k\simeq\frac{\omega\left|\chi^{j+1}\right|^2}{\omega\left|\chi^j\right|^2}\simeq\frac{|B_++C_-|^2+|B_-+C_+|^2}{|A_+|^2+|A_-|^2}, \tag{5.96}$$

其中我们已经对 $|\chi|^2$ 在时间间隔 $m^{-1}>t>\omega^{-1}$ 内做了平均. 利用(5.88)和(5.92)给出的 B 和 C 的结果, 这个表达式可以简化为

$$\left(\frac{n^{j+1}+\frac{1}{2}}{n^j+\frac{1}{2}}\right)_k\simeq\left(1+2e^{-\pi\kappa^2}\right)+\frac{4|A_-||A_+|}{|A_+|^2+|A_-|^2}\cos\theta e^{-\frac{\pi}{2}\kappa^2}\sqrt{1+e^{-\pi\kappa^2}}. \tag{5.97}$$

习题 5.13　推导(5.97)式. 并解释相位 θ 的起源. (提示　先根据(5.94)式的 "概率守恒" 条件推出 $\mathrm{Re}\ B_+C_-=\mathrm{Re}\ B_-C_+$, 并利用此式得到最后结果.)

真空的初态是 $n_k=0$. 但是由于存在量子涨落, χ 场的振幅不为零; 我们因此有 $\left|A_+^0\right|^2\neq0$ 及 $\left|A_-^0\right|^2=0$. 根据 "概率守恒" 条件, 在任意时刻下式都成立:

$$|A_+|^2-|A_-|^2=\left|A_+^0\right|^2. \tag{5.98}$$

这意味着粒子的产生导致 $|A_+|^2$ 和 $|A_-|^2$ 这两个系数增长的量相同. 当 $|A_+|$ 远大于 $\left|A_+^0\right|$ 时, 我们就有 $|A_+|\simeq|A_-|$. 考虑到这个结果, 根据(5.97)式, 我们发现从真空开始, 暴胀子经过很多次振荡 ($N\gg1$) 之后, k 模的粒子数为

$$n_k\simeq\frac{1}{2}\exp\left(2\pi\mu_kN\right), \tag{5.99}$$

其中的不稳定参数由下式给出:

$$\mu_k\simeq\frac{1}{2\pi}\ln\left(1+2e^{-\pi\kappa^2}+2\cos\theta e^{-\frac{\pi}{2}\kappa^2}\sqrt{1+e^{-\pi\kappa^2}}\right) \tag{5.100}$$

这个参数在 $k=0$ 及 $\theta=0$ 时取其最大值

$$\mu_k^{\max}=\pi^{-1}\ln\left(1+\sqrt{2}\right)\simeq0.28.$$

在 $-\pi<\theta<\pi$ 的区间, 我们发现 $\mu_{k=0}$ 在 $3\pi/4>\theta>-3\pi/4$ 时为正值, 其他情况下为负值. 因此, 假设 θ 是一个随机变量, 我们可以得出每个模的粒子数是随机变化的. 然而, 如果 θ 是等概率分布的, 粒子数会在四分之三的时间里增长, 在四

分之一的时间里减小, 因此总体来看粒子数是增加的. 这符合熵增的原则. 描述粒子数的平均增长率的净不稳定参数可以用(5.100)的结果去掉 $\cos\theta$ 的项来得到:

$$\bar{\mu}_k \simeq \frac{1}{2\pi}\ln\left(1+2e^{-\pi\kappa^2}\right). \tag{5.101}$$

进行微小修正之后, 上面的结果就可以应用于膨胀宇宙. 首先, 我们注意到膨胀使得相位 θ 变得随机, 因此有效不稳定参数即由(5.101)给出. 对于物理动量 $k < k_*/\sqrt{\pi}$ 的那些粒子而言, 不稳定参数 $\bar{\mu}_k$ 可以用它在不稳定区中心的值进行估算, 即 $\bar{\mu}_{k=0} = (\ln 3)/(2\pi) \simeq 0.175$. 为了理解膨胀是如何影响到宽共振的效率的, 回到相空间的图像会很有帮助. 宽共振区域产生的粒子占据了相空间中半径为 $k_*/\sqrt{\pi}$ 的球内的全部区域 (参见图 5-6(b)). 在穿越非绝热区域的过程中, 平均而言, 每一层球壳中的粒子数以及总粒子数都增加了 $\exp(2\pi\times 0.175)\simeq 3$ 倍. 在暴胀子的能量仍然占主导的阶段, 产生出来的粒子的物理动量反比于标度因子而减小 ($k\propto a^{-1}$). 同时, 球的半径缩小得更加缓慢, 它按照 $\Phi^{1/2}\propto t^{-1/2}\propto a^{-3/4}$ 减小. 结果是球的边界处新产生出来的粒子向球心方向收缩, 并在球心附近通过玻色因子增强下一阶段的 "产生过程" 的概率. 此外, 膨胀还使得宽共振对再散射和反作用效应更不敏感. 这两种效应原本是可以通过移除共振球的边界附近新产生的粒子来降低共振效率的, 但是因为膨胀把边界区域附近的粒子移走了, 这两种效应也就大大减弱了. 因此, 和窄共振情况不同的是, 膨胀能够稳定宽共振. 因此在重加热开始的时候, 宽共振能够以其纯粹的形式存在.

考虑到共振球的初始体积约为

$$k_*^3 \simeq m^3\left(\frac{\tilde{g}\Phi_0}{m}\right)^{3/2},$$

我们可以得到在暴胀子振荡 N 次之后, 粒子数密度之比为

$$\frac{n_\chi}{n_\varphi} \sim \frac{k_*^3\exp\left(2\pi\bar{\mu}_{k=0}N\right)}{m\Phi_0^2} \sim m^{1/2}\tilde{g}^{3/2}\cdot 3^N, \tag{5.102}$$

其中 $\Phi_0\sim\mathscr{O}(1)$ 是暴胀结束时刻的暴胀子振幅. 由于在绝热区域 χ 粒子的有效质量是 $\tilde{g}\Phi$ 的量级, 而 Φ 是反比于 N 而衰减的, 我们据此可以估算出能量密度之比:

$$\frac{\varepsilon_\chi}{\varepsilon_\varphi} \sim \frac{m_\chi n_\chi}{m n_\varphi} \sim m^{-1/2}g^{5/2}N^{-1}3^N. \tag{5.103}$$

当产生出来的粒子的能量密度开始超出储存在暴胀子场中的能量密度的时候, 上式就失效了. 实际上, 在这个阶段, 由于从暴胀子到 χ 粒子的能量转移的效率极高, 振幅 $\Phi(t)$ 开始迅速减小. 当 $\Phi(t)$ 落到 $\Phi_r\sim m/\tilde{g}$ 以下时, 很明显宽共振就结束

了, 我们随即进入窄共振的范围. 如果耦合常数满足 $\sqrt{m} > \tilde{g} > \mathscr{O}(1)m$, 宽共振阶段的暴胀子振荡的次数 N_r 可以用 $\varepsilon_\chi \sim \varepsilon_\varphi$ 的条件来粗略估算:

$$N_r \sim (0.75\text{—}2)\log_3 m^{-1}. \tag{5.104}$$

例如, 如果 $m \simeq 10^{13}$ GeV, 对耦合常数的一个较广的取值范围 $10^{-3} > \tilde{g} > 10^{-6}$, 我们有 $N_r \simeq 10\text{—}25$. 考虑到总能量按照 $m^2(\Phi_0/N)^2$ 衰减, 我们得到如下关系:

$$\frac{\varepsilon_\varphi}{\varepsilon_\chi + \varepsilon_\varphi} \sim \frac{m^2\Phi_r^2}{m^2(\Phi_0/N_r)^2} \sim N_r^2\left(\frac{m}{\tilde{g}\Phi_0}\right)^2. \tag{5.105}$$

也就是说, 在宽共振结束的时刻仍然储存在暴胀子场中的能量只占总能量的很小一部分. 例如, 对 $m \simeq 10^{13}$ GeV, 这个比值在 $10^{-6}\text{—}\mathscr{O}(1)$ 的范围内. 具体取值依赖于耦合常数 $\tilde{g}$.

习题 5.14　研究 $m > g > m^2/\Phi$ 的强耦合区域内, 暴胀通过三点相互作用衰变的情况.

5.5.4　物理含义

根据上文的讨论, 我们看到宽参数共振在预热相 (preheating phase) 能够扮演非常重要的角色. 通过仅仅 15 到 25 个暴胀子的振荡周期, 宽参数共振就能把大部分的暴胀子的能量转移到其他标量粒子中去. 这个过程最有趣的性质就是它产生的粒子的有效质量和动量能够超出暴胀子的质量. 例如, 如果 $m \simeq 10^{14}$ GeV, 有效质量 $m_\chi^{\text{eff}} = \tilde{g}\Phi|\cos(mt)|$ 可以达到 10^{16} GeV. 因此, 如果 χ 粒子耦合到比暴胀子还要重的玻色子和费米子, 则暴胀子有可能通过 χ 间接衰变到这些更重的粒子. 这样就把大统一能标的物理带回来了. 例如, 即使暴胀是在非常低的能标结束的, 预热也能把大统一重子生成模型救回来. 上面这个机制另一个潜在的结果是暴胀结束之后拓扑缺陷的远离热平衡 (far-from-equilibrium) 的产生. 很明显, 它们的数量不能与观测冲突, 因此可以从宇宙学上限制相应的理论.

如果在宽共振的阶段之后, 还有极少的暴胀子存留下来 (由(5.105)给出), 则它们会给宇宙学带来灾难. 因为暴胀子粒子是非相对论性的. 如果它们以任何不可忽略的丰度存在, 则它们很快就会主导宇宙演化, 最终留下一个冷宇宙. 幸运的是, 这些残留的暴胀子很容易通过接下来的窄共振阶段衰变, 或者作为基本粒子衰变掉. 重加热理论必须包括这些衰变道.

本节的考虑并不能成为对重加热理论完全详尽的研究. 我们只考虑了创造一个热弗里德曼宇宙所需要的最基本的过程. 重加热的最终产物必须是处于热平衡的物质. 通过预热过程产生的粒子, 其初始状态是高度偏离热平衡的. 数值计算的结果告诉我们, 它们很快就能通过散射过程达到局域热平衡. 利用暴胀子的振荡次

数 N_T 来参数化总的预热和重加热过程所需要的时间, 我们就可以估算出重加热的温度:

$$T_R \sim \frac{m^{1/2}}{N_T^{1/2} g_*^{1/4}}, \tag{5.106}$$

其中 g_* 是温度为 $T \sim T_R$ 时, 轻场的有效自由度数①. 假设 $N_T \sim 10^6$, 并利用 $g_* \sim 10^2$ 和 $m \simeq 10^{13}$ GeV, 我们可以得到 $T_R \sim 10^{12}$ GeV. 然而. 这并不是说我们可以因此忽略掉这个能标以上的物理. 正如我们之前指出的那样, 非平衡态的预热过程能起到非平庸的作用.

重加热是暴胀宇宙学的一个重要组成部分. 我们已经看到, 原则上讲, 构建一个成功的重加热理论不存在什么障碍. 任何粒子物理理论都应该验证它们是否能实现重加热以及重子生成. 在这个意义上, 宇宙学让我们有能力对超出标准模型的粒子物理理论进行筛选.

5.6 暴胀方案的“菜单”

成功的暴胀需要的不过是一个满足慢滚条件的标量凝聚. 构建具体的方案 (scenarios) 因此变成一个“技术”问题. 引入两个或者更多的标量场的凝聚, 并假设它们在暴胀阶段同等重要, 就可以扩展各种可能性, 但是同时也降低了暴胀的预言能力. 这在宇宙学微扰论上表现得特别明显, 它是所有的暴胀模型的稳健 (robust) 预言中最重要的一个. 只有在暴胀产生如此稳健预言的时候, 它是可以从实验的角度 (或更精确地说观测的角度) 被证伪的. 因此, 我们只考虑最简单的方案, 其中暴胀子只有一个分量. 幸运的是, 在这种情况下, 所有的模型产生的预言都差不多, 只存在一些小细节上的差别. 这使得自然中真实存在的暴胀方案的唯一性变得不那么重要了. 这一点和粒子物理有很大区别. 在粒子物理中, 具体的模型与它们背后的物理思想同样重要. 这并不是说我们就不需要正确的暴胀方案了; 如果未来某一天有可能的话, 我们是可以验证更多暴胀的预言的. 然而, 即使在还不知道真实的暴胀方案的情况下, 我们也可以在观测上验证早期宇宙加速膨胀阶段的一些最重要的预言. 本节的目标就是为读者简要介绍文献中讨论过的“暴胀方案的菜单”.

暴胀子的候选者 很自然地出现的第一个问题就是“什么可以作为暴胀子场最实际的候选者”. 候选者是很多的, 因为唯一的要求就是候选者要在慢滚情况下实现标量凝聚. 这可以通过一个基本的标量场来实现, 也可以通过一个用有效标量场描述的费米凝聚来实现. 然而, 这并没有穷尽所有的可能. 标量凝聚也可以完全

① 这个自由度数原文作 N. 为了避免和暴胀子振荡的周期数混淆, 并保持与前文一致, 将其改写为目前文献中通用的记号 g_*.

从引力里出来. 爱因斯坦引力只是某种更加复杂的引力理论在小曲率情况下的近似. 这种高阶的引力理论带有曲率不变量的高幂次项, 例如下式的形式:

$$S=-\frac{1}{16\pi}\int\left(R+\alpha R^{2}+\beta R_{\mu\nu}R^{\mu\nu}+\gamma R^{3}+\cdots\right)\sqrt{-g}d^{4}x. \tag{5.107}$$

二次项以及更高阶的项的来源可以是引力的基本理论, 也可以是真空极化的结果. 这些项前面带量纲系数很可能是普朗克的量级. (5.107)式描述的引力理论可以为我们提供暴胀. 这一点很容易理解. 爱因斯坦引力是四维时空中唯一的能保持运动方程为二阶的度规理论①. 对爱因斯坦引力的任何修正都会带来高阶导数项. 这意味着, 除了引力波之外, 引力场还会出现额外的自由度, 一般来说包括一个自旋为 0 的场.

习题 5.15 考虑一个度规 $g_{\mu\nu}$ 的引力理论, 其作用量如下:

$$S=\frac{1}{16\pi}\int f(R)\sqrt{-g}d^{4}x, \tag{5.108}$$

其中 $f(R)$ 是标量曲率 R 的一个任意函数. 推出如下的运动方程:

$$\frac{\partial f}{\partial R}R_{\nu}^{\mu}-\frac{1}{2}\delta_{\nu}^{\mu}f+\left(\frac{\partial f}{\partial R}\right)_{;\alpha}^{;\alpha}\delta_{\nu}^{\mu}-\left(\frac{\partial f}{\partial R}\right)_{;\nu}^{;\mu}=0. \tag{5.109}$$

证明在做了 $g_{\mu\nu}\to\tilde{g}_{\mu\nu}=Fg_{\mu\nu}$ 的共形变换之后, 里奇张量和标量曲率分别按照如下规律变换:

$$R_{\nu}^{\mu}\to\tilde{R}_{\nu}^{\mu}=F^{-1}R_{\nu}^{\mu}-F^{-2}F_{;\nu}^{;\mu}-\frac{1}{2}F^{-2}F_{;\alpha}^{;\alpha}\delta_{\nu}^{\mu}+\frac{3}{2}F^{-3}F_{;\nu}F^{;\mu}, \tag{5.110}$$

$$R\to\tilde{R}=F^{-1}R-3F^{-2}F_{;\alpha}^{;\alpha}+\frac{3}{2}F^{-3}F_{;\alpha}F^{;\alpha}. \tag{5.111}$$

引入 "标量场" ②

$$\varphi\equiv\sqrt{\frac{3}{16\pi}}\ln F(R). \tag{5.112}$$

证明如果我们取 $F=\partial f/\partial R$, 并把这个标量场的势取为(5.114)的形式, 运动方程(5.109)就能化为爱因斯坦方程:

$$\tilde{R}_{\nu}^{\mu}-\frac{1}{2}\tilde{R}\delta_{\nu}^{\mu}=8\pi\tilde{T}_{\nu}^{\mu}(\varphi), \tag{5.113}$$

---

① 这个结论被称为 Lovelock 定理. 参见 Lovelock, *The Einstein Tensor and Its Generalizations.* Journal of Mathematical Physics, 12 (3): 498–501. Lovelock, *The Four-Dimensionality of Space and the Einstein Tensor,* Journal of Mathematical Physics, 13 (6): 874–876.

② 这个从共形变换里出来的标量场在文献中通常称为 "标量子"(scalaron).

$$V(\varphi) = \frac{1}{16\pi} \frac{f - R\partial f/\partial R}{(\partial f/\partial R)^2}. \tag{5.114}$$

习题 5.16 研究 R^2 引力

$$S = -\frac{1}{16\pi} \int \left(R - \frac{R^2}{6M^2} \right) \sqrt{-g} d^4x \tag{5.115}$$

中的暴胀解. 这里的常数 M 的物理意义是什么?

根据这两个习题的结果, 带有高阶导数项的引力共形等价于爱因斯坦引力加上一个额外的标量场. 如果这个标量场的势可以满足慢滚条件, 我们就能在 $\tilde{g}_{\mu\nu}$ 所在的共形标架 (conformal frame) 中拥有暴胀解. 然而, 我们不应该把共形度规和原来的物理度规混淆起来. 它们描述的是不同几何的流形, 最后的物理结果必须要在原始的度规中解释. 在我们的情况下采用共形变换只是一种数学工具, 它能够简单地让我们把新问题约化为我们之前研究过的问题. 共形度规和物理度规 $g_{\mu\nu}$ 之间差了一个共形因子 F, 它依赖于曲率不变量. 在暴胀期间, 它几乎不变. 所以我们在原始的物理标架中也能有暴胀的解[①].

到目前为止我们考虑的暴胀解都是来自于标量场的势. 然而, 暴胀甚至可以在没有势能项的情况下实现. 例如玻恩-因费尔德类型 (Born-Infeld-type) 的理论, 其中的作用量对标量场的动能项的依赖是非线性的[②]. 这一类理论并没有高阶导数项, 但是它们可以有很多其他独特的性质[③].

习题 5.17 考虑一个标量场, 其作用量为

$$S = \int p(X, \varphi) \sqrt{-g} d^4x, \tag{5.116}$$

其中 p 是关于 φ 和 $X \equiv \frac{1}{2}(\partial_\mu \varphi \partial^\mu \varphi)$ 的一个任意函数. 证明这个场的能动张量可

---

① 这里提到的共形标架和物理标架, 在文献中也分别称为爱因斯坦标架 (Einstein frame) 和若尔当标架 (Jordan frame).

② 这句话指的是下面的习题 5.17 提到的 k 暴胀 (Armendariz-Picon, Damour, Mukhanov, *k-Inflation*, Phys.Lett.B 458 (1999), 209, arXiv:hep-th/9904075). 其具体模型包括动能项驱动的 k 暴胀, 狄拉克-玻恩-因费尔德 (Dirac-Born-Infeld) 暴胀 (Silverstein and Tong, *DBI in the Sky*, Phys.Rev.D 70 (2004) 123505, arXiv: hep-th/0404084), 鬼凝聚 (ghost condensation) 驱动的暴胀 (Arkani-Hamed et al., *Ghost Inflation*, JCAP 04 (2004) 001, arXiv: hep-th/0312100), 等等.

③ 这里的高阶导数指的是标量场的高阶导数. 也可以用带高阶导数项的标量驱动暴胀, 即所谓的基于伽利略子 (Galileon) 的 G 暴胀. 它的作用量虽然带有高阶导数项 , 但运动方程仍然是二阶的. 参见 Kobayashi et al., *G-inflation: Inflation Driven by the Galileon Field*, Phys.Rev.Lett. 105 (2010) 231302, arXiv: 1008.0603.

以写为如下形式:

$$T^{\mu}_{\nu} = (\varepsilon + p)u^{\mu}u_{\nu} - p\delta^{\mu}_{\nu}, \tag{5.117}$$

其中拉格朗日量 p 就是等效压强, 而

$$\varepsilon = 2X\frac{\partial p}{\partial X} - p, \qquad u_{\nu} = \frac{\partial_{\nu}\varphi}{\sqrt{2X}}. \tag{5.118}$$

如果拉格朗日量 p 在某一段 X 和 φ 的范围内满足 $X\partial p/\partial X \ll p$ 的条件, 则物态方程就是 $p \approx -\varepsilon$, 这时我们就有一段暴胀解. 请说明为何在 p 只依赖于 X 的情况下该暴胀解不能令人满意. 考虑一个一般的函数 $p(X,\varphi)$, 且没有任何势能项, 也就是说, 在 $X \to 0$ 时有 $p \to 0$. 请写出能实现慢滚暴胀和优雅退出的情况下该函数必须满足的条件. 这种基于拉格朗日量对动能项的非平庸依赖的暴胀方案称为 k 暴胀.

方案 最简单的暴胀方案可以分为三类, 即普通的带势能项的标量场, 高阶导数引力, 以及 k 暴胀. 这些不同类别的暴胀方案给出的宇宙学结果几乎无法分辨——它们之间能够互相模拟. 然而, 在每一种类别里, 我们总可以通过提出以下问题来区分模型: ① 暴胀之前发生了什么? ② 暴胀如何优雅退出到弗里德曼宇宙? 出于我们的目的, 考虑最简单的带有正则动能项的标量场就足够了. 势函数则可以有各种不同的形状, 参见图 5-7. 这三种情况分别对应于所谓的旧暴胀、新暴胀和混沌暴胀 (chaotic inflation) 这三种不同的方案. 前两个名字完全是由于历史原因.

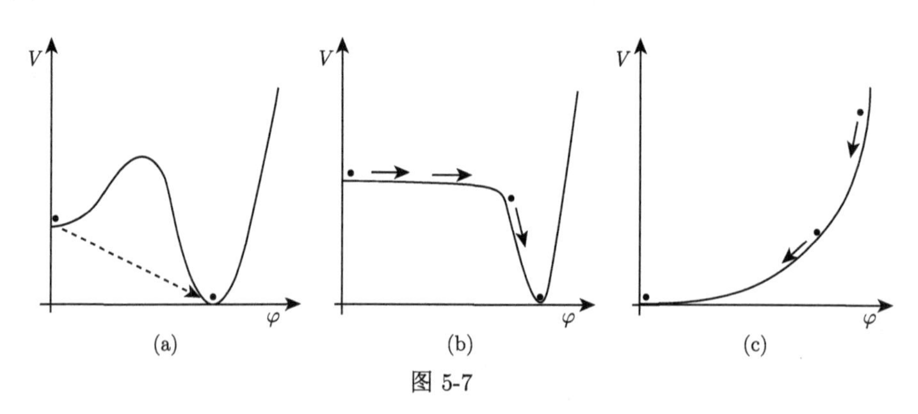

图 5-7

*旧暴胀*假设标量场通过初始热宇宙的一个过冷 (supercooling) 过程达到其位于 $\varphi = 0$ 处的势能极小值 (参见图 5-7(a)). 之后宇宙经历了一段加速膨胀的过程, 并通过气泡成核实现优雅退出. 很快人们就发现这种方案不能实现成功的优雅退出, 因为气泡的所有能量都集中在它的泡壁上, 而这些气泡没有机会发生碰撞. 这

种困难在新暴胀方案中得以解决. 新暴胀方案跟我们之前讨论过的高阶导数引力中的成功模型有相似之处.

新暴胀基于一个科尔曼-温伯格 (Coleman-Weinberg) 型的势 (参见图 5-7(b)). 因为这个势非常平坦, 且 $\varphi=0$ 处是一个极大值, 所以标量场离开其势的极大值点的方法不是隧穿, 而是量子涨落. 随后它就缓慢地从其极大值附近滚落下来, 其能量均匀地在整个空间同时释放. 原始的新暴胀模型中, 暴胀之前的宇宙处于热状态, 因此热修正可以恢复势的对称性. 这曾经是人们用以解释标量场取 $\varphi=0$ 那样的初条件的理由. 但是很快人们就发现宇宙存在热初态似乎不大可能. 因此现在来看新暴胀模型中选取如此初条件的动机似乎是错误的. 相比之下, 宇宙更有可能是因此而处在一个“自复制”的区域之中 (细节的相关讨论参见 8.5 节).

混沌暴胀 (*chaotic inflation*) 这个名字表示一类能满足慢滚条件的最一般的势 (参见图 5-7(c)). 我们已经在前面几节仔细考虑过这种模型. 使用混沌这个名字是因为标量场的初条件几乎是任意的. 精确地说, 这个场在初始时刻必须比普朗克值要大, 其他的方面都是任意的. 实际上, 空间的某一片区域的场值与另一片区域的场值可能是不一样的, 其结果是, 宇宙的整体结构极其复杂. 它可能在远大于目前的视界的尺度上是极度不均匀的, 但是在对应于可观测宇宙的“小”尺度上又是极其均匀的. 我们会在 8.5 节看到, 在混沌暴胀的情况下, 量子涨落会导致自复制的宇宙.

因为混沌暴胀涵盖了很多不同的势, 我们可能会认为值得去考虑一些特殊的例子, 例如指数势. 在指数势中如果慢滚条件在一个时刻满足, 它们就会一直满足. 因此, 指数势描述的是无法优雅退出的 (幂律) 暴胀. 为了引入优雅退出, 我们必须“破坏”指数势. 如果存在两个或者更多标量场, 我们的选择余地就会增大. 因此在这里进入不同模型的细节对我们并没有太大帮助.

在我们还不知道潜在的基本粒子物理理论的情况下, 我们可以自由地选择势函数, 并因此发明更多的暴胀方案. 在这个意义上来说, 自从人们开始意识到暴胀的重要性以来, 情况发生了很大变化. 实际上在 20 世纪 80 年代很多人把暴胀看作在高能标一定存在的大统一理论的一种有效的应用. 除了能够解决初始条件疑难, 暴胀还可以解释为什么我们看不到过量 (overabundance) 的单极子, 而它们应是大统一理论不可避免的产物. 要么就是暴胀把所有之前产生的单极子都稀释掉了, 只在现在视界的体积内留下少于一个单极子; 要么就是单极子根本就没有产生过. 同样的理由可以用来说明为什么重的稳定粒子不会在高温的热平衡态中过量产生. 很多作者把解决单极子疑难和重粒子疑难看作和解决初条件疑难一样重要. 然而在这里我们想要指出的是初始条件疑难是大自然摆在我们面前的难题, 而其他疑难现在看来只不过是超出标准模型的物理理论的内部问题. 通过解决这些额外的疑难问题, 暴胀打开了通向那些本来已被宇宙学所禁止的理论之门. 带着不同态度的研究者可能会将其看作暴胀的有用的成就或者是糟糕的特性.

德西特解和暴胀　我们想要讨论的最后一点是宇宙学常数及纯德西特解在暴胀中扮演的角色. 我们已经说过, 纯德西特解没办法给我们提供一个能够实现优雅退出的模型. 在德西特时空中, 膨胀这个概念甚至没有明确的定义. 我们已经在 1.3.6 节看到, 德西特时空和闵可夫斯基时空的对称性群是一样的. 它在空间上是平坦的, 且在时间上是平移不变的. 因此, 其中的任意类空超曲面都是等能量的超曲面. 为了描述膨胀, 我们不但可以用 $k = 0, \pm 1$ 的弗里德曼坐标, 也可以用别的坐标, 例如习题 2.7 中的 "静态坐标", 它描述的是事件视界之外的膨胀时空. 在 $k = 0, \pm 1$ 这三种情况下, 等时超曲面的三维几何差别很大. 但是, 这些差别只是描述了对最大对称性空间的不同的分层 (slicings) 方法, 并不存在明显优先的坐标选取.

暴胀绝对无法用纯德西特解来实现的这个事实非常重要. 它要求必须偏离真空的物态方程, 正是这种偏离最终确定了暴胀向热宇宙转变的那张 "超曲面". 然而, 德西特宇宙仍然是一个对几乎所有的暴胀模型都非常有用的零阶近似. 实际上, 等效物态方程必须对至少 75 个 e 倍数满足 $\varepsilon + 3p < 0$ 的条件. 一般来说, 这只有在暴胀在其绝大多数时间段都在相当高的精度上保持 $p \approx -\varepsilon$ 的情况下才有可能. 因此, 我们可以采用定义在德西特时空中的不同坐标系中的等时超曲面的语言. 我们之前的讨论显示从暴胀到弗里德曼宇宙的转变发生在膨胀的各向同性坐标系中的等时超曲面 ($\eta =$ 常数) 上, 而不是在沿着 "静态坐标" 中的 $r =$ 常数[①]的超曲面上. 下一个问题是, 这三种 ($k = 0, \pm 1$) 可能的各向同性坐标系中, 我们必须用哪一种来连接德西特时空和弗里德曼宇宙? 依赖于这个问题的不同答案, 我们可以得到平坦、开放和封闭的弗里德曼宇宙. 然而, 事实证明这个问题的答案和我们的可观测宇宙区域不相关. 实际上, 如果暴胀能够持续 75 个 e 倍数以上, 宇宙的可观测部分只对应于把德西特宇宙和弗里德曼宇宙黏合起来的整体共形图中的一片非常小的区域. 这片区域位于德西特时空的共形图的上边界附近, 也就是在平坦、开放或封闭的弗里德曼宇宙的下边界附近 (参见图 5-8). 在这片区域中, 平坦、开放或封闭情况下的等时超曲面之间的差别非常小, 可以忽略. 在优雅退出之后, 我们能得到一片广袤的弗里德曼宇宙的区域, 它是极其平坦的, 而且覆盖了所有可观测尺度. 在大于现在视界的尺度上的宇宙的整体结构与观测者没有关系——至少在未来一千亿年内不会有关系. 在本书的第二部分, 我们将看到这种整体结构会因为量子涨落而变得极其复杂. 这些涨落通过暴胀被放大了, 其结果是从暴胀到弗里德曼宇宙的转换超曲面上出现了 "褶皱" (wrinkles). 这些褶皱在可观测宇宙的尺度上很小, 但是它们在非常大的尺度上会变得极其巨大. 因此, 宇宙的

---

① 静态坐标 r 参见习题 2.7 中的 (2.31) 式. 对应的静态坐标共形图见图 2-4.

整体结构变得跟弗里德曼宇宙完全不同. 追问整个宇宙的空间曲率是多少不再有任何物理意义. 以上这些讨论也说明精确的德西特解的整体性质与实际的物理宇宙无关.

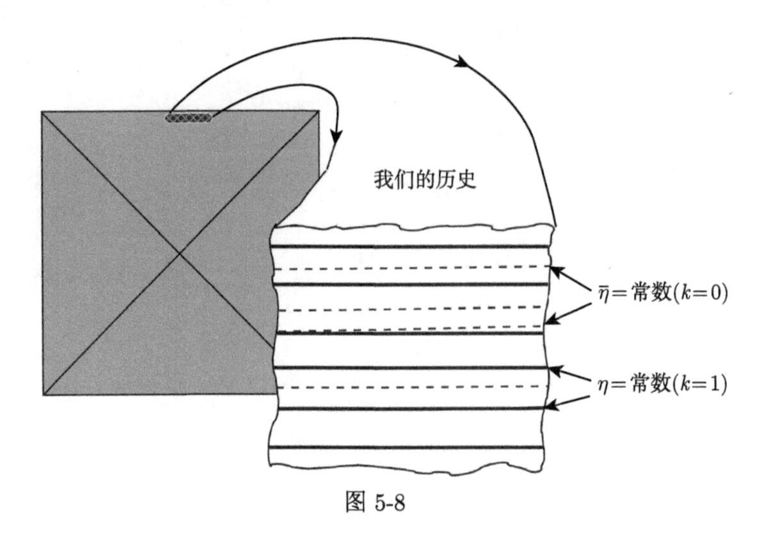

图 5-8

第二部分
不均匀的宇宙

第 6 章　牛顿理论中的引力不稳定性

宇宙微波背景的观测结果告诉我们, 在复合时期, 宇宙是非常均匀及各向同性的. 但是在今天, 宇宙的结构发展出了高度的非线性. 这种非线性结构表现为星系、星系团、超星系团, 以及大尺度上的空洞 (void)、板片 (sheet) 和纤维状结构 (filaments). 然而, 深度红移巡天结果显示, 如果在大于几亿秒差距的尺度上做平均, 密度分布的不均匀性是非常小的. 为什么很小的初始扰动可以发展出非线性结构? 这个问题的简单答案就是引力不稳定性.

引力不稳定性是引力的一种自然性质. 物质被吸引到高密度区域, 并由此增强已经存在的不均匀性. 为了确定我们今天观测到的非线性结构确实是由存在于复合时期的微小初始不均匀性所产生, 我们必须研究膨胀宇宙中的扰动增长. 对引力不稳定性的完全分析需要用到广义相对论, 这个过程非常复杂, 且难以直接把握其物理含义. 因为这个原因, 我们按照如下步骤来循序渐进地建立引力不稳定性的理论.

在本章里我们只在牛顿引力理论框架下考虑引力不稳定性问题. 用牛顿引力推导出的结果只能在哈勃视界内适用于非相对论性物质. 首先, 我们推导出在非膨胀宇宙中, 小的不均匀性是如何增长的 (金斯 (Jeans) 理论). 这一部分内容的主要目的是确定在均匀且各向同性的介质中哪种扰动模式可以存在, 同时介绍分析扰动的方法. 虽然在非膨胀宇宙中得到的不稳定性增长率的公式没什么用处, 其结果却能帮助我们牢牢建立一个扰动演化行为的直观的物理图像. 下一步我们将要考虑膨胀宇宙中的线性扰动论. 这不只是个应用线性微扰论的练习题而已. 在实际的宇宙中, 这个理论可以用来描述复合时期之后在亚视界尺度上的不均匀性的演化. 我们应用这个理论来研究物质为主的宇宙中不稳定性的增长率, 并用以研究某种光滑不结团的能量组分, 比如辐射或者真空能, 何以能够影响到冷物质组分的不均匀性增长. 最后, 我们考虑具有特定的空间几何对称性的非线性扰动, 并利用对称性导出一些精确解. 基于这些简单的结果, 我们可以在非线性尺度上解释物质分布的普遍特性.

6.1　基本方程

大尺度上的物质可以用理想流体近似 (perfect fluid approximation) 来描述. 这意味着在任意给定时刻, 物质可以用其能量密度分布 $\varepsilon(\mathbf{x}, t)$, 单位质量的熵 $S(\mathbf{x}, t)$,

以及 3-速度的矢量场 $\mathbf{V}(\mathbf{x},t)$ 来完备描述. 这些量满足流体力学方程. 我们先从推导这些流体力学方程开始.

连续性方程　我们考虑一个欧拉 (非共动) 坐标 $\mathbf{x}$ 中的固定体积元 ΔV, 则其中的质量变化率可以写为

$$\frac{dM(t)}{dt}=\int_{\Delta V}\frac{\partial\varepsilon(\mathbf{x},t)}{\partial t}dV. \tag{6.1}$$

换个角度看, 这个质量变化率完全由这个体积元的表面的物质流密度决定[①]:

$$\frac{dM(t)}{dt}=-\oint\varepsilon\mathbf{V}\cdot d\boldsymbol{\sigma}=-\int_{\Delta V}\nabla\cdot(\varepsilon\mathbf{V})\,dV. \tag{6.2}$$

当且仅当

$$\frac{\partial\varepsilon}{\partial t}+\nabla\cdot(\varepsilon\mathbf{V})=0 \tag{6.3}$$

时, (6.1)和(6.2)这两个表达式相等.

欧拉方程　一团小物质元 ΔM 的加速度 $\mathbf{g}$ 是由引力和压力决定的. 引力是

$$\mathbf{F}_{\text{gr}}=-\Delta M\cdot\nabla\phi, \tag{6.4}$$

其中 ϕ 是引力势. 压力是

$$\mathbf{F}_{\text{pr}}=-\oint p\cdot d\boldsymbol{\sigma}=-\int_{\Delta V}\nabla p dV\simeq-\nabla p\cdot\Delta V. \tag{6.5}$$

其中 p 是压强. 注意到加速度 $\mathbf{g}$ 的定义是

$$\mathbf{g}\equiv\frac{d\mathbf{V}(\mathbf{x}(t),t)}{dt}=\left(\frac{\partial\mathbf{V}}{\partial t}\right)_x+\frac{dx^i(t)}{dt}\left(\frac{\partial\mathbf{V}}{\partial x^i}\right)=\frac{\partial\mathbf{V}}{\partial t}+(\mathbf{V}\cdot\nabla)\,\mathbf{V}. \tag{6.6}$$

我们根据牛顿第二定律

$$\Delta M\cdot\mathbf{g}=\mathbf{F}_{\text{gr}}+\mathbf{F}_{\text{pr}}, \tag{6.7}$$

即可得到欧拉方程

$$\frac{\partial\mathbf{V}}{\partial t}+(\mathbf{V}\cdot\nabla)\,\mathbf{V}+\frac{\nabla p}{\varepsilon}+\nabla\phi=0. \tag{6.8}$$

熵守恒　忽略掉耗散效应, 则物质元的熵是守恒的:

$$\frac{dS(\mathbf{x}(t),t)}{dt}=\frac{\partial S}{\partial t}+(\mathbf{V}\cdot\nabla)\,S=0. \tag{6.9}$$

① 原文中 $\nabla\cdot(\varepsilon\mathbf{V})$ 作 $\nabla(\varepsilon\mathbf{V})$. 本书中的矢量散度有时会省写那一点. 为了和并矢有所区别, 并保持全书的符号一致性, 故补写点乘符号. 下同.

泊松方程 最后, 我们知道确定引力势的方程是泊松方程[1]

$$\triangle\phi = 4\pi G\varepsilon. \tag{6.10}$$

联立以上的方程(6.3), (6.8)—(6.10), 再加上一个物态方程

$$p = p(\varepsilon, S), \tag{6.11}$$

我们就得到一个由七个方程组成的完备方程组. 原则上讲, 可以从中解出七个未知函数: ε, $\mathbf{V}$, S, ϕ, p. 注意到在此方程组中, 只有前面五个方程含有时间的一阶导数, 因此这些方程的通解应该包括五个积分常数. 在我们研究的物理问题中这其实是五个依赖于空间坐标 $\mathbf{x}$ 的任意函数. 流体力学方程因为是非线性的, 一般来说并不容易求解. 不过, 我们的目的是研究均匀且各向同性背景中的小的扰动, 因此可以对这些方程做线性近似.

6.2 金斯理论

我们先考虑一个静态非膨胀宇宙, 并假设其中充满了均匀且各向同性的物质, 其密度为常数, 且不随时间变化: $\varepsilon_0(t,\mathbf{x}) =$ 常数. 这个假设很显然跟流体力学方程存在矛盾. 实际上, 只有在物质是静止的且引力 $F \propto \nabla\phi = 0$ 时候, 能量密度才有可能不变. 但是那样的话泊松方程 $\triangle\phi = 4\pi G\varepsilon_0$ 就无法满足. 从原则上讲, 这个矛盾可以通过考虑爱因斯坦静态宇宙来解决, 其中物质之间的引力可以恰好被适当取值的宇宙学常数项所产生的 "反引力" 抵消掉.

对物质分布做扰动, 我们得到[2]

$$\begin{aligned} \varepsilon(\mathbf{x},t) &= \varepsilon_0 + \delta\varepsilon(\mathbf{x},t), \\ \mathbf{V}(\mathbf{x},t) &= \mathbf{V}_0 + \delta\mathbf{v} = \delta\mathbf{v}(\mathbf{x},t), \\ \phi(\mathbf{x},t) &= \phi_0 + \delta\phi(\mathbf{x},t), \\ S(\mathbf{x},t) &= S_0 + \delta S(\mathbf{x},t), \end{aligned} \tag{6.12}$$

其中的扰动量都满足类似于 $\delta\varepsilon \ll \varepsilon_0$ 的关系. 压强等于

$$p(\mathbf{x},t) = p(\varepsilon_0 + \delta\varepsilon, S_0 + \delta S) = p_0 + \delta p(\mathbf{x},t). \tag{6.13}$$

在线性近似下, 其扰动部分 δp 可以用能量密度扰动和熵扰动表示为

$$\delta p = c_s^2\delta\varepsilon + \sigma\delta S. \tag{6.14}$$

---

[1] 泊松方程左边的 $\triangle \equiv \nabla^2$ 是拉普拉斯算符. 注意不要跟上面定义的体积元和质量元中的 Δ 混淆. 原书未区别这两种符号.

[2] 第二式的自变量 t 原文作黑体的 $\mathbf{t}$, 根据其他式改.

这里 $c_s^2 \equiv (\partial p/\partial \varepsilon)_S$ 是声速的平方, 而 $\sigma \equiv (\partial p/\partial S)_\varepsilon$. 对非相对论性物质 $(p \ll \varepsilon)$ 来说, 声速与速度扰动 $\delta\mathbf{v}$ 都远小于光速.

将(6.12)和(6.14)代入(6.3), (6.8)—(6.10)中, 并只保留扰动的线性项, 我们得到如下方程组:

$$\frac{\partial \delta\varepsilon}{\partial t} + \varepsilon_0 \nabla \cdot (\delta\mathbf{v}) = 0, \tag{6.15}$$

$$\frac{\partial \delta\mathbf{v}}{\partial t} + \frac{c_s^2}{\varepsilon_0}\nabla\delta\varepsilon + \frac{\sigma}{\varepsilon_0}\nabla\delta S + \nabla\delta\phi = 0, \tag{6.16}$$

$$\frac{\partial \delta S}{\partial t} = 0, \tag{6.17}$$

$$\triangle\delta\phi = 4\pi G\delta\varepsilon. \tag{6.18}$$

方程(6.17)有一个简单的通解

$$\delta S(\mathbf{x}, t) = \delta S(\mathbf{x}), \tag{6.19}$$

这表示熵是一个空间坐标的任意函数, 但是不依赖于时间.

取(6.16)式的散度, 并利用连续性方程和泊松方程把 $\nabla \cdot \delta\mathbf{v}$ 和 $\triangle\delta\phi$ 用 $\delta\varepsilon$ 表示出来, 我们得到

$$\frac{\partial^2 \delta\varepsilon}{\partial t^2} - c_s^2 \triangle\delta\varepsilon - 4\pi G\varepsilon_0\delta\varepsilon = \sigma\triangle\delta S(\mathbf{x}). \tag{6.20}$$

这是一个关于 $\delta\varepsilon$ 的闭合线性微分方程, 熵扰动是它的源项.

6.2.1　绝热扰动

首先我们假设不存在熵扰动 (entropy perturbation), 即 $\delta S = 0$. (6.20)式中的系数不依赖于空间坐标. 因此, 做如下的傅里叶变换[①]:

$$\delta\varepsilon(\mathbf{x}, t) = \int \delta\varepsilon_{\mathbf{k}}(t) \exp(i\mathbf{k}\cdot\mathbf{x}) \frac{d^3k}{(2\pi)^{3/2}}, \tag{6.21}$$

我们即可得到一组关于这个不依赖于时间的傅里叶系数 $\delta\varepsilon_{\mathbf{k}}$ 的互相独立的常微分方程

$$\ddot{\delta\varepsilon}_{\mathbf{k}} + \left(k^2 c_s^2 - 4\pi G\varepsilon_0\right)\delta\varepsilon_{\mathbf{k}} = 0, \tag{6.22}$$

这里的一点表示对时间 t 求导, 且有 $k = |\mathbf{k}|$.

---

① 原文中 $\mathbf{k}\cdot\mathbf{x}$ 作 $\mathbf{kx}$. 本书中的矢量点乘有时会省写那一点. 为了和并矢有所区别, 并保持全书的符号一致性, 故补写点乘符号. 下同.

方程(6.22)有两个线性无关解

$$\delta\varepsilon_{\mathbf{k}} \propto \exp\big(\pm i\omega(k)t\big), \tag{6.23}$$

其中

$$\omega(k) = \sqrt{k^2 c_s^2 - 4\pi G\varepsilon_0}.$$

本小节解出的所谓绝热扰动 (adiabatic perturbation) 的演化行为敏感地依赖于这个根号内的量的符号. 金斯长度定义为使 $\omega(k_J) = 0$ 时的扰动的波长:

$$\lambda_J = \frac{2\pi}{k_J} = c_s\left(\frac{\pi}{G\varepsilon_0}\right)^{1/2}, \tag{6.24}$$

我们可以得到, 如果 $\lambda < \lambda_J$, (6.23)的解取声波的形式

$$\delta\varepsilon \propto \sin\left(\omega t + \mathbf{k}\cdot\mathbf{x} + \alpha\right). \tag{6.25}$$

其传播的相速度 (phase velocity) 为

$$c_{\text{phase}} = \frac{\omega}{k} = c_s\sqrt{1 - \frac{k_J^2}{k^2}}. \tag{6.26}$$

在 $k \gg k_J$ 的极限下, 换句话说是在极小的尺度上 ($\lambda \ll \lambda_J$), 我们从上式可以得到 $c_{\text{phase}} \to c_s$. 这符合我们的物理直觉, 因为在这个极限下引力相对于压强可以忽略.

在大尺度上引力是占主导的. 如果 $\lambda > \lambda_J$, 我们有

$$\delta\varepsilon_{\mathbf{k}} \propto \exp\left(\pm|\omega|t\right). \tag{6.27}$$

其中一个解描述的是不均匀性的指数增长, 而另一个解对应于衰减模式. 当 $k \to 0$ 时, $|\omega|t \to t/t_{\text{gr}}$, 其中 $t_{\text{gr}} \equiv (4\pi G\varepsilon_0)^{-1/2}$. 我们可以把 t_{gr} 解释成一块初始密度为 ε_0 的区域发生引力坍缩的特征时间.

金斯长度 $\lambda_J \sim c_s t_{\text{gr}}$ 是 “声速通信” 的尺度. 在这个尺度以内, 压强可以对引力不稳定性造成的能量密度的改变作出及时响应. 在静态宇宙中, 引力不稳定性是非常高效的. 即使绝热扰动的初始值极其微小, 比如说是 10^{-100}, 引力只需要 $t \sim 230t_{\text{gr}}$ 的很短一段时间就可以把这个扰动放大到 1 的量级.

习题 6.1 找到并分析 $\delta\mathbf{v}_{\mathbf{k}}$ 和 $\delta\phi_{\mathbf{k}}$ 的声波解与尺度大于金斯长度的增长解.

6.2.2 矢量扰动

方程(6.20)的一组平凡解 $\delta\varepsilon = 0$, $\delta S = 0$ 可以对应于整个流体力学方程组的非平凡解. 实际上, 在这种解的情况下,(6.15)—(6.18)约化为

$$\nabla \cdot \delta\mathbf{v} = 0, \qquad \frac{\partial \delta\mathbf{v}}{\partial t} = 0. \tag{6.28}$$

从第二个方程我们知道 $\delta\mathbf{v}$ 是一个只依赖于空间坐标而不依赖于时间的任意函数, $\delta\mathbf{v}(\mathbf{x})$. 第一个方程则告诉我们对平面波解, $\delta\mathbf{v} = \mathbf{w_k}\exp(i\mathbf{k}\cdot\mathbf{x})$, 速度是垂直于波矢 $\mathbf{k}$ 的:

$$\mathbf{w_k} \cdot \mathbf{k} = 0. \tag{6.29}$$

这些矢量扰动描述的是介质中的剪切 (shear) 运动, 这种运动不影响到能量密度. 因为垂直于 $\mathbf{k}$ 的方向上有两个独立的方向, 所以对于给定 $\mathbf{k}$, 存在两个独立的矢量扰动模式.

6.2.3 熵扰动

当熵的分布存在不均匀性时 $(\delta S \neq 0)$, (6.20)式的傅里叶变换是

$$\ddot{\delta\varepsilon_{\mathbf{k}}} + \left(k^2 c_s^2 - 4\pi G\varepsilon_0\right)\delta\varepsilon_{\mathbf{k}} = -\sigma k^2 \delta S_{\mathbf{k}}. \tag{6.30}$$

这个方程的解可以写成一个特解和满足 $\delta S_{\mathbf{k}} = 0$ 的齐次方程的通解之和. 方程 (6.30) 有一个不依赖于时间的特解

$$\delta\varepsilon_{\mathbf{k}} = -\frac{\sigma k^2 \delta S_{\mathbf{k}}}{k^2 c_s^2 - 4\pi G\varepsilon_0}, \tag{6.31}$$

称为熵扰动. 注意到在短距离极限下, 即 $k \to \infty$ 时, 引力不重要, (6.31)化为 $\delta\varepsilon_{\mathbf{k}} \to -\sigma\delta S_{\mathbf{k}}/c_s^2$. 在这种情况下, 能量密度的不均匀性造成的压强变化完全被熵扰动抵消, 所以压强扰动 $\delta p_{\mathbf{k}} = c_s^2\delta\varepsilon_{\mathbf{k}} + \sigma\delta S_{\mathbf{k}} = 0$.

熵扰动只有在多组分流体中才会出现. 例如, 在一个重子和辐射组成的混合流体中, 重子可以不均匀地分布在均匀的辐射背景上. 这种情况下的熵 (它等于每个重子对应的光子数) 在空间每一点都是不一样的①.

这样我们就得到了完备的扰动模式解集——两个绝热扰动模式, 两个矢量扰动模式, 一个熵扰动模式. 它们可以用来描述存在引力相互作用的均匀非膨胀介质中的扰动. 其中最有趣的结果是指数增长的绝热扰动模式, 它正是宇宙的结构的起源.

---

① 这里的 "熵" 不是指本书第一部分谈到的熵密度 $s \sim n_\gamma$, 而是指每个重子对应的熵, 或者说光子数与重子数之比: $S = n_\gamma/n_b \sim s/n_b$. 它的扰动分率就是所谓的熵扰动: $\delta S/S = \delta n_\gamma/n_\gamma - \delta n_b/n_b = (3/4)\delta\varepsilon_\gamma/\varepsilon_\gamma - \delta\varepsilon_b/\varepsilon_b$. 对辐射背景中的任意一种粒子成分, 都可以按此定义一种独立的熵扰动. 参见 7.3.1 节的熵扰动小节.

6.3 膨胀宇宙中的不稳定性

背景 在一个正在膨胀的均匀且各向同性宇宙中, 背景能量密度是一个时间的函数, 且背景的膨胀速度遵循哈勃定律:

$$\varepsilon = \varepsilon_0(t), \qquad \mathbf{V} = \mathbf{V}_0 = H(t) \cdot \mathbf{x}. \tag{6.32}$$

将这两个表达式代入(6.3), 我们得到一个熟悉的方程

$$\dot{\varepsilon}_0 + 3H\varepsilon_0 = 0, \tag{6.33}$$

它表示的是非相对论性物质的总质量守恒. 取欧拉方程(6.8)的散度, 并结合泊松方程(6.10), 我们得到弗里德曼方程:

$$\dot{H} + H^2 = -\frac{4\pi G}{3}\varepsilon_0. \tag{6.34}$$

扰动 先忽略掉熵扰动, 并将如下的扰动表达式

$$\begin{aligned} \varepsilon &= \varepsilon_0 + \delta\varepsilon(\mathbf{x}, t), \\ \mathbf{V} &= \mathbf{V}_0 + \delta\mathbf{v}, \\ \phi &= \phi_0 + \delta\phi, \\ p &= p_0 + \delta p = p_0 + c_s^2\delta\varepsilon, \end{aligned} \tag{6.35}$$

代入(6.3), (6.8), 以及(6.10), 我们可以推出小扰动满足的线性化的运动方程组:

$$\frac{\partial\delta\varepsilon}{\partial t} + \varepsilon_0\nabla\cdot\delta\mathbf{v} + \nabla\left(\delta\varepsilon_0\cdot\mathbf{V}_0\right) = 0, \tag{6.36}$$

$$\frac{\partial\delta\mathbf{v}}{\partial t} + \left(\mathbf{V}_0\cdot\nabla\right)\delta\mathbf{v} + \left(\delta\mathbf{v}\cdot\nabla\right)\mathbf{V}_0 + \frac{c_s^2}{\varepsilon_0}\nabla\delta\varepsilon + \nabla\delta\phi = 0, \tag{6.37}$$

$$\triangle\delta\phi = 4\pi G\delta\varepsilon. \tag{6.38}$$

哈勃速度 $\mathbf{V}_0$ 显含空间坐标 $\mathbf{x}$, 因此对欧拉坐标 $\mathbf{x}$ 做傅里叶变换并不能得到一组互相独立的常微分方程组. 因此, 更方便的坐标是 (共动于哈勃流的) 拉格朗日坐标系 $\mathbf{q}$, 它和欧拉坐标的关系是

$$\mathbf{x} = a(t)\mathbf{q}, \tag{6.39}$$

其中 $a(t)$ 是标度因子. 固定 $\mathbf{x}$ 对时间做偏导数和固定 $\mathbf{q}$ 对时间做偏导数是不一样的. 对一个任意函数 $f(\mathbf{x}, t)$ 固定 $\mathbf{q}$ 取时间偏导数, 有

$$\left(\frac{\partial f(\mathbf{x} = a\mathbf{q}, t)}{\partial t}\right)_{\mathbf{q}} = \left(\frac{\partial f}{\partial t}\right)_{\mathbf{x}} + \dot{a}q^i\left(\frac{\partial f}{\partial x^i}\right)_t, \tag{6.40}$$

因此可以得到

$$\left(\frac{\partial}{\partial t}\right)_{\mathbf{x}} = \left(\frac{\partial}{\partial t}\right)_{\mathbf{q}} - (\mathbf{V_0} \cdot \nabla_{\mathbf{x}}). \tag{6.41}$$

两种坐标系的空间偏导数之间的关系要更加简单一些:

$$\nabla_{\mathbf{x}} = \frac{1}{a}\nabla_{\mathbf{q}}. \tag{6.42}$$

将这两种偏导数代入方程(6.36)—(6.38), 并引入密度扰动的幅度分率 (fractional amplitude of the density perturbations)[①] $\delta \equiv \delta\varepsilon/\varepsilon_0$, 我们最终得到如下方程组:

$$\left(\frac{\partial \delta}{\partial t}\right) + \frac{1}{a}\nabla \cdot \delta\mathbf{v} = 0, \tag{6.43}$$

$$\left(\frac{\partial \delta\mathbf{v}}{\partial t}\right) + H\delta\mathbf{v} + \frac{c_s^2}{a}\nabla\delta + \frac{1}{a}\nabla\delta\phi = 0, \tag{6.44}$$

$$\triangle\delta\phi = 4\pi G a^2 \varepsilon_0 \delta, \tag{6.45}$$

其中 $\nabla \equiv \nabla_{\mathbf{q}}$, 和 $\triangle$ 一样, 都是对拉格朗日坐标 $\mathbf{q}$ 做导数, 而时间偏导数是在固定 $\mathbf{q}$ 时做的. 为了推导出(6.43), 我们利用了背景方程(6.33), 并考虑到 $\nabla_{\mathbf{x}} \cdot \mathbf{V}_0 = 3H$ 以及 $(\delta\mathbf{v} \cdot \nabla_{\mathbf{x}})\mathbf{V}_0 = H\delta\mathbf{v}$. 对(6.44)式取散度, 并利用连续性方程(6.44)和泊松方程(6.45)把 $\nabla \cdot \delta\mathbf{v}$ 和 $\triangle\delta\phi$ 用 δ 表示出来, 我们可推导出如下的闭合方程:

$$\ddot{\delta} + 2H\dot{\delta} - \frac{c_s^2}{a^2}\triangle\delta - 4\pi G\varepsilon_0\delta = 0, \tag{6.46}$$

它描述了膨胀宇宙中的引力不稳定性的演化.

6.3.1 绝热扰动

在共动坐标系 $\mathbf{q}$ 中, 对 δ 做傅里叶变换 $\delta = \delta_{\mathbf{k}} \exp(i\mathbf{k} \cdot \mathbf{q})$, 并代入(6.46), 我们得到如下关于其傅里叶分量 $\delta_{\mathbf{k}}$ 的常微分方程:

$$\ddot{\delta}_{\mathbf{k}} + 2H\dot{\delta}_{\mathbf{k}} + \left(\frac{c_s^2 k^2}{a^2} - 4\pi G\varepsilon_0\right)\delta_{\mathbf{k}} = 0. \tag{6.47}$$

每个傅里叶模的演化行为本质上是由其对应的空间尺度决定的; 临界尺度就是金斯长度

$$\lambda_J^{\mathrm{ph}} = \frac{2\pi a}{k_J} = c_s\sqrt{\frac{\pi}{G\varepsilon_0}}. \tag{6.48}$$

---

① 这个量在下文中也简称为扰动分率 (fractional perturbation). 在下文以及部分文献中有时也称为密度反差 (density contrast).

这里 λ^{ph} 的上标表示这是物理波长 (可以写成厘米或类似的长度单位). 它和共动波长 $\lambda = 2\pi/k$ 可以通过 $\lambda^{\mathrm{ph}} = a \cdot \lambda$ 联系起来. 在空间平坦的物质主导宇宙中, 我们有 $\varepsilon_0 = (6\pi G t^2)^{-1}$, 因此得到

$$\lambda_J^{\mathrm{ph}} \sim c_s t. \tag{6.49}$$

也就是说, 金斯长度是声速视界的量级. 有些情况下使用所谓的金斯质量更加方便, 其定义是 $M_J \equiv \varepsilon_0 \left(\lambda_J^{\mathrm{ph}}\right)^3$.

远小于金斯长度的尺度上 ($\lambda \ll \lambda_J$), 扰动表现为声波. 如果 c_s 是绝热变化的, 则(6.47)的解是[①]

$$\delta_{\mathbf{k}} \propto \frac{1}{\sqrt{c_s a}} \exp\left(\pm ik \int \frac{c_s dt}{a}\right). \tag{6.50}$$

习题 6.2 导出(6.50), 并解释为什么声波的振幅随着时间衰减. (提示 利用共形时间 $\eta \equiv \int dt/a$ 代替物理时间 t, 并定义一个重标度的扰动 $\sqrt{a}\delta_{\mathbf{k}}$. 导出其运动方程, 然后利用 WKB 近似求解.)

在比金斯长度大得多的尺度上 ($\lambda \gg \lambda_J$), 引力占据主导, 我们可以忽略掉(6.47) 式中的依赖于 k 的项. 容易看出这方程有一个正比于 $H(t)$ 的解. 实际上, 将 $\delta_d = H(t)$ 代入(6.47), 然后令 $c_s^2 k^2 = 0$, 得到的方程与对弗里德曼方程(6.34)求一阶时间导数的结果相同. 注意这里得到的 $\delta_d = H(t)$ 正是扰动方程在带有任意曲率的物质为主宇宙中的衰减解, 因为 H 是随时间减小的.

实际上这个解可以用下面的方法简单地猜出来. 背景能量密度 $\varepsilon_0(t)$ 和时间平移的能量密度 $\varepsilon_0(t+\tau)$ 都满足(6.33)和(6.34)这两个方程, 其中 $\tau =$ 常数. 利用(6.33)把 H 用 ε_0 表示出来, 并代入(6.34), 我们得到一个不显含时间的关于 $\varepsilon_0(t)$ 的方程. 因此它的解是时间平移不变的. 如果 τ 是个小量, 时间平移之后的解 $\varepsilon_0(t+\tau)$ 可以看作背景 $\varepsilon_0(t)$ 的扰动, 其幅度为

$$\delta_d = \frac{\varepsilon_0(t+\tau) - \varepsilon_0(t)}{\varepsilon_0(t)} \approx \frac{\dot{\varepsilon}_0 \tau}{\varepsilon_0} \propto H(t).$$

一旦我们得到这个二阶常微分方程的一个解 δ_d, 另一个独立的解 δ_i 就可以直接用如下的朗斯基行列式 (Wronskian) 求出:

$$W \equiv \dot{\delta}_d \delta_i - \delta_d \dot{\delta}_i. \tag{6.51}$$

① 原文的指数中漏了一个虚数单位的因子 i, 根据勘误表改正.

取朗斯基行列式的时间导数, 并利用(6.47)把 $\ddot{\delta}$ 用 $\dot{\delta}$ 和 δ 表示出来, 我们得到如下方程:

$$\dot{W} = -2HW. \tag{6.52}$$

对时间积分一次, 可以得出此方程的解为

$$W \equiv \dot{\delta}_d \delta_i - \delta_d \dot{\delta}_i = \frac{C}{a^2}, \tag{6.53}$$

其中 C 是一个积分常数. 我们拟设 $\delta_i = \delta_d f(t)$ 并代入(6.53), 可以得到一个 f 的方程, 再对时间积分一次, 我们就得到

$$f = -C \int \frac{dt}{a^2 \delta_d^2}. \tag{6.54}$$

这样我们得到了方程(6.47)在长波长情况下的通解

$$\delta = C_1 H \int \frac{dt}{a^2 H^2} + C_2 H. \tag{6.55}$$

在空间平坦的物质主导宇宙中, $a \propto t^{2/3}$, 因此 $H \propto t^{-1}$. 这种情况下我们可以得到

$$\delta = C_1 t^{2/3} + C_2 t^{-1}. \tag{6.56}$$

根据以上结果我们看到, 在膨胀宇宙中, 引力不稳定性要低效得多, 其扰动幅度只按时间的幂次增长. 最重要的情况是空间平坦的物质主导宇宙. 这时增长模式正比于标度因子. 所以, 如果我们希望在今天拥有较大的不均匀性 ($\delta \gtrsim 1$), 我们必须假设在宇宙早期 (例如在红移 $z = 1000$ 时) 已经存在可观的不均匀性 ($\delta \gtrsim 10^{-3}$). 这对扰动的初始功率谱施加了一个极强的限制. 我们将会在第 8 章看到, 结构形成所需要的初始谱可以从暴胀宇宙学中自然地产生.

习题 6.3 计算长波长扰动的本动速度和引力势. 分析其演化行为, 并给出引力势的增长模式的物理解释.

习题 6.4 在一个密度参数为 Ω_0 的物质主导宇宙中, 如果我们改用红移 z 作为时间参数, 则(6.55)中的积分可以显式地积出. 通过这种方法得出对应的解 $\delta(z)$, 并证明在 $\Omega_0 \ll 1$ 时, 扰动的幅度在红移为 $z \sim 1/\Omega_0$ 时冻结.

6.3.2 速度扰动

如果 $\delta = 0$, (6.43)—(6.45)约化为

$$\nabla \cdot \delta \mathbf{v} = 0, \qquad \frac{\partial \delta \mathbf{v}}{\partial t} + H \delta \mathbf{v} = 0. \tag{6.57}$$

从第一个方程, 我们可以得到平面波解, $\delta\mathbf{v} \propto \delta\mathbf{v}_\mathbf{k}(t)\exp(i\mathbf{k}\cdot\mathbf{q})$. 本动速度 $\delta\mathbf{v}$ 是垂直于波矢 $\mathbf{k}$ 的. 第二个方程变为

$$\dot{\delta\mathbf{v}_\mathbf{k}} + \frac{\dot{a}}{a}\delta\mathbf{v}_\mathbf{k} = 0. \tag{6.58}$$

其解为 $\delta\mathbf{v}_\mathbf{k} \propto 1/a$. 因此, 矢量扰动会随着宇宙的膨胀而衰减. 如果想要在现阶段看到较大的矢量扰动, 它们在极早期宇宙的初始幅度将会是巨大的, 而各向同性的原理会因此而遭到破坏. 暴胀的宇宙无法产生如此巨大的原初矢量扰动. 它们在宇宙的大尺度结构形成中也不起作用. 然而, 矢量扰动可以在宇宙演化的晚期即在宇宙的非线性结构已经形成之后产生. 这时它可以用来解释星系的旋转.

6.3.3　自相似解

对于大尺度上的扰动, 我们可以忽略掉压强以及(6.46)中的空间导数项. 在这种情况下, 扰动的解可以直接在坐标空间中写出

$$\delta(\mathbf{q},t) = A(\mathbf{q})\delta_i(t) + B(\mathbf{q})\delta_d(t), \tag{6.59}$$

其中 δ_i 和 δ_d 分别是增长模式和衰减模式. 不失一般性, 我们可以在某个初始时刻 t_0 令 $\delta_i(t_0) = \delta_d(t_0) = 1$. 如果这个时刻的密度分布由函数 $\delta(\mathbf{q},t_0)$ 来描述, 且物质相对于哈勃流是静止的 ($\delta\mathbf{v} \propto \dot{\delta}(\mathbf{q},t_0) = 0$), 则我们可以把 $A(\mathbf{q})$ 和 $B(\mathbf{q})$ 用 $\delta(\mathbf{q},t_0)$ 表示出来, 因此得出下式:

$$\delta(\mathbf{q},t) = \delta(\mathbf{q},t_0)\left(\frac{\delta_i(t)}{1-\left(\dot{\delta}_i/\dot{\delta}_d\right)_{t_0}} + \frac{\delta_d(t)}{1-\left(\dot{\delta}_d/\dot{\delta}_i\right)_{t_0}}\right). \tag{6.60}$$

在这种特殊的情况下, 扰动在演化过程中能一直保持它的初始的空间形状. 这种解被称为自相似解.

一般说来, 不均匀性的形状是会改变的. 然而在宇宙演化的晚期 ($t \gg t_0$), 增长模式占主导, 我们可以忽略(6.59)式中的第二项. 线性扰动此时就按照自相似的方式增长.

6.3.4　存在辐射或暗能量时的冷物质

有充分的证据表明在宇宙中伴随着冷物质出现的还有一种均匀的暗能量组分. 这种暗能量可以改变宇宙的膨胀率, 并因此而影响到冷物质中的不均匀性的增长率.

为了研究在相对论性物质出现时的引力不稳定性, 原则上我们需要完全的相对论性的理论. 然而, 在小于相对论性物质的金斯长度 (其大小和视界差不多) 的

尺度上，冷物质分布的不均匀性不会影响到相对论性的组分，后者就可以看作均匀分布的. 出于这种考虑，我们依然可以把修改过的牛顿理论应用于视界之内的冷物质的扰动. 接下来我们就研究存在另一种均匀的相对论性的能量组分时，冷物质的密度扰动如何增长. 这种相对论性的能量组分可以是物态方程为 $w=1/3$ 的辐射，也可以是物态方程为 $w<-1/3$ 的暗能量①.

在这种情况下，容易得出冷物质组分单独的扰动 $\delta\equiv\delta\varepsilon_d/\varepsilon_d$ 所满足的运动方程与(6.46)式相同②. 但是此时的哈勃常数要由总能量密度

$$\varepsilon_{\text{tot}}=\frac{\varepsilon_{\text{eq}}}{2}\left(\left(\frac{a_{\text{eq}}}{a}\right)^{3}+\left(\frac{a_{\text{eq}}}{a}\right)^{3(1+w)}\right) \tag{6.61}$$

来决定. 在空间平坦宇宙中，我们有

$$H^{2}=\frac{8\pi G}{3}\varepsilon_{\text{tot}}. \tag{6.62}$$

(6.61)中的 a_{eq} 代表着两种组分的能量密度"相等"(equality) 时刻的标度因子. 为了求解方程(6.46)，更加方便的时间变量是归一化的标度因子 $x\equiv a/a_{\text{eq}}$，而不是宇宙时 t. 首先考虑到方程(6.46)中的 ε_0 只是冷物质的能量密度，它等于

$$\varepsilon_{d}=\frac{\varepsilon_{\text{eq}}}{2}\left(\frac{a_{\text{eq}}}{a}\right)^{3}. \tag{6.63}$$

然后利用(6.62)式把哈勃参数用 x 表示出来，(6.46)就变为

$$x^{2}\left(1+x^{-3w}\right)\frac{d^{2}\delta}{dx^{2}}+\frac{3}{2}x\left(1+(1-w)x^{-3w}\right)\frac{d\delta}{dx}-\frac{3}{2}\delta=0. \tag{6.64}$$

在(6.64)中我们已经略去了正比于 c_s^2 的项，因为它只由冷物质的压强决定，因此是可以忽略的. 对于 $w=$ 常数 的一般情况，方程(6.64)的通解可以写为超几何函数的线性组合. 不过对于我们要研究的两种重要的特例来说，其解都可以化简为初等函数.

宇宙学常数 ($w=-1$) 我们可以很容易地验证，在这种情况下，

$$\delta_{1}(x)=\sqrt{1+x^{-3}} \tag{6.65}$$

能够满足(6.64). 这样另一个解可以直接从朗斯基行列式的性质得到.

习题 6.5 如果(6.64)的一个解是 $\delta_1(x)$，验证此方程的另一个独立的解由下式给出:

$$\delta_{2}(x)=\delta_{1}(x)\int^{x}\frac{dy}{y^{3/2}\left(1+y^{-3w}\right)^{1/2}\delta_{1}^{2}(y)}. \tag{6.66}$$

---

① 原文为"暗物质". 据勘误表改正.

② 这里以及(6.63)中的 ε_d 的下标 d 指的是暗物质 (dark matter). 请注意不要与前几节 δ_d 的表示衰减 (decaying) 的下标 d 混淆.

因此, 在 $w=-1$ 时, 方程(6.64)的通解是

$$\delta(x)=C_1\sqrt{1+x^{-3}}+C_2\sqrt{1+x^{-3}}\int_0^x\left(\frac{y}{1+y^3}\right)^{3/2}dy, \tag{6.67}$$

其中 C_1 和 C_2 是两个积分常数. 在冷物质占主导的演化早期 ($x\ll 1$), 扰动按照下式增长:

$$\delta(x)=C_1x^{-3/2}+\frac{2}{5}C_2x+\mathscr{O}\left(x^{3/2}\right). \tag{6.68}$$

这结果与我们之前的结果相同[①]. 随着宇宙的演化, 宇宙学常数逐渐占主导. 在 $x\gg 1$ 的极限下, 我们有

$$\delta(x)=(C_1+IC_2)-\frac{1}{2}C_2x^{-2}+\mathscr{O}\left(x^{-3}\right), \tag{6.69}$$

其中

$$I=\int_0^\infty\left(\frac{y}{1+y^3}\right)^{3/2}dy\simeq 0.57. \tag{6.70}$$

因此, 当宇宙学常数超过物质密度的时候, 扰动增长就逐渐停止了, 扰动的幅度冻结. 这时, 根据(6.45), 由于 $\varepsilon_d\propto a^{-3}$, 引力势反比于标度因子衰减. 这个结果并不令人感到奇怪, 因为宇宙学常数相当于一种 “反引力”(antigravity), 因此它可以阻止扰动的增长.

习题 6.6 对于带有任意曲率的宇宙, 证明对于 $w=-1$ 或者 $w=-1/3$, $\delta\propto H$ 是(6.46)的解. 利用(6.55)求出这两种情况下的通解, 并分析通解在开放和封闭宇宙中的演化行为.

辐射背景 辐射的金斯长度跟视界的大小差不多, 因为辐射组分中的声速是光速的量级 ($c_s^2=1/3$). 因为冷暗物质跟辐射之间只有引力相互作用, 所以冷暗物质不能在辐射中产生明显的不均匀性. 因此, 为了研究冷物质组分自己的不均匀性的增长, 我们仍然可以利用(6.64), 只要我们令 $w=1/3$ 即可[②]. 在这种情况下,

$$\delta_1(x)=1+\frac{3}{2}x \tag{6.71}$$

---

① 此处指的是(6.56). 在平坦的物质主导宇宙中, $a\propto t^{2/3}$, 因此两式是一致的: 扰动幅度正比于标度因子而增长.

② 当 $w=1/3$ 时, (6.64)称为 Mészáros 方程. 其线性增长的解(6.71)称为 Mészáros 效应. 参见 Mészáros, Astron. & Astrophy. 37, 225-228 (1974).

可以满足(6.64). 另一个独立的解可以通过把(6.71)代入(6.66)来求得. 这时, (6.66)中的积分可以解析地求出, 并因此给出(6.64)的如下通解:

$$\delta(x)=C_1\left(1+\frac{3}{2}x\right)+C_2\left[\left(1+\frac{3}{2}x\right)\ln\frac{\sqrt{1+x}+1}{\sqrt{1+x}-1}-3\sqrt{1+x}\right]. \tag{6.72}$$

在辐射主导的早期 ($x\ll 1$), 扰动按照下式增长:

$$\delta(x)=(C_1-3C_2)-C_2\ln\frac{x}{4}+\mathscr{O}(x). \tag{6.73}$$

这个增长最多也就是对数式的. 因此, 通过影响宇宙的膨胀率, 辐射能够压低冷物质组分中的不均匀性的增长率. 在物质-辐射相等时刻之后, 物质密度超过辐射密度. 在 $x\gg 1$ 的情况下, 扰动的幅度是

$$\delta(x)=C_1\left(1+\frac{3}{2}x\right)+\frac{4}{15}C_2x^{-3/2}+\mathscr{O}\left(x^{-5/2}\right), \tag{6.74}$$

也就是说, 物质为主时期的扰动正比于标度因子增长. 因为扰动在辐射为主时期无法迅速增长, 为了使非常小的初始扰动产生非线性结构, 冷物质开始主导宇宙的演化的时刻必须足够早才行. 这给冷物质的量设置了一个下限. 特别是, 如果初始不均匀性的大小是 10^{-4} 的量级 (已观测到的宇宙微波背景上的涨落支持这个结果), 那么只有初始扰动在复合之前就开始增长的情况下, 我们才可以用这个初始扰动来解释现在观测到的非线性结构①. 这只有在宇宙中存在一种与辐射只有引力相互作用的非重子起源的暗物质时才有可能. 为了把现在观测到的大尺度结构的起源解释为小的初始扰动, 我们必须要求暗物质密度约为现在宇宙的临界密度的 30%. 很明显, 暗物质的主要成分不能是重子. 因为重子物质和辐射直到复合时期一直是紧密耦合的, 重子组分中的扰动只有到了复合时期之后才能开始增长. 而在那个时候, 暗物质必然早就开始结团了. 此外, 重子密度过大还会破坏核合成.

6.4　超越线性近似

宇宙膨胀的哈勃流能拉伸线性的不均匀团块, 使其空间大小正比于标度因子而增长. 线性扰动的相对幅度是随时间增长的, 而其对应的能量密度

$$\varepsilon=\varepsilon_0\left(1+\delta+\mathscr{O}\left(\delta^2\right)\right)$$

① 这几句话的意思是, 根据(6.56)式下面那一段的讨论, 为了让现在的非线性结构 ($\delta\sim 1$) 起源于初始扰动, 由于物质为主时期 $\delta\propto a\sim z^{-1}$, 这个扰动在复合时刻 ($z\sim 10^3$) 应该是 10^{-3} 的量级, 大于宇宙微波背景上的温度扰动 $\sim 10^{-4}$, 因此初始扰动必须在早于 $z\sim 10^3$ 的时候就开始增长, 这意味着物质-辐射相等时刻早于复合时刻. 以上讨论暗含的一个假设就是宇宙微波背景上的温度扰动在物质为主时期并不会增长, 基本保持其原初值. 这一点只有在相对论性的微扰论中才能证明. 参见 (9.21) 和 (7.71).

衰减的速率略慢于背景能量密度 ε_0 的衰减速率. 很明显, 当扰动的幅度增长到 1 左右的时候 ($\delta \sim 1$), 上式中被忽略掉的 δ^2 之类的高阶项开始变得重要起来. 在这个时刻, 扰动产生的引力场引起的收缩压过了哈勃膨胀. 其结果是不均匀团块从背景的哈勃流中脱离出来, 在达到其最大尺度后开始坍缩, 并由此形成稳定的非线性结构.

即使是对无压强物质, 也只有在一些特例中才能求出描述其非线性演化的精确解. 这些特例要求不均匀团块的空间形状具有一些特殊对称性. 为了从直观上理解扰动的非线性演化行为, 我们在两种特例中导出扰动演化的精确解: 球对称的扰动和各向异性的一维不均匀性. 基于这两种极限情况, 我们可以定性理解现实中非对称的扰动的演化行为.

我们首先把流体力学方程组(6.3), (6.8), (6.10)改写成更方便求解非线性解的形式. 连续性方程(6.3)可以写作

$$\left(\left.\frac{\partial}{\partial t}\right|_x + V^i \nabla_i\right)\varepsilon + \varepsilon \nabla_i V^i = 0, \tag{6.75}$$

其中 $\nabla_i \equiv \partial/\partial x^i$. 对欧拉方程(6.8)求散度, 并利用泊松方程(6.10), 我们得到

$$\left(\left.\frac{\partial}{\partial t}\right|_x + V^i \nabla_i\right)\left(\nabla_j V^j\right) + \left(\nabla_j V^i\right)\left(\nabla_i V^j\right) + 4\pi G\varepsilon = 0, \tag{6.76}$$

这里我们已经假设压强为零.

下一步我们把欧拉坐标 $\mathbf{x}$ 换成共动的拉格朗日坐标 $\mathbf{q}$, 后者可用来标记物质元 (*matter element*):

$$\mathbf{x} = \mathbf{x}(\mathbf{q}, t). \tag{6.77}$$

新坐标系可以一直用到物质元的轨道交汇为止. 拉格朗日坐标为 $\mathbf{q}$ 的物质元的速度等于

$$V^i \equiv \frac{dx^i}{dt} = \left.\frac{\partial x^i(\mathbf{q}, t)}{\partial t}\right|_q. \tag{6.78}$$

速度场对欧拉坐标的导数可以写为

$$\nabla_j V^i = \frac{\partial q^k}{\partial x^j}\frac{\partial}{\partial q^k}\left(\frac{\partial x^i(\mathbf{q}, t)}{\partial t}\right) = \frac{\partial q^k}{\partial x^j}\frac{\partial J^i_k}{\partial t}, \tag{6.79}$$

其中我们定义了应变张量 (strain tensor):

$$J^i_k(\mathbf{q}, t) \equiv \frac{\partial x^i(\mathbf{q}, t)}{\partial q^k}. \tag{6.80}$$

利用如下关系:

$$\left(\left.\frac{\partial}{\partial t}\right|_x + V^i\nabla_i\right) = \left.\frac{\partial}{\partial t}\right|_x + \left.\frac{\partial x^i(q,t)}{\partial t}\right|_q \frac{\partial}{\partial x^i} = \left.\frac{\partial}{\partial t}\right|_q, \tag{6.81}$$

并将(6.79)代入(6.75)和(6.76), 我们得到

$$\frac{\partial \varepsilon}{\partial t} + \varepsilon \frac{\partial q^k}{\partial x^i}\frac{\partial J^i_k}{\partial t} = 0, \tag{6.82}$$

$$\frac{\partial}{\partial t}\left(\frac{\partial q^k}{\partial x^i}\frac{\partial J^i_k}{\partial t}\right) + \left(\frac{\partial q^k}{\partial x^i}\frac{\partial J^j_k}{\partial t}\right)\left(\frac{\partial q^l}{\partial x^j}\frac{\partial J^i_l}{\partial t}\right) + 4\pi G\varepsilon = 0. \tag{6.83}$$

其中的时间导数都是固定 $\mathbf{q}$ 时做的. 应变张量(6.80)的分量组成了一个 3×3 的矩阵 $\mathbf{J}\equiv ||J^i_k||$. 注意到有

$$\frac{\partial q^k}{\partial x^j}\frac{\partial x^i}{\partial q^k} = \frac{\partial x^i}{\partial x^j} = \delta^i_j, \tag{6.84}$$

我们发现 $\partial q^k/\partial x^i$ 是 $\mathbf{J}$ 的逆矩阵 $\mathbf{J}^{-1}$ 的矩阵元. 因此, 我们可以把(6.82)和(6.83)改写为矩阵形式

$$\dot{\varepsilon} + \varepsilon\ \mathrm{tr}\left(\dot{\mathbf{J}}\cdot\mathbf{J}^{-1}\right) = 0, \tag{6.85}$$

$$\left[\mathrm{tr}\left(\dot{\mathbf{J}}\cdot\mathbf{J}^{-1}\right)\right]^{\cdot} + \mathrm{tr}\left[\left(\dot{\mathbf{J}}\cdot\mathbf{J}^{-1}\right)^2\right] + 4\pi G\varepsilon = 0. \tag{6.86}$$

其中一点表示对时间的偏导数.

习题 6.7 证明下式:

$$\mathrm{tr}\left(\dot{\mathbf{J}}\cdot\mathbf{J}^{-1}\right) = (\ln J)^{\cdot} \tag{6.87}$$

其中 $J(\mathbf{q},t)\equiv \det\mathbf{J}$.

把(6.87)代入(6.85), 我们得到一个简单的方程, 可以通过一次时间积分解出

$$\varepsilon(\mathbf{q},t) = \frac{\varrho_0(\mathbf{q})}{J(\mathbf{q},t)}, \tag{6.88}$$

其中 $\varrho_0(\mathbf{q})$ 是拉格朗日空间坐标的任意函数, 它不依赖于时间. 利用(6.87)和(6.88), 方程(6.86)可以简化为

$$(\ln J)^{\cdot\cdot} + \mathrm{tr}\left[\left(\dot{\mathbf{J}}\cdot\mathbf{J}^{-1}\right)^2\right] + 4\pi G\varrho_0 J^{-1} = 0. \tag{6.89}$$

这个关于 J 的方程在某些特殊情况下存在解析解.

6.4.1 托尔曼解 ①

首先考虑球对称的不均匀性. 在这种情况下, 我们总可以找到一个坐标系, 使得

$$x^i = a(R,t)q^i,$$

其中 $R \equiv |\mathbf{q}|$ 是径向的拉格朗日坐标. 此时的应变张量可写成

$$J^i_k = a\delta^i_k + a'Rn^in^k, \tag{6.90}$$

其中 $a' \equiv \partial a/\partial R$, $n^i \equiv q^i/R$. 对于离不均匀性中心一定距离的某一点, 我们总可以旋转坐标系, 使得 $n^1 = 1$, $n^2 = n^3 = 0$. 这样一来, 应变张量就化为对角的:

$$\mathbf{J} = \begin{pmatrix} (aR)' & 0 & 0 \\ 0 & a & 0 \\ 0 & 0 & a \end{pmatrix}. \tag{6.91}$$

因此我们有

$$J = a^2(aR)', \qquad \mathrm{tr}\left[\left(\dot{\mathbf{J}}\cdot\mathbf{J}^{-1}\right)^2\right] = \left(\frac{(\dot{a}R)'}{(aR)'}\right)^2 + 2\left(\frac{\dot{a}}{a}\right)^2. \tag{6.92}$$

将 (6.92) 式代入(6.89), 我们得到

$$\frac{(\ddot{a}R)'}{(aR)'} + 2\frac{\ddot{a}}{a} = -\frac{4\pi G\varrho_0(R)}{a^2(aR)'}. \tag{6.93}$$

(6.93) 式可以写成

$$(aR)^2(\ddot{a}R)' + \left((aR)^2\right)'(\ddot{a}R) = -4\pi G\varrho_0R^2. \tag{6.94}$$

将这个方程对 R 做积分, 其结果是

$$\ddot{a} = -\frac{4\pi G\overline{\varrho}(R)}{3a^2}, \tag{6.95}$$

其中 $\overline{\varrho}(R)$ 是半径为 R 的球面内的平均共动密度, 定义为

$$\overline{\varrho}(R) = \frac{3}{R^3}\int_0^R \varrho_0(\tilde{R})\tilde{R}^2 d\tilde{R}.$$

① 原书中此小节中的拟设(6.90)漏掉了等式右边第二项. 作者更正后的这一小节放在其个人主页上, 见 https://www.theorie.physik.uni-muenchen.de/cosmology/publications/tolmancorrected.pdf. 本小节即从这个改写的版本译出. 改版的方程数量和原书不同, 这会导致本章剩余部分的公式编号与原书不一致.

将(6.95)两边同时乘以 $\dot{a}$, 很容易导出其初积分

$$\dot{a}^2(R,t)-\frac{8\pi G\overline{\varrho}(R)}{3a(R,t)}=F(R), \tag{6.96}$$

其中 $F(R)$ 是一个积分常数. 我们注意到对均匀的物质分布而言, $\overline{\varrho}$, a 和 F 不依赖于 R. 这样方程(6.96)回到物质主导宇宙中的弗里德曼方程的形式[①].

习题 6.8　证明方程(6.96)的解可以写成如下的参数化形式:

$$a(R,\eta)=\frac{4\pi G\overline{\varrho}}{3|F|}(1-\cos\eta), \quad t(R,\eta)=\frac{4\pi G\overline{\varrho}}{3|F|^{3/2}}(\eta-\sin\eta)+t_0(R), \quad F<0. \tag{6.97}$$

$$a(R,\eta)=\frac{4\pi G\overline{\varrho}}{3F}(\cosh\eta-1), \quad t(R,\eta)=\frac{4\pi G\overline{\varrho}}{3F^{3/2}}(\sinh\eta-\eta)+t_0(R), \quad F>0. \tag{6.98}$$

其中 $t_0(R)$ 是另一个积分常数. 注意同一个 "共形时间" η 在 R 不同的情况下一般可以对应于不同的物理时间 t. 假设初始奇点 $(a\to 0)$ 在全宇宙的任意点都发生于 $t=0$ 的时刻, 则我们可以令 $t_0(R)=0$.

我们接下来考虑在一个空间平坦的物质主导宇宙中, 球对称的高密度区域 (over-dense region) 如何演化. 在远离这块区域中心的地方, 物质几乎没有受到扰动, 因此有 $\overline{\varrho}=\varrho_0(R\to\infty)\to\varrho_\infty=$ 常数. 平坦性条件要求在 $R\to\infty$ 的地方有 $F\to 0$. 我们对(6.97)式取 $F\to 0$ 的极限, 但是保持 $\eta/\sqrt{|F|}$ 的比值不变, 可得到[②]

$$a(R\to\infty,t)=(6\pi G\varrho_\infty)^{1/3}t^{2/3}. \tag{6.99}$$

因此可以得到此极限下的能量密度为[③]

$$\varepsilon(R\to\infty,t)=\frac{\varrho_0}{a^2(aR)'}=\frac{\varrho_\infty}{a^3}=\frac{1}{6\pi Gt^2}. \tag{6.100}$$

即它可以完全约化到空间平坦尘埃主导宇宙的结果, 正如我们所预料的那样. 在高密度区域内部, F 是负值, 因此能量密度并不是单调减小的[④]. 在这团物质云的

---

① 将(6.96)式两边同时除以 a^2, 我们就回到第 1 章弗里德曼方程 (1.67) 式. $F=-k$ 给出曲率项. 这也可以解释为什么下文中对高密度区域取 $F(R)<0$.

② 首先把(6.97)中的两个式子在 $\eta=0$ 处作展开, 并利用 t 的表达式把 $\eta/\sqrt{|F|}$ 表示出来, 再代入 $a(\infty,\eta)$ 的表达式, 即可得到(6.99)式.

③ 这里第一个等式来自于(6.88), 第二个等式来自于在 $R\to\infty$ 处有 $\partial a/\partial R=0$.

④ 这句话是说, 如果我们观察 $a(\eta)$ 的解(6.97)和(6.98), 可以看到 $F<0$ 的解(6.97)给出的 $a(\eta)$ 不是单调增的. 根据 $\varepsilon\propto a^{-3}$, 我们就知道能量密度不是单调减小的. 见下文. 相反, 另一个 $F>0$ 的解(6.98)对应的 $a(\eta)$ 是单调增的, 则 ε 是单调减的.

中心处, 有 $\bar{\varrho} = \varrho_0$ 及 $a' = 0$. 因为在这种情况下 $\varepsilon \propto a^{-3}$, 我们得知在 $\eta = \pi$ 时, $a(R = 0, t)$ 达到最大值 $a_m = 8\pi G\varrho_0/(3|\mathrm{F}|)$, 能量密度达到最小值 ε_m (参见(6.97)). 这时刻对应的物理时间是

$$t_m = \frac{4\pi^2 G\varrho_0}{3|F|^{3/2}}. \tag{6.101}$$

此时的能量密度为

$$\varepsilon_m(R=0) = \frac{\varrho}{a_m^3} = \frac{27|F|^3}{(8\pi G)^3\varrho_0^2} = \frac{3\pi}{32Gt_m^2}. \tag{6.102}$$

将这个结果与(6.100)式给出的 $t = t_m$ 时的平均密度比较, 我们发现, 当高密度区域的中心处的能量密度超出平均密度达到如下的因子时

$$\frac{\varepsilon_m}{\varepsilon(R\to\infty)} = \frac{9\pi^2}{16} \simeq 5.55, \tag{6.103}$$

这团物质会从哈勃流中脱离出来, 然后开始坍缩.

理想情况下能量密度会在 $t = 2t_m$ 时达到无穷大; 然而在实际情况中这并不会发生, 因为总是存在对精确球对称的偏离. 其结果是粒子组成的球形物质云会发生位力化 (virialize), 并形成一个稳定的球形天体.

习题 6.9 考虑一个处于静止状态的均匀球形物质云, 它由粒子组成. 利用位力定理 (virial theorem), 证明位力化之后, 其大小变为原来的一半. 假设位力化于 $t = 2t_m$ 时完成, 比较此时物质云内部的密度和宇宙的平均密度. (提示 位力定理告诉我们, 在达到平衡时, $U = -2K$. U 和 K 分别是总势能和总动能.)

习题 6.10 假设 $\eta \ll 1$. 把(6.97)式对 η 做展开, 并由此验证球形区域中心处的能量密度可以按照 $(t/t_m)^{2/3} \ll 1$ 表示出来:

$$\varepsilon = \frac{1}{6\pi t^2}\left(1 + \frac{3}{20}\left(\frac{6\pi t}{t_m}\right)^{2/3} + \mathscr{O}\left(\left(\frac{t}{t_m}\right)^{4/3}\right)\right), \tag{6.104}$$

其中 t_m 由(6.101)给出. 括号里的第二项显然就是线性扰动 δ. 因此, 当实际的密度超过平均密度达到 5.5 倍时, 根据线性理论我们得到 $\delta(t_m) = 3(6\pi)^{2/3}/20 \simeq 1.06$. 一段时间之后, 当 $t = 2t_m$ 时, 托尔曼 (Tolman) 解形式上发散 : $\varepsilon \to \infty$. 这时, 线性理论只给出 $\delta(2t_m) \simeq 1.69$ 的预言①.

① 球对称坍缩在其坍缩时刻 $t = 2t_m$ 的线性密度扰动 $\delta_{\rm cr} \equiv (3/5)(3\pi/2)^{2/3} \approx 1.69$ 可用来当作一团球形扰动为 δ 的物质是否坍缩成自引力系统的临界条件. 因为(6.104)中的 δ 是单调增的, 如果我们使用线性微扰论, 则 $\delta > \delta_{\rm cr}$ 的一团物质必然已经在过去的某个时刻坍缩了. 利用 δ 的概率分布函数 (一般来说是高斯的), 我们就可以进一步利用 Press-Schechter 机制等方法算出暗物质晕的质量函数. 参见 Mo et al., *Galaxy Formation and Evolution*, Cambridge University Press, 1st Ed., 2010.

6.4.2 泽尔多维奇解

实际存在的不均匀性的几何形状通常偏离球形很远, 它们的坍缩显示出极强的各向异性. 为了建立起一个理解这种各向异性坍缩的主要性质的直观图像, 我们考虑所谓的泽尔多维奇 (Zel'dovich) 解. 这种解描述的是叠加到三维哈勃流上的一维扰动的非线性行为. 在这种情况下, 欧拉坐标和拉格朗日坐标之间的关系可以写为

$$x^i = a(t)\left(q^i - f^i\left(q^j, t\right)\right). \tag{6.105}$$

如果我们忽略矢量扰动, 则 $f^i = \partial\psi/\partial q^i$, 其中 ψ 是本动速度的速度势. 对于一维扰动而言, ψ 只依赖于一个坐标, 设为 q^1. 这样应变张量取如下形式:

$$\mathbf{J} = a(t)\begin{pmatrix} 1-\lambda\left(q^1,t\right) & 0 & 0 \\ 0 & 1 & 0 \\ 0 & 0 & 1 \end{pmatrix}. \tag{6.106}$$

因此有

$$J = a^3(1-\lambda), \qquad \mathrm{tr}\left[\left(\dot{\mathbf{J}}\cdot\mathbf{J}^{-1}\right)^2\right] = \left(H - \frac{\dot\lambda}{1-\lambda}\right)^2 + 2H^2, \tag{6.107}$$

其中 $\lambda(q^1,t) \equiv \partial f^1/\partial q^1$. 把(6.107)代入(6.89), 我们得出在 $\varrho_0(\mathbf{q}) =$ 常数 的条件下, 这个方程约化为两个独立方程

$$\dot H + H^2 = -\frac{4\pi G}{3}\varepsilon_0, \tag{6.108}$$

$$\ddot\lambda + 2H\dot\lambda - 4\pi G\varepsilon_0\lambda = 0. \tag{6.109}$$

其中 $\varepsilon_0 \equiv \varrho_0/a^3$. 第一个方程是我们非常熟悉的均匀背景的弗里德曼方程. 第二个方程与(6.46)给出的无压强物质中的线性扰动方程一致. 但是我们必须指出的是, 在推导(6.109)的过程中我们并没有假设扰动是小量, 也就是说此方程的解在线性区域和非线性区域都成立.

根据(6.88), 我们可以得到能量密度

$$\varepsilon(q,t) = \frac{\varepsilon_0(t)}{1-\lambda\left(q^1,t\right)}. \tag{6.110}$$

而 $\lambda\left(q^1,t\right)$ 可以根据(6.59)写为

$$\lambda\left(q^1,t\right) = \alpha\left(q^1\right)\delta_i(t) + \kappa\left(q^1\right)\delta_d(t). \tag{6.111}$$

其中 $\delta_i(t)$ 和 $\delta_d(t)$ 分别是线性理论中的增长模式和衰减模式. 例如, 在空间平坦的物质主导宇宙中有 $\delta_i \propto t^{2/3}$ 和 $\delta_d \propto t^{-1}$. 如果 $\lambda(q^1,t) \ll 1$, (6.110)给出的严格解很明显地回到线性理论的结果.

习题 6.11 如果存在均匀的相对论性物质, (6.89)式要如何修正? 求出带有宇宙学常数的空间平坦宇宙中的泽尔多维奇解, 并分析其物理.

衰减解很快就变得可忽略, 即使是在非线性情况下也不会影响到扰动的演化. 忽略掉衰减模式之后, 我们得到

$$\varepsilon(q,t) = \frac{\varepsilon_0(t)}{1-\alpha\left(q^1\right)\delta_i(t)}. \tag{6.112}$$

在 $\alpha\left(q^1\right) > 0$ 的那些区域, 能量密度超过了宇宙的平均能量密度 $\varepsilon_0(t)$, 而且其对应的相对密度反差 (relative density contrast) 是增长的. 然而, 在线性区域内, 即 $\alpha\delta_i \ll 1$ 时, 能量密度本身还是会随时间衰减. 只有在扰动进入非线性区域 $(\alpha\delta_i \sim 1)$ 之后, 密度不均匀的区域才会从哈勃流中脱离出来并开始坍缩. 为了估算这个反转发生的时刻, 我们需要求出 $\dot{\varepsilon}(q,t) = 0$ 的解. 对(6.112)做时间导数并令其为零, 我们得到

$$\frac{\varepsilon(q,t)}{\varepsilon_0(t)} = 1 + 3\frac{H}{(\ln\delta_i)^{\cdot}}. \tag{6.113}$$

在空间平坦物质主导的宇宙中, 有 $\delta_i \propto a$. 代入(6.113), 我们得出如下结论: 一块区域只要能量密度超过平均密度的 4 倍, 这块区域就会从哈勃流中脱离出来并开始坍缩 (请与(6.103)的结果作比较). 这种坍缩是在一维发生的, 其物理产物是一片二维的结构, 称为泽尔多维奇 "薄饼"(Zel'dovich "pancake"). 根据(6.112), 在某些时刻, 薄饼的能量密度变为无穷大. 然而与球形坍缩不同的是, 在这个时刻引力和速度仍然保持有限值. 一旦物质的轨道开始交汇, (6.112)的解就不适用了.

在 $\alpha(q^1)$ 为负值的区域里, 能量密度总是衰减的. 物质从这些区域 "逃逸" 出去, 最终这些区域会变得空无一物.

实际的情况要复杂得多, 因为一块典型的不均匀区域既不是球对称的也不是一维的. 为了描述一块任意形状的扰动的演化, 泽尔多维奇建议把(6.112)的解推广为

$$\varepsilon(q,t) = \frac{\varepsilon_0(t)}{(1-\alpha\delta_i(t))\,(1-\beta\delta_i(t))\,(1-\gamma\delta_i(t))}, \tag{6.114}$$

其中 α, β, γ 描述沿着应变张量的三个主轴 (principle axes) 的形变, 而且它们依

赖于所有的坐标 q^i. 其对应的应变张量是

$$\mathbf{J} = a\mathbf{I} - a\delta_i \begin{pmatrix} \alpha & 0 & 0 \\ 0 & \beta & 0 \\ 0 & 0 & \gamma \end{pmatrix}, \tag{6.115}$$

其中 $\mathbf{I}$ 是单位矩阵. 这个应变张量只在领头阶满足(6.89). 因此, 近似解(6.114)的应用只能局限于某些特殊情况. 实际上, 如果我们把(6.115)代入(6.86), 可以得到

$$\varepsilon(q,t) = \frac{\varepsilon_0\left[1 - ((\alpha\beta + \alpha\gamma + \beta\gamma)\delta_i^2 - 2\alpha\beta\gamma\delta_i^3)\right]}{(1-\alpha\delta_i)(1-\beta\delta_i)(1-\gamma\delta_i)}. \tag{6.116}$$

另一方面, 从(6.88)我们可以看到 ε 应该由(6.114)式给出. 因此, 泽尔多维奇近似的误差可以用(6.114)式和(6.116)式给出的结果之差来估算, 也就是 $\sim \mathscr{O}((\alpha\beta+\alpha\gamma+\beta\gamma)\delta_i^2, \alpha\beta\gamma\delta_i^3)$. 如果扰动很小, 即 $\alpha\delta_i, \beta\delta_i, \gamma\delta_i \ll 1$, 泽尔多维奇近似可以成功给出线性微扰论的结果. 然而, 在非线性区域, 这近似不怎么可靠. 例如, 如果 $\alpha \gg \beta, \gamma$, 则只有(6.116)的领头阶, 也就是(6.112), 是可信的. 它能正确描述沿着 α 轴的一维坍缩. 当 $\alpha\delta_i$ 达到 1 的量级时, 只取 $\beta\delta_i$, $\gamma\delta_i \ll 1$ 的线性修正变得不再可靠. 如果 $\alpha \sim \beta$, 则方程(6.114)连非线性坍缩的最基本的性质也给不出来.

6.4.3 宇宙网

当我们试图理解宇宙的非线性大尺度结构时, 应变张量是非常有用的. 初始的不均匀块可以用应变张量或者等价地说三个函数 $\alpha(q^i)$, $\beta(q^i)$, $\gamma(q^i)$ 来进行完备描述. 基于上面几个小节的结果, 我们可以看到在 $\alpha \gg \beta$, γ 的区域, 坍缩是一维的, 其结果是在这区域里形成二维薄饼 (也称为墙状结构 (*walls*)). 在 $\alpha \sim \beta \gg \gamma$ 的区域, 我们预料会发生二维的坍缩, 其结果是形成一维的纤维状结构 (one-dimensional filaments). 如果 $\alpha \sim \beta \sim \gamma$, 则坍缩是球形的.

对于高斯性的初始扰动, 应变张量的本征值的概率分布可以精确计算[①]. 为了直观地理解, 我们可以用一片连绵的山地作为初始密度场的低维视觉化类比, 山脉上的山峰代表密度的极大值, 山谷代表极小值. 在协和模型 (the concordance model)(冷暗物质加上暴胀产生的扰动谱) 中, 显著的不均匀性会出现在几乎所有的尺度上. 因此, 所有基线 (baseline) 尺度不同的山会叠加到一起. 如果我们只对某一特定尺度以上的结构感兴趣, 我们必须要抹平 (smear) 小尺度上的不均匀性. 换句话说就是要移除那些基线较小的山.

① 关于这方面的讨论参见 Bardeen, Bond, Kaiser, and Szalay, *The statistics of peaks of Gaussian random fields*, Astrophys.J. 304 (1986) 15-61.

显然，非线性结构首先是在最高峰附近形成，因为那里能量密度最高. 一个典型的山峰的山顶附近，两个曲率尺度的大小差不多. 密度的峰可以类比于三维的山峰，于是在峰附近有 $\alpha \sim \beta \sim \gamma$. 因此，峰周围的区域以近似球形的方式坍缩，其结果是形成一个球形或椭球形的天体. 通常，邻近的山峰是通过马鞍形状的山脊连接起来的，其高度比两边的山峰要低一些. 沿着山脊的马鞍面，一个方向上的曲率尺度通常远小于另外一个方向上的曲率尺度. 类似地，连接密度峰的是高维鞍状面，且有 $\alpha \sim \beta$ 及 $\gamma \ll \alpha, \beta$. 这些区域的坍缩是二维的，并因此形成纤维状结构. 纤维状结构把稍早形成的球形天体连结在一起，形成一种网状结构 (web-like structure)(见图 6-1). 有一些区域只有一个本征值 α 取其极大值，而 $\beta, \gamma \ll \alpha$. 这种区域不存在低维图像化的类比，其坍缩是一维的，最后会形成墙状结构 (薄饼). 墙状结构把纤维状结构连结到一起. 显然，在 α, β, γ 都是负值的区域 (相当于山谷)，膨胀会永远持续下去. 这些区域内的物质会逐渐稀释，最终将形成空洞. 宇宙中大部分的空间都是被空洞占据的.

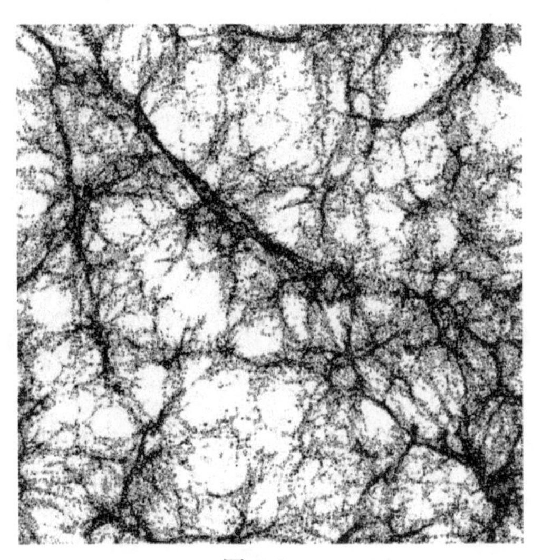

图 6-1

随着时间流逝，这些各向异性的结构就成为更大尺度上的结构形成的基本元素. 最终，更大的结构单元中的各向异性的子结构实现了位力化并消失. 也就是说，由纤维状结构和墙状结构所组成的宇宙网只是处于近似均匀的初态和位力化且各向同性的末态之间的一种中间状态.

在目前的宇宙中，我们只能在刚刚进入非线性阶段不久的尺度上观测到纤维状结构和薄饼状结构. 因此，它们的平均密度只比宇宙中的平均密度大几倍而已. 纤维状结构把不同区域的准球形结构连结起来，这些准球形结构中的密度比纤维状结构中的密度要大一些.

重子会落入由冷暗物质产生的引力势阱, 并随之坍缩形成发光的星系. 大多数星系都集中在准球形的不均匀块里, 它们对应于星系团和超星系团, 其尺度是几 Mpc 的量级. 有一些星系坐落在纤维状结构中, 这种纤维状结构的典型尺度为 10—30 Mpc. 其他星系还位于薄饼状结构中.

结构形成的完整的定量理论是一个具有挑战性的数值计算问题. 它是目前宇宙学研究的前沿领域之一.

第 7 章 广义相对论中的引力不稳定性

牛顿力学对引力不稳定性的分析是有局限的. 它对尺度大于哈勃半径的扰动无能为力. 对于相对论性流体来说, 无论是长波长还是短波长的扰动都必须使用广义相对论来处理. 这理论能对任何物质在所有尺度上给出一个统一的描述. 不幸的是, 广义相对论中得到的结果, 其物理解释并不如牛顿力学中的那样明显易懂. 主要的困难是为了描述扰动而选取坐标系时存在一些自由度. 在均匀且各向同性的宇宙中, 我们通常都倾向于采用一个能满足其对称性的优先坐标系. 但是对扰动后的宇宙来说, 就不存在这样一个优先的坐标系. 这种坐标选取中的自由度, 或者说规范自由度, 直接导致了虚假扰动模式 (fictitious perturbation mode) 的存在. 这些虚假模式并不能描述任何真实的不均匀性, 它们只能体现出我们所采用的坐标系的性质.

为了充分说明这一点, 我们考虑一个*没有扰动*的均匀且各向同性宇宙, 其中 $\varepsilon(\mathbf{x},t)=\varepsilon(t)$. 在广义相对论里, 选取任何坐标系都是允许的. 所以我们从原则上讲可以选取另外一个时间坐标 $\widetilde{t}$, 它和旧的时间 t 之间的关系是 $\widetilde{t}=t+\delta t(\mathbf{x},t)$. 这样, 它在 $\widetilde{t}=$ 常数 的超曲面上的能量密度 $\widetilde{\varepsilon}(\widetilde{t},\mathbf{x})\equiv\varepsilon(t(\widetilde{t},\mathbf{x}))$ 一般来说就会依赖于空间坐标 $\mathbf{x}$ 了 (图 7-1). 假设 $\delta t\ll t$, 我们得到

$$\varepsilon(t)=\varepsilon(\widetilde{t}-\delta(\mathbf{x},t))\simeq\varepsilon(\widetilde{t})-\frac{\partial\varepsilon}{\partial t}\delta t\equiv\varepsilon(\widetilde{t})+\delta\varepsilon(\mathbf{x},t). \tag{7.1}$$

右边第一项只能解释为新坐标系下的背景的能量密度, 那么第二项就描述了对它的一个线性扰动. 这个扰动当然不是物理的. 它完全是因为我们选取了 “扰动的” 时间坐标. 因此, 我们可以简单地通过对坐标进行扰动来产生*虚假*的扰动. 更进一步说, 我们也可以通过选取一个能量密度为常数的超曲面作为等时超曲面, 来 “消除” 能量密度中的一个*实际的*扰动. 在这种情况下, 即使存在*实际的*扰动, 我们仍然有 $\delta\varepsilon=0$.

为了求解广义相对论中实际的和虚假的扰动模式, 有必要研究所有相关的变量. 准确地说, 我们需要同时研究物质场的扰动和度规的扰动.

在本章里我们将引入规范不变量. 它们不依赖于坐标的选取, 而且有明确的物理解释. 随后我们将发展出来的公式应用于一些有趣的情况. 为了简化公式, 我们只考虑空间平坦的宇宙. 将其结果推广到非平坦宇宙是很容易的.

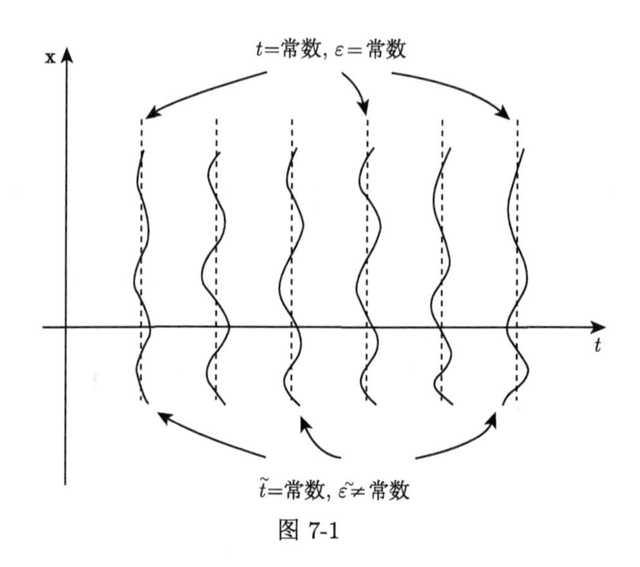

图 7-1

7.1 扰动和规范不变量

物质分布上的不均匀性可以诱导出度规扰动, 而度规扰动可以分解为不可约部分. 在线性近似下, 不同类型的扰动是独立演化的, 因此可以分别分析研究. 在本节里我们首先对度规扰动进行分类, 然后确定它们在一般坐标 (规范) 变换下的变换规律. 最终, 我们可以借此构建出规范不变的变量. 我们顺便也讨论了文献中流行的不同坐标系之间的关系.

7.1.1 扰动的分类

带有小扰动的平坦的弗里德曼宇宙的度规可以写作

$$ds^2 = \left[{}^{(0)}g_{\alpha\beta} + \delta g_{\alpha\beta}(x^\gamma)\right] dx^\alpha dx^\beta, \tag{7.2}$$

其中 $|\delta g_{\alpha\beta}| \ll \left|{}^{(0)}g_{\alpha\beta}\right|$. 利用共形时间, 背景度规可化为

$${}^{(0)}g_{\alpha\beta}dx^\alpha dx^\beta = a^2(\eta)\left(d\eta^2 - \delta_{ij}dx^i dx^j\right). \tag{7.3}$$

度规的扰动 $\delta g_{\alpha\beta}$ 可以分成三种不同的类型: 标量、矢量和张量扰动. 这种分类基于均匀且各向同性的背景的对称性: 在一个给定的时刻, 它对空间转动群和平移群明显是不变的. δg_{00} 分量在这些转动下和标量一样变换, 因此

$$\delta g_{00} = 2a^2\phi, \tag{7.4}$$

其中 ϕ 是一个 3-标量.

空间分量 δg_{0i} 可以分解为一个某标量 B 的空间梯度和一个无散度矢量 S_i 之和:

$$\delta g_{0i} = a^2(B_{,i} + S_i). \tag{7.5}$$

这里一个带拉丁指标的逗号表示关于对应的空间坐标的导数, 即 $B_{,i} = \partial B/\partial x^i$. 矢量 S_i 满足约束条件 $S^i_{,i} = 0$, 因此它只有两个独立分量. 从现在开始, 空间指标总是用单位度规 δ_{ij} 来上升和下降, 而且规定重复的空间指标要求和.

与此相似, 分量 δg_{ij} 在 3-转动下表现为一个张量, 因此可以写作如下不可约部分之和:

$$\delta g_{ij} = a^2(2\psi\delta_{ij} + 2E_{,ij} + F_{i,j} + F_{j,i} + h_{ij}). \tag{7.6}$$

其中 ψ 和 E 是标量函数, 矢量 F_i 是无散度的 ($F^i_{,i} = 0$), 而 3-张量 h_{ij} 满足如下四个约束条件:

$$h^i_i = 0, \quad h^i_{j,i} = 0. \tag{7.7}$$

也就是说, 它是无迹 (traceless) 和横向 (transverse) 的. 数一数为了构建 $\delta g_{\alpha\beta}$ 所需要的独立函数的数量, 我们发现标量扰动需要四个函数, 矢量扰动需要四个函数 (两个 3-矢量, 每个都带一个约束条件), 张量扰动需要两个函数 (一个对称的 3-张量有六个独立分量, 然后再带上四个约束条件). 因此我们一共有十个方程. 这个数量和 $\delta g_{\alpha\beta}$ 所拥有的独立分量的数量是一致的.

标量扰动是用四个标量函数 ϕ, ψ, B, E 来描述的. 它们是由能量密度的不均匀性产生的. 这些扰动最为重要, 因为它们表现出引力不稳定性, 而且可以导致宇宙中的结构形成.

矢量扰动是用两个矢量 S_i 和 F_i 来描述的. 它们和流体的旋转运动有关系. 和牛顿理论中一样, 它们很快就衰变了, 在宇宙学中没有什么值得注意的地方.

张量扰动 h_{ij} 在牛顿理论中没有任何对应的物理量. 它们描述了引力波, 这是引力场本身的自由度. 在线性近似下, 引力波不能产生理想流体中的扰动.

标量、矢量、张量扰动是脱耦的, 因此可以分别研究.

7.1.2 规范变换和规范不变量

我们考虑规范变换

$$x^\alpha \longrightarrow \widetilde{x}^\alpha = x^\alpha + \xi^\alpha, \tag{7.8}$$

其中 ξ^α 是时间和空间上的一个无穷小的函数. 对时空流形上的给定一点来说, 坐标系 $\widetilde{x}$ 中的度规张量可以用通常的变换规则来计算:

$$\widetilde{g}_{\alpha\beta}(\widetilde{x}^\rho) = \frac{\partial x^\gamma}{\partial \widetilde{x}^\alpha}\frac{\partial x^\delta}{\partial \widetilde{x}^\beta} g_{\gamma\delta}(x^\rho) \approx {}^{(0)}g_{\alpha\beta}(x^\rho) + \delta g_{\alpha\beta} - {}^{(0)}g_{\alpha\delta}\xi^\delta_{,\beta} - {}^{(0)}g_{\gamma\beta}\xi^\gamma_{,\alpha}. \tag{7.9}$$

这里我们只保留了 δg 和 ξ 的线性阶. 在新坐标系 $\widetilde{x}$ 中, 度规也可以分解成背景部分和扰动部分,

$$\widetilde{g}_{\alpha\beta}(\widetilde{x}^\rho) = {}^{(0)}g_{\alpha\beta}(\widetilde{x}^\rho) + \delta\widetilde{g}_{\alpha\beta}. \tag{7.10}$$

其中 ${}^{(0)}g_{\alpha\beta}$ 是弗里德曼度规(7.3), 不过现在是定义在坐标系 $\widetilde{x}$ 中的. 比较(7.9)和(7.10), 并考虑到

$${}^{(0)}g_{\alpha\beta}(x^\rho) \approx {}^{(0)}g_{\alpha\beta}(\widetilde{x}^\rho) - {}^{(0)}g_{\alpha\beta,\gamma}\xi^\gamma, \tag{7.11}$$

我们可以推出如下的规范变换规律[①]:

$$\delta g_{\alpha\beta} \longrightarrow \delta\widetilde{g}_{\alpha\beta} = \delta g_{\alpha\beta} - {}^{(0)}g_{\alpha\beta,\gamma}\xi^\gamma - {}^{(0)}g_{\gamma\beta}\xi^\gamma_{,\alpha} - {}^{(0)}g_{\alpha\delta}\xi^\delta_{,\beta} \tag{7.12}$$

习题 7.1 考虑一个 4-标量 $q(x^\rho) = {}^{(0)}q(x^\rho) + \delta q$, 其中 ${}^{(0)}q$ 是其背景值. 证明其扰动 δq 在(7.8)的变换下的变换规律是

$$\delta q \longrightarrow \delta\widetilde{q} = \delta q - {}^{(0)}q_{,\alpha}\xi^\alpha, \tag{7.13}$$

类似地可以证明对一个协变 4-矢量来说有

$$\delta u_\alpha \longrightarrow \delta\widetilde{u}_\alpha = \delta u_\alpha - {}^{(0)}u_{\alpha,\gamma}\xi^\gamma - {}^{(0)}u_\gamma\xi^\gamma_{,\alpha}. \tag{7.14}$$

显然 4-标量 q 在流形上某一点处的值是不会随着坐标变换而改变的. 但是, 我们将一个标量划分为背景量和扰动量的方式是依赖于坐标系的选取的.

让我们把无穷小矢量 $\xi^\alpha \equiv (\xi^0, \xi^i)$ 的空间分量写为

$$\xi^i = \xi^i_\perp + \xi^{,i}, \tag{7.15}$$

其中 $\xi^i_\perp$ 是一个没有散度 ($\xi^i_{\perp,i} = 0$) 的 3-矢量, 而 ξ 是一个标量函数[②]. 因为在弗里德曼宇宙中, ${}^{(0)}g_{00} = a^2(\eta)$, ${}^{(0)}g_{ij} = -a^2(\eta)\delta_{ij}$, 我们从(7.12)得到

$$\begin{aligned}
\delta\widetilde{g}_{00} &= \delta g_{00} - 2a\left(a\xi^0\right)', \\
\delta\widetilde{g}_{0i} &= \delta g_{0i} + a^2\left[\xi'_{\perp i} + \left(\xi' - \xi^0\right)_{,i}\right], \\
\delta\widetilde{g}_{ij} &= \delta g_{ij} + a^2\left[2\frac{a'}{a}\delta_{ij}\xi^0 + 2\xi_{,ij} + \left(\xi_{\perp i,j} + \xi_{\perp j,i}\right)\right].
\end{aligned} \tag{7.16}$$

---

① 原文中的 $\delta\widetilde{g}_{\alpha\beta}$ 和 ${}^{(0)}g_{\alpha\beta,\gamma}\xi^\gamma$ 的下标中的 α 误作 a. 根据上文改.

② 这里的标量函数 ξ 原文写作 ζ. 因为本章用 ζ 这个符号表示另一个量 (参见(7.72)及其注解), 为了避免混淆, 将这里的无穷小坐标变换的空间分量的纵向部分写作 $\xi^{,i}$. 这个写法是在作者的一篇综述文章中使用过的, 参见 Mukhanov, Feldman, Brandenberger, *Theory of Cosmological Perturbations*, Phys.Rept. 215 (1992) 203-333, Eq.(3.7).

其中 $\xi_{\perp i}\equiv\xi^i_{\perp}$. 一撇表示表示对共形时间 η 求导数. 将这些结果和(7.4)—(7.6)诸式结合起来, 我们立即可以推出不同类型的扰动的变换规则.

标量扰动 对标量扰动而言, 度规采取如下形式①:

$$ds^2=a^2\left[(1+2\phi)d\eta^2+2B_{,i}dx^id\eta-\left((1-2\psi)\delta_{ij}-2E_{,ij}dx^idx^j\right)\right]. \tag{7.17}$$

在坐标变换下, 我们得到

$$\begin{aligned}\phi\longrightarrow\widetilde{\phi}=\phi-\frac{1}{a}\left(a\xi^0\right)',\qquad B\longrightarrow\widetilde{B}=B+\xi'-\xi^0,\\ \psi\longrightarrow\widetilde{\psi}=\psi+\frac{a'}{a}\xi^0,\qquad\qquad E\longrightarrow\widetilde{E}=E+\xi.\end{aligned} \tag{7.18}$$

因此, 只有 ξ^0 和 ξ 对标量扰动的变换律有贡献. 通过合适地选取这两个量, 可以找到一个让 ϕ, ψ, B, E 这四个变量中的两个为零的坐标系. 这些函数的最简单的规范不变的线性组合是 ②

$$\Phi\equiv\phi-\frac{1}{a}\left[a\left(B-E'\right)\right]',\quad\Psi\equiv\psi+\frac{a'}{a}\left(B-E'\right). \tag{7.19}$$

这两个变量构建了物理的扰动的二维变量空间. 可以轻松验证它们是不随坐标变换而改变的, 以及如果 Φ 和 Ψ 在某一个坐标系中为零, 则它们在任何坐标系中都为零. 这意味着我们可以立即将物理的不均匀性和虚假的扰动区分开来; 如果 Φ 和 Ψ 均为零, 那么度规扰动 (如果有的话) 就是虚假的, 可以通过一个坐标变换来消除.

---

① 对标量的度规扰动, 文献中有一些不同的定义. 除去一些无关紧要的正负号的差别, 最主要的一种定义方式是所谓的螺旋度分解度规, 它将空间度规重新组合为对角和非对角的部分. 有的文献为了处理非平坦宇宙, 进一步把扰动分解为时间函数和空间函数的乘积 (Bardeen, *Gauge-invatiant Cosmological Perturbations*, Phys.Rev.D 22 (1980) 8):

$$ds^2=-a^2(\eta)\Big[-(1+2\mathbb{A}Y)\,\mathrm{d}\eta^2-2\mathbb{B}Y_i\,\mathrm{d}\eta\,\mathrm{d}x^i+\left((1+2\mathbb{H}_LY)\delta_{ij}+2\mathbb{H}_TY_{ij}\right)\mathrm{d}x^i\,\mathrm{d}x^j\Big].$$

这里的 Y 是满足亥姆霍兹 (Helmholtz) 方程 $(\nabla^2+k^2)Y=0$ 的本征函数, k 为波数. 在平坦的背景空间中, Y 可以取为平面波, 这也是当代文献通行的做法. $Y_i\equiv-k^{-1}Y_{,i}$, $Y_{ij}\equiv k^{-2}\left(Y_{,ij}-(1/3)\delta_{ij}\nabla^2Y\right)$. $\mathbb{A}$, $\mathbb{B}$, $\mathbb{H}_L$, $\mathbb{H}_T$ 只是时间的函数, 称为巴丁变量 (Bardeen variable). 它们和这里定义的 ϕ, ψ, B, E 这四个变量的关系为

$$\mathbb{A}Y=\phi,\qquad\mathbb{B}Y=-kB,\qquad\mathbb{H}_TY=-k^2E,\qquad\mathbb{H}_LY=-\psi+\frac{k^2}{3}E.$$

利用这些关系, 读者就可以方便地阅读利用巴丁变量写出的文献了, 例如 Kodama and Sasaki, *Cosmological Perturbation Theory*, Prog.Theor.Phys.Suppl. 78, 1 (1984); Durrer, *The Cosmic Microwave Background*, Cambridge University Press, 2nd Ed., 2021; Maggiore, *Gravitational Waves*, Vol. 2, Oxford University Press, 2018. 下文(7.19)定义的 Φ 和 Ψ 也是巴丁最先引入的, 因此也称为巴丁势 (Bardeen potential).

② 根据(7.18), 容易看出 $B-E'$ 可以消去空间冗余自由度, 只剩下时间坐标的无穷小变换元 ξ^0. 把 ξ^0 用新旧两个坐标的 $B-E'$ 替换, 我们就得到(7.19)式. $\sigma_g=B-E'$ 也称为度规的剪切 (shear) 扰动.

当然我们可以构建出无限多个规范不变的变量, 因为 Φ 和 Ψ 的任何组合也都是规范不变的. 我们的选择完全是出于方便的考虑. 就像电动力学中的电场和磁场一样, 我们选取的势 Φ 和 Ψ 是可能的组合中最简单的, 满足简单的运动方程(参看以下各节).

习题 7.2 利用习题 7.1 中的结果, 证明

$$\overline{\delta\varepsilon} = \delta\varepsilon - \varepsilon_0'(B - E') \tag{7.20}$$

是描述能量密度扰动的规范不变量.

考虑到均匀宇宙中的流体的 4-速度是 ${}^{(0)}u_\alpha = (a, 0, 0, 0)$, 证明

$$\overline{\delta u_0} = \delta u_0 - [a(B - E')]', \quad \overline{\delta u_i} = \delta u_i - a(B - E')_{,i} \tag{7.21}$$

是描述速度扰动 δu_α 的协变分量的规范不变量①.

---

① 本书中对流体的速度扰动的讨论分散于各处, 可能会有些令人疑惑之处. 因此补充如下. 流体元的 4-速度的定义是 $u^\mu \equiv dx^\mu/d\tau$, 其中 τ 是流体元的固有时. 根据微扰的度规, 我们很容易得到如下关系:

$$u^0 = \frac{d\eta}{d\tau} = \frac{1}{a\sqrt{1+2\phi}} \approx \frac{1-\phi}{a}, \qquad u^i = \delta u^i = \frac{dx^i}{d\tau} = \frac{dx^i}{ad\eta} \equiv \frac{v^i}{a}. \tag{7.21a}$$

其中 $v^i \equiv dx^i/d\eta$ 是本动速度, 注意它是定义在共形坐标上的. 4-速度 u^μ 可以通过度规进行指标下降而变为协变矢量:

$$u_0 = g_{00}u^0 + g_{0i}u^i = a(1+\phi), \qquad u_i = g_{i0}u^0 + g_{ij}u^j = a(B_{,i} + S_i - v_i). \tag{7.21b}$$

注意这里的 v_i 和 v^i 一样是 3-速度, 因此根据约定它们通过 δ_{ij} 进行指标升降. 但是(7.21b)中的 u_i 和(7.21a)中的 u^i 的差别较大, 因为它们是 4-矢量, 需要通过 $g_{\mu\nu}$ 进行指标升降.

在流体力学中, 3-速度扰动 v_i 可以分解为势速度和无散速度:

$$v_i = v_{,i} + v_{\perp i}. \tag{7.21c}$$

其中 v 是一个标量, 称为速度势 (velocity potential). $v_{\perp i}$ 是一个横向 (无散) 矢量, 满足 $v_{\perp i,i} = 0$. 根据(7.21a), (7.21c)意味着逆变 4-速度的分量 u^i 也可以分解为 $\delta u^i_\parallel = v_{,i}/a$ 与 $\delta u^i_\perp = v_{\perp i}/a$. 协变 4-速度也可以做类似的分解, 只要我们将(7.21c)代入(7.21b),

$$u_i = a(-v + B)_{,i} + a(-v_{\perp i} + S_i) \equiv \delta u_{\parallel i} + \delta u_{\perp i}. \tag{7.21d}$$

$\delta u_{\parallel i}$ 就是 7.1.3 节开头所谓的势速度扰动 (potential velocity perturbation). 利用逆变 4-速度的分解, 我们可以得到 $\delta u_{\parallel i} \equiv a(-v+B)_{,i} = -a^2\delta u^i_\parallel + aB_{,i}$. 这就是习题 7.3 中的(7.31)式. 利用(7.21), 可以将它改写为规范不变的形式

$$\overline{\delta u}_{\parallel i} = a(-v + E')_{,i} \equiv -a\overline{v}_{,i}. \tag{7.21e}$$

它会出现在(7.45)和(7.48)中. 容易看出 v 的规范变换律是 $v \longrightarrow \widetilde{v} = v + \xi'$, 因此(7.21e)的 $\overline{v} \equiv v - E'$ 是一个规范不变量, 它是各向同性坐标系 $(E = 0)$ 中的速度势. 另一方面, 可以从(7.35)和(7.45)推出无散 3-速度 $v_{\perp i}$ 的规范变换律为 $\widetilde{v_{\perp i}} \longrightarrow v_{\perp i} + \xi'_{\perp i}$. 这与 S_i 相同 (见(7.23)式). 因此, 无散的 4-速度扰动

$$\delta u_{\perp i} \equiv a(-v_{\perp i} + S_i) \equiv -a\mathscr{V}_i^{(c)} \tag{7.21f}$$

自然就是规范不变的. 它出现于(7.45)与(7.91)中. 规范不变的无散速度扰动 $\mathscr{V}_i^{(c)} = v_{\perp i} - S_i$ 正比于流体的涡度 (vorticity): $\omega_{ij} = a(\mathscr{V}_{i,j} - \mathscr{V}_{j,i})$. 根据 F_i 的变换规律可以定义另一个规范不变的速度扰动 $\mathscr{V}_i^{(s)} = v_{\perp i} - F_i'$, 它正比于流体的剪切 (shear). 它和 $\mathscr{V}_i^{(c)}$ 是通过(7.24)定义的矢量式度规扰动的剪切联系起来的: $\mathscr{V}_i^{(c)} = \mathscr{V}_i^{(s)} - \bar{V}_i$.

矢量扰动 矢量扰动对应的度规是

$$ds^2 = a^2 \left[d\eta^2 + 2S_i dx^i d\eta - (\delta_{ij} - F_{i,j} - F_{j,i}) dx^i dx^j\right], \tag{7.22}$$

其中变量 S_i 和 F_i 的变换规律是

$$S_i \longrightarrow \widetilde{S}_i = S_i + \xi'_{\perp i}, \quad F_i \longrightarrow \widetilde{F}_i = F_i + \xi_{\perp i}. \tag{7.23}$$

很明显, 规范不变的组合是

$$\overline{V}_i = S_i - F'_i. \tag{7.24}$$

S_i 和 F_i 中的四个独立函数只有两个描述了物理的扰动, 还有两个则是坐标选取自由度的反映. 变量(7.24)构建了一个物理扰动的二维的变量空间. 它描述了转动. 与之对应的旋转速度的协变分量 $\delta u_{\perp i}$ 满足约束条件 $(\delta u_{\perp i})^{,i} = 0$, 它也是规范不变的.

张量扰动 对张量扰动,

$$ds^2 = a^2 \left[d\eta^2 - (\delta_{ij} - h_{ij}) dx^i dx^j\right]. \tag{7.25}$$

h_{ij} 在坐标变换下是不变的. 它已经以规范不变的形式描述了引力波.

7.1.3 坐标系

规范自由度的重要性在标量扰动中表现得最为显著. 利用规范自由度, 我们可以对函数 ϕ, ψ, B, E, $\delta\varepsilon$ 和势速度扰动 (potential velocity perturbations)[①] $\delta u_{\parallel i} = a\delta\varphi_{,i}/\varphi'_0$ 加上两个规范条件. 这是因为我们可以任意选择两个函数[②] ξ^0 和 ξ. 加上规范条件等价于选定坐标系. 接下来我们要考虑一些特殊的规范选取, 并以此说明在已知规范不变量的解时, 如何更简洁地在任意坐标系中计算度规和密度扰动.

纵向 (共形牛顿) 规范 (*longitudinal* (*conformal Newton*) *gauge*) 纵向规范是通过条件 $B_l = E_l = 0$ 来定义的. 根据(7.18), 我们看到这条件立即唯一地把坐标系确定下来了. 实际上, $E_l = 0$ 会被任何非零的 ξ 破坏. 而且, 利用这个结果我们看到任何 $\xi^0 \neq 0$ 的时间变换又会破坏 $B_l = 0$ 的条件. 所以, 一旦确定了

---

① 所谓势速度扰动指的是可以写成某一个标量的梯度的速度扰动. 任何流体的速度扰动 δu_i 都可以分解成势速度扰动 $\delta u_{\parallel i} \equiv \delta u_{,i}$ 和无散速度扰动 $\delta u_{\perp i}$. 参见(7.45)和(7.21)下面的脚注. 这里势速度扰动的表达式原文误为 $\delta u_{\parallel i} = \varphi_{,i}$, 根据 (5.118) 的第二式改正. 通过比较(7.48)式与(8.53)式, 我们也可以得到 $\delta u_{\parallel i} = a\delta\varphi_{,i}/\varphi'_0$.

② 有些扰动或扰动组合的规范变换只依赖于 ξ^0. 这样, 可以通过只选择 ξ^0 来确定这些量. 这种保留空间冗余自由度的规范选取方式称为时间分层 (time slicing). 典型的例子包括固有时分层 ($\phi = 0$), 速度正交分层 ($v - B = 0$), 牛顿分层 $B - E' = 0$, 等等.

$B_l = E_l = 0$, 就不存在任何额外的坐标选取的自由了. 在这个对应的坐标系中, 度规采取如下形式:

$$ds^2 = a^2 \left[(1+2\phi_l) d\eta^2 - (1-2\psi_l)\delta_{ij} dx^i dx^i \right]. \tag{7.26}$$

如果空间部分的能量-动量张量是对角的, 亦即 $\delta T^i_j \propto \delta^i_j$, 我们会得到 $\phi_l = \psi_l$ (推导见 7.3.1 节), 这样就只剩下一个描述标量扰动的变量了. 变量 ϕ_l 是牛顿势的推广, 正因为如此, 这种坐标系称为 “共形牛顿”. 正如我们在(7.19)—(7.21)中所看到的那样, 规范不变量的物理解释是非常简单的: 它们是度规扰动、密度扰动、速度扰动在共形牛顿坐标系中的幅度. 特别是 $\Phi = \phi_l$, $\Psi = \psi_l$.

同步规范 (*synchronous gauge*) 同步坐标指的是 $\delta g_{0\alpha} = 0$. 它在各类文献之中运用得最为广泛. 在我们的记号里, 它对应于 $\phi_s = 0$ 和 $B_s = 0$ 的规范选取. 这并没有把坐标唯一确定下来; 因此存在一大类同步坐标系. 根据(7.18), 如果 $\phi_s = 0$ 和 $B_s = 0$ 的规范条件在某坐标系 $x^\alpha \equiv (\eta, \mathbf{x})$ 中满足, 那么规范条件在如下的坐标系 $\widetilde{x}^\alpha$ 中也满足:

$$\widetilde{\eta} = \eta + \frac{C_1}{a}, \quad \widetilde{x}^i = x^i + C_{1,i} \int \frac{d\eta}{a} + C_{2,i}, \tag{7.27}$$

其中 $C_1 \equiv C_1(x^j)$ 和 $C_2 \equiv C_2(x^j)$ 是空间坐标的任意函数. 这个残余的坐标自由度导致非物理的规范模式的出现, 使得对其结果的解释变得困难, 特别是在大于哈勃半径的尺度上.

如果我们已经知道扰动用规范不变的变量表示出来的解, 或者等价地说, 在共形牛顿坐标系下的解, 那么扰动在同步坐标系中的行为就可以很容易地推导出来, 并不需要再去求解爱因斯坦方程. 利用(7.19)中的定义, 我们得到

$$\Phi = \frac{1}{a}\left[a E_s' \right]', \quad \Psi = \psi_s - \frac{a'}{a} E_s'. \tag{7.28}$$

用这两个方程可以立即反解出 ψ_s 和 E_s 用规范不变量表示出来的结果:

$$E_s = \int \frac{1}{a} \left(\int^\eta a\Phi d\widetilde{\eta} \right) d\eta, \quad \psi_s = \Psi + \frac{a'}{a^2} \int a\Phi d\eta. \tag{7.29}$$

类似, 从(7.20)中我们可以解出能量密度扰动

$$\delta\varepsilon_s = \overline{\delta\varepsilon} - \frac{\varepsilon_0'}{a} \int a\Phi d\eta. \tag{7.30}$$

从这些积分里出来的积分常数就对应于非物理的虚假模式.

习题 7.3 共动规范 (*comoving* gauge) 条件是这样的[①]:

$$\phi = 0, \quad \delta u^i_{\parallel} = -\frac{1}{a^2}\delta u_{\parallel i} + \frac{1}{a}B_{,i} = 0, \tag{7.31}$$

其中 $\delta u^i_{\parallel}$ 是势 4-速度的逆变空间分量. 试找到在共动坐标系中用规范不变量表示出来的度规扰动的表达式. 这些条件能唯一地确定坐标系吗?

7.2 宇宙学扰动的方程

为了导出扰动的方程, 我们必须对描述弗里德曼宇宙中微小不均匀性的爱因斯坦方程

$$G^\alpha_\beta \equiv R^\alpha_\beta - \frac{1}{2}\delta^\alpha_\beta R = 8\pi G T^\alpha_\beta$$

进行线性化. 背景度规(7.3)所导出的爱因斯坦张量非常简单, 其结果是

$${}^{(0)}G^0_0 = \frac{3\mathcal{H}^2}{a^2}, \quad {}^{(0)}G^0_i = 0, \quad {}^{(0)}G^i_j = \frac{1}{a^2}(2\mathcal{H}' + \mathcal{H}^2)\delta_{ij}, \tag{7.32}$$

---

① (7.31)的第二式等号左边的 $\delta u^i_{\parallel}$ 是 u^μ 的纵向部分的空间分量. 参见(7.21)式的脚注. 我们有

$$u^i_{\parallel} = g^{i\mu}u_{\parallel\mu} = g^{i0}u_{\parallel 0} + g^{ij}u_{\parallel j} = \frac{B_{,i}}{a^2}a(1+\phi) - \frac{(1-2\psi)\delta_{ij} - 2E_{,ij}}{a^2}\delta u_{\parallel j} = \frac{B_{,i}}{a} - \frac{\delta u_{\parallel i}}{a^2}. \tag{7.31a}$$

即得(7.31)式. 根据(7.21a), 注意到 $\delta u^0 = -\phi/a$ 及 $\delta u^i_{\parallel} = v_{,i}/a$, 共动规范条件(7.31)等价于 $\phi = v = 0$ 或者 $\delta u^\mu = 0$, 也称为共动固有时规范 (comoving proper time gauge)."共动" 指的就是 $\delta u^i_{\parallel} = 0$ (即 $v = 0$). 共动坐标系的意义如下: 在某个空间超曲面上为测地线汇 (congruence) 中的每条测地线指定一个空间坐标 $\{x^i\}$, 并利用测地线将空间坐标代到其他等时超曲面上去. 用这种方法建立的坐标系和流体元一起运动, 因此称为共动规范或者拉格朗日规范 (Lagrangian gauge), 参见 Sachs and Wolfe, Astrophys.J. 147 (1967) 73; Hariai, Prog.Theor.Phys. 41 (1969), 686. 因为 v 的规范变换律是 $v \longrightarrow \tilde{v} + \xi'$, 所以 $v = 0$ 只能 (部分地) 确定空间的冗余自由度, 不能确定时间. 因此还需要另一个条件 (如 $\phi = 0$ 或 $B = 0$) 来去掉时间的冗余自由度.

最近有的文献 (不正确地) 称 $\delta u_{\parallel i} = 0$ 为 "共动规范" 条件. 根据(7.21d), 这意味着 $v = B$, 即流体元的 4-速度与等时超曲面正交. 在这套坐标系里, 等时超曲面处处正交于流体的测地线汇, 因此满足这个条件的规范应该称为速度正交分层 (velocity-orthogonal slicing)."分层" 指的是它只能确定时间坐标. 我们还需要另一个条件来去掉空间的冗余自由度, 例如 $v = 0$ (共动时间正交规范 (comoving time-orthogonal gauge), 参见 Bardeen, Steinhardt, Turner, Phys.Rev.D 28 (1983) 679), $E = 0$ (速度正交各向同性规范 (velocity-orthogonal isotropic gauge), 参见 Lyth, Phys.Rev.D 31 (1985) 1792) 等. 关于规范选取的一般讨论, 参见 Kodama and Sasaki, Prog.Theor.Phys.Suppl. 78 (1984), 1.

共动规范指的是 $u^i_{\parallel} = 0$ 即 $v = 0$, 它是个关于空间坐标的条件, 而非分层. 但是, 从 Bardeen (1980 年) 开始, 相当多的文献把 $v = B$ 的规范条件称为共动分层/超曲面 (comoving slicing/hypersurface). 由于这种说法已经相当流行, 且似乎不会引起误解, 因此也可以使用. 但是绝对不能把 $v = B$ 称为共动规范. 近期文献中流行的 "共动曲率扰动" (comoving curvature perturbation) 指的就是这种 $v = B$ 的 "共动分层" 的等时超曲面上的曲率扰动, 参见(7.72)及其下面的脚注. 更详细的讨论可参考 Abolhasani, Firouzjahi, Naruko, and Sasaki, δN Formalism in Cosmological Perturbation Theory, World Scientific, 2019. P13-P14. 佐佐木节 (Misao Sasaki) 在这个问题上与译者进行了详尽且耐心的讨论, 特此致谢.

其中 $\mathcal{H}=a'/a$. 很明显, 为了满足背景的爱因斯坦运动方程, 物质的能动张量 ${}^{(0)}T^{\alpha}_{\beta}$ 必须要有如下的对称性质:

$$ {}^{(0)}T^{0}_{i}=0, \quad {}^{(0)}T^{i}_{j}\propto\delta_{ij}. \tag{7.33}$$

对一个带有小扰动的度规, 爱因斯坦张量可以写作 $G^{\alpha}_{\beta}={}^{(0)}G^{\alpha}_{\beta}+\delta G^{\alpha}_{\beta}+\cdots$, 其中 $\delta G^{\alpha}_{\beta}$ 表示度规涨落的线性项. 能动张量也可以用类似的方法展开, 因此, 线性化的扰动方程可以写作

$$\delta G^{\alpha}_{\beta}=8\pi G\delta T^{\alpha}_{\beta}. \tag{7.34}$$

$\delta G^{\alpha}_{\beta}$ 或 $\delta T^{\alpha}_{\beta}$ 都不是规范不变的. 不过, 把它们和度规扰动组合起来, 我们可以构造相应的规范不变量.

习题 7.4　导出 $\delta T^{\alpha}_{\beta}$ 的变换律, 并证明

$$\begin{aligned}
\overline{\delta T}^{0}_{0}&=\delta T^{0}_{0}-\left({}^{(0)}T^{0}_{0}\right)'(B-E'),\\
\overline{\delta T}^{0}_{i}&=\delta T^{0}_{i}-\left({}^{(0)}T^{0}_{0}-\frac{{}^{(0)}T^{k}_{k}}{3}\right)(B-E')_{,i},\\
\overline{\delta T}^{i}_{j}&=\delta T^{i}_{j}-\left({}^{(0)}T^{i}_{j}\right)'(B-E'),
\end{aligned}\tag{7.35}$$

是规范不变的. 其中 T^{k}_{k} 是空间分量的迹.

用(7.35)类似的方法, 我们可以构建出

$$\overline{\delta G}^{0}_{0}=\delta G^{0}_{0}-\left({}^{(0)}G^{0}_{0}\right)'(B-E'), \quad \text{etc.} \tag{7.36}$$

并将方程(7.34)写作

$$\overline{\delta G}^{\alpha}_{\beta}=8\pi G\overline{\delta T}^{\alpha}_{\beta}. \tag{7.37}$$

$\overline{\delta T}^{\alpha}_{\beta}$ 的分量也可以分解为标量、矢量和张量的部分, 每个部分只对其对应的扰动的演化有贡献.

标量扰动　(7.37)的左边是规范不变的, 而且只依赖于度规扰动. 因此, 它完全可以用势函数 Φ 和 Ψ 来表示. 直接计算(7.17)对应的 $\overline{\delta G}^{\alpha}_{\beta}$, 我们得到如下方程组:

$$\Delta\Psi-3\mathcal{H}(\Psi'+\mathcal{H}\Phi)=4\pi Ga^{2}\overline{\delta T}^{0}_{0}, \tag{7.38}$$

$$(\Psi'+\mathcal{H}\Phi)_{,i}=4\pi Ga^{2}\overline{\delta T}^{0}_{i}, \tag{7.39}$$

$$\left[\Psi''+\mathcal{H}(2\Psi+\Phi)'+(2\mathcal{H}'+\mathcal{H}^{2})\Phi+\frac{1}{2}\Delta(\Phi-\Psi)\right]\delta_{ij}-\frac{1}{2}(\Phi-\Psi)_{,ij}=-4\pi Ga^{2}\overline{\delta T}^{i}_{j}. \tag{7.40}$$

我们必须说明, 上面这些方程不需要指定任何规范条件也可以推导出来, 也就是说它们在任意坐标系中都成立. 如果要得到在某一特定坐标系中的度规扰动的运动方程的形式, 我们需要把方程(7.38)—(7.40)用特定坐标系中的度规扰动表示出来. 例如, 在同步坐标系中, 我们需要用到(7.28)式.

习题 7.5 写出同步坐标系中 ψ_s 和 E_s 的方程. (提示 不要忘了 $\overline{\delta T}^{\alpha}_{\beta}$ 的定义中也含有 E_s.)

共形牛顿坐标系中的度规扰动的运动方程很明显和(7.38)—(7.40)一样. 因此, 在这坐标系中的计算就等于在用规范不变势来算, 其好处是在中间公式中我们不必考虑 B 和 E 了.

习题 7.6 推导出(7.38), (7.39)和(7.40). (提示 用规范不变势来直接计算 $\overline{\delta G}^{\alpha}_{\beta}$ 是相当烦琐的. 然而, 如果我们考虑到这两个势和共形牛顿坐标系中的度规扰动一致, 计算就会大大简化. 因此, 我们可以计算度规(7.26)的爱因斯坦张量, 并将 ϕ_l 和 ψ_l 分别替换为 Φ 和 Ψ. 为了计算 $\delta G^{\alpha}_{\beta}$, 可以分两步走: 第一步, 令(7.26)中的 $a=1$, 并计算出这种情况下的爱因斯坦张量; 第二步, 对坐标做一个共形因子为 $a(t)$ 的共形变换, 并利用 $F=a^2$ 的方程 (5.110) 和 (5.111) 来计算 $\delta G^{\alpha}_{\beta}$.)

矢量扰动 矢量扰动的方程采取如下形式:

$$\triangle \overline{V}_i = 16\pi G a^2 \overline{\delta T}^{0}_{i(V)}, \tag{7.41}$$

$$(\overline{V}_{i,j} + \overline{V}_{j,i})' + 2\mathcal{H}(\overline{V}_{i,j} + \overline{V}_{j,i}) = -16\pi G a^2 \overline{\delta T}^{i}_{j(V)}, \tag{7.42}$$

其中 $\overline{V}_i$ 的定义见(7.24)式, 而 $\overline{\delta T}^{\alpha}_{\beta(V)}$ 是能动张量的矢量部分.

张量扰动 对引力波, 我们有

$$h''_{ij} + 2\mathcal{H}h'_{ij} - \triangle h_{ij} = 16\pi G a^2 \overline{\delta T}^{i}_{j(T)}, \tag{7.43}$$

其中 $\overline{\delta T}^{i}_{j(T)}$ 是能动张量中和 h_{ij} 有相同结构的部分[①].

① 所谓的相同结构指的是横向无迹的部分, 它是引力波的源项. 实际操作中任意 2 阶张量的横向无迹部分可以通过一个横向无迹投影算符提取出来: $S^T_{ij} = \Lambda^{lm}_{ij} S_{lm}$, 其中

$$\begin{aligned}\Lambda^{lm}_{ij}(\hat{k}) &\equiv P^l_i P^m_j - \frac{1}{2}P^{lm}P_{ij} \\ &= \delta^l_i\delta^m_j - \frac{1}{2}\delta_{ij}\delta^{lm} - \hat{k}_j\hat{k}^m\delta^l_i - \hat{k}_i\hat{k}^l\delta^m_j + \frac{1}{2}\hat{k}^l\hat{k}^m\delta_{ij} \\ &\quad + \frac{1}{2}\hat{k}_i\hat{k}_j\delta^{lm} + \frac{1}{2}\hat{k}_i\hat{k}_j\hat{k}^l\hat{k}^m.\end{aligned} \tag{7.43a}$$

这里 $\hat{k}$ 是引力波传播的方向, 而 $P_{ij} \equiv \delta_{ij} - \hat{k}_i\hat{k}_j$ 是投影算符, 在本书中的定义见(9.122). 参见 Maggiore, *Gravitational Waves, Vol. 1, Theory and Experiments*, Oxford University Press, 1st Ed. (2008), Eq.(1.39).

习题 7.7 推出(7.41), (7.42)和(7.43).

7.3 流体力学扰动

本节我们来研究理想流体. 它的能动张量为

$$T^{\alpha}_{\beta} = (\varepsilon + p)u^{\alpha}u_{\beta} - p\delta^{\alpha}_{\beta}. \tag{7.44}$$

我们可以立即根据(7.35)推出其规范不变的扰动是

$$\overline{\delta T}^{0}_{0} = \overline{\delta\varepsilon}, \quad \overline{\delta T}^{0}_{i} = \frac{1}{a}(\varepsilon_0 + p_0)\left(\overline{\delta u}_{\parallel i} + \delta u_{\perp i}\right), \quad \overline{\delta T}^{i}_{j} = -\overline{\delta p}\delta^{i}_{j}. \tag{7.45}$$

其中 $\overline{\delta\varepsilon}$, $\overline{\delta u}_{\parallel i}$ 和 $\overline{\delta p}$ 的定义见(7.20)和(7.21). 唯一一个给矢量扰动做贡献的项是正比于 $\delta u_{\perp i}$ 的那项, 其他的所有项都和标量度规扰动有着相同的结构.

7.3.1 标量扰动

因为对 $i \neq j$ 来说有 $\delta T^{i}_{j} = 0$, (7.40)可退化为

$$(\Phi - \Psi)_{,ij} = 0 \quad (i \neq j). \tag{7.46}$$

Φ 和 Ψ 作为扰动的唯一解是 $\Psi = \Phi$. 因此, 将(7.45)代回到(7.38), (7.39)和(7.40), 我们得到标量扰动的如下方程组:

$$\triangle\Phi - 3\mathcal{H}(\Phi' + \mathcal{H}\Phi) = 4\pi G a^2 \overline{\delta\varepsilon}, \tag{7.47}$$

$$(a\Phi)'_{,i} = 4\pi G a^2 (\varepsilon_0 + p_0)\overline{\delta u}_{\parallel i}, \tag{7.48}$$

$$\Phi'' + 3\mathcal{H}\Phi' + (2\mathcal{H}' + \mathcal{H}^2)\Phi = 4\pi G a^2 \overline{\delta p}. \tag{7.49}$$

在一个没有膨胀的宇宙中 $\mathcal{H} = 0$, 这样第一个方程实际上就是通常的引力势的泊松方程. 在一个膨胀的宇宙中, (7.47)式的左边第二项和第三项在亚哈勃 (sub-Hubble) 尺度上是被一个 λ/H^{-1} 的因子压低的, 因此可以忽略掉. 所以, (7.47)是推广的泊松方程, 同时它支持我们把 Φ 解释为牛顿引力势的相对论性推广. 注意在小于哈勃尺度的情况下, (7.47)甚至可以应用到非线性的不均匀性. 这是因为它只要求 $|\Phi| \ll 1$, 而并不要求 $|\delta\varepsilon/\varepsilon_0| \ll 1$. 从(7.48)式可以看出时间导数 $(a\Phi)'$ 可当作速度势 (the velocity potential)①.

---

① 速度势是流体力学术语. 无旋流体的速度可以用一个标量函数的梯度表示出来, 这个标量函数就称为流体的速度势. 参见 7.1.3 节开头的注释. 在(7.48)中利用速度势的定义, 我们可以得到 $(a\Phi)' = 4\pi G a^3(\varepsilon_0 + p_0)\overline{v}$. 也就是说, $(a\Phi)'$ 正比于速度势.

给定 $p(\varepsilon, S)$, 压强涨落 $\overline{\delta p}$ 可以用能量密度扰动和熵扰动表示,

$$\overline{\delta p} = c_s^2 \overline{\delta \varepsilon} + \tau \delta S, \tag{7.50}$$

其中 $c_s^2 \equiv (\partial p/\partial \varepsilon)_S$ 是声速的平方, 而 $\tau \equiv (\partial p/\partial S)_\varepsilon$. 考虑到这个关系, 并组合(7.47)和(7.49), 我们可以得到引力势的完备方程

$$\Phi'' + 3(1+c_s^2)\mathcal{H}\Phi' - c_s^2 \triangle \Phi + (2\mathcal{H}' + (1+3c_s^2)\mathcal{H}^2)\Phi = 4\pi G a^2 \tau \delta S. \tag{7.51}$$

下面我们首先就两种特殊情况来研究这个方程的精确解: ① 没有压强的非相对论性的物质; ② 物态方程为常数 $(p = w\varepsilon)$ 的相对论性流体. 然后, 我们对一般的物态方程 $p(\varepsilon)$ 来分析绝热扰动 (adiabatic perturbation)$(\delta S = 0)$ 的演化行为, 并最后讨论熵扰动 (entropy perturbation).

非相对论性物质 $(p = 0)$ 在平坦的物质主导宇宙中 $a \propto \eta^2$, 而且 $\mathcal{H} = 2/\eta$. 这种情况下(7.51)可以简化为

$$\Phi'' + \frac{6}{\eta}\Phi' = 0. \tag{7.52}$$

其解为

$$\Phi = C_1(\mathbf{x}) + \frac{C_2(\mathbf{x})}{\eta^5}, \tag{7.53}$$

其中 $C_1(\mathbf{x})$ 和 $C_2(\mathbf{x})$ 是共形空间坐标的任意函数. 再根据(7.47), 我们可以得到规范不变的密度扰动

$$\frac{\overline{\delta \varepsilon}}{\varepsilon_0} = \frac{1}{6}\left[(\triangle C_1 \eta^2 - 12C_1) + (\triangle C_2 \eta^2 + 18C_2)\frac{1}{\eta^5}\right]. \tag{7.54}$$

引力势的非衰减模式 C_1 一直是个常数, 无论不均匀块的尺度相对于哈勃半径是多少. 但是, 能量密度扰动的演化是敏感地依赖于尺度的①.

让我们考虑一个共动波数为 $k \equiv |\mathbf{k}|$ 的平面波扰动, $C_{1,2} \propto \exp(i\mathbf{k}\cdot\mathbf{x})$. 如果其物理尺度 $\lambda_{\rm ph} \sim a/k$ 比哈勃尺度 $H^{-1} \sim a\eta$ 要大得多, 即 $k\eta \ll 1$, 则在领头阶上(7.54)可以化为

$$\frac{\overline{\delta \varepsilon}}{\varepsilon_0} \simeq -2C_1 + \frac{3C_2}{\eta^5}. \tag{7.55}$$

忽略掉衰减的模式, 我们看到在超视界 (superhorizon) 尺度上, 能量密度的涨落和引力势之间的关系是 $\overline{\delta \varepsilon}/\varepsilon_0 \simeq -2\Phi$.

① 这两句话的意思是说 Φ 中的 C_1 那一项既不依赖于 η 也不依赖于 k, 而 $\overline{\delta \varepsilon}/\varepsilon_0$ 是既依赖于 η 又依赖于 k 的 (通过 $\triangle \to -k^2$).

对满足 $k\eta \gg 1$ 的短波扰动来说,

$$\frac{\overline{\delta\varepsilon}}{\varepsilon_0} \simeq -\frac{k^2}{6}(C_1\eta^2 + C_2\eta^{-3}) = \tilde{C}_1 t^{2/3} + \tilde{C}_2 t^{-1}. \tag{7.56}$$

这结果和牛顿近似的结果 (6.56) 是一致的.

习题 7.8　确定非相对论物质的本动速度的演化.

习题 7.9　将(7.53)和(7.54)代入(7.29)和(7.30)中去, 计算同步坐标系中的度规扰动和能量密度扰动. 分析其长波和短波演化行为. 在这种坐标系下, 牛顿极限的结果是明显的吗?

极端相对论性物质　现在, 我们来考虑物态方程为 $p = w\varepsilon$ (w 为正常数) 的极端相对论性物质主导宇宙时, 绝热扰动 ($\delta S = 0$) 的演化行为. 在这种情况下, 尺度因子按照 $a \propto \eta^{2/(1+3w)}$ 的规律增长 (见习题 1.18). 令 $c_s^2 = w$, 并假设平面波形式的扰动 $\Phi = \Phi_{\mathbf{k}} \exp(i\mathbf{k}\cdot\mathbf{x})$, (7.51)变为

$$\Phi_{\mathbf{k}}'' + \frac{6(1+w)}{1+3w}\frac{1}{\eta}\Phi_{\mathbf{k}}' + wk^2\Phi_{\mathbf{k}} = 0. \tag{7.57}$$

其解为

$$\Phi_{\mathbf{k}} = \eta^{-\nu}\left[C_1 J_\nu(\sqrt{w}k\eta) + C_2 Y_\nu(\sqrt{w}k\eta)\right], \quad \nu \equiv \frac{1}{2}\left(\frac{5+3w}{1+3w}\right). \tag{7.58}$$

J_ν 和 Y_ν 是 ν 阶贝塞尔函数.

考虑满足 $\sqrt{w}k\eta \ll 1$ 的长波长不均匀块, 并利用贝塞尔函数在小宗量时的渐近展开, 我们可以看到在这个极限下 Φ 的非衰减模式是一个常数[①]. 然后, 从(7.47)我们可以得到

$$\frac{\overline{\delta\varepsilon}}{\varepsilon_0} \simeq -2\Phi. \tag{7.59}$$

小于金斯尺度 $\lambda_J \sim c_s t$, 亦即满足 $\sqrt{w}k\eta \gg 1$ 的扰动, 则表现为振幅随时间衰减的声波

$$\Phi_{\mathbf{k}} \propto \eta^{-\nu-1/2}\exp(\pm i\sqrt{w}k\eta). \tag{7.60}$$

---

① 另一种更简单的方法是直接从方程(7.57)出发. 因为第二项的系数是 1 的量级, 然后 $\sqrt{w}k\eta \ll 1$ 告诉我们第三项相对于第二项可以忽略, 我们立即得到 $\Phi' = 0$ 是方程的一个解.

在辐射主导的宇宙 ($w = 1/3$) 中, 贝塞尔函数的阶是 $\nu = 3/2$. 因此, 它们可以表示为初等函数.

$$\Phi_{\mathbf{k}} = \frac{1}{x^2}\left[C_1\left(\frac{\sin x}{x} - \cos x\right) + C_2\left(\frac{\cos x}{x} + \sin x\right)\right], \tag{7.61}$$

其中 $x \equiv k\eta/\sqrt{3}$. 对应的能量密度扰动是

$$\begin{aligned}\frac{\overline{\delta\varepsilon}}{\varepsilon_0} =& 2C_1\left[\left(\frac{2-x^2}{x^2}\right)\left(\frac{\sin x}{x} - \cos x\right) - \frac{\sin x}{x}\right] \\ &+4C_2\left[\left(\frac{1-x^2}{x^2}\right)\left(\frac{\cos x}{x} + \sin x\right) + \frac{\sin x}{2}\right].\end{aligned} \tag{7.62}$$

一般情况 不幸的是, 对于任意的物态方程 $p(\varepsilon)$ 来说, (7.51)是没有精确解的. 然而, 事实证明, 我们可以对长波长和短波长的扰动分别推出其渐近解. 为了做到这一点, 将此方程稍作变形是很有帮助的. 方程(7.51)中正比于 Φ' 的 “摩擦项” 可以通过引入一个新的变量来消除:

$$\begin{aligned}u \equiv& \exp\left(\frac{3}{2}\int(1+c_s^2)\mathcal{H}d\eta\right)\Phi \\ =& \exp\left(-\frac{1}{2}\int\left(1+\frac{p_0'}{\varepsilon_0'}\right)\frac{\varepsilon_0'}{\varepsilon_0+p_0}d\eta\right)\Phi = \frac{\Phi}{(\varepsilon_0+p_0)^{1/2}}.\end{aligned} \tag{7.63}$$

在上式的推导中我们用了 $c_s^2 = p_0'/\varepsilon_0'$, 并把 $\mathcal{H}$ 通过守恒律 $\varepsilon' = -3\mathcal{H}(\varepsilon + p)$ 用 ε 和 p 表示出来. 利用背景的弗里德曼方程 (见 (1.67) 和 (1.68)),

$$\mathcal{H}^2 = \frac{8\pi G}{3}a^2\varepsilon_0, \quad \mathcal{H}^2 - \mathcal{H}' = 4\pi G a^2(\varepsilon_0 + p_0), \tag{7.64}$$

进行一些复杂的计算之后, 我们就可以得到新变量 u 的运动方程

$$u'' - c_s^2\Delta u - \frac{\theta''}{\theta}u = 0, \tag{7.65}$$

其中

$$\theta \equiv \frac{1}{a}\left(1+\frac{p_0}{\varepsilon_0}\right)^{-1/2} = \frac{1}{a}\left(\frac{2}{3}\left(1-\frac{\mathcal{H}'}{\mathcal{H}^2}\right)\right)^{-1/2}. \tag{7.66}$$

对于一个平面波形式的扰动, $u \propto \exp(i\mathbf{k}\cdot\mathbf{x})$, (7.65)式的解在扰动的尺度远大于和远小于金斯尺度的两种极限情况下可以很容易解出.

长波长扰动 当 $c_sk\eta \ll 1$ 的时候, 我们可以忽略掉(7.65)中的空间导数项. 这样, $u \propto \theta$ 很明显是方程的一个解. 另一个解可以通过朗斯基行列式推出,

$$u \simeq C_1\theta + C_2\theta \int_{\eta_0} \frac{d\eta}{\theta^2} = C_2\theta \int_{\bar{\eta}_0} \frac{d\eta}{\theta^2}. \tag{7.67}$$

这里第二个等式中我们将积分下限由 η_0 改为 $\bar{\eta}_0$, 因此把 C_1 模吸收到积分常数里去了. 利用(7.66)式的定义, 并做分部积分, 我们可以推导出(7.67)式中的积分

$$\int \frac{d\eta}{\theta^2} = \frac{2}{3}\int a^2\left[1 + \left(\frac{1}{\mathcal{H}}\right)'\right] d\eta = \frac{2}{3}\left(\frac{a^2}{\mathcal{H}} - \int a^2 d\eta\right). \tag{7.68}$$

根据这个结果, 引力势就可以化作

$$\Phi = (\varepsilon_0 + p_0)^{1/2} u = A\left(1 - \frac{\mathcal{H}}{a^2}\int a^2 d\eta\right) = A\frac{d}{dt}\left(\frac{1}{a}\int a dt\right). \tag{7.69}$$

其中 $t = \int a d\eta$.

让我们利用这个结果去研究充满辐射和冷物质[①]混合物的宇宙中的长波长绝热扰动 ($\delta S = 0$) 的行为. 在这种情况下, 标度因子按照下式增长:

$$a(\eta) = a_{\text{eq}}(\xi^2 + 2\xi), \tag{7.70}$$

这里 $\xi \equiv \eta/\eta_\star$ (见 (1.81)). 将(7.70)代入(7.69)中, 我们得到

$$\Phi = \frac{\xi + 1}{(\xi + 2)^3}\left[A\left(\frac{3}{5}\xi^2 + 3\xi + \frac{1}{\xi + 1} + \frac{13}{3}\right) + B\frac{1}{\xi^3}\right], \tag{7.71}$$

其中 A 和 B 是分别对应于非衰减模式和衰减模式的积分常数.

习题 7.10 计算能量密度扰动.

图 7-2 展示了一个在物质-辐射相等时刻以后进入视界的扰动模式所产生的引力势和能量密度扰动的演化行为. 画图时我们忽略掉了衰减的模式. 我们看到 Φ 和 $\overline{\delta\varepsilon}/\varepsilon_0$ 在早于和晚于 $\eta_{\text{eq}} \sim \eta_\star$ 的时间段都是常数. 在宇宙从辐射主导时期转移到物质主导时期之后, Φ 和 $\overline{\delta\varepsilon}/\varepsilon_0$ 的幅度都减少到了之前的 9/10. 在物质主导时期, Φ 仍然保持常数, 而 $\overline{\delta\varepsilon}/\varepsilon_0$ 在扰动波长进入视界 (在 $\eta \sim k^{-1}$ 的时刻) 之后开始增长. 从(7.47)式我们可以看到, 对于一个常数势 Φ 而言, $\overline{\delta\varepsilon}/\varepsilon_0$ 在超视界尺度上的幅度总是等于 -2Φ.

① 冷物质, 原文作 "冷重子" (cold baryons), 根据文意改.

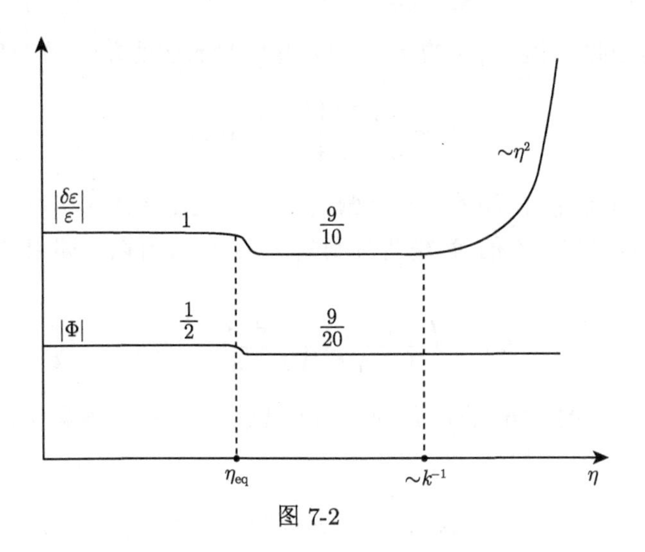

图 7-2

Φ 的幅度变化也可以从一个广泛使用的“守恒律”中推出来. 定义[①]

$$\zeta \equiv \frac{2}{3}\left(\frac{8\pi G}{3}\right)^{-1/2}\theta^2\left(\frac{u}{\theta}\right)'. \tag{7.72}$$

将长波长的解(7.67)代入(7.72), 我们看到 ζ 保持为常数 (是守恒量), 即使 $w \equiv p/\varepsilon$

① 原文 $(8\pi G/3)$ 的幂次误为 1/2, 根据下文(7.73)式改. ζ 在早期宇宙中是一个非常重要的物理量, 因为它在大尺度上守恒. 它的更一般的定义是用度规扰动和速度势来写,

$$\zeta \equiv \Psi - \mathcal{H}\overline{v} = \psi - \mathcal{H}(v - B). \tag{7.72a}$$

第二个等式是在任意坐标系中的定义. 根据定义(7.21e), $0i$ 分量的扰动爱因斯坦方程(7.48), 以及弗里德曼方程(7.64), 共形牛顿规范中的速度势可以写为

$$\overline{v} = -\frac{(a\Phi)'}{4\pi G a^3(\varepsilon_0 + p_0)} = -\frac{2}{3\mathcal{H}(1+w)}\left(\mathcal{H}^{-1}\Phi' + \Phi\right). \tag{7.48a}$$

根据(7.72a)我们即得到(7.73)式.

ζ 是一个规范不变量, 用它来描述暴胀期间的标量扰动是非常方便的. 它的负值 $\mathcal{R} = -\zeta$ 称为共动分层中的曲率扰动 (curvature perturbation in comoving slicing) 或者共动曲率扰动 (comoving curvature perturbation). 这个名词有些误导, 因为“共动”指的不是本书(7.31)式定义的共动 (固有时) 规范 ($v = \phi = 0$). 正如之前讨论过的那样, $\mathcal{R}$ 实际上是满足速度正交分层 (即 $v = B$) 的坐标系中的空间三维曲率的势 (即 ${}^{(3)}R = -(4/a^2)\nabla^2\mathcal{R}$). 但是最近的文献喜欢把速度正交分层称为共动分层, 因此 $\mathcal{R}$ 也被称为共动分层中的曲率扰动或者共动曲率扰动了. 参见(7.31)式的脚注.

ζ 这个量在本书中没有强调, 主要是因为习题 8.7 所述的原因. 不过发现利用它去计算暴胀时期的扰动是非常方便的. 需要注意的是, 在宇宙学家和天体物理学家的文献中通常用 $\mathcal{R}$ 或者 $\mathcal{R}_c$ 来表示速度正交分层的曲率扰动 (即本书中的 $-\zeta$), 而用 ζ 来表示等密度分层 (uniform-density slicing) 的曲率扰动 (定义参见(7.80a)式). 这两个量在超视界的尺度上相等, 见(7.80)式.

在变化时也是如此. 回忆 u, θ 的定义, 并利用背景的运动方程, ζ 可以化为

$$\zeta = \frac{2}{3}\frac{\mathcal{H}^{-1}\Phi' + \Phi}{1+w} + \Phi. \tag{7.73}$$

我们假设物态方程 w 的初态是一个常数 w_i, 而末态变成了另一个常数 w_f. 在这种情况下, 初态和末态的 Φ 值也分别是常数, 而且可以立即用(7.73)将其联系起来:

$$\Phi_f = \left(\frac{1+w_f}{1+w_i}\right)\left(\frac{5+3w_i}{5+3w_f}\right)\Phi_i. \tag{7.74}$$

对一个辐射到物质的宇宙, 我们有 $w_i = 1/3$ 以及 $w_f = 0$. 根据(7.74)式即可得到我们熟悉的结果 $\Phi_f = (9/10)\Phi_i$.

习题 7.11 证明对一个波数为 k 的扰动模式, 方程(7.65)可以重新写如下积分形式:

$$u_k(\eta) = C_1\theta + C_2\theta\int\frac{d\eta}{\theta^2} - k^2\theta\int^{\eta}\left(\int^{\tilde{\eta}} c_s^2\theta u_k d\bar{\eta}\right)\frac{1}{\theta^2(\tilde{\eta})}d\tilde{\eta}. \tag{7.75}$$

利用这个方程, 计算长波长解(7.67)的下一阶的 k^2 修正, 并定出对 ζ 的 “守恒” 的破坏.

短波长扰动 当 $c_s k\eta \gg 1$ 时, (7.65)式的最后一项可以忽略掉. 这样方程可以化为

$$u'' + c_s^2 k^2 u \simeq 0. \tag{7.76}$$

对于一个缓慢变化的声速来说, 此方程可以很轻松地用 WKB 近似求解. 它的解描述了振幅随时间变化的声波.

连接条件 在某些情况下, 用一个尖锐的跳变 (sharp jump) 来描述物态方程的连续的变化过程是很方便的. 这时, 压强 $p(\varepsilon)$ 在跳变的等能量 $(\varepsilon_T = 0)$ 超曲面 Σ 上是不连续的. 它的导数则是奇异的. 因此, 我们不能直接用引力势的方程来描述这个过程, 而是必须要推出 Φ 和 Φ' 在超曲面上的连接条件. 这些条件可以通过将(7.65)式改写成如下形式来推导:

$$\left[\theta^2\left(\frac{u}{\theta}\right)'\right]' = c_s^2\theta^2\triangle\left(\frac{u}{\theta}\right). \tag{7.77}$$

很明显, u/θ 必须是连续的. 因为标度因子 a 和能量密度 ε 都是连续的, 所以引力势 Φ 在这过程中并没有跳变. 或者等价地说, 超曲面 Σ 上的三维诱导度规 (induced metric) 是连续的.

为了定出 u/θ 的导数的跳变, 我们将(7.77)在一段穿过 Σ 的无穷小时间上积分:

$$\left[\theta^2\left(\frac{u}{\theta}\right)'\right]_{\pm}=\int_{\Sigma-0}^{\Sigma+0}c_s^2\theta^2\triangle\left(\frac{u}{\theta}\right)d\eta. \tag{7.78}$$

这里 $[X]_{\pm}\equiv X_+-X_-$ 表示一个变量 X 在跨越 Σ 时的跳变. (7.78)里的被积函数是奇异的. 为了做这个积分, 我们注意到

$$c_s^2\theta^2=\left(\frac{p_0'}{\varepsilon_0'}\right)\left(\frac{1}{a^2}\frac{\varepsilon_0}{\varepsilon_0+p_0}\right)=\frac{\varepsilon_0}{3a^2\mathcal{H}}\left(\frac{1}{\varepsilon_0+p_0}\right)'-\frac{\varepsilon_0}{a^2(\varepsilon_0+p_0)}.$$

第二个等式右边的第二项对积分没有贡献. 我们注意到 a, ε 和 u/θ 是连续的, 则上式右边的第一项给出

$$\int_{\Sigma-0}^{\Sigma+0}c_s^2\theta^2\triangle\left(\frac{u}{\theta}\right)d\eta=\left[\frac{\varepsilon_0}{3a^2\mathcal{H}}\left(\frac{1}{\varepsilon_0+p_0}\right)\triangle\left(\frac{u}{\theta}\right)\right]_{\pm}. \tag{7.79}$$

将(7.79)代入(7.78), 并将 u 用引力势表示出来, 我们最终得到如下的连接关系[①]:

$$[\Phi]_{\pm}=0,\quad \left[\zeta-\frac{2}{9\mathcal{H}^2}\frac{\triangle\Phi}{1+w}\right]_{\pm}=0. \tag{7.80}$$

这里 ζ 就是(7.72)和(7.73)中所定义的量. 对长波长的扰动, 正比于 $\triangle\Phi$ 的项是可以忽略的. 因此在超视界的尺度上连接条件就退化为 Φ 的连续性条件和 ζ 的守恒律了.

习题 7.12 假设一个从辐射主导时期到物质主导时期的尖锐跳变. 分别对短波长扰动和长波长扰动, 定出跳变之后的度规扰动的幅度.

习题 7.13 用同步规范坐标系中的度规扰动写出连接条件.

熵扰动 到目前为止, 我们只考虑了等熵流体 (isentropic fluid) 中的绝热扰动, 其压强只依赖于能量密度. 在多组分的介质中, 绝热扰动和熵扰动可能同时出现. 一般来说, 各组分的相对运动导致的额外的不稳定模式会使得对微扰的分析变得相当复杂. 我们将在 7.4 节考虑冷暗物质与重子-辐射等离子体混合起来的

① (7.80)中方括号内的表达式的负值就是之前谈到过的等密度分层中的曲率扰动 (curvature perturbation in uniform-density slicing). 它的定义是

$$\zeta^{(\mathrm{ud})}\equiv-\psi-\frac{\mathcal{H}}{\rho_0'}\delta\rho=-\psi+\frac{\delta\rho}{\rho_0+p_0}=-\Psi-\frac{\mathcal{H}}{\rho_0'}\overline{\delta\rho}. \tag{7.80a}$$

问题. 目前我们仅讨论一下冷重子流体紧密耦合到辐射的情况. 相对于辐射而言, 重子并没有运动, 这样就大大简化了我们的计算. 特别是, 我们仍然能够使用单组分理想流体近似. 然而, 在这种情况下压强不仅依赖于能量密度, 还依赖于重子对辐射的分布 (baryon-to-radiation distribution). 这个分布可以用每个重子对应的熵, $S \sim T_\gamma^3/n_b$, 来描述. 这里 n_b 是重子的数密度①. 相应地, 熵扰动就会产生出来. 我们可以利用方程(7.51)来研究熵扰动的演化. 这里的 δS 是个常数, 因为每个重子所占的熵是个守恒量.

首先我们需要确定(7.51)中的参数 $\tau \equiv (\partial p/\partial S)_\varepsilon$. 冷重子不贡献压强, 所以总压强的涨落全部由辐射来提供:

$$\delta p = \delta p_\gamma = \frac{1}{3}\delta\varepsilon_\gamma. \tag{7.81}$$

接着, $\delta\varepsilon_\gamma$ 可以用总能量扰动

$$\delta\varepsilon = \delta\varepsilon_\gamma + \delta\varepsilon_b \tag{7.82}$$

和熵扰动 δS 表示出来. 因为辐射的能量密度 ε_γ 是正比于 T_γ^4 的, 并且 $\varepsilon_b \propto n_b$, 我们得到 $S \propto \varepsilon_\gamma^{3/4}/\varepsilon_b$, 由此得

$$\frac{\delta S}{S} = \frac{3}{4}\frac{\delta\varepsilon_\gamma}{\varepsilon_\gamma} - \frac{\delta\varepsilon_b}{\varepsilon_b}. \tag{7.83}$$

利用(7.82)和(7.83)解出 $\delta\varepsilon_\gamma$ 用 $\delta\varepsilon$ 和 δS 表达出来的形式, 然后再代回(7.81)中, 就可以得到

$$\delta p = \frac{1}{3}\left(1 + \frac{3}{4}\frac{\varepsilon_b}{\varepsilon_\gamma}\right)^{-1}\delta\varepsilon + \frac{1}{3}\varepsilon_b\left(1 + \frac{3}{4}\frac{\varepsilon_b}{\varepsilon_\gamma}\right)^{-1}\frac{\delta S}{S}. \tag{7.84}$$

将这式子和(7.50)比较, 就可以得到声速和 τ:

$$c_s^2 = \frac{1}{3}\left(1 + \frac{3}{4}\frac{\varepsilon_b}{\varepsilon_\gamma}\right)^{-1}, \quad \tau = \frac{c_s^2\varepsilon_b}{S}. \tag{7.85}$$

对 $\delta S \neq 0$ 的情况来说, 方程(7.51)的通解是它的一个特解再加上它对应的齐次方程 $(\delta S = 0)$ 的通解. 为了找特解, 我们注意到②

$$2\mathcal{H}' + (1 + 3c_s^2)\mathcal{H}^2 = 8\pi G a^2(c_s^2\varepsilon - p) = 2\pi G a^2 c_s^2 \varepsilon_b.$$

① 每个重子对应的熵约等于每个重子对应的光子数, 因为熵密度 s 可估算为 $s \sim T_\gamma^3 \sim n_\gamma$. 参见 (3.50) 式及其脚注. $S \sim T_\gamma^3/n_b \sim n_\gamma/n_b$ 已经在 6.2.3 节引入过了. 由于 $T_\gamma \propto a^{-1}$, $n_b \propto a^{-3}$, 所以 S 是个守恒量.

② 第一个等号利用了(7.64), 而第二个等号用到了(7.85)中 c_s 的表达式以及一个与(7.81)相似的关系 $p = p_\gamma = (1/3)\varepsilon_\gamma$. 原文第二个等式右边漏写一 a^2 因子, 已补上.

将这个表达式和(7.85)中 τ 的表达式代入运动方程(7.51)中, 我们立即看到对长波长扰动, 即 $\triangle\Phi$ 可以被忽略的情况下, 方程的一个特解是

$$\Phi = 2\frac{\delta S}{S} = \text{常数}. \tag{7.86}$$

在物理上, $\delta S \neq 0$ 情况下(7.51)的通解描述了绝热模式和熵模式的混合. 如何区分这两种模式只是一个定义的问题. 基于直觉的想法认为, 在极早期宇宙中, 熵模式应该描述在近似均匀的辐射背景中的重子分布的不均匀性. 因此, 我们定义熵模式的初条件为

$$\text{当 } \eta \to 0 \text{ 时}, \quad \Phi \to 0. \tag{7.87}$$

很明显, 特解(7.86)并不能满足这个初条件. 为了解决这个问题, 我们给(7.86)加上一个通解(7.71), 并恰当地选择积分常数使得它满足(7.87). 其结果是[①]

$$\Phi = \frac{1}{5}\xi\frac{\xi^2+6\xi+10}{(\xi+2)^3}\frac{\delta S}{S}. \tag{7.88}$$

习题 7.14 计算 $\delta\varepsilon/\varepsilon$ 和 $\delta\varepsilon_b/\varepsilon_b$[②].

在图 7-3 中我们对熵模式画出了 Φ, $\delta\varepsilon/\varepsilon$ 和 $\delta\varepsilon_b/\varepsilon_b$ 的时间依赖关系. Φ 和 $\delta\varepsilon/\varepsilon$ 的幅度随着共形时间线性增大, 直到物质-辐射相等时刻 η_{eq} 为止. 而在绝热扰动中, 这两个量都是常数. 冷物质密度的涨落 $\delta\varepsilon_b/\varepsilon_b$ 在 η_{eq} 之前差不多是冻结的, 然后在这个时刻左右下降到它的初始值的 2/5. 当时间大于 η_{eq} 之后, 熵扰动的演化类似于绝热扰动的非衰减模式的演化. 不过, 其中还有一个关键的差别:

---

① 根据(7.71)式, 扔掉衰减模之后, 在 $\eta \to 0$ 时 $\Phi \to \frac{2}{3}A$. 要求这个通解抵消特解(7.86), 即得到 $A = -3\delta S/S$. 再代回(7.71)我们就得到(7.88)式. 这个熵模式解, 在极早期 $(\eta \to 0)$ 是正比于 η 增长的, 而在物质为主时期 $(\eta \gg \eta_{\text{eq}})$ 趋于一个常数 $(1/5)\delta S/S$. 注意图 7-3的归一化是 $\delta S/S = 1$.

② $\delta\varepsilon/\varepsilon$ 很容易通过把(7.88)代入(7.47)求出. $\delta\varepsilon_b/\varepsilon_b$ 需要我们联立(7.83)和

$$\frac{\delta\varepsilon}{\varepsilon} = \frac{\delta\varepsilon_\gamma + \delta\varepsilon_b}{\varepsilon_\gamma + \varepsilon_b} = \frac{\dfrac{\delta\varepsilon_\gamma}{\varepsilon_\gamma} + \dfrac{\varepsilon_b}{\varepsilon_\gamma}\dfrac{\delta\varepsilon_b}{\varepsilon_b}}{1 + \dfrac{\varepsilon_b}{\varepsilon_\gamma}} \quad \Longrightarrow \quad \frac{\delta\varepsilon_\gamma}{\varepsilon_\gamma} = \left(1 + \frac{\varepsilon_b}{\varepsilon_\gamma}\right)\frac{\delta\varepsilon}{\varepsilon} - \frac{\varepsilon_b}{\varepsilon_\gamma}\frac{\delta\varepsilon_b}{\varepsilon_b}. \tag{7.88a}$$

消去 $\delta\varepsilon_\gamma/\varepsilon_\gamma$ 我们就得到

$$\frac{\delta\varepsilon_b}{\varepsilon_b} = \frac{\dfrac{3}{4}\left(1 + \dfrac{\varepsilon_b}{\varepsilon_\gamma}\right)\dfrac{\delta\varepsilon}{\varepsilon} - \dfrac{\delta S}{S}}{1 + \dfrac{3\varepsilon_b}{4\varepsilon_\gamma}}. \tag{7.88b}$$

其中 $\varepsilon_b/\varepsilon_\gamma = a/a_{\text{eq}} = \xi^2 + 2\xi$. 取(7.88b)在 $\xi \ll 1$ 和 $\xi \gg 1$ 时的极限我们可以得到图 7-3中的渐近行为. 例如在辐射为主时期 $\varepsilon_\gamma \gg \varepsilon_b$, 我们得到 $\delta\varepsilon_b/\varepsilon_b \simeq -\delta S/S$. 在物质为主时期 $(\varepsilon_\gamma \ll \varepsilon_b)$ 但是还没进入视界时 $(k\eta \ll 1)$, 我们有 $\delta\varepsilon_b \simeq \delta\varepsilon/\varepsilon \simeq -2\Phi \simeq -(2/5)\delta S/S$.

从(7.83)我们可以得到对绝热扰动 ($\delta S=0$) 总是有

$$\frac{\delta\varepsilon_\gamma}{\varepsilon_\gamma}=\frac{4}{3}\frac{\delta\varepsilon_b}{\varepsilon_b}. \tag{7.89}$$

但是对熵扰动而言, 物质-辐射相等时刻之后我们有①

$$\frac{\delta\varepsilon_\gamma}{\varepsilon_\gamma}\simeq -2\frac{\delta\varepsilon_b}{\varepsilon_b}. \tag{7.90}$$

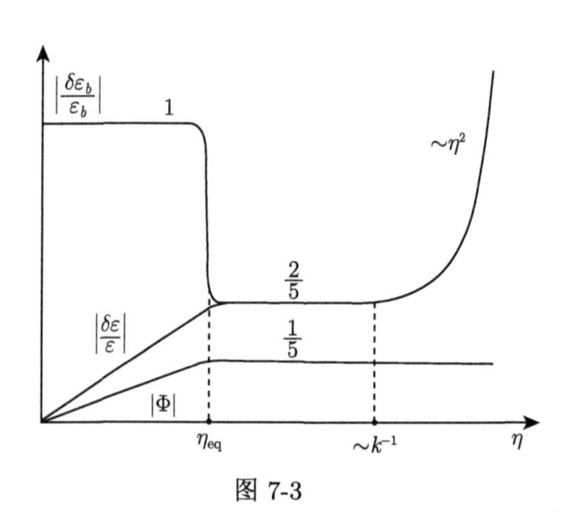

图 7-3

我们也可以通过令在某个初始时刻 $\eta_i\neq 0$ 时满足 $\Phi_i=0$ 和 $\Phi_i'=0$ 的条件来定义扰动的等曲率 (isocurvature) 模式. 读者可以很容易验证这种模式很快就会趋近到熵模式了.

7.3.2　矢量和张量扰动

对理想流体来说, δT^α_β 的唯一不为零的矢量分量是 $\delta T^0_i=a^{-1}(\varepsilon_0+p_0)\delta u_{\perp i}$. 由此, 方程(7.41)和(7.42)可化为②

$$\triangle\overline{V}_i=16\pi Ga(\varepsilon_0+p_0)\delta u_{\perp i}, \tag{7.91}$$

$$\left(\overline{V}_{i,j}+\overline{V}_{j,i}\right)'+2\mathcal{H}\left(\overline{V}_{i,j}+\overline{V}_{j,i}\right)=0. \tag{7.92}$$

① 这个关系的推导如下. 首先, 从(7.88)我们知道在 $\xi\gg 1$ 时有 $\Phi(\eta\gg\eta_{\rm eq})\simeq(1/5)\delta S/S$. 在物质-辐射相等时刻之后, 物质占主导, 其扰动主要由物质扰动贡献. 因此, 根据(7.47)就有 $\delta\varepsilon_b/\varepsilon_b\simeq -2\Phi\simeq -(2/5)\delta S/S$. 将这个关系代回(7.83)就可以得到 $\delta\varepsilon_\gamma/\varepsilon_\gamma\simeq(4/5)\delta S/S\simeq -2\delta\varepsilon_b/\varepsilon_b$. 另一种推导方法参见(7.121)下面那一段.

② 原文为 “方程 (7.45) 可化为”, 根据上下文改.

第二个方程的解是

$$\overline{V}_i = \frac{C_{\perp i}}{a^2}, \tag{7.93}$$

其中 $C_{\perp i}$ 是一个积分常数. 考虑到物理的速度是[①] $\delta v^i = a(dx^i/ds) = -a^{-1}\delta u_{\perp i}$, 我们可以得到

$$\delta v^i \propto \frac{1}{a^4(\varepsilon_0 + p_0)}. \tag{7.94}$$

因此, 在物质主导的宇宙中, 旋转速度反比于标度因子而衰减. 这一点和牛顿力学中的结果一致. 在辐射主导的宇宙中 δv 是常数. 无论是哪种情况, (7.93)式给出的度规扰动总是迅速衰减的, 因此原初的矢量扰动只有在其初始值非常大的情况下才可能在今天留下一定的可观测的幅度. 没有理由认为矢量扰动的初始值很大. 所以从现在开始我们将完全忽略掉它.

张量扰动是更令人感兴趣的. 正如我们将在第 8 章所看到的那样, 它可以在暴胀期间产生出来. 在一个充满了理想流体的宇宙中, 我们有 $\overline{\delta T}^i{}_{j(T)} = 0$, 因此(7.43)简化为

$$h''_{ij} + 2\mathcal{H}h'_{ij} - \triangle h_{ij} = 0. \tag{7.95}$$

我们引入一个重标度的新变量 v,

$$h_{ij} = \frac{v}{a}e_{ij}, \tag{7.96}$$

其中 e_{ij} 是不依赖于时间的偏振张量[②]. 然后, 考虑一个波数为 k 的平面波形式的扰动, (7.95)即可化为

$$v'' + \left(k^2 - \frac{a''}{a}\right)v = 0. \tag{7.97}$$

① 这里所谓的物理速度 δv^i 实际上指的是(7.21f)中定义的 $\mathscr{V}_i^{(c)} \equiv v_{\perp i} - S_i$. 只有在取 $S_i = 0$ 的规范条件时 (这可以看作矢量版的纵向规范, 它可以消除 2 个虚假自由度, 得到 2 个由 F_i 描写的物理自由度), $\mathscr{V}_i^{(c)}$ 才等于无散的 3-速度 $v_{\perp i}$.

② e_{ij} 的定义如下. 假设 $\hat{m}$ 和 $\hat{n}$ 是垂直于引力波传播方向 $\hat{k}$ 的平面上的两个互相垂直的单位矢量, 则

$$e^+_{ij} = \hat{m}_i\hat{m}_j - \hat{n}_i\hat{n}_j, \qquad e^\times_{ij} = \hat{m}_i\hat{n}_j + \hat{n}_i\hat{m}_j. \tag{7.96a}$$

如果取 $\hat{m}$ 和 $\hat{n}$ 的方向为坐标轴, 则 e_{ij} 可以写为熟知的矩阵形式

$$e^+_{ij} = \begin{pmatrix} 1 & 0 & 0 \\ 0 & -1 & 0 \\ 0 & 0 & 0 \end{pmatrix}, \qquad e^\times_{ij} = \begin{pmatrix} 0 & 1 & 0 \\ 1 & 0 & 0 \\ 0 & 0 & 0 \end{pmatrix}. \tag{7.96b}$$

请注意有的文献定义的偏振张量比(7.96b)中的定义多一个 $1/\sqrt{2}$ 的因子. 这取决于如何对它们进行归一化. 按照(7.96a)式的定义, 归一化为 $\sum_{i,j} e^\lambda_{ij} e^{\lambda'}_{ij} = 2\delta_{\lambda\lambda'}$, 其中 $\lambda, \lambda' = +, \times$. 本书中没有给出偏振张量 e_{ij} 的具体形式.

在一个辐射主导的宇宙中 $a \propto \eta$, 因此有 $a'' = 0$, 所以 $v \propto \exp(ik\eta)$. 在这种情况下, (7.95)的精确解是

$$h_{ij} = \frac{1}{\eta}\left(C_1 \sin(k\eta) + C_2 \cos(k\eta)\right) e_{ij}. \tag{7.98}$$

在波长大于哈勃半径时 ($k\eta \ll 1$), 引力波的非衰减模式是个常数. 当引力波的波长小于哈勃半径之后, 其振幅将以反比于标度因子的形式衰减. 这结论对任意物态方程都是成立的. 实际上, 对 $k\eta \ll 1$ 的长波长微扰, 我们可以忽略掉(7.97)中的 k^2 项, 然后它的解简化为

$$v \simeq C_1 a + C_2 a \int \frac{d\eta}{a^2}. \tag{7.99}$$

因此

$$h_{ij} = \left(C_1 + C_2 \int \frac{d\eta}{a^2}\right) e_{ij} \tag{7.100}$$

在 $p < \varepsilon$ 的情况下其第二项描述的是衰减的模式.

对短波长的扰动 ($k\eta \gg 1$) 来说, 我们有 $k^2 \gg a''/a$, 因此 $h \propto \exp(\pm ik\eta)/a$.

习题 7.15 找到任意常数物态方程 $p = w\varepsilon$ 的条件下方程(7.95)的精确解, 并分析其短波长和长波长的引力波的演化行为. 注意将 $p = \pm\varepsilon$ 的情况分开考虑.

7.4 重子-辐射等离子体和冷暗物质

在一个由重子-辐射等离子体 (baryon-radiation plasma) 和冷暗物质组成的多分量介质中, 理解扰动的演化过程是很重要的. 我们可以借此分析宇宙微波背景的各向异性和转移函数. 转移函数是把暴胀中产生的密度不均匀性的原初功率谱 (primordial spectrum) 演化到物质-辐射相等时刻之后的功率谱的函数. 作为分析宇宙微波背景各向异性的序曲, 我们在本节里主要讨论在复合 (recombination) 时期的引力势和辐射涨落的计算.

复合之前, 重子和辐射是强耦合在一起的, 因此重子-辐射组分可以看作一种非理想流体 (*imperfect* fluid) 并用流体力学来描述. 另一种组分由冷的重粒子组成. 我们假设它和重子-光子等离子体只有引力耦合. 除此之外它相对于等离子体是自由运动的.

我们假设在超曲率 (supercurvature) 的尺度上 (即波长大于 H^{-1}), 每个冷暗物质粒子所对应的光子数的初始值在全空间是均匀的, 但物质密度和辐射密度则

是随空间变化的. 换句话说, 我们考虑的是绝热扰动. 随着宇宙继续膨胀, 不均匀性的尺度会小于曲率尺度, 各个组分之间有了相对运动. 每个冷暗物质粒子所对应的熵 (光子数) 也会随着空间变化了. 与之相反的是, 每个重子对应的熵在所有尺度上一直保持在全空间均匀, 一直到重子物质从辐射中脱耦出来为止.

7.4.1 方程

因为重子-辐射等离子体和冷暗物质这两种组分之间只通过引力相互作用, 所以它们两者的能动张量分别都满足守恒律, $T^{\alpha}_{\beta;\alpha}=0$. 冷粒子的相对运动速度可以忽略, 因此可以看作类似于尘埃的无压强理想流体. 在重子-辐射等离子体中, 光子可以跨越其平均自由程的距离有效地向流体的不同区域转移能量 (例如通过扩散 (diffusion) 过程). 剪切黏性 (shear viscosity) 和热传导过程在这种情况下起了关键作用, 并由此产生了扰动在小尺度上的耗散 (希尔克阻尼 (Silk damping)). 在低重子密度的极限下, 根据现有的观测数据, 热传导的作用没有剪切黏性重要, 所以我们将只考虑后者. 非理想流体的能动张量的推导在很多书里都可以找到, 我们在此就毋庸赘言了. 它是[①]

$$T^{\alpha}_{\beta}=(\varepsilon+p)u^{\alpha}u_{\beta}-p\delta^{\alpha}_{\beta}-\boldsymbol{\eta}\left(P^{\alpha}_{\gamma}u_{\beta}{}^{;\gamma}+P^{\gamma}_{\beta}u^{\alpha}{}_{;\gamma}-\frac{2}{3}P^{\alpha}_{\beta}u^{\gamma}{}_{;\gamma}\right), \tag{7.101}$$

其中 $\boldsymbol{\eta}$ 是剪切黏度系数[②], 而

$$P^{\alpha}_{\beta}\equiv\delta^{\alpha}_{\beta}-u^{\alpha}u_{\beta}$$

是投影算符. 我们要研究的是共形牛顿坐标系中的小的扰动, 其度规为[③]

$$ds^2=a^2(\eta)\left[(1+2\Phi)d\eta^2-(1-2\Psi)\delta_{ij}dx^i dx^j\right]. \tag{7.102}$$

势 Φ 和 Ψ 只有在能动张量的非对角元都为零的情况下才是相等的. 很显然, 对非理想流体, 这一点不再成立. 不过, 即使在引力势能主要由非理想流体贡献的情况下, 我们仍然可以验证这两个势之差 $\Phi-\Psi$ 相对于 Φ 本身来说是被压低的, 其压低的因子至少是光子平均自由程与扰动尺度之比. 在物质-辐射相等时刻以后, 引力势主要是由冷暗物质贡献了, 因此能动张量的非对角元可以完全忽略. 所以, 我们可以令 $\Psi=\Phi$. 在这种情况下, 克里斯托菲 (Christoffel) 符号是

$$\Gamma^0_{00}=\mathcal{H}+\Phi';$$

① 黏性流体的能动张量可以参见 Landau and Lifshitz, *Fluid Mechanics* (Pergamon Press, 2nd Ed., 1987) 中第 513 页的 (136.8) 式. 考虑到在弯曲时空中将普通导数推广为协变导数, 并忽略掉体积黏度项, 我们就能得到(7.101)式.

② 注意区分黑体的剪切黏度系数 $\boldsymbol{\eta}$ 与共形时间 η.

③ 原文中 Ψ 前面的符号误为 $+$. 据勘误表改正.

$$
\begin{aligned}
&\Gamma^0_{0i} = \Gamma^i_{00} = \Phi_{,i};\\
&\Gamma^0_{ij} = \big((1-4\Phi)\mathcal{H} - \Phi'\big)\delta_{ij};\\
&\Gamma^i_{j0} = (\mathcal{H} - \Phi')\,\delta_{ij};\\
&\Gamma^j_{ik} = \Phi_{,j}\delta_{ik} - \Phi_{,i}\delta_{jk} - \Phi_{,k}\delta_{ij}.
\end{aligned} \tag{7.103}
$$

4-速度的一阶扰动的 0 分量是

$$
u^0 = \frac{1}{a}(1-\Phi), \quad u_0 = a(1+\Phi). \tag{7.104}
$$

已知这些条件之后, 很容易证明, 在扰动的零阶水平上, $T^{\alpha}_{0;\alpha} = 0$ 的关系约化成均匀的能动张量守恒律, 而 $T^{\alpha}_{i;\alpha} = 0$ 则是个平庸关系式. 继续到下一阶, 方程 $T^{\alpha}_{0;\alpha} = 0$ 给出

$$
\delta\varepsilon' + 3\mathcal{H}(\delta\varepsilon + \delta p) - 3(\varepsilon + p)\Phi' + a(\varepsilon + p)u^i_{,i} = 0. \tag{7.105}
$$

注意剪切黏度没有出现在这个关系里. 对剩下的方程 $T^{\alpha}_{i;\alpha} = 0$ 来说, 如果我们只对标量扰动感兴趣的话, 只取空间散度足够了. 我们得到

$$
\frac{1}{a^4}\left(a^5(\varepsilon + p)u^i_{,i}\right)' - \frac{4}{3}\boldsymbol{\eta}\triangle u^i_{,i} + \triangle\delta p + (\varepsilon + p)\triangle\Phi = 0. \tag{7.106}
$$

正如之前论述过的那样, 上面两个方程是对于暗物质和重子-辐射等离子体两种组分分别都成立的.

习题 7.16　推出(7.105)和(7.106).

暗物质　对暗物质来说, 压强 p 和剪切黏度 $\boldsymbol{\eta}$ 都是零. 考虑到 $\varepsilon_d a^3 =$ 常数, 我们可以从(7.105)得到: 暗物质组分的能量密度的扰动分率 (fractional perturbation) $\delta_d \equiv \delta\varepsilon_d/\varepsilon_d$ 满足如下方程

$$
(\delta_d - 3\Phi)' + a u^i_{,i} = 0. \tag{7.107}
$$

利用这个关系将 $u^i_{,i}$ 用 δ_d 和 Φ 表示出来, 并将其代回(7.106)中, 其结果就是

$$
\left(a(\delta_d - 3\Phi)'\right)' - a\triangle\Phi = 0. \tag{7.108}
$$

重子-辐射等离子体　重子和辐射在复合之前是强耦合在一起的. 因此, 它们的能量和动量不能单独守恒. 尽管如此, 当重子是非相对论性的时候, (7.105)式可以对重子和辐射两种组分分别都成立, 而(7.106)式则不行. 这是因为重子的能量守恒律 $T^{\alpha}_{0;\alpha} = 0$ 约化成了总重子数的守恒律.(具体地说, 如果 $T^{\alpha}_0 = m_b n_b u^{\alpha} u_0$,

其中 m_b 是重子质量, 那么 $T^{\alpha}_{0;\alpha}=0$ 在扰动的线性阶就等价于 $(n_b u^{\alpha})_{;\alpha}=0$.) 因此, 重子密度涨落分率 (fractional baryon density fluctuation) $\delta_b\equiv\delta\varepsilon_b/\varepsilon_b$ 满足如下相似于(7.107)的方程:

$$(\delta_b-3\Phi)'+au^i_{,i}=0. \tag{7.109}$$

相应的辐射组分的扰动分率 $\delta_\gamma\equiv\delta\varepsilon_\gamma/\varepsilon_\gamma$ 的方程是

$$(\delta_\gamma-4\Phi)'+\frac{4}{3}au^i_{,i}=0. \tag{7.110}$$

因为光子和重子是强耦合在一起的, 它们一起运动, 所以这两个方程里的速度是一样的. 将(7.110)乘以 3/4, 然后减去(7.109), 并积分, 我们就可以得到

$$\frac{\delta S}{S}\equiv\frac{3}{4}\delta_\gamma-\delta_b=\text{常数}. \tag{7.111}$$

这里 $\delta S/S$ 是重子-辐射等离子体中熵涨落的分率 (参见(7.83)). 方程(7.111)告诉我们 $\delta S/S$ 在所有尺度上都是守恒的. 对绝热扰动来说有 $\delta S=0$, 因此

$$\delta_b=\frac{3}{4}\delta_\gamma. \tag{7.112}$$

利用(7.110), 把 $u^i_{,i}$ 用 δ_γ 和 Φ 表示出来, 然后再代回(7.106)中去, 我们得到

$$\left(\frac{\delta_\gamma'}{c_s^2}\right)'-\frac{3\boldsymbol{\eta}}{\varepsilon_\gamma a}\triangle\delta_\gamma'-\triangle\delta_\gamma=\frac{4}{3c_s^2}\triangle\Phi+\left(\frac{4\Phi'}{c_s^2}\right)'-\frac{12\boldsymbol{\eta}}{\varepsilon_\gamma a}\triangle\Phi', \tag{7.113}$$

其中 $\triangle$ 是拉普拉斯算符, c_s 是重子-辐射等离子体中的声速, 见(7.85). 在推导(7.113)的过程中, 我们用到了

$$\varepsilon+p=\varepsilon_b+\frac{4}{3}\varepsilon_\gamma=\frac{4}{9c_s^2}\varepsilon_\gamma \tag{7.114}$$

和 $\varepsilon_\gamma a^4=$ 常数. 忽略掉偏振效应, (7.113)中出现的剪切黏度系数由

$$\boldsymbol{\eta}=\frac{4}{15}\varepsilon_\gamma\tau_\gamma \tag{7.115}$$

给出, 其中 τ_γ 是光子散射的平均自由时间 (mean free time).

到目前为止我们有了两个扰动方程, (7.108)和(7.113). 未知变量则有三个, δ_d, δ_γ 和 Φ. 为了求解, 我们还要加上爱因斯坦场方程的 0-0 分量 (见(7.38)), 它在目前的物理背景下写作

$$\triangle\Phi-3\mathcal{H}\Phi'-3\mathcal{H}^2\Phi=4\pi Ga^2\left(\delta\varepsilon_d+\delta\varepsilon_b+\delta\varepsilon_\gamma\right),$$

$$=4\pi Ga^2\left(\varepsilon_d\delta_d+\frac{\varepsilon_\gamma\delta_\gamma}{3c_s^2}\right). \tag{7.116}$$

推导第二个等式时我们用(7.112)把 δ_b 用 δ_γ 表示出来了.

这里还需要注意的是, 我们可以利用(7.110)导出一个辐射对能动张量的 0-i 分量的散度的贡献的关系式:

$$T^i_{0,i}=\frac{4}{3}\varepsilon_\gamma u_0 u^i_{,i}=(4\Phi-\delta_\gamma)'\,\varepsilon_\gamma. \tag{7.117}$$

这个关系式会在 9.3 节中用到.

7.4.2 扰动的演化和转移函数

如果把密度扰动按照共动波数 k 分解成不同的模式, 那么给定 k 之后, 其演化行为就取决于 $k\eta$ 是大于 1 还是小于 1. 从 $k\eta<1$ 变成 $k\eta>1$ 是一个扰动从波长大于曲率尺度演化到波长小于曲率尺度的转换过程. 在一个减速膨胀的宇宙里, 随着时间的演化和 η 的增长, 曲率尺度 $H^{-1}=a/\dot{a}$ 增长得比扰动的物理尺度 $\lambda_{\text{ph}}\simeq a/k$ 要快一些, 因此视界能包含越来越小的 k. 我们将用超曲率模 (supercurvature mode) 这个名词来表示那些 $k\eta<1$ 的模, 亚曲率模 (subcurvature mode) 来表示那些 $k\eta>1$ 的模.

扰动的初始功率谱是在暴胀中产生的, 它可以用辐射主导时期超曲率尺度上的度规扰动 Φ^0_k 的 "冻结" (frozen) 幅度来描述 (细节参见第 8 章). 在扰动进入曲率尺度内之后, 它便开始非平庸地演化. 我们本节的主要目的是在给定的引力势初条件 Φ^0_k 的情况下, 确定它演化到复合时期的振幅 Φ 以及相应的辐射涨落 δ_γ. 或者等价地说, 我们希望找到能连接扰动的功率谱的初始值和它在复合时期的值的**转移函数** (*transfer function*). 我们将在第 9 章看到, Φ 和 δ_γ 确定了宇宙微波背景的各向异性.

长波长扰动 ($k\eta_r<1$) 我们首先考虑在复合时期仍是超曲率模的长波长的扰动. 在一个由冷物质和辐射两种介质所组成的宇宙中, 长波长扰动的解用(7.71)式来描述. 虽然暗物质粒子并没有和辐射强耦合起来, 在超曲率的尺度上, 每个冷暗物质粒子所占的熵仍然是守恒的. 究其原因, 从直觉上来看, 要把物质移动一段超出哈勃尺度的距离, 时间是不够用的. 我们也可以通过如下步骤很容易地验证这个结论: 对长波长的扰动来说, (7.107)和(7.110)式中的 $u^i_{,i}$ 项可以忽略掉①. 这样一来, 我们之前导出每个重子对应的熵的守恒律 (参见(7.111)) 同样的步骤可以在这里重复一遍, 以此得出每个暗物质粒子对应的熵是守恒的.

① 这是因为对一段平面波解 $au^i_{,i}\to -i\eta\mathbf{k}\cdot\mathbf{u}\sim k\eta|\mathbf{u}|$. 在 $k\eta\ll 1$ 的情况下可忽略.

在已知引力势 (由(7.71)给出) 的情况下, 我们可以很容易地得到 δ_γ : 忽略掉(7.110)中对长波长扰动来说可以忽略的速度项, 并积分一次, 我们立即得到

$$\delta_\gamma - 4\Phi = C, \tag{7.118}$$

C 是积分常数. 为了定出 C, 我们注意到在辐射主导时期, 引力势主要是由辐射组分的涨落引起的, 而且, 它在超曲率的尺度上保持常数. 这样, 在如此的早期我们有①

$$\delta_\gamma \simeq -2\Phi(\eta \ll \eta_{\text{eq}}) \equiv -2\Phi^0; \tag{7.119}$$

因此 $C = -6\Phi^0$. 在物质-辐射相等时刻之后, 冷物质主导宇宙演化. 在这个过程中引力势衰减了一个 9/10 的因子, 但仍然保持为常数. 也就是说

$$\Phi(\eta \gg \eta_{\text{eq}}) \simeq \frac{9}{10}\Phi^0. \tag{7.120}$$

因此, 我们假设复合时期已经是冷暗物质主导, 则从(7.118)可以得到②

$$\delta_\gamma(\eta_r) = -6\Phi^0 + 4\Phi(\eta_r) = -\frac{8}{3}\Phi(\eta_r) = -\frac{8}{3}\left(\frac{9}{10}\Phi^0\right). \tag{7.121}$$

考虑到对绝热扰动有 $\delta_\gamma = 4\delta_d/3$ 和复合时期有 $\delta_d \simeq -2\Phi(\eta_r)$, 我们可以得到同样的结果③.

标准的暴胀模型预言是绝热扰动. 不过, 原则上讲我们仍然可以想象存在其他可能的初始不均匀性, 比如熵扰动. 例如, 暗物质可以在均匀的辐射背景上有一个不均匀的初始分布. 很明显, 在辐射主导的宇宙早期, δ_γ 和 Φ 均为零, 因此(7.118)的积分常数也是零④. 物质-辐射相等时刻之后, 暗物质的不均匀性诱导出了引力势. 这样, 从(7.118)可以看出, 在超曲率尺度上, 辐射组分的涨落等于 $\delta_\gamma = 4\Phi$, 而 Φ 主要是由冷暗物质的涨落所贡献的 (参考(7.90))⑤. 带有熵扰动的模型与绝热扰动模型可以产生不同的宇宙微波背景各向异性信号.

---

① 辐射主导时期就可以用单一的辐射组分来描述, 或者说

$$\frac{\delta\varepsilon}{\varepsilon} = \frac{\delta\varepsilon_\gamma + \delta\varepsilon_m}{\varepsilon_\gamma + \varepsilon_m} = \frac{\delta_\gamma + (\varepsilon_m/\varepsilon_\gamma)\delta_m}{1 + \varepsilon_m/\varepsilon_\gamma} \simeq \delta_\gamma.$$

这时(7.59)式, $\delta\varepsilon/\varepsilon_0 \simeq \delta_\gamma \simeq -2\Phi$, 在超曲率尺度上成立, 因此可以一直反推到其初始值. 这个初始值起源于暴胀时期的量子扰动, 见第 8 章.

② 复合时期已经是冷暗物质主导显然不仅仅是假设, 而是计算得到的结果. 见 3.6.3 节. 这里的 η_r 是复合时期的共形时间. 因为 $\eta_r \gg \eta_{\text{eq}}$, 所以可以用(7.120)式.

③ 复合时期已经是暗物质占主导, 因此根据(7.59)有 $\delta_d \simeq -2\Phi(\eta_r) = -2(9/10)\Phi^0$. 再根据绝热扰动的关系式(7.112)就可以得到 $\delta_\gamma(\eta_r) = (4/3)\delta_d = -(8/3)(9/10)\Phi^0$.

④ 这一段关于熵扰动的描述参见(7.87)及其附近的讨论.

⑤ 这一句话的意思是说, 对于本段中的例子里给出的熵扰动模式, Φ 主要是由冷暗物质扰动诱导出来的, 因此 $\delta_d \simeq -2\Phi$. 又根据 $\delta_\gamma = 4\Phi$, 就可以得出(7.90)式所说的对熵扰动有 $\delta_\gamma = -2\delta_d$.

短波长扰动 ($k\eta_r > 1$)　我们接下来考虑在复合之前就进入视界的亚曲率模式. 这些扰动模式令人尤其感兴趣, 因为它们进入视界后的振荡形成了宇宙微波背景谱上的声学峰.

为了简化讨论, 我们忽略掉重子对引力势的贡献. 在实际的模型中, 我们的近似是合理的, 因为重子一般只组成总物质密度的一小部分. 虽然重子对引力势的贡献可以忽略, 我们却不能完全无视重子的存在, 因为它们物质主导时期会显著地影响到声速①.

一般来说, 一个由两种组分组成的介质存在四种独立的不稳定模式. 这些扰动所对应的方程组是极其复杂的. 如果不对它们进行进一步近似, 便没有指望能对其进行解析求解. 我们考虑扰动在物质-辐射相等时刻之后的演化 ($\eta > \eta_{\rm eq}$). 这种情况下, 问题将大大简化. 这是因为 $\eta > \eta_{\rm eq}$ 之后引力势主要由冷暗物质的扰动所贡献, 因此无论是长波长扰动还是短波长扰动, 引力势都不依赖于时间. 这样一来, $\eta > \eta_{\rm eq}$ 之后的引力势 Φ 可以当作方程(7.113)中的外源项, 这个方程的通解就可以写成它的齐次方程 (令 $\Phi = 0$) 的通解和 δ_γ 的一个特解之和. 我们定义一个新的自变量 x, 使 $dx = c_s^2 d\eta$, 并考虑到(7.113)右边的引力势的时间导数为零 (因为 $\Phi =$ 常数), 就可以将这方程写成

$$\frac{d^2\delta_\gamma}{dx^2} - \frac{4\tau_\gamma}{5a}\triangle\frac{d\delta_\gamma}{dx} - \frac{1}{c_s^2}\triangle\delta_\gamma = \frac{4}{3c_s^4}\triangle\Phi, \tag{7.122}$$

其左边的第二项是黏性带来的. 如果声速的变化很缓慢, 那么(7.122)有一个明显的近似特解:

$$\delta_\gamma \simeq -\frac{4}{3c_s^2}\Phi. \tag{7.123}$$

为了找到(7.122)的齐次方程的通解, 我们使用 WKB 近似. 考虑一列波数为 k 的平面波扰动, 并引入一个新变量

$$y_k(x) \equiv \delta_\gamma(k, x)\exp\left(\frac{2}{5}k^2\int\frac{\tau_\gamma}{a}dx\right). \tag{7.124}$$

那么, 根据(7.122)我们可以推出变量 y_k 所满足的方程是

$$\frac{d^2 y_k}{dx^2} + \frac{k^2}{c_s^2}\left[1 - \frac{4c_s^2}{25}\left(\frac{k\tau_\gamma}{a}\right)^2 - \frac{2c_s^2}{5}\left(\frac{\tau_\gamma}{a}\right)'\right]y_k = 0. \tag{7.125}$$

首先注意, 对那些物理波长 ($\lambda_{\rm ph} \sim a/k$) 远大于光子的平均自由程 ($\sim \tau_\gamma$) 的扰动来说, 方括号里的第二项就可以忽略掉. 方括号里的第三项可以估算为 $\tau_\gamma/(a\eta) \sim$

① 参见(7.85).

$\tau_\gamma/t \ll 1$, 所以也可以忽略. 这样, (7.125)就变得非常简单, 其 WKB 解是

$$y_k \simeq A_k\sqrt{c_s}\cos\left(k\int\frac{dx}{c_s}\right), \tag{7.126}$$

其中 A_k 是个积分常数. 这里的不定积分意味着余弦函数里含有一个任意的相位. 将这个结果代回 y_k 的定义(7.124)式, 并和(7.123)的特解组合起来, 我们就能得到(7.122)的一个在 $\eta > \eta_{\text{eq}}$ 时成立的通解:

$$\delta_\gamma(k,\eta) \simeq -\frac{4}{3c_s^2}\Phi(\eta > \eta_{\text{eq}}) + A_k\sqrt{c_s}\cos\left(k\int c_s d\eta\right)e^{-(k/k_D)^2}. \tag{7.127}$$

这里我们把自变量从 x 又写回了共形时间 η, 并引入了耗散尺度 (dissipation scale) 所对应的共动波数:

$$k_D(\eta) \equiv \left(\frac{2}{5}\int_0^\eta c_s^2\frac{\tau_\gamma}{a}d\tilde{\eta}\right)^{-1/2}. \tag{7.128}$$

在声速为常数且没有黏性的极限下, (7.127)是精确解, 而且它不仅对于短波长扰动成立, 对 $k\eta \ll 1$ 的长波长扰动也是成立的.

习题 7.17 找到(7.127)的下一级修正项, 并确定 WKB 可适用的条件.

希尔克阻尼 (Silk damping) 根据(7.127), 我们清楚地看到在小尺度上 ($\lambda \leqslant 1/k_D$), 黏性能有效地压低扰动. 黏性阻尼 (viscous damping) 来自于光子的散射和混合. 因此, 给定宇宙学时间 t, 黏性阻尼在与光子的扩散尺度同量级的尺度上开始变得重要. 为了估算光子的扩散尺度, 我们注意到在时间 t 之内, 光子所经历的散射的次数大约是 $N \sim t/\tau_\gamma$. 每次散射之后光子的传播方向都是完全随机的, 所以光子轨道类似于一个 "喝醉的水手" (drunken sailor). 因此, 按照 τ_γ 的步长走了 N 步之后, 光子所走的典型距离 (扩散尺度) 大约是 $\tau_\gamma\sqrt{N} \sim \sqrt{\tau_\gamma t}$. 这样的话, 物理的阻尼尺度与视界尺度之比就是[①]

$$\frac{\lambda_D^{\text{ph}}}{t} \sim (k_D\eta)^{-1} \sim \sqrt{\frac{\tau_\gamma}{t}}. \tag{7.129}$$

这个简单的估算结果符合之前得到的精确解.

复合之前, 光子的平均自由程是由自由电子的汤姆孙散射决定的:

$$\tau_\gamma = \frac{1}{\sigma_T n_e}. \tag{7.130}$$

① 根据上文对扩散尺度的估算 $\lambda_D^{\text{ph}} \sim \sqrt{\tau_\gamma t}$ 可以立即得到(7.129)式. 也可以利用(7.128)来估算. 注意 $\lambda_D^{\text{ph}} = a/k_D$ 以及 $a\eta \sim t$, 我们就得到(7.129)第一式. 在(7.128)中, 由于 c_s 近似是常数, 而 $\tau_\gamma \sim (\sigma_T n_e)^{-1} \propto a^3$. 物质为主时期有 $a \sim \eta^2$, 我们可以得到 $k_D^{-1} \sim \sqrt{\tau_\gamma/\eta}$. 再考虑到 $t \sim \eta^3$, 就可以得到(7.129)第二式.

这里 $\sigma_T \simeq 6.65\times10^{-25}\mathrm{cm}^2$ 是汤姆孙散射截面, n_e 是自由电子的数密度. 我们主要对复合时期的耗散尺度感兴趣, 这个时候宇宙是由冷暗物质主导的. 考虑到 $t_r \propto (\Omega_m h^2)^{-1/2} z_r^{-3/2}$ 和 $n_e \propto (\Omega_b h^2) z_r^3$[①], 我们可以从(7.129)推出[②]

$$(k_D\eta_r)^{-1} \sim (\sigma_T n_e t_r)^{-1/2} \propto \left(\Omega_m h^2\right)^{1/4}\left(\Omega_b h^2\right)^{-1/2} z_r^{-3/4}. \tag{7.131}$$

习题 7.18　利用精确结果(7.128)式, 其中 $c_s^2 = 1/3$, 并假设瞬时复合 (instantaneous recombination), 计算出 k_D, 并证明

$$(k_D\eta_r)^{-1} \simeq 0.6\left(\Omega_m h^2\right)^{1/4}\left(\Omega_b h^2\right)^{-1/2} z_r^{-3/4}. \tag{7.132}$$

耗散尺度绝不能超过曲率尺度 $H^{-1}\approx t$, 因为没有足够的时间让辐射传播这么长的距离. 这就给出了(7.132)的适用范围, 也就是说 $(k_D\eta_r)^{-1}<1$. 如果 τ_γ 增长并开始超过宇宙学时间 t, 我们就必须用光子的动理学描述 (kinetic description) 了. 如果我们研究的尺度小于光子的平均自由程, 对黏性阻尼的分析也会失效, 因为在这个极限下是不能用流体力学描述光子的. 在小于平均自由程的尺度, 另一种称之为*自由冲流* (free streaming) 的效应变得重要起来了. 自由冲流指的是光子没有散射的传播. 在小于平均自由程的尺度上, 从不同方向传播而来并带着不同温度的光子彼此混合 (intermingle), 并把辐射能量密度的空间不均匀性给抹散 (smear) 了. 然而, 和黏性阻尼不同的是, 自由冲流并不能消除某一给定点的角温度各向异性 (参见习题 9.2). 和黏性阻尼一样的是, 自由冲流无法产生大于视界尺度的效果.

转移函数　对于满足 $k\eta_r \ll 1$ 的长波长的扰动而言, 物质-辐射相等时刻之后的度规涨落和辐射涨落的振幅可以通过(7.120)和(7.121)式用 Φ^0 表示出来. 为了找到短波长不均匀性的转移函数, 我们需要把进入(7.127)中的 $\Phi(\eta>\eta_{\mathrm{eq}})$ 和 A_k 也用 Φ^0 表示出来. 对于如下两种极限情况, 是可以找到解析表达式的, 即对于在物质-辐射相等时刻*之后足够久才*进入视界的扰动和在物质-辐射相等时刻*很久以前*就已进入视界的扰动. 也就是说, 对 $k\eta_{\mathrm{eq}}\ll1$ 和 $k\eta_{\mathrm{eq}}\gg1$ 的模式.

满足 $k\eta_{\mathrm{eq}}\ll1$ 的扰动模式进入视界时, 宇宙已经是冷暗物质主导, 而且引力势的大小也完全由冷暗物质决定. 因此引力势是不变的, 它由下式给出:

$$\Phi_k(\eta>\eta_{\mathrm{eq}}) = \frac{9}{10}\Phi_k^0. \tag{7.133}$$

(7.127)式给出的 δ_γ 对扰动波长超出曲率尺度的时候也是适用的 (参见习题 7.17). 在物质-辐射相等时刻之后 $\eta\gg\eta_{\mathrm{eq}}$, 根据(7.121)[③], 满足 $k\eta\ll1$ 的超视界模式的

---

① t_r 的表达式参见 (2.66b). 复合之前的 n_e 的表达式参见 (3.179): $n_e\simeq2\times10^{-11}\eta_{10}T^3$. 利用 (3.121) 把 η_{10} 用 Ω_b 表示出来, 并注意到 $T=T_{\gamma0}(1+z)^3$, 我们就得到 $n_e\simeq3\times10^{-9}T_{\gamma0}^3\left(\Omega_b h_{75}^2\right)(1+z)^3$.

② 原文(7.131)式中第二个 h 为 h_{75}. 本书中通常在估算的等式中用 h 表示 h_{75}, 为保持上下文一致改正.

③ 原文为 "根据(7.127)", 根据下文文意改正.

δ_γ 扰动的振幅是 $\delta_\gamma \simeq -8\Phi_k/3 =$ 常数. 假设在这个时刻重子对声速的影响仍然可以忽略, 也就是说 $c_s^2 \to 1/3$, 我们可以得到① $A = 4\Phi_k/3^{3/4}$. 这样, 我们推出在物质-辐射相等时刻之后而在复合时刻之前, 对满足 $\eta_{\rm eq}^{-1} \gg k \gg \eta_r^{-1}$ 的模有

$$\delta_\gamma(\eta) = \left[-\frac{4}{3c_s^2} + \frac{4\sqrt{c_s}}{3^{3/4}}\cos\left(k\int_0^\eta c_s d\tilde{\eta}\right)e^{-(k/k_D)^2}\right]\left(\frac{9}{10}\Phi_k^0\right). \tag{7.134}$$

现在我们讨论 $k\eta_{\rm eq} \gg 1$ 的扰动, 这些扰动在物质-辐射相等时刻之前就进入视界了. 在 $\eta \ll \eta_{\rm eq}$ 的时候, 宇宙是由辐射主导的. 所以, Φ 和 δ_γ 可以分别用描述辐射主导宇宙中的扰动的(7.61)和(7.62)两个方程近似表示. 忽略掉超曲率尺度上的衰减模式, 并把常数项 C_1 用 Φ_k^0 表示出来, 我们就得到在 $\eta_{\rm eq} \gg \eta \gg k^{-1}$ 时的扰动

$$\delta_\gamma \simeq 6\Phi_k^0\cos\left(\frac{k\eta}{\sqrt{3}}\right), \quad \Phi_k(\eta) \simeq -\frac{9\Phi_k^0}{(k\eta)^2}\cos\left(\frac{k\eta}{\sqrt{3}}\right). \tag{7.135}$$

为了确定冷暗物质组分的涨落, 我们对(7.108)做积分, 就可以得到

$$\delta_d(\eta) = 3\Phi(\eta) + \int^\eta \frac{d\tilde{\eta}}{a}\int^{\tilde{\eta}} a\triangle\Phi d\bar{\eta}. \tag{7.136}$$

这个关系对任意 k 都是严格成立的. 在辐射占主导的时期里, 引力势的主要贡献来自于辐射, 因此, 我们可以将(7.136)中的 Φ 看作一个用(7.61)给出的外源项. 积分中有两个积分常数, 可以用如下的方法确定: 将(7.61)代入(7.136), 并注意到在早期, 也就是扰动的波长还是超出视界的时候, 这个结果应该可以和长波扰动的结果连接起来:

$$\delta_d \simeq \frac{3}{4}\delta_\gamma \simeq -\frac{3}{2}\Phi_k^0. \tag{7.137}$$

习题 7.19 确定(7.136)中的积分常数, 并证明在扰动进入哈勃尺度之后, 但在物质-辐射相等时刻之前, 如下关系成立:

$$\delta_d \simeq -9\left[\mathbf{C} - \frac{1}{2} + \ln\left(\frac{k\eta}{\sqrt{3}}\right) + \mathscr{O}\left((k\eta)^{-1}\right)\right]\Phi_k^0. \tag{7.138}$$

其中 $\mathbf{C} = 0.577\cdots$ 是欧拉常数.

---

① 为了推出 A_k, 需要在超视界情况下把(7.127)连接到(7.121). 注意到耗散尺度不能大于复合时的视界, 即 $(k_D\eta_r)^{-1} < 1$, 我们有 $k/k_D < k\eta_r \ll 1$. 因此(7.127)右边第二项的希尔克阻尼因子可以忽略. 令 $c_s^2 \to 1/3$ 及 $k\eta \to 0$, 我们得到 $\delta_\gamma = -4\Phi_k + 3^{-1/4}A_k = -(8/3)\Phi_k$. 据此即可解出 $A = 4\Phi_k/3^{3/4}$, 其中 $\Phi_k = (9/10)\Phi_k^0$.

从(7.116)中可以很容易看出，在物质-辐射相等时刻之前，暗物质的扰动对引力势的贡献相对于辐射分量的贡献来说是被一个因子 $\varepsilon_d/\varepsilon_\gamma$ 所压低的. 在物质-辐射相等时刻，暗物质的贡献开始占主导，而且其密度扰动 δ_d 开始按照 η^2 的规律增长，正如我们已经在 7.3.1 节中介绍过的那样①. 引力势 "冻结" 在一个常数值②

$$\Phi_k(\eta > \eta_{\mathrm{eq}}) \sim -\left.\frac{4\pi G a^2 \varepsilon}{k^2}\delta_d\right|_{\eta_{\mathrm{eq}}} \sim \mathscr{O}(1)\frac{\ln(k\eta_{\mathrm{eq}})}{(k\eta_{\mathrm{eq}})^2}\Phi_k^0 \tag{7.139}$$

并直到复合时期都一直保持为这个常数值.

如果想确定(7.139)中的系数的准确值，还需要做更多的工作.

习题 7.20 对短波长的扰动来说，(7.108)和(7.116)中的引力势的时间导数相对于其空间导数来说可以忽略. 于是，从这两个关系我们可以得到

$$(a\delta_d')' - 4\pi G a^3\left(\varepsilon_d\delta_d + \frac{1}{3c_s^2}\varepsilon_\gamma\delta_\gamma\right) = 0. \tag{7.140}$$

证明上式中第二项给出了对(7.138)的修正项. 这修正只有在物质-辐射相等时刻附近才是重要的. 它主要由 $\varepsilon_d\delta_d$ 项贡献. 证明 $\varepsilon_\gamma\delta_\gamma$ 在整个过程中总是可以忽略的，因此在(7.140)中可以省略. 这样，(7.140)就等效于描述非相对论性冷物质组分的不稳定性在均匀的辐射背景上演化的方程了. 其解可以由 (6.72) 式给出. 在 $x \ll 1$ 的极限下，这个解应和(7.138)相符. 考虑到这个极限，证明 (6.72) 中的积分常数是

$$C_1 \approx -9\left(\ln\left(\frac{2k\eta_\star}{\sqrt{3}}\right) + \mathbf{C} - \frac{7}{2}\right)\Phi_k^0, \quad C_2 \simeq 9\Phi_k^0, \tag{7.141}$$

其中 $\eta_\star = \eta_{\mathrm{eq}}/(\sqrt{2}-1)$. 忽略掉衰减的模式，并利用引力势和 δ_d 的关系，证明

$$\Phi_k(\eta > \eta_{\mathrm{eq}}) \simeq \frac{\ln(0.15k\eta_{\mathrm{eq}})}{(0.27k\eta_{\mathrm{eq}})^2}\Phi_k^0. \tag{7.142}$$

物质-辐射相等时刻之后，辐射组分的涨落继续按照在(7.142)式给出的外源引力势作用下的声波一样演化. (7.127)式中的常数 A 可以通过在 $\eta \sim \eta_{\mathrm{eq}}$ 时比较这个解的振荡部分和(7.135)式的结果来确定. 这样，我们得到在 $\eta > \eta_{\mathrm{eq}}$ 时，对于

① 这句话指的是 $\delta\varepsilon/\varepsilon$ 在物质为主宇宙中的短波长解(7.56).

② 由于 $\Delta \to -k^2$，在亚视界情况下 $(k > \mathcal{H})$，(7.116)左边第一项是最重要的，因此得到第一个等式. 利用弗里德曼方程，$4\pi G a^2\varepsilon = 3\mathcal{H}^2/2 \simeq \mathscr{O}(1)\eta^{-2}$. 再利用(7.138)我们就得到第二个等式.

$k\eta_{\rm eq} \gg 1$ 的模有

$$\delta_\gamma \simeq \left[-\frac{4}{3c_s^2} \frac{\ln(0.15k\eta_{\rm eq})}{(0.27k\eta_{\rm eq})^2} + 3^{5/4}\sqrt{4c_s} \cos\left(k\int_0^\eta c_s d\tilde{\eta} \right) e^{-(k/k_D)^2} \right] \Phi_k^0. \quad (7.143)$$

我们可以从(7.134)和(7.143)中看出, 在 $k > \eta_r^{-1}$ 的情况下, δ_γ 在复合时刻的谱有一部分是被余弦函数调制 (modulated) 的. 这是因为所有波数同为 $k = |\mathbf{k}|$ 的声波是同时进入视界并立即开始振荡的. 正如我们在第 8 章将要看到的那样, 这会导致背景辐射上的温度涨落谱存在一系列波峰和波谷.

让我们小结一下. 本节的结果允许我们用基本的宇宙学参数和原初扰动谱把复合时刻的引力势和辐射能量密度涨落表示出来. 原初谱是用引力势 Φ_k^0 表示的, 它描述的是波数为 k 的扰动在极早期的值, 那时它的尺度超过了曲率尺度. 如果扰动模式的波长在复合时刻仍然超出曲率尺度, 那么 Φ 的谱就仍然保持为常数, 不过它的振幅在物质-辐射相等时刻之后下降到了原初值的 9/10; 而辐射涨落的振幅则是由(7.121)给出的. 如果扰动模式的波长小于哈勃尺度, 我们分别对于扰动模式在物质-辐射相等时刻很久以前就进入曲率尺度 (见(7.142)和(7.143)) 和扰动模式在物质-辐射相等时刻之后很久才进入曲率尺度 (见(7.133)和(7.134)) 这两种情况推导出了扰动演化的渐近表达式. 对这些扰动而言, 由于进入视界之后的演化, 原初谱的大小和形状有了本质的变化.

第 8 章　暴胀二: 原初不均匀性的起源

当代宇宙学的一个中心问题就是解释结构形成的种子——原初不均匀性. 在提出暴胀理论之前, 不均匀性的初条件是作为一种*假设*提出的, 并且要求它的谱符合观测数据. 用这种方法, 从实用的角度上讲, 通过选取恰当的初始条件, 任何观测都可以被 "解释", 或者更准确地说被*描述*. 与之相反, 暴胀宇宙学*真正解释*了原初不均匀性的起源, 并且*预言*了它们的谱. 因此, 通过比较其预言和观测数据来检验这个理论便成为可能了.

根据宇宙暴胀, 原初扰动来源于量子涨落. 这些涨落的振幅只有在接近普朗克长度的尺度上才是可观的, 但它们会在暴胀阶段被拉伸到星系尺度, 并且振幅不变. 因此, 暴胀就这样把大尺度结构和微观物理联系起来了. 暴胀给出的非均匀性的原初谱对不同的暴胀方案的细节并不敏感, 而是具有近似普适的形状. 这给出了对宇宙微波背景各向异性谱的具体预言.

在第 7 章里我们研究了在一个充满了流体力学物质的宇宙里的引力的不稳定性. 为了理解原初涨落的产生, 我们必须把我们对流体的分析拓展到标量场凝聚 (scalar field condensate) 的情况, 并对宇宙学扰动做量子化. 在本章里我们研究暴胀阶段的扰动的演化行为, 并计算它最终的谱. 我们首先考虑一个简单的宇宙学模型, 利用慢滚近似来解出扰动方程. 随后, 我们发展一套严格的量子理论, 并将其应用于一般的暴胀方案.

8.1　描 述 扰 动

在一个给定的时刻, 小的不均匀性可以用引力势 Φ 或者能量密度涨落 $\delta\varepsilon/\varepsilon_0$ 的空间分布来描述. 事实证明, 用*随机场*来描述它们是很方便的. 下文中即用一个统一的符号 $f(\mathbf{x})$ 来表示. 把无限的宇宙分割为很多块, 每块都占有足够大的空间区域. 我们就可以把在某一个区域里的 $f(\mathbf{x})$ 的位形看作一个随机过程的实现 (a realization of a random process). 这意味着那些会出现 $f(\mathbf{x})$ 的某种给定位形的区域的相对数量可以用一个概率分布函数来描述. 因此, 在统计系综上做平均就等价于在整个无限宇宙的体积上做平均.

利用傅里叶方法来描述随机过程是很方便的. 在一个体积为 V 的给定区域内, 函数 $f(\mathbf{x})$ 的傅里叶展开可以写作

$$f(\mathbf{x}) = \frac{1}{\sqrt{V}} \sum_{\mathbf{k}} f_{\mathbf{k}} e^{i\mathbf{k}\cdot\mathbf{x}}. \tag{8.1}$$

在函数 f 没有量纲的情况下, 其复傅里叶系数, $f_{\mathbf{k}} = a_{\mathbf{k}} + ib_{\mathbf{k}}$, 有一个 $\mathrm{cm}^{3/2}$ 的量纲. f 是实函数要求 $f_{-\mathbf{k}} = f_{\mathbf{k}}^*$, 因此 $f_{\mathbf{k}}$ 的实部和虚部必须满足如下限制条件: $a_{-\mathbf{k}} = a_{\mathbf{k}}$ 以及 $b_{-\mathbf{k}} = -b_{\mathbf{k}}$. 系数 $a_{\mathbf{k}}$ 和 $b_{\mathbf{k}}$ 在不同的空间区域取不同的值. 假定这种空间区域的数量 N 是一个非常大的数. 概率分布函数 $p(a_{\mathbf{k}}, b_{\mathbf{k}})$ 的定义告诉我们, $a_{\mathbf{k}}$ 的值处于 $a'_{\mathbf{k}}$ 到 $a'_{\mathbf{k}} + da_{\mathbf{k}}$ 之间, 并且 $b_{\mathbf{k}}$ 的值处于 $b'_{\mathbf{k}}$ 到 $b'_{\mathbf{k}} + db_{\mathbf{k}}$ 之间的空间区域的数量是

$$dN = Np(a'_{\mathbf{k}}, b'_{\mathbf{k}}) da_{\mathbf{k}} db_{\mathbf{k}}. \tag{8.2}$$

暴胀预言只存在均匀和各向同性的高斯过程, 也就是说①,

$$p(a_{\mathbf{k}}, b_{\mathbf{k}}) = \frac{1}{\pi\sigma_k^2} \exp\left(-\frac{a_{\mathbf{k}}^2}{\sigma_k^2}\right) \exp\left(-\frac{b_{\mathbf{k}}^2}{\sigma_k^2}\right), \tag{8.3}$$

其中, 方差 (variance) 只依赖于 $k = |\mathbf{k}|$. 它对两个独立变量 $a_{\mathbf{k}}$ 和 $b_{\mathbf{k}}$ 是相等的, 都是 $\sigma_k^2/2$. 这个方差就完全描述了相应的高斯过程, 并且所有的关联函数 (correlation function) 都可以用 σ_k^2 表示出来. 例如, 傅里叶系数的乘积的期望值是

$$\langle f_{\mathbf{k}} f_{\mathbf{k}'} \rangle = \langle a_{\mathbf{k}} a_{\mathbf{k}'} \rangle + i\big(\langle a_{\mathbf{k}} b_{\mathbf{k}'} \rangle + \langle a_{\mathbf{k}'} b_{\mathbf{k}} \rangle\big) - \langle b_{\mathbf{k}} b_{\mathbf{k}'} \rangle = \sigma_k^2 \delta_{\mathbf{k},-\mathbf{k}'}. \tag{8.4}$$

最后的等号是考虑到 $a_{-\mathbf{k}} = a_{\mathbf{k}}$ 和 $b_{-\mathbf{k}} = -b_{\mathbf{k}}$ 的结果. 这里的 $\delta_{\mathbf{k},-\mathbf{k}'}$ 的定义是, 对 $\mathbf{k} = -\mathbf{k}'$ 来说有 $\delta_{\mathbf{k},-\mathbf{k}'} = 1$, 其他情况下均为零.

在连续极限下, $V \to \infty$, (8.1)中的求和号被如下的积分所取代:

$$f(\mathbf{x}) = \int f_{\mathbf{k}} e^{i\mathbf{k}\cdot\mathbf{x}} \frac{d^3k}{(2\pi)^{3/2}}. \tag{8.5}$$

且(8.4)式变为

$$\langle f_{\mathbf{k}} f_{\mathbf{k}'} \rangle = \sigma_k^2 \delta\left(\mathbf{k} + \mathbf{k}'\right). \tag{8.6}$$

这里 $\delta\left(\mathbf{k} + \mathbf{k}'\right)$ 是狄拉克 δ 函数. 注意(8.5)中的傅里叶系数和(8.1)中的傅里叶系数相差一个 $\sqrt{V}$ 的因子, 因此前者的量纲是 cm^3. 和没有量纲的 $\delta_{\mathbf{k},-\mathbf{k}'}$ 不同的是, 狄拉克 δ 函数的量纲是 cm^3. 因此 σ_k 的量纲在取连续性极限的过程中没有变化, 这个量没有得到任何额外的体积因子.

---

① 目前的观测和高斯过程相容. 但也不排除有小的非高斯性存在. 普朗克卫星对非高斯性的限制很强, 见 Planck Collaboration, *Planck 2018 Results. IX. Constraints on Primordial Non-Gaussianity*, Astron. Astrophys. 641 (2020) A9, arXiv:1905.05697.

此外, 一个高斯型的随机场还可以用空间两点关联函数 (spatial two-point correlation function) 来表示:

$$\xi_f(\mathbf{x}-\mathbf{y}) \equiv \langle f(\mathbf{x})f(\mathbf{y})\rangle. \tag{8.7}$$

这个函数能告诉我们场的涨落在不同的尺度上能有多大. 在均匀且各向同性的情况下, 关联函数只依赖于 $\mathbf{x}$ 和 $\mathbf{y}$ 两点之间的距离, 也就是说 $\xi_f = \xi_f(|\mathbf{x}-\mathbf{y}|)$. 把(8.5)代入(8.7), 并借助于(8.6)以对系综求平均, 我们就可以得到

$$\xi_f(|\mathbf{x}-\mathbf{y}|) = \int \frac{\sigma_k^2 k^3}{2\pi^2}\frac{\sin(kr)}{kr}\frac{dk}{k}, \tag{8.8}$$

其中 $r \equiv |\mathbf{x}-\mathbf{y}|$. 在推导出这个关系的过程中我们已经考虑到各向同性并因此把角度积分出来了. 我们定义*无量纲方差* (*dimensionless variance*):

$$\delta_f^2(k) \equiv \frac{\sigma_k^2 k^3}{2\pi^2}. \tag{8.9}$$

大致说来, 这个量就是涨落在 $\lambda \sim 1/k$ 的尺度上的典型振幅的平方.

习题 8.1 证明在体积 $V \sim \lambda^3$ 上做平均之后, f 的典型涨落可以估算为

$$\left\langle \left(\frac{1}{V}\int_V f d^3x\right)^2 \right\rangle^{1/2} \sim \mathscr{O}(1)\delta_f(k\sim\lambda) \tag{8.10}$$

这个估算式在什么情况下失效?

习题 8.2 证明: ① 若 $a_{\mathbf{k}}$ 与 $b_{\mathbf{k}}$ 的方差不同, 则与均匀性的假设矛盾. ② 若 $\sigma_{\mathbf{k}}^2$ 依赖于 $\mathbf{k}$ 的方向, 则与各向同性的假设矛盾.

因此, 在高斯随机过程的情况下, 我们唯一需要知道的就是 σ_k^2, 或者等价的 δ_f. 对小扰动而言, 它们的傅里叶模是独立演化的. 因此, 不均匀性的空间分布仍然保持为高斯型的, 只是它们的谱随时间变化. 当扰动发展到非线性时, 不同的傅里叶模开始 "相互作用". 其结果是非线性结构的统计分析变得非常复杂了.

在本章里我们只考虑小的非均匀性, 而且我们的主要任务是推导出暴胀时期产生的扰动谱的初值. 这个谱是用引力势的方差 $\sigma_k^2 \equiv |\Phi_k|^2$ 来描述的. 或者等价地说, 通过无量纲方差

$$\delta_\Phi^2(k) \equiv \frac{|\Phi_k|^2 k^3}{2\pi^2} \tag{8.11}$$

来描述. 在之后的行文里我们将把 $\delta_\Phi^2(k)$ 称为功率谱 (power spectrum)[①]. 给定 $\delta_\Phi^2(k)$, 其对应的能量密度涨落的功率谱很容易就可以计算出来.

8.2 暴胀的扰动 (慢滚近似)

我们从一个单标量场简单模型中的暴胀谱的不严格推导开始. 这有助于我们从直观上理解问题. 考虑一个充满了标量场 φ 的宇宙, 其势为 $V(\varphi)$. 我们想要知道叠加到均匀部分 $\varphi_0(\eta)$ 上的小不均匀性 $\delta\varphi(\mathbf{x},\eta)$ 在暴胀时期是如何演化的. 在弯曲时空中, 标量场满足克莱因-戈登 (Klein-Gordon) 方程,

$$\frac{1}{\sqrt{-g}}\frac{\partial}{\partial x^\alpha}\left(\sqrt{-g}g^{\alpha\beta}\frac{\partial\varphi}{\partial x^\beta}\right)+\frac{\partial V}{\partial\varphi}=0. \tag{8.12}$$

这方程是直接从作用量

$$S=\int\left(\frac{1}{2}g^{\gamma\delta}\varphi_{,\gamma}\varphi_{,\delta}-V\right)\sqrt{-g}d^4x. \tag{8.13}$$

推出来的. 小扰动 $\delta\varphi(\mathbf{x},\eta)$ 诱导出了标量度规扰动, 使得度规取(7.17)的形式. 将

$$\varphi=\varphi_0(\eta)+\delta\varphi(\mathbf{x},\eta)$$

和(7.17)代入(8.12)中, 我们发现均匀部分满足的克莱因-戈登方程约化成

$$\varphi_0''+2\mathcal{H}\varphi_0'+a^2V_{,\varphi}=0 \tag{8.14}$$

(请读者和 (5.24) 比较). 在度规扰动和 $\delta\varphi$ 的线性阶, 它化为

$$\delta\varphi''+2\mathcal{H}\delta\varphi'-\triangle\left(\delta\varphi-\varphi_0'\left(B-E'\right)\right)+a^2V_{,\varphi\varphi}\delta\varphi-\varphi_0'(3\psi+\phi)'+2a^2V_{,\varphi}\phi=0. \tag{8.15}$$

这方程在任何坐标系都成立. 利用背景方程(8.14), 我们可以很容易地将上述方程改写成以规范不变量 Φ, Ψ 和 $\overline{\delta\varphi}$ 作变量的形式. 这里 Φ 和 Ψ 的定义见(7.19), 而 $\overline{\delta\varphi}$ 是规范不变的标量场扰动, 其定义为

$$\overline{\delta\varphi}\equiv\delta\varphi-\varphi_0'\left(B-E'\right). \tag{8.16}$$

① 部分文献将这里定义的功率谱 $\delta_\Phi^2(k)$ 写作 $\mathcal{P}_\Phi(k)$. 将(8.11)代入(8.6), 可以得到一个文献中常用的关系

$$\langle\Phi_{\mathbf{k}}\Phi_{\mathbf{k}'}\rangle=\frac{2\pi^2}{k^3}\mathcal{P}_\Phi(k)\delta(\mathbf{k}+\mathbf{k}'). \tag{8.11a}$$

这里的 Φ 当然可以换成其他高斯型随机变量如 $\delta\varphi$, ζ, $\delta\rho$, δT 等. 有的文献定义功率谱时没有把(8.8)的角度积掉, 这种功率谱通常写作 $P_\Phi(k)$. 它对应于 $P_\Phi(k)=4\pi k^3\mathcal{P}_\Phi(k)$.

改写之后的结果是

$$\overline{\delta\varphi}'' + 2\mathcal{H}\overline{\delta\varphi}' - \triangle\overline{\delta\varphi} + a^2V_{,\varphi\varphi}\overline{\delta\varphi} - \varphi_0'(3\Psi + \Phi)' + 2a^2V_{,\varphi}\Phi = 0. \tag{8.17}$$

习题 8.3 推出(8.15)和(8.17). (提示 正如之前提到的那样, 推导规范不变的方程最快速的方法就是用纵向规范. 得到纵向规范下的方程式之后, 只需将扰动变量替换为对应的规范不变量即可:$\phi_l \to \Phi$, $\psi_l \to \Psi$, $\delta\varphi \to \overline{\delta\varphi}$. 然后, 我们再利用 Φ, Ψ 和 $\overline{\delta\varphi}$ 的表达式, 就可以写出在任意坐标系里的方程了.)

方程(8.17)含有三个未知变量, $\overline{\delta\varphi}$, Φ 和 Ψ, 因此需要补充爱因斯坦方程. 为此我们需要知道标量场的能动张量. 这可以用对(8.13)取度规 $g_{\alpha\beta}$ 的变分推出:

$$T^\alpha_\beta = g^{\alpha\gamma}\varphi_{,\gamma}\varphi_{,\beta} - \left(g^{\gamma\delta}\varphi_{,\gamma}\varphi_{,\delta} - V(\varphi)\right)\delta^\alpha_\beta. \tag{8.18}$$

此时用(7.39)是很方便的. (8.18)式的能动张量所对应的扰动的规范不变的分量 $\overline{\delta T}^0_i$ (定义见(7.35)) 是

$$\overline{\delta T}^0_i = \frac{1}{a^2}\varphi_0'\delta\varphi_{,i} - \frac{1}{a^2}\varphi_0'^2\left(B - E'\right)_{,i} = \frac{1}{a^2}\left(\varphi_0'\overline{\delta\varphi}\right)_{,i}. \tag{8.19}$$

这样方程(7.39)变为

$$\Psi' + \mathcal{H}\Phi = 4\pi\varphi_0'\overline{\delta\varphi}, \tag{8.20}$$

这里我们取 $G = 1$. 最后, 我们注意到能动张量的非对角空间分量都为零, 也就是说, 对 $i \neq k$ 有 $T^i_k = 0$. 这样的话我们就得到 $\Psi = \Phi$ 了[①].

我们将要在两种极限情况下求解(8.17)和(8.20)所组成的方程组: 扰动的物理波长 $\lambda_{\rm ph}$ 远小于曲率尺度的情况和满足 $\lambda_{\rm ph} \gg H^{-1}$ 的长波长扰动情况. 曲率尺度在暴胀期间变化不大, 而扰动的物理尺度 $\lambda_{\rm ph} \sim a/k$ 则迅速增长. 对那些我们感兴趣的模而言, 它们的物理波长一开始小于哈勃半径, 但最终会超出哈勃半径.

我们的策略如下. 首先, 从研究一个短波长扰动开始, 给出不确定性原理所允许可能出现的最小振幅 (*真空涨落*). 然后, 我们讨论在扰动越过哈勃半径之后如何演化.

我们偶尔会采纳如下为宇宙学界广泛接受的惯例, 即曲率半径 (哈勃半径) 就是 (事件) 视界尺度. 为了避免任何混乱, 读者应该很清楚地把曲率半径与*粒子*视界尺度区分开来. 后者在暴胀阶段是指数增长的. 和扰动的动力学相关的是曲率尺度, 而不是粒子视界. 粒子视界的起源是运动学的 (kinematical).

① 这是从(7.40)得到的结论.

8.2.1 哈勃尺度内部

引力场对物理波长满足 $\lambda_{\rm ph} \ll H^{-1}$ (或者等价地说 $k \gg Ha \sim |\eta|^{-1}$) 的短波长扰动来说并不重要. 实际上, 对很大的 $k|\eta|$ 而言, (8.17)式中的空间导数项是占主导的, 因此在领头阶 $\overline{\delta\varphi}$ 的解取 $\exp(\pm ik\eta)$ 的形式. 引力场也在振荡, 即有 $\Phi' \sim k\Phi$, 因此可以用(8.20)式来估算: $\Phi \sim k^{-1}\varphi_0'\overline{\delta\varphi}$. 利用这个估计, 并考虑到暴胀期间有 $V_{,\varphi\varphi} \ll V \sim H^2$, 我们发现(8.17)里只有前三项是相关的. 因此, 对一个波数为 k 的平面波扰动而言, 这方程约化为

$$\overline{\delta\varphi}_k'' + 2\mathcal{H}\overline{\delta\varphi}_k' + k^2\overline{\delta\varphi}_k \simeq 0. \tag{8.21}$$

引入一个新变量 $\overline{\delta\varphi}_k = u_k/a$ 之后, 它就变为

$$u_k'' + \left(k^2 - \frac{a''}{a}\right)u_k = 0. \tag{8.22}$$

在 $k|\eta| \gg 1$ 的情况下(8.22)中的最后一项可以忽略掉, 这样 $\overline{\delta\varphi}_k$ 的解就是

$$\overline{\delta\varphi}_k \simeq \frac{C_k}{a}\exp\left(\pm ik\eta\right). \tag{8.23}$$

其中 C_k 是一个需要通过初条件来确定的积分常数. 在这里的物理核心要素是, 标量场的初始模起源于真空中的量子涨落.

量子涨落 (*quantum fluctuation*) 为了估算在物理尺度 L 上出现的真空量子涨落 $\delta\varphi_L$ 的典型振幅, 我们考虑一个有限的体积 $V \sim L^3$. 假设场在这个体积内是近似均匀的, 我们就可以把它的作用量 (见(8.13)) 写成如下形式:

$$S \simeq \frac{1}{2}\int\left(\dot{X}^2 + \cdots\right)dt,$$

这里 $X \equiv \delta\varphi_L L^{3/2}$, 变量上一点表示对物理时间 t 求导数. 很明显, X 在这里扮演着正则量子化的变量的角色, 而其对应的共轭动量是 $P = \dot{X} \sim X/L$; 这里后面一步估算里我们假设标量场的质量是可以忽略的, 因此它的传播速度是光速. 变量 X 和 P 满足不确定性关系 $\Delta X\Delta P \sim 1$ ($\hbar = 1$). 据此可以得到量子涨落的最小振幅就是 $X_m \sim \sqrt{L}$ 或者说 $\delta\varphi_L \sim L^{-1}$. 因此, 无质量标量场在给定物理尺度上的最小涨落的振幅反比于这个物理尺度. 考虑到 $\delta\varphi_L \sim |\delta\varphi_k|k^{3/2}$(其中 $k \sim a/L$ 是共动波数)[①], 我们就可以得到

$$|\delta\varphi_k| \sim \frac{k^{-1/2}}{a}. \tag{8.24}$$

① 根据习题 8.1, 尺度 L 上的典型扰动的大小 $\delta\varphi_L$ 可以用(8.9)给出的无量纲方差的算术平方根 (即标准差) 来描述: $\delta_{\delta\varphi} \sim |\delta\varphi_k|k^{3/2}$. 这里的 $\delta_{\delta\varphi}$ 在本书中简写为 δ_φ. (8.24)和(8.25)中的 φ_k 就是(8.9)式右边的傅里叶模的标准差 σ_k.

将这个结果和(8.23)比较, 我们可以推出 $|C_k| \sim k^{-1/2}$. 按照(8.23)式演化的模保持其真空谱不变 (preserve the vacuum spectrum).

我们这里得到的结果并不令人惊讶. 它有个简单的物理解释. 在小于曲率尺度时, 我们总可以采用局域惯性系, 其中时空可以用闵可夫斯基度规来近似描述. 因此短波长的涨落 "认为" 它们是处于一个闵可夫斯基时空中, 且其真空保持不变. 在上面的讨论中, 我们在膨胀的坐标系里简单地描述了这个真空. 在这个坐标系中, 给定共动波数的扰动会持续地被膨胀拉伸. 其结果是, 在某个给定物理尺度上的扰动会被初始时处于亚普朗克尺度的 (sub-Planckian) 扰动所取代. 然而, 这并不意味着为了自洽地处理量子扰动我们需要非微扰的量子引力. 给定一个大于普朗克长度的*物理尺度*, 振幅为上式的真空涨落总是存在, 不管它是在膨胀坐标系里被形式化地描述为 "从亚普朗克尺度拉出" 的, 还是被看作在非膨胀的局域惯性系里一直存在于这个给定尺度上的.

我们已经在第 5 章中注意到, 暴胀能够通过把所有早期已经存在的经典不均匀性拉到超长的尺度, 从而 "洗净" 它们. 人们有时也把这种现象称为暴胀可以消除 "经典毛" (classical hairs). 然而, 它并不能消除量子涨落 ("量子毛"). 替代那些被拉出去的量子涨落的, 是通过海森伯不确定性关系 "产生" 的新的量子涨落. 给定一个共动波数 k, 当它对应的波长越过视界 (horizon crossing) 的时刻, 即 $Ha_k \sim k$ (或 $k\eta_k \sim 1$) 的时刻, 其扰动的典型振幅的量级为

$$\delta_\varphi(k) \sim |\delta\varphi_k|\, k^{3/2} \sim \frac{k}{a_k} \sim H_{k\sim Ha}. \tag{8.25}$$

在整个暴胀时期内, $Ha = \dot{a}$ 是持续增长的. 这样, 一个给定 k 对应的扰动最终会离开视界. 为了研究当它被拉伸到星系尺度之后是否还能保持足够大, 我们必须研究它在超曲率尺度上的演化行为.

8.2.2　产生的扰动谱

为了确定长波长的扰动的演化行为, 我们要用到慢滚近似. 在第 5 章里我们已经看到, 对均匀的部分, 这个近似意味着在方程

$$\ddot{\varphi}_0 + 3H\dot{\varphi}_0 + V_{,\varphi} = 0 \tag{8.26}$$

中, 我们可以忽略掉物理时间的二次导数项. 这样, 它可以简化为

$$3H\dot{\varphi}_0 + V_{,\varphi} \simeq 0. \tag{8.27}$$

为了在扰动方程中也充分利用慢滚条件, 我们将(8.17)和(8.20)两个方程改写为物理时间 t 的形式:

$$\ddot{\delta\varphi} + 3H\dot{\delta\varphi} - \triangle\delta\varphi + V_{,\varphi\varphi}\delta\varphi - 4\dot{\varphi}_0\dot{\Phi} + 2V_{,\varphi}\Phi = 0, \tag{8.28}$$

$$\dot{\Phi} + H\Phi = 4\pi\dot{\varphi}_0\delta\varphi. \tag{8.29}$$

这里 $\delta\varphi \equiv \overline{\delta\varphi}$, 而且我们已经取 $\Psi = \Phi$. 首先我们注意到对长波长的不均匀性来说, 空间导数项 $\triangle\delta\varphi$ 可以忽略掉. 为了进一步找到非衰减的慢滚模, 我们接下来忽略掉正比于 $\ddot{\delta\varphi}$ 和 $\dot{\Phi}$ 的项.(在找到简化方程的解之后, 我们可以代回来检验这些项确实是可忽略的①.) 扰动的方程就简化为

$$3H\dot{\delta\varphi} + V_{,\varphi\varphi}\delta\varphi + 2V_{,\varphi}\Phi \simeq 0, \quad H\Phi \simeq 4\pi\dot{\varphi}_0\delta\varphi. \tag{8.30}$$

引入新变量

$$y \equiv \frac{\delta\varphi}{V_{,\varphi}},$$

并利用(8.27), 就可以进一步将(8.30)简化为

$$3H\dot{y} + 2\Phi = 0, \quad H\Phi = 4\pi\dot{V}y. \tag{8.31}$$

因为暴胀期间 $3H^2 \simeq 8\pi V$, 我们得到如下方程:

$$\frac{d}{dt}(yV) = 0. \tag{8.32}$$

积分之后可得

$$y = A/V, \tag{8.33}$$

其中 A 是一个积分常数. 非衰减模的最终结果是

$$\delta\varphi_k = A_k\frac{V_{,\varphi}}{V}, \quad \Phi_k = 4\pi A_k\frac{\dot{\varphi}_0}{H}\frac{V_{,\varphi}}{V} = -\frac{1}{2}A_k\left(\frac{V_{,\varphi}}{V}\right)^2. \tag{8.34}$$

---

① 本节所述的方法相当于研究空间平坦分层 (spatially-flat slicing) 上的场扰动,

$$Q \equiv \overline{\delta\varphi} + \frac{\dot{\varphi}_0}{H}\Psi = \delta\varphi + \frac{\dot{\varphi}_0}{H}\Psi = \frac{\dot{\varphi}_0}{H}\zeta. \tag{8.16a}$$

其闭合的运动方程为

$$\ddot{Q} + 3H\dot{Q} + \left[\frac{k^2}{a^2} + V_{,\varphi\varphi} + 16\pi G\left(\frac{V}{H}\right)^{\cdot}\right] = 0. \tag{8.28a}$$

在这种分层中, 度规扰动已经被吸收到 Q 里去了, 因此可以直接研究(8.28a)的量子涨落和超视界演化. 例如, 容易证明 $k \ll Ha$ 时, (8.28a)的超视界解是

$$Q_k \xrightarrow{k\to 0} A_k\frac{\dot{\varphi}}{H} + B_k\frac{\dot{\varphi}}{H}\int\frac{H^2}{\dot{\varphi}^2}\frac{dt}{a^3}. \tag{8.34a}$$

其中第一项是慢变的, 第二项是衰减解. 根据慢滚的背景演化方程(8.27)式可以立即看出物理解与(8.34)给出的一致. (注意 Q 和 $\overline{\delta\varphi}$ 之间的差 $(\dot{\varphi}/H)\Psi$ 是被慢滚参数压低的.) 根据(8.16a)以及速度正交分层上的曲率扰动 ζ 的定义式(7.72), 我们可以看出这里的 A_k 就是超视界尺度上 ζ 的冻结值, 见下文(8.67), (8.70), (8.71), (8.72)诸式.

我们在图 8-1中展示了 $\delta\varphi_k(a)$ 的演化行为. 在 $a < a_k \sim k/H$ 时, 扰动还在视界内, 因此它的振幅反比于标度因子而衰减. 在越过视界之后, 即 $a > a_k$, 扰动幅度开始缓慢增长, 因为 $V_{,\varphi}/V$ 在暴胀结束之前都是增加的. 特别是, 对于幂律势, $V \propto \varphi^n$, 我们有 $\delta\varphi_k \propto \varphi^{-1}$. (8.34)中的积分常数 A_k 可以通过要求 $\delta\varphi_k$ 在越过视界时取最小的真空振幅来得到. 比较(8.34)和(8.25), 我们得到

$$A_k \sim \frac{k^{-1/2}}{a_k}\left(\frac{V}{V_{,\varphi}}\right)_{k\sim Ha},$$

其中的下标 $k \sim Ha$ 表示这个对应的物理量是在越过视界的时刻计算出来的. 在暴胀结束时 $(t \sim t_f)$, 慢滚条件破坏了, 这时 $V_{,\varphi}/V$ 的大小增长到 1 的量级. 因此, 根据(8.34)我们得到

$$\delta_\Phi(k,t_f) \sim A_k k^{3/2} \sim \left(H\frac{V}{V_{,\varphi}}\right)_{k\sim Ha} \sim \left(\frac{V^{3/2}}{V_{,\varphi}}\right)_{k\sim Ha}. \tag{8.35}$$

特别是对幂律势 $V = \lambda\varphi^n/n$, 我们有

$$\delta_\Phi(k,t_f) \sim \lambda^{1/2}\left(\varphi^2_{k\sim Ha}\right)^{\frac{n+2}{4}} \sim \lambda^{1/2}\left(\ln\lambda_{\rm ph}H_k\right)^{\frac{n+2}{4}}. \tag{8.36}$$

最后一步里, 为了把 $k \sim aH \equiv a_k H_k$ 的时刻的 $\varphi^2_{k\sim Ha}$ 用物理波长 $\lambda_{\rm ph} \sim a(t_f)k^{-1}$ 表示出来, 我们用到了 (5.53) 式. 我们在图 8-2里画出了(8.36)式所给出的谱. (8.36)的对数里的 H_k 的效应不甚重要; 如果我们取 $H_k \sim H(t_f)$, 只会产生微小的误差.

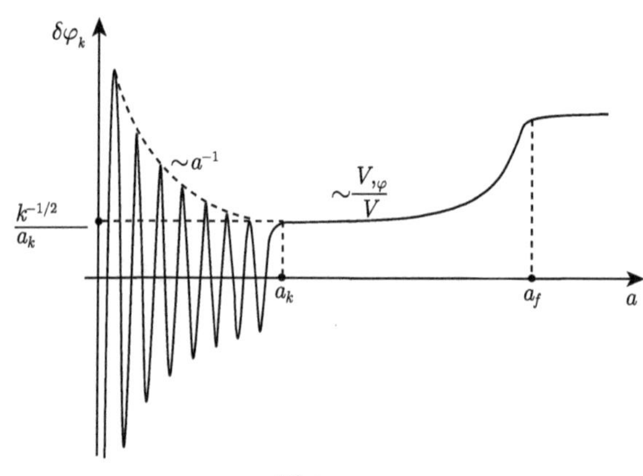

图 8-1

对一个有质量的标量场, $V = m^2\varphi^2/2$, 度规涨落的振幅是

$$\delta_\Phi \sim m\ln\left(\lambda_{\rm ph}H_k\right). \tag{8.37}$$

下一节里我们将会证明, 暴胀结束时刻存在的扰动经过随后的重加热 (reheating) 过程保持不变. 因为星系尺度对应于 $\ln(\lambda_{\text{ph}}H_k) \sim 50$, 而且我们要求引力势的振幅为 $\mathscr{O}(1) \times 10^{-5}$, 就能推出标量场的质量用普朗克单位制写出是 10^{-6}, 换句话说是 $m \sim 10^{13}$GeV. 这样我们便能确定暴胀结束时刻的能标是 $\varepsilon \sim m^2 \sim 10^{-12}\varepsilon_{\text{Pl}}$. 在我们尚不知道粒子物理的最基本理论的情况下, 我们没办法预言扰动的振幅; 它是一个理论的自由参数. 然而, 理论可以预言谱的形状: 它相对于完全平坦的谱有一个对数的偏离, 其振幅朝向大尺度那一端轻微地增大. 我们将会看到, 这个结论对暴胀理论来说是一个颇具一般性的稳健的 (robust) 结论.

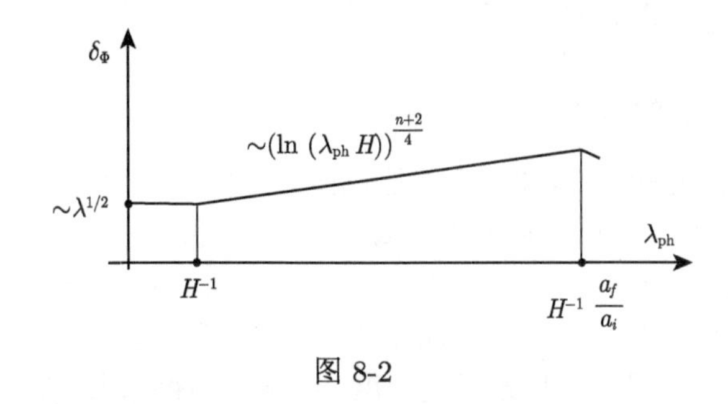

图 8-2

习题 8.4 证明在同步规范中, 标量场的扰动由下式给出:

$$\delta\varphi_s = \overline{\delta\varphi} - \dot{\varphi}_0 \int \Phi dt \tag{8.38}$$

(注意和(7.30)比较). 把(8.34)代入(8.38), 证明 $\delta\varphi_s = C_1\dot{\varphi}_0$, 其中 C_1 是(8.38)中出现的积分常数, 它对应于纯坐标模. 只需简单地考虑均匀场 $\varphi_0(\eta)$, 并进行可保持同步规范的坐标变换(7.27), 便可以很容易理解为何这种模是虚假的. 正如我们将在习题 8.8 中看到的那样, 标量场的长波长物理扰动在等同步规范中是被一个 $(k\eta)^2$ 的因子压低的.

习题 8.5 很明显, 暴胀之后的大尺度度规涨落只能依赖于在暴胀期间描述这些涨落的少数几个参数. 对这些参数的最自然的选择是 $\delta\varphi$, $\dot{\varphi}_0$ 和 H 这三个. 请给出这样选择的理由. 利用这三个参数, 构建出可用于描述暴胀后的度规涨落的合理无量纲组合. 用量子涨落的振幅去代替 $\delta\varphi$, 比较得到的估算值和(8.35). 在这种依赖于量纲的估算方法中, 还有些什么开放的问题吗?

习题 8.6 考虑两个慢滚场 φ_1 和 φ_2. 其势为[①] $V(\varphi_1, \varphi_2) = V_1(\varphi_1) + V_2(\varphi_2)$.

① 势的形式原文为 $V(\varphi_1, \varphi_2) = V(\varphi_1) + V(\varphi_2)$, 根据下文改.

证明长波长扰动的非衰减模式由下式给出:

$$\Phi = A\frac{\dot{H}}{H^2} + B\frac{1}{H}\frac{V_1\dot{V}_2 - \dot{V}_1 V_2}{V_1 + V_2}. \tag{8.39}$$

这里的右边第一项和(8.34)类似, 因此, 它可以被解释为绝热模式. 第二项描述的是熵的贡献, 它在多场的情况下会出现①. 当两个或者更多标量场在暴胀时期起重要作用时, 我们可以得到各种各样不同的谱. 这样, 暴胀在很大意义上失去了它的预言能力. 因此, 我们之后不会再考虑这种情况了. (提示 引入两个新变量 $y_1 \equiv \delta\varphi_1/V_{1,\varphi_1}$ 以及 $y_2 \equiv \delta\varphi_2/V_{2,\varphi_2}$.)②

8.2.3 我们为什么需要暴胀?

一个很自然的问题是, 如果没有暴胀的阶段, 能否在一个膨胀的宇宙中显著地增强量子度规涨落. 让我们来解释为什么这是不可能的.

量子度规涨落只有在接近普朗克尺度时才可能是大的. 例如, 在闵可夫斯基时空里, 对应于引力波的真空度规涨落的典型振幅可以通过量纲分析来估算: $h \sim l_{\rm Pl}/L$, 这里 $l_{\rm Pl} \sim 10^{-33}$cm 是普朗克尺度. 这振幅小得惊人: 在星系尺度上 $L \sim 10^{25}$cm, 因此 $h \sim 10^{-58}$. 标量场的真空涨落诱导的标量度规扰动就更小了. 因此, 为了能够从初始量子涨落得到后期演化所需要的大尺度上振幅为 $\Phi \sim 10^{-5}$ 的涨落, 唯一的方法就是把波长非常小的涨落拉出来. 而且在这个拉伸的过程中, 涨落模不能损失它的幅度. 考虑一个标量场的扰动, 它决定了度规涨落. 让我们看看当这扰动的空间尺度被拉伸的时候一般会发生什么. 正如我们已经看到的那样, 这个扰动的振幅反比于其物理尺度而衰减, 直到它能够 "感受" 到宇宙的曲率. 这发生在扰动的尺度开始超过曲率尺度 H^{-1} 的时候. 所以, 如果在宇宙膨胀的过程中扰动的尺度一直保持着小于曲率尺度的话, 它的振幅就会持续减小; 它在 "到达" 大尺度的时候, 真空振幅已经衰减到可以忽略了. 在一个减速膨胀的宇宙中, 曲率尺度 $H^{-1} = a/\dot{a}$ 比扰动的物理波长 ($\lambda_{\rm ph} \propto a$) 增长得更快, 因为 $\dot{a}$ 是减小的 (参见图 8-3). 这样一来, 如果一个扰动一开始是在视界之内的, 它也将会保持在视界之内并持续衰减. 初始尺度比哈勃半径略大的扰动也会很快进入视界并开始衰减. 所以, 在减速膨胀的宇宙中, 量子涨落永远也不可能增强到能够和大尺度结构所需要的扰动相关.

---

① 这里的熵贡献的扰动在有些文献里也称为等曲率扰动 (isocurvature perturbation). 因为它不贡献到共动曲率扰动 $-\zeta$. 共动曲率扰动在暴胀结束时能转化为能量密度的扰动, 而等曲率扰动只产生不同场的能量密度之间的相对扰动差. 如果我们假设不同的场在暴胀结束时衰变到不同的粒子, 它就能为第 7 章考虑的熵扰动设定初条件. 最典型的例子就是让一个场衰变到标准模型粒子, 另一个场衰变到冷暗物质粒子. 目前微波背景辐射各向异性的观测结果不允许大尺度上存在大于 $\mathcal{O}(1\%)$ 的熵扰动.

② 新变量原文为 $y_1 \equiv \delta\varphi_1/V_{1,\varphi}$, $y_2 \equiv \delta\varphi_2/V_{2,\varphi}$, 根据上文加上了场指标.

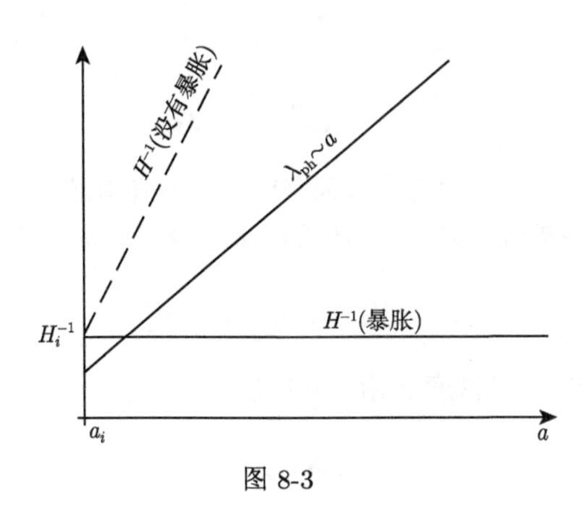

图 8-3

如果宇宙曾经经历过一段加速膨胀的阶段, 哈勃尺度 $H^{-1} = a/\dot{a}$ 就会比标度因子 a 增长得慢些, 因为膨胀率 $\dot{a}$ 是增长的. 这样的话, 一个初始尺度是在视界之内的扰动很快就会离开视界 (参见图 8-3), 并开始"感受"到曲率的效应. 曲率效应会阻止扰动幅度的衰减. 实际上, 其幅度甚至还在缓慢增长①. 我们稍后会看到幅度的这种增长是暴胀方案的一个相当普遍的性质. 其结果是使得功率谱相对于完全平坦的谱有所偏离. 这样, 亚视界扰动的初始振幅只衰减到扰动越过视界的时刻为止, 在那之后它就冻结 (freeze out) 了. 随后, 扰动一直被拉伸到星系尺度, 其幅度也几乎没有变化. 因为在暴胀期间曲率尺度没有显著的改变, 这个冻结的幅度对于不同的尺度差不多都是一样的②. 这就使得它产生的不均匀性的谱是接近平坦的.

初始量子涨落是高斯的. 之后的演化只影响到它们的谱, 而保持涨落的统计性质不变. 其结果是, 简单的暴胀模型预言了高斯型的绝热扰动.

8.3 量子宇宙学扰动

在本节里, 我们将发展一套自洽的宇宙学扰动的量子理论. 我们考虑一个充满了标量场凝聚的平坦宇宙, 它由下面的作用量来描述:

$$S = \int p(X, \varphi)\sqrt{-g}d^4x, \tag{8.40}$$

① 视界内的扰动是振荡的, 视界外的扰动是缓变的. 前者的振幅和后者的幅度, 英语中都称为 amplitude. 翻译中根据不同的物理阶段对此作了区别. 有些地方的区别可能不甚准确.

② 根据前面的讨论, 标量扰动冻结的幅度就是视界尺度, 即 $\delta_{\delta\varphi}(\lambda_{\rm ph}\sim H_k^{-1})\sim H_k$. 参见(8.25)式. 因为暴胀期间 H 几乎不变, 这个冻结幅度对 k 的依赖是很弱的. 出视界之后扰动缓慢增长, 参见(8.34)式. 引力势 $\Phi\sim 4\pi G(\dot{\varphi}_0/H)\delta\varphi\sim (V_{,\varphi}/V)\delta\varphi$ (参见(8.30)第二式及(8.27)式), 因此其冻结值是 $\delta_\Phi\sim (HV/V_{,\varphi})_k$. 越大的尺度出视界越早, 这时 H_k 稍大, $(V_{,\varphi}/V)_k$ 稍小. 这导致大尺度上的功率谱稍大一些, 称为扰动功率谱的"红端倾斜" (red-tilted), 是暴胀的一个相当重要的预言. 参见(8.108).

其中

$$X \equiv \frac{1}{2} g^{\alpha\beta} \varphi_{,\alpha} \varphi_{,\beta}. \tag{8.41}$$

拉格朗日量 $p(X, \varphi)$ 的物理意义是压强. 实际上, 如果我们对(8.40)作度规的变分, 就可以得到一个以理想流体的形式写出的能动张量 (参看习题 5.17):

$$T^\alpha_\beta = (\varepsilon + p) u^\alpha u_\beta - p \delta^\alpha_\beta. \tag{8.42}$$

这里 $u_\nu \equiv \varphi_{,\nu}/\sqrt{2X}$. 能量密度 ε 由下式给出:

$$\varepsilon \equiv 2X p_{,X} - p, \tag{8.43}$$

其中 $p_{,X} \equiv \partial p/\partial X$. 因此, 一个标量场可以用来描述理想流体的势流 (potential flow)①. 反过来说, 流体力学为一个具有任意拉格朗日量的标量场提供了有用的物理类比. 作用量(8.40)足以描写所有单场暴胀模型, 包括 k 暴胀. 如果 p 只依赖于 X, 那么 $\varepsilon = \varepsilon(X)$. 这时, 在许多情况下(8.43)可以简化为 $p = p(\varepsilon)$, 即等熵流体 (isentropic fluid) 的物态方程. 对 $p \propto X^n$, 我们有 $p = \varepsilon/(2n-1)$. 例如, $p \propto X^2$ 的拉格朗日量给出的是物态方程为 $p = \varepsilon/3$ 的 "极端相对论性流体". 对于一般的情况, $p = p(X, \varphi)$, 压强不能仅用 ε 来表示, 因为 X 和 ε 是独立变量. 然而即使在这种情况下, 流体力学类比仍然是有用的. 对于一个正则标量场, 我们有 $p = X - V(\varphi)$, 对应于 $\varepsilon = X + V$.

8.3.1 方程

这里我们推导扰动的方程, 并将其改写为一种简单方便的形式. 只对结果有兴趣的读者可以直接跳到(8.56)—(8.58)式去.

背景 一个平坦均匀的宇宙的状态完全由尺度因子 $a(\eta)$ 和均匀场 $\varphi_0(\eta)$ 来描述. 它们满足如下令人感到熟悉的方程组:

$$\mathcal{H}^2 = \frac{8\pi}{3} a^2 \varepsilon, \tag{8.44}$$

以及

$$\varepsilon' = \varepsilon_{,X} X_0' + \varepsilon_{,\varphi} \varphi_0' = -3\mathcal{H}(\varepsilon + p), \tag{8.45}$$

其中 $X_0 = \varphi_0'^2/(2a^2)$. 我们已设 $G = 1$. 将(8.44)中的 ε 代入(8.45)的左边去, 我们得到如下关系:

① 势流即 7.1.3 节提到的势速度, 指的是可以写成标量场梯度的速度流. 从上面的定义 (即方程 (5.118) 第二式) 可以看到 φ 正比于势流.

$$\mathcal{H}' - \mathcal{H}^2 = -4\pi a^2(\varepsilon + p). \tag{8.46}$$

这关系在稍后的推导中是有用的.

扰动 为了推导不均匀性的方程, 我们首先要把能动张量的规范不变的扰动 $\overline{\delta T^\alpha_\beta}$ 用标量场扰动和度规扰动表示出来. 这计算在纵向规范中来做最为简便, 其中, 度规采取如下形式:

$$ds^2 = a^2(\eta)\left[(1+2\Phi)d\eta^2 - (1-2\Psi)\delta_{ik}dx^i dx^k\right]. \tag{8.47}$$

在扰动线性阶, 我们有

$$\delta X = \frac{1}{2}\delta g^{00}\varphi_0'^2 + g^{00}\varphi_0'\delta\varphi' = 2X_0\left(-\Phi + \frac{\delta\varphi'}{\varphi_0'}\right). \tag{8.48}$$

这样, δT^0_0 的分量是

$$\begin{aligned}\delta T^0_0 = \delta\varepsilon &= \varepsilon_{,X}\delta X + \varepsilon_{,\varphi}\delta\varphi = \varepsilon_{,X}\left(\delta X - X_0'\frac{\delta\varphi}{\varphi_0'}\right) - 3\mathcal{H}(\varepsilon+p)\frac{\delta\varphi}{\varphi_0'}\\ &= \frac{\varepsilon+p}{c_s^2}\left(\left(\frac{\delta\varphi}{\varphi_0'}\right)' + \mathcal{H}\frac{\delta\varphi}{\varphi_0'} - \Phi\right) - 3\mathcal{H}(\varepsilon+p)\frac{\delta\varphi}{\varphi_0'}.\end{aligned} \tag{8.49}$$

我们已经用(8.45)的第二个等号把 $\varepsilon_{,\varphi}$ 用 $\varepsilon_{,X}$, ε 和 p 表示出来, 并定义了“声速”

$$c_s^2 \equiv \frac{p_{,X}}{\varepsilon_{,X}} = \frac{\varepsilon+p}{2X\varepsilon_{,X}}. \tag{8.50}$$

正则场的“声速”总是等于光速的, 即 $c_s = 1$. δT^0_i 的分量可以直接算出, 结果是

$$\delta T^0_i = (\varepsilon+p)u^0\delta u_i = (\varepsilon+p)g^{00}\frac{\varphi_0'}{\sqrt{2X_0}}\frac{\delta\varphi_{,i}}{\sqrt{2X_0}} = (\varepsilon+p)\left(\frac{\delta\varphi}{\varphi_0'}\right)_{,i}. \tag{8.51}$$

将 $\delta\varphi$ 换成(8.16)中定义的 $\overline{\delta\varphi}$, 并把(8.49)和(8.51)代入(7.38)和(7.39)中去, 我们就可以得到规范不变量 Ψ, Φ 和 $\overline{\delta\varphi}$ 满足的方程:

$$\triangle\Psi - 3\mathcal{H}\left(\Psi' + \mathcal{H}\Phi\right) = 4\pi a^2(\varepsilon+p)\left[\frac{1}{c_s^2}\left(\left(\frac{\overline{\delta\varphi}}{\varphi_0'}\right)' + \mathcal{H}\frac{\overline{\delta\varphi}}{\varphi_0'} - \Phi\right) - 3\mathcal{H}\frac{\overline{\delta\varphi}}{\varphi_0'}\right], \tag{8.52}$$

$$(\Psi' + \mathcal{H}\Phi) = 4\pi a^2(\varepsilon+p)\left(\frac{\overline{\delta\varphi}}{\varphi_0'}\right). \tag{8.53}$$

因为对 $i \neq k$ 的非对角元来说 $\delta T^i_k = 0$, 我们有 $\Psi = \Phi$; 这样上面两个方程对我们确定引力势和标量场扰动来说就足够了. 然而, 将它们重写为稍微不同的形式对我

们后面的计算是有帮助的. 利用(8.53)把 Φ 用 Ψ' 和 $\overline{\delta\varphi}$ 表达出来, 并代入(8.52)中, 我们得到

$$\triangle\Psi = \frac{4\pi a^2(\varepsilon+p)}{c_s^2\mathcal{H}}\left(\mathcal{H}\frac{\overline{\delta\varphi}}{\varphi_0'}+\Psi\right)'. \tag{8.54}$$

推导这结果我们也用到了背景方程(8.44)和(8.46). 因为 $\Phi=\Psi$, (8.53)就可以写为

$$\left(a^2\frac{\Psi}{\mathcal{H}}\right)' = \frac{4\pi a^4(\varepsilon+p)}{\mathcal{H}^2}\left(\mathcal{H}\frac{\overline{\delta\varphi}}{\varphi_0'}+\Psi\right). \tag{8.55}$$

最后, 我们定义两个新变量

$$u \equiv \frac{\Psi}{4\pi(\varepsilon+p)^{1/2}}, \quad v \equiv \sqrt{\varepsilon_{,X}}\,a\left(\overline{\delta\varphi}+\frac{\varphi_0'}{\mathcal{H}}\Psi\right), \tag{8.56}$$

(8.54)和(8.55)就可以化为

$$c_s\triangle u = z\left(\frac{v}{z}\right)', \quad c_s v = \theta\left(\frac{u}{\theta}\right)', \tag{8.57}$$

其中①

$$z \equiv \frac{a^2(\varepsilon+p)^{1/2}}{c_s\mathcal{H}}, \quad \theta \equiv \frac{1}{c_s z} = \sqrt{\frac{8\pi}{3}}\frac{1}{a}\left(1+\frac{p}{\varepsilon}\right)^{-1/2}. \tag{8.58}$$

8.3.2 经典解

把(8.57)的第二个方程里的 v 代入第一个方程里, 就可以得到一个闭合形式, 即 u 的二阶微分方程②:

$$u'' - c_s^2\triangle u - \frac{\theta''}{\theta}u = 0. \tag{8.59}$$

① 利用 c_s 的定义(8.50)式, 我们可以写出 z 的文献中常见的另一种形式:

$$z = \frac{a\varphi_0'}{\mathcal{H}}\sqrt{\varepsilon_{,X}}. \tag{8.58a}$$

利用 z 的这种形式, 并利用从(8.53)得出的纵向规范下的速度势 $\overline{v}=\overline{\delta\varphi}/\varphi_0'$ (定义见(7.21e)), (7.72a)式定义的 ζ 可以改写为

$$\zeta \equiv \Psi+\mathcal{H}\overline{v} = \Psi+\frac{\mathcal{H}}{\varphi_0'}\overline{\delta\varphi} = \frac{\mathcal{H}}{\varphi_0'}\left(\overline{\delta\varphi}+\frac{\varphi_0'}{\mathcal{H}}\Psi\right) = \frac{\mathcal{H}}{\varphi_0'\sqrt{\varepsilon_{,X}}\,a}\sqrt{\varepsilon_{,X}}\,a\left(\overline{\delta\varphi}+\frac{\varphi_0'}{\mathcal{H}}\Psi\right) = \frac{v}{z}. \tag{8.58b}$$

我们发现 z 就是 v 和(7.72)式定义的规范不变量 ζ 的比例系数: $v=z\zeta$.

② 另一种闭合形式的微分方程是消去 u 以得到 v 的微分方程. 首先利用(8.57)的第一个方程写出 $u = zc_s^{-1}\triangle^{-1}(v/z)'$, 然后代入第二个方程消去 u, 我们就得到 $c_s^2 z\triangle v = \left(z^2(v/z)'\right)'$. 利用上面的脚注定义的 $\zeta=v/z$, 我们得到如下闭合的运动方程 (也称为穆哈诺夫-佐佐木 (Mukhanov-Sasaki) 方程):

$$\zeta'' + 2\frac{z'}{z}\zeta' - c_s^2\triangle\zeta = 0. \tag{8.59a}$$

显然, ζ 的长波长的解 "冻结" 为常数. 与下文比较, 在超视界尺度上 ζ 的冻结值就是(8.67)—(8.76)中出现的积分常数 A. 因此我们可以在暴胀期间研究 ζ 的演化, 然后在超视界尺度上把 ζ 与牛顿势 Φ 通过(8.67)式联系起来.

变量 u 和 θ 符合分别在流体中定义的物理量(7.63)和(7.66) (除了不相关的数值系数). 然而, 现在它们描述的是均匀的标量凝聚中的扰动.

(8.59)的解在第 7 章中已经讨论过了. 考虑一个波长为 k 的短波长的 ($c_s^2k^2 \gg |\theta''/\theta|$) 平面波扰动, 我们得到 WKB 近似解

$$u \simeq \frac{C}{\sqrt{c_s}} \exp\left(\pm ik \int c_s d\eta\right), \tag{8.60}$$

其中 C 是一个积分常数. 长波长的解 (在 $c_s^2k^2 \ll |\theta''/\theta|$ 时有效) 是

$$u = C_1\theta + C_2\theta \int_{\eta_0} \frac{d\eta}{\theta^2} + \mathscr{O}\left((k\eta)^2\right). \tag{8.61}$$

得到 u 之后, 引力势可以由(8.56)式的定义推出:

$$\Phi = \Psi = 4\pi(\varepsilon + p)^{1/2}u, \tag{8.62}$$

而标量场扰动可以用(8.53)来计算:

$$\overline{\delta\varphi} = \varphi_0' \frac{(a\Phi)'}{4\pi a^3(\varepsilon + p)} = \dot{\varphi}_0 \frac{\dot{\Phi} + H\Phi}{4\pi(\varepsilon + p)}. \tag{8.63}$$

考虑到

$$\varepsilon + p = 2Xp_{,X} = \frac{1}{a^2}\varphi_0'^2 p_{,X} \tag{8.64}$$

并将(8.60)代入(8.62)和(8.63)中去, 就可以得到短波长扰动下的结果

$$\Phi \simeq 4\pi C\dot{\varphi}_0 \sqrt{\frac{p_{,X}}{c_s}} \exp\left(\pm ik \int \frac{c_s}{a} dt\right), \tag{8.65}$$

$$\overline{\delta\varphi} \simeq C\sqrt{\frac{1}{c_s p_{,X}}} \left(\pm ic_s \frac{k}{a} + H + \cdots\right) \exp\left(\pm ik \int \frac{c_s}{a} dt\right). \tag{8.66}$$

在长波长极限下, 计算和推导出(7.69)的过程完全相同, 其结果是

$$\Phi \simeq A\frac{d}{dt}\left(\frac{1}{a}\int a dt\right) = A\left(1 - \frac{H}{a}\int a dt\right), \tag{8.67}$$

$$\overline{\delta\varphi} \simeq A\dot{\varphi}_0 \left(\frac{1}{a}\int a dt\right), \tag{8.68}$$

其中 A 是一个积分常数. (对应于衰减模的第二个积分常数总是可以吸收到积分下限里去.)

我们首先看看暴胀期间扰动是如何演化的. 根据(8.65)和(8.66), 在短波长区域, 度规扰动和标量场扰动都在振荡. 度规扰动的振幅正比于 $\dot{\varphi}_0$, 它是随着暴胀的进行缓慢增加的. 标量场扰动的振幅反比于标度因子而衰减. 在扰动进入长波长区域之后, 它们可用(8.67)和(8.68)来描述. 这些公式在慢滚阶段可以简化. 通过分部积分, 我们得到如下的渐近展开:

$$\begin{aligned}\frac{1}{a}\int a dt &= \frac{1}{a}\int \frac{da}{H} = H^{-1} - \frac{1}{a}\int \frac{da}{H}\left(H^{-1}\right)^{\cdot} \\ &= H^{-1}\left[1 - \left(H^{-1}\right)^{\cdot} + \left(H^{-1}\left(H^{-1}\right)^{\cdot}\right)^{\cdot} - \cdots\right] + \frac{B}{a},\end{aligned} \tag{8.69}$$

其中 B 是一个对应于衰减模的积分常数. 忽略掉这个衰减模, 我们可以得到领头阶的结果是

$$\Phi \simeq A\left(H^{-1}\right)^{\cdot} = -A\frac{\dot{H}}{H^2}, \quad \overline{\delta\varphi} \simeq A\frac{\dot{\varphi}_0}{H}. \tag{8.70}$$

容易看出, 对标准慢滚暴胀来说, 这些结果和(8.34)一致[①]. (8.70)这个结果只对暴胀时期有效. 慢滚阶段结束之后, 我们必须直接用(8.67)和(8.68)了. 暴胀结束之后, 通常紧接着的是一个振荡阶段, 这时候标度因子按照时间的幂次增长, $a \propto t^p$. 这里的 p 取决于标量场的势[②]. 我们已经知道对二次势 $p = 2/3$, 对四次势 $p = 1/2$. 忽略掉衰减模, 我们可以从(8.67)和(8.68)得到

$$\Phi \simeq \frac{A}{p+1}, \quad \overline{\delta\varphi} \simeq \frac{At\dot{\varphi}_0}{p+1}, \tag{8.71}$$

也就是说, 引力势的振幅在暴胀之后冻结了.

标量场最终会把它的能量转移到对应于 $p = 1/2$ 的极端相对论性的物质上去. 这个过程对扰动的影响只通过改变等效物态方程来实现. 其结果是

$$\Phi \simeq \frac{2}{3}A. \tag{8.72}$$

利用(8.70), 我们可以把 A 用穿越声速视界时刻 $(c_s k \sim Ha)$ 的 $\overline{\delta\varphi}$, $\dot{\varphi}_0$ 和 H 的值表示出来. 对那些在暴胀期间离开视界的扰动来说, 最终结果是

$$\Phi \simeq \frac{2}{3}\left(H\frac{\overline{\delta\varphi}}{\dot{\varphi}_0}\right)_{c_s k \sim Ha}. \tag{8.73}$$

---

① 例如, 根据 $3H\dot{\varphi}_0 \simeq V_{,\varphi}$ 可以得到 $\dot{\varphi}_0 \sim V_{,\varphi}/(3H)$. 代入(8.70)第二式并利用 $3H^2 = 8\pi V$ 就可以得到(8.34)第一式.

② 根据能量守恒方程 $\dot{\varepsilon} + 3H(\varepsilon + p) = 0$ 很容易得出 p 取决于 (等效) 物态方程参数 w: $p = 2/(3+3w)$. 幂律势暴胀中等效物态方程参数 w 又取决于幂次: $w = (n-2)/(n+2)$ (参见 (5.56) 式). 因此我们得到 $p = (n+2)/3n$.

给定初始的量子涨落之后, 这结果和(8.35)的估算是一致的. 而且我们可以由此推得在辐射主导时期, 扰动的幅度和它在暴胀结束时刻的值比起来只差一个量级为 1 的常数因子. 注意即使是在带有非最小动能项的理论中, (8.73)式也可以用来计算扰动.

习题 8.7 利用(8.59)式的积分表示 (参见(7.75)), 计算对长波长的解(8.61)的 k^2-修正. 证明 "守恒" 量 $\zeta \propto \theta^2(u/\theta)'$(参见(7.72)) 在振荡阶段会爆炸. 因此, 和经常在一些文献中宣称的相反, 这个量不能用来追踪扰动在振荡阶段的演化 [①].

习题 8.8 同步坐标系. (1) 验证同步坐标系中的标量场扰动可以通过引力势由下式表示出来:

$$\delta\varphi_s = \overline{\delta\varphi} - \dot{\varphi}_0 \int \Phi dt = F_s \dot{\varphi}_0 - \dot{\varphi}_0 \int \frac{c_s^2}{\dot{H} a^2} \triangle \Phi dt, \tag{8.74}$$

其中 F_s 是积分常数, 它对应于虚假模式. 上面这个关系是严格的. 在长波长极限下, $\delta\varphi_s$ 的物理模的大小是 k^2 的量级. 考虑一个长波长的扰动, 利用(8.70)式, 证明在暴胀阶段,

$$\delta\varphi_s \simeq F_s \dot{\varphi}_0 + \frac{1}{2} A \frac{\dot{\varphi}_0}{H} \left(\frac{k c_s}{H a} \right)^2 . \tag{8.75}$$

扔掉虚假模, 把 A 用穿越声速视界时刻的 $\delta\varphi_s$, H 和 $\dot{\varphi}_0$ 表示出来. 把这个结果和之前得到的 A 用 $\overline{\delta\varphi}$ 表示出来的结果进行比较. (提示 为了推出(8.74)中的第二个等式, 利用(8.52), 把 $\overline{\delta\varphi}$ 用 Φ 和 $\triangle\Phi$ 表示出来.)

(2) 把(8.67)代入(7.29), 证明对长波长扰动, 有

$$\psi_s \simeq A + F_1 H, \quad E_s \simeq A \int \frac{1}{a^3} \left(\int^t a d\tilde{t} \right) dt + F_1 \int \frac{dt}{a^2} + F_2, \tag{8.76}$$

其中 F_1 和 F_2 是积分常数, 它们对应于虚假模式. 找出 F_s 和 F_1, F_2 之间的关系. 在同步坐标系中写下度规分量 δg_{ik}.

从量子涨落出发, 如果我们知道穿越视界时刻的 $\delta\varphi$, 后暴胀时期的扰动的幅度就可以定下来. 一个自然的问题来了: 哪个 $\delta\varphi$ 能扮演正则量子化变量的角色

① 根据(7.73)可以立即看出, 振荡阶段当 $\dot{\varphi} = 0$ 即 $1 + w = 0$ 时, ζ 会在这些点发散, 因为 Φ 总是有限的. 在振荡阶段, 可以改用等哈勃分层 (uniform Hubble slicing) 上的曲率扰动 $\mathcal{R}_H$ 作为变量. 它和共动曲率扰动 $\mathcal{R}_c = -\zeta$ 的关系是

$$\mathcal{R}_H = \left(1 + \frac{2k^2}{9(1+w)\mathcal{H}^2} \right)^{-1} \left(\mathcal{R}_c - \frac{\mathcal{R}_c'}{3\mathcal{H}} \right) = -\Phi - \frac{6\mathcal{H}}{2k^2 + 9(1+w)\mathcal{H}^2} \left(\Phi' + \mathcal{H}\Phi \right).$$

容易看出它在大尺度 ($k \to 0$) 上趋于 $\mathcal{R}_c$, 而在 $1 + w = 0$ 的点它是良好定义的. 这一段讨论来自于佐佐木节 (Misao Sasaki) 的未出版专著, 特此致谢.

呢? 我们从习题 8.8 中可以看到, 依赖于我们是把量子扰动联系到 $\delta\varphi_s$ 还是 $\overline{\delta\varphi}$, 我们的计算结果会相差一个系数. 这个事实并不出人意料, 因为在越过视界的时刻, 度规涨落会变得比较重要, 闵可夫斯基时空近似不能用了. 为了解决这个规范选择上的不确定性并推导出精确的系数, 我们需要严格的量子理论.

8.3.3 量子化扰动

作用量 为了构造一个正则量子化变量并且适当地归一化量子涨落的振幅, 我们需要宇宙学扰动的作用量. 为了得到它, 我们将引力场和标量场的作用量展开到扰动的二阶. 在使用约束条件之后, 结果可以化为一个只含有物理自由度的表达式. 推导过程极其繁复①, 但幸运的是我们可以绕开它. 这是因为除开一个不依赖于时间的整体因子, 扰动的作用量可以很清楚地直接从运动方程(8.57)中推导出来. 然后, 这个因子可以通过取一些简单的极限情况来确定. 能产生出运动方程(8.57)的一阶作用量是

$$S=\int\left[\left(\frac{v}{z}\right)'\hat{O}\left(\frac{u}{\theta}\right)-\frac{1}{2}c_s^2\left(\triangle u\right)\hat{O}u+\frac{1}{2}c_s^2v\hat{O}v\right]d\eta d^3x, \tag{8.77}$$

其中 $\hat{O}\equiv\hat{O}(\triangle)$ 是个不依赖于时间的待定算符. 利用(8.57)中的第一个方程把 u 用 $(v/z)'$ 表示出来, 我们可以得到

$$S=\frac{1}{2}\int\left[z^2\left(\frac{v}{z}\right)'\frac{\hat{O}}{\triangle}\left(\frac{v}{z}\right)'+c_s^2v\hat{O}v\right]d\eta d^3x. \tag{8.78}$$

习题 8.9 写下一个无质量标量场在平坦德西特宇宙中的作用量. 比较作用量(8.78)在 $\dot{\varphi}_0/H\to 0$ 时的极限情况和上面得到的自由标量场在德西特宇宙中的作用量, 并证明 $\hat{O}=\triangle$.

利用上面这个问题的结果, 扔掉一个全导数项, (8.78)就化为②

$$S\equiv\int\mathcal{L}d\eta d^3x=\frac{1}{2}\int\left(v'^2+c_s^2v\triangle v+\frac{z''}{z}v^2\right)d\eta d^3x. \tag{8.79}$$

---

① 在牛顿规范下直接推导这个作用量确实比较复杂, 具体参见 Mukhanov, Feldman, and Brandenberger, *Theory of Cosmological Perturbations*, Phys.Rept. 215, 203-333 (1992). 相对简单的做法是在速度正交各向同性规范下利用 ADM 形式推导, 参见 Maldacena, *Non-Gaussian Features of Primordial Fluctuations in Single Field Inflationary Models*, JHEP 05 (2003) 013, arXiv:astro-ph/0210603. 也可以在空间平坦分层中推导, 参见 Koyama, *Non-Gaussianity of Quantum Fields During Inflation*, Class.Quant.Grav. 27 (2010) 124001, arXiv:1002.0600.

② 根据(8.58b)我们已经知道 $\zeta=v/z$, 因此这里的(8.78)只含有 ζ. 用 ζ 来写的二阶作用量是

$$S\equiv\frac{1}{2}\int z^2\left(\zeta'^2+c_s^2\zeta\triangle\zeta\right)d\eta d^3x. \tag{8.79a}$$

从(8.79)和(8.79a)都可以看出正则量子化变量是 $v=z\zeta$.

把这个作用量对 v 作变分, 我们得到

$$v'' - c_s^2 \triangle v - \frac{z''}{z} v = 0. \tag{8.80}$$

注意, 这个方程也可以从(8.57)的第二个方程推出来, 只需要把其中的 u 用 v 表示出来即可[①].

习题 8.10 (8.80)的长波长的解可以写成一个类似于(8.61)的形式:

$$v = C_1^{(v)} z + C_2^{(v)} z \int_{\eta_0} \frac{d\eta}{z^2} + \mathscr{O}\left((k\eta)^2\right), \tag{8.81}$$

其中 $C_1^{(v)}$ 和 $C_2^{(v)}$ 是积分常数. 因为 u 和 v 满足一个由两个一阶微分方程组成的方程组, 只能有两个独立的积分常数, 所以 $C_1^{(v)}$ 和 $C_2^{(v)}$ 可以用(8.61)中的 C_1 和 C_2 表示出来. 证明 $C_1^{(v)} = C_2$ 和 $C_2^{(v)} = -k^2 C_1$.

量子化 按照以上处理, 作用量为(8.79)的宇宙学扰动的量子化就等价于在闵可夫斯基时空中一个带有依赖于时间的"质量" $m^2 = -z''/z$ 的"自由标量场"v 的量子化. "质量"的时间依赖来自于扰动和均匀膨胀的背景之间的相互作用. 扰动的能量不是守恒的, 它可以从哈勃膨胀中借来能量, 然后从时空中激发出来.

正则量子化变量

$$v = \sqrt{\varepsilon_{,X}}\, a \left(\overline{\delta\varphi} + \frac{\varphi_0'}{\mathcal{H}}\Psi\right) = \sqrt{\varepsilon_{,X}}\, a \left(\delta\varphi + \frac{\varphi_0'}{\mathcal{H}}\psi\right) \tag{8.82}$$

是一个标量场扰动和度规扰动的规范不变的组合[②].

习题 8.11 只考虑同步坐标系中长波长扰动的物理模式 (非虚假模式), 证明(8.82)中第二个等式的第二项占主导.

对(8.79)进行量子化的第一步是定义正则共轭于 v 的动量 π,

$$\pi \equiv \frac{\partial \mathcal{L}}{\partial v'} = v'. \tag{8.83}$$

在量子理论中, 动量 v 和 π 变成了算符 $\hat{v}$ 和 $\hat{\pi}$. 它们在任何时刻 η 都满足如下的标准对易关系:

$$\begin{aligned} &[\hat{v}(\eta, \mathbf{x}), \hat{v}(\eta, \mathbf{y})] = [\hat{\pi}(\eta, \mathbf{x}), \hat{\pi}(\eta, \mathbf{y})] = 0, \\ &[\hat{v}(\eta, \mathbf{x}), \hat{\pi}(\eta, \mathbf{y})] = [\hat{v}(\eta, \mathbf{x}), \hat{v}'(\eta, \mathbf{y})] = i\delta(\mathbf{x} - \mathbf{y}), \end{aligned} \tag{8.84}$$

① 也可以通过(8.59a)来推导. 代入(8.58b)给出的关系 $\zeta = v/z$, 我们立即得到(8.80).

② 容易看出, $v = \sqrt{\varepsilon_{,X}}\, aQ$, 其中 $Q \equiv \delta\varphi + (\varphi'/\mathcal{H})\psi$ 是(8.16a)中定义的空间平坦分层上的场扰动. 可以证明 v 及其共轭动量 π_v(定义见(8.83)式) 可以通过一个正则变换变到 $\{Q, \pi_Q\}$.

其中我们已经令 $\hbar = 1$. 算符 $\hat{v}$ 所满足的方程和它对应的经典变量 v 所满足的方程是一样的:

$$\hat{v}'' - c_s^2 \triangle \hat{v} - \frac{z''}{z}\hat{v} = 0, \tag{8.85}$$

其通解可以写作

$$\hat{v}(\eta, \mathbf{x}) = \frac{1}{\sqrt{2}} \int \frac{d^3k}{(2\pi)^{3/2}} \left[v_{\mathbf{k}}^*(\eta) e^{i\mathbf{k}\cdot\mathbf{x}} \hat{a}_{\mathbf{k}}^- + v_{\mathbf{k}}(\eta) e^{-i\mathbf{k}\cdot\mathbf{x}} \hat{a}_{\mathbf{k}}^+ \right], \tag{8.86}$$

其中随时间变化的模函数 (temporal mode functions) $v_{\mathbf{k}}(\eta)$ 满足

$$v_{\mathbf{k}}'' + \omega_k^2(\eta) v_{\mathbf{k}} = 0, \quad \omega_k^2(\eta) \equiv c_s^2 k^2 - z''/z. \tag{8.87}$$

接下来我们把(8.86)中互相共轭的取值为算符的积分常数理解为湮灭算符 $\hat{a}_{\mathbf{k}}^-$ 和产生算符 $\hat{a}_{\mathbf{k}}^+$, 并使它们满足玻色对易关系:

$$[\hat{a}_{\mathbf{k}}^-, \hat{a}_{\mathbf{k}'}^-] = [\hat{a}_{\mathbf{k}}^+, \hat{a}_{\mathbf{k}'}^+] = 0, \quad [\hat{a}_{\mathbf{k}}^-, \hat{a}_{\mathbf{k}'}^+] = \delta(\mathbf{k} - \mathbf{k}'). \tag{8.88}$$

将(8.86)代入(8.84), 我们发现要使以上的对易关系和(8.84)的对易关系一致, 必须要让模函数 $v_{\mathbf{k}}(\eta)$ 满足如下的归一化条件:

$$v_{\mathbf{k}}' v_{\mathbf{k}}^* - v_{\mathbf{k}} v_{\mathbf{k}}^{*\prime} = 2i. \tag{8.89}$$

这式子左边正是用(8.87)的两个独立解 $v_{\mathbf{k}}$ 和 $v_{\mathbf{k}}^*$ 构造出来的朗斯基行列式. 因此它不依赖于时间①. 从(8.89)可以看出 $v_{\mathbf{k}}(\eta)$ 是二阶微分方程(8.87)的复解. 为了完全确定这个解并确定算符 $\hat{a}_{\mathbf{k}}^{\pm}$ 的物理意义, 我们需要 $v_{\mathbf{k}}$ 和 $v_{\mathbf{k}}^*$ 在某个初始时刻 $\eta = \eta_i$ 的初条件. 我们设

$$v_{\mathbf{k}} = r_{\mathbf{k}} \exp{(i\alpha_{\mathbf{k}})}$$

并将其代入(8.89), 就可以推出实函数 $r_{\mathbf{k}}$ 和 $\alpha_{\mathbf{k}}$ 满足如下关系:

$$r_{\mathbf{k}}^2 \alpha_{\mathbf{k}}' = 1. \tag{8.90}$$

下一步我们注意到(8.87)描述了一个谐振子, 其能量为

$$E_{\mathbf{k}} = \frac{1}{2}\left(|v_{\mathbf{k}}'|^2 + \omega_k^2 |v_{\mathbf{k}}|^2 \right)$$

① 当二阶线性常微分方程不存在一阶导数项时, 其通解的朗斯基行列式为常数. 证明见 (5.90) 式下面的脚注.

$$=\frac{1}{2}\left(r_{\mathbf{k}}^{\prime 2}+r_{\mathbf{k}}^{2}\alpha_{\mathbf{k}}^{\prime 2}+\omega_{k}^{2}r_{\mathbf{k}}^{2}\right)=\frac{1}{2}\left(r_{\mathbf{k}}^{\prime 2}+\frac{1}{r_{\mathbf{k}}^{2}}+\omega_{k}^{2}r_{\mathbf{k}}^{2}\right). \tag{8.91}$$

我们需要考虑不确定性原理所允许可能出现的最小涨落. 这个能量在 $r_{\mathbf{k}}'(\eta_i)=0$ 和 $r_{\mathbf{k}}(\eta_i)=\omega_k^{-1/2}$ 时取最小值. 这样我们就得到

$$v_{\mathbf{k}}(\eta_i)=\frac{1}{\sqrt{\omega_k}}e^{i\alpha_{\mathbf{k}}(\eta_i)},\quad v_{\mathbf{k}}'(\eta_i)=i\sqrt{\omega_k}e^{i\alpha_{\mathbf{k}}(\eta_i)}. \tag{8.92}$$

虽然 η_i 时刻的相位因子 $\alpha_{\mathbf{k}}(\eta_i)$ 还没有确定, 但这个因子跟我们的结果无关, 我们可以将它设为 0. 注意到上述结论只对 $\omega_k^2>0$ 的条件成立, 也就是说对那些满足 $c_s^2k^2>(z''/z)_i$ 的模成立.

量子化的下一步是定义 “真空” 态 $|0\rangle$. 它的定义是能被算符 $\hat{a}_{\mathbf{k}}^-$ 湮灭的态:

$$\hat{a}_{\mathbf{k}}^-|0\rangle=0. \tag{8.93}$$

我们进一步假设其对应的希尔伯特空间里的一组独立态的集合可以通过把产生算符的乘积作用在真空态 $|0\rangle$ 上来得到. 如果 ω_k 不依赖于时间, 那么 $|0\rangle$ 对应于我们熟悉的闵可夫斯基真空. 假设 c_s 是绝热变化的, 我们发现 $c_s^2k^2\gg(z''/z)$ 的模保持在未激发的状态, 并且最小涨落是有良好定义的. 另一方面, 对 $c_s^2k^2<(z''/z)_i$ 的模来说, 我们有 $\omega_k^2(\eta_i)<0$, 这样一来在对应尺度上的初始最小涨落就没有明确定义了. 这些尺度在暴胀刚一开始的时候就已经是在哈勃尺度之外的, 因此在之后的演化中被拉到巨大的无法观测的尺度上去了; 所以, 很幸运地, 讨论这种巨大尺度上的涨落的初条件问题没有实际意义. 宇宙中的可观测的结构是从小尺度的不均匀性演化过来的, 而小尺度上的不均匀性起源于哈勃视界内的量子涨落, 其最小涨落是定义良好的 (unambiguously defined).

谱　我们最终的任务是计算关联函数, 或者等价地说是引力势的功率谱. 利用(8.56)式, 我们可以得到算符 $\hat{\Phi}$ 的如下展开式:

$$\hat{\Phi}(\eta,\mathbf{x})=\frac{4\pi(\varepsilon+p)^{1/2}}{\sqrt{2}}\int\frac{d^3k}{(2\pi)^{3/2}}\left[u_{\mathbf{k}}^*(\eta)e^{i\mathbf{k}\cdot\mathbf{x}}\hat{a}_{\mathbf{k}}^-+u_{\mathbf{k}}(\eta)e^{-i\mathbf{k}\cdot\mathbf{x}}\hat{a}_{\mathbf{k}}^+\right], \tag{8.94}$$

其中模函数 $u_{\mathbf{k}}(\eta)$ 满足(8.59)式, 并且和模函数 $v_{\mathbf{k}}(\eta)$ 通过(8.57)式联系起来. 对初始真空态 $|0\rangle$ 来说, 在 $\eta>\eta_i$ 的时刻, 关联函数是

$$\langle 0|\hat{\Phi}(\eta,\mathbf{x})\hat{\Phi}(\eta,\mathbf{y})|0\rangle=\int 4(\varepsilon+p)|u_k|^2k^3\frac{\sin kr}{kr}\frac{dk}{k}, \tag{8.95}$$

其中 $r\equiv|\mathbf{x}-\mathbf{y}|$. 根据(8.8)和(8.9)的功率谱的定义, 我们有

$$\delta_{\Phi}^2(k,\eta)=4(\varepsilon+p)|u_{\mathbf{k}}(\eta)|^2k^3. \tag{8.96}$$

给定 $v_{\mathbf{k}}(\eta_i)$ 和 $v'_{\mathbf{k}}(\eta_i)$ 之后, $u_{\mathbf{k}}$ 的初条件就可以从(8.57)中推出来. 我们考虑一个满足 $c_s^2k^2 \gg (z''/z)_i$ 的短波长扰动, 这里 $\omega_k(\eta_i) \simeq c_s k$. 在这种情况下, 初条件(8.92)可以用 $u_{\mathbf{k}}$ 写作

$$u_{\mathbf{k}}(\eta_i) \simeq -\frac{i}{\sqrt{c_s}k^{3/2}}, \quad u'_{\mathbf{k}}(\eta_i) \simeq \frac{\sqrt{c_s}}{k^{1/2}}, \tag{8.97}$$

这里我们忽略掉了被 $(c_s k\eta_i)^{-1} \ll 1$ 的因子压低的高阶项. 利用这个初条件, $u_{\mathbf{k}}$ 对应的短波长的 WKB 近似解 (在 $c_s^2k^2 \gg |\theta''/\theta|$ 时成立) 是

$$u_{\mathbf{k}}(\eta) \simeq -\frac{i}{\sqrt{c_s}k^{3/2}} \exp\left(ik\int_{\eta_i}^{\eta} c_s d\tilde{\eta}\right). \tag{8.98}$$

在暴胀期间, $|\theta''/\theta|$ 可以粗略地用 $\eta^{-2}|\dot{H}/H^2|$ 来近似. 因为 $|\dot{H}/H^2| \ll 1$, 在超出声速视界之后, (8.98)在如下的一小段时间内仍然是成立的:

$$\frac{1}{c_s k} > |\eta| > \frac{1}{k}|\dot{H}/H^2|^{1/2}. \tag{8.99}$$

这时指数上的变量近似是常数, $u_{\mathbf{k}}$ 冻结住了. 在扰动进入长波长区域之后, 引力势的时间演化就由(8.67)来描述, 它给出

$$u_{\mathbf{k}}(\eta) \equiv \frac{\Phi}{4\pi(\varepsilon+p)^{1/2}} = \frac{A_{\mathbf{k}}}{4\pi(\varepsilon+p)^{1/2}}\left(1-\frac{H}{a}\int a dt\right). \tag{8.100}$$

我们可以用(8.69)式来简化这个表达式. 在暴胀期间有

$$u_{\mathbf{k}}(\eta) \simeq -\frac{A_{\mathbf{k}}}{4\pi(\varepsilon+p)^{1/2}}\left(\frac{\dot{H}}{H^2}\right) = A_{\mathbf{k}}\frac{(\varepsilon+p)^{1/2}}{H^2}. \tag{8.101}$$

考虑到在(8.99)的时间间隔内, 因子

$$\frac{(\varepsilon+p)^{1/2}}{H^2}$$

几乎是个常数, 并且比较一下(8.98)和(8.101), 我们就可以得到

$$A_{\mathbf{k}} \simeq -\frac{i}{k^{3/2}}\left(\frac{H^2}{\sqrt{c_s}(\varepsilon+p)^{1/2}}\right)_{c_s k\simeq Ha}. \tag{8.102}$$

把(8.98)代入(8.96), 我们可以得到满足 $k > Ha(t)/c_s$ 的短波长扰动的标度不变的功率谱

$$\delta_{\Phi}^2(k,t) \simeq \frac{4(\varepsilon+p)}{c_s}. \tag{8.103}$$

利用(8.100)式, 其中的 $A_{\mathbf{k}}$ 由(8.102)式给出, 我们可以得到满足 $Ha(t)/c_s > k > Ha_i/c_s$ (其中 $a_i \equiv a(t_i)$) 的长波长扰动的功率谱

$$\delta_\Phi^2(k,t) \simeq \frac{16}{9}\left(\frac{\varepsilon}{c_s(1+p/\varepsilon)}\right)_{c_sk\simeq Ha}\left(1-\frac{H}{a}\int adt\right)^2. \tag{8.104}$$

习题 8.12 令 a_i 和 a_f 分别表示暴胀开始和暴胀结束时刻的标度因子的值. 在 $a_i < a(t) < a_f$ 的情况下, 证明对一个带有质量 m 的标量场而言, 谱 $\delta_\Phi(\lambda_{\mathrm{ph}},t)$ 和物理尺度 $\lambda_{\mathrm{ph}} \sim a(t)/k$ 的函数关系是

$$\delta_\Phi \simeq \frac{m}{\sqrt{3}\pi}\begin{cases} 1, & \lambda_{\mathrm{ph}} < H^{-1}, \\ \left(1+\dfrac{\ln(\lambda_{\mathrm{ph}}H)}{\ln(a_f/a(t))}\right), & H^{-1}\dfrac{a(t)}{a_i} > \lambda_{\mathrm{ph}} > H^{-1}. \end{cases} \tag{8.105}$$

图 8-4 中画出了(8.105)所示的谱的演化[①].

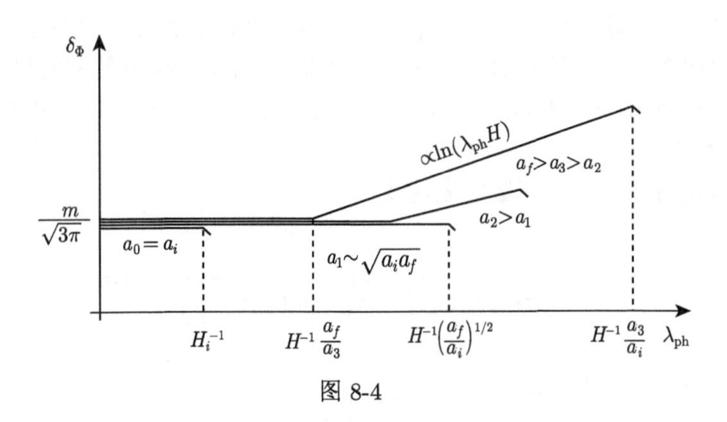

图 8-4

根据(8.104), 我们得出在暴胀之后的辐射主导时期的功率谱是

$$\delta_\Phi^2 \simeq \frac{64}{18}\left(\frac{\varepsilon}{c_s(1+p/\varepsilon)}\right)_{c_sk\simeq Ha}. \tag{8.106}$$

这个公式只在 $(c_s^{-1}Ha)_f > k > (c_s^{-1}Ha)_i$ 的尺度下有效. 当然这个尺度范围包含了我们的可观测宇宙. 超曲率扰动在辐射主导时期是冻结的, 而且它们直到复合时期为止都不会改变. 只有那些重进入 (re-enter) 视界的扰动才会产生非平庸的演化.

① 图 8.4 纵轴原文作 δ_ϕ, 根据方程 (8.105) 改.

习题 8.13 证明带有幂律势 $V=(\lambda/n)\varphi^n$ 的暴胀模型的谱为

$$\delta_\Phi^2 \simeq \frac{128}{27}\frac{n^{n/2-2}}{(4\pi)^{n/2}}\lambda\left[\ln\left(\frac{\lambda_{\mathrm{ph}}}{\lambda_\gamma}\right)\right]^{\frac{n+2}{2}}, \tag{8.107}$$

其中 λ_γ 是背景辐射的典型波长.

谱倾斜 (*spectral tilt*) 根据(8.106), 在一个给定的共动尺度上, 度规扰动的振幅是由穿越视界时刻的能量密度以及物态方程对真空物态方程的偏离来确定的. 在星系尺度上, δ_Φ^2 的大小是 10^{-10}, $(1+p/\varepsilon)$ 可以估算为 $\sim 10^{-2}$; 所以我们可以推出在这个时候的能量密度 ε 是普朗克密度的 $\sim 10^{-12}$. 这个估算对持续 70 个 e 倍数的暴胀是个稳健的结论. 要避免这个结果, 除非我们有 $c_s \ll 1$ (例如在 k 暴胀中可以实现这一点).

因为暴胀必须要包含优雅退出 (graceful exit), 能量密度和物态方程在暴胀时期是在缓慢变化的. 其结果就是暴胀中产生的扰动的振幅也微弱地依赖于扰动的尺度. 暴胀中能量密度总是减小的, 同时很自然地可以期待物态方程对真空的偏离随着暴胀的进行是增加的. 这样, 从(8.106)就可以看出, 那些穿越视界较早的扰动的振幅一定比越过视界稍晚的扰动的振幅要大. 在讨论一组小范围的尺度时, 我们总是可以把谱近似为幂律的, $\delta_\Phi^2(k)\propto k^{n_S-1}$, 因此就可以由它的谱指数 n_S 来描写. 一个平坦的谱对应于 $n_S=1$.

从(8.106)可以推出谱指数的表达式

$$n_S-1\equiv\frac{d\ln\delta_\Phi^2}{d\ln k}\simeq-3\left(1+\frac{p}{\varepsilon}\right)-\frac{1}{H}\left(\ln\left(1+\frac{p}{\varepsilon}\right)\right)^{\cdot}-\frac{(\ln c_s)^{\cdot}}{H}, \tag{8.108}$$

这里等号右边的量要在穿越视界的时刻计算. 推导这个公式时我们用到了 $d\ln k\simeq d\ln a_k$. 只要我们利用确定穿越视界时刻的条件, $c_s k\simeq Ha_k$, 并忽略掉 c_s 和 H 的变化, 就可以推导出这个关系来. 一般的暴胀模型中, (8.108)式右边所有项都是负的. 所以, 暴胀并没有像某些文献误导的那样预言平坦的谱. 相应地, 它预言的是一个红端倾斜 (red-tilted) 谱: $n_S<1$, 因此振幅朝向大尺度方向微弱地增长. 从物理上讲, 这种倾斜是暴胀的平滑优雅退出所必需的. 为了估算这个倾斜, 我们注意到星系尺度大概在暴胀结束时刻的 50 到 60 个 e 倍数之前越过视界. 在这个时候, $(1+p/\varepsilon)$ 比 10^{-2} 要大一些. (8.108)的第二项则可以估算为与之同样的量级. 这样, 谱指数就可以估算成 $n_S\simeq 0.96$. n_S 的精确值依赖于具体的暴胀模型. 然而, 即使在不知道具体模型的情况下, 我们仍然可以期待有 $n_S<0.97$. 通过考察不同的暴胀模型, 我们发现要让功率谱显著偏离平坦谱是相当困难的. 在大多数情况下

有 $n_S > 0.92$[①].

习题 8.14 考虑一个势为 V 的暴胀模型, 证明[②]

$$n_S - 1 \simeq -\frac{3}{8\pi}\left(\frac{V_{,\varphi}}{V}\right)^2 + \frac{1}{4\pi}\frac{V_{,\varphi\varphi}}{V}. \tag{8.109}$$

并验证对幂律势, $V \propto \varphi^n$,

$$n_S - 1 \simeq -\frac{n(n+2)}{8\pi\varphi^2_{k\simeq Ha}} \simeq -\frac{n+2}{2N}, \tag{8.110}$$

其中 N 是对应的扰动穿越视界之后到暴胀结束之前的 e 倍数. 对有质量标量场, $n = 2$. 在星系尺度且 $N \simeq 50$ 的情况下, 我们有 $n_S \simeq 0.96$. 对四次方势 $n = 4$, 有 $n_S \simeq 0.94$. 当尺度改变十倍的时候, 谱倾斜会怎么 “跑动”?

量子涨落如何变为经典的? 当我们仰望星空时, 我们看到的是分布在相应位置上的星系. 如果这些星系起源于初始的量子涨落, 一个自然的问题就出现了: 初始的真空态是平移不变的, 在空间中没有优先的位置, 那么一个星系, 例如仙女座大星云, 是如何确定它自己在空间中的位置的? 量子力学的幺正演化并不破坏平移不变性, 因此问题的答案一定是在从量子涨落到经典不均匀性的转换中. 退相干 (decoherence) 是经典不均匀性出现的必要条件. 对增大的宇宙学扰动, 退相干的出现也是合理的. 然而, 退相干不是解释平移不变性破缺的充分条件. 可以证明, 幺正演化的结果是让我们得到了一个由许多宏观上不同的态叠加而成的终态, 其中每一个态都对应于一种星系分布的特定实现. 这些实现里的大多数拥有相同的统计性质. 这样一个态就是宇宙学版的 “薛定谔的猫”. 所以, 为了从这个叠加态中得到我们观测到的宏观态, 我们要么诉诸玻尔的还原假说 (reduction postulate)[③], 要么求助于埃弗里特 (Everett) 的量子力学多世界诠释. 前者在宇宙学的环境上

---

① 2018 年发布的普朗克卫星的观测结果给出在 68% 的置信度水平上有 $n_S = 0.9649 \pm 0.0042$. 参见 Planck collaboration, *Planck 2018 Results. X. Constraints on Inflation*, Astron.Astrophys. 641 (2020) A10. arXiv: 1807.06211.

② 这个关系通常用 (5.52a) 中定义的势的慢滚参数写为

$$n_S - 1 \simeq 2\eta_V - 6\epsilon_V. \tag{8.109a}$$

普朗克的文章就是这样写的. 也可以用 (5.52b) 中定义的哈勃流的慢滚参数来写:

$$n_S - 1 = -2\epsilon_1 - \epsilon_2. \tag{8.109b}$$

③ 这里的玻尔还原假说指的就是量子力学的哥本哈根诠释, 即量子态在经过测量之后坍缩或 “还原” 到其本征态.

看来不太有说服力. 想要继续求索这个问题的读者, 可以参阅本书"参考文献"里的相关论文 (Everett, 1957; De Witt and Graham, 1973).

8.4 暴胀产生的引力波

量子化引力波 以一种和标量扰动相似的方式, 暴胀也会产生长波长的引力波. 计算和 8.3 节的差别不大. 首先我们需要的是引力波的作用量. 这个作用量可以通过把爱因斯坦作用量展开到横向无迹度规扰动 h_{ik} 的二阶来得到, 其结果是

$$S = \frac{1}{64\pi} \int a^2 \left(h^{i\prime}_{j} h^{j\prime}_{i} - h^{i}_{j,l} h^{j,l}_{i} \right) d\eta d^3x, \tag{8.111}$$

这里的空间指标是用单位张量 δ_{ik} 来升降的.

习题 8.15 推出(8.111). (提示 考虑在闵可夫斯基时空周围的小的扰动, 计算曲率张量 R. 然后利用 (5.111) 做一个适当的共形变换得到膨胀宇宙中的结果.)

h^i_j 可以展开为

$$h^i_j(\mathbf{x}, \eta) = \int \frac{d^3k}{(2\pi)^{3/2}} h_{\mathbf{k}}(\eta) e^i_j(\mathbf{k}) e^{i\mathbf{k}\cdot\mathbf{x}}, \tag{8.112}$$

其中 $e^i_j(\mathbf{k})$ 是偏振张量①. 将这个展开式代入(8.111)中, 我们就得到

$$S = \frac{1}{64\pi} \int a^2 e^i_j e^j_i \left(h'_{\mathbf{k}} h'_{-\mathbf{k}} - k^2 h_{\mathbf{k}} h_{-\mathbf{k}} \right) d\eta d^3x. \tag{8.113}$$

定义一个新变量

$$v_{\mathbf{k}} = \sqrt{\frac{e^i_j e^j_i}{32\pi}} a h_{\mathbf{k}}, \tag{8.114}$$

作用量可以改写为

$$S = \frac{1}{2} \int \left(v'_{\mathbf{k}} v'_{-\mathbf{k}} - \left(k^2 - \frac{a''}{a} \right) v_{\mathbf{k}} v_{-\mathbf{k}} \right) d\eta d^3k. \tag{8.115}$$

它描述了一个实标量场的傅里叶分量. 其运动方程是

$$v''_{\mathbf{k}} + \omega^2_k(\eta) v_{\mathbf{k}} = 0, \quad \omega^2_k(\eta) \equiv k^2 - a''/a. \tag{8.116}$$

① 定义见(7.96a)和(7.96b).

这时没必要再重复量子化的过程了. 利用(8.114)和(8.112), 我们立即可以得到关联函数[①]

$$\langle 0|h^i_j(\eta,\mathbf{x})h^j_i(\eta,\mathbf{y})|0\rangle = 2\times\frac{8}{\pi a^2}\int |v_\mathbf{k}|^2 k^3\frac{\sin kr}{kr}\frac{dk}{k}, \tag{8.117}$$

其中 $v_\mathbf{k}$ 是取如下初条件

$$v_\mathbf{k}(\eta_i)=\frac{1}{\sqrt{\omega_k}},\quad v'_\mathbf{k}(\eta_i)=i\sqrt{\omega_k} \tag{8.118}$$

时的方程(8.116)的解. 这初条件只在 $\omega_k>0$ 的条件下有意义. 也就是说, 要求引力波满足 $k^2>(a''/a)_{\eta_i}$. 相应地, 用来描述共动波数为 k 的引力波的强度的功率谱为

$$\delta_h^2(k,\eta)=\frac{16\left|v_\mathbf{k}\right|^2k^3}{\pi a^2}. \tag{8.119}$$

暴胀 和标量扰动不同, 物态方程对真空物态方程的偏离对引力波的演化的影响并不重要. 因此, 我们首先考虑一个纯的德西特宇宙, 其中 $a=-(H_\Lambda\eta)^{-1}$. 在这种情况下, (8.116)就能简化为

$$v''_\mathbf{k}+\left(k^2-\frac{2}{\eta^2}\right)v_\mathbf{k}=0, \tag{8.120}$$

其精确解为

$$v_\mathbf{k}(\eta)=\frac{C_1[k\eta\cos(k\eta)-\sin(k\eta)]+C_2[k\eta\sin(k\eta)+\cos(k\eta)]}{\eta}. \tag{8.121}$$

让我们考虑满足 $k|\eta_i|\gg 1$ 的短波长的引力波, 这时 $\omega_k\simeq k$. 注意初条件取(8.118)式的形式, 我们就能确定积分常数 C_1 和 C_2 了. 这样, 解就可以写成

$$v_\mathbf{k}(\eta)=\frac{1}{\sqrt{k}}\left(1+\frac{i}{k\eta}\right)\exp\left[ik(\eta-\eta_i)\right]. \tag{8.122}$$

把这个解代入(8.119), 我们就得到

$$\delta_h^2=\frac{16H_\Lambda^2}{\pi}\left[1+(k\eta)^2\right]=\frac{16H_\Lambda^2}{\pi}\left[1+\left(\frac{k_{\rm ph}}{H_\Lambda}\right)^2\right], \tag{8.123}$$

---

① 原文没有因子 2, 因为它只考虑了一种引力波的偏振模. 根据勘误表改正. 下文的(8.119), (8.123), (8.124), (8.126)式都因此乘以 2, 不再说明.

其中 $k_{\rm ph} \equiv k/a$ 是物理波数[①]. 这个公式只对 $k_{\rm ph} \gg H_\Lambda(\eta/\eta_i)$ 的情形可用. 我们在图 8-5中画出了引力波的振幅 δ_h 作为物理波长 $\lambda_{\rm ph} \sim k_{\rm ph}^{-1}$ 的函数的图像. 满足 $H_\Lambda^{-1}(\eta_i/\eta) > \lambda_{\rm ph} > H_\Lambda^{-1}$ 的长波长的引力波的功率谱是平坦的, 其振幅正比于 H_Λ.

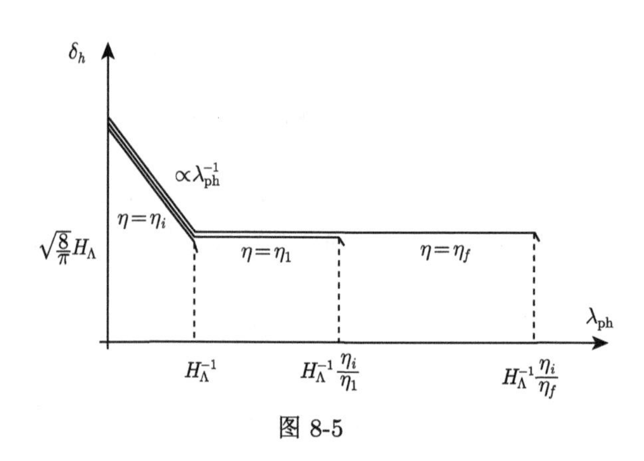

图 8-5

上面的演算基于纯德西特宇宙, 其 H_Λ 是个常数. 真实的暴胀模型中, 哈勃常数随着时间缓慢地变化着. 回忆一下引力波的非衰减模式在超曲率尺度上是冻结住的 (参见 7.3.2 节), 我们可以得到

$$\delta_h^2 \simeq \frac{16H_{k\simeq Ha}^2}{\pi} = \frac{128}{3}\varepsilon_{k\simeq Ha}. \tag{8.124}$$

这样, 标量谱指数就等于

$$n_T \equiv \frac{d\ln\delta_h^2}{d\ln k} \simeq -3\left(1+\frac{p}{\varepsilon}\right)_{k\simeq Ha}, \tag{8.125}$$

因此我们看出引力波的谱也是轻微向红端倾斜的.(注意张量扰动和标量扰动的谱指数的定义是不一样的, 参见(8.108).) 暴胀结束之后的辐射主导时期里, 在超曲率尺度上, 张量功率谱与标量功率谱的幅度大小之比为[②]

① 原文为 “物理波长”, 据文意改.

② 当前的文献中一般用张量扰动的功率谱与共动曲率扰动的功率谱之比来描写这个物理量, 简称为张标比 (tensor-to-scalar ratio), 并记作 r. 利用 (5.52b) 定义的慢滚参数 $\epsilon_1 \equiv -\dot{H}/H^2 = (3/2)(1+w)$, 以及辐射主导时期有 $\Phi = -(2/3)\mathcal{R}$ (参见(8.72)式), 我们得到

$$r \equiv \frac{\delta_h^2}{\delta_{\mathcal{R}}^2} = \frac{4}{9}\frac{\delta_h^2}{\delta_\Phi^2} = 16c_s\epsilon_1. \tag{8.126a}$$

这是一个著名的关系. 2018 年发布的普朗克卫星的观测结果 (结合 Keck 和 BICEP2) 是在 68% 的置信度水平有 $r < 0.056$. 如此小的张标比难以在幂律势的混沌暴胀中产生. 参见 Planck collaboration, *Planck 2018 Results. X. Constraints on Inflation*, Astron.Astrophys. 641 (2020) A10. arXiv: 1807.06211.

$$\frac{\delta_h^2}{\delta_\Phi^2} \simeq 54 \left[c_s \left(1 + \frac{p}{\varepsilon} \right) \right]_{k \simeq Ha}. \tag{8.126}$$

对正则标量场 ($c_s = 1$), 这个比在 0.2 到 0.3 之间. 然而, 在 k 暴胀中, $c_s \ll 1$, 它可以被强烈压低. 因此, 至少从原则上讲, k 暴胀所预言的现象是可以和基于标量势的暴胀的预言区分开的.

后暴胀时期 我们在 7.3.2 节里面已经看到, 不管物态方程如何变化, 超曲率尺度上的引力波的振幅总是保持为常数. 然而, 当引力波重进入视界时, 其振幅就开始反比于尺度因子而衰减了. 因此, 其功率谱只有在大尺度上才能保持不变, 在哈勃视界内就会变化. 忽略掉暗能量组分, 我们可以把早期的哈勃常数用其现在的值表达成

$$H(a) \simeq H_0 \begin{cases} (a_0/a)^{3/2}, & z < z_{\text{eq}}; \\ z_{\text{eq}}^{-1/2} (a_0/a)^2, & z > z_{\text{eq}}, \end{cases} \tag{8.127}$$

其中 z_{eq} 是物质-辐射相等时刻的红移. 对一个共动波数为 k 的引力波, 其穿越视界时刻的标度因子 a_k 的值是由 $k \simeq H(a_k)a_k$ 的条件来决定的. 在这之后, 其振幅衰减了一个 a_k/a_0 的因子. 因此, 我们得到目前时刻的谱的大小为

$$\delta_h \sim H_\Lambda \begin{cases} z_{\text{eq}}^{-1/2} (\lambda_{\text{ph}} H_0), & \lambda_{\text{ph}} < H_0^{-1} z_{\text{eq}}^{-1/2}; \\ (\lambda_{\text{ph}} H_0)^2, & H_0^{-1} > \lambda_{\text{ph}} > H_0^{-1} z_{\text{eq}}^{-1/2}; \\ 1, & \lambda_{\text{ph}} > H_0^{-1}, \end{cases} \tag{8.128}$$

其中 H_Λ 是暴胀时期的哈勃常数, $\lambda_{\text{ph}} \sim a_0/k$ 是物理波长. 我们在图 8-6中画出了这个谱 ①. 对实际的暴胀模型来说, 在几光年的大小上的原初引力波的典型振幅可以估算为约 10^{-17}. 这个振幅的大小朝着更小的尺度线性地减小, 因此直接探测引力波背景看上去不甚可行. 然而, 正如我们在第 9 章将要看到的那样, 这些引力波能影响到宇宙微波背景的温度涨落, 因而可以间接探测.

---

① 宇宙学的文献通常用引力波能谱 (energy spectrum) 来描述原初引力波及其他随机引力波背景. 它定义为单位对数频率间隔中的引力波能量密度的宇宙学参数. 首先需要用短波近似 (short-wavelength approximation) 把引力波在远场区域携带的能量密度定义出来, 然后再用宇宙的临界能量密度去做归一化. 其结果是

$$\Omega_{\text{GW}} \equiv \frac{1}{\rho_{\text{cr}}} \frac{d}{d\ln k} \langle 0|\rho_{\text{GW}}|0\rangle = \frac{k^2}{12H^2a^2} \delta_h^2. \tag{8.128a}$$

为了得到它在今天的值, 我们还需要研究张量扰动的转移函数. 它敏感地依赖于宇宙的热历史. 关于原初引力波的能谱的计算, 参见 Boyle and Steinhardt, *Probing the Early Universe with Inflationary Gravitational Waves*, Phys.Rev.D 77 (2008) 063504, arXiv: astro-ph/0512014.

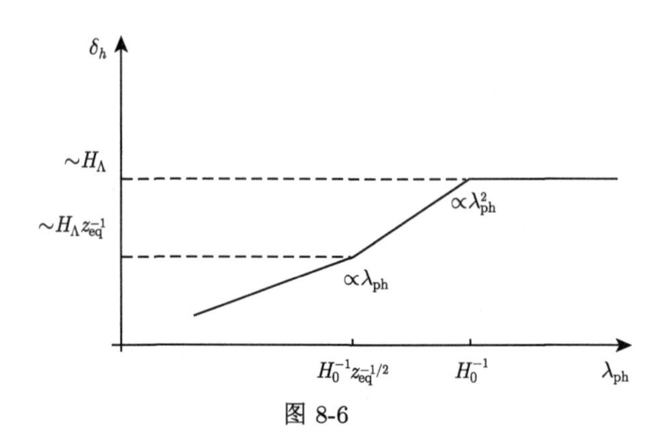

图 8-6

8.5 宇宙的自复制

标量扰动的振幅在 $k \simeq H_i a_i$ 的尺度上的值最大. 也就是说, 那些在暴胀刚一开始的时候离开视界的扰动模式的振幅最大. 对于一个有质量的标量场来说, 在暴胀结束时刻, 它的这个最大振幅可以用(8.37)式估算, 其结果为

$$\delta_\Phi^{\max} \sim m \ln(a_f/a_i) \sim m\varphi_i^2. \tag{8.129}$$

如果场的初值 φ_i 大于 $m^{-1/2}$, 那么在尺度 $\lambda_{\rm ph} \sim H_i^{-1} a/a_i$ 上的不均匀性就会在暴胀结束之前变得非常大 ($\delta_\Phi > 1$). 因此, 对于标量场较大的初值而言, 初始均匀性会在大于 $\lambda_{\rm ph}(t_f) \sim H^{-1}\exp(m^{-1})$ 的尺度上被放大的量子涨落彻底毁掉. 对实际的 m, 这样的尺度通常是巨大的. 比如说, 如果 $m \sim 10^{-6}$, 这样的尺度会大于 $H^{-1}\exp(10^6)$. 这要比可观测宇宙的尺度 $H^{-1}\exp(70)$ 大许多个量级. 在比 $H^{-1}\exp(m^{-1})$ 小的尺度上, 宇宙仍然保持准均匀 (quasi-homogeneous). 因此, 如果暴胀开始于 $m^{-1} > \varphi_i > m^{-1/2}$, 那么暴胀一方面能产生一片大到足以覆盖我们的可观测宇宙的非常均匀和各向同性的空间, 另一方面又通过量子涨落在比可观测宇宙大得多的尺度上产生极大的不均匀性.

更进一步地说, 如果在一个因果连通区域里有 $\varphi_i > m^{-1/2}$, 那么暴胀永远不会结束, 而是在空间的某个区域里永远继续下去. 为了研究这何以可能, 我们考虑一片大小为 H^{-1} 的因果连通区域. 在一个典型的哈勃时间内, $\Delta t_H \sim H^{-1}$, 这片区域的大小膨胀到了 $H^{-1}\exp(H\Delta t_H) \sim eH^{-1}$, 因此产生了 $e^3 \simeq 20$ 个新的大小为 H^{-1} 的区域. 现在考虑每个新区域里的标量场的平均值. 在一个哈勃时间内, 经典的标量场减小了如下的量:

$$\Delta\varphi_{\rm cl} \sim -\frac{V_{,\varphi}}{3H}\Delta t_H \sim -\varphi^{-1}. \tag{8.130}$$

与此同时, 在每一个大小为 H^{-1} 的区域内, 从亚视界尺度被拉出来的量子涨落开始贡献到标量场的平均值. 波长为 H^{-1} 的量级且幅度为 $\Delta\varphi_{\mathrm{q}} \sim H \sim m\varphi$ 的量子涨落叠加到经典场的场值上去了; 在一半的区域中, 量子涨落使标量场的场值减少得更严重 (见图 8-7); 与此同时, 在另一半区域中, 量子涨落使场值回升. 在后面这种区域内, φ 场的总的变化大约是

$$\Delta\varphi_{\mathrm{tot}} = \Delta\varphi_{\mathrm{cl}} + \Delta\varphi_{\mathrm{q}} \sim -\varphi^{-1} + m\varphi. \tag{8.131}$$

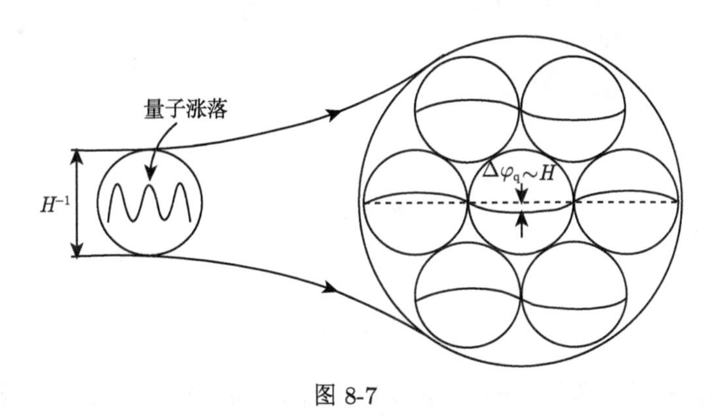

图 8-7

显然, 如果 $\varphi > m^{-1/2}$, 场值反而会增长, 而且暴胀总是能产生这种让标量场的值“超过”它的初始值的区域. 在图 8-8 中我们画出了描述标量场在一个典型的哈勃区域内的演化的典型轨迹. 对 $\varphi \ll m^{-1/2}$ 的情况, 量子涨落只是轻微地扰动了标量场的经典轨迹. 而在 $\varphi \gg m^{-1/2}$ 时量子涨落占据主导, 并给出了一个“无规行走” (random walk) 的轨迹. 因为每一个大小为 H^{-1} 的区域都在指数式地不断产生新的区域, 那些标量场的场值大于其初始值的区域的物理体积也指数式地增长了. 这样, 暴胀便会永远继续下去, 而宇宙就被称为是“自复制” (self-reproducing) 的①. 在那些场减小到自复制标度$\varphi_{\mathrm{rep}} \sim m^{-1/2}$ 以下的区域里, 量子涨落不再是重要的. 这些区域的大小按照指数增长, 最终, 它们能产生非常大的均匀区域, 在这些区域中宇宙可以热化.

习题 8.16 对幂律势 $V = (\lambda/n)\phi^n$ 确定自复制标度.

小结如下: 我们发现一般来说暴胀会普遍地导致一个自复制的宇宙, 并在极其广袤的尺度上产生非常复杂的整体结构. 这个整体结构对观测者来说也许能看到, 但也只在许多许多亿年之后才有可能. 然而, 为了更好地理解宇宙的初值问题, 自

① 一些文献中将这种宇宙称为“永恒暴胀” (eternal inflation).

复制区域是非常重要的. 目前, 对这个自复制宇宙还没有完备以及可信的描述. 为了搞清楚宇宙的整体结构的问题, 我们还需要做更多的工作.

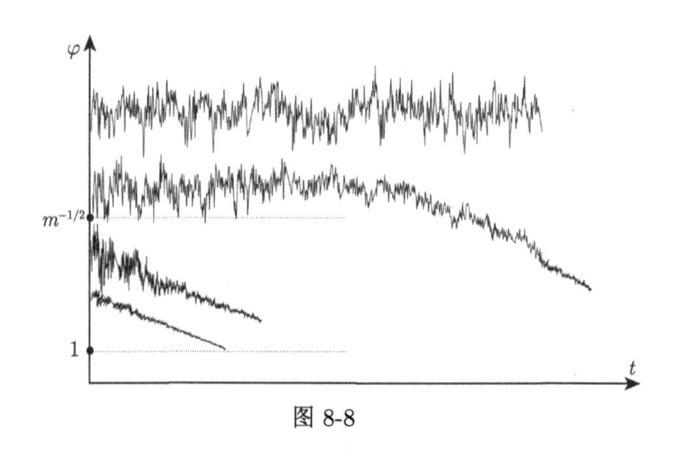

图 8-8

8.6 暴胀理论的预言能力

假设宇宙有过一段加速膨胀的阶段——暴胀, 我们就可以作出许多稳健的预言, 即使我们并不知道暴胀发生的实际情形如何. 其中, 最重要的预言是:

(1) 宇宙的平坦性;

(2) 高斯型的标量度规扰动, 其功率谱轻微地向红端倾斜;

(3) 长波长的引力波.

平坦性的条件并没有它乍看起来那样 "自然". 回忆一下就知道 $\Omega_0 = 1$ 在不太久的过去还是被观测所强烈排斥的. 如果引力一直是吸引的, 就很难说清楚为什么现在的 Ω_0 值不是别的例如 0.01 或者 0.2 之类的值. 只有暴胀能够给出 $\Omega_0 = 1$ 的一个合理解释. 氘的丰度清晰地显示重子物质的贡献不能超过宇宙的临界能量密度的百分之几. 因此, 暴胀也预言了一种暗组分的存在. 它可以是暗物质、暗能量, 或者是两者的混合. 在实际的暴胀方案尚未明晰的情况下, 我们无法给出关于这种暗组分的成分的任何预言. 虽然已有大量的研究进展, 我们至今仍然与理解暗物质和暗能量的本质相距甚远. 目前对宇宙微波背景扰动的观测数据支持宇宙的密度是临界密度. 而且, 与高红移的超新星的数据结合起来之后, 要质疑暗物质和暗能量的存在几乎是不可能的.

暴胀预言的标量扰动的谱和目前的数据也符合得很好. 然而, 观测数据的精度目前还不足以确定一个小的谱倾斜①. 对平坦谱的偏离是简单暴胀模型的不可避免

① 本书写于 2005 年, 作者还比较谨慎. 2018 年公布的普朗克数据已经在 8.4σ 的置信度水平上排除了没有任何倾斜 ($n_S = 1$) 的 Harrison-Zel'dovich 谱. 参见 Planck collaboration, *Planck 2018 Results. X.*

的结论, 因此对它的探测是极其重要的. 功率谱的大小则是理论的自由参数.

产生大量长波长的引力波是一大类简单暴胀模型的另一个普遍预言. 虽然探测到原初引力波是对暴胀的强烈支持, 探测不到引力波也并不意味着一定排除简单暴胀模型, 因为在 k 暴胀可以压低引力波的产生.

因为我们不知道自然界实际实现的是哪种暴胀方案, 暴胀的预言的稳健性 (robustness) 就成为特别重要的问题[①]. 简单的暴胀模型并没有多少模棱两可的空间. 然而, 通过引入额外参数以及微调, 人们可以改变简单暴胀模型的稳健的预言. 例如, 通过特殊设计的微调的势, 我们可以绕开平坦性限制. 相似地, 通过引入多标量场, 或者研究分阶段的暴胀, 人们可以在实践中得到宇宙学扰动的任何形式的谱乃至产生非高斯性 (nongaussianity). 依我们的观点来看, 模型的复杂性的增长同时也损害了 "性价比"[②]; 理论渐渐失去了它的预言能力, 从而丧失了吸引力. 只有那些可证实暴胀的稳健预言的观测才能让我们确信我们是走在理解宇宙的正确道路上.

Constraints on Inflation, Astron.Astrophys. 641 (2020) A10. arXiv: 1807.06211.

① 关于这一点, 可以参考作者最近的文章 *Quantum Cosmological Perturbations: Predictions and Observations*, Eur.Phys.J.C 73 (2013) 2486, arXiv: 1303.3925 和 *Inflation without Selfreproduction*, Fortsch.Phys. 63 (2015) 36-41, arXiv:1409.2335. 这是本书新版中将要包含的内容, 根据译者与作者的通信讨论增补.

② 原文为 "increase its 'price-to-performance' ratio". 这个 price/performance 是越小越好, 和中文的 "性价比" 正好相反. 因此译作 "损害性价比", 以助于理解.

第 9 章　宇宙微波背景各向异性

复合之后, 原初辐射自由地在宇宙空间中传播, 不再会遇到任何散射过程. 一个现今的观测者能探测到在红移 $z \approx 1000$ 时最后一次和物质相互作用过的光子. 这个距离比所有的恒星和星系都遥远得多. 温度涨落的角分布的图案给了我们一张复合时刻的辐射和能量分布的快照 (snapshot). 它代表着宇宙在其大小是现在的千分之一, 以及年龄是现在的十万分之一时, 看上去的样子.

第一件令人瞩目的事实是全天空的温度变化非常小, 平均起来要小于 0.01%. 我们可以据此推断出, 与我们今天看到的高度不均匀且结团的物质分布不同, 在那个时刻的宇宙是极其均匀的. 第二个引人注目的事实是不均匀性的大小正好就是在一个由冷暗物质和普通物质组成的宇宙中能用来解释星系和大尺度结构形成所需要的值. 此外, 温度的自关联函数 (autocorrelation function) 所显示的不均匀性的统计性质和暴胀模型的预言完美相符.

在一个展示微波背景温度的全天图上, 张开某一给定角度的区域所蕴含的特征要素是和一定的空间尺度上的物理联系起来的. 这个尺度可以通过这角度和对应的最后散射面上的角直径距离来计算. 而角直径距离是依赖于宇宙学模型的. $\theta \sim 1^{\circ}$ 的角度对应于复合时刻的哈勃半径. 它同时也是一个分界线, 可用以区分那些自暴胀以来就没有改变多少的大尺度不均匀性和那些在复合时刻之前就进入视界并因引力不稳定性而显著变化的小尺度扰动. 因此, 观测大角度的温度涨落就能给我们提供扰动的原初功率谱的直接信息, 而观测小角度的扰动让我们能确定那些控制扰动振幅在进入视界之后的演化的宇宙学参数.

本章的目的是假定存在一个由暴胀产生的近标度不变的原初不均匀功率谱的情况下, 推导出微波背景涨落的功率谱. 目前, 成熟的计算机程序已经可以用来进行精确的数值预言. 然而在本书中, 我们的目的是为了从第一性原理理解功率谱的特征要素背后的物理, 并确定它们是如何依赖于基本参数的. 我们愿意牺牲一部分精度来换取一种更加可靠的解析计算的视角.

我们首先采用瞬时复合 (instantaneous recombination) 近似. 在该近似中, 辐射在复合时刻之前表现为理想流体, 之后立即转化为自由光子的集合. 这个近似对于大角度上的涨落特别有效, 它们是从那些在复合时刻大于哈勃半径的不均匀性演化而来的. 在现实过程中, 复合是一个渐变的过程, 它能持续一段有限的红移. 这就会大幅地影响小角度上的温度涨落. 这样计算就变得更加复杂. 尽管如此, 用解析方法仍然是可以算的.

本章中我们自始至终都考虑一个由暴胀所预言的并为目前实验所支持的空间平坦宇宙. 空间曲率对微波背景谱的修正的主要特性很容易得到, 我们会对此作简要的讨论.

9.1 基 础

复合之前, 辐射和普通物质强耦合在一起, 因此可以将其很好地近似为理想流体. 当足够多的中性氢形成之后, 光子停止和物质相互作用. 因此, 它们必须用动理学方程来描述.

相体积和刘维尔定理 在 (共形) 时间 η, 给定偏振的单个光子的状态可以用它在空间中的位置 $x^i(\eta)$ 和它的 3-动量 $p_i(\eta)$ 来完备描述, 其中 $i=1,2,3$ 是空间指标. 因为 4-动量 p_α 满足方程 $g^{\alpha\beta}p_\alpha p_\beta=0$, 其 “能量”$p_0$ 可以通过度规 $g^{\alpha\beta}$ 和 p_i 表示出来.

单粒子相体积元是空间坐标的微分及其对应的动量的协变分量:

$$d^3xd^3p\equiv dx^1dx^2dx^3dp_1dp_2dp_3. \tag{9.1}$$

它在一般的坐标变换下是不变的. 为了证明这一点, 我们换到另一个坐标系下:

$$\tilde{\eta}=\tilde{\eta}(\eta,x^i),\quad \tilde{x}^i=\tilde{x}^i(\eta,x^j).$$

在这个新坐标系下, $\tilde{\eta}=$ 常数 的超曲面上的相体积和(9.1)是通过下式联系起来的:

$$d^3\tilde{x}d^3\tilde{p}=Jd^3xd^3p, \tag{9.2}$$

其中

$$J=\frac{\partial\left(\tilde{x}^1,\tilde{x}^2,\tilde{x}^3,\tilde{p}_1,\tilde{p}_2,\tilde{p}_3\right)}{\partial\left(x^1,x^2,x^3,p_1,p_2,p_3\right)} \tag{9.3}$$

是如下坐标变换的雅可比行列式:

$$x^i\longrightarrow\tilde{x}^i=\tilde{x}^i(x^j,\tilde{\eta}),\quad p_i\longrightarrow\tilde{p}_i=\left(\frac{\partial x^\alpha}{\partial\tilde{x}^i}\right)_{\tilde{x}}p_\alpha. \tag{9.4}$$

注意到新坐标 $\tilde{x}^i$ 应该被当作旧坐标 x^j 和新时间 $\tilde{\eta}$ 的函数. 因为 $(\partial\tilde{x}/\partial p)=0$, 我们可以得到

$$J=\det\left(\left.\frac{\partial\tilde{x}^i}{\partial x^j}\right|_{\tilde{\eta}=\text{常数}}\right)\det\left(\left.\frac{\partial x^j}{\partial\tilde{x}^k}\right|_{\tilde{\eta}=\text{常数}}\right)=\det\left(\delta_k^j\right)=1, \tag{9.5}$$

所以相体积是个不变量.

习题 9.1　证明 $dx^1dx^2dx^3dp^1dp^2dp^3$ 在坐标变换下不是不变的.

刘维尔定理 (Liouville's theorem) 说的是哈密顿系统的相体积在正则变换下不变, 换句话说, 它沿着粒子的轨道是守恒的. 这个定理在平坦时空中很容易证明. 考虑一个无穷小的体积元, 我们总可以在粒子轨道上的任意一点的邻域选取一个局域的惯性坐标系 (爱因斯坦电梯 (the Einstein elevator)) 使得刘维尔定理明显成立. 然而, 因为相体积(9.1)是独立于坐标选取的, 在我们沿着弯曲时空中的轨道移动时它也一定守恒. 这样, 刘维尔定理在广义相对论中也必然继续成立.

玻尔兹曼方程　我们考虑由一组无相互作用的全同粒子所组成的集合. 如果 dN 是在 d^3xd^3p 的体积元中的粒子数, 那么用以描述单粒子相空间中的数密度的分布函数 f 即可用下式定义:

$$dN = f(x^i, p_j, t)d^3xd^3p. \tag{9.6}$$

因为相体积在坐标变换下是不变的, 故 f 是一个时空上的标量. 在粒子没有相互作用 (散射) 的情况下, 在守恒的相空间体积元里的粒子数是不变的. 其结果是分布函数遵守无碰撞玻尔兹曼方程

$$\frac{Df(x^i(\eta), p_i(\eta), \eta)}{D\eta} \equiv \frac{\partial f}{\partial \eta} + \frac{dx^i}{d\eta}\frac{\partial f}{\partial x^i} + \frac{dp_i}{d\eta}\frac{\partial f}{\partial p_i} = 0, \tag{9.7}$$

其中 $dx^i/d\eta$ 和 $dp_i/d\eta$ 是沿着测地线计算的导数.

温度及其变换性质　让我们考虑一个近似均匀且各向同性的宇宙, 其中充满了带微小扰动的热辐射. 观测者所测量到的光子的频率 (即能量) 等于该观测者在自己的*共动局域惯性参考系*中观测到的光子的 4-动量的时间分量. 因此, 在任意坐标系里, 如果观测者的 4-速度为 u^α, 光子的 4-动量为 p_α, 那么这个观测到的频率就能表示成 $\omega = u^\alpha p_\alpha$. 如果沿着不同的方向①

$$l^i \equiv -\frac{p_i}{\left(\sum p_i^2\right)^{1/2}}$$

传播到观测者的辐射是普朗克谱, 则其分布函数可以写作

$$f = \bar{f}\left(\frac{\omega}{T}\right) = \frac{2}{\exp(\omega/T(x^\alpha, l^i)) - 1}. \tag{9.8}$$

① 原文为 $l^i \equiv -\frac{p_i}{\sum p_i^2}$, 据下文改.

有效温度 $T(x^\alpha, l^i)$ 不但依赖于方向 l^i, 也依赖于观测者所处的位置 x^i 和时间 η. 分子上的因子 2 代表了光子的两种不同偏振的贡献.

在一个接近各向同性的宇宙里, 这个温度可以写作

$$T(x^\alpha, l^i) = T_0(\eta) + \delta T(x^\alpha, l^i), \tag{9.9}$$

其中 $\delta T \ll T_0$. 为了理解温度涨落 δT 是如何依赖于坐标系的, 我们考虑两个观测者 O 和 $\tilde{O}$, 在不同的坐标系下都处于静止状态, 且两个坐标系通过 $\tilde{x}^\alpha = x^\alpha + \xi^\alpha$ 的坐标变换联系起来. 在每个观测者的静止参考系中, 4-速度的第 0 分量可以利用 $g_{\alpha\beta}u^\alpha u^\beta = g_{00}\left(u^0\right)^2 = 1$ 的关系用度规表示出来. 因此, 我们可推断同一个光子的频率由不同的观测者测量起来是不一样的, 它们分别等于

$$\omega = p_\alpha u^\alpha = \frac{p_0}{\sqrt{g_{00}}}, \quad \text{以及} \ \ \tilde{\omega} = \frac{\tilde{p}_0}{\sqrt{\tilde{g}_{00}}},$$

其中不同参考系中的光子的动量和度规的分量是通过坐标变换律联系起来的. 利用这些变换律以及 $p_\alpha p^\alpha = 0$ 的关系, 我们得到

$$\tilde{\omega} = \omega\left(1 + \frac{\partial \xi^i}{\partial \eta} l^i\right), \tag{9.10}$$

这里我们只保留到 ξ^α 线性阶, 即均匀且各向同性宇宙上的度规扰动的线性阶. 因为(9.8)的分布函数是个标量,

$$\frac{\omega}{T(x^\alpha)} = \frac{\tilde{\omega}}{\tilde{T}(\tilde{x}^\alpha)},$$

所以两个观测者测量到的温度扰动可通过下式联系起来:

$$\widetilde{\delta T} = \delta T - T_0' \xi^0 + T_0 \frac{\partial \xi^i}{\partial \eta} l^i. \tag{9.11}$$

我们可以从此式看出, 温度涨落的单极矩 (不依赖 l^i 的部分) 和偶极矩 (正比于 l^i 的部分) 的分量依赖于观测者在其中静止的特殊坐标系. 如果我们只能从一个给定点观测辐射, 那么单极项总可以通过重新定义背景温度来消除. 偶极分量依赖于观测者相对于由背景辐射所确定的 “从优参考系” (preferred frame) 的运动. 因为这些原因, 单极矩或偶极矩分量都不能提供多少关于原初涨落的信息. 我们只能研究四极矩以及更高的多极矩. 这些量是不依赖于观测者的运动或坐标系选取的.

9.2　萨克斯-沃尔夫效应

本节里, 我们将在平坦宇宙中利用共形牛顿坐标系来求解自由传播的辐射的玻尔兹曼方程. 度规的形式为

$$ds^2 = a^2\left\{(1+2\Phi)d\eta^2 - (1-2\Phi)\delta_{ik}dx^i dx^k\right\}. \tag{9.12}$$

这里 $\Phi \ll 1$ 是标量度规扰动的引力势. 我们暂时不考虑引力波, 留待稍后讨论.

测地线　在任意弯曲时空中, 描述辐射传播的测地线方程是 (见习题 2.13)

$$\frac{dx^\alpha}{d\lambda} = p^\alpha, \quad \frac{dp_\alpha}{d\lambda} = \frac{1}{2}\frac{\partial g_{\gamma\delta}}{\partial x^\alpha}p^\gamma p^\delta, \tag{9.13}$$

其中 λ 是沿着测地线的仿射参数. 因为光子质量为零, 这些方程的初积分给出 $p_\alpha p^\alpha = 0$. 利用这个关系, 我们可以把光子的 4-速度的时间分量用其空间分量表示出来. 精确到度规扰动的一阶, 我们得到

$$p^0 = \frac{1}{a^2}\left(\sum p_i^2\right)^{1/2} \equiv \frac{p}{a^2}, \quad p_0 = (1+2\Phi)\,p. \tag{9.14}$$

这样, 从(9.13)的第一个方程, 我们就可以得到

$$\frac{dx^i}{d\eta} = \frac{p^i}{p_0} = \frac{-\dfrac{1}{a^2}(1+2\Phi)\,p_i}{p^0} = l^i(1+2\Phi), \tag{9.15}$$

其中 $l^i \equiv -p_i/p$. 把 p^0 和 p^i 用 p_i 表示出来, 并把度规(9.12)代入(9.13)的第二个方程中去, 就得到

$$\frac{dp_\alpha}{d\eta} = \frac{1}{2}\frac{\partial g_{\gamma\delta}}{\partial x^\alpha}\frac{p^\gamma p^\delta}{p^0} = 2p\frac{\partial\Phi}{\partial x^\alpha}. \tag{9.16}$$

温度涨落的方程　利用测地线方程(9.15)和(9.16), 玻尔兹曼方程(9.7)可写成如下形式:

$$\frac{\partial f}{\partial\eta} + l^i(1+2\Phi)\frac{\partial f}{\partial x^i} + 2p\frac{\partial\Phi}{\partial x^j}\frac{\partial f}{\partial p_j} = 0. \tag{9.17}$$

因为 f 只是单变量

$$y \equiv \frac{\omega}{T} = \frac{p_0}{T\sqrt{g_{00}}} \simeq \frac{p}{T_0 a}\left(1+\Phi-\frac{\delta T}{T_0}\right) \tag{9.18}$$

的函数, 玻尔兹曼方程在微扰论的 0 阶就退化成

$$(T_0 a)' = 0, \tag{9.19}$$

而在线性阶为

$$\left(\frac{\partial}{\partial\eta} + l^i \frac{\partial}{\partial x^i}\right)\left(\frac{\delta T}{T} + \Phi\right) = 2\frac{\partial\Phi}{\partial\eta}. \tag{9.20}$$

求解 (9.19)的 0 阶方程告诉我们, 均匀宇宙中的背景辐射的温度是反比于宇宙的标度因子的, 而(9.20)的线性阶方程确定了微波背景的温度扰动. 就实际的情况而言, 宇宙在复合之后就是物质主导的, 且 Φ 中的主要模式是常数①. 所以, (9.20)的右边等于零. 其左边的算符只是一个时间全导数, 故而我们得到沿着类光测地线有

$$\left(\frac{\delta T}{T} + \Phi\right) = \text{常数}. \tag{9.21}$$

引力势在微波背景涨落上的影响称为萨克斯-沃尔夫效应 (Sachs-Wolfe effect).

现实中, 辐射在复合刚结束那段时间是一个很小但并非完全可忽略的能量组分, 这样 Φ 实际上是随时间慢变的. 相应地, 根据(9.20), 线性组合 $(\delta T/T + \Phi)$ 也有所变化, 其变化的量正比于 $\partial\Phi/\partial\eta$ 沿着光子测地线的积分. 这样一种由物质-辐射相等时刻之后的残余辐射引起引力势改变, 从而导致温度涨落变化的现象称为早期积分萨克斯-沃尔夫效应 (early integrated Sachs-Wolfe effect). 在宇宙演化的后期, 当暗能量 (无论是精质 (quintessence) 或是真空能) 主导的时候, 引力势又开始发生变化, 从而再次对温度涨落产生贡献. 这种现象通常被称为晚期积分萨克斯-沃尔夫效应 (late integrated Sachs-Wolfe effect). 为了简化我们的最终公式, 我们将忽略这两种积分萨克斯-沃尔夫效应, 因为它们在任何情况下的贡献都不会大于涨落的大小的 10%—20%. 读者可以轻易地将下面推导出来的公式进行推广, 以包含这些效应.

自由冲流 我们考虑自由光子的初始分布, 其温度为 $T + \delta T$, 且

$$\frac{\delta T}{T}(\eta_i, \mathbf{x}, \mathbf{l}) = A_k \sin(\mathbf{k}\cdot\mathbf{x})\, g(\mathbf{l}) \tag{9.22}$$

在这种情况下, 辐射能量密度是不均匀的, 且其空间上的变化正比于

$$\left\langle \frac{\delta T}{T} \right\rangle_{\mathbf{l}} = A_k \sin(\mathbf{k}\cdot\mathbf{x})\, \langle g\rangle_{\mathbf{l}},$$

其中 $\langle\rangle_{\mathbf{l}}$ 表示沿着 $\mathbf{l}$ 的方向做平均.

① Φ 的演化参见(7.71)式和图 7-2.

习题 9.2 忽略掉(9.20)中的引力势 Φ, 然后证明在宇宙演化晚期①

$$\left\langle \frac{\delta T}{T}(\eta) \right\rangle_1 = \frac{\sin(k(\eta-\eta_i))}{k(\eta-\eta_i)} \left\langle \frac{\delta T}{T}(\eta_i) \right\rangle_1. \tag{9.23}$$

因此, 在 $\eta \gg \eta_i$ 时, 自由光子的能量密度的空间不均匀性的初始值会按照不均匀性的尺度与哈勃半径的比压低. 这种阻尼效应称为自由冲流 (free-streaming). 这种压低是来自不同区域的具有不同温度的光子到达给定点之后混合起来的结果.

和希尔克阻尼不同, 自由冲流导致光子分布函数的空间变化 (x 依赖) 按照 k 的幂律减小, 而不是按照 k 的指数减小②. 此外, 自由冲流并没有让分布函数变得更加各向同性. 虽然光子分布的空间变化 (x 依赖) 被阻尼掉了, 初始的角各向异性 (l 依赖) 还是保存着. 注意在超视界尺度上的扰动没有受到影响, 因为那些尺度上的光子是没有机会混合的.

9.3 初 条 件

我们从(9.15)可以看到, 在现在的时间 η_0 坐落在 x_0^i 处的观测者看到的从 l^i 方向上来的光子是沿着如下测地线传播的:

$$x^i(\eta) \simeq x_0^i + l^i(\eta - \eta_0). \tag{9.24}$$

所以, 利用(9.21), 我们发现在目前的天空上看到的 l^i 方向上的 $\delta T/T$ 等于

$$\frac{\delta T}{T}(\eta_0, x_0^i, l^i) = \frac{\delta T}{T}(\eta_r, x^i(\eta_r), l^i) + \Phi(\eta_r, x^i(\eta_r)) - \Phi(\eta_0, x_0^i), \tag{9.25}$$

其中 η_r 是复合时的共形时间, 而 $x^i(\eta_r)$ 由(9.24)给出. 因为我们只能在宇宙中的唯一一个点观测, 所以我们只对温度涨落的 l^i 依赖感兴趣. 这样的话, 上面的最后一项就可以忽略掉, 因为它只贡献单极矩. 由此我们得出 $(\delta T/T)_0$ 的角度依赖来自于两个部分: ① 最后散射面上的 "初始" 的温度涨落; ② 同一位置的引力势 Φ 的值. 这里的前一个贡献 $(\delta T/T)_r$ 可以用最后散射面上的引力势及光子能量密度涨落 $\delta_\gamma \equiv \delta\varepsilon_\gamma/\varepsilon_\gamma$ 表示出来. 为此, 我们需要在退耦之前使用*流体力学*能动张量描述辐射, 而在退耦之后使用*动理学*能动张量描述自由光子气体, 并把它们连接起来. 描述自由光子气体的能动张量是

$$T^\alpha_\beta = \frac{1}{\sqrt{-g}} \int f \frac{p^\alpha p_\beta}{p^0} d^3p. \tag{9.26}$$

① (9.23)式右边尖括号内的变量原文为 η_{in}, 据文意改.

② 希尔克阻尼见 7.4.2 节. 此处说到的指数压低见(7.127)式.

把度规(9.12)代入(9.26), 并假设普朗克分布(9.8), 我们得到了动理学能动张量的00 分量的线性阶表达式

$$T_0^0 \simeq \frac{1}{a^4(1-2\Phi)}\int \bar{f}\left(\frac{\omega}{T}\right)p_0 d^3p \simeq (T_0)^4 \int \left(1+4\frac{\delta T}{T_0}\right)\bar{f}(y)y^3 dy d^2 l, \quad (9.27)$$

其中 $y \equiv \omega/T$, 而 p_0 和 p 已经通过(9.14)和(9.18)两式用 ω 表示出来了. 关于 y 的积分可以显式地积出并简单地给出一数值因子, 这使得在乘上 $4\pi(T_0)^4$ 之后, 它就能表示未扰动辐射的能量密度. 这个描述复合时刻之后的光子气体的表达式应该和描述复合之前的辐射的流体力学能动张量 $T_0^0=\varepsilon_\gamma(1+\delta_\gamma)$ 连续地连接起来. 这个连接条件意味着

$$\delta_\gamma = 4\int \frac{\delta T}{T}\frac{d^2 l}{4\pi}. \quad (9.28)$$

类似地, 我们可以从(9.26)推出动理学能动张量的其他分量:

$$T_0^i \simeq 4\varepsilon_\gamma \int \frac{\delta T}{T} l^i \frac{d^2 l}{4\pi}. \quad (9.29)$$

取上面这个表达式的散度, 并和(7.117)中复合之前的辐射的流体力学能动张量的散度作比较, 我们就得到第二个连接条件

$$\delta'_\gamma = -4\int l^i \nabla_i \left(\frac{\delta T}{T}\right)\frac{d^2 l}{4\pi}, \quad (9.30)$$

这里我们已经忽略掉了辐射对引力势的贡献, 即令 $\Phi'(\eta_r)=0$.

容易证明, 为了同时满足(9.28)和(9.30)两式, 温度涨落的空间傅里叶分量应该和辐射的能量密度不均匀性按照下式联系起来:

$$\left(\frac{\delta T}{T}\right)_{\mathbf{k}}(\mathbf{l},\eta_r) = \frac{1}{4}\left(\delta_{\mathbf{k}} + \frac{3i}{k^2}\left(k_m l^m\right)\delta'_{\mathbf{k}}\right). \quad (9.31)$$

从这个式子开始, 我们将在本章中忽略掉所有的 γ 下标, 只要注意到记号 δ 总是用来表示辐射的能量密度涨落的分率即可. 将(9.31)代入(9.25)的傅里叶展开式, 我们就得到在 $\mathbf{x}_0 \equiv (x^1,x^2,x^3)$ 点观测到的来自于 $\mathbf{l} \equiv (l^1,l^2,l^3)$ 方向的温度涨落的最终表达式

$$\frac{\delta T}{T}(\eta_0,\mathbf{x}_0,\mathbf{l}) = \int\left[\left(\Phi+\frac{\delta}{4}\right)_{\mathbf{k}} - \frac{3\delta'_{\mathbf{k}}}{4k^2}\frac{\partial}{\partial\eta_0}\right]_{\eta_r} e^{i\mathbf{k}\cdot(\mathbf{x}_0+\mathbf{l}(\eta_r-\eta_0))}\frac{d^3k}{(2\pi)^{3/2}}, \quad (9.32)$$

其中 $k\equiv|\mathbf{k}|$, $\mathbf{k}\cdot\mathbf{l}\equiv k_m l^m$, 以及 $\mathbf{k}\cdot\mathbf{x}_0 \equiv k_n x_0^n$. 因为 η_r/η_0 小于 1/30, 考虑到 η_0 的大小, 我们可以在这个表达式中忽略掉 η_r. 方括号中的第一项反映了辐射能

量密度自身的不均匀性的初始值和萨克斯-沃尔夫效应的组合的结果, 第二项则和复合时期的重子-辐射等离子体的速度有关. 因此这后一项常常在文献中被称为多普勒效应对涨落的贡献. 温度各向异性的功率谱上的特征峰 (见下文) 有时候被称作 "多普勒峰" (Doppler peaks), 不过我们将会看到多普勒项并不是造就这些峰的主因.

9.4 关联函数和多极矩

宇宙微波背景温度涨落的各向异性全天图可以用关联函数的无穷序列来完全描述. 暴胀模型的预言以及目前的观测数据都支持温度涨落的谱是高斯型的. 若果真如此, 那么只有偶数阶的关联函数是非零的, 且它们全部可以直接用两点关联函数 (two-point correlation function)(也称为温度自关联函数 (autocorrelation function)) 来描述:

$$C(\theta) \equiv \left\langle \frac{\delta T}{T_0}(\mathbf{l}_1) \frac{\delta T}{T_0}(\mathbf{l}_2) \right\rangle, \tag{9.33}$$

其中尖括号 $\langle\rangle$ 表示的是在所有的满足 $\mathbf{l}_1 \cdot \mathbf{l}_2 = \cos\theta$ 的方向上做平均. 两个张角为 θ 的方向上的温度差的平方在全天空上做平均之后的结果与 $C(\theta)$ 通过下式联系起来:

$$\left\langle \left(\frac{\delta T}{T_0}(\theta) \right)^2 \right\rangle \equiv \left\langle \left(\frac{T(\mathbf{l}_1) - T(\mathbf{l}_2)}{T_0} \right)^2 \right\rangle = 2(C(0) - C(\theta)). \tag{9.34}$$

温度自关联函数是一个早期宇宙细节的指纹. 它首先可用来区分各种不同的宇宙学模型, 然后一旦模型确定下来, 即可用来确定模型中的基本参数. 三点函数, 亦称为*双谱* (*bispectrum*), 可用来敏感地探测非高斯性对涨落谱的贡献, 因为它在高斯极限下是严格为零的.

宇宙微波背景还带有偏振. 我们构建一组扩展的 n 点关联函数, 就可以用它来描述长距离上的偏振的关联以及偏振与温度涨落之间的关联. 然而本书作为基础教材, 还是只关注计算温度自关联函数, 因为这东西在目前已被证明是最有用的. 我们可以轻易将它推广到其他关联函数.

宇宙在大尺度上是均匀且各向同性的. 相应地, 从一个优先观测点 (即地球) 对全天空的所有方向做平均的结果应该接近于许多空间点的观测者在给定方向看到的结果的平均值. 后一种平均对应于*宇宙均值* (*cosmic mean*), 它由描述不均匀性的随机场的关联函数决定. 局域测量值的均方根 (root-mean-square) 和宇宙均值的均方根之间的差称为*宇宙方差* (*cosmic variance*). 这个差别起源于单个观测者导致的糟糕统计性质，且依赖于在一个视界内的随机不均匀性的合适的样本数量. 宇宙方差在小角度上是微小的，但是在角度大于 10° 的情况下开始变得重要.

宇宙方差是一种无法避免的不确定性，不过实验通常还会导致另一种额外的不确定性，它是由于我们只能观测到全天的有限部分而造成的. 它与宇宙均值之间的差别称为*样本方差* (*sample variance*)，它反比于我们测量的区域的面积所占全天的比. 当测量的区域趋于全天的时候，样本方差也就趋近于宇宙方差.

因为随机涨落的均匀和各向同性的性质，我们可以通过在观测位置 $\mathbf{x}_0$ 上固定方向 $\mathbf{l}_1$ 和 $\mathbf{l}_2$ 然后求平均的方法来计算角关联函数 $C(\theta)$ 的宇宙均值. 对高斯场来说，这等价于对相应的随机傅里叶分量取系综平均，$\langle\Phi_\mathbf{k}\Phi_{\mathbf{k}'}\rangle = |\Phi_k|^2\delta(\mathbf{k}+\mathbf{k}')$，等等. 牢记这一事实，并把(9.32)代入(9.33)中去，然后积掉 $\mathbf{k}$ 的角度部分，温度自关联函数的宇宙均值就可以写为

$$C(\theta)=\int\left(\Phi_k+\frac{\delta_k}{4}-\frac{3\delta_k'}{4k^2}\frac{\partial}{\partial\eta_1}\right)\left(\Phi_k+\frac{\delta_k}{4}-\frac{3\delta_k'}{4k^2}\frac{\partial}{\partial\eta_2}\right)^*\times\frac{\sin\left(k\left|\mathbf{l}_1\eta_1-\mathbf{l}_2\eta_2\right|\right)}{k\left|\mathbf{l}_1\eta_1-\mathbf{l}_2\eta_2\right|}\frac{k^2dk}{2\pi^2}, \tag{9.35}$$

其中在取完对 η_1 和 η_2 的导数之后，我们设 $\eta_1=\eta_2=\eta_0$. 注意到有如下的常用展开式[①]:

$$\frac{\sin\left(k\left|\mathbf{l}_1\eta_1-\mathbf{l}_2\eta_2\right|\right)}{k\left|\mathbf{l}_1\eta_1-\mathbf{l}_2\eta_2\right|}=\sum_{l=0}^{\infty}(2l+1)j_l(k\eta_1)j_l(k\eta_2)P_l(\cos\theta), \tag{9.36}$$

其中 $P_l(\cos\theta)$ 和 $j_l(k\eta)$ 分别是 l 阶的勒让德多项式和球贝塞尔函数. 利用上式，我们可以把 $C(\theta)$ 重写为*多极矩* (multipole moments) C_l 的离散求和形式:

$$C(\theta)=\frac{1}{4\pi}\sum_{l=2}^{\infty}(2l+1)C_lP_l(\cos\theta). \tag{9.37}$$

这里我们已经把单极矩和偶极矩 ($l=0,1$) 给排除在外了. 而其他多极矩则是

$$C_l=\frac{2}{\pi}\int\left|\left(\Phi_k(\eta_r)+\frac{\delta_k(\eta_r)}{4}\right)j_l(k\eta_0)-\frac{3\delta_k'(\eta_r)}{4k}\frac{dj_l(k\eta_0)}{d(k\eta_0)}\right|^2k^2dk. \tag{9.38}$$

---

① 这是盖根鲍尔加法定理 (Gegenbauer's addition theorem)

$$\frac{J_\nu(\varpi)}{\varpi^\nu}=2^\nu\Gamma(\nu)\sum_{l=0}^{\infty}(\nu+l)\frac{J_{\nu+l}(x)}{x^\nu}\frac{J_{\nu+l}(y)}{y^\nu}C_l^\nu(\cos\theta) \tag{9.36a}$$

在 $\nu=1/2$ 时的特殊形式，其中 $\varpi=\left(x^2+y^2-2xy\cos\theta\right)^{1/2}$，而 C_l^ν 是盖根鲍尔多项式. 参见 Watson, *A Treatise on the Theory of Bessel Functions*, Cambridge University Press, 2nd Ed. (1944), Sec.11.4 Eq. (2) and Eq.(3) (P363); 王竹溪，郭敦仁，《特殊函数概论》(科学出版社 1965 年 1 月第一版第一次印刷)，7.13 节 (9) 式.

若 $\delta T/T$ 用球谐函数展开

$$\frac{\delta T(\theta,\phi)}{T_0}=\sum_{l,m}a_{lm}Y_{lm}(\theta,\phi), \tag{9.39}$$

则其复系数 a_{lm} 在均匀且各向同性的宇宙中满足如下条件:

$$\langle a^*_{l'm'}a_{lm}\rangle=\delta_{ll'}\delta_{mm'}C_l, \tag{9.40}$$

这里的尖括号表示的是宇宙均值. 多极矩 $C_l=\langle|a_{lm}|^2\rangle$ 的主要贡献来自于角度 $\theta\sim\pi/l$ 上的温度涨落, 且 $l(l+1)C_l$ 大约就是在这个尺度上的温度涨落的平方的典型值.

习题 9.3　把(9.38)式推广到 $\Phi'_k(\eta_r)\neq 0$ 的情况, 就此将积分萨克斯-沃尔夫效应也考虑进去.

暴胀预言宇宙是平坦的, 且带有高斯型的涨落, 其谱是近标度不变的以及绝热的. 正如我们将要看到的那样, 这些预言会导出温度各向异性功率谱上的某种本质特征: 大角度上有一段平缓的平台, 在 $l\approx 200$ 处出现第一个峰, 之后是一系列峰和谷, 而且随着 l 的继续增大, 其振荡的振幅稳定地下降. 一旦这些特征被确认, 功率谱的精确测量就可用来限制那些暴胀没法唯一确定的许多宇宙学参数. 首先是暴胀产生的原初密度不均匀性的振幅 B 及其谱指数 (spectral index) n_S①. 一般暴胀的预言是 $|\Phi_k^2k^3|=Bk^{n_S-1}$ 及 $1-n_S\sim 0.03$—0.08. 振幅 B 不是由暴胀预言确定的. 它是人们根据观测数据拟合出来的②. 其他可用来定义温度功率谱的形状的参数包括哈勃常数 h_{75}, 现在的重子物质密度在临界密度中的占比 Ω_b, 总物质 (重子物质加上冷暗物质) 密度的占比 Ω_m, 以及真空能 (或者精质) 密度的占比 Ω_Λ.

目前的数据与暴胀的预言相符, 并支持我们的宇宙是平坦的, 且由大约 5% 的重子物质, 25% 的冷暗物质, 以及 70% 的暗能量组成. 我们将采用这些值作为我

① 原文为 "谱指数 n". 根据下文改. 此外, 这里的谱指数就是 8.3 节所谓的谱倾斜 (spectral tilt). 在下文 (9.8 节) 中也称为谱斜率 (spectral slope).

② 暴胀期间生成的牛顿势的原初扰动谱的幅度 B 可以用(8.104)推导出来. 最近的文献里原初扰动通常是用共动曲率扰动 $\mathcal{R}$ 的功率谱来表示的,

$$\mathcal{P}_\mathcal{R}(k)\equiv\frac{k^3}{2\pi^2}|\mathcal{R}_k|^2=A_S\left(\frac{k}{k_*}\right)^{n_S-1+\frac{1}{2}\frac{dn_S}{d\ln k}\ln\frac{k}{k_*}+\cdots}.$$

普朗克卫星探测器在 2018 年给出的限制是在 68% 的置信度水平上有 $n_S=0.9649\pm0.0042$ 以及 $A_S=(2.105\pm0.030)\times10^{-9}$. 参见 Planck collaboration, *Planck 2018 Results. VI. Cosmological Parameters*, Astron.Astrophys. 641 (2020) A6, Astron.Astrophys. 652 (2021) C4 (erratum), arXiv: 1807.06209.

们的基准模型 (fiducial model), 它也被称为协和模型 (*concordance model*). 我们计算温度涨落谱时会在协和模型的参数取值附近的一段区间内取参数.

9.5 大角度上的各向异性

大角度 ($\theta \gg 1°$) 上的涨落是由那些在复合时波长超出视界的不均匀性引起的. 它们自暴胀结束以来没有什么机会产生显著的演化, 因此它们的谱还保留了原初不均匀性的原始信息. 本节里我们将要证明, 对暴胀预言的扰动来说, 其大角度上温度涨落的谱有个平坦的平台, 其高度和斜率主要是由原初不均匀性的振幅和谱指数决定的, 而且基本上和其他的宇宙学参数没什么关系.

复合时的哈勃尺度 $H_r^{-1} = 3t_r/2$ 在目前的天空上张开 0.87° 的角度 (见(2.73)). 所以, 本节的结果适用于 $\theta \gg 1°$, 或者说 $l \ll \pi/\theta_H \sim 200$ 的情况.

正如在 7.4 节已展示过的那样, 对 $k\eta_r \ll 1$ 的绝热扰动, 其辐射组分的能量密度扰动分率可用引力势表示出来:

$$\delta_k(\eta_r) \simeq -\frac{8}{3}\Phi_k(\eta_r), \quad \delta_k'(\eta_r) \simeq 0. \tag{9.41}$$

根据(9.32)式, 来自大尺度不均匀性的温度涨落的结果是[①]

$$\frac{\delta T}{T}(\eta_0, \mathbf{x}_0, \mathbf{l}) \simeq \frac{1}{3}\Phi(\eta_r, \mathbf{x}_0 - \mathbf{l}\eta_0). \tag{9.42}$$

也就是说, 某方向上的温度涨落的幅度大小等于在最后散射面上发射出这些光子的那一点处的引力势的三分之一. 在上面这个估算式中我们忽略了辐射对引力势的贡献和两种积分萨克斯-沃尔夫效应. 这些效应引起的修正都是不太重要的.

物质-辐射相等时刻之后, 超视界的引力势减小到原来的 9/10. 考虑到这个事实, 将(9.41)代入(9.38)中去, 并利用恒等式[②]

---

① 这是对(9.32)式做傅里叶逆变换的结果, 并根据 $\eta_r \ll \eta_0$ 扔掉了 $\mathbf{l}\eta_r$.

② 这个恒等式来自于推广的韦伯-夏福海特林 (Weber-Schafheitlin) 积分:

$$\int_0^\infty \frac{J_\mu(as)J_\nu(as)}{s^\lambda}ds = \frac{\left(\frac{a}{2}\right)^{\lambda-1}\Gamma(\lambda)\Gamma\left(\frac{\mu}{2}+\frac{\nu}{2}-\frac{\lambda}{2}+\frac{1}{2}\right)}{2\Gamma\left(\frac{\lambda}{2}+\frac{\nu}{2}-\frac{\mu}{2}+\frac{1}{2}\right)\Gamma\left(\frac{\lambda}{2}+\frac{\mu}{2}+\frac{\nu}{2}+\frac{1}{2}\right)\Gamma\left(\frac{\lambda}{2}+\frac{\mu}{2}-\frac{\nu}{2}+\frac{1}{2}\right)}$$
$$(\mathbf{Re}(\mu+\nu+1) > \mathbf{Re}(\lambda) > 0) \tag{9.43a}$$

利用 $j_l(s) = \sqrt{\frac{\pi}{2s}}J_{l+1/2}(s)$, 只要令 $\mu = \nu = l + 1/2$, $a = 1$, $\lambda = 2 - m$, 就可以得到(9.43)式. 注意到这个公式的成立条件是 $2(l+1) > 2 - m > 0$. 对近标度不变谱有 $\Phi_k^2 \sim k^{-3}$, 即 $m \sim 0$, 因此这个条件没有问题. 参见 Watson, *A Treatise on the Theory of Bessel Functions*, Cambridge University Press, 2nd Ed. (1944), Sec.13.41 Eq.(2) (P403); 王竹溪, 郭敦仁,《特殊函数概论》(科学出版社 1965 年 1 月第一版第一次印刷), 7.15 节 (11) 式.

$$\int_0^\infty s^{m-1} j_l^2(s) ds = 2^{m-3} \pi \frac{\Gamma(2-m)\Gamma\left(l+\frac{m}{2}\right)}{\Gamma^2\left(\frac{3-m}{2}\right)\Gamma\left(l+2-\frac{m}{2}\right)} \tag{9.43}$$

来计算这个积分, 我们发现对于一个标度不变的原初谱 $|(\Phi_k^0)^2 k^3| = B$, 温度涨落各向异性的谱在大角度 (即 $l \ll 200$) 上存在一个平台:

$$l(l+1)C_l \simeq \frac{9B}{100\pi} = \text{常数}. \tag{9.44}$$

因为大角度上的贡献主要来自于超视界的不均匀性, 我们在这里忽略掉了亚视界的模对功率谱的修正. 实际上, 每一个 C_l 都要在所有的 k 上做加权积分, 也包括那些近视界的和亚视界的尺度. 这些尺度上的涨落的振幅相比于超视界的值或大或小. 上面的结果直到 l 取 20 左右都是个不错的近似. 对 $l > 20$, 忽略掉的那些效应开始变得重要, 它们首先导致温度涨落振幅的升高, 随之而来的是一系列声学峰.

习题 9.4 如果原初功率谱不是标度不变的, 即 $|(\Phi_k^0)^2 k^3| = Bk^{n_S-1}$. 假设 $|n_s - 1| \ll 1$, 求对(9.44)的修正.

习题 9.5 考虑 7.3 节提到过的熵扰动, 确定它对(9.42)的修正.

不幸的是, 从一个单独的优先点收集到的原初功率谱的统计性质的信息受到宇宙方差的限制. 因为只有 $2l+1$ 个独立的 a_{lm}, 这个方差是

$$\frac{\Delta C_l}{C_l} \simeq (2l+1)^{-1/2}. \tag{9.45}$$

典型的涨落对四极矩 ($l=2$) 有 50%, 对 $l \sim 20$ 有 15%. 这样, 为了得到原初不均匀性的谱的精确限制, 我们被迫去研究更小的角度. 糟糕的是, 对这些尺度我们无法忽略扰动的演化. 换个角度看, 如果能从小尺度的涨落中剥离后期演化的效应, 我们就可以同时得到原初功率谱的信息和控制宇宙演化的参数的信息.

9.6 延迟复合和有限厚度效应

在小角度上, 复合不能再当作瞬时完成的了. 复合过程要持续一段有限的时间意味着光子最后一次散射发生的时间和地点有了不确定性. 其结果是在某一给定方向上到达观测者的光子只能产生 “抹掉” (smeared out) 后的信息. 相应地, 这导

致小角度上的温度涨落的压低, 称为有限厚度效应 (finite thickness effect). 最后散射发生的时间的延展也增加了希尔克阻尼的尺度, 改变了光子发生最后散射时所处区域中的一些条件.

我们首先考虑有限厚度效应. 一个从 1 方向到达观测者的光子的最后散射可能发生在红移 $1200 > z > 900$ 的任意时刻. 如果最后散射发生在共形时间 η_L, 则光子携带了

$$\mathbf{x}(\eta_L) = \mathbf{x}_0 + \mathbf{l}(\eta_L - \eta_0)$$

点处的物理条件的相关信息. 因为来自于 1 方向的光子的总通量是由那些在一段时间 $\Delta\eta_r$ 里最后散射的光子组成的, 所以它们所携带的信息相当于要在一段尺度 $\Delta x \sim \Delta\eta_r$ 上做加权平均. 这里 $\Delta\eta_r$ 就是复合阶段大致持续的时间. 很明显, 那些小于 $\Delta\eta_r$ 的不均匀性对温度涨落的贡献会被抹掉, 因此是被强烈压低的.

我们现在计算在物理时间 t_L(对应于共形时间 η_L) 时一个光子在时间间隔 Δt_L 内散射并在之后直到现在 t_0 都没有散射的概率. 我们可以将 $t_0 > t > t_L$ 的时间间隔分为 N 份, 每份间隔是 Δt. 其中, 第 j 个时间间隔是从 $t_j = t_L + j\Delta t$ 时刻开始的, 而 $N > j > 1$. 这样, 可算出其概率是

$$\Delta P = \frac{\Delta t_L}{\tau(t_L)}\left(1 - \frac{\Delta t}{\tau(t_1)}\right)\cdots\left(1 - \frac{\Delta t}{\tau(t_j)}\right)\cdots\left(1 - \frac{\Delta t}{\tau(t_N)}\right), \tag{9.46}$$

其中

$$\tau(t_j) = \frac{1}{\sigma_T n_t(t_j) X(t_j)}$$

是汤姆孙散射 (Thomson scattering) 的平均自由时间, n_t 是全部 (包括束缚的和自由的) 电子数, X 是电离度 (ionization fraction)①. 取 $N \to \infty$ 的极限 (即 $\Delta t \to 0$), 并将物理时间 t 转换成共形时间 η, 我们可以得到

$$dP(\eta_L) = \mu'(\eta_L)\exp\left[-\mu(\eta_L)\right] d\eta_L, \tag{9.47}$$

其中一撇表示对共形时间求导数, 而 $\mu(\eta_L)$ 是光深 (optical depth):

$$\mu(\eta_L) \equiv \int_{t_L}^{t_0} \frac{dt}{\tau(t)} = \int_{\eta_L}^{\eta_0} \sigma_T n_t X_e a(\eta) d\eta. \tag{9.48}$$

最后散射时间的不确定性促使我们去修正温度涨落的表达式(9.32). 将复合时刻

① 电离度 X_e 的定义见 3.6.2 节 (3.187) 式. 注意本节中除了(9.48)式之外, 其他电离率的下标 e 均未写出.

η_r 换成 η_L, 然后带着权重(9.47)对 η_L 进行积分①:

$$\frac{\delta T}{T} = \iint \left[\Phi + \frac{\delta}{4} - \frac{3\delta'}{4k^2}\frac{\partial}{\partial \eta_0}\right]_{\eta_L} e^{i\mathbf{k}\cdot(\mathbf{x}_0 + \mathbf{l}(\eta_L - \eta_0))}\mu' e^{-\mu} d\eta_L \frac{d^3k}{(2\pi)^{3/2}}. \tag{9.49}$$

和(9.32)不一样的是, 这里我们不能忽略 η_L 了. 这是因为当能见度函数 (visibility function)

$$\mu'(\eta_L)\exp[-\mu(\eta_L)]$$

显著偏离 0 的时候, 在 $\Delta\eta_r$ 的时间间隔内, (9.49)里的振荡的指数因子会在 $k > (\Delta\eta_r)^{-1}$ 的情况下剧烈地变化. 能见度函数在很小的 η_L(因为 $\mu \gg 1$) 和很大的 η_L(因为 $\mu' \to 0$) 时都为 0, 而在 η_r 处达到极大值. η_r 由下式确定:

$$\mu'' = \mu'^2 \tag{9.50}$$

因为复合实际上是在一定时间间隔内发生的, 我们将用 η_r 来代表能见度函数达到其极大值的共形时间. 这个极大值落在红移 $1200 > z > 900$ 的一段狭窄的区间内. 在这个短暂的时间间隔中, 标度因子和总数密度 n_t 并没有发生实质性的变化, 所以我们就取它们在 $\eta = \eta_r$ 时的值. 另一方面, 电离率 X 在相同的时间间隔中变化了好几个数量级, 因此它的改变不能忽略. 我们将(9.48)代入(9.50), 就可以将确定 η_r 的条件重新写为

$$X_r' \simeq -(\sigma_T n_t a)_r X_r^2, \tag{9.51}$$

下标 r 表示取值在 η_r 时刻. 红移在 $1200 > z > 900$ 的范围内时, X 能用 (3.202) 式很好地描述. 它依赖于时间的变化主要是从指数因子里面来的, 因此

$$X' \simeq -\frac{1.44 \times 10^4}{z}\mathcal{H}X, \tag{9.52}$$

其中 $\mathcal{H} \equiv a'/a$. 把这个关系代入(9.51)中去, 我们就得到

$$X_r \simeq \mathcal{H}_r \kappa \left(\sigma_T n_t a\right)_r^{-1}, \tag{9.53}$$

其中 $\kappa \equiv 14400/z_r$. 这个方程和 (3.202) 式一起用就可以确定能见度函数取极大值是在红移为 $z_r \simeq 1050$ 处. 这结果和宇宙学参数的值无关. 这时候的电离率 X_r 要比退耦时刻 (由 $t \sim \tau_\gamma$ 定义, 见 (3.206)) 的电离率大一个 $\kappa \simeq 13.7$ 的因子. 在接近极大值的地方, 能见度函数可以很好地用一个高斯型函数来近似

$$\mu' \exp(-\mu) \propto \exp\left(-\frac{1}{2}\left(\mu - \ln\mu'\right)_r'' (\eta_L - \eta_r)^2\right). \tag{9.54}$$

① 原文中只有一个积分号. 为了表示这是对 $d\eta_L$ 和 d^3k 都积分的, 且和后文的(9.152)式保持一致, 加上了一重积分号.

在(9.52)和(9.53)的帮助下计算上式中的导数, 就可以得到

$$\mu' \exp(-\mu) \simeq \frac{(\kappa\mathcal{H}\eta)_r}{\sqrt{2\pi}\eta_r} \exp\left(-\frac{1}{2}(\kappa\mathcal{H}\eta)_r^2 \left(\frac{\eta_L}{\eta_r}-1\right)^2\right), \tag{9.55}$$

指数前面的那个因子是对能见度函数加上归一化条件

$$\int \mu' \exp(-\mu) d\eta_L = 1$$

之后算出来的.

(9.49)式的方括号里面的那些东西变化得并没有振荡指数因子那么快, 所以我们可以用它在 $\eta_L = \eta_r$ 处的值来做近似. 这样做之后, 把(9.55)代入(9.49)中去, 并将对 η_L 的积分明显地积出, 我们就得到

$$\frac{\delta T}{T} = \int \left(\Phi + \frac{\delta}{4} - \frac{3\delta'}{4k^2}\frac{\partial}{\partial\eta_0}\right)_{\eta_r} e^{-(\sigma k \eta_r)^2} e^{i\mathbf{k}\cdot(\mathbf{x}_0 + \mathbf{l}(\eta_r-\eta_0))} \frac{d^3k}{(2\pi)^{3/2}} \tag{9.56}$$

其中

$$\sigma \equiv \frac{1}{\sqrt{6}(\kappa\mathcal{H}\eta)_r}. \tag{9.57}$$

在推出(9.56)的过程中我们把 $(\mathbf{k}\cdot\mathbf{l})^2$ 换成了 $k^2/3$, 这是因为扰动的场是各向同性的. 现在, 和 η_0 相比, 我们可以安全地忽略掉指数中的 η_r 了.

为了研究 σ 是如何依赖于宇宙学参数的, 我们还要计算 $(\mathcal{H}\eta)_r$. 复合时期的暗能量组分可以忽略, 因此标度因子可以用 (1.81) 式很好地描述; 这样我们得到

$$(\mathcal{H}\eta)_r = 2 \times \frac{1+(\eta_r/\eta_\star)}{2+(\eta_r/\eta_\star)}. \tag{9.58}$$

利用如下明显的关系式①:

$$\left(\frac{\eta_r}{\eta_\star}\right)^2 + 2\left(\frac{\eta_r}{\eta_\star}\right) \simeq \frac{z_{\mathrm{eq}}}{z_r}, \tag{9.59}$$

我们可以把 η_r/η_0 用物质-辐射相等时刻的红移与复合时的红移之比表示出来. 考虑到这一点并把(9.58)代入(9.57), 我们就得到

$$\sigma \simeq 1.49 \times 10^{-2} \left[1 + \left(1 + \frac{z_{\mathrm{eq}}}{z_r}\right)^{-1/2}\right]. \tag{9.60}$$

① 原文中(9.58)和(9.59)中的 $\eta_\star$ 都写作 η_*. 这里指的是 1.3 节 (1.82) 中定义的 $\eta_\star = \eta_{\mathrm{eq}}/(\sqrt{2}-1)$. 为统一起见, 将此处的 η_* 改为 $\eta_\star$.

z_{eq} 的精确值依赖于物质组分对总能量密度的贡献和早期宇宙中出现的极端相对论性组分的种类数. 若只有三类轻中微子, 则我们有

$$\frac{z_{\text{eq}}}{z_r} \simeq 12.8 \left(\Omega_m h_{75}^2\right). \tag{9.61}$$

参数 σ 只是微弱依赖于冷物质的量和轻中微子的种数: 对 $\Omega_m h_{75}^2 \simeq 0.3$, $\sigma \simeq 2.2 \times 10^{-2}$; 对 $\Omega_m h_{75}^2 \simeq 1$, $\sigma \simeq 1.9 \times 10^{-2}$.

习题 9.6　给定冷物质的密度, 求出 σ 对轻中微子种数的依赖.

下一步我们考虑非瞬时复合是如何影响到希尔克耗散尺度的. 之前已经谈到, 电离率在 $\eta = \eta_r$ 时比退耦时要大一个因子 $\kappa \approx 13.7$, 平均自由程相应地是当时的视界尺度的 $1/\kappa$. 因此, 我们可以尝试用在非理想流体近似下得到的(7.128)式来估算非瞬时复合造成的额外耗散.

习题 9.7　利用电离率的 (3.202) 式 (当电离率降到小于 1 的时候有效) 来计算耗散尺度, 并证明

$$(k_D \eta)_r^{-2} \simeq 4.9 \times 10^{-3} c_s^2 \frac{\sqrt{\Omega_m h_{75}^2}}{\eta_{10}} + \frac{12}{5} c_s^2 \sigma^2. \tag{9.62}$$

这里的第一项就是我们在瞬时复合情况下得到的结果 (方程(7.132)), 其中我们把 $\Omega_m h^2$ 用 $\eta_{10} \equiv 10^{10} n_b / n_\gamma$ 表示出来了 (见 (3.121)). 这一项代表的是复合开始之前的耗散效应. 第二项对应于复合期间产生的额外耗散.

注意到(9.62)中的第二项对应于一个比 η_r 时刻的平均自由程 τ_γ 更小的尺度, 因此不能信任非理想流体近似. 不过, 能见度函数只在 $\Delta\eta \sim \eta_r \sigma$ 的时间间隔内不为 0, 自由光子在这段时间内能传播的共形距离是 $\lambda \sim \eta_r \sigma$. 这个距离大约就是(9.62)的第二项. 辐射的不均匀性只在这种小的距离上被抹平 (主要是因为自由冲流), 在更大的距离上则不行. 所以, (9.62)的结果在小于不均匀性被压低的尺度时还可以用来当作一种合理的粗略估算.

在非常低的重子物质密度情况下, (9.62)的第一项是占主导的, 主要的散射效应发生在电离率明显下降之前. 然而, 对暗物质和重子物质的现实的值, $\Omega_m h_{75}^2 \simeq 0.3$ 及 $\eta_{10} \simeq 5$, 第二项大约是第一项的两倍. 因此, 非瞬时复合对希尔克耗散造成的修正是个重要效应.

习题 9.8　如果重子密度太低的话, 上面用到的近似是不适用的. 试推导出能让我们信任上述结果的 η_{10} (或者 $\Omega_m h_{75}^2$) 的最小值. 在它们小于这个最小值的情况下, 其结果应该如何修正?

小结如下. 我们发现在复合持续一段有限时间的情况下有两种效应. 首先, 阻尼尺度一般来说要比瞬时复合情况下的大一些. 其次, 退耦时刻的不确定性导致小角度的温度涨落被额外压低. 两种效应有一些联系, 但它们是有区别的.

瞬时复合近似下推出来的核心公式可以轻松推广到延迟复合的情况. 也就是说, 辐射不均匀性的阻尼尺度必须用(9.62)来算. 在计算多极矩 C_l 时, 有限厚度导致在(9.38)的积分宗量里出现了一个乘积因子

$$\exp[-2(\sigma k\eta_r)^2].$$

9.7 小角度的各向异性

对大的 l 或者说小的角度, C_l 的贡献主要来自于那些在今天的天空上张角为 $\theta \sim \pi/l$ 的扰动. $l \sim 200$ 的多极矩对应的是复合时期的声速视界. 所以, 造成 $l > 200$ 的温度涨落的那些扰动的波长 $k > \eta_r^{-1}$, 也就是说, 它们在复合之前就进入视界了. 这些扰动经过了演化, 因而产生了对原初功率谱的明显的修正.

在 7.4.2 节中我们在两种极限情况下, 找到了把引力势涨落 Φ_k^0 的初始谱联系到 Φ 和 δ_γ 在复合时期的谱的转移函数. 也就是说, 若扰动在物质-辐射相等时刻之前早就进入视界, 我们用(7.143); 若扰动在相等时刻之后很久才进入视界, 我们用(7.134)①. 然而对宇宙学参数的实际的值来说, 这两种极限下的公式对我们研究那些最令人感兴趣的多极矩 (对应于最初的几个声学峰) 没有太大帮助. (7.143)的近似只对那些在物质-辐射相等时刻之前已经振荡过至少一次的模有效 ($k\eta_{\rm eq} > 2\sqrt{3}\pi \sim 10$), 而(7.134)的近似只对那些进入视界时辐射能量密度相对于物质已经可以忽略的模有效. 如果 $\Omega_m h_{75}^2 \simeq 0.3$, 从(9.61)我们知道 $z_{\rm eq}/z_r \simeq 4$, 故而辐射在复合时仍然占总能量密度的 20% 左右. 这样看来, (7.143)和(7.134)对那些在物质-辐射相等时刻前后进入视界的扰动是很糟糕的近似. 这些扰动正好能产生温度扰动的头几个声学峰. 因为这几个声学峰的准确形状和精确位置能给我们提供宇宙学模型的宝贵信息, 所以值得我们在这个区域内对源函数 $(\Phi_k + \delta_k/4)_r$ 做更好的近似.

9.7.1 转移函数

如果声速的改变很缓慢, 我们就可以在物质-辐射相等时刻之后对亚视界模用 7.4 节中推出来的 WKB 近似解(7.127). 这时, 引力势的变化不是很重要, 因此在给定引力势 Φ_k^0 的原初谱的幅度的情况下, 我们可以得到在复合时的源函数是

$$\left(\Phi_k + \frac{\delta_k}{4}\right)_r \simeq \left[T_p\left(1 - \frac{1}{3c_s^2}\right) + T_o\sqrt{c_s}\cos\left(k\int_0^{\eta_r} c_s d\eta\right) e^{-(k/k_D)^2}\right]\Phi_k^0 \quad (9.63)$$

① 这是对 δ_γ 而言的. 对 Φ 而言, 相应的短波长和长波长极限下的公式分别是(7.142)和(7.133).

及

$$(\delta_k')_r \simeq -4T_o k c_s^{3/2} \sin\left(k\int_0^{\eta_r} c_s d\eta\right) e^{-(k/k_D)^2}\Phi_k^0, \tag{9.64}$$

其中转移函数 T_p 和 T_o 对应于 WKB 解的积分常数. 对于扰动是在辐射物质相等时刻之前还是之后进入视界的两种情况, 这积分常数是不一样的. 在 7.4.2 节里, 我们曾在两种极限情况下算出了它们. 也就是说, 对那些在物质-辐射相等时刻之后很久才进入视界的扰动 ($k\eta_{\rm eq} \ll 1$), 根据(7.134)式,

$$T_p \to \frac{9}{10}; \quad T_o \to \frac{9}{10}\times 3^{-3/4} \simeq 0.4. \tag{9.65}$$

而对那些远早于相等时刻就进入视界的情况 ($k\eta_{\rm eq} \gg 1$), 则根据(7.143)式有

$$T_p \to \frac{\ln(0.15k\eta_{\rm eq})}{(0.27k\eta_{\rm eq})^2} \to 0; \quad T_o \to \frac{3^{5/4}}{2} \simeq 1.97. \tag{9.66}$$

要注意转移函数的变化是非常显著的. 具体地说, 在辐射主导时期进入视界的扰动的 T_p 可以忽略, 而在相等时刻之后很久进入视界的扰动的 T_p 则接近于 1. 这背后的物理非常明显. 正如我们在 7.3.1 节看到的那样, 暗物质组分的亚视界模的引力不稳定性在辐射主导时期是被压低的, 且引力势是衰减的. 对那些在冷物质已占主导的时期才进入视界的模而言, 冷物质组分的不均匀性的振幅会增长, 而引力势不变①. T_o 定义了声波的振幅. 在物质-辐射相等时刻之前很久就进入视界的模的 T_o 比在相等时刻之后很久才进入视界的情况下要大 5 倍左右. 这效应要归因于辐射产生的引力场. $k\eta_{\rm eq}$ 较大的那些模进入视界后会增加声波的振幅, 导致辐射对引力势的贡献很显著.

很明显, 对于那些在物质-辐射相等时刻前后进入视界的扰动, 其转移函数的值理应居于上述两种渐近值之间. 如我们之前提到的那样, 这些 $k\eta_{\rm eq} \sim \mathcal{O}(1)$ 的扰动决定了温度涨落的振幅的最初几个声学峰, 因此是最令我们感兴趣的. 遗憾的是, 在这两种渐近结果之间的区域, 转移函数只能数值计算. 一般来说, T_p 和 T_o 应该依赖于 k 和 $\eta_{\rm eq}$. 按照量纲分析, 它们必须组合在一起以 $k\eta_{\rm eq}$ 的形式出现. 转移函数还依赖于重子密度. 出于简化分析的考虑, 我们将把我们的计算限制在重子密度远小于总的暗物质密度的情况下, 即 $\Omega_b \ll \Omega_m$. 这是个符合实际的极限情况, 因为这个条件在真实宇宙中也满足. 带着这条假设, 相比于冷暗物质, 我们可以忽略掉重子对引力势的贡献, 这样转移函数里对 Ω_b 的依赖就可以忽略. 在忽略重子密度的极限下对 T_p 和 T_o 做数值计算的结果见图 9-1.

① 原文作 "6.4.3 节", 误. 后面这几句话的来源分别是: 在辐射主导时期, 亚视界尺度的冷暗物质密度扰动是衰减的, 见(7.62), 引力势也是衰减的, 见(7.61); 物质为主时期, 冷暗物质的能量密度扰动是增长的, 见(7.56), 引力势不变, 见(7.55).

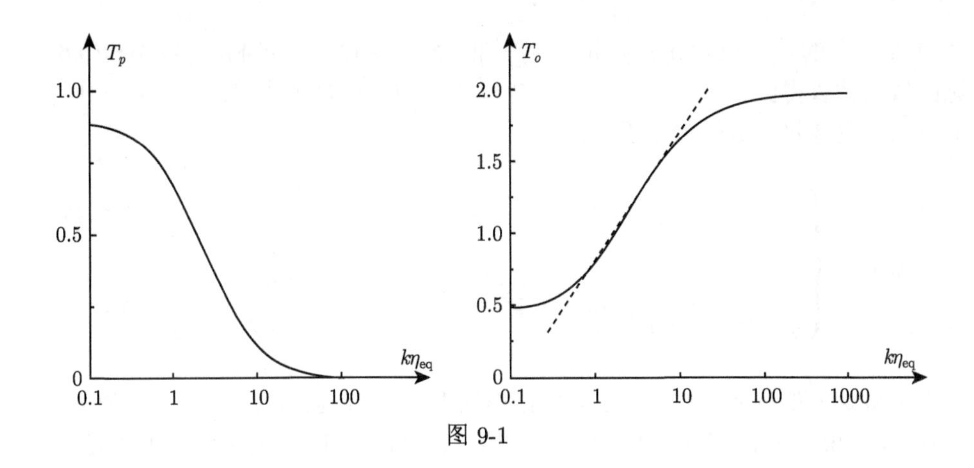

图 9-1

满足 $10 > k\eta_{\rm eq} > 1$ 的中间尺度能给出微波背景各向异性的第一个声学峰的领头阶贡献. 我们可以用下式来近似 T_p 和 T_o:

$$T_p \simeq 0.25 \ln\left(\frac{14}{k\eta_{\rm eq}}\right), \tag{9.67}$$

$$T_o \simeq 0.36 \ln\left(5.6 k\eta_{\rm eq}\right). \tag{9.68}$$

转移函数是单调函数, 并且在相应的极限下趋于(9.65)和(9.66)给出的渐近值.

9.7.2 多极矩

为了计算多极矩 C_l, 我们必须把(9.63)和(9.64)的积分的宗量乘以一个额外的 $\exp(-2(\sigma k\eta_r)^2)$ 因子再代入(9.38)中去. 这是为了包含有限厚度效应. 这样做出来的积分表达式非常复杂, 不过在 $l \gg 1$ 的情况下可以极大简化. 我们首先用如下恒等式消掉(9.38)中的球贝塞尔函数的导数:

$$\left(\frac{dj_l(y)}{dy}\right)^2 = \left[1 - \frac{l(l+1)}{y^2}\right] j_l^2(y) + \frac{1}{2y}\frac{d^2\left(yj_l^2(y)\right)}{dy^2}, \tag{9.69}$$

这个恒等式可以用贝塞尔方程来证明. 把(9.69)代入(9.38), 并做分部积分, 就可以得到

$$C_l = \frac{2}{\pi}\int\left[\left|\Phi + \frac{\delta}{4}\right|^2 k^2 + \frac{9|\delta'|^2}{16}\left(1 - \frac{l(l+1)}{(k\eta_0)^2}\right)\right] \\ \times (1+\Delta) e^{-2(\sigma k\eta_r)^2} j_l^2(k\eta_0) dk, \tag{9.70}$$

其中 Δ 代表的是量级为 η_r/η_0 和 $(k\eta_0)^{-1}$ 的修正. 这可以通过利用(9.63)和(9.64)对源函数做估算得到. 回忆一下, $\eta_r/\eta_0 \lesssim z_r^{-1/2} \sim 1/30$ 是个小量. 当 $l \to \infty$ 时, 我们可以对贝塞尔函数做如下近似:

$$j_l(y) \to \begin{cases} 0, & y < \nu, \\ \dfrac{1}{y^{1/2}(y^2-\nu^2)^{1/4}} \cos\left[\sqrt{y^2-\nu^2} - \nu \arccos\left(\dfrac{\nu}{y}\right) - \dfrac{\pi}{4}\right], & y > \nu, \end{cases} \tag{9.71}$$

其中 $\nu/y \neq 1$ 保持固定且 $\nu \equiv l+1/2$. 根据上式, 只有那些 $y = k\eta_0 > l$ 的模可以贡献到(9.70)的积分, 所以 $(k\eta_0)^{-1} < l^{-1} \ll 1$ 的修正可以忽略掉. 在(9.70)的积分宗量中代入(9.71)的近似表达式, 并注意到 $j_l^2(k\eta_0)$ 的自变量随着 k 的变化要比源函数(9.63)和(9.64)中振荡部分的自变量的变化迅速得多, 因此来自于(9.71)的余弦的平方可以用其平均值 1/2 来替换. 我们得到如下结果:

$$C_l \simeq \frac{1}{16\pi}\int_{l\eta_0^{-1}}^{\infty}\left[\frac{|4\Phi+\delta|^2k^2}{(k\eta_0)\sqrt{(k\eta_0)^2-l^2}} + \frac{9\sqrt{(k\eta_0)^2-l^2}}{(k\eta_0)^3}|\delta'|^2\right]e^{-2(\sigma k\eta_r)^2}dk, \tag{9.72}$$

这里对大的 l 我们已令 $l+1 \approx l$.

让我们考虑原初密度扰动为标度不变谱的情形, 即 $|(\Phi_k^0)^2k^3| = B$, B 是常数. 把(9.63)和(9.64)代入(9.72)并把积分变量换成 $x \equiv k\eta_0/l$, 我们得到的结果是 "振荡的" 函数的积分 (O) 和 "非振荡的" 函数的积分 (N) 之和.

$$l(l+1)C_l \simeq \frac{B}{\pi}(O+N). \tag{9.73}$$

出现在(9.72)里的源函数(9.63)的平方会产生交叉项. 因此振荡部分对 $l(l+1)C_l$ 的贡献可写为两个积分之和:

$$O = O_1 + O_2, \tag{9.74}$$

其中

$$O_1 = 2\sqrt{c_s}\left(1-\frac{1}{3c_s^2}\right)\int_1^{\infty}\frac{T_pT_oe^{\left(-\frac{1}{2}\left(l_f^{-2}+l_S^{-2}\right)^2l^2x^2\right)}\cos(l\varrho x)}{x^2\sqrt{x^2-1}}dx, \tag{9.75}$$

$$O_2 = \frac{c_s}{2}\int_1^{\infty}T_o^2\frac{(1-9c_s^2)x^2+9c_s^2}{x^4\sqrt{x^2-1}}e^{-(l/l_S)^2x^2}\cos(2l\varrho x)dx. \tag{9.76}$$

我们注意到进入 O_1 和 O_2 的余弦函数的周期差 2 倍. 我们很快就会看到, $l(l+1)C_l$ 的谱里的声学峰和谷就是这两项的相长干涉和相消干涉的结果. 参数

$$\varrho \equiv \frac{1}{\eta_0}\int_0^{\eta_r} c_s(\eta)d\eta \tag{9.77}$$

决定了声学峰的位置.

尺度 l_f 和 l_S 分别是有限厚度效应和希尔克耗散引起的阻尼的特征尺度. 它们满足

$$l_f^{-2} \equiv 2\sigma^2\left(\frac{\eta_r}{\eta_0}\right)^2; \quad l_S^{-2} \equiv 2\left(\sigma^2 + (k_D\eta)_r^{-2}\right)\left(\frac{\eta_r}{\eta_0}\right)^2, \tag{9.78}$$

其中 σ 由(9.60)式给出, 而 $k_D\eta_r$ 由(9.62)式估算.

类似地, 非振荡部分对 $l(l+1)C_l$ 的贡献是三个积分的和

$$N = N_1 + N_2 + N_3, \tag{9.79}$$

其中

$$N_1 = \left(1 - \frac{1}{3c_s^2}\right)^2 \int_1^\infty \frac{T_p^2 e^{-(l/l_f)^2x^2}}{x^2\sqrt{x^2-1}}dx, \tag{9.80}$$

$$N_2 = \frac{c_s}{2}\int_1^\infty \frac{T_o^2 e^{-(l/l_S)^2x^2}}{x^2\sqrt{x^2-1}}dx, \tag{9.81}$$

$$N_3 = \frac{9c_s^3}{2}\int_1^\infty T_o^2\frac{\sqrt{x^2-1}}{x^4}e^{-(l/l_S)^2x^2}dx. \tag{9.82}$$

(9.80)正比于重子物质密度的平方①, 因此在没有重子即 $c_s^2 \to 1/3$ 时为零.

微波背景各向异性是一个强大的宇宙学探测器, 因为确定谱 $l(l+1)C_l$ 的参数, 也就是 c_s, l_f, l_S, ϱ, 以及转移函数 T_p 和 T_o 这些, 都可以直接和宇宙学参数 Ω_b, Ω_m, Ω_Λ, 暗能量物态方程 w, 以及哈勃常数 h_{75} 联系起来. 在我们进一步计算确定各向异性的积分之前, 我们先研究一下这些量之间的关系. 以下我们假设暗能量就是真空能密度, 也就是说 $w = -1$.

9.7.3 参数

复合时的声速c_s 只依赖于重子密度. 重子密度可以确定 c_s 和它在纯相对论性光子气中的值 $c_s = 1/\sqrt{3}$ 的差别. 如果我们定义重子密度参数

$$\xi \equiv \frac{1}{3c_s^2} - 1 = \frac{3}{4}\left(\frac{\varepsilon_b}{\varepsilon_\gamma}\right)_r \simeq 17\left(\Omega_b h_{75}^2\right), \tag{9.83}$$

① 原文作 "正比于重子密度", 误. 根据(7.85), 可以得到 $1 - 1/(3c_s^2) = (9/16)\varepsilon_b/\varepsilon_\gamma$. 故(9.80)$\propto \varepsilon_b^2$.

则声速为

$$c_s^2 = \frac{1}{3(1+\xi)}.$$

重子密度为 $\Omega_b h_{75}^2 \simeq 0.035$ 时, 我们有 $\xi \simeq 0.6$. c_s 依赖于重子密度的物理原因是很清楚的. 重子和辐射相互作用导致声波变“重”了, 因此减小了它的速度.

由(9.78)给出的阻尼尺度 l_f 和 l_S 都依赖于比率 η_r/η_0. 为了计算这个比值, 我们引入一个补充时刻 $\eta_0 \gg \eta_x \gg \eta_r$, 这样在 η_x 时刻辐射能量密度已经可以忽略, 而宇宙学项①相比于冷暗物质密度仍然很小. 然后我们就可以分别用精确解 (1.108) 和 (1.81) 来确定 η_x/η_0 和 η_r/η_x.

习题 9.9 证明 $\eta_x/\eta_0 \simeq I_\Lambda z_x^{-1/2}$, 其中

$$I_\Lambda \equiv 3\left(\frac{\Omega_\Lambda}{\Omega_m}\right)^{1/6}\left[\int_0^y \frac{dx}{(\mathrm{sinh}x)^{2/3}}\right]^{-1} \tag{9.84}$$

及 $y \equiv \sinh^{-1}(\Omega_\Lambda/\Omega_m)^{1/2}$. 在平坦宇宙中, $\Omega_\Lambda = 1-\Omega_m$, 然后数值拟合公式

$$I_\Lambda \simeq \Omega_m^{-0.09} \tag{9.85}$$

能在 $0.1 < \Omega_m < 1$ 的区间内以好于 1% 的精度水平作为(9.84)的近似解.

证明 η_x/η_r 等于

$$\frac{\eta_r}{\eta_x} \simeq \left(\frac{z_x}{z_{\mathrm{eq}}}\right)^{1/2}\left[\left(1+\frac{z_{\mathrm{eq}}}{z_r}\right)^{1/2} - 1\right]. \tag{9.86}$$

将习题 9.9 中的关系式组合起来, 我们就可以得到

$$\frac{\eta_r}{\eta_0} = \frac{1}{\sqrt{z_r}}\left[\left(1+\frac{z_r}{z_{\mathrm{eq}}}\right)^{1/2} - \left(\frac{z_r}{z_{\mathrm{eq}}}\right)^{1/2}\right] I_\Lambda. \tag{9.87}$$

再结合这个结果和定义 σ 的(9.60)式, (9.78)就可化为

$$l_f \simeq 1530\left(1+\frac{z_r}{z_{\mathrm{eq}}}\right)^{1/2} I_\Lambda^{-1}, \tag{9.88}$$

这时我们可以回忆一下, 对三种中微子的情况, (9.61)可给出如下关系:

$$\frac{z_r}{z_{\mathrm{eq}}} \simeq 7.8 \times 10^{-2}\left(\Omega_m h_{75}^2\right)^{-1}. \tag{9.89}$$

① 此术语是指爱因斯坦场方程中的常系数度规项, 即宇宙学常数. 它在 $z \lesssim 1$ 时才开始重要.

以上结果说明有限厚度阻尼系数 l_f 只是微弱地依赖于宇宙学项和 $\Omega_m h_{75}^2$. 在 $\Omega_m h_{75}^2 \simeq 0.3$ 和 $\Omega_\Lambda h_{75}^2 \simeq 0.7$ 的情况下, 我们有 $l_f \simeq 1580$. 而在 $\Omega_m h_{75}^2 \simeq 1$ 和 $\Omega_\Lambda h_{75}^2 \simeq 0$ 时有 $l_f \simeq 1600$.

描述有限厚度效应与希尔克阻尼效应的组合效果的尺度 l_S 可以类似地计算, 兹不赘述.

习题 9.10 利用希尔克耗散尺度的估算式(9.62), 证明如下公式:

$$l_S \simeq 0.7 l_f \left\{ \frac{1+0.56\xi}{1+\xi} + \frac{0.8}{\xi(1+\xi)} \frac{\left(\Omega_m h_{75}^2\right)^{1/2}}{\left[1+\left(1+z_{\text{eq}}/z_r\right)^{-1/2}\right]^2} \right\}^{-1/2}. \tag{9.90}$$

这个估算的可信度不那么高, 因为在能见度函数接近其极大值时非理想流体近似不成立. 然而, 对比数值精确解之后发现, 数值算出的 l_S 比(9.90)只是略小, 偏差小于 10%. 不同于 l_f, 尺度 l_S 确实要依赖于以 ξ 描写的重子密度. 然而, 这种依赖只有在 $\xi \ll 1$ 也就是(9.90)式括号里的第二项变得重要的时候才会很强. 在 $\xi = 0.6$ 的情况下, 我们可以算出当 $\Omega_m h_{75}^2 \simeq 0.3$ 时 $l_S \simeq 1100$, 当 $\Omega_m h_{75}^2 \simeq 1$ 时 $l_S \simeq 980$.

用来确定声学峰位置的参数 ϱ 可以通过如下方法计算[①]: 将 $c_s(\eta)$ 表达式

$$c_s(\eta) = \frac{1}{\sqrt{3}} \left[1+\xi\left(\frac{a(\eta)}{a(\eta_r)}\right)\right]^{-1/2} \tag{9.91}$$

中的 $a(\eta)$ 用 (1.81) 式替换, 然后代入(9.77)中积分.

习题 9.11 证明

$$\varrho \simeq \frac{I_\Lambda}{\sqrt{3 z_r \xi}} \ln \left[\frac{\sqrt{\left(1+z_r/z_{\text{eq}}\right)\xi}+\sqrt{1+\xi}}{1+\sqrt{\xi\left(z_r/z_{\text{eq}}\right)}}\right] \tag{9.92}$$

虽然 ϱ 依赖于重子和物质密度的事实是很清楚的, 但这种具体依赖关系却不容易从上式中看出来. 因此, 有必要找一个 ϱ 的拟合公式. 证明数值拟合式

$$\varrho \simeq 0.014(1+0.13\xi)^{-1}\left(\Omega_m h_{75}^2\right)^{1/4} I_\Lambda \tag{9.93}$$

能在 $0 < \xi < 5$ 及 $0.1 < \Omega_m h_{75}^2 < 1$ 的区间内以好于 7% 的精度近似出精确解(9.92). 在这个区间范围内 ϱ 变化了大约 3 倍. 把(9.93)和 I_Λ 的数值拟合结

① 原文为 "参数 ρ". 据上下文改.

果(9.85)结合起来, 我们就可以得到

$$\varrho \simeq 0.014(1+0.13\xi)^{-1}\left(\Omega_m h_{75}^{3.1}\right)^{0.16}. \tag{9.94}$$

请注意这个不同寻常的组合 $\Omega_m h_{75}^{3.1}$. 我们之后将会看到, 正因为这个组合, 我们可以通过测量声学峰的位置及微波谱的其他要素分别确定 Ω_m 和 h_{75}, 因为其他要素只依赖于 $\Omega_m h_{75}^2$ 形式的组合.

参数 ϱ 描述的是复合时刻的声速视界在今日天空上张开的角直径. 声速视界的大小会随着重子密度的增加而下降. 若给定声速视界的物理尺度, 它在今日天空上的角度当然也要依赖于宇宙在复合之后的演化. 这是平坦宇宙中的参数 ϱ 和声学峰的位置为何对宇宙学常数如此敏感的原因.

转移函数T_p 和 T_o 只依赖于

$$k\eta_{\mathrm{eq}}=\frac{\eta_{\mathrm{eq}}}{\eta_0}lx \simeq 0.72\left(\Omega_m h_{75}^2\right)^{-1/2} I_\Lambda l_{200} x, \tag{9.95}$$

其中 $l_{200}\equiv l/200$, $x\equiv k\eta_0/l$.

习题 9.12 证明

$$\frac{\eta_{\mathrm{eq}}}{\eta_0}=\left(\sqrt{2}-1\right)\frac{I_\Lambda}{\sqrt{z_{\mathrm{eq}}}} \simeq 3.57\times 10^{-3}\left(\Omega_m h_{75}^2\right)^{-1/2} I_\Lambda. \tag{9.96}$$

我们将会看到, 对最令人感兴趣的区间 $1000>l>200$, (9.73)中的积分的主要贡献来自于 x 接近于 1 的附近区域, 故 $10>k\eta_{\mathrm{eq}}>1$. 所以, 我们可以对转移函数用近似表达式(9.67)和(9.68). 把它们用 x 和宇宙学参数写出, 是

$$T_p(x) \simeq 0.74-0.25(P+\ln x), \tag{9.97}$$

$$T_o(x) \simeq 0.5+0.36(P+\ln x), \tag{9.98}$$

其中, 函数

$$P(l,\Omega_m,h_{75}) \equiv \ln\left(\frac{I_\Lambda l_{200}}{\sqrt{\Omega_m h_{75}^2}}\right) \tag{9.99}$$

能告诉我们那些可决定多极矩 l 的尺度上的涨落的转移函数如何依赖于宇宙学项与物质能量密度. 转移函数依赖于物质密度的原因已在 9.7.1 节中解释过了.

9.7.4 计算功率谱

我们接下来继续计算多极谱 (multipole spectrum) $l(l+1)C_l$. 在(9.75)和(9.76)中的积分 O_1 和 O_2 的主要贡献来自于 $x=1$ 这一点附近的区域.

习题 9.13 利用稳定点 (鞍点) 方法, 证明对一个缓慢变化的函数 $f(x)$ 有

$$\int_1^\infty \frac{f(x)\cos(bx)}{\sqrt{x-1}}dx \approx \frac{f(1)}{(1+B^2)^{1/4}}\sqrt{\frac{\pi}{b}}\cos\left(b+\frac{\pi}{4}+\frac{1}{2}\arcsin\frac{B}{\sqrt{1+B^2}}\right), \tag{9.100}$$

其中

$$B \equiv \left(\frac{d\ln f}{bdx}\right)_{x=1}.$$

b 较大的情况下我们可以令 $B\approx 0$, 上式即变成

$$\int_1^\infty \frac{f(x)\cos(bx)}{\sqrt{x-1}}dx \approx f(1)\sqrt{\frac{\pi}{b}}\cos\left(b+\frac{\pi}{4}\right). \tag{9.101}$$

(提示　在(9.100)中代入 $x=y^2+1$.)

利用(9.101)来估算(9.75)和(9.76)中的积分, 我们得到

$$O \simeq \sqrt{\frac{\pi}{\varrho l}}\left(\mathcal{A}_1\cos\left(l\varrho+\frac{\pi}{4}\right)+\mathcal{A}_2\cos\left(2l\varrho+\frac{\pi}{4}\right)\right)e^{-(l/l_S)^2}, \tag{9.102}$$

其中的系数是

$$\begin{aligned}\mathcal{A}_1 &\simeq 0.1\xi\frac{(P-0.78)^2-4.3}{(1+\xi)^{1/4}}e^{\frac{1}{2}(l_S^{-2}-l_f^{-2})l^2},\\ \mathcal{A}_2 &\simeq 0.14\frac{(0.5+0.36P)^2}{(1+\xi)^{1/2}}.\end{aligned} \tag{9.103}$$

它们是关于 l 缓慢变化的函数. 在推导这些表达式的时候我们用到了转移函数的近似式(9.97)和(9.98). 这两式仅在 $200<l<1000$ 的范围内有效. 在 $l>1000$ 的时候, 涨落是被强烈压低的. 这个压低效应大致上可以由(9.102)中的那个指数因子来表现. 不过在这个范围内我们期待的精度不如 $200<l<1000$ 时的结果.

我们注意到在此近似下多普勒项对 O 的贡献为零. 精确的数值计算显示对 $l>200$ 振荡积分中的多普勒贡献很小, 大概也就是百分之几.

把(9.97)代入(9.80)以计算非振荡项的贡献 N_1, 我们得到

$$N_1 \simeq \xi^2\left[(0.74-0.25P)^2 I_0-(0.37-0.125P)I_1+0.25^2 I_2\right]. \tag{9.104}$$

其中的积分

$$I_m(l/l_f) \equiv \int_1^\infty \frac{(\ln x)^m}{x^2\sqrt{x^2-1}} e^{-(l/l_f)^2x^2} dx \tag{9.105}$$

虽然可以用超几何函数来算出, 然而其结果晦涩难懂. 因此更有意义的做法是寻找其数值拟合解. 最终结果为

$$N_1 \simeq 0.063\xi^2 \frac{\left[P - 0.22\,(l/l_f)^{0.3} - 2.6\right]^2}{1 + 0.65\,(l/l_f)^{1.4}} e^{-(l/l_f)^2}. \tag{9.106}$$

相似地, 我们可以得到

$$N_2 \simeq \frac{0.037}{(1+\xi)^{1/2}} \frac{\left[P - 0.22\,(l/l_S)^{0.3} + 1.7\right]^2}{1 + 0.65\,(l/l_S)^{1.4}} e^{-(l/l_S)^2}. \tag{9.107}$$

对功率谱的非振荡部分的多普勒贡献的大小可与 N_2 相提并论. 它等于

$$N_3 \simeq \frac{0.033}{(1+\xi)^{3/2}} \frac{\left[P - 0.5\,(l/l_S)^{0.55} + 2.2\right]^2}{1 + 2\,(l/l_S)^2} e^{-(l/l_S)^2}. \tag{9.108}$$

N 的数值拟合结果在多极矩为 $200 < l < 1000$ 的范围内时对大范围的宇宙学参数取值都能达到和精确结果相差不过百分之几的精度.

在 $l > 200$ 时, $l(l+1)C_l$ 的取值和它在低极矩时取值 (平台值) 的比是

$$\frac{l(l+1)C_l}{(l(l+1)C_l)_{\text{低 } l}} = \frac{100}{9}\left(O + N_1 + N_2 + N_3\right), \tag{9.109}$$

其中 O, N_1, N_2 和 N_3 分别在(9.102), (9.106), (9.107)和(9.108)中给出. 在协和模型的情况下 ($\Omega_m = 0.3$, $\Omega_\Lambda = 0.7$, $\Omega_b = 0.04$, $\Omega_{\text{tot}} = 1$, 以及 $H = 70\text{km}\cdot\text{s}^{-1}\cdot\text{Mpc}^{-1}$), 结果在图 9-2中展示, 其中我们画出了总的非振荡贡献和总的振荡贡献 (点虚线). 其和以实线表示.

对于协和模型附近的相当广大的宇宙学参数的取值区域, 我们的结果都能和数值计算的结果符合得很好. 虽然数值代码更加精确, 但解析结果能让我们理解功率谱各向异性的主要要素是怎么出现的, 以及它们如何依赖于宇宙学参数.

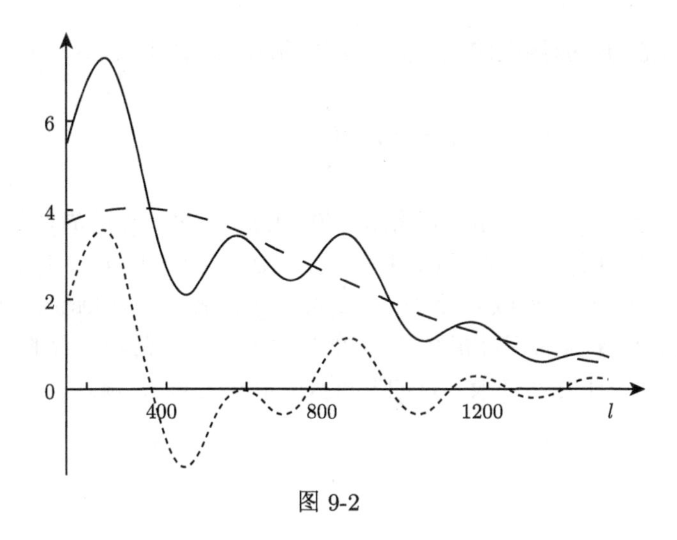

图 9-2

9.8 确定宇宙学参数

假设初始密度扰动谱是高斯型且绝热的 (正如暴胀所预言的那样), 则主要的宇宙学参数如下: 振幅 B 及原初谱的斜率 n_S, 重子密度 $\xi \equiv 17\,(\Omega_b h_{75}^2)$, 冷物质密度 Ω_m, 真空密度 Ω_Λ, 以及哈勃参数 h_{75}. 我们应该考虑当这些参数在它们的最佳拟合值 ($\Omega_m = 0.3$, $\Omega_\Lambda = 0.7$, $\Omega_b = 0.04$, $\Omega_{\text{tot}} = 1$, 以及 $H = 70\text{km}\cdot\text{s}^{-1}\cdot\text{Mpc}^{-1}$) 附近变动时, 功率谱会如何变化. 我们之前得到的公式在上述参数在一大片范围内变化时都成立, 足以覆盖可能的取值范围. 当然, 在非常高或者非常低的密度的极限下用的时候, 这些表达式还是会崩溃的.

描述扰动的公式中的系数按照上文所评论的方式依赖于参数. 牢记这些评论, 读者容易看出谱的主要特征总是这样或那样地依赖于这些参数的原因. 所以, 我们在下面的讨论中就省略掉这些依赖的物理解释了.

平台 对一个接近标度不变的谱来说, 各向异性功率谱在大角度上 ($l < 30$) 是一个接近平坦的平台. 平台的高度和斜率可用以确定原初谱的振幅和谱指数. 其精度主要是被宇宙方差和如下事实所限制的: 小 l 的 C_l 是一个对所有模的带权重的积分, 其中也包括那些波长小于哈勃尺度的模. 后者的贡献就依赖于其他参数, 例如 Ω_b, Ω_m 等. 这阻碍了我们把谱斜率确定到精度好于 10% 的水平. 为了改进精度并确定其他的宇宙学参数, 我们必须到小角度上去研究声学峰及谱的其他特征信息.

峰的位置和宇宙的空间曲率 声学峰是在振荡项 O(由(9.102)给出) 叠加到非振荡贡献 $N(l) = N_1 + N_2 + N_3$ 给出的 "小山包" 时出现的 (见图 9-2). 峰的位置和高度都依赖于这两种不同的贡献. O 里单独出现的振荡峰是由(9.102)里的两

种周期相差两倍的余弦函数的线性叠加给出的. 如果 $|\mathcal{A}_1| \ll \mathcal{A}_2$, 则峰出现在

$$l_n = \pi \varrho^{-1} \left(n - \frac{1}{8} \right), \tag{9.110}$$

其中 $n = 1, 2, 3, \cdots$, 而 ϱ 由(9.94)给出. (9.102)右边第一项的周期是其第二项的周期的 2 倍, 且其振幅 $\mathcal{A}_1$ 是负的. 所以, 振荡在奇数峰处 $(n = 1, 3, \cdots)$ 是相长的 (constructive), 而在偶数峰处 $(n = 2, 4, \cdots)$ 是相消的 (destructive). 除此之外, 由于两项余弦函数的相对相移, 它们的极大值并不是精确吻合的, 因此它们之和的相长极大值位于这两项最靠近的各自极大值点之间; 也就是说

$$l_1 \simeq \left(\frac{6 \div 7}{8} \right) \pi \varrho^{-1}, \quad l_3 \simeq \left(2 + \frac{6 \div 7}{8} \right) \pi \varrho^{-1}. \tag{9.111}$$

这里的 $6 \div 7$ 指的是 6 和 7 之间的一个数①. 如果 $|\mathcal{A}_1| \gg \mathcal{A}_2$, 峰更靠近(9.111)中的区间的下界.

在协和模型中, $\xi \simeq 0.6$ 及 $\Omega_m h_{75}^2 \simeq 0.26$. 由(9.94)及(9.111)我们可以得到 $l_1 \simeq 225 \div 265$ 和 $l_3 \simeq 825 \div 865$. 这种状况被非振荡的贡献 N 弄得更加复杂了. 正如图 9-2所清晰显示的那样, N 贡献出的小山包使得第一个峰向右移动而第三个峰向左移动.

偶数峰对应于(9.102)中的两项相抵消的相位处的多极矩. 对目前的最佳拟合模型, 第二峰应该位于

$$l_2 \simeq \left(1 + \frac{6 \div 7}{8} \right) \pi \varrho^{-1} \simeq 525 \div 565. \tag{9.112}$$

然而, 对某些参数选择, 相消干涉能把这个峰整个消除掉.

上面的讨论是对 $\Omega_{\text{tot}} = 1$ 的空间平坦宇宙做的. 我们现在考虑峰的位置如何依赖于基本宇宙学参数. 如果宇宙是弯曲的, 声速视界的角直径会有所改变, 这样峰的位置相对于平坦宇宙也会变化. 例如, 正如在 (2.73) 式中所显示的那样, 在一个没有宇宙学常数的宇宙中, $l_1 \propto \Omega_{\text{tot}}^{-1/2}$. 我们能通过测量第一峰的位置来精确确定空间曲率吗? 这个问题的答案并非乍看起来那么简单. 根据(9.94), ϱ 的值也依赖于 Ω_m, h_{75}, Ω_b (通过 ξ). 因此根据(9.111)和(9.112)我们很清楚地发现峰的位置依赖于这些参数. 在接近现实的取值范围内, 峰的位置对这些参数的依赖的敏感程

① 符号 $\div$ 在俄罗斯、波兰、意大利等国家表示数字的范围. 例如, unicode 的说明文档是这样说的: "……这个符号有时表示一段范围 (类似于短横线) 或者某种形式的负号. 前者主要见于俄罗斯、波兰以及意大利; 后者至今在斯堪的纳维亚国家中仍然广泛使用, 但也可能在其他地方使用." 参见 The Unicode Standard Version 14.0-Core Specification (https://www.unicode.org/versions/Unicode14.0.0/ch06.pdf), Chapter 6.

度不如对空间曲率的依赖, 因此不甚重要. 例如, 如果我们在平坦宇宙中取宇宙学参数的当前最佳拟合值, 并令重子密度增倍 ($\xi \simeq 0.6 \to \xi \simeq 1.2$), 则第一峰向右移动 $\Delta l_1 \sim +20$, 第二峰移动 $\Delta l_2 \sim +40$, 第三峰移动 $\Delta l_3 \sim +60$. 我们注意到峰的位置依赖于 $\xi \propto \Omega_b h_{75}^2$, 而对冷物质密度的依赖是通过 ϱ 以 $\Omega_m h_{75}^{3.1}$ 的形式进来的. 让 Ω_m 增加会在峰的位置上产生相反的效果: 如果我们将冷物质密度增倍 ($\Omega_m h_{75}^{3.1} \simeq 0.3 \to \Omega_m h_{75}^{3.1} \simeq 0.6$), 则第一峰将向左移动 $\Delta l_1 \sim -20$, 第二峰和第三峰的移动分别是 $\Delta l_2 \sim -40$ 和 $\Delta l_3 \sim -60$. 这样, 即便是固定空间曲率, 第一峰的位置也可以在倍增重子密度的同时减半冷物质密度的情况下实现大幅度的移动 ($\Delta l_1 \sim 40$). 这限制了我们仅借助第一峰位置就确定空间曲率的能力. 幸运的是, 这种参数简并可以通过同时测量峰的位置和峰的高度来消除. 我们下面就要讨论其具体内容.

声学峰的高度, 重子和冷物质密度, 以及平坦性 把(9.111)和(9.112)确定的 l_n 代入(9.99)中去, 并利用(9.92)确定的 ϱ, 我们发现在 P 的表达式里的 I_Λ 消掉了. 这样一来, (9.109)所预言的峰的高度就只跟 $\Omega_m h_{75}^2$ 和 $\Omega_b h_{75}^2$(或者 ξ) 这两个组合有关. 固定 $\Omega_m h_{75}^2$, 重子密度的增加会导致第一声学峰的高度 H_1 增加. 例如, 基于目前的最佳拟合模型, 令重子密度增倍, 则 H_1 增加到原来的 1.5 倍. 这主要是由于 N_1 (正比于 ξ^2) 和 O(因为 $\mathcal{A}_1$ 正比于 ξ) 的贡献. 另一方面, 固定 ξ 而增加冷物质密度则会压低 H_1, 因为 $\Omega_m h_{75}^2$ 增加的时候 P 减小了. 敏感依赖于冷物质密度的部分主要是 N_2 和 N_3. 所以, 对这些项进行适当操作, 第一声学峰的高度可以在某些重子和冷暗物质密度的组合变化下保持不变. 然而, 如果把重子密度调得过大, 则增加 $\Omega_m h_{75}^2$ 不能补偿 $\Omega_b h_{75}^2$ 的增加了. 这是因为在 $\Omega_m h_{75}^2$ 较大时对 H_1 的影响会达到一种饱和的状态 (而且 $\Omega_m h_{75}^2$ 也不能比 1 大很多).

目前的观测结果显示 H_1 是大角度上的振幅的 6 到 8 倍. *仅仅基于峰的高度, 我们可以断定重子密度要小于临界密度的* 20%. 虽然通过全部功率谱及其他附加的数据我们可以得到更好的限制, 然而这里的重点在于认识到我们单单通过峰的高度就足以排除一个重子物质占主导的平坦宇宙, 而这种宇宙究其本质正是原始的大爆炸宇宙的概念.

如果固定第一峰的高度, 仅存的自由度只有同时改变冷物质密度和重子密度, 即同时增加它们或者同时减少它们. 例如, 我们同时将重子和物质密度增加为它们在协和模型中的密度的 1.5 倍, 即可保持第一峰的高度不变. 然而, 因为增加重子密度和冷物质密度对峰的位置的作用是相反的, 其净位移可以忽略. 这就解释了在固定高度的情况下为何第一峰的位置仅敏感地依赖于空间曲率. 这样就使得我们能消除第一峰位置的简并. 当前观测数据给出的第一峰的位置强烈支持暴胀预言的平坦宇宙.

为了打破重子密度和物质密度的简并, 考虑第二声学峰就足够了. 它主要是

(9.102)式中的两项相消干涉的结果, 但也要牢记它们是叠加在 N 所贡献的“小山包”上的. (9.102)的第一项对第二峰的贡献是负的, 其系数正比于 ξ. 第二项对第二峰给出了正的贡献, 然而它随着 ξ 的增加而缓慢减小. 因此, 我们可以看到第二峰在重子密度增加的时候是缩小的. 在重子密度为临界密度的 8% (或者说是约两倍的最佳拟合值) 的情况下, 这两项几乎就互相抵消掉了. 出乎意料的是, 精确的数值计算显示出, 对 $\Omega_m h_{75}^2 \simeq 0.26$, 即使把重子密度调得远大于 8%, 总存在一个微小的第二峰. 这是因为增加重子密度时, N_1 也增加了, 使得振荡部分所在的小山包在第二峰附近变得更加陡峭. 换句话说, 第二峰的出现依赖于各种项的精巧的抵消和组合. 举例而言, 仅是因为观测到第二声学峰就断言重子密度小于临界密度的 8% 是不正确的.

然而, 将第一峰的高度信息和第二峰的*存在*信息 (暂时先不考虑其位置) 结合起来就可以导出对重子密度和冷暗物质密度二者的不错的限制. 我们之前展示了在固定第一峰的高度 H_1 的情况下, 重子密度只可能同时和暗物质密度一起增大. 也就是说, 重子物质和暗物质以相反的方向作用于第一峰. 现在我们知道了第二峰在增加重子密度时减小. 对第二峰而言, 可证明增加冷暗物质密度的效应是相似的. 因此, 重子密度和暗物质密度在如何改变第二峰的高度的问题上是以相同方向起作用的. 这是因为当增加 $\Omega_m h_{75}^2$ 时, 正的贡献 $O_2 \propto T_o^2$ 减小得比负的贡献 $O_1 \propto T_o T_p$ 要迅速得多. 一起利用两个峰的高度就可以让我们同时确定重子密度和冷暗物质密度, 因此就消除了 $\Omega_m h_{75}^2$ 和 $\Omega_b h_{75}^2$ 的简并. 例如, 假设宇宙是平坦的, 冷物质占据 100% 的临界密度, 则在 $H = 70\mathrm{km}\cdot\mathrm{s}^{-1}\cdot\mathrm{Mpc}^{-1}$ 时, 我们只能以 $\Omega_b \simeq 0.08$ 来拟合第一峰的高度的数据. 然而在这种情况下第二峰就消失了. 它只有在我们同时减小冷暗物质密度和重子密度的时候才会重新出现. 所以, 根据观测数据, 第一声学峰的高度和第二峰的*存在*合起来告诉我们冷暗物质密度不可能超过临界密度的一半, 以及重子密度要小于临界密度的 8%. 虽然通过分析全部各向异性功率谱及其他数据可以极大改善这些限制, 在此处重点在于意识到*第一峰的高度和第二峰的存在合在一起就足以提供关于我们宇宙的如下关键定性信息的有力证据: 总冷物质密度低于临界密度, 冷暗物质存在, 且它的密度要超过重子密度.*

结合峰的高度和位置　如果头两个峰的高度信息一起确定了重子和物质密度 (当然还要结合 h_{75}), 那么第一峰的位置的额外信息就可以精确确定空间曲率. 观测数据强烈支持宇宙是平坦的, 而且总能量密度等于临界密度. 同时, 峰的高度显示暗物质和重子密度显著地小于临界密度. 因此, 我们必须加上某种形式的暗能量以弥补其间的差别, 它在今天的宇宙密度中占主导.

所以, 结合峰的高度及其位置我们能推断出暗能量的存在. 注意到这个论据完全独立于超新星光度-红移实验 (见 2.5.2 节), 后者给出了同样的结论.

因为峰的高度依赖于 $\Omega_m h_{75}^2$ 而其位置依赖于 $\Omega_m h_{75}^{3.1}$, 我们可以提取出更多的信息来. 也就是说, 我们可以确定哈勃常数. 峰位置对 h_{75} 的依赖不算太敏感, 所以为了得到对 h_{75} 的合理限制, 我们需要把微波背景测得非常精准才行. 例如, 如果峰的位置和高度能测到 1% 的精度, 则哈勃参数的预期精度可以达到大约 7% 的水平.

重新考虑谱倾斜 到现在为止, 我们一直假设不均匀性的原初谱是标度不变的, 其谱指数为 $n_S=1$. 暴胀的预言是应该存在一个对完美标度不变的小的偏离, 其典型值为 $n_S\simeq 0.92$—0.97. 上面关于微波背景涨落的推导可以很容易地做出适用于此偏离的修正.

习题 9.14 证明带有倾斜 n_S 的原初谱的多极矩 C_l 相比于它在标度不变谱时的结果修正了一个正比于 l^{n_S-1} 的因子.

当我们把谱倾斜带来的不确定性考虑进来时, 头两个峰的高度和位置便不足以确定 Ω_b, Ω_m 和 h_{75} 了. 这样第三声学峰就登台亮相了. 第三峰的高度不像头两个峰一样敏感地依赖于 $\Omega_m b_{75}^2$ 和 $\Omega_m h_{75}^2$, 不过它对谱指数是敏感的. 固定这些参数以及第一峰的高度, 第三峰的高度对第一峰的高度之比, $r\equiv H_3/H_1$, 改变了一个因子

$$\frac{\Delta r}{r}\sim 1-\left(\frac{l_3}{l_1}\right)^{1-n_S}\sim (n_S-1)\ln\left(\frac{l_3}{l_1}\right). \tag{9.113}$$

例如, 若 $n_S\simeq 0.95$, 第三峰的高度会比 $n_S=1$ 情况下的小大约 7%.

小结 就这样我们看到了微波背景的功率谱是一个威力极其强大的工具. 其一般的形状——大角度上一个平台接上小角度上的声学峰——确定功率谱的主要特征是近标度不变的和绝热的.(这里还应该用高阶关联函数来证明谱也是高斯性的.) 这支持了暴胀/大爆炸范式 (inflationary/big bang paradigm). 然后我们就可以更进一步利用谱的定量的细节——平台以及声学峰的高度和位置——来确定主要的宇宙学参数.

我们的分析只对一组有限的参数集有效; 将其他物理效应或者最佳拟合模型的变种包含在内会在某种程度上削弱那些本来能从各向异性的测量中推导出来的结论. 例如, 由于早期的恒星形成而在红移 $z>20$ 左右发生的次级再电离 (secondary reionization) 能减小在小角度上的功率, 这种效应很难和谱指数的倾斜区分开来. 暗能量可能由精质 (quintessence) 构成, 而非真空能. 在这种情况下, 我们必须引入一个新参数, 即暗能量的物态方程 w (或者也许是函数 $w(z)$). 对 Ω_m, h_{75} 和 w 而言, 这些效应关联起来产生的改变有可能相互抵消, 使得平台和头三个峰几乎没有变化. 因此, 温度自关联函数确实是个强大的工具, 但也不是无所不能的.

为了彻底探索可能的模型的范围, 我们需要利用功率谱所能提供的所有信息,

并结合其他宇宙学观测. 例如, 声学峰的高度和位置也依赖于耗散尺度 l_f 和 l_S, 而它们又依赖于宇宙学参数的组合. 对目前的最佳拟合模型来说, $l_S \sim 1000$, 耗散尺度并没有显著地影响到第一峰, 但是它对高阶峰变得越来越重要. 因此, 在分析中使用更多的峰能进一步限制模型.

9.9 引 力 波

到目前我们还忽略了一个重要的物理效应, 那就是引力波. 它是暴胀宇宙学的基本预言. 正如在 7.1 节讨论过的那样, 为了描述引力波我们使用如下度规:

$$ds^2 = a^2\left(d\eta^2 - (\delta_{ik} + h_{ik})\, dx^i dx^k\right). \tag{9.114}$$

引力波对应于 h_{ik} 的无迹无散度部分. 它们会通过诱导出光子的红移和蓝移来在背景辐射上产生扰动. 利用方程 $p^\alpha p_\alpha = 0$, 我们就可以把光子的 4-动量的 0 分量写成

$$p_0 = p^0 = \frac{p}{a^2}\left(1 - \frac{1}{2}h_{ik}l^i l^k\right), \tag{9.115}$$

其中和以前一样, 我们定义了 $p \equiv \left(\sum p_i^2\right)^{1/2}$, $l^i \equiv -p_i/p$. 我们只保留到度规扰动的一阶项. 度规(9.114)中的光子的测地方程取如下形式:

$$\frac{dx^i}{d\eta} = l^i + O(h), \qquad \frac{dp_j}{d\eta} = -\frac{1}{2}p\frac{\partial h_{ik}}{\partial x^j}l^i l^k. \tag{9.116}$$

考虑到光子的分布函数 f 只依赖于单变量

$$y = \frac{\omega}{T} = \frac{p_0}{T\sqrt{g_{00}}} = \frac{p}{T_0 a}\left(1 - \frac{\delta T}{T} - \frac{1}{2}h_{ik}l^i l^k\right), \tag{9.117}$$

然后把(9.116)代入玻尔兹曼方程(9.7)中去, 我们就得到温度涨落满足方程

$$\left(\frac{\partial}{\partial\eta} + l^j\frac{\partial}{\partial x^j}\right)\frac{\delta T}{T} = -\frac{1}{2}\frac{\partial h_{ik}}{\partial\eta}l^i l^k, \tag{9.118}$$

它很明显有如下解:

$$\frac{\delta T(\mathbf{l})}{T} = -\frac{1}{2}\int_{\eta_r}^{\eta_0}\frac{\partial h_{ij}}{\partial\eta}l^i l^j d\eta. \tag{9.119}$$

注意到目前为止我们还没有用到 h_{ik} 是无迹无散张量的事实. 因此, (9.119)是个一般的结果, 它也能用来在同步规范下计算由标量度规扰动产生的温度涨落. 对张量

扰动, h_{ik} 还要满足额外的条件 $h_i^i = h_{k,i}^i = 0$ (这里我们用单位张量 δ_{ik} 来升高和降低指标), 它们能把 h_{ik} 的独立分量的数量削减为 2, 对应于两种独立的引力波偏振. 对随机高斯涨落, 张量度规扰动可以写作

$$h_{ik}(\mathbf{x},\eta) = \int h_{\mathbf{k}}(\eta) e_{ik}(\mathbf{k}) e^{i\mathbf{k}\cdot\mathbf{x}} \frac{d^3k}{(2\pi)^{3/2}}, \tag{9.120}$$

其中 $e_{ik}(\mathbf{k})$ 是不依赖于时间的随机偏振张量. 因为有 $e_i^i = e_j^i k_i = 0$ 的条件, $e_{ik}(\mathbf{k})$ 应该满足 ①

$$\langle e_{ik}(\mathbf{k}) e_{jl}(\mathbf{k}')\rangle = (P_{ij}P_{kl} + P_{il}P_{kj} - P_{ik}P_{jl})\,\delta(\mathbf{k}+\mathbf{k}'), \tag{9.121}$$

其中

$$P_{ij} \equiv \delta_{ij} - \frac{k_i k_j}{k^2}, \tag{9.122}$$

是投影算符. 把(9.120)代入(9.119)中去并计算张量对温度涨落的关联函数的贡献(参见(9.33)中的定义), 我们得到

$$C^T(\theta) = \frac{1}{4}\int F(\mathbf{l}_1,\mathbf{l}_2,\mathbf{k}) h'_{\mathbf{k}}(\eta) h^{*\prime}_{\mathbf{k}}(\tilde{\eta}) e^{i\mathbf{k}\cdot[\mathbf{l}_1(\eta-\eta_0)-\mathbf{l}_2(\tilde{\eta}-\eta_0)]} d\eta d\tilde{\eta} \frac{d^3k}{(2\pi)^3}, \tag{9.123}$$

其中 $\cos\theta = \mathbf{l}_1\cdot\mathbf{l}_2$. 在推导(9.123)的过程中, 我们在(9.121)的帮助下对随机偏振变量做了平均. 这个表达式中出现的函数 F 不依赖于时间, 它是

$$F = 2\left(\mathbf{l}_1\cdot\mathbf{l}_2 - \frac{(\mathbf{l}_1\cdot\mathbf{k})(\mathbf{l}_2\cdot\mathbf{k})}{k^2}\right)^2 - \left(1-\frac{(\mathbf{l}_1\cdot\mathbf{k})^2}{k^2}\right)\left(1-\frac{(\mathbf{l}_2\cdot\mathbf{k})^2}{k^2}\right). \tag{9.124}$$

引入新变量 $x \equiv k(\eta_0-\eta)$ 来取代 η, 并注意到②

$$\frac{\mathbf{l}_1\cdot\mathbf{k}}{k} e^{-i\frac{\mathbf{k}\cdot\mathbf{l}_1}{k}x} = -\frac{\partial}{i\partial x} e^{-i\frac{\mathbf{k}\cdot\mathbf{l}_1}{k}x}, \quad \frac{\mathbf{l}_2\cdot\mathbf{k}}{k} e^{i\frac{\mathbf{k}\cdot\mathbf{l}_2}{k}\tilde{x}} = -\frac{\partial}{i\partial\tilde{x}} e^{i\frac{\mathbf{k}\cdot\mathbf{l}_2}{k}\tilde{x}},$$

再对 $\mathbf{k}$ 的角度部分积分, 我们就能把(9.123)重写为

$$C^T(\theta) = \frac{1}{4}\int \frac{\partial h_k}{\partial x}\frac{\partial h_k^*}{\partial\tilde{x}}\left[\hat{F}\cdot\frac{\sin(\mathbf{l}_2\tilde{x}-\mathbf{l}_1 x)}{|\mathbf{l}_2\tilde{x}-\mathbf{l}_1 x|}\right] dx d\tilde{x} \frac{k^2dk}{2\pi^2}, \tag{9.125}$$

---

① 取定坐标系时偏振张量 e_{ij} 的表达式参见(7.96), (7.96a), (7.96b). 利用这个定义就很容易推导出(9.121). 容易看出, (9.121)右边括号里的表达式就是 $\Lambda_{ik}^{jl} + \Lambda_{il}^{jk}$, 其中 Λ 是(7.43a)中定义的横向无迹投影算符.

② 原文中两个方程左边都遗漏了 e 指数因子. 根据勘误表改正.

其中

$$\hat{F}=2\left(\cos\theta-\frac{\partial}{\partial x}\frac{\partial}{\partial\tilde{x}}\right)^2-\left(1+\frac{\partial^2}{\partial x^2}\right)\left(1+\frac{\partial^2}{\partial\tilde{x}^2}\right). \tag{9.126}$$

现在, 我们可以用公式(9.36)来把 $C^T(\theta)$ 展开成多极矩的离散求和 (参见(9.37)). 在一段漫长而又直接的计算之后, C_l^T 的结果可以写成相当简单的形式.

习题 9.15 将(9.36)代入(9.125), 并利用 $zP(z)$ 的递推关系、贝塞尔方程以及球贝塞尔函数的递推关系来把 j_l'', j_{l-2}, j_{l-1}' 之类的量通过 j_l 和 j_l' 表示出来, 然后证明

$$C_l^T=\frac{(l-1)l(l+1)(l+2)}{2\pi}\int_0^\infty\left|\int_0^{k(\eta_0-\eta_r)}\frac{\partial h_k}{\partial x}\frac{j_l(x)}{x^2}dx\right|^2k^2dk. \tag{9.127}$$

度规扰动的导数在 $k\eta\sim\mathscr{O}(1)$ 附近取得极大值, 然后迅速下降. 因此, 对那些进入视界的引力波而言, (9.127)中对 x 的积分的主要贡献来自于一个相当窄的区域: $k\eta_0>x>k\eta_0-\mathscr{O}(1)$. 在 $l\gg1$ 及 $k\eta_0\gg1$ 时, 函数 $j_l(x)/x^2$ 在该区间内的变化不甚剧烈, 因此可以用它在 $x_0=k\eta_0$ 处的值来近似. 其结果是(9.127)在 $l\gg1$ 时简化为

$$C_l^T\simeq\frac{(l-1)l(l+1)(l+2)}{2\pi}\int_0^\infty\left|h_k^2(\eta_r)k^3\right|\frac{j_l^2(x_0)}{x_0^5}dx_0, \tag{9.128}$$

其中 $|h_k^2(\eta_r)k^3|$ 应该写成 $x_0=k\eta_0$ 的函数. 暴胀期间产生的引力波若是在复合之后和今天之前很久进入视界, 则它在复合时刻 $\eta=\eta_r$ 的谱是接近平坦的. 因此, 对 $\eta_r^{-1}>k>\eta_0^{-1}$, 有

$$\left|h_k^2(\eta_r)k^3\right|=B_{\mathrm{gw}}\approx\text{常数}. \tag{9.129}$$

考虑到 $l\gg1$ 时(9.128)的主要贡献是从满足 $k\sim l/\eta_0$ 的扰动来的, 并将(9.129)代入(9.128)中, 我们就可以在(9.43)式的帮助下算出积分. 其结果在 $\eta_0/\eta_r\gg l\gg1$ 时成立, 它是

$$l(l+1)C_l^T\simeq\frac{2}{15\pi}\frac{l(l+1)}{(l+3)(l-2)}B_{\mathrm{gw}}\approx4.2\times10^{-2}B_{\mathrm{gw}}. \tag{9.130}$$

(例如, 对 $\Omega_mh_{75}^2\simeq0.3$ 我们有 $\eta_0/\eta_r\simeq55$.) 这个估算会在应用到低阶多极矩特别是四极矩 $(l=2)$ 时失效. 四极矩可以用数值计算, 其结果

$$l(l+1)C_l^T\big|_{l=2}\simeq4.4\times10^{-2}B_{\mathrm{gw}} \tag{9.131}$$

和(9.130)的等式右边的表达式相差并不是很大.

习题 9.16 证明在暴胀期间产生的张量和标量扰动对四极矩的相对贡献是

$$\frac{C_{l=2}^T}{C_{l=2}^S} \simeq 10.4c_s\left(1+\frac{p}{\varepsilon}\right), \tag{9.132}$$

这里右边的表达式必须要在负责产生四极矩的扰动在暴胀时期出视界的时刻进行估算. 取 $1+p/\varepsilon \sim 10^{-2}$ 及 $c_s=1$, 我们发现引力波应该对四极矩的贡献大约为 10%. 在 k 暴胀中 $c_s \ll 1$, 因此引力波的贡献可以忽略.

正如我们已在 7.3.2 节发现的那样, 进入视界后的引力波的振幅反比于尺度因子. 这样, 当 $k > \eta_r^{-1}$ 时, 它们在 $\eta = \eta_r$ 时的谱已经显著地改变了. 例如, 对 $k \gg \eta_{\mathrm{eq}}^{-1}$,

$$\left|h_k^2(\eta_r)k^3\right| \simeq \mathscr{O}(1)B_{\mathrm{gw}}\left(\frac{1}{k\eta_{\mathrm{eq}}}\right)^2\left(\frac{z_r}{z_{\mathrm{eq}}}\right)^2. \tag{9.133}$$

把这个表达式代入(9.128), 我们得到

$$l(l+1)C_l^T \propto B_{\mathrm{gw}}\left(\frac{l_{\mathrm{eq}}}{l}\right)^2.$$

这式子对 $l \gg l_{\mathrm{eq}}$ 成立, 其中 $l_{\mathrm{eq}} \equiv \eta_0/\eta_{\mathrm{eq}}$ (对 $\Omega_m h_{75}^2 \simeq 0.3$, 有 $l_{\mathrm{eq}} \simeq 150$). 在中间区域 $55 < l < 150$, 振幅 $l(l+1)C_l^T$ 也会衰减. 注意本节的所有结果都是在瞬时复合近似下推导出来的, 它在那些我们最感兴趣的多极矩的范围内是合理的.

习题 9.17 假设 $\eta_{\mathrm{eq}} \ll \eta_r$, 在 $\eta_0/\eta_{\mathrm{eq}} \gg l \gg \eta_0/\eta_r$ 的情况下确定 $l(l+1)C_l^T$ 是如何依赖于 l 的.

和标量扰动一样, 张量扰动对宇宙微波背景功率谱的贡献也在低多极矩处有一个平坦的平台. 这是由最后散射时刻的超视界的引力波产生的. 然而, 对 $l > 55$, 振幅 $l(l+1)C_l^T$ 快速下降. 在图 9-3中我们用精确的数值计算代码显示出协和模型中总谱如何分解为标量与张量部分. 注意到声学峰出现时张量部分就迅速衰减. 因此探测温度自关联函数中的张量部分的贡献依赖于对平台高度和声学峰高度进行比较. 要想把张量产生的效应与再电离或谱倾斜区别开来是有困难的. 因而偏振被证明是探测原初引力波的更好的工具.

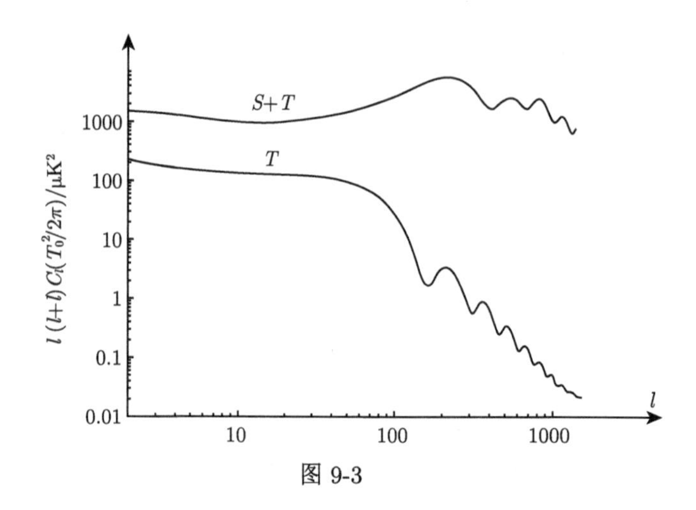

图 9-3

9.10 宇宙微波背景的偏振

到目前为止, 我们一直在关注宇宙微波背景上的温度涨落, 这是因为温度自关联函数自身就可以提供威力强大的测试工具, 以用来区分宇宙学模型和确定宇宙学参数. 然而, 通过测量偏振 (polarization)① 及其与温度涨落的关联函数, 我们可以得到更多信息. 特别是, 偏振能提供用以检测暴胀产生的引力波原初谱的最纯净也是最敏感的方法. 这被公认为是暴胀待证实的最具挑战性的预言.

宇宙微波背景的偏振在任何模型中都是不可避免的, 因为复合不是一个瞬时过程. 微波背景的四极矩各向异性在复合开始之前不存在, 它在复合过程中由标量和张量扰动共同产生. 相应地, 这导致通过汤姆孙散射从电子上被散射开的辐射产生了线偏振 (linearly polarized). 注意到如果复合是瞬时的, 则不可能产生显著可观的偏振. 因此, 测量偏振给我们提供了一个能揭露复合历史的微妙细节的机会. 请注意在电子上的汤姆孙散射不会产生任何圆偏振 (circular polarization).

正如在温度涨落中一样, 需要计算的最有用的量是偏振的两点关联函数. 偏振信号是非常弱的: 在小角度上我们预期它是总温度涨落的 10%, 在大角度上它衰减到远小于 1% 了. 因此, 正如探测温度涨落很困难一样, 探测偏振是个更加超乎寻常的实验挑战. 然而, 实验家们已经准备迎接挑战了, 而且其前景看上去一片光明.

9.10.1 偏振张量

电场 $\mathbf{E}$ 相对于电磁波的传播方向 (以单位矢量 $\mathbf{n}$ 来描述) 总是横向的. 所以这个场可以分解成 $\mathbf{E}=E^a\mathbf{e}_a$, 其中 $a=1,2$, 而 $\mathbf{e}_a$ 是两个线性独立的基底矢量, 垂

① polarization 一词, 在指横波沿着某一特定方向振荡时, 通常翻译为偏振; 指正负电荷朝相反方向聚集的现象时, 通常翻译为极化. 我们根据这个原则, 将宇宙微波背景的 polarization 统一翻译为 "偏振", 如下文将提到的 B 模偏振等. 需要注意的是有些中文文献也会使用 "B 模极化" 的翻译.

直于 $\mathbf{n}$ (见图 9-4). 完全 (线性) 偏振光总存在一个沿着特定方向的 $\mathbf{E}$, 而在相反的完全非偏振辐射中, 所有垂直于 $\mathbf{n}$ 的 $\mathbf{E}$ 的方向是等概率出现的. 在没有圆偏振的情况下, 辐射的偏振性质可以完全用二维二阶对称偏振张量 (polarization tensor) 来描述:

$$\mathcal{P}_{ab} \equiv \frac{1}{I}\left(\langle E_a E_b\rangle - \frac{1}{2}\langle E_c E^c\rangle g_{ab}\right). \tag{9.134}$$

其中度规张量 $g_{ab} = \mathbf{e}_a \cdot \mathbf{e}_b$, 它和它的逆被用来下降和上升指标, 例如 $E_a = g_{ac}E^c$. 尖括号表示在一段远大于波的典型频率倒数的时间内做平均. 两个三维矢量 $\mathbf{e}_a$ 的点乘和通常一样是用欧几里得度规定义的. 辐射的总强度正比于 $I \equiv \langle E_c E^c\rangle$. 如果光是偏振的, 那么辐射在越过起偏器 (polarizer) 之后的亮温度 (brightness temperature) 依赖于它的定向 $\mathbf{m} = m^a\mathbf{e}_a$, 而其温度变化是 $\delta T(\mathbf{m}) \propto \mathcal{P}_{ab}m^a m^b$. 因此, 通过测量这种依赖, 我们就可以确定偏振张量 $\mathcal{P}_{ab}$.

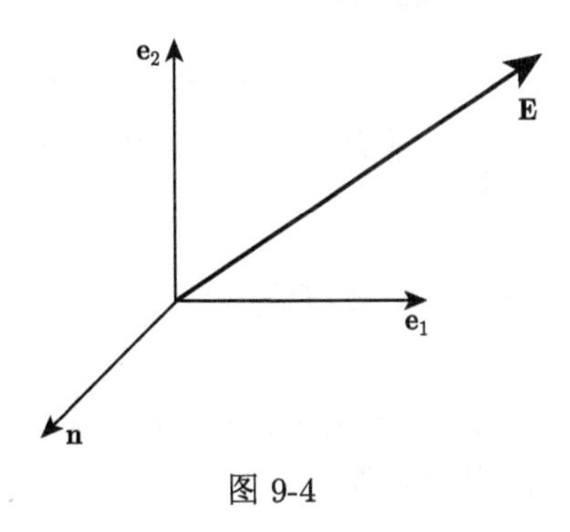

图 9-4

习题 9.18 在完全偏振和完全非偏振的两种极端情况下计算偏振张量和偏振度 (fraction of polarization):

$$P \equiv -4\det\left|\mathcal{P}^a_b\right|. \tag{9.135}$$

让我们假设 $P \neq 0$, 并考虑矩阵 $\mathcal{P}^a_b$ 的本征值问题:

$$\mathcal{P}^a_b p_a = \lambda p_b, \tag{9.136}$$

其中本征值 λ 是正数. 按照 $p^2 \equiv p_c p^c = 2\lambda$ 的方式对本征矢量 p_a 进行归一化, 我们就可以把偏振张量 $\mathcal{P}_{ab}$ 用*偏振矢量 (polarization vector)*p_a 表示出来:

$$\mathcal{P}_{ab} = p_a p_b - \frac{1}{2}p^2 g_{ab}. \tag{9.137}$$

实际上, 我们可以看到对(9.137)给出的 $\mathcal{P}_{ab}$, 矢量 p_a 是(9.136)的解且 $\lambda = p^2/2$. (9.136)的另一个解是一个垂直于 p_a 即满足 $f_a p^a = 0$ 的矢量 f_a. 利用正交条件, 我们立即从(9.137)中推出其相应的本征值是负的且等于 $-p^2/2$, 正好符合偏振张量是无迹的事实: $\mathcal{P}^a_a = 0$. 偏振度可以通过偏振矢量的大小表示出来:

$$P \equiv -4\det\left|\mathcal{P}^a_b\right| = p^4. \tag{9.138}$$

在正交归一的基底中, $\mathbf{e}_a \cdot \mathbf{e}_b = \delta_{ab}$, 我们可以定义斯托克斯参数 (Stokes parameter)

$$Q \equiv 2I\mathcal{P}_{11} = -2I\mathcal{P}_{22}, \quad U \equiv -2I\mathcal{P}_{12}. \tag{9.139}$$

天空上的每个方向 $\mathbf{n}$ 都可以用极坐标 θ 和 φ 完整地描述. 在这个坐标系中, 半径为单位长度的天球上的诱导度规是

$$ds^2 = g_{ab}dx^a dx^b = d\theta^2 + \sin^2\theta d\varphi^2. \tag{9.140}$$

在这种情况下, 用坐标基底矢量 $\mathbf{e}_\theta$ 和 $\mathbf{e}_\varphi$ 来做偏振基底矢量 $\mathbf{e}_a$ 是很方便的. 它们分别相切于 $\varphi =$ 常数 和 $\theta =$ 常数 的曲线簇. 考虑适当的正交归一矢量 $\mathbf{e}_\theta$ 和 $\hat{\mathbf{e}}_\varphi \equiv \mathbf{e}_\varphi / \left|\mathbf{e}_\varphi\right|$, 其斯托克斯参数是

$$Q_{\theta\theta} \equiv 2I\mathcal{P}_{\theta\theta} = -2I\mathcal{P}_{\hat{\varphi}\hat{\varphi}}, \quad U_{\theta\varphi} \equiv -2I\mathcal{P}_{\theta\hat{\varphi}}.$$

习题 9.19 利用这些斯托克斯参数在原始的基底 $\mathbf{e}_\theta$ 和 $\mathbf{e}_\varphi$ 中写出偏振张量的协变分量, 逆变分量, 以及混合分量.

读者也许会问, 为什么我们要用偏振张量计算, 而不是干脆就用偏振矢量算了. 关键是偏振张量乘以 I 也就是变为斯托克斯参数之后, 对非相干的波的叠加而言具有可加性, 因此很容易计算. 偏振矢量没有可加性, 然而用这种矢量去解释偏振图样的物理是最清楚的. 特别是, 如果辐射是完全偏振的, 它沿着电场的方向. 注意到只有 p_a 的取向 (orientation), 而不是它的方向 (direction), 是有物理意义的, 因为偏振张量只和 p_a 的平方项有关. 对部分偏振的辐射来说, 偏振矢量所指的方向是那些在总通量中占主导的波的电场方向, 而 p_a 的大小描述了那些有合适偏振的波的过剩部分.

9.10.2 汤姆孙散射和偏振

让我们考虑电场为 $\mathbf{E}$ 的线偏振的电磁波被电子散射到 $\mathbf{n}$ 方向上的情况 (见图 9-5). 散射之后, 波保持完全偏振, 其电场为

$$\tilde{\mathbf{E}} = A\left(\mathbf{E} \times \mathbf{n}\right) \times \mathbf{n}, \tag{9.141}$$

其中系数 A 与 $\mathbf{E}$ 和 $\mathbf{n}$ 都无关. 考虑到偏振基底矢量 $\mathbf{e}_a$ 正交于 $\mathbf{n}$, 我们发现在散射之后, 沿着矢量 $\mathbf{e}_a$ 方向的电场的分量是

$$\tilde{E}_a = \tilde{\mathbf{E}} \cdot \mathbf{e}_a = A\mathbf{E} \cdot \mathbf{e}_a. \tag{9.142}$$

如果从 $\mathbf{l}$ 方向入射而来的光是完全非偏振的, 则结果的偏振矢量可以通过把(9.142)对所有的垂直于 $\mathbf{l}$ 的方向 $\mathbf{E}$ 做平均来计算.

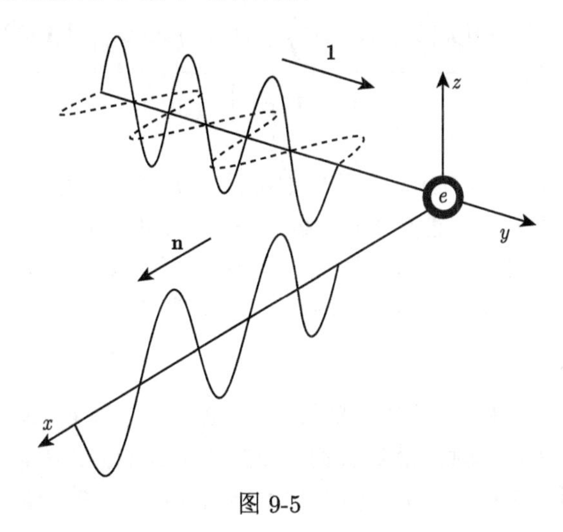

图 9-5

习题 9.20 证明在这种情况下有

$$\left\langle \tilde{E}_a \tilde{E}_b \right\rangle = \frac{1}{2} A^2 \left\langle E^2 \right\rangle \left(g_{ab} - (\mathbf{l} \cdot \mathbf{e}_a)(\mathbf{l} \cdot \mathbf{e}_b) \right), \tag{9.143}$$

$$I = \left\langle \tilde{E}_a \tilde{E}^a \right\rangle = \frac{1}{2} A^2 \left\langle E^2 \right\rangle \left(1 + (\mathbf{l} \cdot \mathbf{n})^2 \right), \tag{9.144}$$

其中 $\langle E^2 \rangle$ 是入射的非偏振光束的电场平方的平均. (提示 证明并利用下面这个对一束入射波的电场在各方向做平均的公式

$$\left\langle E^i E^j \right\rangle = \frac{1}{2} \left\langle E^2 \right\rangle \left(\delta^{ij} - l^i l^j \right), \tag{9.145}$$

其中 E^i, $l^i (i = 1, 2, 3)$ 是在某个正交归一基底中的相应的 3-动量的分量.)

写下偏振张量, 并证明 $f_a = \mathbf{l} \cdot \mathbf{e}_a$ 是 $\mathcal{P}^a_b$ 的一个本征矢量, 且其本征值是负的. 证明偏振矢量 p^a 是垂直于 f_a 的矢量, 且其模方 (norm) 为

$$p^2 = \frac{1 - (\mathbf{l} \cdot \mathbf{n})^2}{1 + (\mathbf{l} \cdot \mathbf{n})^2}. \tag{9.146}$$

从(9.146)我们可以看出, 入射的非偏振辐射散射到直角 ($\mathbf{l}\cdot\mathbf{n}=0$) 上之后, 变成了在垂直于 $\mathbf{l}$ 和 $\mathbf{n}$ 所在平面的方向的完全偏振波. 举例而言, 正午时分从地平线射来的阳光是平行于地平线方向线偏振的.

现在, 如果我们推广到一束强度为 $J(\mathbf{l})\propto\langle E^2(\mathbf{l})\rangle$ 的入射的非偏振辐射场的情况, 并考虑到对非相干光来说 $\langle\tilde{E}_a\tilde{E}_b\rangle$ 和 I 有可加性, 就能得到

$$\mathcal{P}_{ab}(\mathbf{n})=\frac{\displaystyle\int\left[\frac{1}{2}g_{ab}\left(1-(\mathbf{l}\cdot\mathbf{n})^2\right)-(\mathbf{l}\cdot\mathbf{e}_a)(\mathbf{l}\cdot\mathbf{e}_b)\right]J(\mathbf{l})d^2\mathbf{l}}{\displaystyle\int\left[1+(\mathbf{l}\cdot\mathbf{n})^2\right]J(\mathbf{l})d^2\mathbf{l}}. \tag{9.147}$$

如果入射波是各向同性的 ($J(\mathbf{l})=$ 常数), 则对所有的 $\mathbf{l}$ 方向积分我们得到 $\mathcal{P}_{ab}(\mathbf{n})=0$. 也就是说, 散射后的辐射仍然保持非偏振. 积分宗量里的那个表达式是 $\mathbf{l}$ 的二次式, 故可以用四极球谐函数表示出来. 所以, 对一束初始非偏振的辐射而言, 只有在它是各向异性的情况下, 散射才会产生偏振, 而且只有各向异性的四极矩分量才会对偏振有贡献.

习题 9.21 如果矢量 $\mathbf{e}_a$ 是正交归一的, 则三个矢量 $\mathbf{e}_1$, $\mathbf{e}_2$ 和 $\mathbf{n}$ 在三维空间中构成了一组正交归一基底. 然后我们可以把入射波的波矢方向 $\mathbf{l}$ 用欧拉角 θ 和 φ 表示出来. 证明在这种情况下由(9.147)给出的偏振张量的分量是

$$\begin{aligned}\mathcal{P}_{11}&=-\mathcal{P}_{22}=\frac{1}{\tilde{I}}\int\sqrt{\frac{3}{40}}\mathrm{Re}\ Y_{22}Jd\Omega,\\ \mathcal{P}_{12}&=\frac{1}{\tilde{I}}\int\sqrt{\frac{3}{40}}\mathrm{Im}\ Y_{22}Jd\Omega,\end{aligned} \tag{9.148}$$

其中

$$\tilde{I}=\int\left(Y_{00}-\frac{1}{2\sqrt{5}}Y_{20}\right)Jd\Omega, \tag{9.149}$$

而 $Y_{lm}(\theta,\varphi)$ 是相应的球谐函数.

9.10.3 延迟复合和偏振

复合开始之前, 辐射场只有偶极各向异性 (见(9.31)), 因此不能产生偏振. 如果复合是瞬时的, 则复合之后光子的传播将不会再遇到散射, 故而也不能产生偏振. 所以, 只有在复合是延时的情况下, 背景辐射才可能产生偏振. 考虑在共形时间 $\tilde{\eta}_L$ 时, 最后散射的概率是由(9.47)给出的, 且

$$J(\tilde{\eta}_L,\mathbf{l})\propto\left(T_0+\delta T(\tilde{\eta}_L,\mathbf{l})\right)^4, \tag{9.150}$$

这样一来, 我们就从(9.147)得到 (在领头阶)

$$\mathcal{P}_{ab}(\mathbf{n}) = 3\int\left[\frac{1}{2}g_{ab}\left(1-(\mathbf{l}\cdot\mathbf{n})^2\right)-(\mathbf{l}\cdot\mathbf{e}_a)(\mathbf{l}\cdot\mathbf{e}_b)\right] \times \frac{\delta T}{T_0}(\tilde{\eta}_L,\mathbf{l})\mu'(\tilde{\eta}_L)\,e^{-\mu(\tilde{\eta}_L)}d\tilde{\eta}_L\frac{d^2\mathbf{l}}{4\pi}. \tag{9.151}$$

所以, 偏振应该正比于延迟复合过程中产生的温度涨落的四极矩. 为了计算散射点 $\mathbf{x}$ 处由标量度规扰动产生的 $\delta T/T_0(\tilde{\eta}_L,\mathbf{l})$, 我们可以用(9.49)和(9.48)式, 只要将 η_0 替换为 $\tilde{\eta}_L$ 并在时间区间 $\tilde{\eta}_L > \eta_L > 0$ 上积分即可, 结果是

$$\frac{\delta T}{T}(\tilde{\eta}_L,\mathbf{l}) = \int\int_0^{\tilde{\eta}_L}\left(\Phi+\frac{\delta}{4}-\frac{3\delta'}{4k^2}\frac{\partial}{\partial\tilde{\eta}_L}\right)_{\eta_L} e^{i\mathbf{k}\cdot[\mathbf{x}+\mathbf{l}(\eta_L-\tilde{\eta}_L)]} \times \mu'(\eta_L)e^{-\mu(\eta_L)}d\eta_L\frac{d^3k}{(2\pi)^{3/2}}. \tag{9.152}$$

我们只满足于对预期的偏振做个粗糙的估算. 注意到(9.151)中的能见度函数 $\mu'(\tilde{\eta}_L)e^{-\mu(\tilde{\eta}_L)}$ 在 $\tilde{\eta}_L = \eta_r$ 时 (对应于 $z_r \simeq 1050$) 有一个尖锐的极大值. 这样偏振应该大约就是和这个时刻的温度扰动四极矩差不多. 正如我们已见到的那样, 四极矩分量的主要贡献来自于那些和视界大小相仿的尺度, 也就是说 $k\eta_r \sim 1$. 我们想到了一个能估算这个四极矩分量的好主意: 将(9.152)中的指数表达式

$$\exp\left[i\mathbf{k}\cdot\mathbf{l}\,(\eta_L-\tilde{\eta}_L)\right] \sim \exp\left[i\mathbf{k}\cdot\mathbf{l}\,(\eta_L-\eta_r)\right]$$

按照 $\mathbf{l}$ 的级数展开, 而四极矩正比于展开式中 $\mathbf{l}$ 的平方项 (注意高阶多极矩也包含 $\mathbf{l}$ 的平方项). 因为能见度函数有个宽度为 $\Delta\eta \sim \sigma\eta_r$ 的尖锐的峰 (参见(9.55), (9.57)及(9.60)), 我们就能在 $k\eta_r \sim 1$ 附近把 $\mathbf{k}\cdot\mathbf{l}(\eta_L-\eta_r)$ 估算成 σ. 所以, η_r 时的四极矩分量以及由此产生的偏振应该都可估算为 $\mathcal{O}(1)\sigma \sim 10^{-2}$—$10^{-1}$ 乘以在今天的天空上对应于复合时期视界尺度的温度涨落. 因此, 偏振正比于复合的持续时间, 且在瞬时复合的情况下为零. 数值计算显示出偏振永远不会超过任何角度上的温度涨落的 10%.

9.10.4 E 模和 B 模偏振以及它们的关联函数

为了分析温度涨落场, 我们计算了温度的自关联函数. 最后散射面上产生出来的偏振是用天球上的张量场 $\mathcal{P}_{ab}(\mathbf{n})$ 来描述的. 和温度涨落场一样, 产生的偏振在天球上的不同点是有关联的, 且它可以用关联函数 $\langle\mathcal{P}_{ab}(\mathbf{n}_1)\mathcal{P}_{cd}(\mathbf{n}_2)\rangle$ 来描述.

对称无迹张量 $\mathcal{P}_{ab}(\mathbf{n})$ 有两个独立分量. 因此, 相比于用 $\mathcal{P}_{ab}(\mathbf{n})$, 更方便的是用由它构造出来的两个独立标量函数:

$$E(\mathbf{n}) \equiv \mathcal{P}_{ab}{}^{;ab}, \quad B(\mathbf{n}) \equiv \mathcal{P}_a^{b;ac}\epsilon_{cb}, \tag{9.153}$$

其中分号表示在二维球面上利用(9.140)的度规做协变导数, 而

$$\epsilon_{cb} \equiv \sqrt{g}\begin{pmatrix} 0 & 1 \\ -1 & 0 \end{pmatrix} \tag{9.154}$$

是二维反对称 (skew-symmetric) 列维-奇维塔 (Levi-Civita)“张量”. 它只有在坐标变换的雅可比行列式为正时才表现为一个张量. 在反射变换下, ϵ_{cb} 要改变符号. 因此, 只有偏振的 E 模是一个标量, 而 B 模是一个赝标量 (pseudo-scalar). 这分别让我们回忆起了电场 (E) 和磁场 (B) 的变换性质.

这里最为重要的事实是 B 模不能由标量扰动产生出来. 为了证明这一点, 我们考虑由波数为 $\mathbf{k}$ 的不均匀性产生的偏振. 我们采取一个特别的球坐标系, 使得确定欧拉角 θ 的 z 轴就沿着 $\mathbf{k}$ 的方向. 在这个坐标系里, 观测者的方向 $\mathbf{n}$ 用极角 θ 和 φ 来描述, 且 $\mathbf{k}\cdot\mathbf{n} = k\cos\theta$. 对每个 $\mathbf{n}$, 我们都能用在天球上相切于相应坐标线的正交坐标基矢 $\mathbf{e}_\theta(\mathbf{n})$ 和 $\mathbf{e}_\varphi(\mathbf{n})$ 来当作偏振基底矢量. 正如在(9.152)中已经清楚的那样, 入射辐射的温度对 $\mathbf{l}$ 的依赖仅以 $\mathbf{k}\cdot\mathbf{l}$ 的形式出现. 所以, 根据(9.151), 我们可以很容易推断出偏振张量的非对角元应该正比于

$$\mathcal{P}_{\theta\varphi} \propto (\mathbf{k}\cdot\mathbf{e}_\theta)(\mathbf{k}\cdot\mathbf{e}_\varphi). \tag{9.155}$$

因为在我们的坐标系里, 矢量 $\mathbf{e}_\varphi(\mathbf{n})$ 在天球上的每一点都是在 $\mathbf{k}$ 的横向方向的, 所以上面这个分量为零. $\mathcal{P}$ 的对角元只依赖于 $\mathbf{k}\cdot\mathbf{e}_\theta$, $\mathbf{k}\cdot\mathbf{n}$ 和度规 (所有这些都和 φ 无关), 因此偏振张量的一般形式为

$$\mathcal{P}_{ab}(\theta,\varphi) = \begin{pmatrix} Q(\theta) & 0 \\ 0 & -Q(\theta)\sin^2\theta \end{pmatrix}, \tag{9.156}$$

其中我们已经考虑到 $\mathcal{P}_a^a = 0$.

习题 9.22 根据(9.156)式给出的偏振张量计算出 E 和 B 并验证在这种情况下 $B = 0$.

因为 $B(\theta,\varphi)$ 是个赝标量函数, 它不依赖于我们在何种坐标系下计算, 对密度扰动的任何模都为零. 因此密度扰动只能产生 E 模偏振, 它描述了偏振的偶宇称部分 (给定 $\mathbf{k}$ 的标量扰动对沿着 $\mathbf{k}$ 的转动是对称的, 因此不存在任何手性). 容易看出, (9.156)给出的 $\mathcal{P}_{ab}$ 在 $Q(\theta) > 0$ 时相应的偏振矢量正比于 $\mathbf{e}_\theta$, 而在 $Q(\theta) < 0$ 时相应的偏振矢量正比于 $\mathbf{e}_\varphi$. 所以, 用偏振图样的术语来说, E 模产生的偏振矢量保持了密度扰动的轴对称性质, 它们相对于密度扰动排列方向是辐射状的或者是相切于以对称轴为中心的同心圆, 见图 9-6所示.

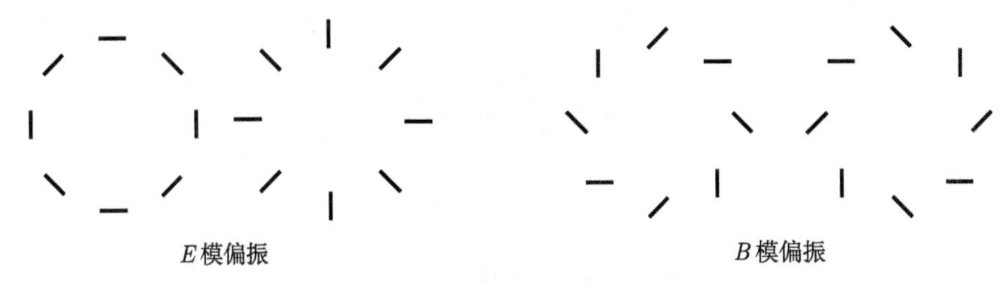

图 9-6

和标量扰动相反的是, 引力波还能产生 B 模偏振. 为了理解这一点, 我们考虑一列波数为 $\mathbf{k}$ 的引力波在一个 z 轴沿着 $\mathbf{k}$ 方向的坐标系中传播. 考虑由引力波产生的温度涨落的一般结构 (参见(9.119)和(9.120)), 我们就能从(9.151)中推断出偏振张量的非对角元正比于

$$\mathcal{P}_{\theta\varphi} \propto e_{ik} \left(\mathbf{e}_\theta\right)^i \left(\mathbf{e}_\varphi\right)^k, \tag{9.157}$$

其中 e_{ik} 是引力波的偏振张量.

习题 9.23 利用(9.121), 证明对随机偏振 e_{ik} 进行平均之后, 分量 $\langle \mathcal{P}^2_{\theta\varphi} \rangle$ 不为零, 且仅依赖于 θ. 计算出非对角的 $\mathcal{P}_{ab}(\theta)$ 的 B 模偏振, 并证明一般来说它不是零.

引力波产生的偏振矢量 p_a 是个 $\mathbf{e}_\theta$ 和 $\mathbf{e}_\varphi$ 的线性组合. 所以, 偏振矢量的排列方向是周旋式的图样, 如图 9-6 所示. 在这种情况下带有奇宇称 (手性) 的 B 模不为零. 这是由于引力波在绕着 $\mathbf{k}$ 的旋转变换下并不是对称的. 因此, 在复合时存在的引力波就能通过宇宙微波背景偏振的 B 模间接探测到.

为了描述今日天空上的偏振场, 我们可以用相应的关联函数, 例如

$$C^{ET}(\theta) \equiv \left\langle E(\mathbf{n}_1)\frac{\delta T}{T}(\mathbf{n}_2)\right\rangle, \tag{9.158}$$

这里的平均是对天空上所有满足 $\mathbf{n}_1 \cdot \mathbf{n}_2 = \cos\theta$ 条件的方向做的. 其他关联函数有 C^{BT}, C^{EE}, C^{BB} 和 C^{EB}. 和温度涨落的情况一样, 偏振 $E(\mathbf{n})$ 和 $B(\mathbf{n})$ 可以展开成标量球谐函数:

$$E = \sum_{l,m} \tilde{a}^E_{lm} Y_{lm}(\theta, \phi), \quad B = \sum_{l,m} \tilde{a}^B_{lm} Y_{lm}(\theta, \phi). \tag{9.159}$$

因为我们测量的直接就是偏振张量本身, 为了计算这些系数 $\tilde{a}_{lm}$ 而再去对实验数据求二次导数就不太实际了. 相反, 我们注意到

$$\tilde{a}^E_{lm} = \int E(\mathbf{n}) Y^*_{lm}(\mathbf{n}) d^2\mathbf{n} = \int \mathcal{P}_{ab}{}^{;ab} Y^*_{lm} d^2\mathbf{n} = \frac{1}{N_l}\int \mathcal{P}_{ab} Y^{E*(ab)}_{lm} d^2\mathbf{n}, \tag{9.160}$$

其中

$$N_l \equiv \sqrt{\frac{2(l-2)!}{(l+2)!}},$$

而

$$Y^E_{lm(ab)} \equiv N_l \left(Y_{lm;ab} - \frac{1}{2} g_{ab} Y_{lm}{}^{;c}{}_c \right)$$

是 E 型张量球谐函数, 它能满足类似于标量球谐函数的正交性关系:

$$\int Y^{E*(ab)}_{lm} Y^E_{l'm'(ab)} d^2\mathbf{n} = \delta_{ll'} \delta_{mm'}. \tag{9.161}$$

在推导(9.160)时我们分部积分两次, 并利用了偏振张量是无迹的条件.

相似地, 我们可以将

$$\tilde{a}^B_{lm} = \frac{1}{N_l} \int \mathcal{P}_{ab} Y^{B*(ab)}_{lm} d^2\mathbf{n} \tag{9.162}$$

用归一化的 B 型张量球谐函数

$$Y^B_{lm(ab)} \equiv \frac{N_l}{2} \left(Y_{lm;ac} \epsilon^c{}_b + Y_{lm;cb} \epsilon^c{}_a \right) \tag{9.163}$$

表示出来. 请注意 E 型和 B 型张量球谐函数只对 $l > 1$ 存在, 而且合在一起能构成球面上的二阶张量的一组正交归一基底. 所以偏振张量可以展开为

$$\mathcal{P}_{ab} = \sum_{lm} \left[a^E_{lm} Y^E_{lm(ab)} + a^B_{lm} Y^B_{lm(ab)} \right], \tag{9.164}$$

其系数可从(9.160)和(9.162)推出, 为 $a^{E,B}_{lm} = N_l \tilde{a}^{E,B}_{lm}$. 所以, 不需要先算出偏振张量的二阶导数然后把它们用标量球谐函数展开. 我们可以更简单地将偏振张量本身用张量球谐函数展开. 然后, 在通常的描写温度涨落的 $C_l \equiv \langle a^*_{lm} a_{lm} \rangle$ 之外, 宇宙微波背景涨落的偏振可用如下多极矩的序列来描述:

$$\begin{aligned} &C^{BT}_l = \langle a^{B*}_{lm} a_{lm} \rangle, \quad C^{ET}_l = \langle a^{E*}_{lm} a_{lm} \rangle, \quad C^{EE}_l = \langle a^{E*}_{lm} a^E_{lm} \rangle, \\ &C^{BB}_l = \langle a^{B*}_{lm} a^B_{lm} \rangle, \quad C^{EB}_l = \langle a^{E*}_{lm} a^B_{lm} \rangle. \end{aligned} \tag{9.165}$$

习题 9.24 找到张量球谐函数用通常的标量球谐函数表示出来的显式表达式.

虽然张量球谐函数在技术上比标量球谐函数更加复杂, 但重点是在给定正交性关系的条件下, 对偏振关联函数的分析是和对温度涨落关联函数的分析完全平行的. 在图 9-7 中我们画出了协和模型里的数值结果. 在不存在再电离的模型中, 要理解 $l(l+1)C_l^{EE}$ 和 $l(l+1)C_l^{BB}$ 对 l 的依赖是很容易的. 我们只需考虑到偏振正比于复合时温度涨落的四极矩分量. 相应地, 这四极矩分量又主要是由在复合时尺度是视界的量级或者更小的那些扰动所产生的. 所以, 关联函数 $l(l+1)C_l^{EE}$ 和 $l(l+1)C_l^{BB}$ 在 $l<100$ 时下降, 因为这个范围对应的是复合时的超视界尺度. 我们已经在上文发现引力波的振幅及其复合时对温度涨落的四极分量的贡献会在亚视界尺度衰减. 这样一来, 它们便不会对相当于 $l>100$ 的小角度上的 B 型偏振的关联函数产生贡献. 其结果就是函数 $l(l+1)C_l^{BB}$ 在 $l\sim100$ 处达到它的极大值. 和 B 模偏振相反, 由于标量扰动在亚视界尺度的贡献, 在 $l>100$ 时 E 模偏振较大.

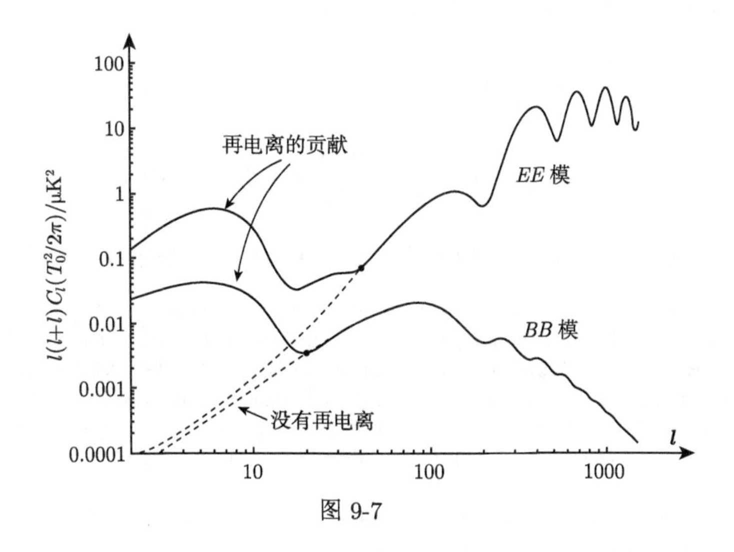

图 9-7

关联函数 C^{ET} 是最好测量的, 因为它涉及温度涨落振幅 (相对其他振幅来说很大) 和最大的偏振分量 (E 模) 的交叉关联. 在 $l>50$ 处测量时, C^{ET} 将给我们提供复合历史的信息.

B 模偏振是微波背景测量中一个极其重要的问题, 因为为了探测暴胀所预言的引力波的近标度不变谱, 这是最具决定性的方法, 也许也是唯一现实的方法. 如果要搜寻引力波信号, 则交叉偏振多极矩 C^{BT} 是最容易探测到的. 探测 B 模所带来的技术上的挑战很是艰巨. 我们已经注意到偏振信号是很小的, 然而在典型的暴胀模型中, B 模偏振分量又只是总偏振的一小部分, 如图 9-7 所示. 此外, 我们还需要考虑前景 (foreground). 例如, 前景源产生的引力透镜会扭曲背景偏振图样, 使得即使纯的 E 模偏振看上去也有了 B 模分量[①]. 无论如何, 目前的预测暗示在下一个十年内, 人们就能完全探测到暴胀宇宙学所预言的引力波振幅最有可能的那些范围区间[②].

9.11 再 电 离

在宇宙的晚期阶段, 当非线性结构开始形成的时候, 中性氢会被再电离 (reionization)[③]. 实际上, 通过分析那些最遥远的类星体的谱, 我们可以推出在红移 $z \simeq 5$ 的时候, 大部分的星系间的氢都是电离的. 倘若不是这样, 类星体的谱就会被星系间中性氢的吸收线强烈压低[④]. 再电离之后, 宇宙微波背景光子能在自由电子上散射, 因此晚期的再电离会影响到最终的宇宙微波背景涨落.

让我们首先弄清楚再电离是如何影响到温度涨落的谱的. 光子从时间 t 起就避免了散射然后一路自由传播到今天 t_0 的概率等于

$$
\begin{aligned}
P(t) &= \lim_{\Delta t \to 0} \left(1 - \frac{\Delta t}{\tau(t)}\right) \cdots \left(1 - \frac{\Delta t}{\tau(t_0)}\right), \\
&= \exp\left(-\int_t^{t_0} \frac{dt}{\tau(t)}\right) \equiv \exp\left(-\mu(t)\right),
\end{aligned}
\tag{9.166}
$$

其中 $\tau = (\sigma_T X n_t)^{-1}$ 是汤姆孙散射的平均自由时间, n_t 是所有电子的总数, 而 X

① 2014 年, BICEP2 宣布观测到宇宙微波背景的 B 模偏振, 对应于 $r = 0.20^{+0.07}_{-0.05}$ 的结果并在 7.0σ 水平上排除了 $r = 0$ (BICEP2 Collaboration, *Detection of BB-Mode Polarization at Degree Angular Scales by BICEP2*, Phys.Rev.Lett. 112 (2014) 24, 241101, arXiv:1403.3985). 很快, 人们发现 BICEP2 所观测到的 B 模偏振极有可能主要是由银河系内的尘埃造成的. 参见 Flauger et al., *Toward an Understanding of Foreground Emission in the BICEP2 Region*, JCAP 08 (2014) 039, arXiv:1405.7351; Mortonson et al., *A Joint Analysis of Planck and BICEP2 B Modes including Dust Polarization Uncertainty*, JCAP 10 (2014) 035, arXiv:1405.5857.

② 本书写于 2005 年. 最简单的幂律混沌暴胀 (power-law chaotic inflation) 的预言大概是 $r \sim 0.1$—0.2 (r 是张标比, 定义见(8.126a)式), 而十几年后的观测已探测到这个范围内. 例如, 2018 年公布的 Planck+BICEP/Keck 的结果是在 95% 的置信度上有 $r_{0.05} < 0.036$, 在极高的水平上已完全排除平方势混沌暴胀. 参见 Ade et al., *Improved Constraints on Primordial Gravitational Waves using Planck, WMAP, and BICEP/Keck Observations through the 2018 Observing Season*, Phys.Rev.Lett. 127 (2021) 15, 151301. arXiv: 2110.00483. 目前和近期有 Keck Array, BICEP3, POLARBEAR, ACTPol, LiteBIRD, CMB-S4 和国内的 AliCPT 等多个项目试图探测宇宙微波背景的偏振信息, 预期探测精度从 $r \sim 0.01$ 到 0.001 不等.

③ 再电离的主要原因是非线性演化开始之后, 小尺度上的引力坍缩开始形成第一代恒星 (天文学上称为星族 Ⅲ (population Ⅲ)), 矮星系 (dwarf galaxy), 以及活动星系核 (active galactic nuclei). 这些天体发出的高能光子能够电离其附近的中性氢原子. 这是中性氢自复合以来再一次被电离, 故称为再电离.

④ 类星体发出的连续谱会受到视线方向上不同红移处的中性氢气体云的吸收. 其中最重要的是莱曼吸收线, 称为莱曼-α 森林 (Lyman-α forest). 在 $z \gtrsim 5$ 处, 氢原子主要是中性的, 这时的类星体光谱会被中性氢的吸收线强烈压低, 出现一个吸收槽, 称为冈恩-彼得森槽 (Gunn-Peterson trough). 低红移类星体的连续谱上没有这个槽, 这说明低红移处的氢大部分都是电离的. 参见 Wise, *Cosmic Reionisation*, Contemp.Phys. 60 (2019) 2, 145-163. arXiv: 1907.06653.

是电离率. (9.166)式中的光深$\mu(t)=\mu(z)$ 可以重写为对红移参数的积分

$$\mu(z)=\int_{t}^{t_0}\frac{dt}{\tau(t)}=\sigma_T\int_0^z\frac{Xn_t(z)}{H(z)(1+z)}dz. \tag{9.167}$$

让我们假设在某个满足 $z_r\gg z_{\rm ion}\gg 1$ 的时刻发生瞬时再电离 (instantaneous reionization), 然后在平坦宇宙中计算光深 $\mu(z_{\rm ion})$. 所有电子 (包括自由的和束缚的) 的总数为

$$n_t(z)\simeq 0.88\times\frac{\varepsilon_b(z)}{m_b}=0.88\times\frac{3H_0^3}{8\pi m_b}\Omega_b(1+z)^3, \tag{9.168}$$

其中 0.88 的因子是为了考虑到大约有 12% 的重子是中子的事实[①]. (9.167)式的积分的主要贡献来自于高红移处, 在那里我们可以忽略掉宇宙学常数 (相比于冷物质而言), 然后利用哈勃参数的如下表达式: $H(z)\simeq H_0\Omega_m^{1/2}(1+z)^{3/2}$. 将它和(9.168)代入(9.167), 并假设在 $z<z_{\rm ion}$ 时有 $X\simeq 1$, 我们得到

$$\mu(z_{\rm ion})\simeq 0.03\frac{\Omega_b h_{75}^2}{\sqrt{\Omega_m h_{75}^2}}z_{\rm ion}^{3/2}. \tag{9.169}$$

在协和模型里, $\Omega_b h_{75}^2\simeq 0.04$ 而 $\Omega_m h_{75}^2\simeq 0.3$. 这样的话, 若再电离发生在 $z_{\rm ion}\simeq 20$, 光深就是 $\mu\simeq 0.2$. 若再电离发生在 $z_{\rm ion}\simeq 5$, 则 $\mu\simeq 0.02$. 在这后一种情况下, 再电离在宇宙微波背景涨落上的总的效应不会超过总的涨落的约 2%.

再电离的结果是全部光子的一部分将会在电子上再次散射 (rescattering), 其分率为

$$1-\exp\left(-\mu(z_{\rm ion})\right).$$

剩下那部分 $\exp\left(-\mu(z_{\rm ion})\right)$ 的光子将不会受到影响, 它们会对涨落给出通常的贡献. 例如在 $z_{\rm ion}\simeq 20$ 的模型里, 全部光子中约 80% 将不会受到再电离的影响. 被再次散射的那 20% 光子对角功率谱的贡献依赖于多极矩的极数 l. 再次散射之后, 光子的传播方向改变了. 因此这个光子在我们眼中看上去可能从偏离原始散射点一段距离 (小于当时的视界) 的任何一点发射过来. 其结果是, 在对应于再电离视界的角度范围内, 被再次散射的光子的贡献被抹匀 (smear out) 了, 因而不能给出温度涨落. 而对那些相当于超视界尺度的 l 来说, 因为有因果性的限制, 涨落不会受到影响. 当然, 在 $z<z_{\rm ion}$ 时, 视界尺度会一直增长, 但因为光深是减小的, 所以被再次散射的光子的分率下降了; 因此我们可忽略这个效应. 如果我们利用 (2.69) 式, 并考虑到再电离视界的物理尺度等于 $a(\eta_{\rm ion})\eta_{\rm ion}$ 以及 $\chi_{\rm em}=\eta_0-\eta_{\rm ion}\simeq\eta_0$,

① 参见 3.5.1 节末尾的脚注中的 (3.117a) 式.

就能很容易地算出红移为 z_{ion} 时 (对应于共形时间 η_{ion}) 视界的角直径. 这样, 在一个平坦宇宙中, 我们得到 $\Delta\theta_{\text{ion}} \simeq \eta_{\text{ion}}/\eta_0$, 以及相应地多极矩的极数等于

$$l_{\text{ion}} \simeq \frac{\pi}{\Delta\theta_{\text{ion}}} = \frac{\pi\eta_0}{\eta_{\text{ion}}} \simeq \pi z_{\text{ion}}^{1/2}\Omega_m^{0.09}, \tag{9.170}$$

其中对 η_0/η_{ion} 用到了习题 9.9 的结果. 因此, 在存在再电离的模型中, 我们观测到的温度涨落是

$$C_l^{\text{obs}} = \begin{cases} C_l, & l \ll l_{\text{ion}}, \\ \exp(-\mu)C_l, & l \gg l_{\text{ion}}, \end{cases} \tag{9.171}$$

这里的内禀温度扰动 C_l 已经在上面几节里算出来了. 如果 $\Omega_m \simeq 0.3$ 及 $z_{\text{ion}} \simeq 20$, 我们有 $l_{\text{ion}} \simeq 12$. 在这种情况下, 高阶多极矩的大小相比于其原初值会被压低约 20%, 而低阶多极矩没什么变化. 我们已经提到过, 这种效应能够在某种程度上模拟谱指数的倾斜, 导致额外的简并和进一步的混乱.

如果我们考虑再电离对偏振谱的影响, 则这种简并可以轻易消除. 实际上, 再电离在这些谱上能产生非常独特的图样. 在对应于再电离视界的尺度, 散射的那部分光子产生的温度涨落并没有完全被洗掉. 其结果就是再次散射的光子对多极矩为 $\sim l_{\text{ion}}$ 的总温度涨落存在净贡献, 而且它是偏振的. 很明显, 再电离所导致的额外的偏振要正比于再次散射的光子的分率, $1-\exp(-\mu(z_{\text{ion}}))$, 还要正比于再电离开始时刻的再次散射光子的四极各向异性. 因为这种四极各向异性主要是由那些尺度为再电离视界量级的扰动所产生的, 所以对偏振关联函数的额外贡献应该在 $l \sim l_{\text{ion}}$ 处有一个局部极大值. 这就解释了图 9-7 中的关联函数的行为. 此图画的是存在再电离且 $z_{\text{ion}} \simeq 20$ 的协和模型中的偏振的结果. 我们要强调, 因为长波长的引力波的出现, 偏振 E 模和 B 模都会产生出来. 这样, 我们就看到测量低阶多极矩处的偏振如何可以揭示再电离历史的细节并帮助我们解决简并问题.

参考文献

本书中覆盖的论题涉及的文献有成千上万篇. 精确地列出所有相关论题的重要贡献很显然是一项超出本教科书范围的任务. 所以, 我决定把这份参考文献局限于那些其结果已经明显被纳入本书中的论文. 这主要是那些开创性的研究, 它们的想法在本书中已经改写为现代形式. 我同时还包含了那些结果直接为本书所用的文章. 最终, 因为本书主要是用作理论用途的, 我决定跳过所有的实验 (观测) 文章.

为了方便读者, 我也给出了论文的标题, 同时对论文的主要想法进行了简要的评论. 有些情况下我们直接引用原文, 这些引文以楷体给出①.

膨胀的宇宙 (第 1 章和第 2 章)

- Einstein, A. Kosmologische Betrachtungen zur allgemeinen Relativitaetstheorie. Sitzungbericht der Berlinische Akademie, 1 (1917), 142. 这篇文章引入了宇宙学常数以及原始的正曲率的静态爱因斯坦宇宙 (参见习题 1.22).
- De Sitter, W. On Einsteins's theory of gravitation and its astronomical consequences. Monthly Notices of Royal Astronomical Society, 78 (1917), 3. 在“静态”坐标中对德西特宇宙的最初处理 (参见 1.3.6 节).
- Friedmann, A. On the curvature of space. Zeitschrift für Physik, 10 (1922), 377; On the possibility of a world with constant negative curvature. Zeitschrift für Physik, 21 (1924), 326. 发现了宇宙的非静态解. 这篇论文同时包括闭合和开放的宇宙. “现在可用的数据还不足以进行数值计算并对我们的宇宙的性质做明确的判断. 设 $\Lambda = 0$ 以及 M 为 $5 \cdot 10^{21}$ 太阳质量, 我们得到宇宙的寿命是 100 亿年.” (1922). 宇宙的膨胀是哈勃在 1929 年发现的.
- Einstein, A., de Sitter, W. On the relation between the expansion and the mean density of the universe. Proceedings of the National Academy

① 原文的期刊名和书名是斜体, 引用文献原文也是斜体. 为了避免混乱, 期刊名改为罗马正体, 只有书名仍保持斜体. 此外, 原文卷号为黑体, 有些与目前的习惯不太一致 (例如 Physics Letters B 的 B 也标黑), 这里一律从简取消.

of Science, 18 (1932), 213. 讨论 $k = 0$, $\Lambda = 0$, $p = 0$ 的平坦膨胀宇宙. 按照两位作者的观点, 这是对真实宇宙的更好的描述.

- McCrea, W., Milne, E. Newtonian universes and the curvature of space. Quarterly Journal of Mathematics, 5 (1934), 73. 膨胀的物质为主宇宙的牛顿处理 (参见 1.2 节).
- Milne, E. A Newtonian expanding universe. Quarterly Journal of Mathematics, 5 (1934), 64. 因为某种原因, Milne 对广义相对论以及弯曲时空的概念并不满意. 所以, 他建议用闵可夫斯基时空中膨胀的尘埃云来代替膨胀的弯曲时空 (参见 1.3.5 节).
- Penrose, R. Conformal treatment of infinity. *Relativity, Groups and Topology*, eds. C. and B. DeWitt, (1964) p. 563, New York: Gordon and Breach. 描述通常的拓扑平庸渐近平坦四维时空如何 (以一种不明显的方式) 镶嵌到紧致的延展 (compact extension) 中.
- Carter, B. The complete analytic extension of the Reissner-Nordstrom metric in the special case $e^2 = m^2$. Physics Letters, 21 (1966), 23; Complete analytic extension of the symmetry axis of Kerr's solution of Einstein's equations. Physical Review, 141 (1966), 1242. 系统地运用共形图研究非平庸整体结构的几何.

热宇宙和核合成 (第 3 章)

- Gamov, G. Expanding universe and the origin of elements. Physical Review, 70 (1946), 572; The origin of elements and the separation of galaxies. Physical Review, 74 (1948), 505. 引入热宇宙来解决核合成问题.
- Doroshkevich, A., Novikov, I. Mean density of radiation in the metagalaxy and certain problems in relativistic cosmology. Soviet Physics-Doklady, 9 (1964), 11. "*在 10^9—5×10^{10} cps 的频段进行测量对检验 Gamov 理论是至关重要的 …… 根据 Gamov 理论, 目前应该能够观测到处于平衡态的普朗克辐射, 其温度为 1—10 K.*" 这篇文章并没有被实验学家注意到. 宇宙背景辐射在同一年很偶然地被 A. Penzias 和 R. Wilson 观测到了.
- Hayashi, C. Proton-neutron concentration ratio in the expanding universe at the stages preceding the formation of the elements. Progress in Theoretical Physics, 5 (1950), 224. 这篇文章注意到了弱相互作用是如何保持质子和中子处于化学平衡态的, 并计算出了中子的冻结浓度.
- Alpher, R., Herman, R. Remarks on the evolution of the expanding uni-

verse. Physical Re view, 75 (1949), 1089. 估算热宇宙的预期温度. Alpher, R., Follin, J., Herman, R. Physical conditions in the initial stages of the expanding universe. Physical Review, 92 (1953), 1347. 从中子-质子比的初条件出发, 计算轻元素的丰度.

- Wagoner R., Fowler W., Hoyle F. On the synthesis of elements at very high temperatures. Astrophysical Journal, 148 (1967), 3. 这篇文章包含了轻元素丰度的现代式的计算. 今天人们使用的计算原初丰度的计算机程序就是基于 (修正的)Wagnoer 代码开发出来的.
- Shvartsman, V. Density of relict particles with zero rest mass in the universe. JETP Letters, 9 (1969), 184. 这篇文章注意到了额外的相对论性的粒子对原初核合成的影响, 并指出我们可以借此得到核合成时期的相对论性的粒子的种类数的限制.
- Zel'dovich, Ya., Kurt, V., Sunyaev, R. Recombination of hydrogen in the hot model of the universe. ZhETF, 55 (1968), 278 (翻译成英语的版本见 Soviet Physics JETP, 28 (1969), 146); Peebles, P.J.E. Recombination of the primeval plasma. Astrophysical Journal, 153 (1968), 1. 这些文章研究了非平衡态的氢复合, 认识到了莱曼-α 量子衰变和 $2S$ 能级的双量子衰变的重要性.

粒子物理和早期宇宙 (第 4 章)

- Yang, C., Mills, R. Conservation of isotopic spin and isotopic gauge invariance. Physical Review, 96 (1954), 191. 这篇文章第一次构造出基于 $SU(2)$ 群的非阿贝尔规范理论, 并用它来研究同位旋守恒.
- Gell-Mann, M. A schematic model of baryons and mesons. Physics Letters, 8 (1964), 214; Zweig, G. CERN Preprints TH 401 and TH 412 (1964) (unpublished). 提出夸克模型.
- Greenberg, O. Spin and unitary spin independence in a paraquark model of baryons and mesons. Physical Review Letters, 13 (1964), 598; Han, M., Nambu, Y. Three triplet model with double SU(3) symmetry. Physical Review B, 139 (1965), 1006; Bardeen, W., Fritzsch, H., Gell-Mann, M. Light cone current algebra, $\pi 0$ decay, and e^+e^- annihilation. In *Scale and Conformal Symmetry in Hadron Physics*, ed. Gatto, R. (1973) p. 139, New York: Wiley. 从重子的系统以及中性 π 子到两个光子的衰变率发现每一味夸克必须有三种色.

- Stuckelberg, E., Petermann, A. The normalization group in quantum theory. Helvetica Physica Acta, 24 (1951), 317; La normalisation des constantes dans la theorie des quanta. Helvetica Physica Acta, 26 (1953), 499; Gell-Mann, M., Low, F. Quantum electrodynamics at small distances. Physical Review, 95 (1954), 1300. 提出重整化群方法.
- Gross, D., Wilczek, F. Ultraviolet behavior of non-Abelian gauge theories. Physical Review Letters, 30 (1973), 1343; Politzer, H. Reliable perturbative results for strong interactions? Physical Review Letters, 30 (1973), 1346. 利用重整化群方法发现强相互作用的渐近自由. 带有负的 λ 的 $\lambda\phi^4$ 理论的渐近自由及其物理后果已经在更早的文章中被讨论过了: Symanzik K. A field theory with computable large-momenta behavior. Lettere al Nuovo Cimento, 6 (1973), 77; and Parisi, G. Deep inelastic scattering in a field theory with computable large-momenta behavior. Lettere al Nuovo Cimento, 7 (1973), 84.
- Chodos, A., Jaffe, R., Johnson, K., Thorn, C., Weisskopf, V. A new extended model of hadrons. Physical Review D, 9 (1974), 3471. 提出口袋模型 (参见 4.2.2 节).
- Glashow, S. Partial symmetries of weak interactions. Nuclear Physics, 22 (1961), 579; Salam, A., Ward, J. Electromagnetic and weak interactions. Physics Letters, 13 (1964), 168. 讨论 $SU(2) \times U(1)$ 的群结构, 以及它跟电磁与弱相互作用的关系.
- Higgs, P. Broken symmetries, massless particles and gauge fields. Physics Letters, 12 (1964), 132; Broken symmetries and the masses of gauge bosons. Physics Letters, 13 (1964), 508; Englert, F., Brout, R. Broken symmetry and the mass of gauge vector mesons. Physical Review Letters, 13 (1964), 321; Guralnik, G., Hagen, C., Kibble, T. Global conservation laws and massless particles. Physical Review Letters, 13 (1964), 585. 发现了通过与一个经典场相互作用产生规范玻色子的质量的机制.
- Weinberg, S. A model of leptons. Physical Review Letters, 19 (1967), 1264; Salam, A. Weak and electromagnetic interactions. In Elementary Particle Theory, Proceedings of the 8th Nobel Symposium, Svartholm N., ed. (1968), p. 367, Stockholm: Almqvist and Wiksell. 带有自发对称性破缺的电弱相互作用的标准理论的最终形式被发现.
- 't Hooft, G. Renormalization of massless Yang-Mills fields. Nuclear Physics, B33 (1971), 173; 't Hooft, G., Veltman, M. Regularization and renormali-

zation of gauge fields. Nuclear Physics, B44 (1972), 189. 证明电弱理论的可重整性.

- Gell-Mann, M., Levy, M. The axial vector current in beta decay. Nuovo Cimento, 16 (1960), 705; Cabibbo, N. Unitary symmetry and leptonic decays. Physical Review Letters, 10 (1963), 531. 讨论两种味的混合. 在这种情况下它由一个单数——卡比博 (Cabibbo) 角描述.
- Kobayashi, M., Maskawa, K. CP violation in the renormalizable theory of weak interactions. Progress of Theoretical Physics, 49 (1973), 652. 这篇文章发现在三代夸克的情况下, 夸克的混合一般来说导致 CP 破坏. 现在, 这是实验发现的 CP 破坏的最主流的解释.
- Kirzhnits, D. Weinberg model in the hot universe. JETP Letters, 15 (1972), 529; Kirzhnits, D., Linde, A., Macroscopic consequences of the Weinberg model. Physics Letters, 42B (1972), 471. 这篇文章发现在早期宇宙中温度很高时, 对称性是恢复的, 规范玻色子和费米子变为无质量粒子.
- Coleman, S., Weinberg, E. Radiative corrections as the origin of spontaneous symmetry breaking. Physical Review D, 7 (1973), 1888. 计算了有效势的单圈量子修正 (参见 4.4 节).
- Linde, A. Dynamical symmetry restoration and constraints on masses and coupling constants in gauge theories. JETP Letters, 23B (1976), 64; Weinberg, S. Mass of the Higgs boson. Physical Review Letters, 36 (1976), 294. 发现了希格斯玻色子质量的林德-温伯格下限 (参见 4.4.2 节).
- Coleman, S. The fate of the false vacuum, 1: Semiclassical theory. Physical Review D, 15 (1977), 2929. 发展了假真空通过泡泡成核衰变的理论 (4.5.2 节).
- Belavin, A., Polyakov, A., Schwartz, A., Tyupkin, Yu. Pseudoparticle solutions of the Yang-Mills equations. Physics Letters, 59B (1975), 85. 找到了非阿贝尔的杨-米尔斯理论中的瞬子解.
- Bell, J., Jackiw, R. A PCAP puzzle: $\pi^0 \to \gamma\gamma$ in the σ-model. Nuovo Cimento, 60A (1969), 47; Adler, S. Axial-vector vertex in spinor electrodynamics. Physical Review, 117 (1969), 2426. Chiral anomaly is discovered. 't Hooft, G. Symmetry breaking through Bell-Jackiw anomalies. Physical Review Letters, 37 (1976), 8. 发现了瞬子跃迁中的手征流反常不守恒.
- Manton, N. Topology in the Weinberg-Salam theory. Physical Review D, 28 (1983), 2019; Klinkhamer, F., Manton, N. A saddle point solution in the Weinberg-Salam theory. Physical Review D, 30 (1984), 2212. 发现了

在拓扑不同的真空之间跃迁时鞍点子扮演的角色.

- Kuzmin, V., Rubakov, V., Shaposhnikov, M. On the anomalous electroweak baryon number nonconservation in the early universe. Physics Letters, 155B (1985), 36. 这篇文章发现在早期宇宙中温度高于对称性恢复能标时拓扑不同的真空之间的跃迁不会被压低. 其结果是费米子和重子数被剧烈破坏.
- Gol'fand, Yu., Likhtman, E. Extension of the algebra of Poincare group generators and violation of P invariance. JETP Letters, 13 (1971), 323; Volkov, D., Akulov, V. Is the neutrino a Goldstone particle. Physics Letters, 46B (1973), 10. 发现了庞加莱代数的非对称延展.
- Wess, J., Zumino, B. Supergauge transformations in four dimensions. Nuclear Physics, B70 (1974), 39. 提出第一个粒子相互作用的超对称模型.
- Sakharov, A. Violation of CP invariance, C asymmetry, and baryon asymmetry of the universe. Soviet Physics, JETP Letters, 5 (1967), 32. 提出宇宙中产生重子不对称性的三个条件.
- Minkowski, P. Mu to E gamma at a rate of one out of 1-billion muon decays? Physics Letters, B67 (1977), 421; Yanagida, T. In Workshop on Unified Theories, KEK report 79-18 (1979), p. 95; Gell-Mann, M., Ramond, P., Slansky, R. Complex spinors and unified theories. In *Supergravity*, eds. van Nieuwenhuizen, P., Freedman, D., (1979) p. 315; Mohapatra, R., Senjanovic, G. Neutrino mass and spontaneous parity nonconservation. Physical Review Letters, 44 (1980), 912. 发明了跷跷板机制 (参见 4.6.2 节).
- Fukugita, M., Yanagida, T. Baryogenesis without grand unification. Physics Letters, B174 (1986), 45. 提出通过轻子生成实现重子生成.
- Affleck, I., Dine, M. A new mechanism for baryogenesis. Nuclear Physics, B249 (1985), 361. 在超对称模型中提出重子生成方案 (参见 4.6.2 节).
- Peccei, R., Quinn, H. CP conservation in the presence of instantons. Physical Review Letters, 38 (1977), 1440. 提出一个整体的 $U(1)$ 对称性来解决强 CP 破坏问题.
- Weinberg, S. A new light boson? Physical Review Letters, 40 (1978), 223; Wilczek, F. Physical Review Letters, 40 (1978), 279. 这些文章注意到破坏 Peccei-Quinn 对称性会导致出现一个新的粒子——轴子.
- Nielsen, H., Olesen, P. Vortex line models for dual strings. Nuclear Physics, B61 (1973),45. 在对称性破缺的理论中找到弦解.

- 't Hooft, G. Magnetic monopoles in unified gauge theories. Nuclear Physics, B79 (1974), 276; Polyakov, A. Particle spectrum in the quantum field theory. JETP Letters, 20 (1974), 194. 在对称性破缺的规范理论中找到磁单极子.
- Zel'dovich, Ya., Kobzarev, I., Okun, L. Cosmological consequences of the spontaneous breakdown of discrete symmetry. Soviet Physics JETP, 40 (1974), 1; Kibble, T., Topology of cosmic domains and strings. Journal of Physics, A9 (1976), 1387. 讨论了早期宇宙中的拓扑缺陷的产生 (参见 4.6.3 节). 拓扑缺陷随后的演化的综述文章参见 Vilenkin, A. Cosmic strings and domain walls. Physics Report, 121 (1985), 263.

暴胀 (第 5 章和第 8 章)

- Brout, R., Englert, F, Gunzig, E. The creation of the universe as a quantum phenomenon. Annals Phys., 115 (1978), 78; Brout, R., Englert, F., Gunzig, E. The causal universe. Gen. Rel. Grav., 10 (1979), 1-6. 这组作者首先明确指出, 因果性疑难 (causality problem) 及宇宙的自由创生可以通过一个指数膨胀的阶段解决. 作者们在 1977—1978 年写了一系列文章, 其中最重要的是这两篇. 文章的主要内容是试图通过粒子产生来解释宇宙学项的出现 (这一点并不相关), 但是在假设存在宇宙学项的情况下, 作者明确推出所有因果性相关的宇宙学疑难都可以得到解决. 他们甚至指出在这种情况下会产生太多宇宙 (too many universes): "*我们一定不能产生太多宇宙. 自然选择这个宇宙的判据是什么? …… 是否存在有限的几率使得其他宇宙可以在别处产生?*" 因此他们才是最早提出宇宙能因果创生的人, 且文章名为《因果宇宙》("Causal universe"). 当我写这本书时, 我并不知道这些文章. 如果没有这些文章, 古斯似乎不大可能进入这个领域并创造接下来的那些成果①.
- Starobinsky, A. A new type of isotropic cosmological model without singularity. Physics Letters, 91B (1980), 99. 利用高阶导数引力理论, 这篇文章第一次成功地提出了一个能优雅退出到弗里德曼宇宙的加速膨胀宇宙模型. 通过假设宇宙在退出到弗里德曼宇宙之前曾经经历过一段无限长的非奇异德西特态, 作者试图解决奇点问题. 文中写道, 在 "*…… 以超致密的德西特态作为初条件的模型中, …… 可产生如此大量的残余引力波 …… 使得 …… 这种状态的存在性可以在近期的实验中得到检验.*"

① 原书中无此条. 应作者建议, 根据译者与作者的通信讨论增加.

- Starobinsky, A. Relict gravitational radiation spectrum and initial state of the universe. JETP Letters, 30 (1979), 682. 这篇文章计算了在宇宙加速膨胀阶段产生的引力波谱.
- Mukhanov, V., Chibisov, G. Quantum fluctuations and a nonsingular universe. JETP Letters, 33 (1981), 532. (又见: Mukhanov, V., Chibisov, G. The vacuum energy and large scale structure of the universe. Soviet Physics JETP, 56 (1982), 258.) 这篇文章发现 Starobinsky 1980 年的论文 (见上) 中考虑的宇宙加速膨胀阶段无法解决奇点问题, 因为量子涨落会使得这个阶段的持续时间变得有限. 此文也计算了基于量子涨落优雅退出到弗里德曼宇宙的机制. 这篇文章发现, 在宇宙的加速膨胀阶段中通过原初量子涨落产生的初始不均匀性的功率谱是对数式红端倾斜的 (red-tilted logarithmic):“…… *那些在演化中以德西特阶段作为中间阶段的模型是非常有吸引力的, 因为这个过程可以产生足以形成星系的度规涨落.*”
- Guth, A. The inflationary universe: a possible solution to the horizon and flatness problems. Physical Review D, 23 (1981), 347. 这篇文章注意到宇宙的加速膨胀 (作者命名为暴胀) 能解决视界和平坦性疑难. 本文指出暴胀也可以解决单极子疑难. 这篇文章并没有提出可以优雅退出到弗里德曼宇宙的机制: “…… *新相泡泡的随机形成似乎会导致宇宙中的不均匀性过大.*”
- Linde, A. A new inflationary scenario: a possible solution of the horizon, flatness, homogeneity, isotropy, and primordial monopole problems. Physics Letters, 108B (1982), 389. 基于标量场的 “改进科尔曼-温伯格理论”, 这篇文章提出了能优雅退出的新暴胀方案.
- Albrecht, A., Steinhardt, P. Cosmology for grand unified theories with radiatively induced symmetry breaking. Physical Review Letters, 48 (1982), 1220. 这篇文章确认了 Linde 1982 年文章的结果.
- Linde, A. Chaotic inflation. Physics Letters, 129B (1983), 177. 这篇文章对一大类标量场的势发现了暴胀式膨胀的最一般的性质, 即必须简单地满足慢滚条件. “…… *暴胀可以在所有合理的势* $V(\phi)$ *中发生. 这意味着暴胀不是某种特殊的现象 …… 而是一种很自然的, 甚至可能是极早期宇宙的混沌 (chaotic) 初条件下不可避免的物理后果.*”
- Whitt, B. Fourth order gravity as general relativity plus matter. Physics Letters, B145 (1984), 176. 这篇文章建立了高阶导数引力理论和带有标量场的爱因斯坦引力理论之间的共形等价性.
- Mukhanov, V. Gravitational instability of the universe filled with a scalar

field. JETP Letters, 41 (1985), 493; Quantum theory of gauge invariant cosmological perturbations. Soviet Physics JETP, 67 (1988), 1297. 这篇文章在最一般的暴胀模型中发展了一套自洽的量子宇宙学微扰论[①].

- Mukhanov, B., Feldman, H., Brandenberger, R. Theory of cosmological perturbations. Physics Report, 215 (1992), 203. 从第一性原理出发, 这篇文章在不同的模型中推导了宇宙学扰动的作用量. 高阶导数引力以及空间曲率非零情况下的表达式也可以在这里找到.(参见 Garriga, J., Mukhanov, V. Perturbations in k-inflation. Physics Letters, 458B (1999), 219.)
- Damour, T., Mukhanov, V. Inflation without slow-roll. Physical Review Letters, 80 (1998), 3440. 这篇文章讨论了在凸函数势中实现快速振荡暴胀 (参见 5.4.2 节)[②].
- Armendariz-Picon, C., Damour, T., Mukhanov, V. k-Inflation. Physics Letters, 458B (1999), 209. 这篇文章讨论了非平庸的动能项的标量场驱动的暴胀.
- Kofman, L., Linde, A., Starobinsky, A. Reheating after inflation. Physical Review Letters, 73 (1994), 3195; Toward the theory of reheating after inflation. Physical Review D, 56 (1997), 3258. 这篇文章发展了暴胀结束之后的预热和重加热的自相似理论, 特别强调了宽参数共振. 5.5 节的讨论主要是沿着这些论文的主线进行的.
- Everett, H. "Relative state" formulation of quantum mechanics. Reviews of Modern Physics, 29 (1957), 454. (又见: *The Many-Worlds Interpretation of Quantum Mechanics*, eds. De Witt, B., Graham, N. (1973), Princeton, NJ: Princeton University Press.) 正如我们在 8.3.3 节的末尾提到的那样, 想要追问关于宇宙学扰动的态矢量的物理解释这个问题的读者会对这篇卓越的论文感兴趣.
- Vilenkin, A. Birth of inflationary universes. Physical Review D, 27 (1983), 2848. 这篇文章在新暴胀方案中发现了永恒的自复制区域.
- Linde, A. Eternally existing self-reproducing chaotic inflationary universe. Physics Letters, 175B (1986), 395. 这篇文章指出自复制会在混沌暴胀中自然出现, 因此一般而言它会导致永恒暴胀和宇宙的整体非平庸结构.

---

① 新暴胀方案中的微扰论在很多文章中都讨论过, 如 Hawking, S. Phys. Lett., 115B (1982), 295; Starobinsky, A. Phys. Lett., 117B (1982), 175; Guth, A., Pi, S. Phys. Rev. Lett., 49 (1982), 1110; Bardeen, J., Steinhardt, P., Turner, M. Phys. Rev. D, 28 (1983), 679. 然而, 注意到第 8 章中的讨论, 并求解习题 8.4, 8.5, 8.7, 8.8, 读者很容易发现这些论文没有一篇包含了自洽的结果.——原注

② 原文作 4.5.2 节. 根据书中内容改正. 这里的凸函数的术语有些微妙之处, 参见 5.4.2 节最后的脚注.

引力的不稳定性 (第 6 章和第 7 章)

- ▶ Jeans, J. Phil. Trans., 129, (1902), 44; A*stronomy and Cosmogony* (1928), Cambridge: Cambridge University Press. 发展了不膨胀的介质中的牛顿的引力不稳定性理论.
- ▶ Bonnor, W. Monthly Notices of the Royal Astronomical Society, 117 (1957), 104. 发展了膨胀的物质主导宇宙中的宇宙学扰动的牛顿理论.
- ▶ Tolman, R. *Relativity, Thermodynamics and Cosmology* (1934), Oxford: Oxford University Press. 利用广义相对论解出了尘埃物质云中的精确的球对称解. 见 6.4.1 节.
- ▶ Zel'dovich, Ya. Gravitational instability: an approximate theory for large density perturbations. Astronomy and Astrophysics, 5 (1970), 84. 作者发现引力坍缩一般会导致各向异性的结构. 他们还找到了一维坍缩的尘埃云的非线性精确解. 见 6.4.2 节.
- ▶ Shandarin, S., Zel'dovich, Ya. Topology of the large scale structure of the universe. Comments on Astrophysics, 10 (1983), 33; Bond, J. R., Kofman, L., Pogosian, D. How filaments are woven into the cosmic web. Nature, 380 (1996), 603. 这几篇文章讨论了宇宙的大尺度结构的一般特征. 见 6.4.3 节.
- ▶ Lifshitz, E. About gravitational stability of expanding world. Journal of Physics USSR 10 (1946), 166. 这篇文章在同步坐标系中研究了膨胀宇宙的引力不稳定性理论.
- ▶ Gerlach, U., Sengupta, U. Relativistic equations for aspherical gravitational collapse. Physical Review D, 18 (1978), 1789. 这篇文章最早提出我们在第 7 章使用的规范不变的引力势, 并推导出引力势应该满足的方程.
- ▶ Bardeen, J. Gauge-invariant cosmological perturbations. Physical Review D, 22 (1980), 1882. 对宇宙学演化的具体模型, 这篇文章找到了规范不变的变量的解.
- ▶ Chibisov, G., Mukhanov, V. Theory of relativistic potential: cosmological perturbations. Preprint LEBEDEV-83-154 (1983) (未发表; 大部分结果都写在这篇文章里: Mukhanov, Feldman and Brandenburger (1992) (见上文)). 这篇文章里我们最早推导出了 7.3 节讨论的长波长的解.
- ▶ Sakharov, A. Soviet Physics JETP, 49 (1965), 345. 这篇文章里作者发现绝热扰动的谱最终会被一个周期型函数调制.

宇宙微波背景的扰动 (第 9 章)

- ▶ Sachs, R., Wolfe, A. Perturbation of a cosmological model and angular variations of the microwave background. Astrophysical Journal, 147 (1967), 73. 这篇文章计算了引力势对温度扰动的影响.
- ▶ Silk, J. Cosmic black-body radiation and galaxy formation. Astrophysical Journal, 151 (1968), 459. 这篇文章发现了小尺度上的扰动的辐射耗散. 文中也讨论了 (复合时期) 最后散射面上的温度扰动的初条件.
- ▶ Sunyaev, R., Zel'dovich, Ya. Small-scale fluctuations of relic radiation. Astrophysics and Space Science, 7 (1970), 3. 这篇文章计算了重子-辐射宇宙中的背景辐射温度的扰动. 文中指出: "…… 微扰的谱密度上存在明显的对波长的周期性依赖. 这是绝热扰动的特征." 文中也推导出了描述非平衡态复合的近似表达式 (参见 (3.202) 式).
- ▶ Peebles, P.J.E., Yu, J. Primeval adiabatic perturbations in an expanding universe. Astrophysical Journal, 162 (1970), 815. 这篇文章计算了重子-辐射宇宙中的微波背景辐射扰动谱.
- ▶ Bond, J. R., Efstathiou, G. The statistic of cosmic background radiation fluctuations. Monthly Notices of the Royal Astronomical Society, 226 (1987), 655. 这篇文章按照现代的方式统一研究了冷暗物质模型中所有尺度上的宇宙微波背景扰动.
- ▶ Seljak, U., Zaldarriaga, M. A line of sight integration approach to cosmic microwave back ground anisotropies. Astrophysical Journal, 469 (1996), 437. 这篇文章给出了积分微波背景辐射扰动演化方程的方法, 并且写出了 CMB-FAST 的计算机程序. 该程序现在得到广泛应用[①].

① CMBFAST 是 Seljak 和 Zaldarriaga 于 1996 年开发的 Fortran 程序包, 但目前该程序已不再维护. 当前使用得比较多的是 Lewis 和 Challinor 基于 CMB-FAST 升级的 Fortran 程序 CAMB. 最近也增加了 Python 的版本. 参见 https://camb.info/.

索　引

N

P

Q

R

Z

其他

译 后 记

我学习宇宙学可以追溯到 2002 年的春季学期选修俞允强老师的“物理宇宙学”课程. 北京大学当时把这门课作为全校通选课, 外院系学生甚至文科生前来选修及旁听者甚多, 因此课程内容主要是普及宇宙学的基本概念和研究方法. 学习此课程奠定了我对宇宙学的兴趣, 但真正意识到要把这个领域作为毕生的事业, 还是在 2006 年上研究生以后. 当时在陈斌老师的指导下, 我开始读穆哈诺夫、费尔德曼 (Feldman)、布兰登伯格 (Brandenberger) 合著的综述文章 *Theory of cosmological perturbations*, Phys. Rept. 215 (1992) 203-333. 这篇文章细节很多, 对初学者不太友好. 但是很快我发现世界图书出版公司影印了穆哈诺夫的教科书《宇宙学的物理基础》, 以一种更便利初学者的方式介绍了宇宙学微扰论及其在微波背景辐射上的应用. 我囫囵吞枣地读过这本书以及同时期其他几本宇宙学的书之后, 觉得这本书是最好的.

2015 年我在中国科学院理论物理研究所做博士后时, 发愿翻译此书. 完成了第 1 章和最后三章后, 我去往日本做博士后, 随后忙于帮助佐佐木节 (Misao Sasaki) 教授在东京大学 IPMU 组建新的研究团队, 译书事因而中辍. 还有部分原因是当时颇有人劝我不要做这种吃力不讨好的事, 因为现行的评价体系里译著无法当学术成果, 而新一代学生的英语比我们流利得多, 本无需庸人自扰.

我在日本时, 照例每周一次去东京大学本乡校区参加横山顺一 (Jun'ichi Yokoyama) 组织的宇宙学讨论班, 顺便逛逛神保町的古书店. 书店里少不了各种最新的理工科专著以及科普著作, 每部必译, 而且特别及时. 甚至亚马逊上还做着预售, 日译本已经同步推出. 不但译者都是从业的博士生或博士后, 通常还请专家监修. 如此环境下, 难怪能诞生益川敏英 (Toshihide Maskawa) 式的不说英语也能取得世界一流成果的学者. 这一点是值得我们学习的. 不知怎的, 我总想起一百多年前负笈东瀛的鲁迅说的那句“他们的翻译和研究新的医学, 并不比中国早”……

2018 年 2 月我在京都大学遇到穆哈诺夫教授. 他的俄式英语, 大舌音极重, 一句话一定要说到肺活量耗尽才肯断句, 很不好懂. 这一聊, 方才知道为什么他要在前言里重点感谢两位将俄式英语改写为英语的助手. 我告知正在翻译他的书, 且把完稿的后三章给他看. 他翻了两遍非常高兴, 拿给身旁的塞萨尔 · 戈麦斯 (César Gómez) 教授同观, 兴奋不已地说: “The Chinese trrrrrrrranslation of my book!

You see?" 我当时问了他几个书里的问题, 例如小尺度的扰动会被新的量子化扰动填补 (8.2.1 节) 是什么意思. (这和当时山雨欲来的沼泽猜想在暴胀中的应用有点关系.) 穆公随手在我的翻印本上画图解释, 疑惑随之涣然冰释. 他告诉我原书里 6.4.1 节的 Tolman 解存在严重错误, 让我去他的个人主页找修改版. 同时他还告诉我, 剑桥大学出版社建议他出第二版的时候加上最新的观测进展和习题答案, 可惜他没时间弄. (最近才知道他老人家这些年似乎一直在忙于构建离散化的引力理论.) 最新的观测进展我倒是替他加上了, 但是限于学力和精力, 习题我只能选做我觉得与正文内容高度相关的少数几道. 这一点还请读者谅解.

2020 年 1 月, 我回到湖北的老家过年. 随后新冠疫情暴发, 我只能在老家堆满了旧书和杂物的儿时房间里工作. 当时我只带回一台 2013 年产的老旧 MacBook Air, 几乎什么都做不了, 于是只能继续翻译. 第 5、第 6 章就是在这时完成的. 年底入职中国科学院理论物理研究所后, 我组织了一个本书的讨论班, 一方面想延续理论物理研究所读书班的优良传统, 另一方面想以此为动力把书翻译完. 2022 年的春节在家奋战了 20 天, 终于杀青了. 我和穆哈诺夫教授邮件汇报, 他跟我说他曾经发现了更多小错误, 并随手写到书上, 可惜新冠疫情暴发以来, 已经一年多未去办公室, 自然无法拿来给我. 当时我已经自己整理了一张勘误表, 大概有 50 个. 他看过之后, 表示可用. 他还有两个建议. 第一, 他最近发现 Brout, Englert, Gunzig 的文章最先明确提出早期宇宙的指数式膨胀可以解决因果性问题, 早于 Alan Guth. 因此他建议我将这一段评论添加到第 5 章的参考文献中去. 第二, 他剧透说在本书的第二版中将会加入不依赖于具体模型的暴胀预言, 即他的 *Quantum Cosmological Perturbations: Predictions and Observations*, Eur. Phys. J. C 73 (2013) 2486 (arXiv:1303.3925) 和 *Inflation without Selfreproduction*, Fortsch.Phys. 63 (2015) 36-41 (arXiv:1409.2335) 两文的内容. 关于这一点, 我以脚注的形式加在 8.6 节里了.

虽然我在译本中改正了原版书的几十个打印错误, 但由于某种原因, 我在翻译时并未取得本书的源文件, 只好自己输入所有的公式. 因此细心的读者可能会发现有的公式排版和原书不大一样. 这当然可能会导致产生新的打印错误. 经过帮忙校对的老师和同学的努力, 已经尽力改正了不少, 但是可能还有漏网之鱼. 希望学有余力的读者帮我纠错, 以便在再版时 (如果还有的话) 改正.

在翻译过程中我偶尔会加入一些读书笔记, 包括公式的推导, 参考文献的补充, 前后文的照应, 等等. 这本来纯属管窥蠡测、画蛇添足, 但是科学出版社的编辑钱俊建议我保留, 穆哈诺夫教授也鼓励我公开. 我考虑到对初学者可能还有些帮助, 于是终于全部保留了. 知我罪我, 其唯读者乎! 另外, 有少量笔记是和相关领域的专家讨论后写的, 都标明了贡献人. 当然如果在科学上有任何问题, 责任还是在我自己.

顺便多谈几句作者的姓氏. 当年世界图书出版公司的影印本把作者 Mukhanov 翻译成马克翰维, 这不禁让人想起徐一鸿 (A. Zee) 曾被翻译成阿热. 大概他们看到穆哈诺夫在慕尼黑大学当天体中心主任, 就按照德语去发音了. 实际上穆哈诺夫是出生于俄罗斯的楚瓦什人. 不过, Mukhanov 起源于 Mukhan, 是穆罕默德的一种变体, 而穆罕默德在明永乐五年《谕米里哈只敕谕》中翻译为马哈麻, 所以阴差阳错反而古拙可爱. 当然借着这个新译本出版的机会, 是时候按照俄语发音进行正名了. 因为上述原因, 我选用穆这个字作为 Mukhanov 的第一个音节.

感谢穆哈诺夫教授的鼓励与讨论, 以及惠赐全新的中文版序. 感谢蔡荣根院士的鼓励和支持, 并且帮我联系科学出版社列入理论物理丛书的出版计划. 感谢佐佐木节教授与我讨论宇宙学微扰论的相关问题, 特别是澄清“共动规范”的概念. 此外, 看过本书一部分并提出宝贵意见的有何建军 (3.5 节)、杨一玻 (4.2 节)、汤勇 (第 3、第 4 章)、韩成成 (第 4、第 5 章)、蔡一夫 (第 7 章)、胡彬 (第 9 章)、刘紫云 (译后记) 等老师. 感谢王依力、王嘉宁、王奥等同学通读并校对全书. 感谢参加理论物理研究所本书讨论班的全体同学. 还有许多同事和朋友以不同途径关心过本书的翻译和出版进展, 在此一并致谢. 最后, 本书能顺利问世, 尤其要感谢我父亲在我居家工作期间对我一如既往的宽容和耐心.

正如穆哈诺夫教授在中文版序言中所言, 宇宙学是一门需要用到理论物理几乎所有方向的科学. 我在翻译过程中深刻体会到这一点, 而愈发深恨自己樗栎驽钝、才疏学浅. 然而君子耻躬不逮, 只能尽微末之力敷衍成篇. 其中鲁鱼豕亥之处, 还复不少. 万望读者不吝批评指正. 我的通信地址是北京市海淀区中关村东路 55 号中国科学院理论物理研究所, 电子邮箱是 shi.pi@itp.ac.cn.

本书的出版受到国家高层次人才特殊支持计划青年拔尖人才资助.

皮 石

2022 年 2 月 11 日初稿完成

2022 年 8 月 12 日校对完成

《21 世纪理论物理及其交叉学科前沿丛书》

已出版书目

(按出版时间排序)

序号	书名	作者	出版时间
1.	真空结构、引力起源与暗能量问题	王顺金	2016 年 4 月
2.	宇宙学基本原理（第二版）	龚云贵	2016 年 8 月
3.	相对论与引力理论导论	赵　柳	2016 年 12 月
4.	纳米材料热传导	段文晖，张　刚	2017 年 1 月
5.	有机固体物理（第二版）	解士杰	2017 年 6 月
6.	黑洞系统的吸积与喷流	汪定雄	2018 年 1 月
7.	固体等离子体理论及应用	夏建白，宗易昕	2018 年 6 月
8.	量子色动力学专题	黄　涛，王　伟 等	2018 年 6 月
9.	可积模型方法及其应用	杨文力　等	2019 年 4 月
10.	椭圆函数相关凝聚态物理模型与图表示	石康杰，杨文力，李广良	2019 年 5 月
11.	等离子体物理学基础	陈　耀	2019 年 6 月
12.	量子轨迹的功和热	柳　飞	2019 年 10 月
13.	微纳磁电子学	夏建白，文宏玉	2020 年 3 月
14.	广义相对论与引力规范理论	段一士	2020 年 6 月
15.	二维半导体物理	夏建白 等	2022 年 9 月
16.	中子星物理导论	俞云伟	2022 年 11 月
17.	宇宙大尺度结构简明讲义	胡　彬	2022 年 12 月
18.	宇宙学的物理基础	维亚切斯拉夫·穆哈诺夫	2023 年 9 月